생선 마스터 클래스

SHIMAZU OSAMU 지음

용동희 옮김

GREENCOOK

Prologue

"맛있는 생선을 구하기 힘들어요."

"생선을 직접 손질하고 싶은데, 어떻게 해야 좋을지 모르겠어요."

생선 손질과 요리 방법을 알려주는 「쓰키지 생선 클럽」은 저를 응원해 주는 소중한 사람들의 요청에서 시작되었습니다.

「배우기보다 스스로 익혀라!」가 저의 철칙이지만, 스스로 익히고 싶어도 일상에서 생선을 손질하고 요리하는 일이 점점 줄어들고 있습니다.

그래도 직접 생선을 손질해서 요리하는 경험을 한 번이라도 해보면, 계속하고 싶어지는 것이 생선의 매력입니다.

생선을 손질하는 방법은 여러 가지가 있으며, 「이것이 정답!」이라는 것은 없습니다.

요리에 생선 머리를 쓰고 싶으면 머리쪽에 살이 많이 붙어 있게 자르고, 살이 부서지기 쉬운 생선이라면 되도록 만지거나 움직이지 않는 방법으로 손질하기도 합니다.

용도에 따라 칼질의 순서가 달라지며, 이 책에서 소개하는 손질 방법은 하나의 예에 불과합니다.

다만, 생선 손질은 원래 그렇게 어려운 일이 아닙니다.

책에 나온 설명 대로 천천히 따라 하면 누구나 할 수 있습니다.

이 책을 계기로 조금이라도 더 많은 분들이, 정말 맛있는 생선을 만날 수 있길 바랍니다.

시마즈 오사무[島津 修]

CONTENTS

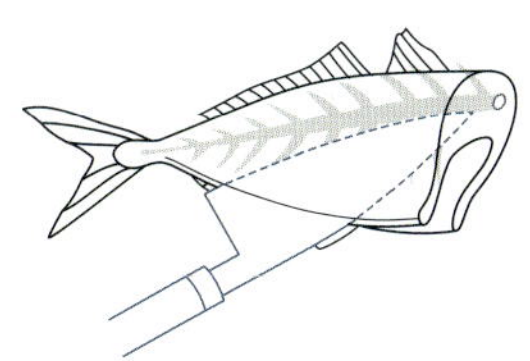

이 책을 보는 방법

- 이 책에서는 어패류를 생선과 그 밖의 어패류로 나누어, 각각 가나다 순서에 따라 소개하였다.
- 이 책에 나오는 어패류의 이름은 일반적으로 사용하는 표준명이다. 또한 [분류]에는 생물학상의 분류, [별명]에는 지역별로 부르는 이름 몇 가지, [산지]에는 많이 잡히는 대표적인 지역을 게재하였다. [제철]의 경우 해당 어패류를 가장 맛있게 먹을 수 있는 시기를 소개하였지만, 최근 기후나 바다의 환경 변화가 어패류에 미치는 영향, 선박의 성능과 신선도 관리기술 향상 등에 의해 원거리 조업이나 산지가 아닌 지역에서의 유통이 가능해지면서 제철에 대한 인식이 달라지고 있기 때문에, 여기서 소개한 제철은 어디까지나 참고 사항일 뿐이다.
- 이 책에서는 「3장뜨기」 또는 「평형 자르기」로 손질한 생선을 머리가 왼쪽, 배가 앞쪽으로 오게 놓았을 때, 위로 오는 쪽을 「위쪽 살」, 아래로 가는 쪽을 「아래쪽 살」로 표기하였다. 또한 손질한 살에서 배뼈와 지아이(혈합육, 검붉은 살) 부분의 잔뼈 등을 제거한 살은 「순살」로 표기한다.

재료

- 계량 단위는 1작은술=5㎖, 1큰술=15㎖, 1컵=200㎖, 쌀 1홉=180㎖이다(1㎖=1cc).
- ( ) 안의 분량은 완성했을 때의 대략적인 분량이다. 적은 양을 만들기 어려운 요리일 경우 「만들기 쉬운 분량」으로 표기하였다.
- 적당량은 취향에 따라 적당히 조절하여 넣으면 되고, 생략 가능은 취향에 따라 넣지 않아도 된다는 의미이다.
- 특별한 설명이 없는 경우 간장은 고이구치 간장, 설탕은 상백당, 술은 청주, 맛술은 혼미린, 식초는 쌀식초, 후추는 흰 후추를 사용한다. 소금은 천연 간수를 함유한 소금, 올리브오일은 엑스트라버진 올리브오일을 사용한다.
- 다시마 육수는 냄비에 물 1ℓ와 다시마 10~15g을 30분 동안 담가둔 뒤, 중불로 가열하여 끓기 직전에 다시마를 건져낸 것이다. 육수는 다시마 육수를 다시 가열하여 끓으면 거품을 걷어낸 뒤 불을 끄고, 가다랑어포 20g을 넣고 살짝 가라앉을 때까지 1~2분 그대로 둔 뒤, 도톰한 키친타월을 깐 체에 거른 것이다. 완성된 다시마 육수와 육수는 2~3일 정도 냉장보관할 수 있다.

만드는 방법

- 채소류 등은 특별한 표기가 없으면 씻어서 껍질을 벗기는 등의 작업을 마친 뒤의 과정을 설명한다.
- 프라이팬은 기본적으로 불소수지 가공 제품을 사용한다.
- 불 세기는 특별한 설명이 없는 경우 중불로 조리한다.
- 냄비, 가스버너, 생선 그릴 등은 각각의 특징이 있으므로, 불 세기나 가열시간은 상태를 보면서 조절한다.
- 오븐은 기종에 따라 가열온도, 가열시간, 구워지는 정도가 다르다. 표기된 시간을 기준으로 하고, 상태를 보면서 조절한다.
- 조미료는 제품에 따라 맛에 차이가 있으므로, 마무리하기 전에 반드시 맛을 보고 확인한다.
- 생선에 소금을 살짝 뿌린 뒤 어느 정도 시간을 두면 짠맛을 더하는 효과 외에, 여분의 수분이 빠져서 살이 단단해지고 비린내가 제거되는 효과가 있다. 소금의 양은 재료 무게의 2~3%를 기준으로 하며, 20~30㎝ 높이에서 전체적으로 살짝 고르게 뿌린다. 소금을 뿌린 뒤 그대로 두는 시간은, 만드는 방법에 나와 있는 시간을 기준으로 한다.
- 완성 사진은 플레이팅의 예이며, 재료의 분량과 다를 수 있다.

1

생선 손질의 기초

생선의 부위와 구조

부위별 이름

아가미뚜껑

얇고 넓적한 뼈로 이루어진 부분. 아가미뚜껑을 열면 안쪽에 아가미가 있다. 꼬리와 머리가 붙어 있는 채로 사용하는 경우, 아가미뚜껑에 칼을 넣어 아가미를 제거한다. 아가미는 빨리 상해서 비린내의 원인이 되므로, 밑손질할 때 제거한다.

옆줄(측선)

머리

참돔, 옥돔 등은 가마(목살)가 붙어 있게 잘라서, 구이, 조림, 찜 등을 만든다.

턱밑

머리와 몸통의 연결 부위가 있는 부분이다.

가마(목살)

아가미 아래쪽의 머리뼈와 등뼈의 연결 부위 주변부터, 배지느러미 가운데까지의 부위를 말한다. 운동량이 많아서 살결이 곱고 단단하며 지방이 많다. 잘라낸 모양이 일본어로 가마[鎌, 낫]를 닮았다고 해서 붙여진 이름이다.

가슴지느러미　**배지느러미**

배(내장)

배뼈로 둘러싸인 부분. 「창자」라고도 부르는 내장은, 복막으로 덮여 있다. 손질할 때는 등뼈 밑에 있는 내장(콩팥)도 제거한다.

항문

내장을 제거할 때는, 여기까지 칼을 넣는다.

생선의 부위와 구조는 크기나 모양이 달라도 기본적으로는 같다. 머리에서 꼬리까지 연결된 곧은 등뼈, 등뼈에서 위아래로 가운데뼈가 뻗어 나오고, 그 끝에 등지느러미, 배지느러미, 뒷지느러미의 지느러미뼈가 각각 위치한다. 또한 가운데뼈와는 90도 방향으로 등뼈에서 짧은 잔뼈가 나와 있고, 배쪽에는 내장을 보호하는 배뼈가 있다. 이 구조를 기억해두면 손질 순서를 이해하기 쉽다.

● 생선의 윗면과 아랫면

머리가 왼쪽, 배가 앞쪽으로 오게 놓았을 때, 위로 오는 면이 윗면, 아래로 가는 면이 아랫면이다. 꼬리와 머리가 붙어 있는 상태로 접시에 담을 때도 이 방향이 기본이다. 요리할 때도 위와 아래를 의식하고 작업을 진행한다. 생선구이에 꽂는 꼬치는 윗면으로 나오지 않게 꽂고, 장식용 칼집은 윗면에 넣는다. 단, 가자미는 예외로, 머리가 오른쪽으로 오게 놓았을 때 위로 오는 면이 윗면이다.

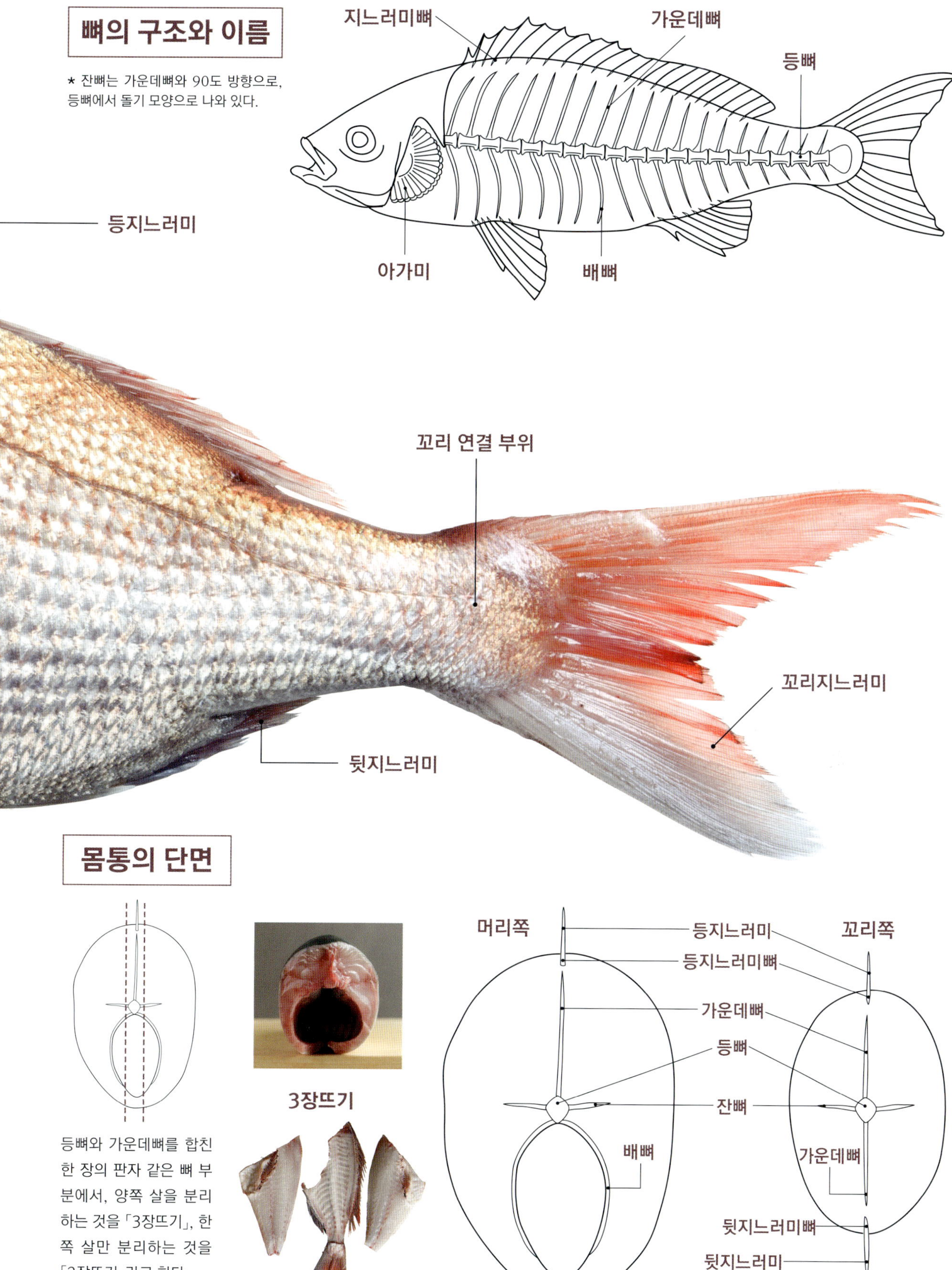
뼈의 구조와 이름
★ 잔뼈는 가운데뼈와 90도 방향으로, 등뼈에서 돌기 모양으로 나와 있다.
지느러미뼈
가운데뼈
등뼈
등지느러미
아가미
배뼈
꼬리 연결 부위
꼬리지느러미
뒷지느러미
몸통의 단면
3장뜨기
등뼈와 가운데뼈를 합친 한 장의 판자 같은 뼈 부분에서, 양쪽 살을 분리하는 것을 「3장뜨기」, 한쪽 살만 분리하는 것을 「2장뜨기」라고 한다.
머리쪽
꼬리쪽
등지느러미
등지느러미뼈
가운데뼈
등뼈
잔뼈
배뼈
가운데뼈
뒷지느러미뼈
뒷지느러미

칼

생선을 손질할 때 가장 중요한 도구는 칼이다. 칼을 어떻게 잡고 어느 부위를 사용하여 자르는지에 따라, 작업 시간과 완성도가 크게 달라진다. 칼에 대해 아는 것은 생선을 제대로 손질하기 위한 첫걸음이다.

일식칼의 부위별 이름

칼끝 칼의 끝부분.
앞칼날 칼끝을 포함하여 끝부분의 곡선을 그리는 날 부분.
뒷칼날 칼날에서 자루에 가까운 부분.
칼턱 뒷칼날쪽에 있는 칼날의 모서리.
칼 길이 칼끝부터 칼턱까지의 길이.
칼날 면 배마루선부터 칼날까지의 부분.
배마루선 칼배와 칼날 면의 경계가 되는 선.
칼날 칼끝부터 칼턱까지의 날이 있는 부분.
칼몸 칼목부터 칼끝까지 전체를 가리킨다.
칼배 칼등부터 배마루선까지의 평평한 부분.
칼등 칼의 등부분.
칼목 칼자루 앞부분.
자루목 칼자루의 앞부분. 물소의 뿔로 만든 것을 「쓰노마키」, 금속으로 만든 것을 「구치가네(꼭지쇠)」라고 부른다.
자루 손으로 잡는 부분. 일본목련으로 만드는 것이 일반적이며, 교환이 가능하다.
자루 끝 자루의 끝부분.

일식칼과 서양식칼

생선을 손질할 때 사용하는 칼은 크게 「일식칼」과 「서양식칼」로 나눌 수 있다. 이 2가지 칼의 가장 큰 차이는 칼날이다. 일식칼(일부 제외)은 한쪽에만 날이 있는 「외날」, 서양식칼은 양쪽에 날이 있는 「양날」이다. 생선을 손질할 때는 각각의 특징에 따라 구분하여 사용한다.

외날
잘랐을 때 단면 조직이 잘 손상되지 않는다. 수직으로 자르면 칼날이 살짝 왼쪽으로 들어가므로, 잘라낸 조각이 쉽게 분리되어 편하게 작업할 수 있다.

양날
양쪽에 같은 각도로 날이 있기 때문에, 수직으로 똑바르게 자를 수 있다. 고기, 생선, 채소, 두부까지 모든 재료를 이 칼로 자를 수 있다.

생선 손질에 필요한 칼

가정에서 생선을 손질할 때 필요한 칼은 생선용 칼(데바보초), 고기용 칼(규토보초), 회칼(야나기바보초)의 3가지이다. 밑손질할 때는 생선용 칼과 고기용 칼을, 보기 좋게 회를 뜰 때는 회칼을 사용한다.

생선용 칼
생선을 손질할 때 사용하는 기본적인 일식칼. 비늘 제거, 3장뜨기 등 주로 밑손질을 할 때 사용한다. 칼등이 두껍고 무게감이 있어서, 단단한 뼈를 자를 때도 유용하다.

고기용 칼
원래는 고기를 자르는 양날의 양식칼이지만, 작은 생선을 손질할 수 있다. 칼끝이 가늘어서 배뼈와 등뼈의 연결 부위를 잘라서 뼈를 제거하는 등, 섬세한 작업에도 사용할 수 있다.

회칼
단면을 보기 좋게 완성해야 하는 회를 뜰 때, 반드시 필요한 일식칼이다. 얇고 긴 칼날 전체를 한 번에 당겨서 자르면, 조직이 손상되지 않는다.

기본적인 잡는 방법

칼을 잡는 방법은 「이 경우에는 이 방법」이라고 정해져 있는 것이 아니므로, 기본적인 잡는 방법을 그때그때 상황에 맞게 사용하는 것이 중요하다.

칼을 살짝 쥐고, 팔의 연장선 위에 오도록 잡는다. 자루를 세게 쥐면 필요 없는 힘이 들어가, 칼을 원하는 대로 움직이기 어렵다.

검지를 올리는 방법
칼목에 중지를 걸어서 칼자루를 잡은 뒤, 검지를 칼등에 올린다. 칼날의 흔들림을 막고 검지의 움직임이 칼날 전체에 확실히 전달되어, 정확하고 섬세하게 자를 수 있다.

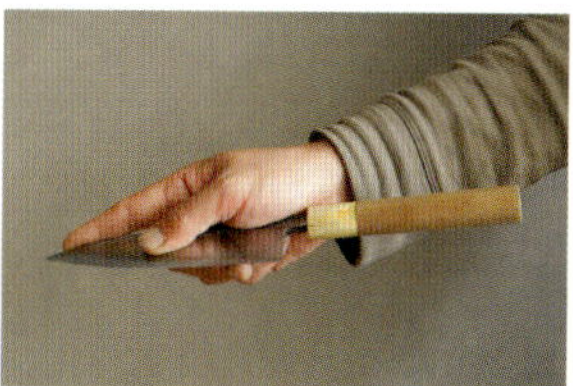

자루를 감싸는 방법
엄지와 검지 사이에 칼자루를 끼우듯이 잡고, 나머지 손가락으로 칼자루를 감싼다. 힘을 주지 않고 자연스럽게 잡으면, 손바닥과 자루 사이에 틈이 생긴다. 눌러서 자르거나 잘라낼 때 편리하다.

칼몸을 잡는 방법
엄지를 배마루선에 대고, 검지를 뻗어 칼등에 올린다. 날의 길이를 짧아져서 안정적이다. 작은 생선을 손질할 때 사용하는 방법이다.

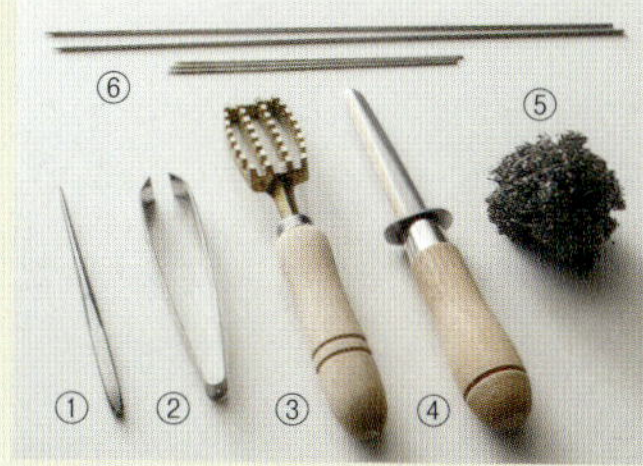

거꾸로 잡는 방법
칼날이 위로 오게 잡거나 바깥쪽으로 오도록 눕혀서 잡는 방법이다. 검지를 칼배에 올려서 날을 안정시킨다. 배뼈와 등뼈의 연결 부위를 자르거나 배를 가르는 등, 밑손질을 할 때 많이 사용하는 방법이다.

기본적인 자세

칼을 부드럽게 움직이기 위해서는, 도마와의 거리와 서는 방법도 중요하다. 올바른 자세로 작업하면 필요 없는 힘을 사용하지 않아도 되므로, 쉽게 피로해지지 않는다.

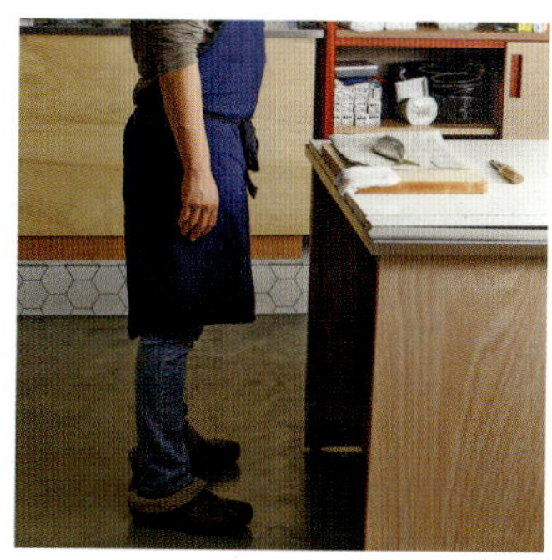

도마 정면에 양다리를 어깨 너비만큼 벌리고 자연스럽게 선다. 도마의 높이는 배꼽 위치, 또는 그보다 조금 낮은 편이 좋다. 높이는 양다리 간격으로 조절한다(간격을 벌리면 낮아지고 간격을 좁히면 높아진다).

서는 위치
도마와의 거리는 20㎝ 정도. 손가락을 쫙 폈을 때의 손바닥 너비가 기준이다. 이 정도 떨어지면 팔을 자유롭게 움직일 수 있고, 칼을 앞쪽으로 충분히 당길 수 있다.

발 위치
왼발을 축으로 해서 오른발을 반걸음 뒤로 빼고, 도마를 향해 비스듬하게 선다. 이렇게 서면 칼날과 팔꿈치가 일직선이 되어, 팔을 몸에 부딪히지 않고 앞뒤로 크게 움직일 수 있다.

팔의 움직임 칼을 당겨서 자를 때는 겨드랑이를 붙이고 팔꿈치 각도를 그대로 유지하면서 몸쪽으로 당긴다.

● 필요한 도구

칼로는 하기 힘든 작업도, 전용 도구가 있으면 쉽게 할 수 있다

① **송곳** 붕장어나 장어 등의 가늘고 긴 생선을 손질할 때, 머리에 찔러서 도마에 고정시킨다. T자형도 있다. ② **핀셋** 잔뼈 등을 1개씩 뽑을 때 사용한다. ③ **비늘제거기** 비늘 제거를 위한 도구. 금속의 올록볼록한 부분으로 비늘을 긁어서 제거한다. 단단한 비늘을 제거할 때 편리하다. ④ **조개칼** 조개껍데기를 열 때 사용하는 도구. 대부분의 조개에 사용할 수 있는 만능 타입(사진)과, 굴이나 가리비 등에 알맞은 조개칼도 있다. ⑤ **철수세미** 쥐노래미나 광어 등의 촘촘하고 단단한 비늘을 제거할 때 사용한다. 연마제가 없는 수세미를 선택한다. ⑥ **쇠꼬치** 생선을 구울 때 사용하는, 구리 또는 스테인리스로 만든 꼬치. 꼬치를 끼우면 보기 좋게 구울 수 있고, 불에 직접 올릴 수도 있다. 사진의 쇠꼬치는 위는 길이 45㎝, 아래는 길이 15㎝.

손질 방법

칼날의 상태는 맛이나 식감, 완성도에 큰 영향을 주기 때문에, 칼을 사용한 뒤에는 제대로 손질하는 것이 중요하다. 올바른 손질 방법을 알고 소중하게 다루면, 좋은 상태를 유지하면서 오래 사용할 수 있다.

일반적인 손질 방법

매일 사용하는 칼은 세제로 닦고 깨끗이 헹군다. 그런 다음 바로 물기를 닦아서 충분히 말리고, 습기가 없는 장소에 보관한다.

세척

1 주방세제를 묻힌 스펀지로 먼저 칼등쪽을 닦는다. 스펀지를 반으로 접어서 칼등쪽을 끼우고 앞뒤로 문질러서 닦는다.

2 칼의 방향을 바꾸어 칼날쪽을 스펀지에 끼워서, **칼등에서 칼날 방향으로 문지른다.** 앞칼날, 가운데 칼날, 뒷칼날 등으로 나눠서 닦는다. **1**에서처럼 **스펀지를 앞뒤로 움직이지 않는다.** 손에 들고 닦는 것이 무섭다면, 도마 위에 칼날 부분만 평평하게 놓고 닦아도 좋다.

3 칼목 부분은 불순물이 끼기 쉬우므로 꼼꼼하게 닦는다.

4 의외로 자루 부분도 오염되기 쉬우므로 꼼꼼히 닦는다. 자루 끝도 잊지 말고 닦는다. 전체를 다 닦은 뒤 물로 깨끗이 헹군다.

물기 닦기

1 물로 헹군 뒤 바로 깨끗한 행주로 물기를 닦는다. 이때도 칼날에 주의하고, **칼등쪽을 행주에 끼워서 앞뒤로 닦는다.** 물기가 남지 않게 확실히 닦아낸다.

2 특히 칼목과 칼턱 부분 등에 물기가 남기 쉬우므로, 꼼꼼히 닦는다.

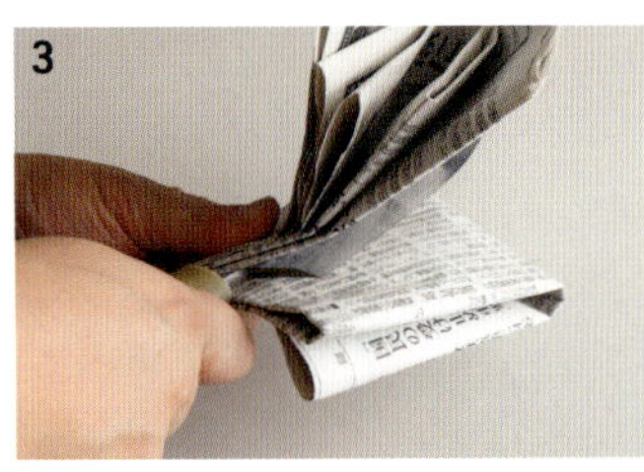

3 행주로 물기를 제거한 뒤, **신문지로 다시 한 번 닦아서 습기를 제거한다.** 이때도 칼등쪽을 신문지 사이에 끼운다.

윤내기

마른 신문지로 칼의 양면을 닦으면, 신문지의 잉크 성분으로 인해 윤기가 나고 녹슬지 않는다.

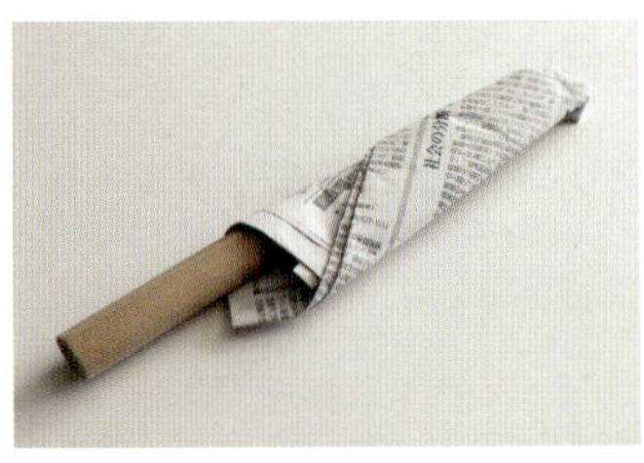

보관

오랜 시간 사용하지 않을 때는, 신문지로 싸서 습기가 없는 장소에 보관한다. 신문지는 공기가 통하고, 잉크 성분이 있어서 녹슬지 않게 도와준다.

● 도마 손질

나무 도마와 플라스틱 도마 모두, 주방 세제를 묻힌 스펀지나 수세미로 양면과 옆면을 문질러서 씻는다. 잘 헹궈서 물기를 닦은 뒤, 바람이 잘 통하는 곳에 세워놓고 말린다.

갈기 (생선용 칼)

칼날이 무뎌지면 숫돌로 갈아서 칼날을 다시 살릴 수 있다. 필요 없는 힘을 빼고, 숫돌 전체를 사용하여 크게 움직여서 간다. 숫돌에 칼날을 밀착시키고 리드미컬하게 움직이면 자연스럽게 갈린다. 칼을 가는 것은 그리 어려운 일이 아니다.

숫돌 준비

1 입자 차이에 따라 거친 숫돌, 중숫돌, 고운 숫돌로 나눌 수 있는데, 일반 가정에서는 중숫돌을 주로 사용한다. 사용하기 전에 물에 담가서 충분히 수분을 머금게 하는데, **숫돌에서 기포가 나오지 않을 때까지, 15~30분 담가둔다.**

2 숫돌을 건져서, 미끄러지지 않도록 물기를 꽉 짠 행주 위에 세로로 놓는다.

앞면 갈기

날이 있는 면(앞면)부터 간다. 칼날이 왼쪽으로 오도록 숫돌에 댄다. 이때 칼날이 숫돌과 45도 정도가 되도록 비스듬히 놓는다. 이 각도로 갈아야 자루를 쥔 오른손을 뒤쪽을 향해 똑바로 움직일 수 있다. 앞칼날, 가운데 칼날, 뒷칼날 순서로 간다.

1 앞칼날을 간다. 앞칼날을 숫돌 오른쪽 밑에 대고 왼손 검지와 중지로 눌러서, 칼날 자체의 각도에 맞춰 숫돌에 밀착시킨다. 그대로 각도를 유지하면서, 똑바로 밀고 다시 제자리로 돌아온다. 리드미컬하게 7~8번 반복한다.

칼날의 각도에 맞추면, 칼등쪽이 조금 뜬다. 손가락을 대는 위치는, 앞면의 배마루선 정도가 좋다.

2 가운데 칼날을 간다. 손가락을 가운데 칼날에 대고, 같은 방법으로 간다. 가끔씩 숫돌에 물을 뿌려서, 젖은 상태에서 간다.

3 뒷칼날을 간다. 칼턱까지 꼼꼼하게 간다.

뒷면 갈기

1 갈려나온 미세한 금속 찌꺼기가 칼끝에 달라붙은 것을 일식 용어로 「가에리」라고 하는데, 이 가에리를 제거하기 위해 뒷면을 갈아야 한다. 칼을 뒤집어서 숫돌에 밀착시키고, 앞칼날부터 뒷칼날까지 앞면과 같은 방법으로 2~3번씩 간다.

2 뒷칼날의 뒷면을 갈 때는, 자루가 숫돌에 닿지 않게 칼을 가로로 놓고 간다.

물기 닦기

앞뒷면을 모두 갈면 앞에서 설명한 대로, 씻어서 물기를 닦은 뒤 보관한다.

생선 손질의 이해

생선의 맛은 신선도가 좌우한다. 그리고 신선도를 유지하기 위해서는 요리 방법에 맞게 생선을 손질해야 한다. 「생선 손질」이란 상하기 쉬운 부위를 제거하고 뼈에서 살을 분리하는 작업이며, 모든 생선에 공통적으로 필요한 작업이다. 실제로 생선을 다루기 전, 전체적인 손질 방법에 대해 알아두자.

생선 손질 순서

밑손질
비늘을 긁어내고 아가미와 내장을 제거(용도에 따라 머리도 제거)한 뒤, 깨끗이 씻어서 물기를 확실히 닦아내는 작업이다. 일식용어로는 「미즈아라이」라고 한다.

비늘을 제거한다
표면에 있는 불순물이나 잡균이 살에 붙는 것을 막기 위해, 그리고 단단한 비늘이 있으면 칼을 넣기 어렵고 먹을 때 식감이 좋지 않으므로, 비늘은 처음에 제거한다.

머리를 잘라낸다
꼬리와 머리를 살려서 요리하는 구이나 조림 외에는, 대부분 머리를 잘라낸다. 자르는 방법은 머리를 요리에 사용하느냐 사용하지 않느냐에 따라 달라진다.

아가미와 내장을 제거한다
생선의 신선도를 유지하기 위해, 잡균이 많고 쉽게 상하는 부위인 아가미와 내장을 제거한다. 또한 등뼈 밑에 있는 내장(콩팥)도 제거한다. 아가미와 내장 제거 방법은 조리 용도에 따라 달라진다.

씻는다
담수로 생선 표면, 뱃속의 불순물, 남은 비늘 등을 씻어낸다. 여기서는 살짝 씻어내는 정도면 된다. 오랜 시간 물에 담가두면, 살이 물을 흡수해서 생선 본연의 감칠맛을 잃게 된다.

물기를 닦는다
물기를 빠르게 닦는다. 물기는 부패의 원인이 되므로 꼼꼼히 닦는다. 원칙적으로 이 과정 이후에는 생선을 물로 씻지 않는다. 내장 등이 남아 있으면 키친타월로 닦는다.

········ 칼·도마를 씻는다

생선을 손질한다
생선을 손질하는 방법에는 여러 가지가 있지만, 1장의 평평한 뼈에서 살을 분리하는 것은 모두 같다. 기본을 알아두면 생선 종류나 조리 방법에 맞게 응용할 수 있다.

········ 칼·도마를 씻는다

배뼈·잔뼈를 제거한다
용도에 맞게 손질한 살에 남아 있는 배뼈와 잔뼈를 제거한다. 껍질을 벗기는 것을 일식 용어로 「가와히키」라고 한다. 회를 뜰 경우에는 대부분 껍질까지 제거한다.

········ 도마를 씻는다

살을 잘라서 나눈다
구이, 조림, 회 등 조리 방법에 따라 손질한 살을 잘라서 나눈다.

● 구입 후
바로 조리하지 않을 경우, 생선을 키친타월로 감싸고 공기가 들어가지 않도록 비닐랩을 씌운 뒤, 구입할 때 들어 있던 용기나 꼬리까지 들어가는 트레이에 담아, 사용할 때까지 냉장보관한다. 다음날 바로 사용할 경우에는 밑손질을 마친 뒤 보관한다.

● 손질 전
흐르는 물(수돗물)로 표면의 불순물과 점액질을 깨끗이 씻어낸다. 생선, 특히 해수어는 장염 비브리오균 등 염분농도가 높은 곳에서 번식하는 호염균이 있을 수 있으므로, 수돗물(담수)로 깨끗이 씻어내는 것이 중요하다. 생선 손질 전에 반드시 해야 하는 작업이다.

작업대 준비

1 작업대 위에 씻어서 물기를 닦은 도마를 놓고, 그 위에 신문지를 깔고 생선을 올린다. 도마가 말라 있으면 생선 비린내나 피가 스며들기 쉬우므로, 젖어 있는 상태에서 사용한다. 생선의 위치는 정면이 아니라 주로 사용하는 손의 오른쪽 앞에 놓아야 칼질하기 쉽다. 도마의 오른쪽 아래에는 칼을 닦기 위해, 적셔서 살짝 짠 두꺼운 키친타월을 올려놓는다. 칼은 도마 뒤쪽의 공간에 칼날이 반대쪽을 향하게 놓는다.

2 칼에 묻은 불순물은 키친타월을 올려놓은 도마의 가장자리를 이용하여 닦아낸다. 한쪽을 모두 사용하면 키친타월을 90도 돌려서 깨끗한 부분이 앞으로 오게 한다.

생선 다루는 방법

손바닥으로 살이나 배 부분을 만지면 손의 온도로 생선이 상할 수 있기 때문에, 머리 또는 꼬리를 잡는다. 머리를 잡을 때는 눈 옆의 단단한 부분을 잡으면 안정적이다.

손질한 살에서 배뼈와 잔뼈를 제거한 살을 순살이라고 한다.

기본 손질 방법

3장뜨기

3장뜨기를 할 수 있으면, 대부분의 생선을 손질할 수 있다. 3장이란 등뼈 양쪽의 살 2장과 뼈 부분 1장을 의미한다. 살에 뼈를 남기고 싶지 않을 때 사용하는 방법으로,「배→등→등→배」순서로 칼을 넣어 손질하는 것이 기본이다.

평형 자르기

머리쪽에서 등뼈 위로 칼을 넣어, 그대로 등뼈를 따라 꼬리쪽까지 한 번에 잘라서 살을 분리하는 방법이다. 뼈에 살이 남기 쉬워서, 일본에서는 사치스럽다는 의미로 넓은 영지를 가진 무사를 뜻하는 「다이묘오로시」라고 부른다. 주로 작고 가는 생선을 손질할 때 사용하는 방법이다.

2장뜨기

잘라서 분리한 위쪽 살과 뼈가 붙어 있는 아래쪽 살의 2장으로 손질하는 방법으로, 3장뜨기에서 한쪽 살을 잘라내고 멈춘 상태이다. 구이, 조림 등 뼈의 감칠맛을 이용하는 요리에 알맞은 방법이다.

5장뜨기

가자미, 광어, 병어 등과 같이 넓적한 생선을 손질할 때 사용하는 방법이다. 위쪽 살과 아래쪽 살을 등뼈를 경계로 각각 2장(등살과 뱃살)으로 나누어서, 뼈 부분까지 더하면 5장이 된다.

기본적인 밑손질 방법

비늘을 제거한다

비늘은 꼬리에서 머리 방향으로 긁어내는 것이 원칙이다. 비늘이 남아 있으면 손질하기 어렵고 식감도 좋지 않으므로, 빠르고 꼼꼼하게 구석구석 제거하는 것이 중요하다.

Point

대부분의 생선 지느러미와 아가미뚜껑에는 가시가 있으므로, 주의해서 작업해야 한다. 또한 생선을 잡을 때는 손의 온도로 신선도가 떨어지고 살이 부서질 수 있으므로, 머리나 꼬리를 잡는다. 머리의 경우 눈 옆의 단단한 부분을 잡으면 안정적이다. 생선 표면이 말라 있으면 비늘을 제거하기 어려우므로, 물에 적셔 둔다.

머리가 왼쪽으로 오게 놓고 가슴지느러미를 머리쪽으로 넘긴 뒤, 왼손으로 머리를 살짝 잡는다.

칼에 묻은 비늘은 중간중간 적셔둔 두꺼운 키친타월에 닦는다.

비늘 긁기1 (바라비키)

일반적인 비늘 제거 방법으로, 특히 작은 생선이나 살이 부드러운 생선에 적합하다. 칼끝만 사용하면 살이 손상되기 쉬우므로, 생선을 도마 위에 올렸을 때 뒤쪽은 앞칼날, 가운데는 가운데 칼날, 앞쪽은 뒷칼날과 같이 칼 전체를 사용한다. 세게 긁으면 살이 부서지므로 주의한다.

도구 생선용 칼
생선 전갱이

1 생선의 등쪽을 살짝 세운다. 꼬리 연결 부위에 앞칼날을 대고, 머리쪽으로 조금씩 움직이면서 비늘을 긁어낸다.

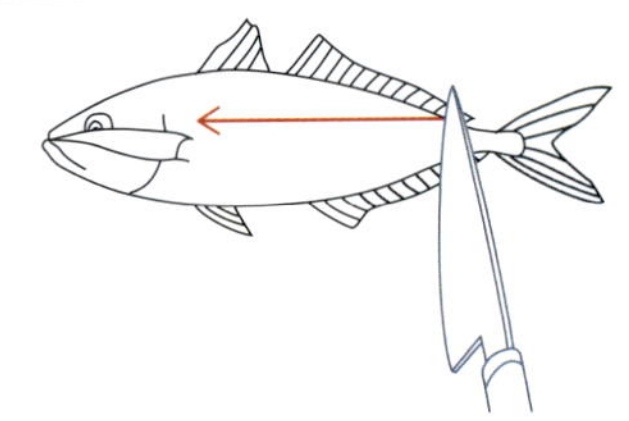

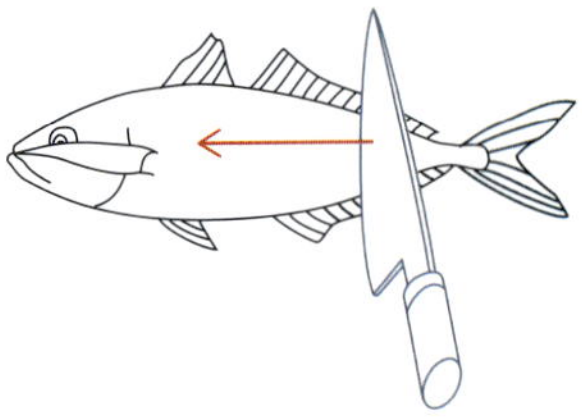

2 세운 생선을 다시 평평하게 눕히고, 몸통 가운데 부분의 비늘을 가운데 칼날로 긁어서 제거한다.

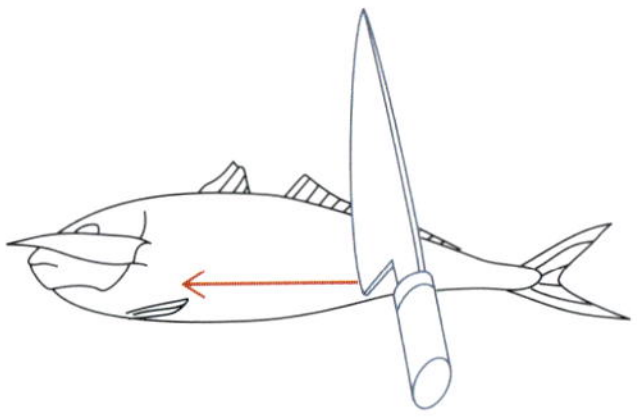

3 생선의 배쪽을 살짝 세우고, 뒷칼날을 사용하여 배쪽의 비늘을 긁어낸다.

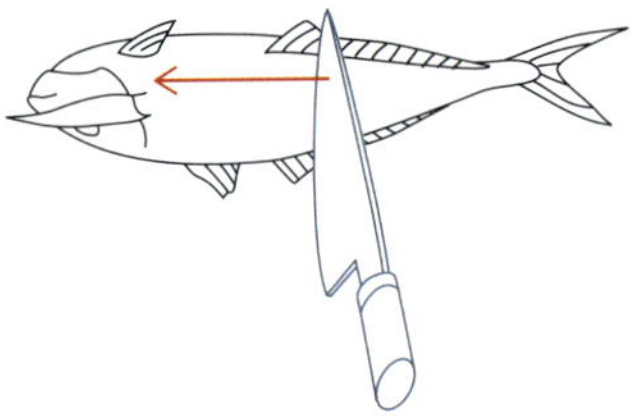

4 뒤집어서 아랫면의 비늘도 같은 방법으로 긁어낸다. 배쪽을 살짝 세우고, 앞칼날로 비늘을 긁어낸다.

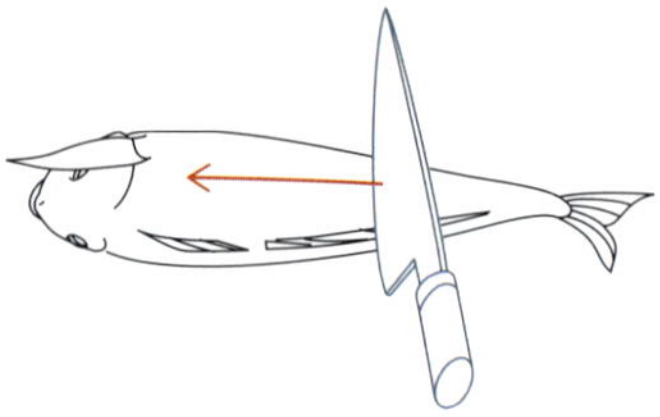

5 몸통 가운데 부분은 가운데 칼날을 사용하고, 등쪽은 뒷칼날을 사용하여 긁어낸다.

비늘 긁기2
(바라비키)

비늘이 크고 단단한 생선(참돔, 벤자리, 농어 등)은, 칼날이 손상될 수 있으므로(이가 빠진다) 비늘제거기를 사용한다. 비늘이 여기저기 튀므로 싱크대 안에서 작업하는 것이 좋다.

도구 비늘제거기
생선 돌돔

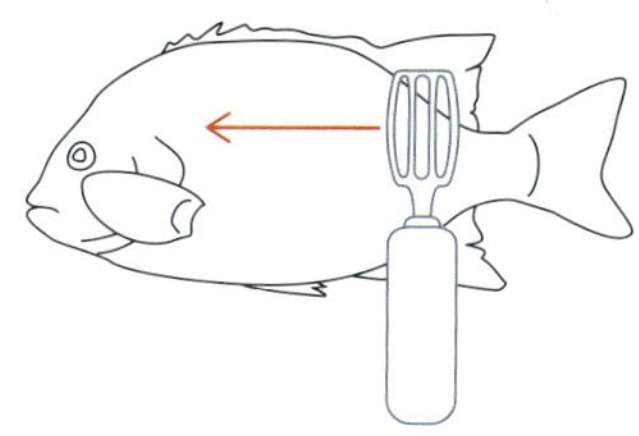

1 가슴지느러미를 머리쪽으로 넘기고, 엄지와 검지 사이에 머리를 끼워서 살짝 잡는다. 비늘제거기로 꼬리에서 머리 방향으로 비늘을 긁어낸다.

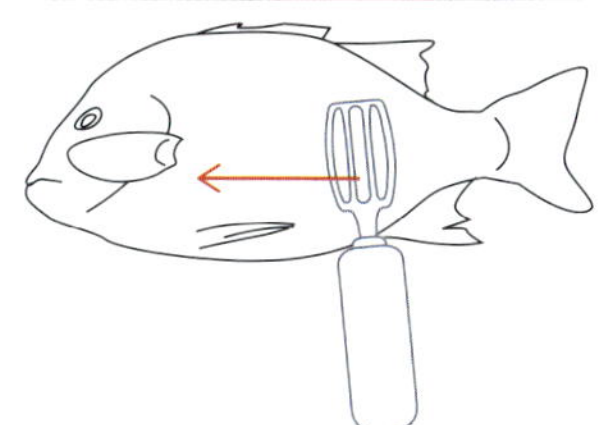

2 뒤쪽부터 순서대로 긁고, 등쪽과 배쪽은 생선을 살짝 세워 아가미나 지느러미 옆도 긁어낸다. 아랫면도 똑같이 작업한다.

잔비늘 제거

지느러미 옆이나 몸통과 연결된 부분, 머리 주변, 아가미뚜껑 아래 등, 구석구석에 있는 잔비늘도 꼼꼼히 제거한다. 비늘제거기를 사용할 경우 이런 부분에 비늘이 남아 있을 수 있으므로, 마무리는 칼로 한다.

도구 생선용 칼
생선 참돔

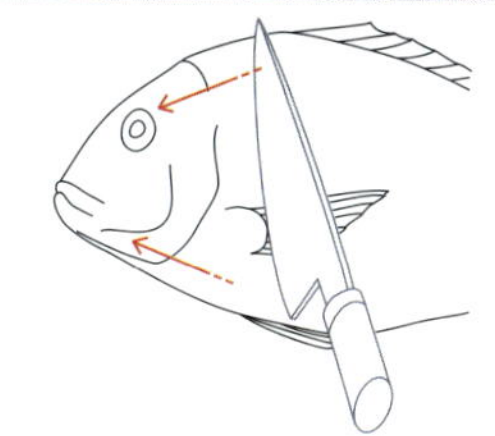

1 머리를 요리에 사용하는 경우, 눈과 입 주위, 머리 위, 볼 등의 비늘을, 앞칼날과 뒷칼날을 알맞게 사용하여 살이 손상되지 않게 제거한다

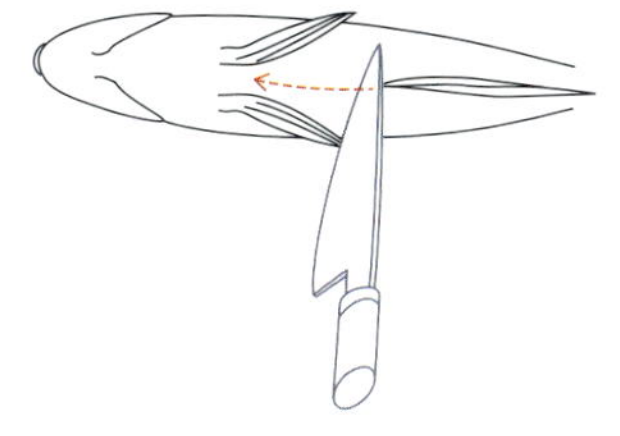

2 배 부분의 뒷지느러미와 배지느러미 주위도 배가 터지지 않도록, 힘을 지나치게 세게 주지 않고 긁어낸다.

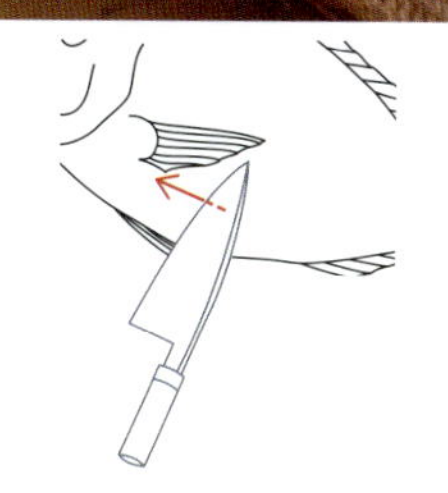

3 아가미와 지느러미 주위의 비늘도 잊지 말고 제거한다. 등지느러미 옆에는 잔비늘이 밀집되어 있으므로, 앞칼날이나 뒷칼날을 조금씩 움직여서 꼼꼼하게 제거한다.

비늘 깎기1
(스키비키)

비늘이 붙어 있는 얇은 껍질 1장을 잘라내는 느낌으로, 비늘을 띠 모양으로 깎는 방법이다. 잔비늘이 밀집되어 있는 생선, 두꺼운 껍질 같은 단단한 비늘이 있는 생선, 살이 부드럽고 비늘이 단단한 생선 등에 적합하다. 비늘 바로 밑에 있는 얇은 껍질이나 살을 자르기 쉬우므로, 세심한 주의가 필요하다.

도구	회칼
생선	옥돔

머리가 오른쪽으로 오게 놓고 왼손으로 꼬리를 당겨서 눌러, 칼이 닿는 부분을 팽팽하게 만든다. 칼을 거꾸로 잡고 칼날이 머리쪽을 향하도록 눕힌 뒤, 검지로 칼배를 눌러서 안정적으로 작업한다.

칼을 유연하고 크게 움직일 수 있도록, 도마에서 20㎝ 정도 떨어져서 선다.

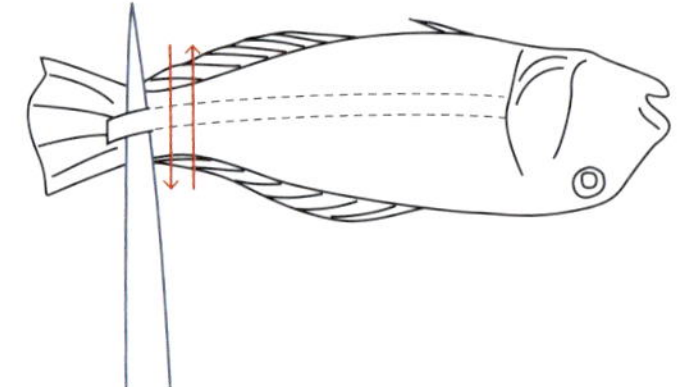

1 가운데 부분의 비늘부터 제거한다. 칼을 거꾸로 잡고 눕혀서, 꼬리 연결 부위의 껍질과 비늘 사이에 칼날을 넣은 뒤, 앞뒤로 크게 움직이면서 깎아낸다.

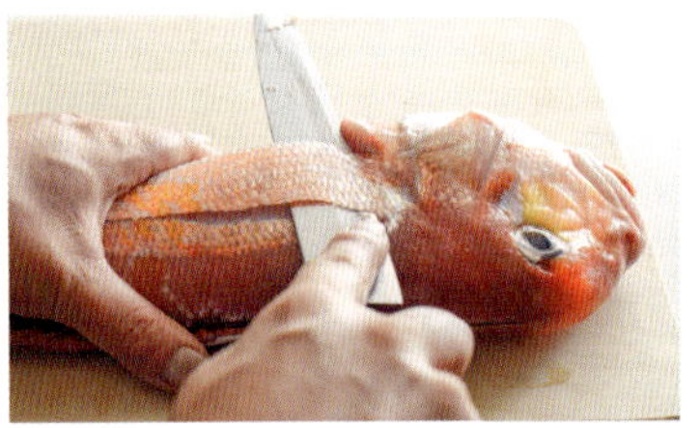

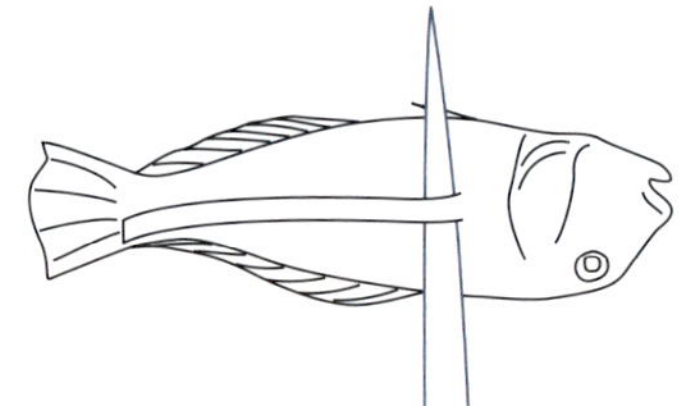

2 칼질이 진행되면 사진처럼 왼손으로 몸통을 살짝 눌러준다. 위에서 세게 누르면 살이 손상되므로 주의한다.

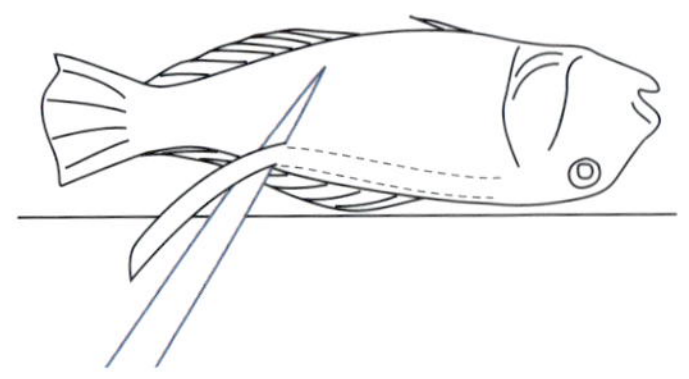

3 등쪽은 칼을 움직이기 쉽도록 생선을 도마 앞쪽으로 옮기고, 칼을 세워서 위아래로 크게 움직여 깎는다.

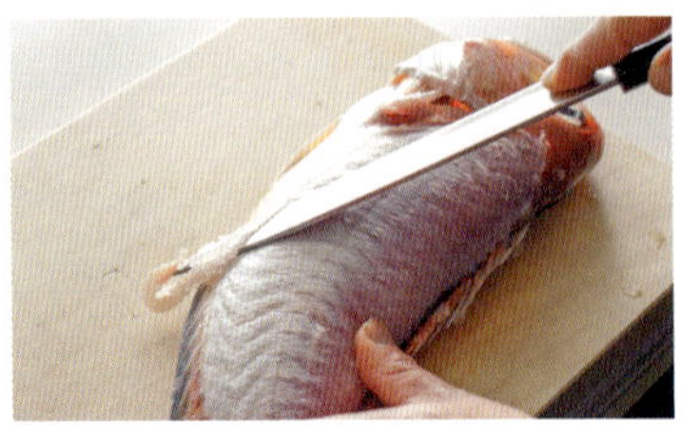

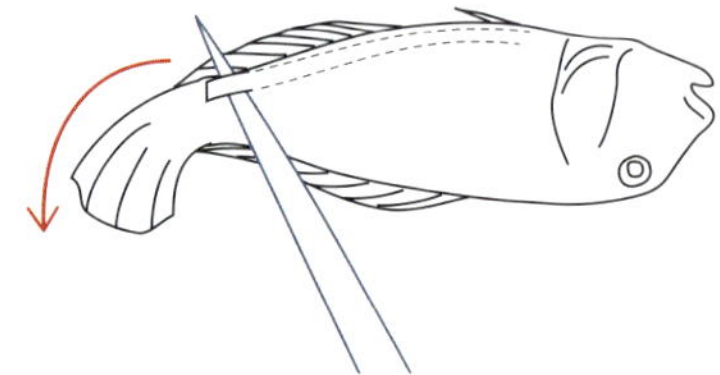

4 배쪽 비늘은 몸을 조금 세우고, 앞칼날을 사용하여 깎는다. 칼을 넣는 부분의 껍질이 팽팽해지도록, 꼬리를 앞쪽으로 당기면 작업하기 편하다.

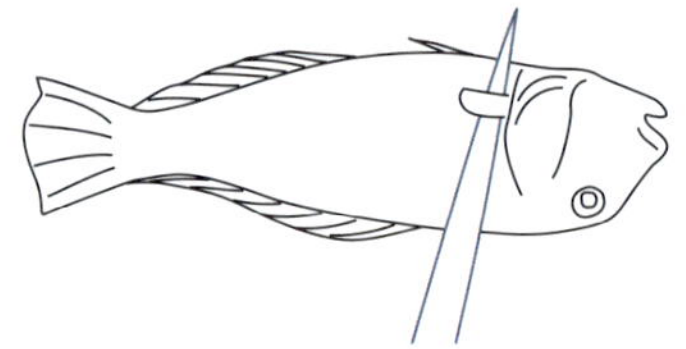

5 지느러미 밑에 있는 비늘도 꼼꼼하게 깎는다.

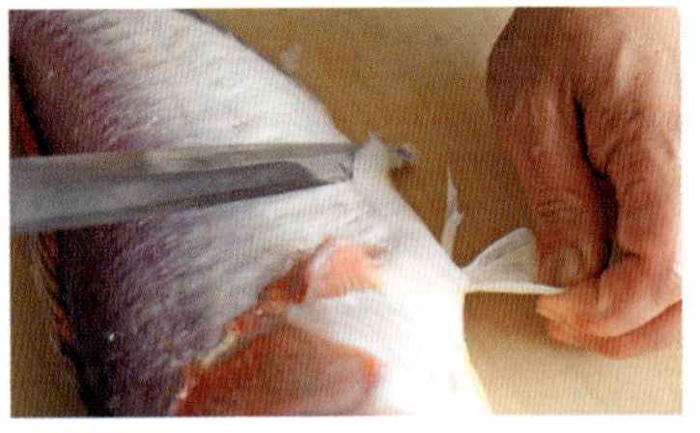

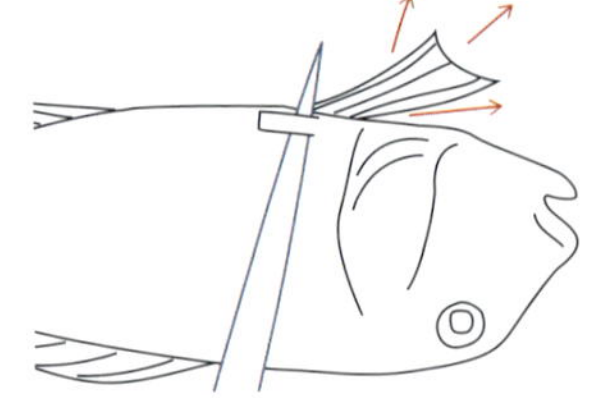

6 지느러미 옆은 지느러미를 당겨서 껍질을 팽팽하게 만들면 칼질하기 편하다.

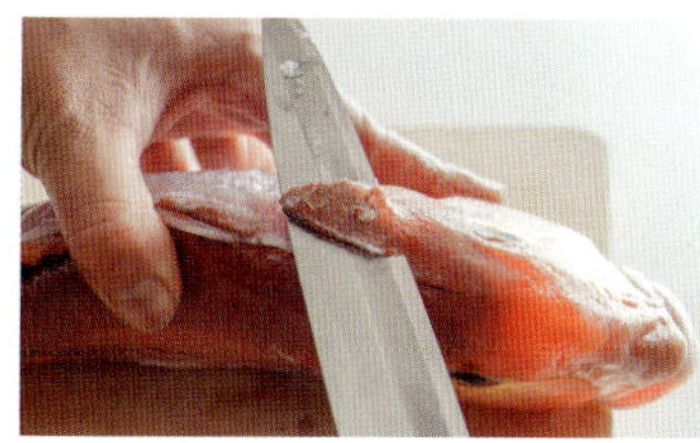

7 머리 부분도 꼼꼼하게 제거한다. 아랫면의 비늘도 같은 방법으로 깎는다.

완성

비늘을 깎아낸 상태.

비늘 깎기2
(스키비키)

살이 얇고 넓적한 생선(광어, 가자미 등)은 비늘 제거가 쉽지 않다. 작업의 기본은 「비늘 깎기1」과 같지만, 특히 제거하기 어려운 지느러미 옆과 배쪽은, 밑에서 손으로 받쳐 경사를 만들면 작업하기 편하다.

도구	회칼
생선	광어

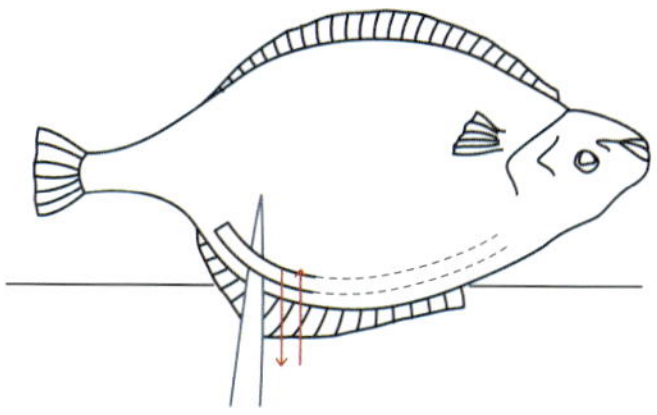

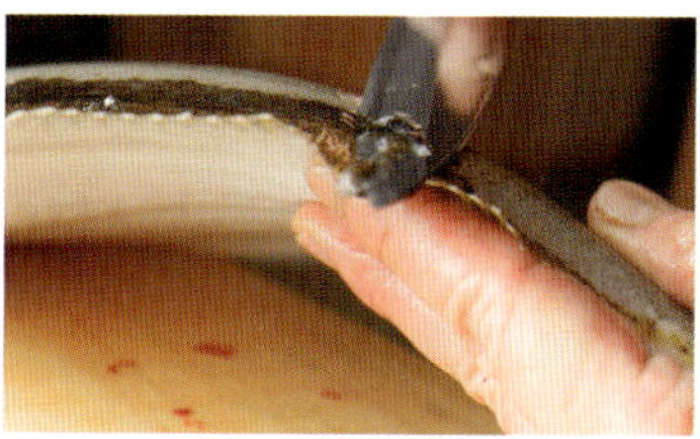

1 지느러미 가까이에 있는 비늘은, 칼을 움직이기 쉽도록 생선을 도마 앞쪽으로 옮기고, 칼을 세워서 깎는다.

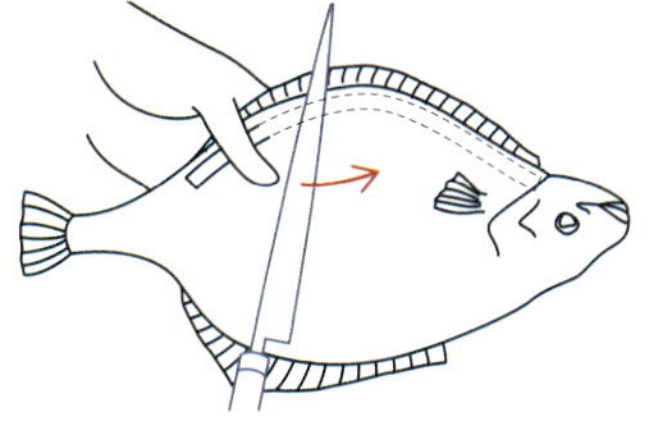

2 뒤쪽 지느러미 옆은 깎아낼 부분의 살을 밑에서 손으로 받쳐 볼록하게 만든 뒤, 경사를 따라 올라가면서 칼날을 움직이면 쉽게 깎을 수 있다.

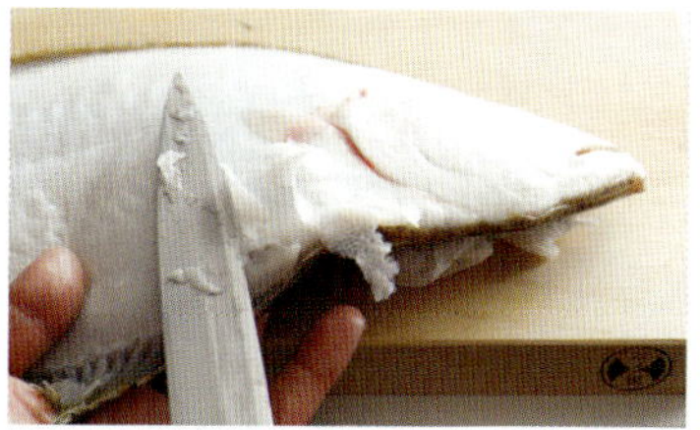

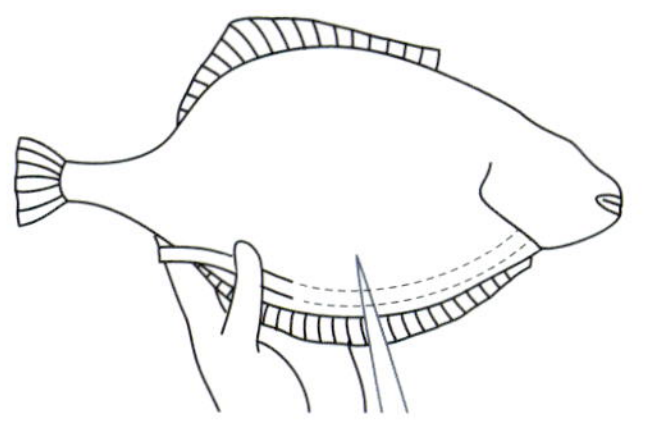

3 아랫면도 같은 방법으로 깎는다. 부드러운 배 부분도 밑에서 손으로 받쳐 칼날이 닿는 부분의 껍질을 팽팽하게 만든 뒤, 경사를 따라 위를 향해 칼을 움직인다.

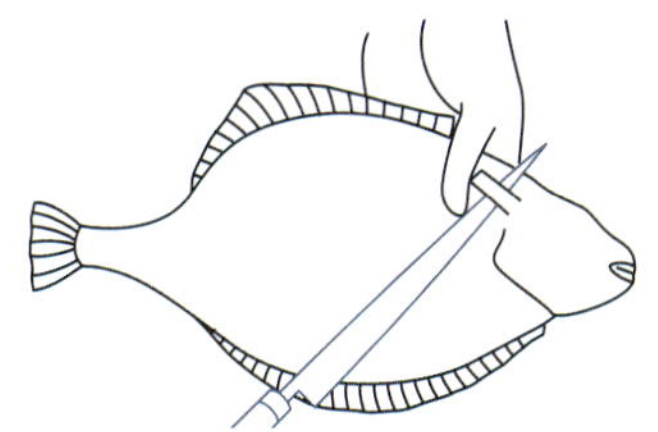

4 머리 부분의 비늘도 밑으로 손을 넣어서 받치고, 꼼꼼하게 깎아낸다.

머리를 자른다

가마 붙여 자르기1

소형~중형 생선에 많이 사용하는 방법이다. 머리에 가슴지느러미, 배지느러미를 붙여서 비스듬히 잘라낸다. 머리는 육수 등에 사용하면 좋다.

도구 생선용 칼 **생선** 전갱이

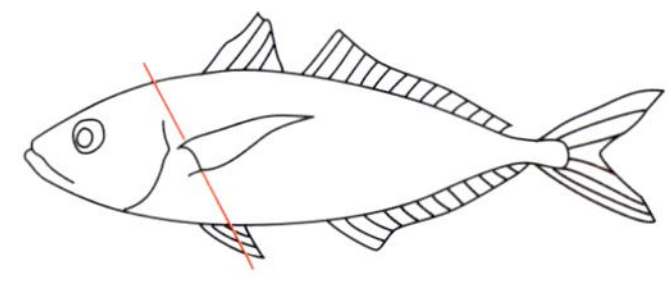

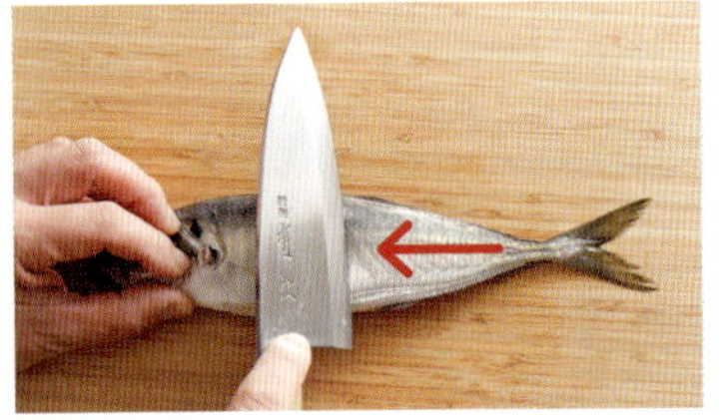

1 꼬리쪽부터 칼날로 쓰다듬듯이 움직이다 보면, 가슴지느러미 뒤에서 자연스럽게 멈추게 되는 위치가 있다. 여기가 칼을 넣는 위치이다.

2 1의 위치(가슴지느러미의 근육 부분)에서 머리 연결 부위와 배지느러미 가운데에 비스듬히 칼을 대고, 뒤쪽으로 찌르듯이 자른다.

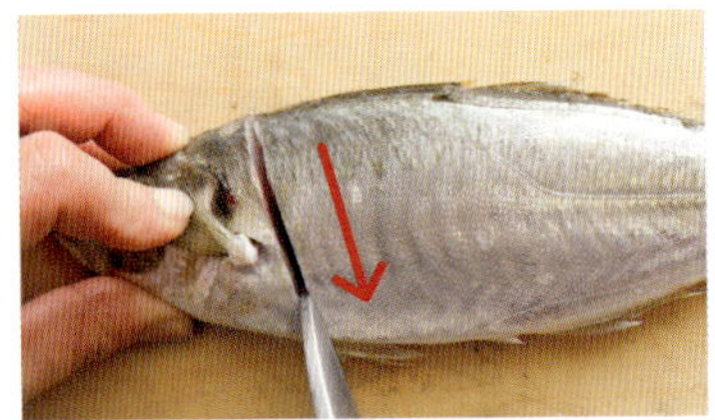

3 등뼈에 닿을 때까지 자른 뒤, 칼을 앞쪽으로 당겨서 배쪽을 자른다.

4 머리 연결 부위의 단면에 칼을 넣고, 아래쪽으로 칼집을 살짝 넣는다.

5 뒤집어서 4에서 넣은 칼집부터 배지느러미 가운데를 향해 비스듬히 칼을 대고, 2, 3과 같은 방법으로 칼을 넣는다.

6 마지막으로 뒷칼날을 머리뼈와 등뼈의 연결 부위에 대고, 칼등을 살짝 쳐서 머리를 잘라낸다.

가마 붙여 자르기2

중형~대형 생선에 사용되며, 머리를 요리에 사용할 때 자르는 방법이다. 지방이 올라 맛이 좋은 「가마」를 붙여서 비스듬히 자른다.

도구 생선용 칼 **생선** 참돔

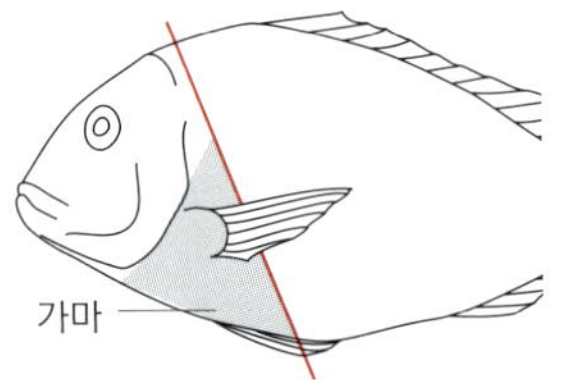

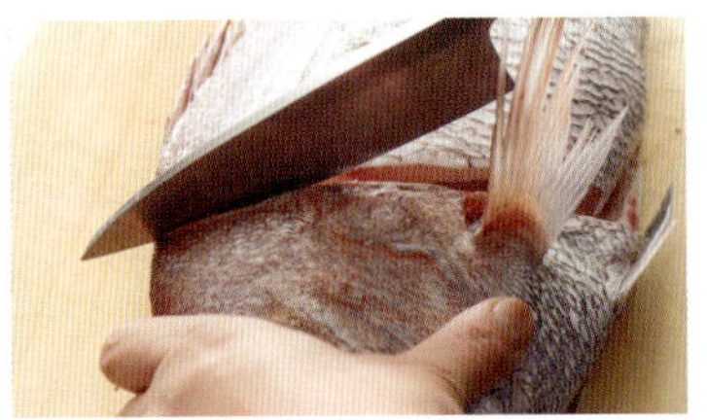

1 가슴지느러미 뒤에 칼을 넣고, 머리 연결 부위에서 배지느러미 가운데를 향해, 가마가 머리쪽에 붙어 있도록 비스듬히 자른다.

2 생선을 뒤집은 뒤 같은 방법으로 가슴지느러미 뒤부터 비스듬히 자른다. 등뼈에 뒷칼날을 대고 칼등을 쳐서 머리를 잘라낸다.

3 가마 부분이 충분히 붙어 있게 자른다.

생선의 머리는 꼬리와 머리가 붙어 있는 채로 요리에 사용하는 경우가 아니라면, 머리를 자른 뒤 내장 등을 제거하는 것이 기본이다. 자르는 방법은 머리를 요리에 사용하는지 아닌지에 따라 달라진다. 머리와 몸통은 머리뼈 윗부분과 등뼈로 연결되어 있으므로, 그 부분을 잘라서 분리한다.

어깨 자르기

중형~대형 생선에 사용되며, 머리를 사용하지 않을 때 자르는 방법이다. 머리에 살이 남지 않도록, 양면에서 머리를 향해 비스듬히 칼을 넣는다.

도구 생선용 칼 **생선** 고등어

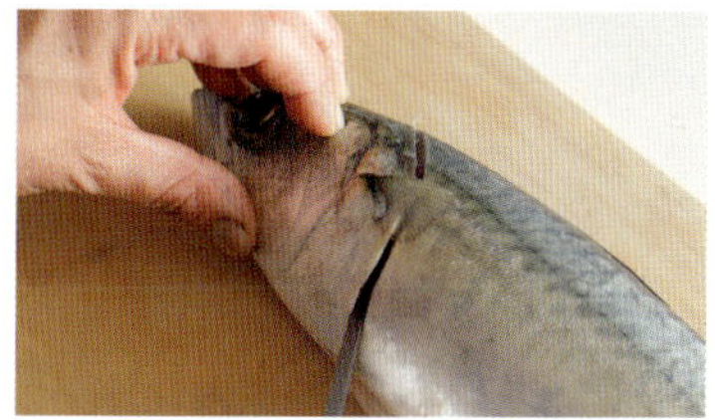

1 가슴지느러미 뒤에서 머리쪽을 향해, 칼을 오른쪽으로 살짝 눕혀서 비스듬히 넣은 뒤, 등뼈까지 자른다.

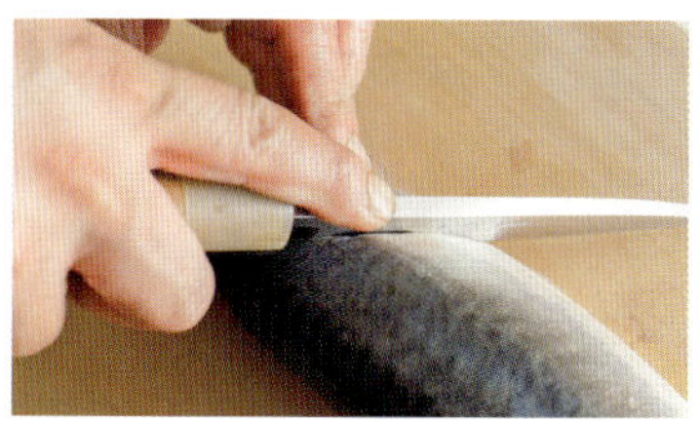

2 등이 앞쪽으로 오도록 뒤집은 뒤, 1과 같은 방법으로 가슴지느러미 뒤에서 칼을 비스듬히 넣는다.

3 등뼈에 닿으면 칼을 세운다. 등뼈를 끊어서 머리를 잘라낸다. 양면의 칼집이 깊은 V자 모양이 되도록 칼을 넣으면, 머리에 살이 남지 않는다.

수직으로 자르기

머리를 사용하지 않을 때 자르는 방법이다. 가슴지느러미 뒤에서 수직으로 자른다. 작은 생선이나 생선을 토막내서 요리할 때 사용한다.

도구 생선용 칼 **생선** 정어리

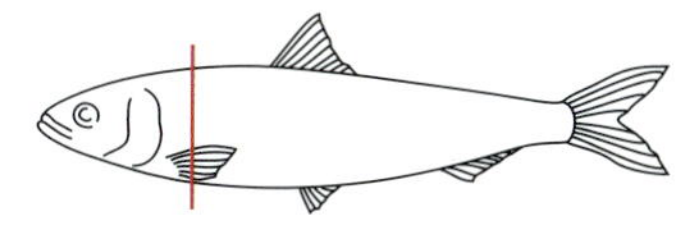

1 가슴지느러미 뒤에 앞칼날을 대고, 아래쪽을 향해 비스듬히 찔러서 자른다.

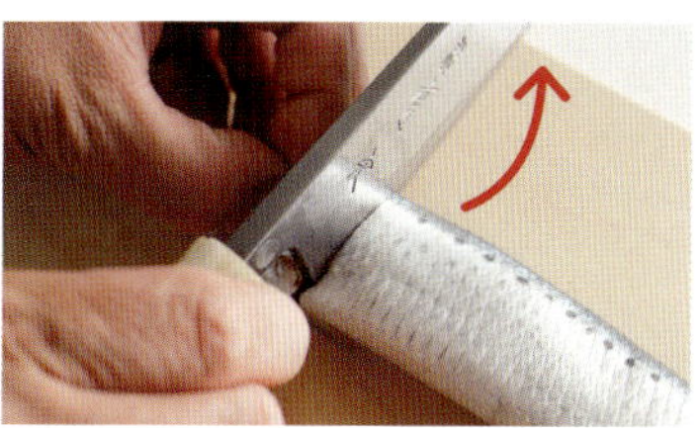

2 칼날이 등뼈에 닿으면 칼끝을 위로 튕기듯이 올려 눌러서 자르고, 그대로 뒷칼날로 등뼈를 자른다.

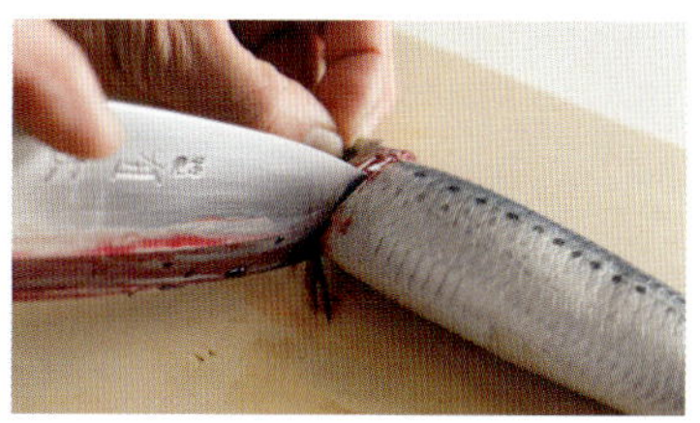

3 올린 칼끝을 내리면서 앞쪽으로 당겨, 배쪽을 잘라서 머리를 분리한다.

가마 빼고 자르기

머리에 살이 남지 않도록 자르는 방법이다. 몸통에 「가마」를 붙여서 요리할 때 사용한다. 아가미뚜껑을 따라 칼을 넣어서 머리만 잘라낸다.

도구 생선용 칼 **생선** 빛금눈돔

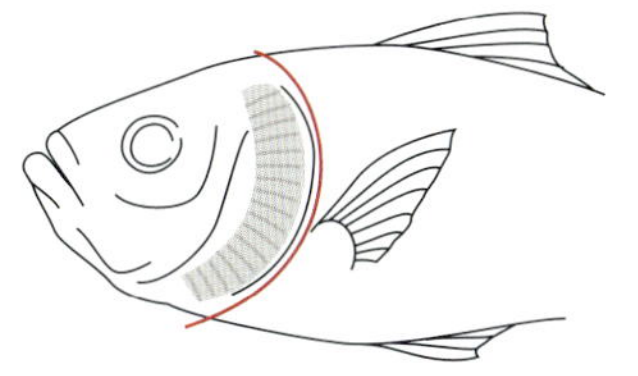

1 머리에 되도록 살이 남지 않도록, 아가미뚜껑 옆에 칼을 오른쪽으로 살짝 눕혀서 비스듬히 넣는다.

2 아가미뚜껑을 따라 깊숙이 칼을 넣는다. 뒤집어서 같은 방법으로 칼을 넣고, 등뼈를 눌러서 잘라 머리를 분리한다.

아가미를 제거한다

아가미는 호흡기관이므로 모세혈관이 집중되어 있어 혈액량도 많기 때문에, 제거하지 않고 요리하면 전체에 피비린내가 퍼진다. 또한 가장 빨리 상하기 때문에, 머리를 잘라내고 요리하지 않는 경우에는 반드시 제거해야 한다.

아가미 제거1

아가미는 아래 그림처럼 정수리와 아래턱, 곡선 부분의 얇은 막(몸통과의 경계)으로 연결되어 있다. 이 부분을 잘라내면 제거할 수 있다.

도구 생선용 칼 **생선** 빛금눈돔

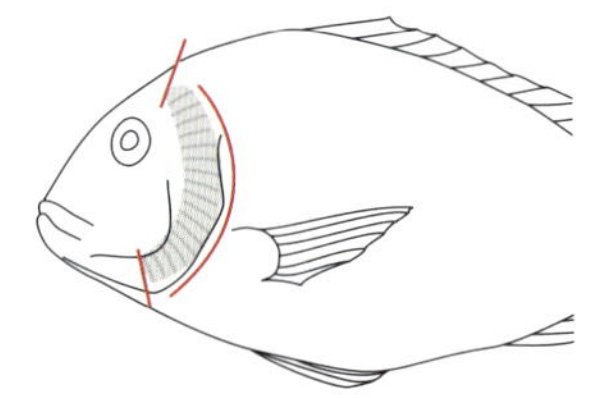

1 머리가 왼쪽, 배가 앞쪽으로 오게 놓는다. 아가미뚜껑을 열고 머리와 턱밑의 연결 부위에 칼끝을 넣어 잘라서 분리한다.

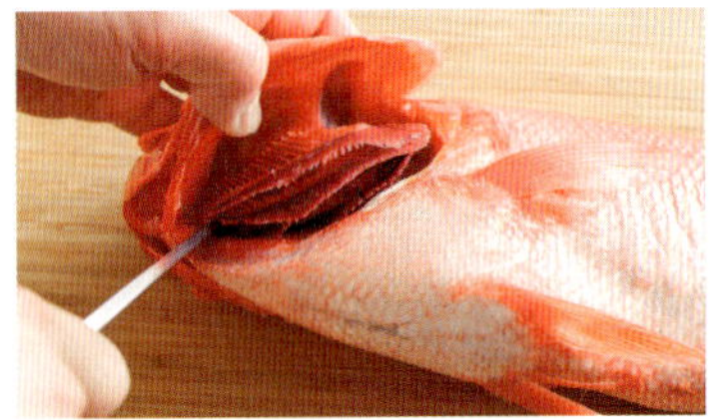

2 아래턱과 양쪽의 아가미 연결 부위를 잘라서 분리한다. 알맞은 위치에 칼을 넣으면, 힘을 주지 않고 자를 수 있다.

3 칼날이 오른쪽을 향하게 하고, 아가미 바깥쪽 곡선 부분에 있는 위아래의 얇은 막 2장에 칼끝을 찔러서 통과시킨다.

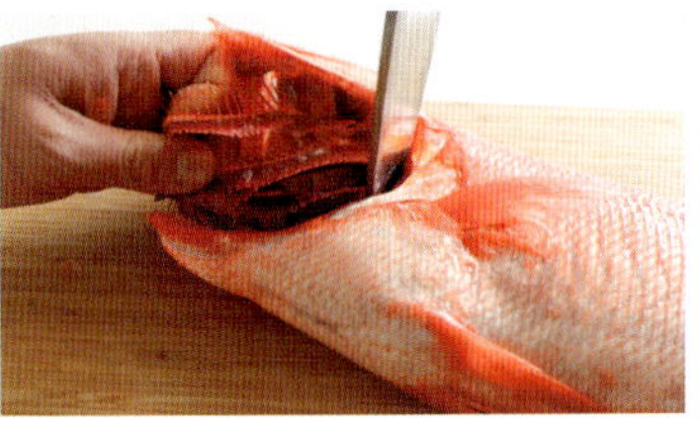

4 곡선을 따라 칼을 움직여서, 몸통과 연결된 얇은 막 2장을 함께 자른다. 작업하기 어려우면 반대쪽에서도 자른다.

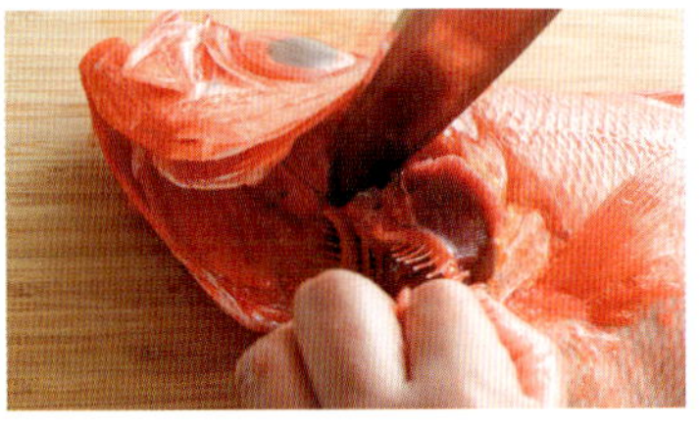

5 아가미와 정수리의 연결 부위를 자른 뒤, 손으로 빼내서 제거한다.

* 배를 갈라 열고 내장과 함께 아가미를 제거하는(p.23 「배 갈라서 열기1」 참조) 경우도 있다.

아가미 제거2

소형~중형 생선은 연결 부위를 자른 아가미와 내장을 함께 제거한다.

도구 생선용 칼 **생선** 벤자리

1 아가미뚜껑을 열고 칼끝을 넣어 아가미 위아래의 연결 부위를 잘라낸 뒤, 곡선을 따라 얇은 막을 자른다.

2 칼을 거꾸로 잡은 뒤 분리한 아가미 가운데에 칼끝을 넣고 당겨서, 아가미를 밖으로 꺼낸다.

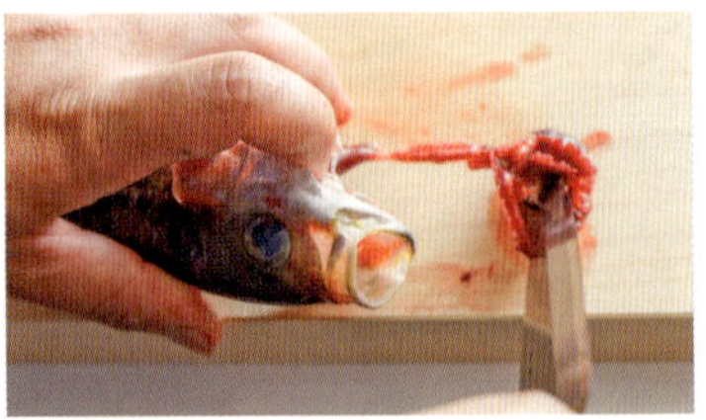

3 그대로 도마 위에 아가미를 칼로 눌러 놓고, 생선을 왼쪽으로 천천히 움직여서 아가미와 함께 내장을 빼낸다.

내장을 제거한다

내장은 세균 증식의 원인이 된다. 은어나 꽁치처럼 내장의 쓴맛을 즐기는 경우를 제외하고는, 바로 조리하지 않는 경우에도 가능한 한 빨리 내장을 제거해야 신선도를 유지할 수 있다. 제거 방법은 생선 크기와 조리 방법에 따라 달라진다.

배 갈라서 열기1

내장은 식도로 아가미와 연결되어 있어서, 머리가 붙어 있는 채로 배를 갈라서 열면, 아가미와 내장을 함께 제거할 수 있다.

도구 생선용 칼 **생선** 빛금눈돔

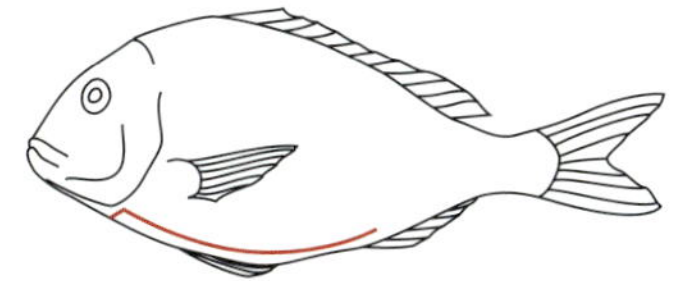

1 머리가 왼쪽, 배가 앞쪽으로 오게 놓는다. 항문부터 턱밑까지 자른다. 칼을 깊게 넣으면 내장이 손상되므로 주의한다.

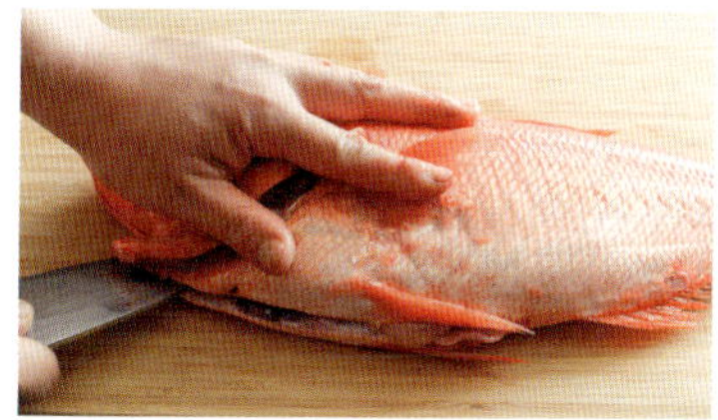

2 손으로 배를 열고 아가미가 붙어 있는 부분과 얇은 막을 잘라낸 뒤, 힘줄과 복막에서 내장을 조심스럽게 잘라낸다

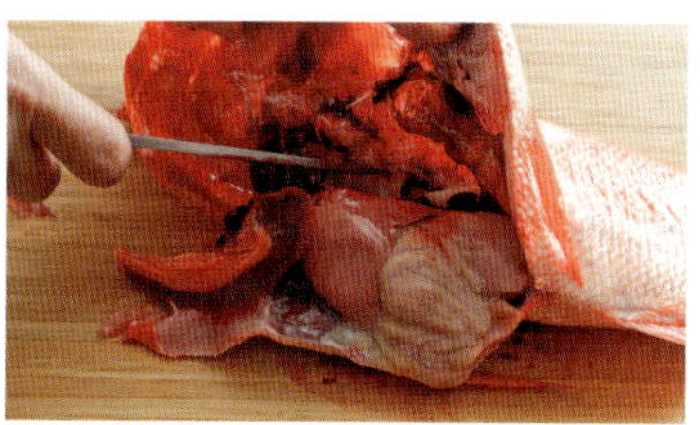

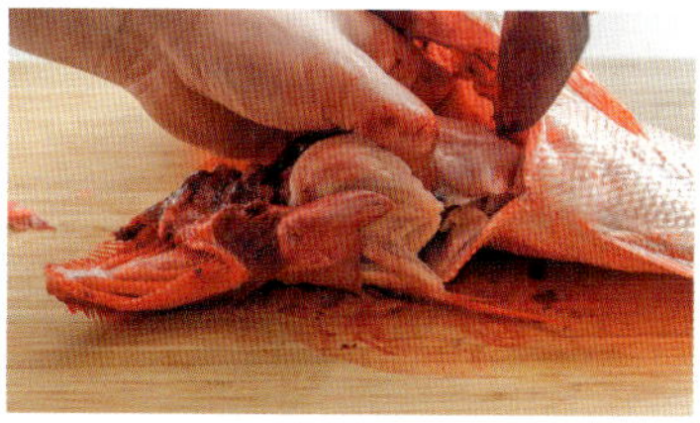

3 복강 안에 칼을 넣어, 살이 손상되지 않도록 내장을 빼낸다.

머리 자르고 배 열기

머리를 자를 때 내장과 연결된 식도를 자르지 않고, 배를 열어 머리와 함께 내장을 제거한다. 중형~대형 생선을 손질할 때 사용하는 방법이다.

도구 생선용 칼 **생선** 돌돔

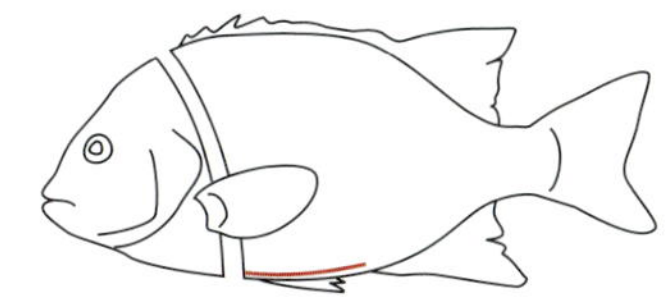

1 내장에 연결된 식도를 자르지 않도록, p.20 「가마 붙여 자르기1」의 방법으로 머리에 칼을 넣어 등뼈를 자른다.

2 머리쪽에서 칼을 거꾸로 잡고 칼끝을 넣어, 내장이 손상되지 않도록 항문까지 자른다.

3 머리를 앞쪽으로 구부려서 당기고, 칼을 복강 안에 넣어 힘줄과 복막을 꼼꼼하게 잘라서, 머리와 내장을 함께 제거한다

배 갈라서 열기2

머리를 잘라낸 소형~중형 생선에 사용하는 방법이다. 머리를 잘라낸 단면부터 항문까지, 배를 갈라서 열고 내장을 꺼낸다.

도구 생선용 칼 **생선** 전갱이

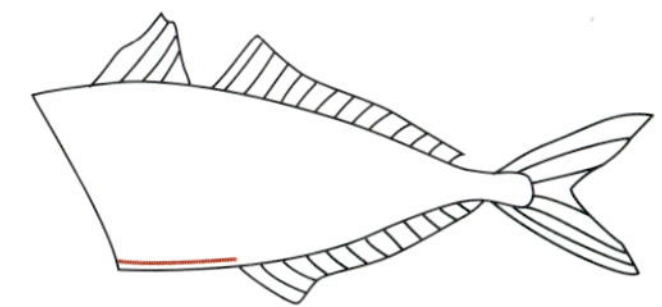

1 머리가 앞쪽, 배가 오른쪽에 오도록 세로로 놓는다. 칼을 거꾸로 잡고 단면에서 칼끝을 넣어, 배껍질을 자르는 느낌으로 항문까지 자른다.

2 칼을 다시 똑바로 잡고 복강에 넣어 곡선을 따라 움직여서, 복막과 함께 내장을 가운데로 모은다.

3 내장을 밖으로 빼내서 칼로 누르고, 몸통을 손가락으로 살짝 뒤쪽으로 밀어주면, 복강 안쪽에 남아 있는 내장이 나온다.

내장을 제거한다

배 자르기

정어리처럼 배쪽에 단단한 비늘이 있는 생선이나 뱃살이 얇은 생선은, 배 아랫부분을 항문까지 잘라서 내장을 제거한다.

도구 생선용 칼 **생선** 정어리

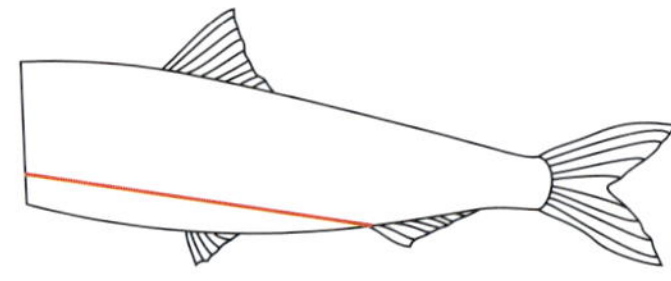

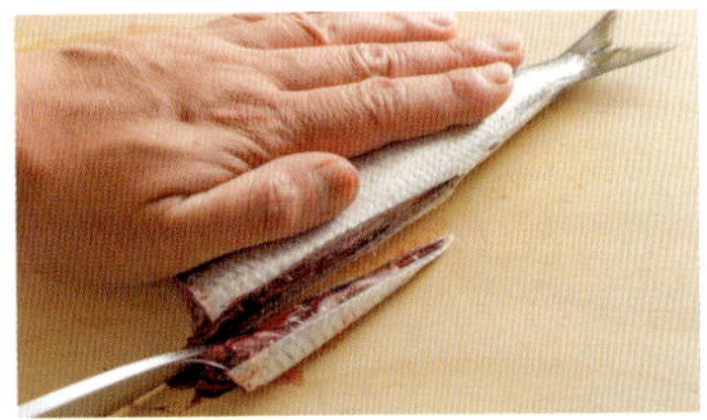

1 머리를 자른 생선을 꼬리가 오른쪽, 배가 앞쪽으로 오게 놓는다. 배 아랫부분을 항문부터 머리까지 비스듬히 잘라낸다.

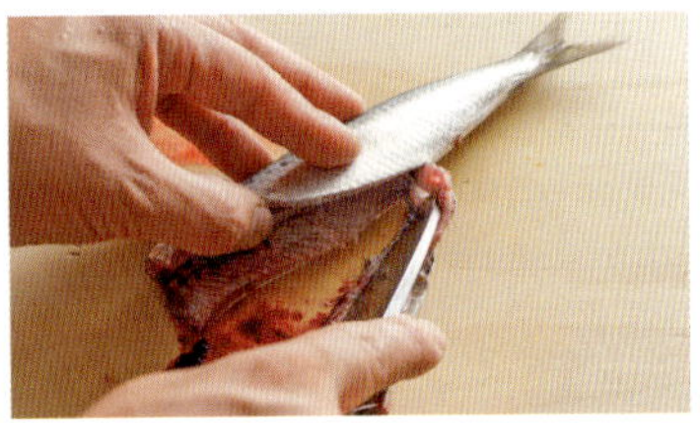

2 복강 안에 칼을 넣어 살이 손상되지 않도록, 조심스럽게 내장을 긁어낸다.

3 공간이 부족하면 꼬리쪽으로 살짝 더 잘라서, 안쪽에 있는 내장을 남김없이 제거한다.

보이지 않는 칼집 넣기

꼬리와 머리를 살려서 요리할 경우에 사용하는 방법이다. 접시에 담았을 때 보이지 않는, 아랫면의 배 부분에 칼집을 넣어 내장을 제거한다.

도구 생선용 칼 **생선** 전갱이

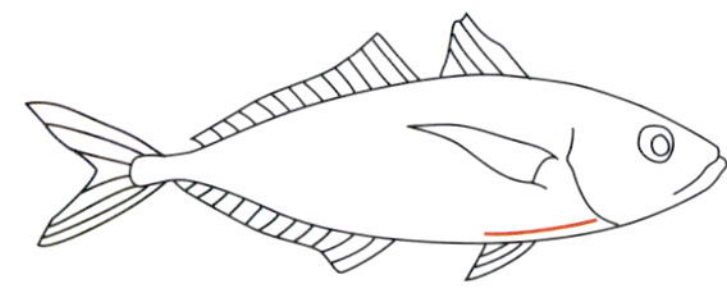

1 아가미를 제거한 생선을 머리가 오른쪽, 배가 앞쪽으로 오게 놓는다(아랫면이 위로 오게 놓는다). 배지느러미 위에 3㎝ 정도 칼집을 넣는다.

2 생선 윗면이 손상되지 않도록 내장을 긁어낸다. 그대로 내장을 칼로 누르고, 생선을 들어올리면 나머지 내장이 밖으로 나온다.

콩팥 제거

복강에서 내장을 꺼낸 뒤, 등뼈 아래쪽에 붙어 있는 콩팥을 제거한다.

도구 생선용 칼 **생선** 고등어

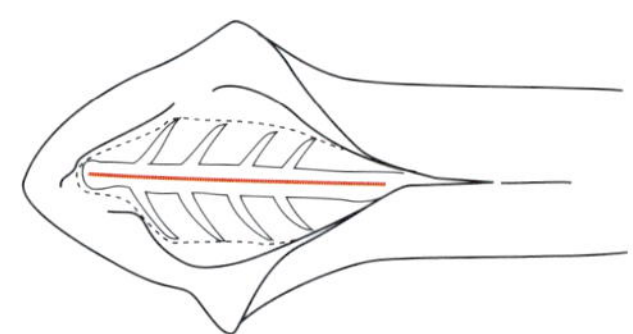

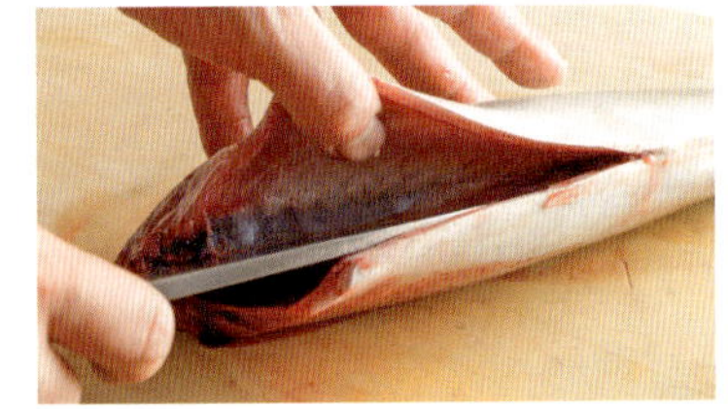

1 내장을 빼낸 복강 안. 등뼈 아래쪽을 따라 얇은 막이 있는데, 그 뒤로 검게 보이는 것이 콩팥이다.

2 얇은 막에 칼집을 넣는다.

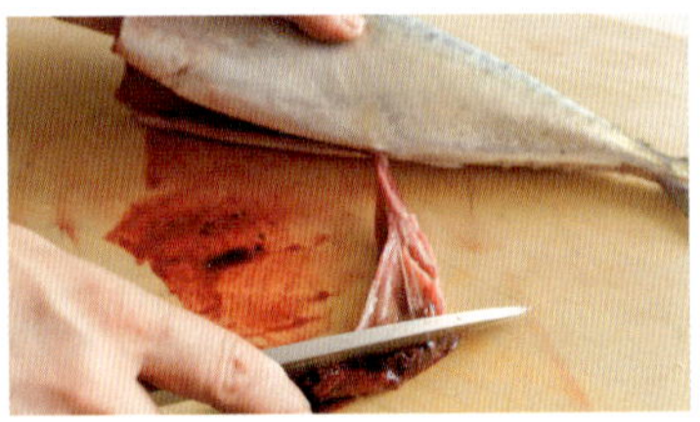

3 콩팥과 얇은 막을 칼날로 긁어낸다.

씻는다 · 닦는다

생선살은 스펀지처럼 물을 흡수한다. 오래 씻으면 맛이 싱거워질 뿐 아니라, 그 수분이 빠져나갈 때 감칠맛 성분도 함께 빠져나간다. 물로 씻을 때는 재빨리 씻고, 남은 콩팥 등은 키친타월로 닦아낸다.

씻기

표면에 남아 있는 비늘, 뱃속의 콩팥이나 불순물을 깨끗이 씻어낸다. 작은 생선이나 살이 부드러운 생선은 물을 받아서 씻고, 중형~대형 생선은 흐르는 물에 씻는다.

1 생선을 물에 적신 뒤 표면을 살짝 문질러서 비늘과 불순물을 제거한다. 물에 담가둔 채로 씻지 않는다.

2 뱃속은 살이 손상되지 않도록 주의해서 손끝으로 씻는다. 2~3번 살짝 문지르는 정도면 된다.

3 큰 생선의 경우 등뼈의 홈이 깊어서 콩팥이 잘 제거되지 않으면, 칫솔로 긁어서 제거하는 것이 좋다.

물기 닦기

밑손질의 마무리 작업이다. 씻은 생선은 재빨리 물기를 닦는다. 수분이 남아 있으면 부패의 원인이 되므로, 절대 남겨두지 않는다.

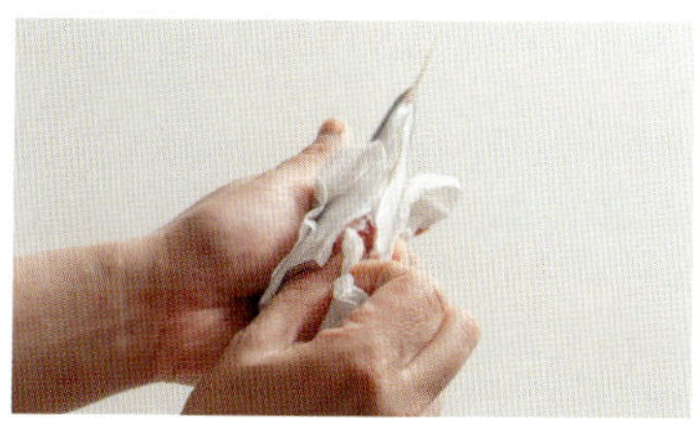

키친타월로 생선 전체의 물기를 꼼꼼히 닦는다. 뱃속에 남은 콩팥이나 불순물도, 키친타월을 접어서 모서리 등을 이용하여 잘 닦아낸다. 이때 키친타월은 머리에서 꼬리쪽으로 움직이는 것이 요령이다. 등지느러미 가시에 찔리면 위험하기 때문에, 몸통을 키친타월로 감싸고 작업한다.

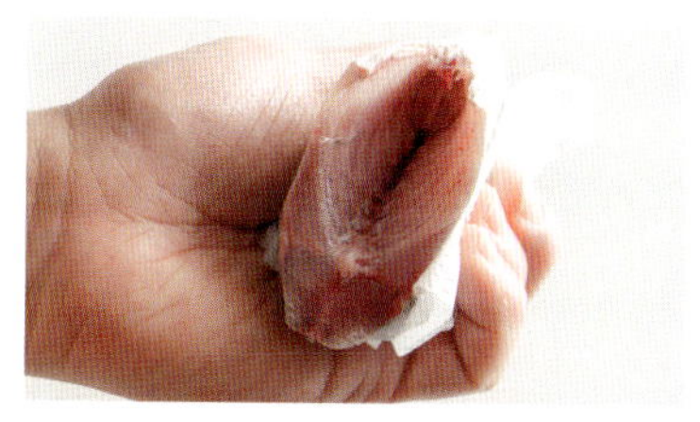

물기를 모두 닦아낸 생선의 몸통. 뱃속의 콩팥을 제거하여 고운 분홍빛이다.

● 밑손질 마무리

밑손질을 제대로 한 생선살은, 쉽게 상하지 않고 비린내도 없다. 이후로는 물로 씻거나 건조시키지 않는다.

사용할 때까지는 키친타월로 감싸고, 비닐랩을 씌워서 냉장보관한다. 키친타월은 수분을 흡수하기 위한 것이므로, 젖으면 교체한다.

● 내장 처리

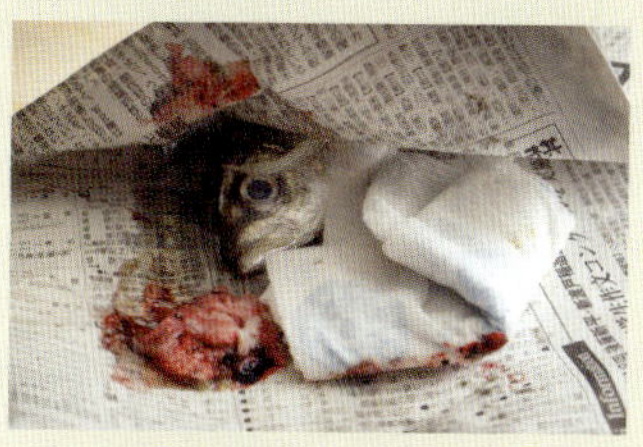

잘라낸 머리와 빼낸 내장은 도마 위에 깔아놓은 신문지로 감싸고, 2겹으로 겹쳐둔 비닐봉투에 담아 입구를 묶어서, 음식물 쓰레기 수거일까지 냉동고에 넣어둔다.

기본적인 손질 방법

3장뜨기(산마이오로시)

머리를 잘라낸 생선을 살 2장과 뼈 1장(등뼈와 가운데뼈)의, 3장으로 잘라서 분리하는 가장 기본적인 손질 방법이다.

도구 생선용 칼 **생선** 전갱이

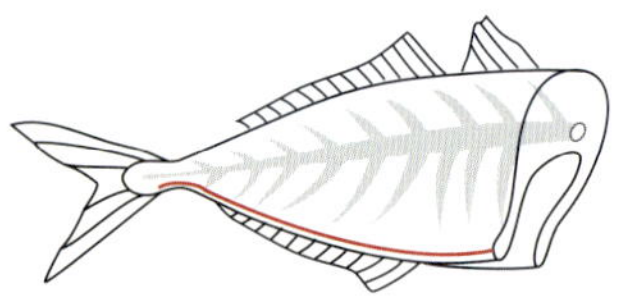

1 머리가 오른쪽, 배가 앞쪽으로 오게 놓는다. 배의 단면 끝부분부터 뒷지느러미 위를 연결하는 선에 뒷칼날을 댄다. 왼손으로 생선을 눌러준다.

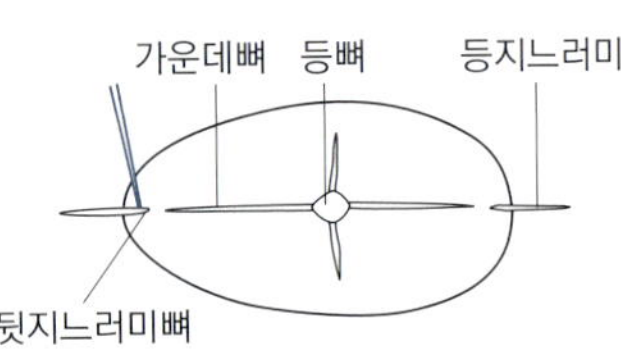

2 뒷칼날이 뒷지느러미 뼈를 향해 세로 방향이 되도록 세팅한다.

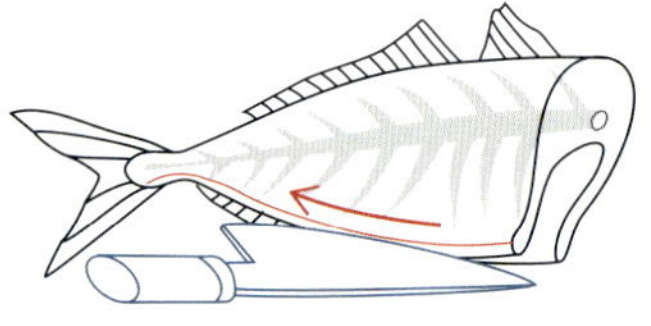

3 힘을 주지 않고, 칼을 꼬리쪽을 향해 한 번에 움직여서 칼집을 넣는다. 이 칼집이 기준선이 된다.

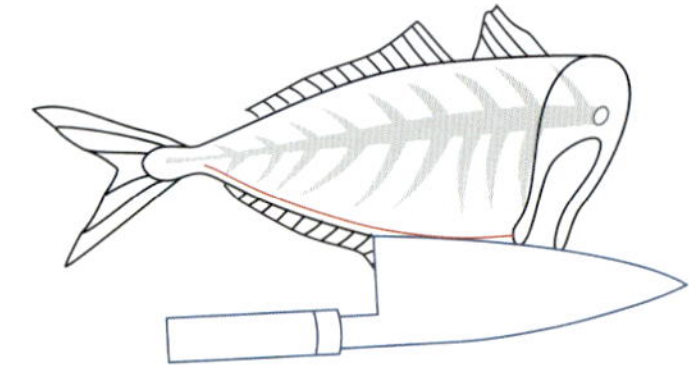

4 생선을 손질하기 위해 올바른 위치에 칼을 세팅한다. 먼저 칼을 수평으로 눕혀서 뒷칼날을 칼집 끝에 댄다.

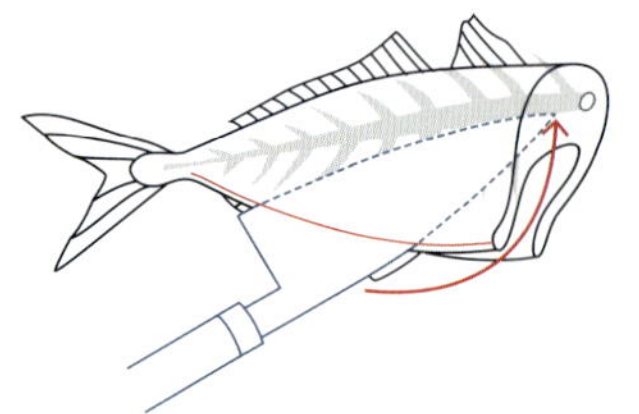

5 칼집을 따라 꼬리쪽으로 자르면서, 칼의 각도를 바꿔 칼끝을 등뼈에 댄다.

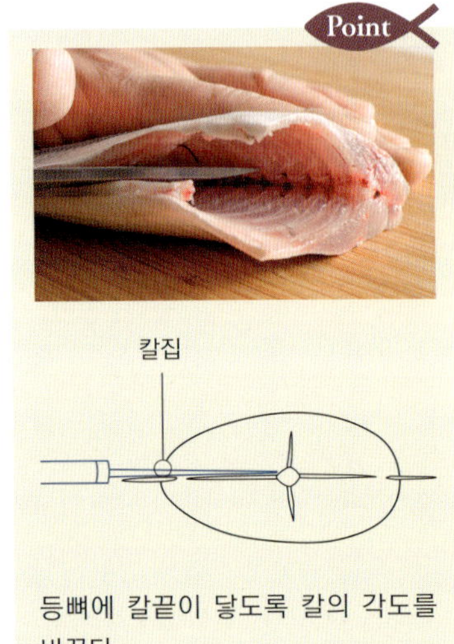

등뼈에 칼끝이 닿도록 칼의 각도를 바꾼다.

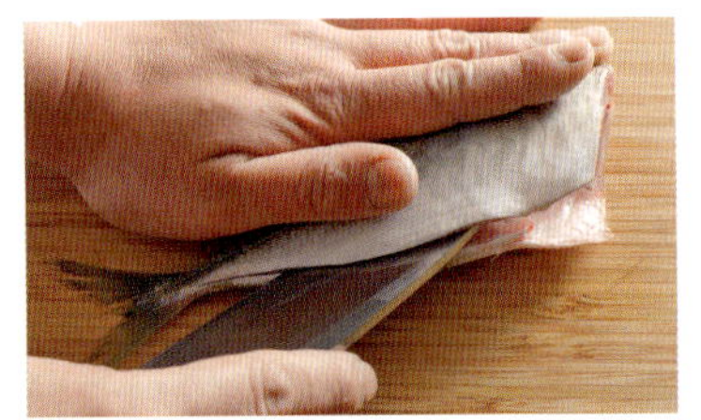

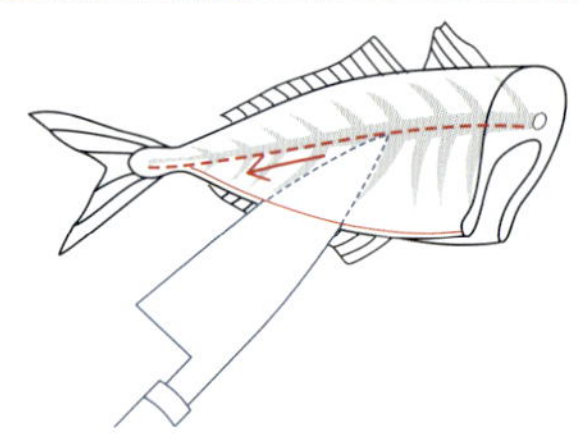

6 오른손의 힘을 빼고, 칼배를 가운데뼈에 밀착되게 올린다. 그대로 칼끝으로 등뼈를 긁듯이 꼬리 연결 부위까지 자른다

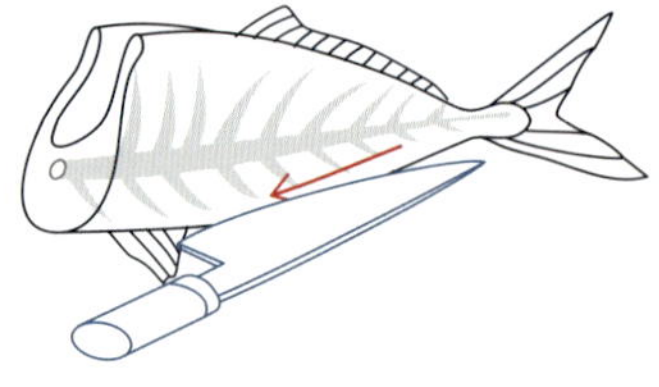

7 머리를 왼쪽, 등을 앞쪽으로 놓는다. **1~3**과 같은 방법으로 꼬리 연결 부위부터 어깨까지 등지느러미 위에 칼집을 낸다.

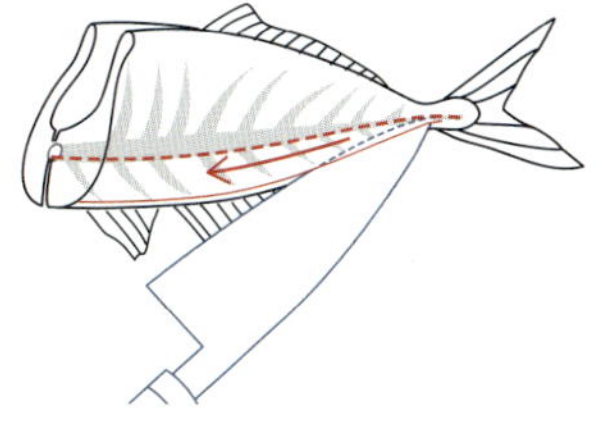

8 칼집을 따라 자르면서 칼끝을 등뼈에 맞춘다. 꼬리쪽은 폭이 좁아서 살짝 당기면 등뼈에 닿는다.

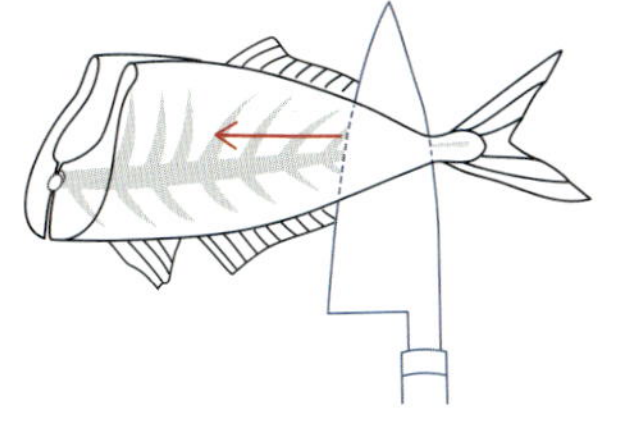

11 칼날이 머리쪽을 향하도록 칼을 돌린 뒤, 왼손으로 꼬리를 누르고 등뼈 위를 미끄러지듯이 움직여서 살을 잘라낸다.

2장뜨기

아래쪽 살과 뼈가 붙어 있는 위쪽 살의 2장으로 나눈 상태. 여기까지가 「2장뜨기(니마이오로시)」이다.

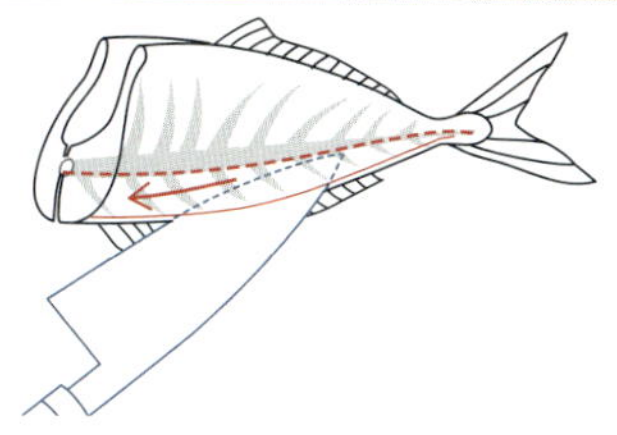

9 오른손의 힘을 빼고, 칼배를 가운데뼈에 밀착되게 올린다. 그대로 등뼈를 긁듯이 어깨까지 자른다.

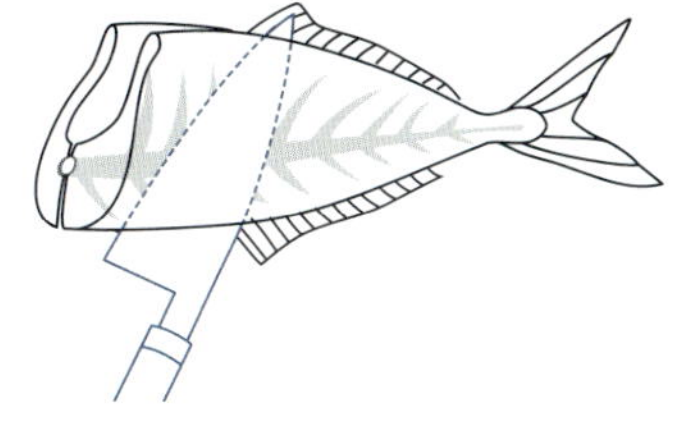

12 배뼈(p.9)에 닿으면 칼끝을 도마쪽을 향해 아래로 기울이고, 뒷칼날을 어깨쪽을 향해 비스듬히 돌려서 자른다.

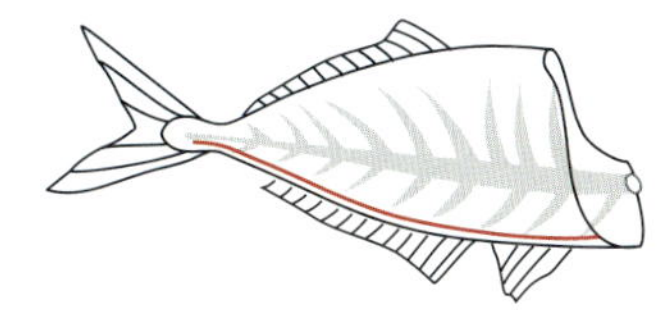

14 뼈가 아래로 가고, 머리가 오른쪽, 등은 앞쪽으로 오게 놓는다. 어깨부터 꼬리쪽까지, 등지느러미 위에 칼집을 넣는다.

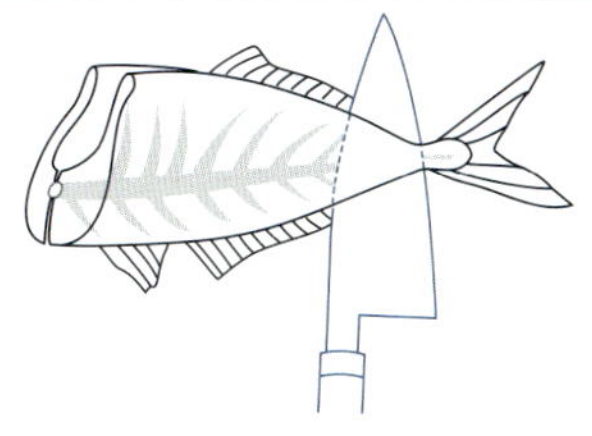

10 꼬리 연결 부위의 가운데뼈 위에 칼을 거꾸로 잡고 넣어서, 꼬리쪽을 향해 살짝 칼집을 낸다. 완전히 자르지는 않는다.

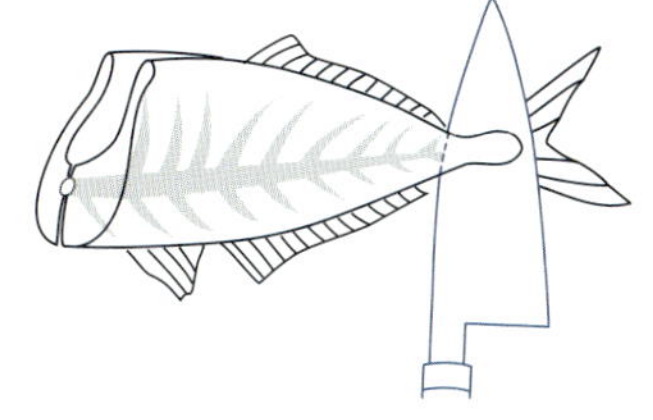

13 머리쪽까지 자르면, 칼을 거꾸로 잡고 꼬리 연결 부위를 잘라서 분리한다.

생선을 누르고 있는 왼손을 배쪽으로 살짝 옮기면, 칼을 넣는 부분의 껍질이 팽팽해져 쉽게 칼집을 낼 수 있다.

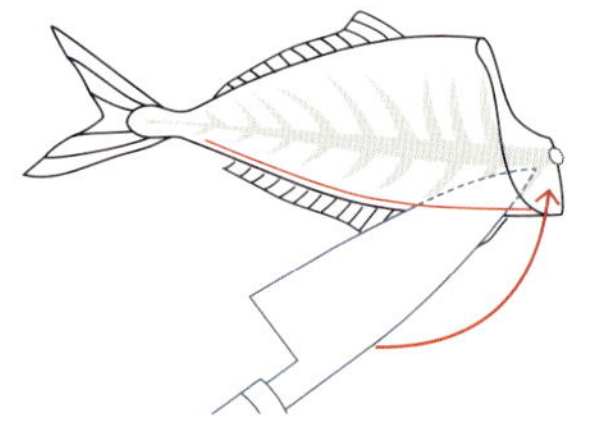

15 칼집을 따라 자르면서 칼끝을 등뼈에 맞춘다. 어깨에서 등뼈가 보이므로 맞추기 쉽다.

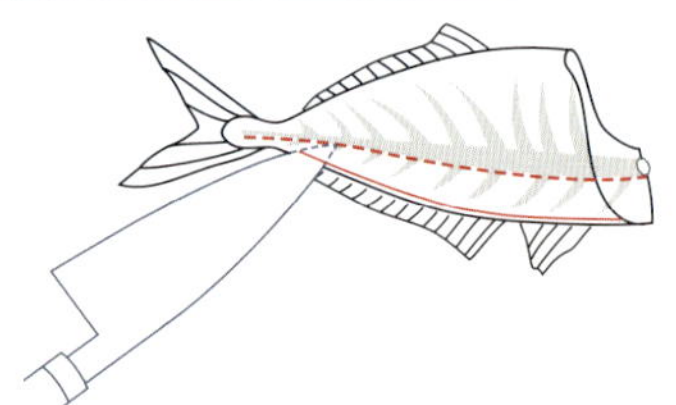

16 오른손의 힘을 빼고 칼배를 가운데뼈에 밀착되게 올린 뒤, 칼끝으로 등뼈를 긁듯이 꼬리쪽까지 자른다.

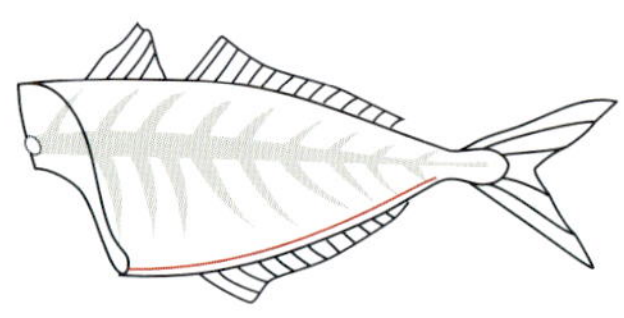

17 방향을 바꿔서 머리가 왼쪽, 배가 앞쪽으로 오게 둔 뒤, 꼬리쪽부터 배의 단면 끝까지, 뒷지느러미 위에 칼집을 넣는다.

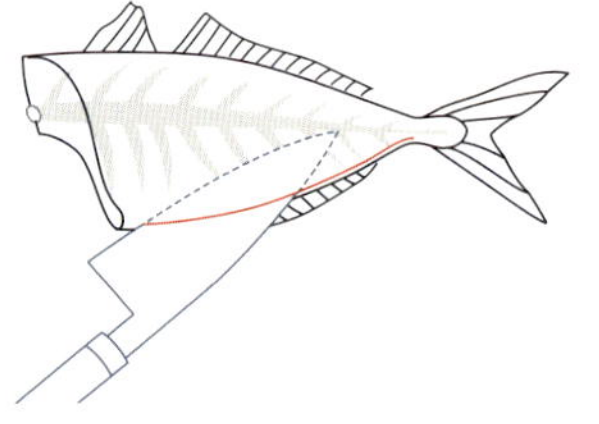

18 칼집에 따라 자르면서 칼끝을 등뼈에 맞춘다. 꼬리쪽은 폭이 좁아서 살짝 당기면 등뼈에 닿는다.

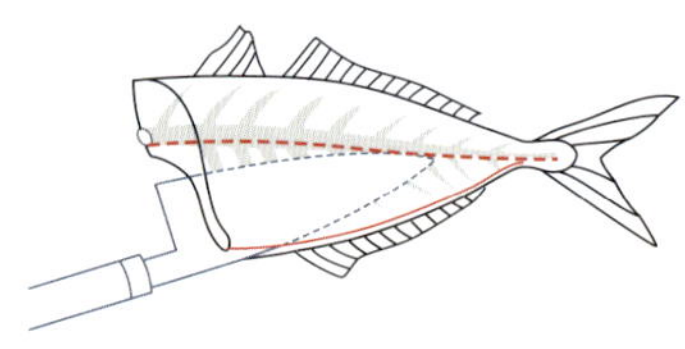

19 오른손의 힘을 빼고, 칼배를 가운데뼈에 밀착되게 올린다. 칼끝으로 등뼈를 긁듯이 배의 단면 끝까지 자른다.

Point

배뼈 부분은 살을 손가락으로 살짝 들어올려 배뼈가 붙어 있는 부분의 곡선을 확인하면서, 칼끝으로 배뼈와 등뼈의 연결 부위를 잘라서 분리한다.

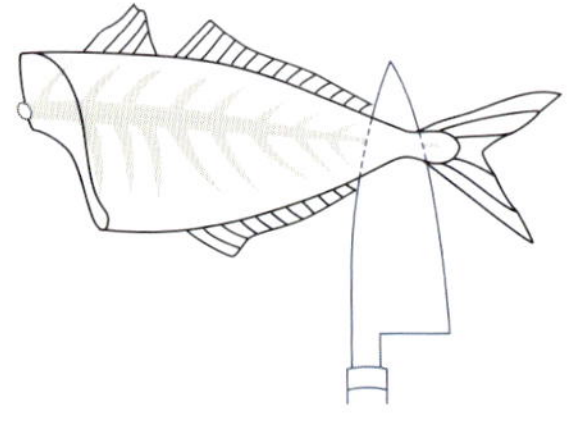

20 등뼈에 붙어 있는 살을 분리하기 위해, **10**과 같은 방법으로 꼬리쪽에 칼을 거꾸로 잡고 넣어서 살짝 칼집을 낸다.

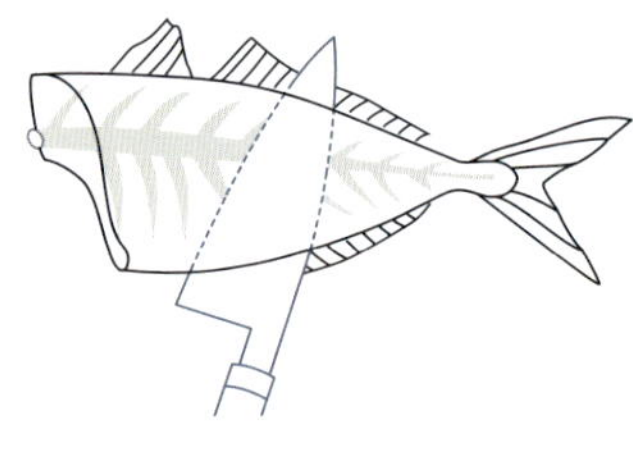

21 **11**, **13**과 같은 방법으로 살을 잘라서 분리한다. 배뼈가 붙어 있는 부분은 이미 잘려 있으므로, 한 번에 자를 수 있다.

완성
3장뜨기한 상태.

평형 자르기
(다이묘오로시)

3장뜨기의 일종이다. 살을 한 번에 잘라내는 방법으로, 작고 길쭉한 생선에 적합하다. 마름모 모양 등뼈의 각도에 맞게 칼을 넣으면, 뼈에 살을 남기지 않고 잘라낼 수 있다.

도구 생선용 칼　**생선** 정어리

3 항문부터 꼬리쪽까지는 뼈가 평평하므로, 칼을 가운데뼈와 평행하게 넣는다.

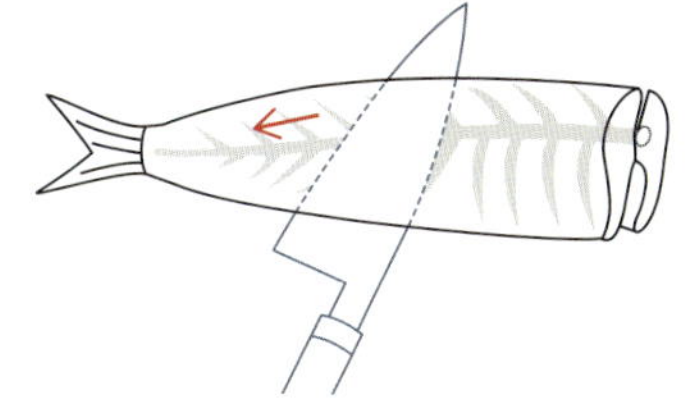

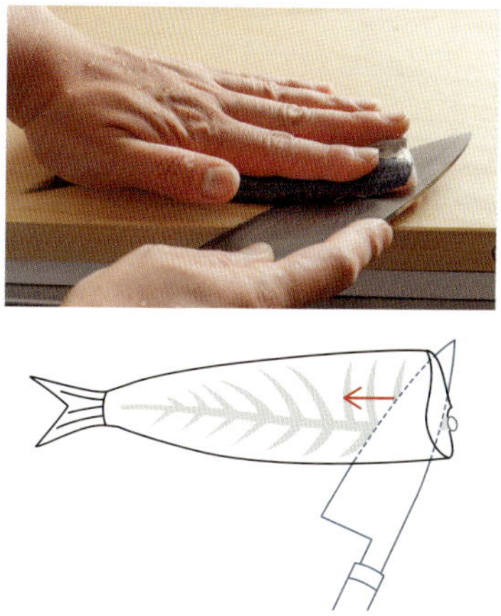

6 배뼈의 각도에 맞춰서 뒷칼날을 꼬리쪽을 향해 비스듬히 돌려서, 항문 앞까지 자른다.

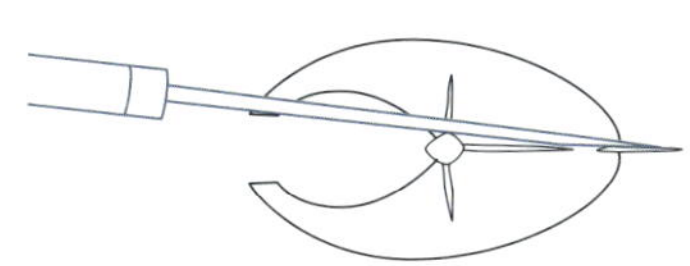

1 머리가 오른쪽, 배가 앞쪽으로 오게 놓는다. 칼끝이 등지느러미 위로 나오도록, 칼끝을 아래로 조금 기울여서 등뼈 위에 댄다.

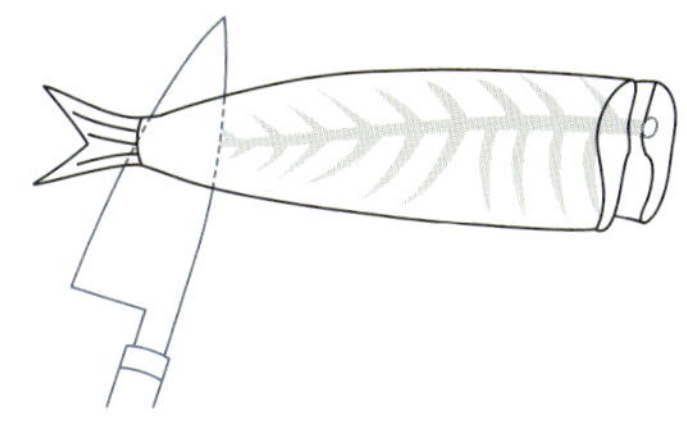

4 등뼈 위로 칼을 미끄러지듯이 움직여, 꼬리 연결 부위에서 살을 분리한다.

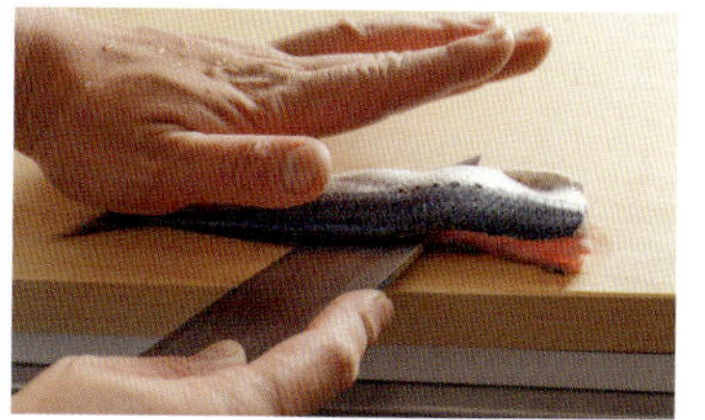

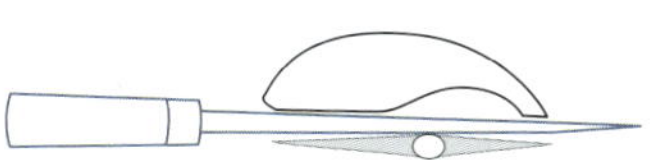

7 **3**, **4**와 같은 방법으로 칼을 가운데뼈와 평행이 되도록 넣고, 등뼈 위로 칼을 미끄러지듯이 움직여서, 살을 분리한다.

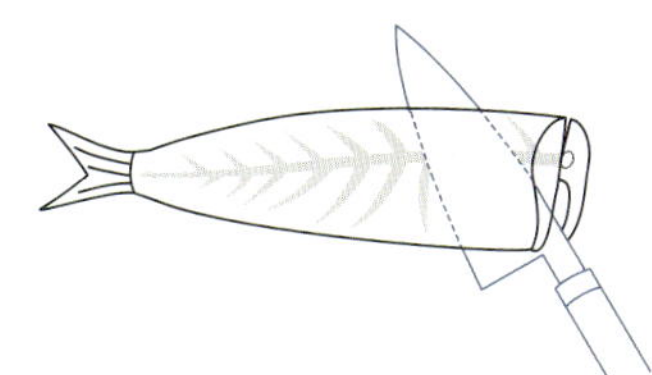

2 항문 앞까지 배뼈가 있으므로, 배뼈의 방향에 맞춰서 칼끝을 꼬리쪽을 향해 비스듬히 돌려서 자른다.

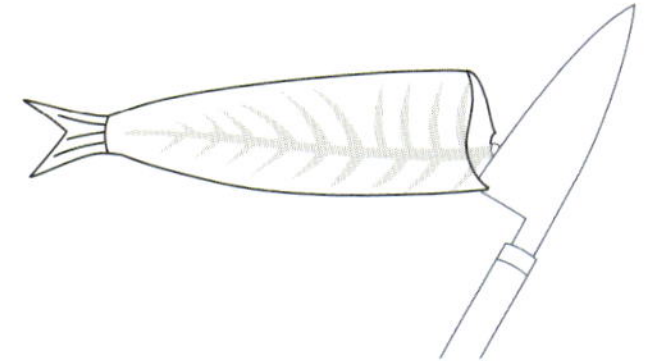

5 뼈는 아래, 머리는 오른쪽, 등은 앞쪽으로 놓는다. 등뼈의 각도에 맞게 칼끝을 조금 위로 올려서 뒷칼날을 어깨에 댄다.

완성

평형 자르기한 상태.

5장뜨기
(고마이오로시)

윗면과 아랫면 각각의 살을 등뼈를 경계로 등살과 뱃살로 나누어, 살 4장과 뼈(등뼈와 가운데뼈) 1장의 총 5장으로 손질하는 방법이다. 광어나 가자미처럼 몸이 넓적한 생선에 사용하는 방법이다.

도구 생선용 칼　**생선** 광어

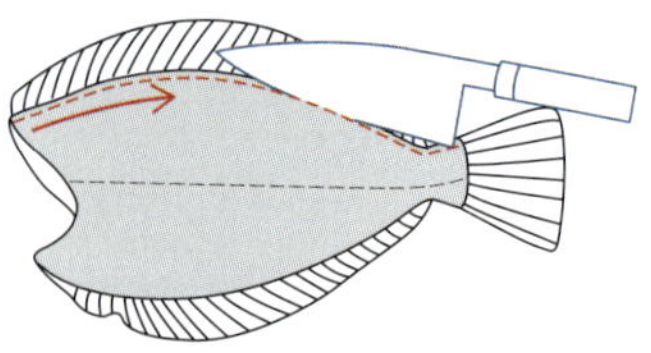

1 윗면이 위로 오고 머리가 왼쪽으로 오게 놓는다. 등지느러미 바로 옆에 칼끝을 넣어, 어깨부터 꼬리 연결 부위까지 칼집을 넣는다.

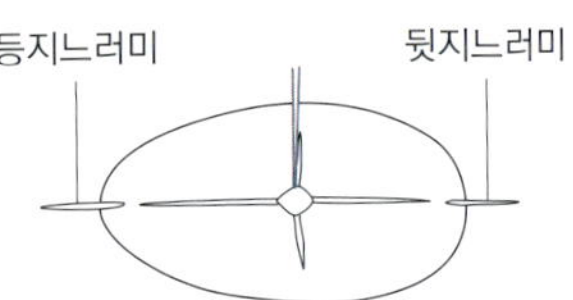

2 옆줄(측선, 몸 가운데에 있는 줄)을 따라, 어깨부터 꼬리쪽까지 등뼈에 닿도록 직선으로 칼집을 넣는다.

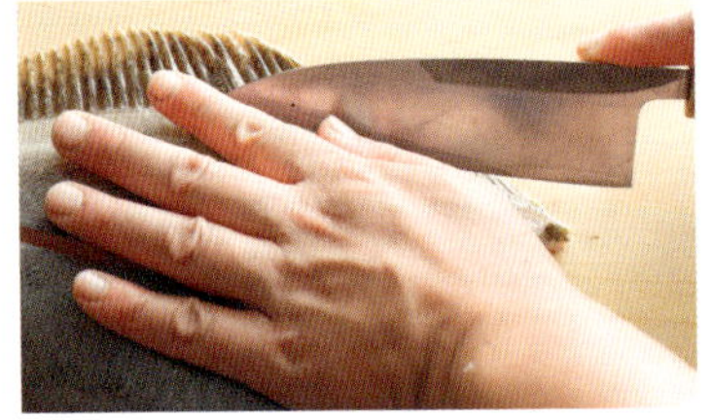

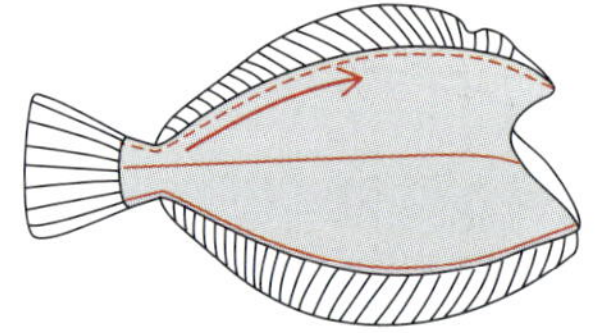

3 방향을 바꿔 머리를 오른쪽으로 놓는다. 뒷지느러미 바로 옆에 꼬리 연결 부위부터 배의 단면 끝까지 칼집을 넣는다.

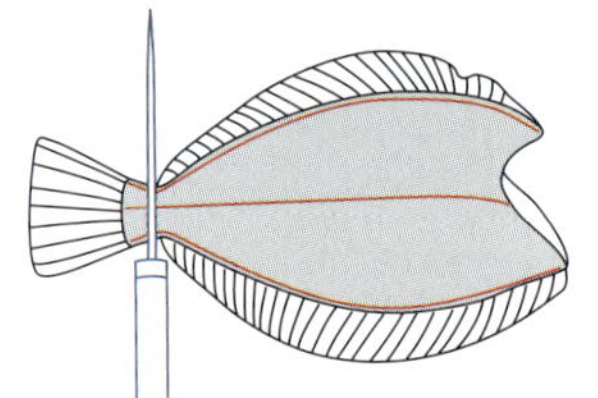

4 꼬리 연결 부위의 관절(볼록한 부분)에 뒷칼날을 대고, 칼등을 손으로 쳐서 꼬리를 자른다.

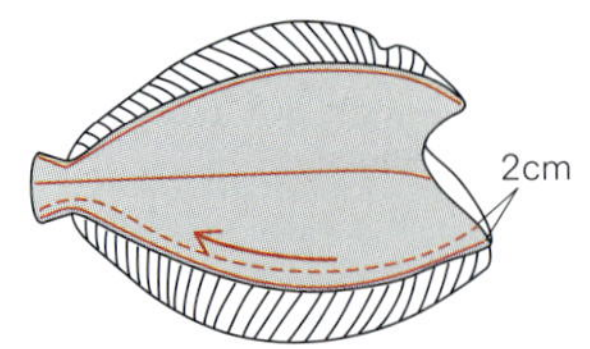

5 1에서 넣은 칼집의 어깨쪽에 칼을 눕혀서 넣고, 엔가와(지느러미 옆부터 약 2㎝ 폭)를 따라 꼬리쪽까지 자른다.

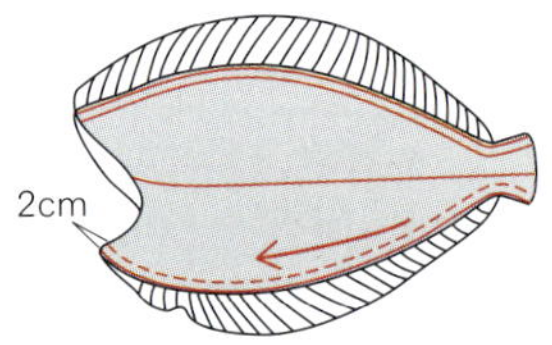

6 머리가 왼쪽으로 오게 놓는다. 3에서 넣은 칼집의 꼬리쪽에 칼을 눕혀서 넣고, 엔가와를 따라 배의 단면 끝까지 자른다.

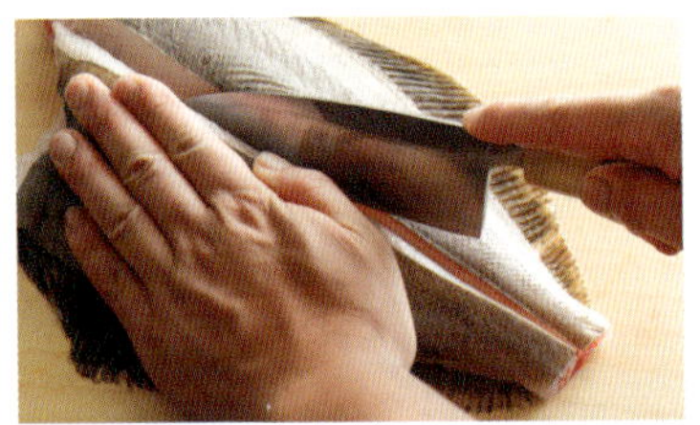

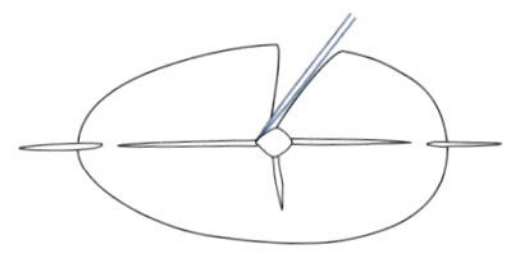

7 생선을 누르고 있는 손을 조금 바깥쪽으로 옮겨 살을 당기면서, **2**의 칼집을 따라 다시 칼을 넣는다.

옆줄을 따라 등뼈에 직선으로 칼집을 넣으면, 살이 등뼈 높이만큼 등뼈에 남는다. 이를 막기 위해 등뼈 각도에 맞춰 칼을 비스듬히 넣어서 자른다. 배뼈 부분은 눌러서 자른다.

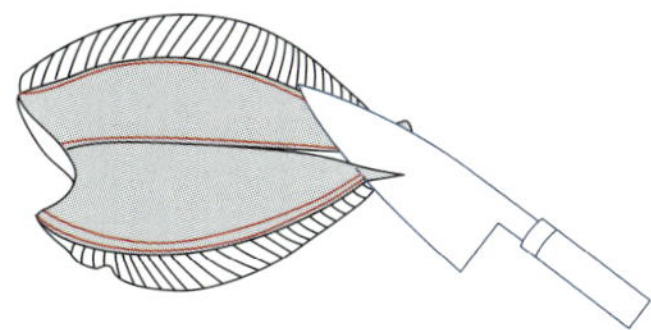

8 가운데 칼집의 꼬리쪽에 칼을 넣고, 가운데뼈를 따라 앞으로 당기듯이 움직여서 뱃살을 잘라 분리한다.

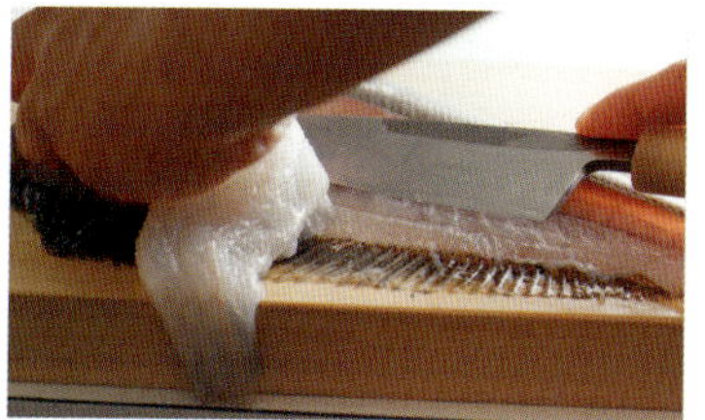

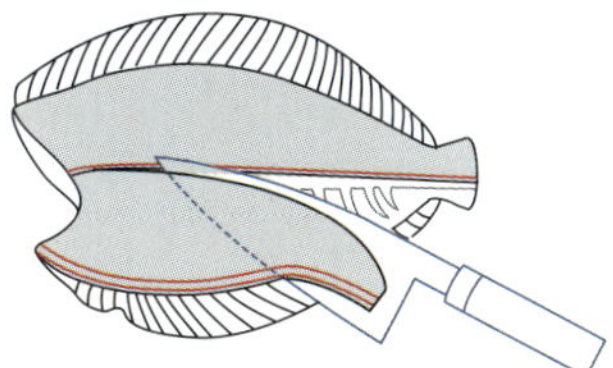

9 칼날로 가운데뼈를 따라 조금씩 잘라서 살을 분리한다. 힘을 주지 않고, 가운데뼈를 따라 계속 잘라 나간다.

3과 **6**에서 넣은 칼집에 의해 가장자리쪽은 이미 지느러미뼈와 분리된 상태이므로, **9**에서 엔가와까지 자르면, 윗면의 뱃살은 자동적으로 가운데뼈에서 분리된다.

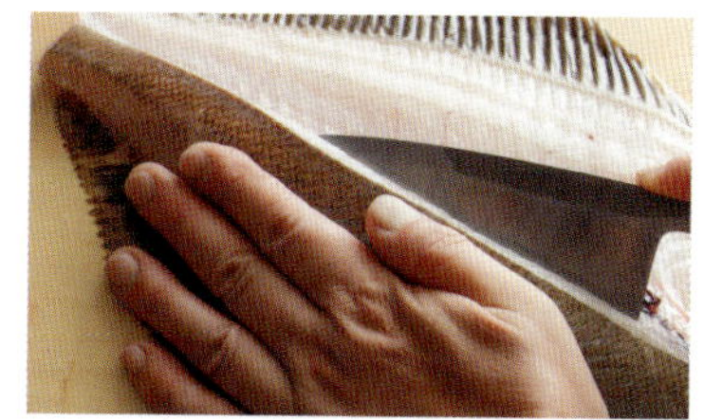

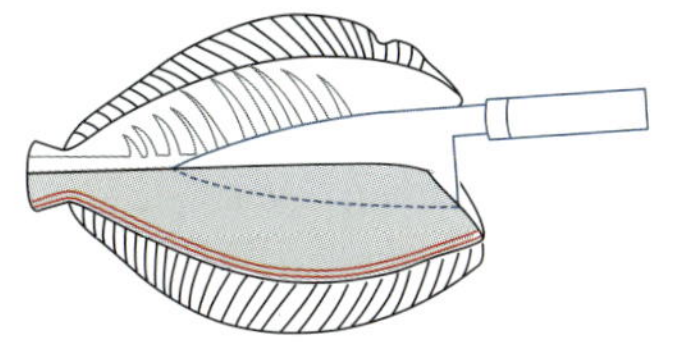

10 머리가 오른쪽으로 오게 놓고, **7**과 같은 방법으로 등뼈에서 살을 잘라 분리한다. 왼손을 바깥쪽으로 조금 옮겨서 눌러주면 칼을 넣기 쉽다.

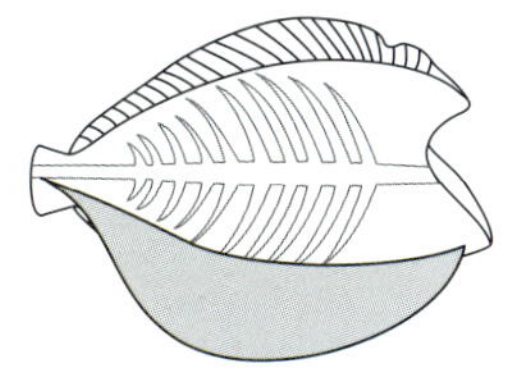

11 꼬리 연결 부위에 칼을 넣어 **8, 9**의 방법으로 살을 자른다. 뱃살이 분리된 상태이므로 칼을 자유롭게 움직일 수 있다.

5에서 넣은 엔가와쪽 칼집까지 자르면, 윗면 등살이 자동적으로 가운데뼈에서 분리된다.

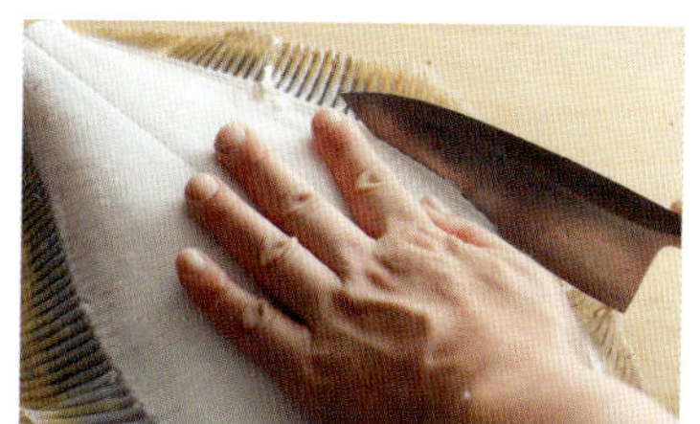

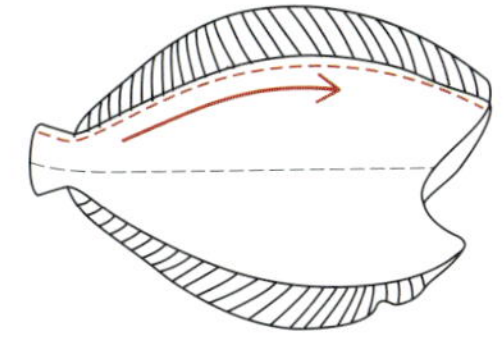

12 아랫면이 위로 오게 뒤집고, 머리가 오른쪽으로 오게 놓는다. 등지느러미 바로 옆에 꼬리 연결 부위부터 어깨까지, 칼집을 넣는다.

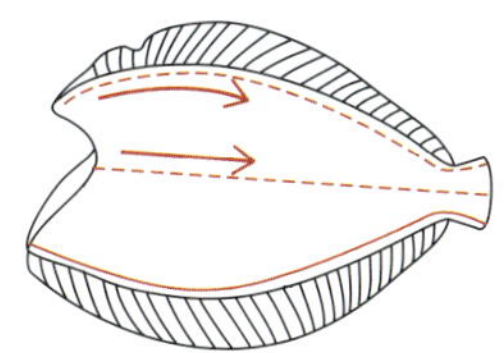

13 머리가 왼쪽으로 오게 놓는다. **2**와 같은 방법으로 옆줄을 따라 칼집을 넣고, 뒷지느러미 옆에도 칼집을 넣는다.

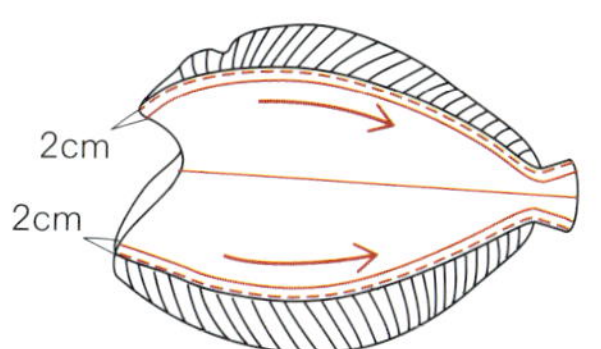

14 **5, 6**과 같은 방법으로 배지느러미와 등지느러미 엔가와를 따라 칼을 넣는다.

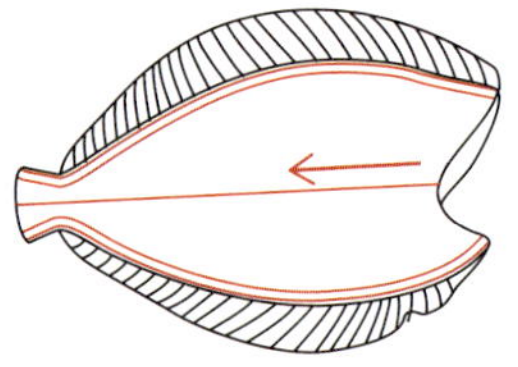

15 머리가 오른쪽으로 오게 놓는다. **7**과 같은 방법으로 옆줄에 넣은 칼집을 따라 다시 칼을 넣어, 등뼈에서 살을 분리한다.

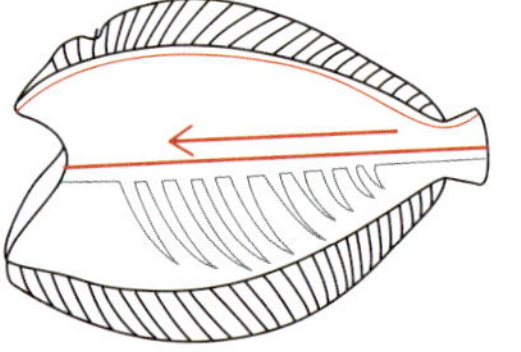

18 머리가 왼쪽으로 오게 놓고, **7**과 같은 방법으로 옆줄에 넣은 칼집에 다시 칼을 넣어, 등뼈에서 살을 잘라 분리한다.

잘라서 분리한 살을 지나치게 뒤로 젖혀서 잡으면, 뼈까지 들려서 칼이 똑바로 나가지 않는다. 가운데뼈가 평평한 상태를 유지할 정도로만 살을 젖히고 자른다.

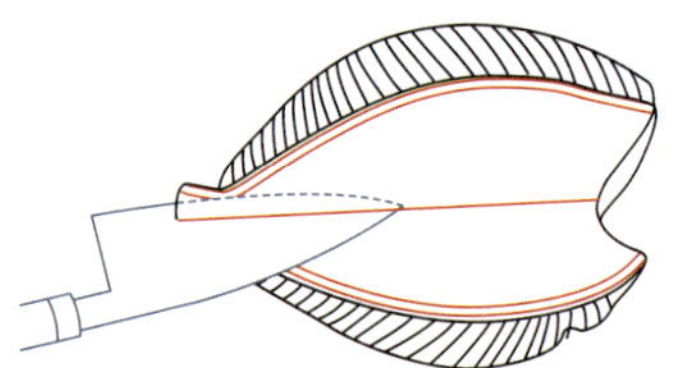

16 **8, 9**와 같은 방법으로 꼬리쪽부터 칼집에 칼을 넣고, 가운데뼈를 따라 살을 잘라서 분리한다.

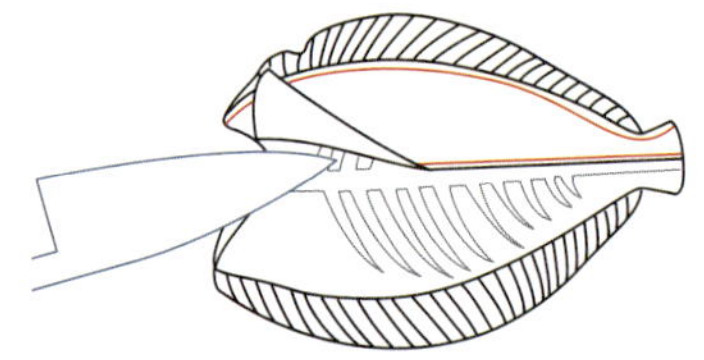

19 배의 단면 끝에 칼을 넣고, 칼날로 가운데뼈를 따라 조금씩 잘라서, 등뼈 부분의 살을 분리한다.

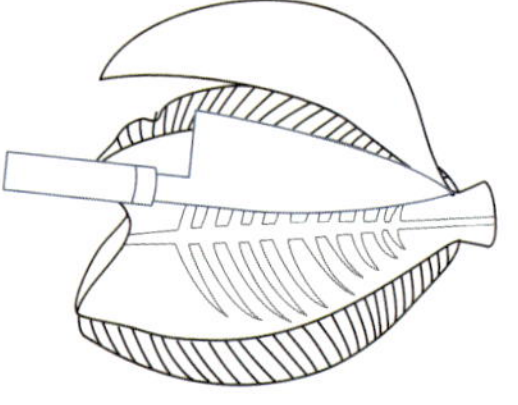

21 엔가와까지 칼을 움직여서 뱃살을 잘라 분리한다.

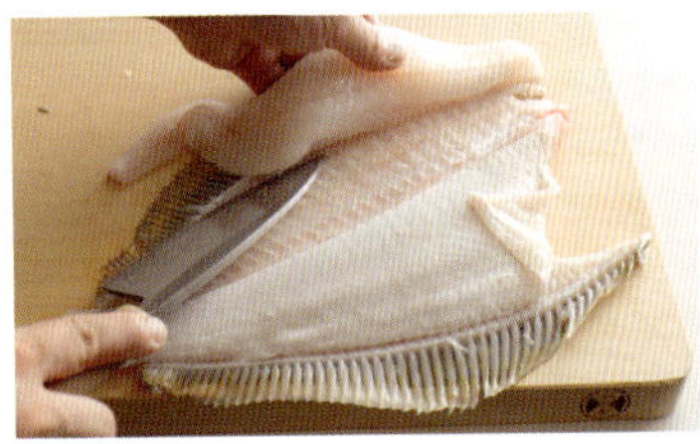

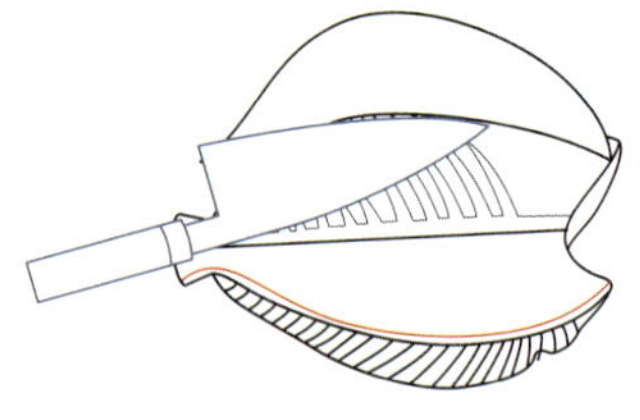

17 칼날로 가운데뼈를 따라 엔가와까지 조금씩 잘라서, 등살을 분리한다.

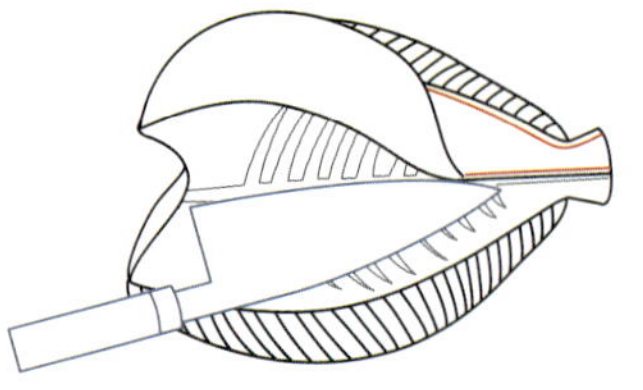

20 가운데뼈를 따라 칼을 앞쪽으로 당기듯이 움직여서 자른다. 등살이 분리된 상태이므로 칼을 자유롭게 움직일 수 있다.

완성

5장뜨기한 상태.

배뼈를 제거한다

손질한 살을 회나 소테 등에 사용할 경우, 배 부분에 남아 있는 배뼈를 저며서 제거해야 한다. 배뼈가 있는 부분은 기름져서 회로 먹어도 맛이 좋으므로, 살을 최대한 살릴 수 있게 작업한다.

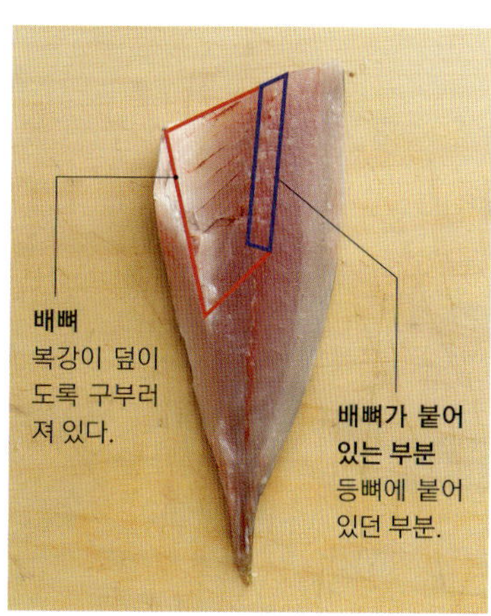

배뼈 분리1

뼈가 굵고 단단한 생선(참돔, 농어, 고등어 등)은 먼저 칼을 거꾸로 잡고 배뼈가 붙어 있는 부분을 살에서 분리한 뒤, 배뼈를 들어올린다.

★ 여기서 배뼈를 분리한 다음 저미는 과정은, p.34「배뼈 저미기」참조.

도구 생선용 칼
생선 농어(아래쪽 살)

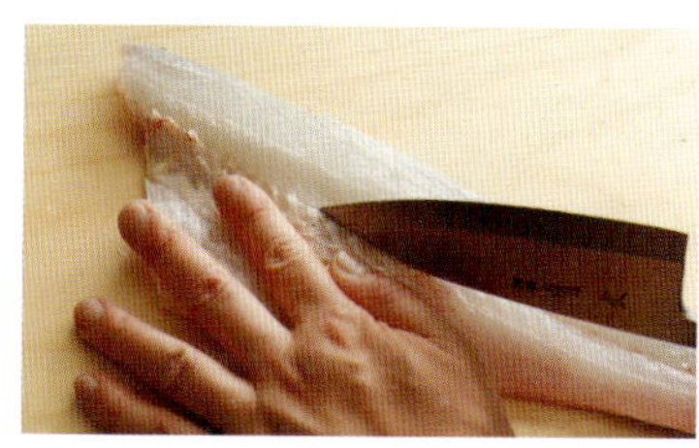

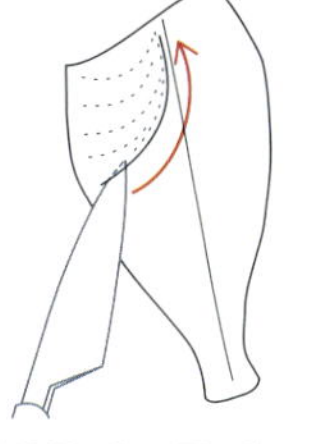

1 배가 왼쪽으로 오도록 세로로 놓는다. 칼을 거꾸로 잡은 뒤 배뼈가 붙어 있는 부분에 칼끝을 넣고 잘라서, 뼈 끝부분을 1개씩 살에서 떼어낸다.

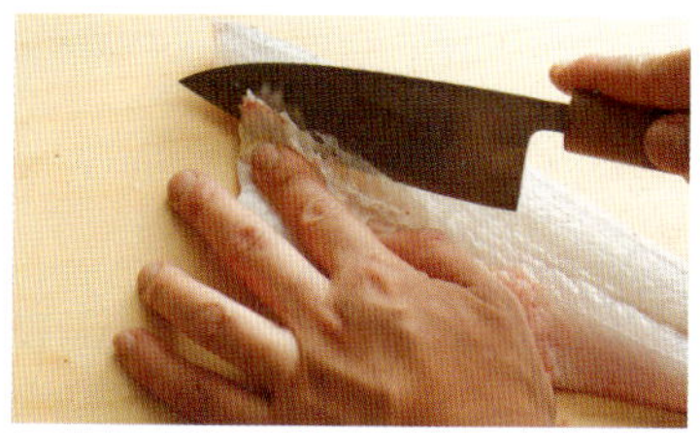

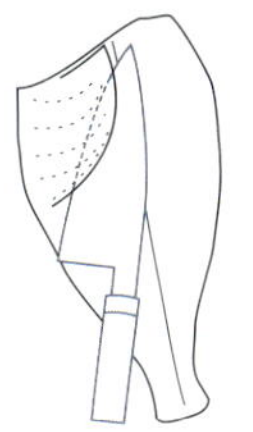

2 칼을 똑바로 잡고 오른쪽으로 눕혀서 1에서 자른 면에 칼날을 넣은 뒤, 오른손의 힘을 빼고 배뼈 끝부분을 들어올린다.

배뼈 분리2

뼈가 가늘고 살이 부드러운 생선(전갱이, 꽁치 등)은 먼저 배뼈가 붙어 있는 부분을 따라 칼을 넣고, 살짝 눌러서 잘라 살에서 분리한 뒤, 배뼈를 들어올린다.

★ 여기서 배뼈를 분리한 다음 저미는 과정은, p.34「배뼈 저미기」참조.

도구 생선용 칼
생선 전갱이(아래쪽 살)

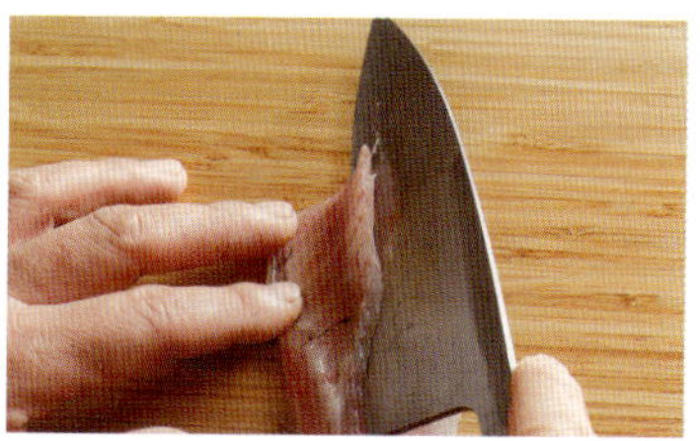

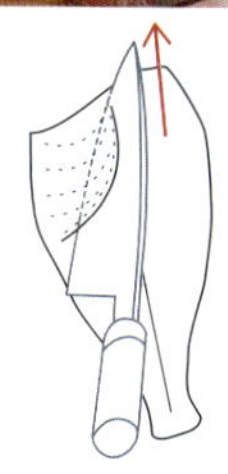

1 배가 왼쪽으로 오게 세로로 놓는다. 배뼈가 붙어 있는 부분에 칼날을 대고, 소리가 날 때까지 밀어넣는다.

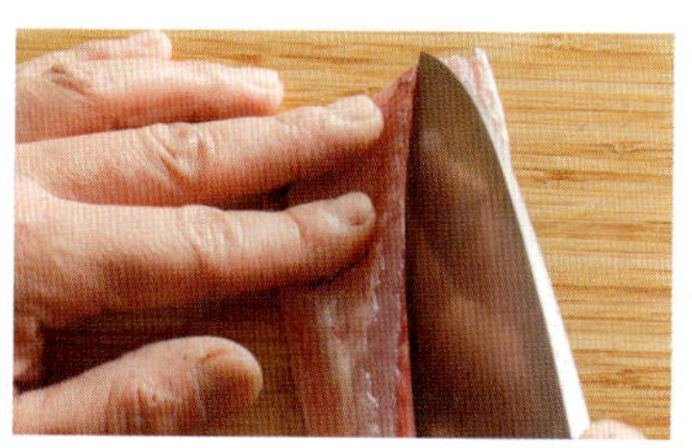

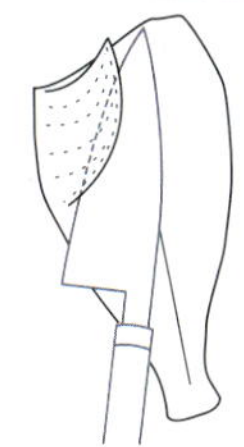

2 오른손의 힘을 빼고 칼배를 살 위에 올리듯이 오른쪽으로 눕혀서, 배뼈 끝부분을 들어올린다.

배뼈 저미기

살에서 분리하여 들어올린 배뼈를 얇게 저며낸다. 배뼈를 제거할 때는 항상 손질한 생선살의 배가 왼쪽으로 오도록 세로로 놓고 작업한다.

도구 생선용 칼
생선 전갱이

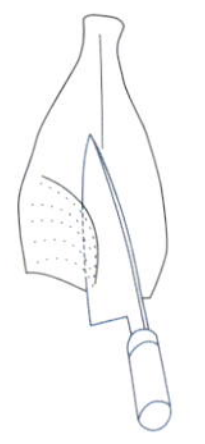

1 각각의 생선에 적합한 방법으로 배뼈가 붙어 있는 부분을 분리한다(p.33「배뼈 분리1·2」참조).

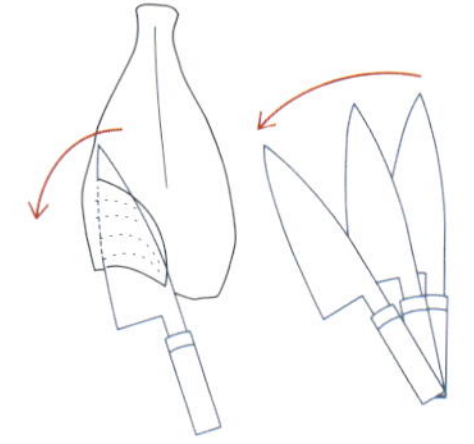

2 칼을 눕힌 채 손잡이를 중심으로 왼쪽으로 회전하는 느낌으로, 얇은 배껍질과 함께 배뼈를 조금씩 저민다.

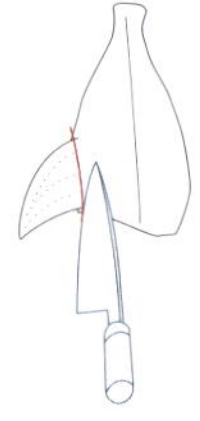

3 배뼈 끝부분까지 자르면 자른 부분을 뒤로 젖히고, 칼을 세워서 배의 얇은 부분과 함께 자른다.

배뼈를 저며낸 상태.

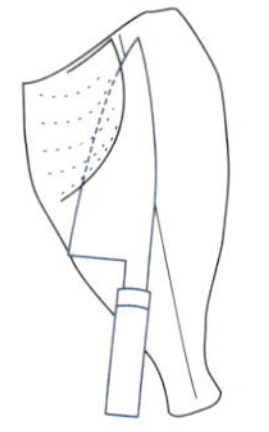

1 각각의 생선에 적합한 방법으로 배뼈가 붙어 있는 부분을 분리한다(p.33「배뼈 분리1·2」참조).

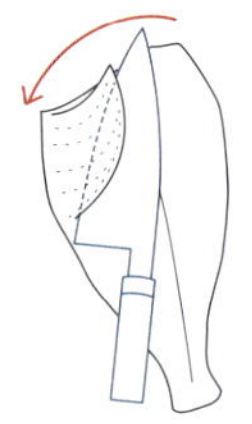

2 칼을 눕힌 채 손잡이를 중심으로 왼쪽으로 회전하는 느낌으로, 얇은 배껍질과 함께 배뼈를 조금씩 저민다.

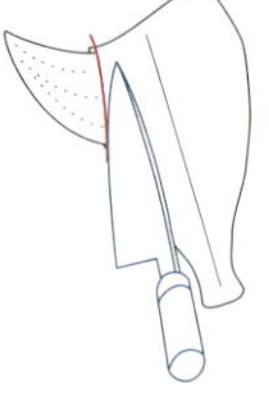

3 배뼈 끝부분까지 자르면 자른 부분을 젖히고, 칼을 세워서 배의 얇은 부분과 함께 자른다.

배뼈를 저며낸 상태.

잔뼈를 제거한다

손질한 생선살에는 등뼈가 있던 위치를 따라, 머리부터 항문까지 잔뼈(지아이뼈)가 남아 있다. 만지면 뼈가 바로 느껴져서 쉽게 알 수 있는데, 이 뼈를 제거해야 한다.

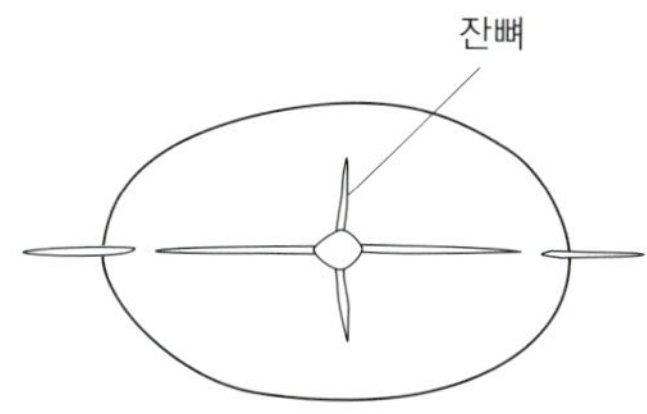

손질한 생선살에서 배뼈와 잔뼈를 제거하여, 요리에 바로 사용할 수 있게 만든 것을 「순살」이라고 부른다.

뽑기

소형~중형 생선이나 살이 부드러운 생선은, 핀셋으로 잔뼈를 1개씩 뽑는다. 머리부터 꼬리까지, 손끝으로 살을 만져서 뼈의 위치를 확인하여, 남김없이 뽑는다. 손의 온도로 신선도가 떨어질 수 있으므로 작업은 빠르게 한다.

도구	핀셋
생선	전갱이

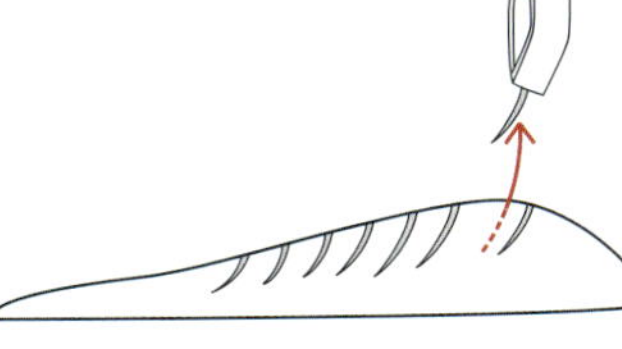

머리가 오른쪽으로 오게 놓는다. 잔뼈는 머리부터 꼬리쪽을 향해 사선으로 위치하며, 꼬리에 가까워질수록 위로 서 있다. 그 각도에 맞춰서, 오른쪽 대각선 방향으로 1개씩 핀셋으로 뽑아낸다. 뼈와 함께 살까지 뽑히지 않도록, 잔뼈의 양옆을 손가락으로 살짝 누르고 뽑는다.

작은 용기에 물을 준비하여, 핀셋에 달라붙은 잔뼈를 씻어낸다. 젖은 핀셋은 물기를 잘 닦은 뒤 사용한다.

잘라내기

큰 생선이나 횟감용 등으로 생선살을 등살과 뱃살로 잘라서 분리하는 (후시도리) 경우, 또는 잔뼈를 뽑기 어려운 경우에는, 지아이(혈합육) 부분과 함께 잔뼈를 잘라낸다.

도구	생선용 칼
생선	전갱이(아래쪽 살)

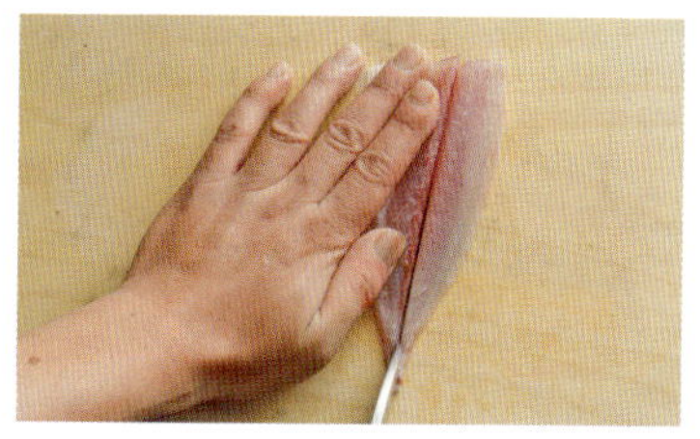

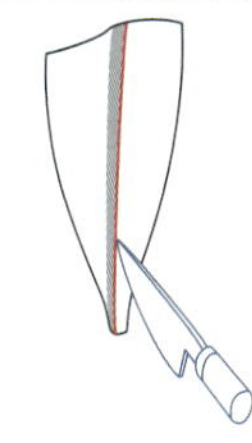

1 머리가 뒤쪽으로 가도록 세로로 놓는다. 살 가운데에 있는 잔뼈와 지아이의 오른쪽 끝부분을, 어깨부터 꼬리쪽까지 직선으로 잘라서, 등살과 뱃살로 나눈다.

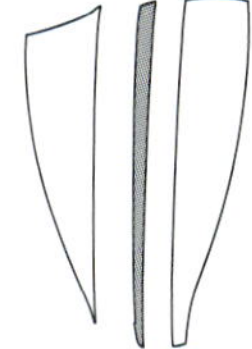

2 왼쪽 살에 남아 있는 잔뼈와 지아이 부분을, 왼쪽 바로 옆에서 잘라낸다.

껍질을 벗긴다

회나 다타키, 다시마 절임을 만들 때는 껍질을 벗기는 것이 기본이다. 칼로 꼬리부터 어깨 방향으로 벗기는 방법과, 손으로 껍질을 벗기는 방법이 있다.

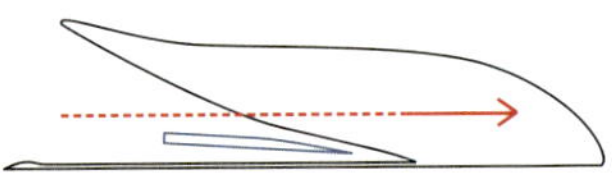

2 왼손으로 살을 잘라낸 부분의 껍질을 단단히 잡고, 칼집의 껍질과 살 사이에 칼날을 넣는다.

완성

껍질을 벗긴 상태.

살에 남아 있는 껍질은 식감을 위해 저며낸다.

칼로 벗기기

중형 ~ 대형 생선(가다랑어, 참돔, 농어, 방어 등)은 칼로 껍질을 벗긴다. 껍질이 중간에 끊어지지 않도록 조심스럽게 작업한다.

도구 **회칼**
생선 **참돔**

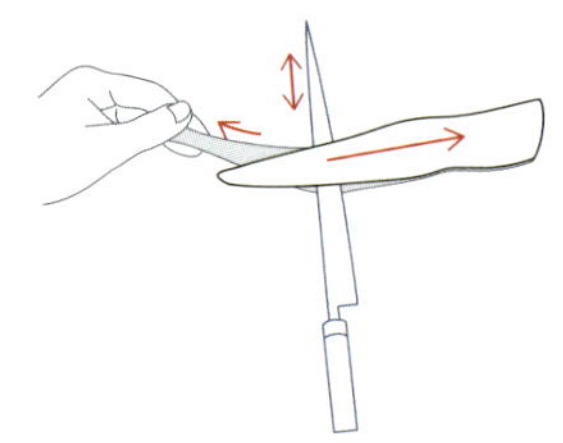

3 칼날을 도마에 밀착시키고 껍질을 왼쪽으로 당기면서, 조금씩 칼을 움직여 머리쪽을 향해 벗겨나간다.

손으로 벗기기

작은 생선이나 살이 부드러운 생선(정어리, 학공치 등)은 손으로 껍질을 벗긴다. 힘을 주면 살이 부서지거나 껍질이 찢어지므로 주의한다.

생선 **정어리**

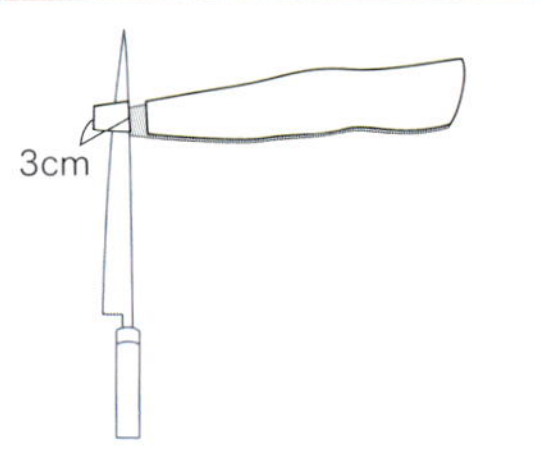

1 껍질은 아래, 꼬리는 왼쪽으로 놓는다. 꼬리쪽 끝에서 3㎝ 정도에, 껍질만 남도록 칼집을 넣고 꼬리쪽으로 살을 저민다.

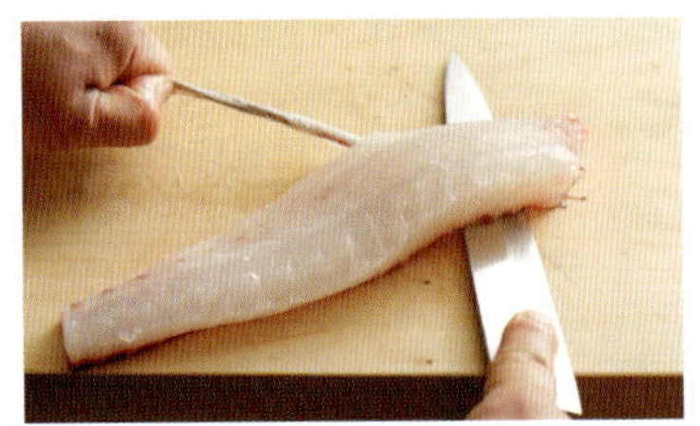

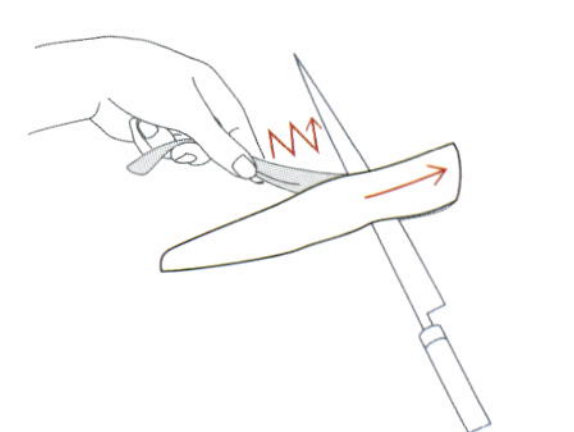

4 칼날은 도마에 밀착시킨 채 움직이지 말고, 껍질을 위아래로 움직이면서 잡아당겨, 머리쪽까지 벗긴다.

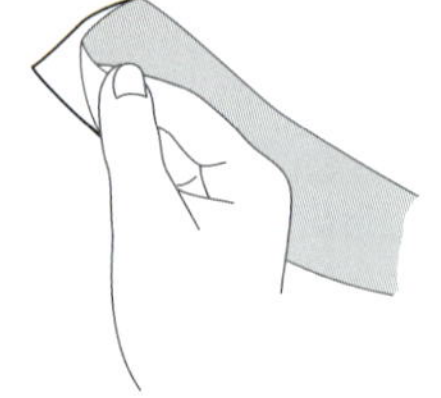

1 어깨 가장자리의 껍질을, 손끝으로 조심스럽게 벗긴다.

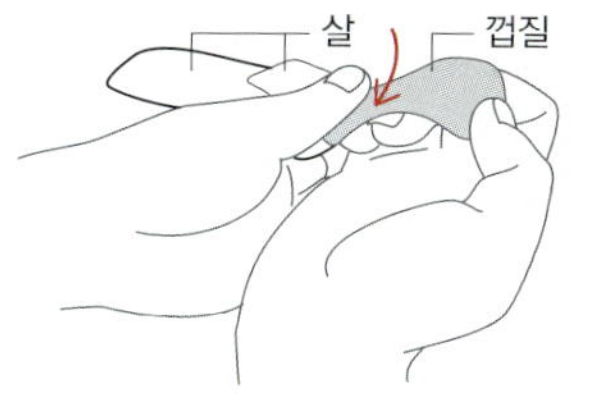

2 살이 위로 오게 잡고, 껍질을 살에서 벗기는 것이 아니라, 살을 엄지로 눌러서 밑으로 내리는 느낌으로 껍질에서 벗긴다.

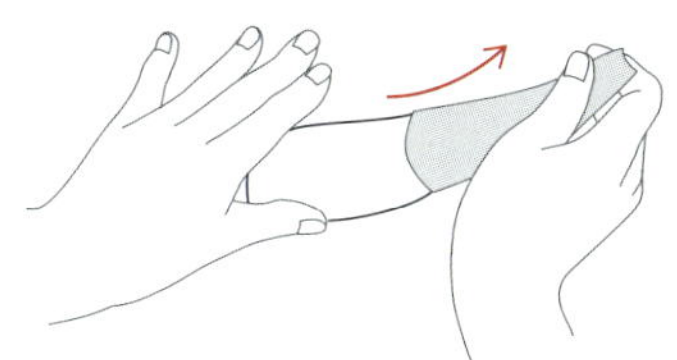

3 1/2 이상 벗기면 껍질이 위, 꼬리가 오른쪽으로 오게 놓는다. 살을 누르고 껍질을 비스듬히 위로 당겨서 벗긴다.

머리를 가른다

중간 크기 이상의 생선 머리에는 볼이나 입 등에 감칠맛이 진한 살이 있어서, 조림이나 구이 등을 만들면 맛이 좋다. 생선의 가장 단단한 부분이므로, 1/2로 가르고 먹기 좋게 나눠서 요리에 사용한다. 이 작업에는 잘 드는 칼, 팔힘, 그리고 세심한 주의가 필요하다.

세로로 가르기
(나시와리)

머리 가운데를 세로로 가르는 방법이다. 일식 용어로는 배를 쪼개는 것 같은 소리가 난다는 의미로, 「나시와리」라고 한다.

도구　생선용 칼
생선　참돔

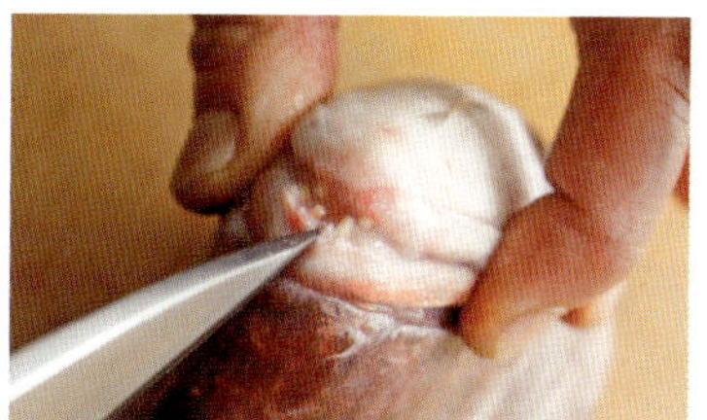

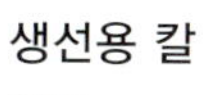

1 입이 위, 눈이 앞쪽으로 오게 놓는다. 왼손으로 잡고, 입 가운데의 앞니 2개 사이에 칼끝을 댄다.

힘을 줄 때 미끄러지지 않도록 물기를 꽉 짠 행주를 깔고, 왼손으로 아래 턱 쪽을 잡아서 움직이지 않게 고정한다. 약지 끝을 도마 위에 붙이면 흔들리지 않고 안정된다.

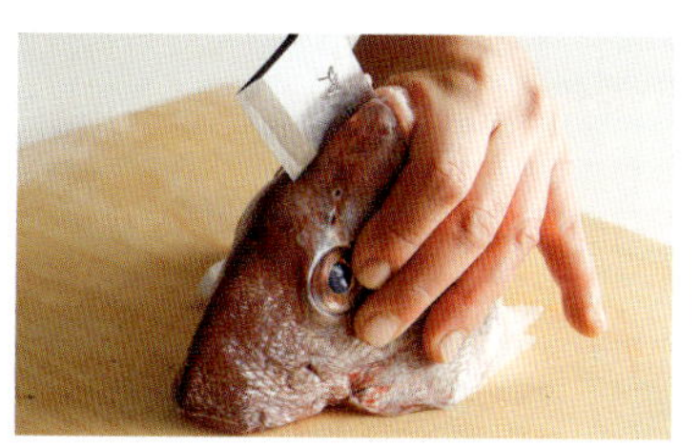

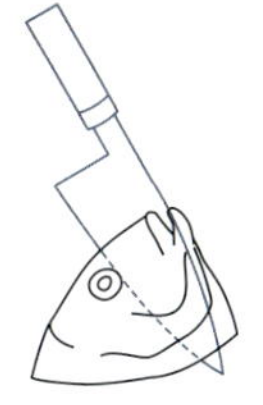

2 그대로 도마를 향해 칼을 비스듬히 찔러서 꽂는다.

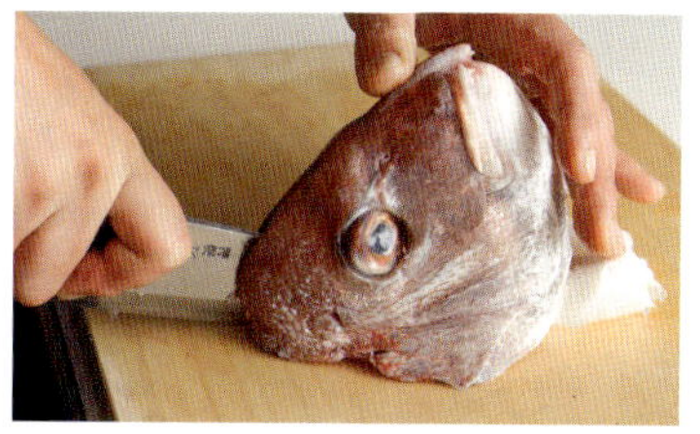

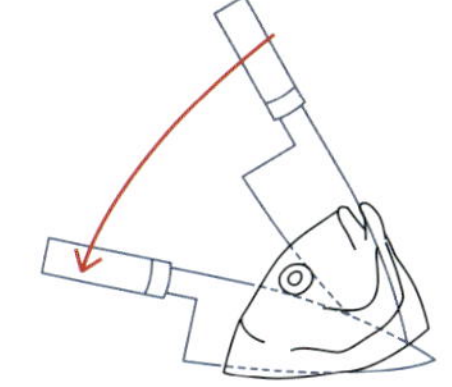

3 칼끝을 받침점 삼아, 칼을 한 번에 눌러서 내린다. 아래까지 칼을 넣은 뒤, 머리를 양쪽으로 가른다.

눈 밑 주위에는 단단한 뼈가 있다. 그 부분에 칼날이 닿으면, 옆으로 살짝 비켜서 자른다.

안쪽에서 가르기

뼈가 부드러운 생선(빛금눈돔, 홍살치, 방어 등)의 머리는, 안쪽에서 비교적 쉽게 가를 수 있다.

도구 회칼
생선 빛금눈돔

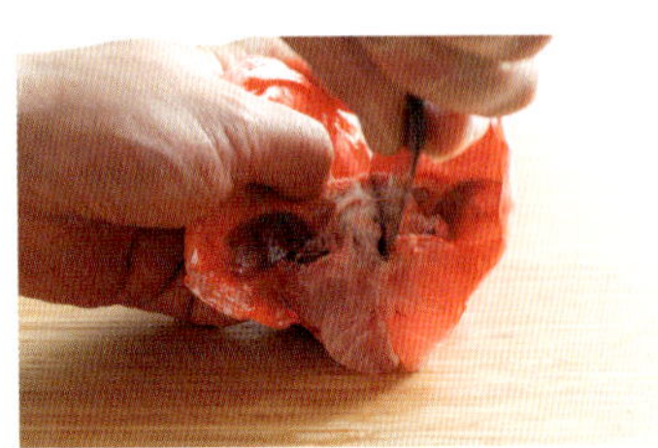

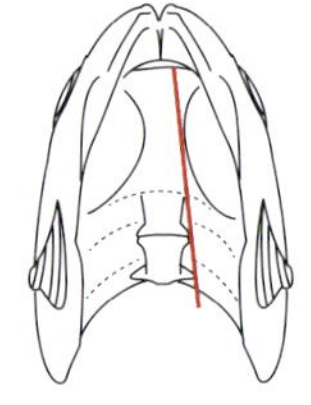

3 2의 칼집에 칼을 대고, 굵은 뼈를 피해 오른쪽 아래를 향해 눌러서 자른다.

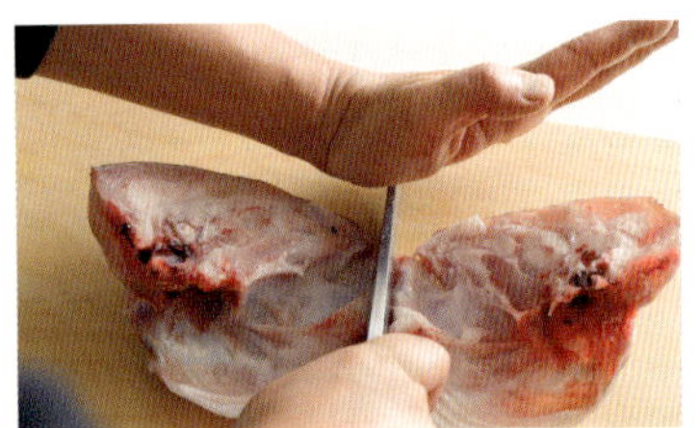

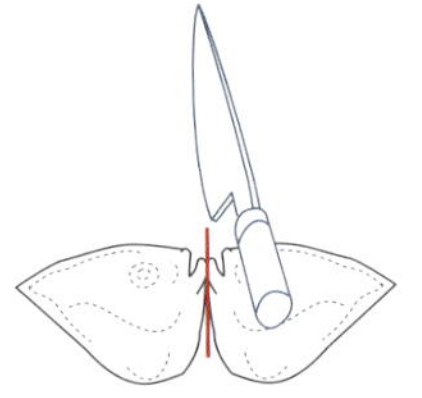

4 머리를 양쪽으로 가른 뒤, 연결된 아래턱에 뒷칼날을 넣고 칼등을 쳐서 분리한다.

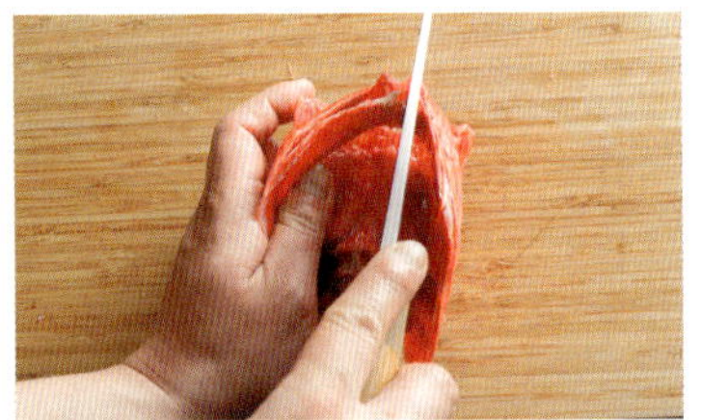

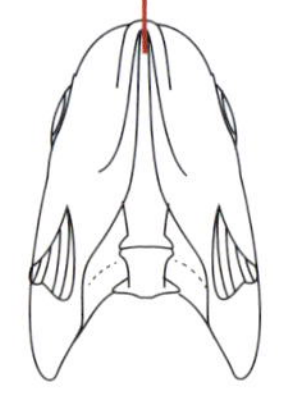

1 입이 위, 턱이 앞쪽으로 오도록 세워서 놓고, 아랫입술 가운데를 자른다.

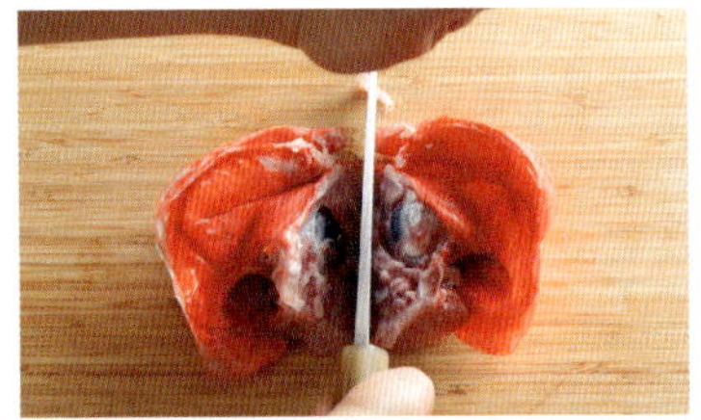

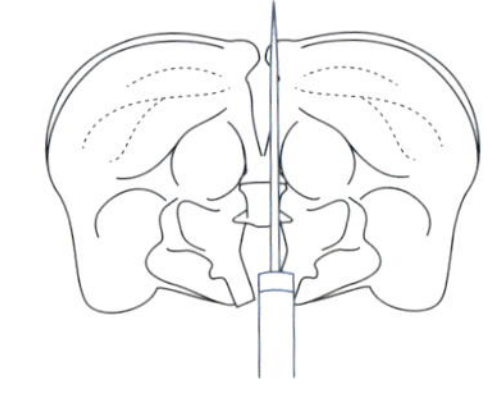

4 머리를 양쪽으로 가른 뒤, 연결된 부분에 칼을 대고 칼등을 쳐서 분리한다.

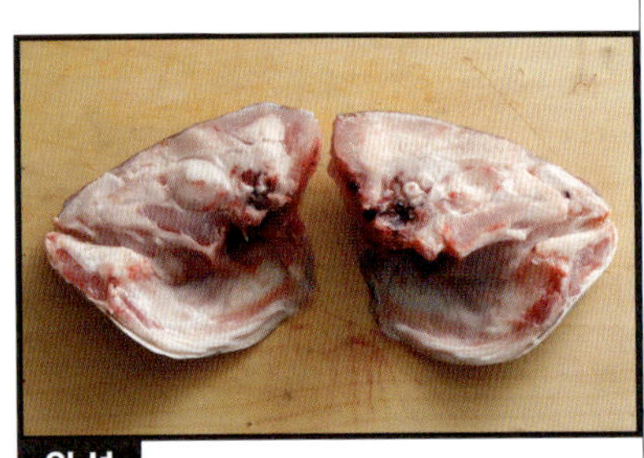

머리를 양쪽으로 가른 상태.

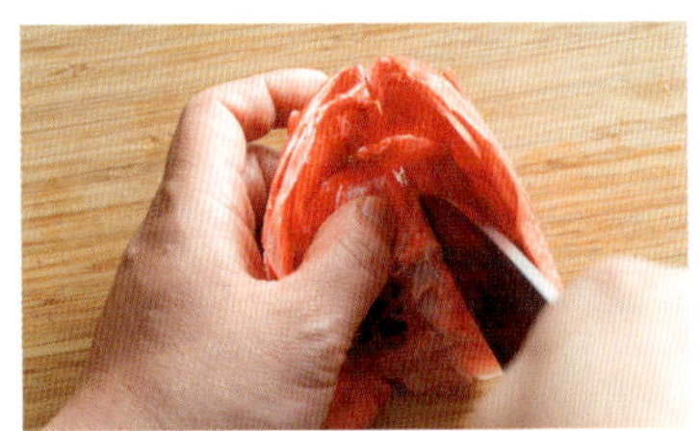

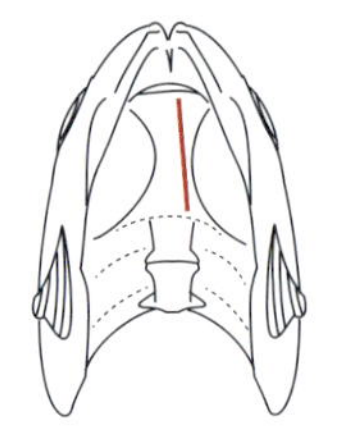

2 오른쪽 눈과 굵은 뼈 사이에 칼집을 넣는다.

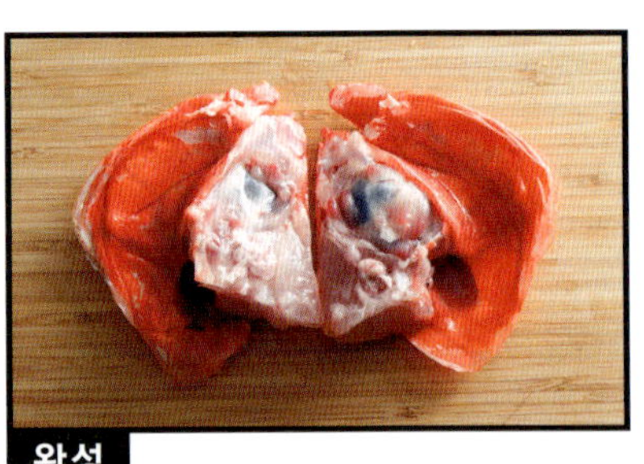

머리를 안쪽에서 가른 상태.

머리와 뼈를 토막낸다

손질하고 남은 머리, 뼈, 그리고 그 곳에 붙어 있는 살을 일식 용어로 「아라」라고 하는데, 진한 육수를 우려낼 수 있고 감칠맛도 풍부하다. 요리 전에 토막내고 밑손질을 해서 비린내를 없앤다.

도구 생선용 칼　**생선** 참돔

머리

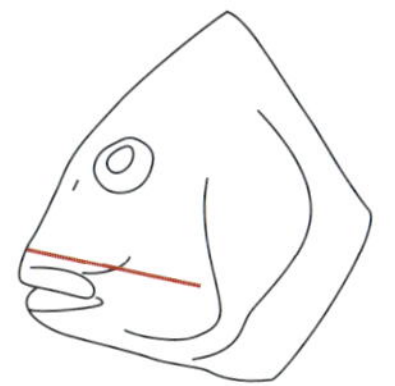

1 머리는 윗면이 위로 오게 놓는다. 그림처럼 코와 직각이 되도록 윗입술 위에 칼끝을 찔러 넣고, 손으로 칼등을 쳐서 칼집을 깊게 낸다.

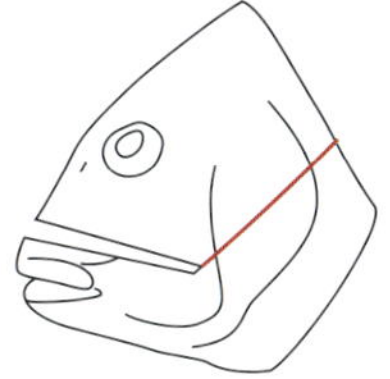

2 1의 칼집 끝에서 아가미뚜껑 위쪽을 향해 칼을 넣고, 칼등을 쳐서 자른다.

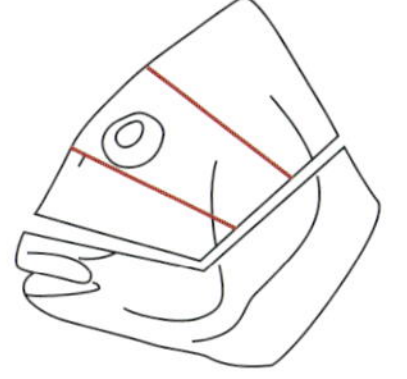

3 머리와 눈 부분을 먹기 좋은 크기로 자른다. 뼈가 단단하므로 손으로 칼등을 쳐서 분리한다.

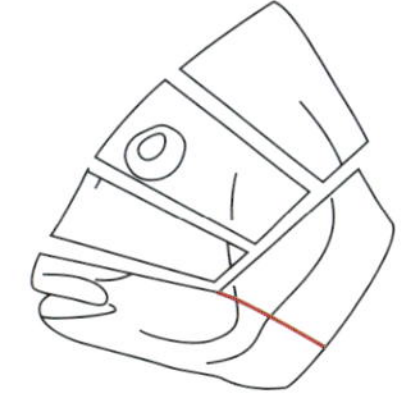

4 입쪽 부위에서 아가미뚜껑을 잘라낸다.

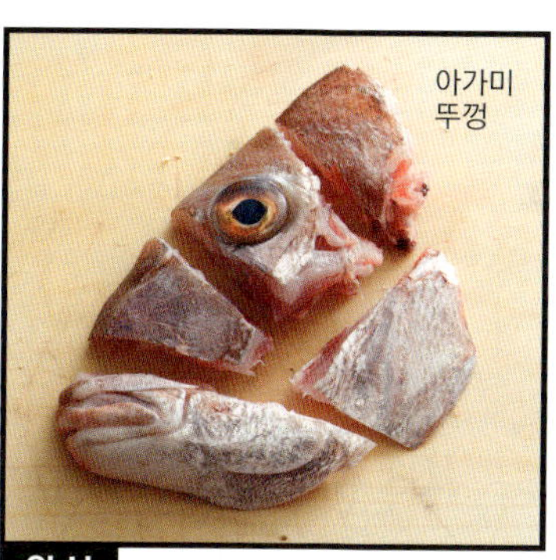

완성

1/2로 가른 머리를, 먹기 좋게 5조각으로 토막낸 상태.

살이 붙어 있지 않은 아가미뚜껑은 육수용으로 사용한다.

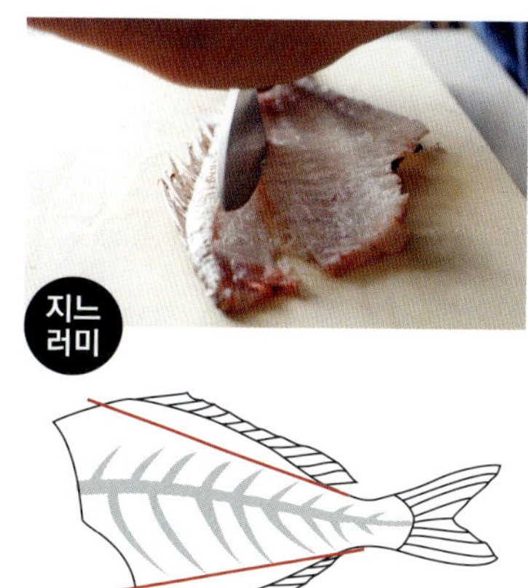

5 지느러미 부분은 몇 번에 나눠서 자르는데, 지느러미뼈와 가운데뼈 사이의 틈에 뒷칼날을 대고 칼등을 쳐서 자른다.

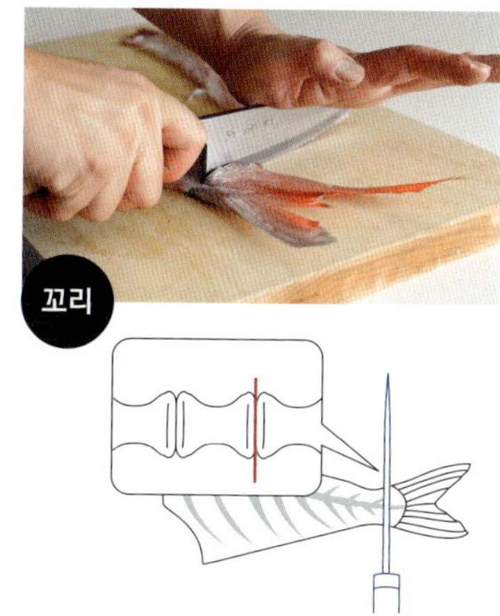

6 꼬리는 몸통과 연결된 부위의 관절(볼록한 부분)에 뒷칼날을 대고, 칼등을 쳐서 잘라낸다.

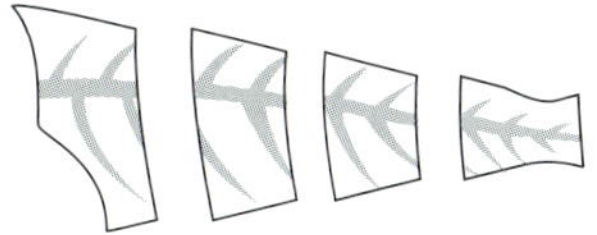

7 등뼈는 관절에 뒷칼날을 대고, 칼등을 쳐서 자른다.

기본적인 회 뜨는 법

익히지 않고 날것으로 먹는 회는 신선도가 가장 중요하지만, 생선의 특성과 상태에 맞게 손질하여 보기 좋게 완성하는 것도 중요하다. 포인트는 칼의 전체 길이와 움직이는 방법이다. 칼 길이가 긴 칼이라면 평소에 사용하던 칼을 사용해도 괜찮지만, 회칼이 있으면 단면을 더 깔끔하게 완성할 수 있다. 칼을 앞뒤로 여러 번 움직이면 살이 부서지므로, 긴 날의 끝에서 끝까지 모두 사용하여 한 번에 당겨서 자른다. 올바르게 자르는 방법을 익혀두면, 모양도 맛도 업그레이드된 회를 즐길 수 있다.

Point

- 잘 손질한 칼을 사용한다.
- 도마는 물기를 확실히 닦는다.
- 도마는 작업대의 앞쪽에 놓고, 생선은 도마 윗면의 앞쪽에 놓는다. 이렇게 놓으면 칼을 쥔 손이 도마에 닿지 않아서, 긴 날을 충분히 당길 수 있다.
- 작업이 끝날 때마다, 물기를 꽉 짠 행주로 칼과 도마를 닦는다.
- 손으로 생선을 계속 만지면 살이 부서지고 신선도도 떨어지므로, 가능한 한 빠르게 작업한다.

평썰기
(히라즈쿠리)

가장 일반적인 방법이다. 참돔, 참치, 가다랑어, 방어 등 비교적 크기가 크고 살이 두툼한 생선에 사용하기 적합하지만, 살이 지나치게 얇지 않다면 어떤 생선에든 사용할 수 있다.

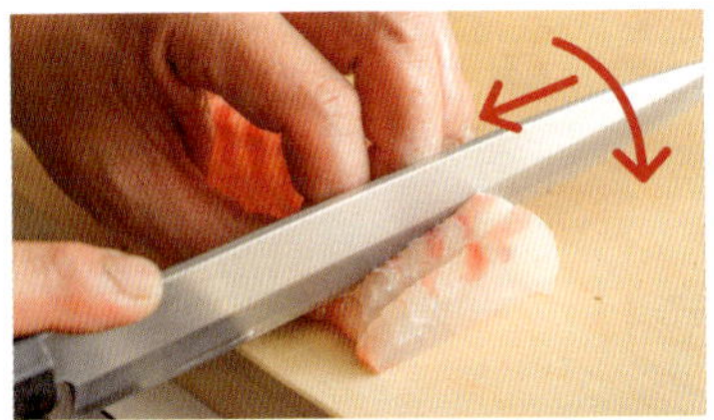

1 껍질쪽이 위로 오게 놓는데, 살의 앞뒤 높이가 다를 경우, 도톰한 부분이 뒤쪽으로 가게 놓고 오른쪽부터 썬다. 뒷칼날을 살 앞쪽의 가장자리에 대고 칼끝을 위로 올린다. 뒤쪽이 높은 경우에는 칼날을 살의 경사에 맞추고, 칼끝이 포물선을 그리도록 칼을 앞쪽으로 당긴다.

2 뒷칼날부터 칼끝까지 칼 길이를 모두 사용하여, 한 번에 당긴다. 절대 톱처럼 앞뒤로 움직이지 않는다.

3 칼끝이 도마에 닿으면, 그대로 칼을 똑바로 당겨서 빼낸다. 자른 살은 칼로 오른쪽으로 옮기거나 그대로 둔다.

깎아썰기
(소기즈쿠리)

저며썰기라고도 한다. 평썰기보다 얇고 단면이 넓게 썰린다. 섬유질이 질기고 살이 단단한 흰살생선이나, 살이 얇은 생선, 두께가 고르지 않은 생선에 적합하며, 가다랑어, 참치 등 많은 생선에 사용할 수 있다.

1 꼬리가 왼쪽, 도톰한 부분이 뒤쪽으로 가게 놓고 왼쪽부터 자른다. 왼손 검지를 살 위에 살짝 올리고 칼을 오른쪽으로 거의 수평으로 눕힌 뒤, 뒷칼날을 살 앞쪽의 가장자리에 비스듬히 댄다. 칼끝이 포물선을 그리도록 칼을 당겨서 얇게 저민다.

2 칼날이 도마에 닿으면 칼날을 세우고, 앞으로 당겨서 잘라낸다. 칼을 앞뒤로 움직이면, 깔끔하게 썰기 어렵다.

3 자를 때마다 왼손으로 옆으로 옮긴다. 깎아썰기를 응용하여, 살이 비칠 정도로 얇게 써는 방법을 「얇게 썰기(우스즈쿠리)」라고 한다.

가늘게 썰기
(호소즈쿠리)

살에 탄력이 있는 오징어나 몸이 가는 보리멸, 학공치 등을 썰 때 적합한 방법이다. 생선살을 채썰기한다고 생각하면 된다. 도톰한 생선의 경우 살을 2~3장으로 얇게 저민 뒤, 결을 따라 가늘게 썬다.

1 오른쪽부터 가늘게 썬다. 왼손으로 살을 살짝 누르고, 칼끝을 살 뒤쪽 도마에 붙여 뒷칼날을 띄워서, 세로로 또는 비스듬히 한 번에 당겨서 썬다.

2 선을 긋듯이 리드미컬하게 썬다. 모양이 흐트러지지 않게 썰어서 그대로 접시에 담아도 좋다. 가늘게 썰기를 응용하여 더 가늘게 써는 방법을 「실처럼 가늘게 썰기(이토즈쿠리)」라고 한다.

각지게 썰기
(가쿠즈쿠리)

주사위처럼 사각형으로 각지게 써는 방법이다. 참치, 가다랑어, 방어처럼 살이 두껍고 부드러운 생선에 적합하다.

1 2~3㎝ 두께의 살을, 두께와 같은 폭이 되도록 막대모양으로 썬다. 칼끝을 넣고 그대로 똑바로 당겨서 썬다.

2 막대모양 살을 가로로 놓고, 오른쪽부터 두께와 같은 폭으로 썬다. 뒷칼날을 살 앞쪽 모서리에 대고, 칼끝을 위로 올린다.

3 칼끝으로 포물선을 그리듯이 한 번에 당겨서 썬다. 각이 뾰족하지 않으면 신선도가 떨어져 보이기 때문에, 칼을 앞뒤로 움직이지 말고 칼길이를 모두 사용하여 썬다. 이보다 더 작은 사각형으로 써는 것을 「주사위 썰기(사이노메즈구리)」라고 하며, 남은 자투리를 썰 때 사용한다.

칼집 넣어 썰기
(기리카케즈쿠리)

칼집을 넣은 뒤 평썰기하는 방법이다. 칼집이 있어서 먹기 편하고, 간장 등도 잘 묻는다. 껍질을 살려서 회를 뜨거나 도톰하게 써는 생선, 기름진 생선 등에 사용하면 좋다.

1 껍질이 위로 오고 도톰한 부분이 뒤쪽으로 가게 놓은 뒤, 오른쪽부터 자른다. 왼손으로 살을 살짝 누른 뒤, 뒷칼날을 살 앞쪽의 가장자리에 대고 칼끝을 위로 올린다. 칼끝으로 포물선을 그리듯이 칼을 당겨서, 깊이의 중간까지 칼집을 넣는다.

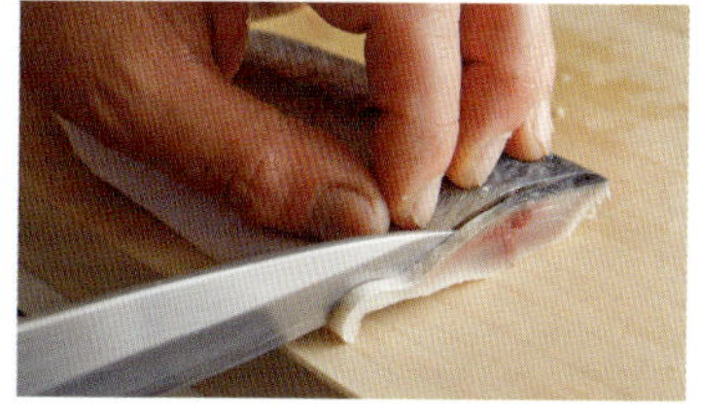

2 첫 번째 칼집과 같은 폭만큼 왼쪽으로 이동한 뒤, 평썰기 방법으로 썬다. 잘라낸 살은 칼로 오른쪽으로 옮긴다.

야키시모즈쿠리

껍질의 맛을 살리는 방법. 껍질만 센불에 구우면 비린내와 여분의 지방이 빠져서, 먹기 좋고 풍미도 좋아진다. 참돔, 고등어 등 껍질에 감칠맛이 있는 생선에 사용하는 방법이다. 가다랑어 다타키도 야키시모즈쿠리의 일종이다.

1 회를 뜨기 전에 소금(생선 무게의 약 2%)을 뿌린다. 먼저 트레이에 소금을 적당히 뿌리고, 그 위에 껍질이 아래로 가게 살을 놓는다. 나머지 소금은 조금 높은 곳에서 전체에 골고루 뿌린다.

2 5~10분 정도 그대로 둔다.

3 표면에 배어 나온 수분을 키친타월로 닦는다. 소금의 탈수작용으로 수분이 배어 나올 때 비린내 성분도 함께 나오므로, 수분과 함께 제거한다. 소금의 작용으로 살의 단백질이 변성되고 가열로 인해 굳어지면, 껍질이 잘 떨어지지 않는다.

4 트레이를 뒤집어서 **3**을 껍질이 위로 가게 올린 뒤, 가스 토치 등으로 껍질 부분만 센불로 굽는다. 지나치게 많이 구우면 회가 아니므로, 껍질에 구운 자국이 날 정도로만 굽는다.

5 전체에 구운 자국이 생기면, 트레이에서 내려 한김 식힌다. 이때 식히기 위해 얼음물 등에 넣으면 맛있는 지방과 구운 자국이 모두 없어지고, 살이 수분을 흡수해 끈적해지므로 상온에 둔다. 야키시모즈쿠리는 살짝 따뜻할 때 먹는다. 차갑게 먹고 싶다면 냉장고에 넣는다.

6 한김 식힌 살을 껍질이 위로 오고 도톰한 부분이 뒤쪽으로 가게 놓은 뒤, p.41 「칼집 넣어 썰기」 방법으로 칼집을 넣어 썬다. 단, 칼집을 2개 넣는다

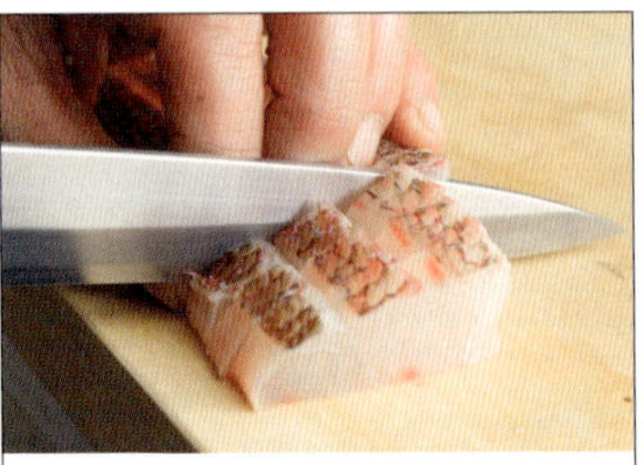

가와시모즈쿠리

참돔이나 빛금눈돔처럼 화려한 껍질을 가진 생선에 적합한 방법. 단단한 껍질에 뜨거운 물을 부으면 가열되어 부드러워지고, 여분의 지방도 빠지며, 비린내도 제거된다. 참돔의 가와시모즈쿠리를 「마쓰카와즈쿠리」라고도 한다.

1 야키시모즈쿠리와 같은 방법으로 소금을 뿌려서 10분 정도 둔 살을 키친타월로 감싼 뒤, 비스듬히 기울여 놓은 도마 또는 채반 위에 껍질이 위로 오도록 올리고, 그 위에 뜨거운 물을 끼얹는다. 껍질이 수축된 뒤 다시 살짝 펴질 때까지 충분히 끼얹어서, 껍질에 열을 가한다.

2 바로 얼음물에 담가서 남은 열을 제거한다. 한김 식으면 꺼내서 물기를 닦는다.

3 껍질은 위, 도톰한 부분은 뒤쪽으로 놓는다. 세로로 2줄의 칼집을 같은 간격으로 넣고, p.40 「평썰기」 방법으로 썬다. 칼집을 내면 씹기 편하고 보기에도 좋다.

2

생선 손질 방법과 요리

가다랑어

Skipjack tuna

분류 _ 농어목 고등어과
별명 _ 강고등어, 다랭이 등
산지 _ 한국 남해, 제주 / 일본 지바, 미야자키 등
제철 _ 4~6월, 9~10월

자는 동안에도 계속 헤엄치는 붉은살생선으로, 깊고 깨끗한 바다에 산다. 일본 이름은 「가쓰오」이고, 말려서 얇게 포를 뜬 것을 「가쓰오부시」라고 한다. 봄철의 「맏물 가다랑어(하쓰가쓰오)」와 가을철의 「회귀 가다랑어(모도리가쓰오)」가 특히 맛이 좋은데, 맏물 가다랑어는 지방이 적고 철분이 느껴지는 신맛과 깊고 산뜻한 풍미가 특징이고, 회귀 가다랑어는 북쪽 바다에서 지방을 충분히 축적하여 진하고 깊은 맛과 끈적한 식감이 특징이다. 상하기 쉬우므로, 익히지 않고 먹을 때는 구입한 날 바로 먹는 것이 좋다.

● **손질 포인트**

단단한 비늘이 가슴지느러미 뒤부터 앞쪽으로만 있다. 이 부분을 얇게 저며낸다.

살이 부드러워서 부서지기 쉬우므로, 가능한 한 움직이지 않게 밑손질을 하고, 한쪽 살을 분리한 뒤에는 뒤집지 말고 뼈 밑에 칼을 넣어 살을 잘라서 분리한다.

● **선택 포인트**

맏물 가다랑어
머리가 작아 보인다. 몸 색깔은 짙고, 무늬도 뚜렷하다.

회귀 가다랑어
지방이 올라 통통하고 살이 단단하다. 지방이 오르면 껍질이 얇아지기 때문에, 몸 색깔도 무늬도 옅어진다. 얼굴색도 하얗게 변하고, 볼 주변은 살이 비쳐 보일 정도로 껍질이 얇다.

밑손질

도구 생선용 칼

1 머리가 오른쪽, 등이 앞쪽으로 오게 놓는다. 칼을 거꾸로 잡고 눕힌 뒤, 가슴지느러미 뒤에서 머리쪽을 향해 비늘 밑에 칼을 넣고, 앞뒤로 움직이면서 깎아낸다.

가다랑어는 머리 연결 부위부터 가슴지느러미, 등지느러미에 걸쳐서 단단한 비늘이 밀집되어 있다. 다른 부분에는 비늘이 없으므로, **칼을 거꾸로 잡고 이 부분의 비늘을 깎는다.**

2 몸을 뒤집어서 **반대쪽 비늘도 같은 방법으로 제거한다.** 살이 부드러워서 힘을 주면 칼이 잘 들어간다. 또한 살이 쉽게 부서지므로 주의해서 다룬다.

3 머리가 왼쪽, 등이 앞쪽으로 오게 놓는다. 가슴지느러미 뒤에서 머리쪽을 향해, 칼을 오른쪽으로 살짝 기울여서 비스듬히 넣고 **등뼈까지 자른다.**

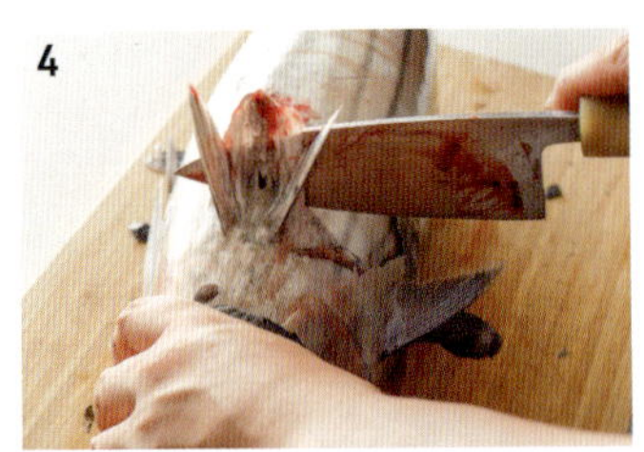

4 등이 아래로 가게 놓고, 배지느러미 아래에 있는 **단단한 비늘을 배지느러미와 함께 떠내듯이 깎는다.**

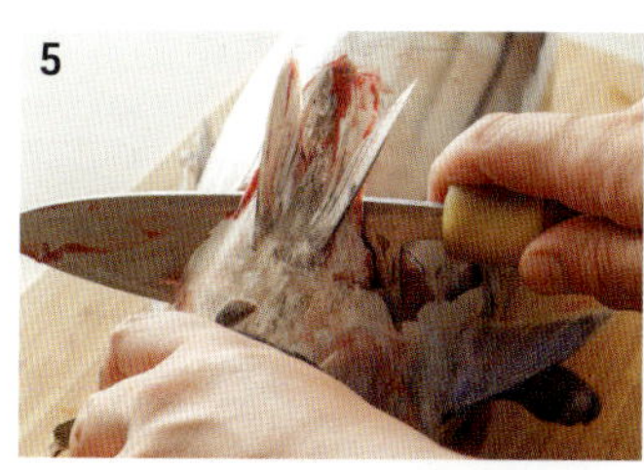

5 배의 비늘을 제거한 뒤, 그대로 칼을 세워서 머리쪽을 향해 비스듬히 자른다. 내장을 자르지 않도록 주의한다.

6 배가 앞쪽으로 오게 놓고, 가슴지느러미 뒤에서 칼을 비스듬히 넣어, 내장을 자르지 않도록 주의하면서 머리 연결 부위의 등뼈를 자른다. 머리는 요리에 사용하지 않기 때문에, 가능한 한 살이 남지 않도록 **양쪽에서 V자 모양으로 자른다.**

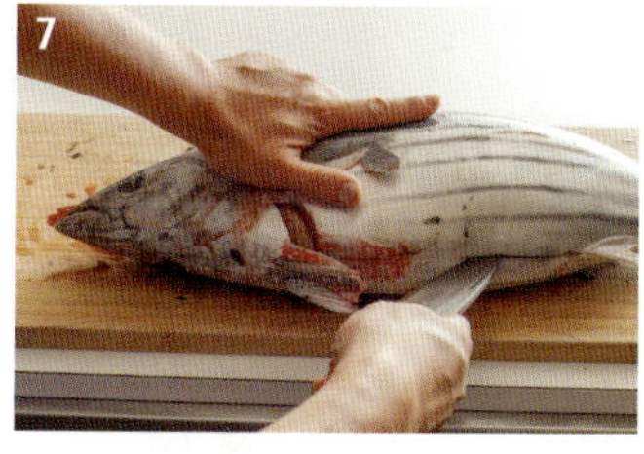

7 항문에 칼끝을 넣고, 그대로 머리를 향해 배 가운데를 자른다. 내장을 자르지 않도록 주의한다.

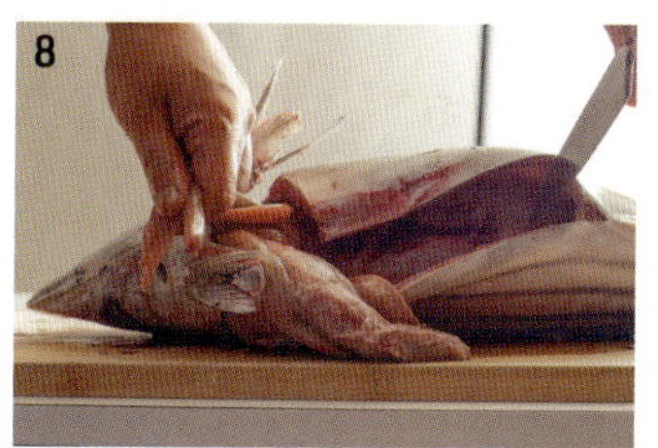

8 배를 열고, 안쪽에 칼끝을 넣어 힘줄이나 얇은 막 등을 꼼꼼하게 잘라서 **내장을 분리한다.**

9 머리를 앞쪽으로 접듯이 잡아당겨서, **내장과 함께 제거한다.**

10 등뼈를 따라 있는 얇은 막에 칼집을 넣는다. 콩팥을 따라 칼집을 위아래로 2줄 넣는다.

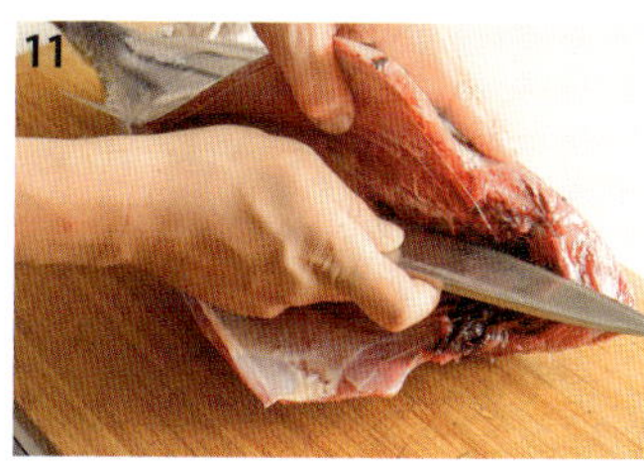

11 칼날과 뒷칼날을 사용하여 **콩팥을 긁어낸다.**

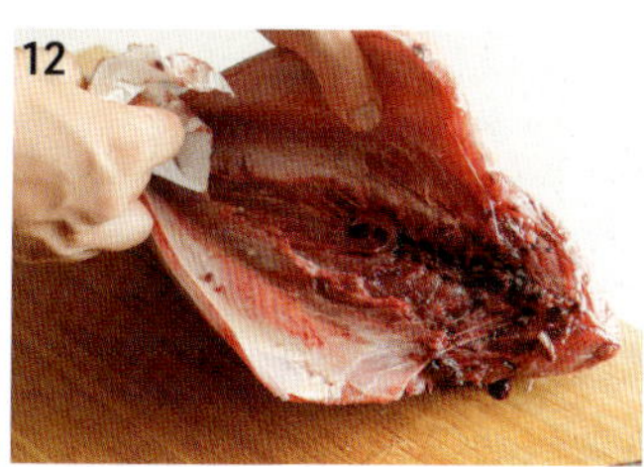

12 **흐르는 물에 재빨리 씻고, 물기를 잘 닦는다.** 남아 있는 콩팥은 키친타월로 닦아낸다. 살이 부서지기 쉬우므로 재빨리 씻는다.

손질
[3장뜨기]

도구 생선용 칼

1 등지느러미 부분이 단단해서 칼이 잘 들어가지 않고 지느러미뼈도 몸에 깊이 박혀 있으므로, 손질하기 전에 **등지느러미 양쪽에 V자 모양으로 칼집을 넣어 자른다.** 꼬리가 왼쪽, 등이 앞쪽으로 오도록 비스듬히 놓고, 왼손으로 꼬리를 꽉 잡는다. 칼날이 위를 향하도록 칼을 거꾸로 잡고, 제2등지느러미 위부터 머리쪽을 향해, 등지느러미 아래쪽에 칼집을 넣는다. 1/2 정도 자르면, 왼손으로 몸통을 눌러서 고정한다.

2 등지느러미 위쪽에도 같은 방법으로 칼집을 넣는다.

3 꼬리를 잡고 살짝 들어올린 뒤, 칼날로 등지느러미를 툭툭 쳐서 어깨까지 저며낸다.

4 **3장뜨기를 한다.** 머리가 오른쪽, 배가 앞쪽으로 오게 놓고, 배의 단면 끝부분부터 꼬리쪽까지, 뒷지느러미 위에 기준선이 될 칼집을 넣는다. 왼손으로 등쪽을 눌러서 배를 조금 띄우면, 칼이 쉽게 들어간다.

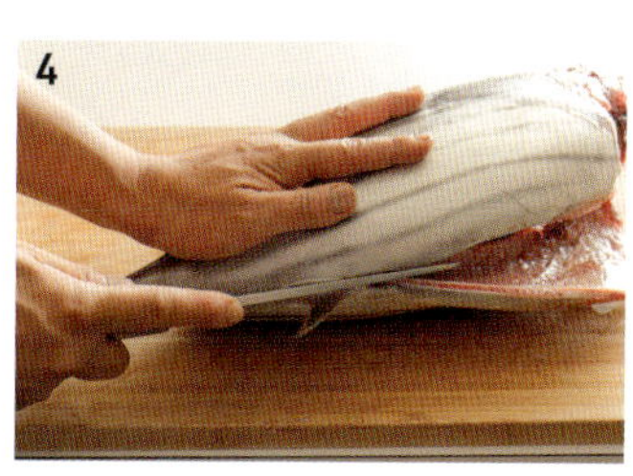

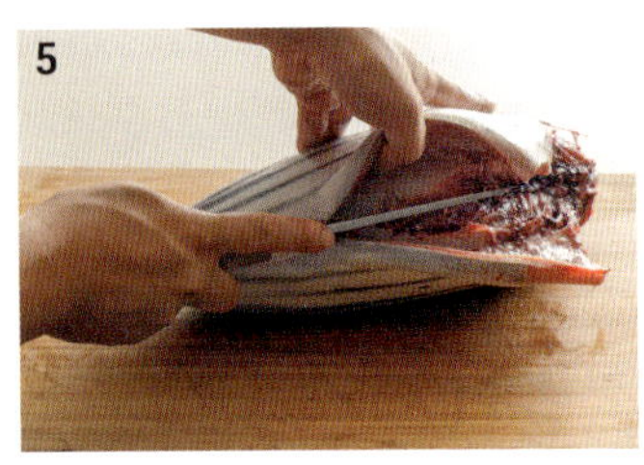

5 뒷칼날을 칼집 끝에 넣고, 칼끝을 등뼈에 댄다.

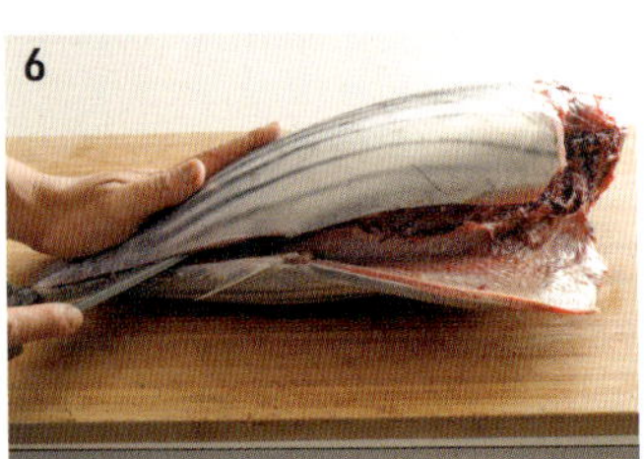

6 칼집을 따라서 칼끝으로 등뼈를 긁듯이, 꼬리쪽까지 자른다.

7 머리를 왼쪽, 등을 앞쪽으로 놓는다. 꼬리 쪽 단면에서 칼끝을 등뼈에 닿을 때까지 넣고, 어깨까지 등뼈를 긁듯이 자른다.

8 꼬리쪽 단면에 칼을 거꾸로 잡고 넣어서, 꼬리 연결 부위까지 자른다.

9 칼을 돌려서, 칼날이 머리쪽을 향하게 잡는다. 오른손으로 칼을 잡은 상태에서 배가 앞쪽으로 오도록 왼손으로 꼬리를 꽉 잡고, 몸통을 똑바로 위로 들어올린다. 몸통을 들어올린 채로 머리쪽까지 칼을 내려서 자른다. 힘을 빼고 칼자루를 살짝 잡아서, 칼의 무게를 이용하여 등뼈를 따라 쭉 내려가면서 자른다. 중간(배뼈 주변)에 칼이 내려가지 않으면, 칼끝이 위를 향하도록 칼을 비스듬히 세우면 잘 내려간다. 다 자른 뒤 도마 위에 꼬리가 왼쪽으로 가게 놓고, 꼬리 연결 부위에 칼을 넣어 자른다. 여기서 한쪽 살이 분리된다.

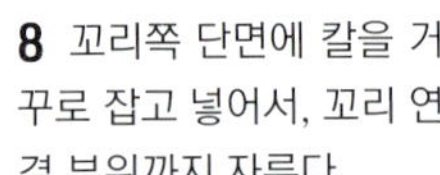

왼손 중지와 검지 사이에 꼬리 연결 부위를 끼워서 꽉 잡는다.

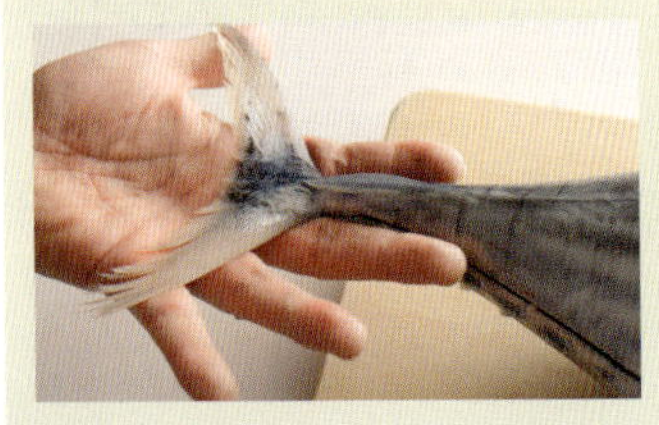

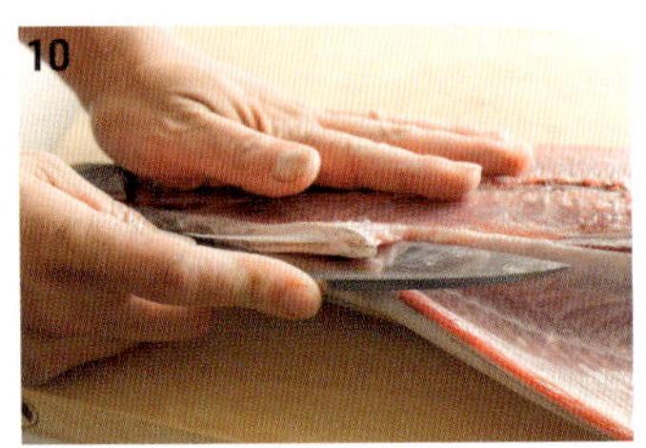

10 살을 뒤집지 않고 그대로 두고, 가운데뼈에서 살을 잘라 분리한다. 배의 단면 끝에서 살과 뼈 사이에 칼을 넣고, 꼬리쪽까지 뒷지느러미 밑에 칼집을 넣는다.

11 뒷칼날을 칼집 끝에 넣고 칼끝을 등뼈에 댄다.

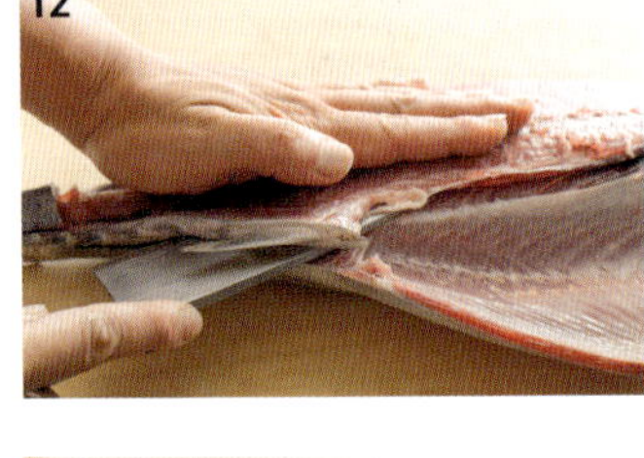

12 칼집을 따라서, 칼끝으로 등뼈를 긁듯이 꼬리쪽까지 자른다.

13 등이 앞쪽으로 오게 놓고 꼬리 연결 부위에서 살과 뼈 사이에 칼을 넣어, 어깨까지 칼집을 넣는다.

14 칼집에 맞게 칼을 당겨서 칼끝을 등뼈에 대고, 등뼈를 긁듯이 어깨까지 자른다. 배뼈에 닿으면 칼끝을 도마쪽으로 살짝 아래로 내려서, 배뼈가 붙어 있는 부분을 자른다

15 칼을 거꾸로 잡고 꼬리 연결 부위에 칼을 넣어 칼의 방향을 돌린 뒤, 등이 앞쪽으로 오도록 왼손으로 꼬리를 꽉 잡고 똑바로 위로 들어올린다. **9**와 같은 방법으로 몸을 들어올린 채로, 칼을 머리쪽까지 내려서 자른다.

Point

중간에 칼이 내려가지 않으면, 칼끝이 위를 향하도록 칼을 비스듬히 세워서 자른다.

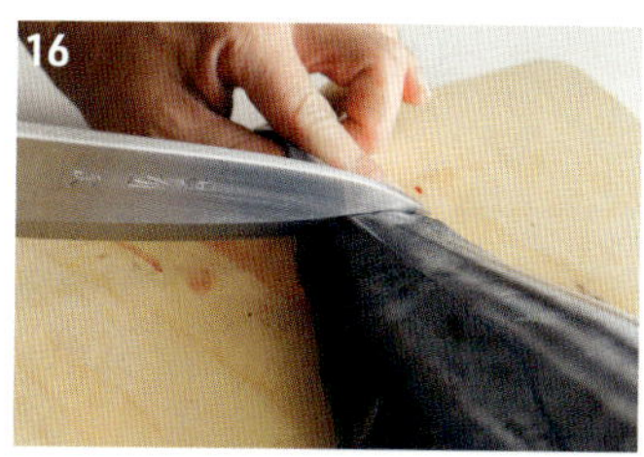

16 도마 위에 꼬리가 왼쪽으로 오게 놓고, 꼬리 연결 부위에 칼을 넣어 한쪽 살을 잘라서 분리한다.

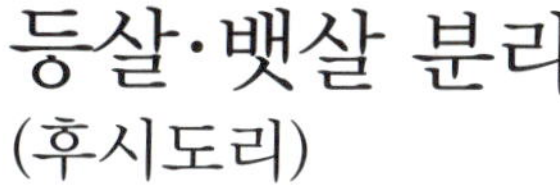

완성

3장뜨기한 상태.

위쪽 살

아래쪽 살

등살·뱃살 분리
(후시도리)

도구 생선용 칼

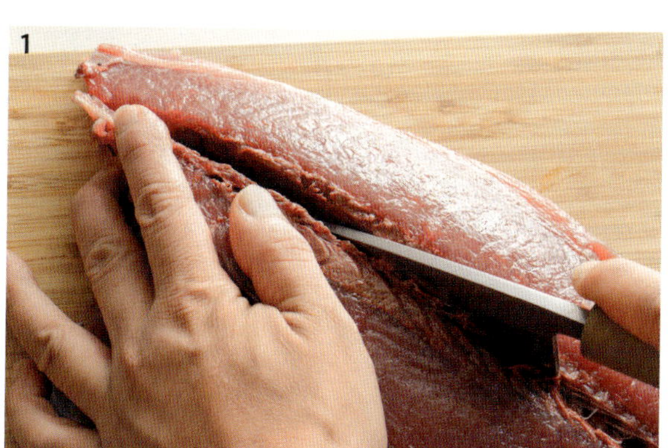

1 꼬리가 뒤쪽으로 가도록 세로로 놓는다. 가운데 지아이 부분에 일자로 칼을 넣어, 등살과 뱃살을 잘라서 분리한다.

2 등살쪽 지아이 부분을 오른쪽 바로 옆에서 자른다. 반복적으로 칼을 넣어 조금씩 깎듯이 자른다.

3 뱃살쪽의 지아이 부분도 같은 방법으로 자른다. 어깨 주변에 잔뼈가 있으므로, 함께 잘라낸다.

4 뱃살에서 하라모(「하라스」라고도 한다. 내장을 덮고 있는 뱃살로, 가장 지방이 많은 부분)를 자른다.

5 하라모를 잘라낸 부분에 남아 있는 배뼈를 얇게 벗겨낸다.

6 하라모의 살과 얇은 껍질(배껍질) 사이에 칼을 넣어, 얇은 껍질을 저며낸다.

완성

등살과 뱃살을 분리한 상태.

등살

뱃살

하라모

가다랑어 다타키 ➲ p.49
나마리부시 ➲ p.49

Point

쌀알 크기의 기생충이 발견되기도 하는데, 찾으면 제거한다. 먹어도 인체에 해는 없다.

껍질 제거

1 껍질이 아래, 꼬리가 왼쪽으로 오게 놓는다. 꼬리 끝에서 2㎝ 정도를 껍질만 남기고 살을 저며낸 뒤, 왼손으로 남겨둔 껍질을 꽉 누르고 껍질과 살 사이에 칼을 넣는다.

2 껍질을 왼쪽으로 당기고, 칼을 도마에 밀착시킨다. 껍질을 왼쪽으로 당기면서 칼을 머리쪽으로 이동시켜, 껍질을 잘라낸다. 가다랑어 껍질은 늘어나기 때문에, 껍질을 당기기보다 칼을 움직인다. 살의 무게를 이용하여 칼을 밀착시킨 뒤, 머리쪽을 향해 수평으로 이동시킨다.

펑썰기

＊ 껍질을 제거한 등살 사용.

1 껍질이 위, 도톰한 부분이 뒤쪽으로 가게 놓은 뒤, 오른쪽 끝부터 자른다. 칼날을 살의 경사에 맞게 대고, 뒷칼날부터 칼끝까지 한 번에 당겨서 자른다.

완성

가다랑어회 ➡ 아래
가다랑어 절임 ➡ 아래

가다랑어회

재료(2인분)
가다랑어 순살(껍질 제거) ··· 1토막
무(채썰기), 싹눈파 ··· 적당량씩
간 생강, 간장 ··· 적당량씩

만드는 방법
1 가다랑어 살은 평썰기한다.
2 그릇에 무와 **1**의 가다랑어를 담고, 싹눈파와 간 생강을 곁들인다. 간장을 찍어서 먹는다.

가다랑어 절임

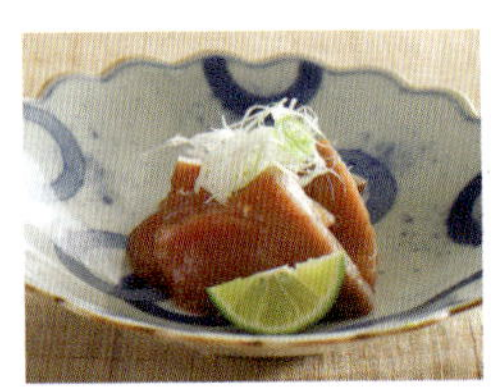

가다랑어 순살(껍질 제거) 1/3토막을 평썰기한 뒤, 간 양파 1/2큰술, 간장 1컵, 맛술 1큰술을 섞은 양념장을 부어 2~3분 절인다.

가다랑어 다타키

재료(2인분)

가다랑어 순살(껍질째) … 1토막	대파 … 1/3줄
가다랑어 하라모 … 1/2마리 분량	소금 … 적당량
양파 … 1/4개	폰즈간장 … 적당량
마늘 … 1쪽	

만드는 방법

1 가다랑어 살은 프라이팬에 들어갈 크기로 썬다.

2 **1**과 하라모에 소금을 뿌려 10분 정도 그대로 둔 뒤, 표면에 배어 나온 물기를 닦는다.

3 양파는 얇게 썰고 대파는 채썬 뒤, 각각 물에 헹궈서 물기를 뺀다. 마늘은 얇게 저민다.

4 불소수지 코팅 프라이팬을 센불로 가열하고, **2**의 순살을 껍질쪽이 아래로 가게 올린 뒤 누르면서 굽는다. 껍질에 구운 색이 나고 살이 1~2mm 정도 하얗게 변하면, 뒤집어서 살쪽도 굽는다. 표면에 구운 색이 나고 살도 하얗게 변하면, 얼음물에 담갔다 건져서 물기를 닦는다.

5 프라이팬에 하라모를 넣고 누르면서 양면을 살짝 구운 뒤, 얼음물에 담갔다 건져서 물기를 닦는다.

6 **4**를 평썰기하고 **5**는 먹기 좋게 자른다.

7 그릇에 **3**의 양파를 깔고 **6**을 올려 마늘로 장식한 뒤, 대파를 곁들이고 폰즈간장을 두른다.

나마리부시

재료(2인분)

가다랑어 순살(껍질이 붙어 있는 등살) … 1토막

간 무, 간 생강 … 적당량씩

스다치 … 적당량

소금 … 적당량

간장 … 조금

만드는 방법

1 가다랑어는 적당한 크기로 잘라 소금을 뿌리고 10분 정도 그대로 둔 뒤, 표면에 배어 나온 물기를 닦는다.

2 김이 오른 찜통에 넣어 15분 정도 찐다. 만졌을 때 단단하면 완성이다. 꺼내서 식힌다.

3 그릇에 **2**를 담고, 간 무에 간 생강을 얹어서 올린 뒤 간장을 두른다. 스다치를 곁들인다.

갈치
Hairtail

분류_ 농어목 갈치과
별명_ 칼치, 도어 등
산지_ 군산, 목포, 제주 등
제철_ 여름~가을

기다란 칼을 닮았다고 해서 칼치 또는 도어(刀魚)라고 부르기도 한다. 일본에서는 머리를 위로 하고 서서 헤엄친다고 해서, 「서 있는 생선」이라는 뜻으로 「다치우오」라고 부른다. 비늘은 없고 몸 표면은 구아닌이라는 은색 가루로 덮여 있다. 또한 등지느러미가 머리부터 꼬리까지 이어져 있고, 가슴지느러미, 배지느러미, 뒷지느러미는 퇴화하였으며, 꼬리지느러미는 긴 끈처럼 뻗어 있다. 살은 부드럽고, 지방이 많지만 담백하고 고급스러운 맛이 난다. 껍질층에 깊은 맛이 있어서, 껍질째 요리하는 것이 좋다. 맛이 담백한데 구우면 기름기가 빠져서 더 맛있다.

● **손질 포인트**

갈치 이빨은 날카로우므로 주의해서 손질한다.

몸통이 길지만 기본 방법으로 손질한다. 어렵다면 토막낸 뒤 각각 손질해도 좋다.

몸속 깊이 박혀 있는 등지느러미뼈를, 지느러미와 함께 제거한다.

● **선택 포인트**

밑손질

| 도구 | 생선용 칼 |

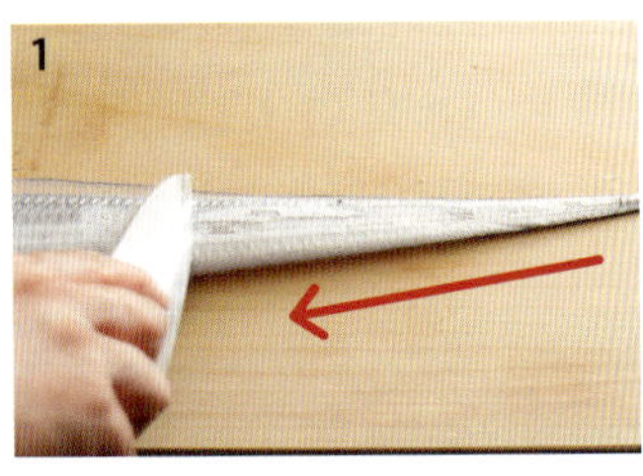

1 머리가 왼쪽으로 오게 놓는다. 비늘은 없지만 꼬리부터 머리를 향해, 칼로 **표면을 살짝 긁어서 점액질을 제거한다.**

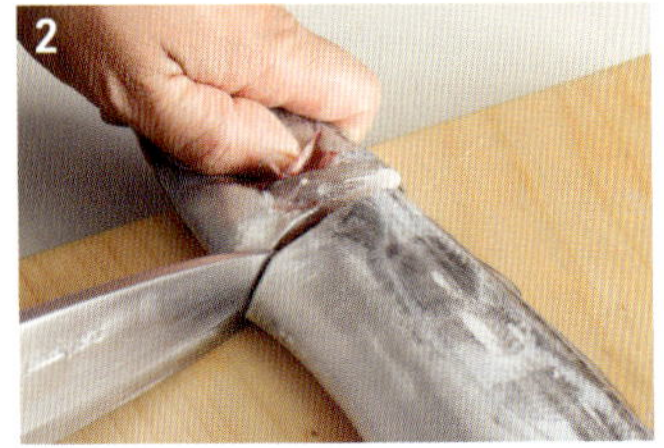

2 가슴지느러미 뒤에 칼을 넣어 **머리를 수직으로 자른다.**

3 머리가 왼쪽, 배가 앞쪽으로 오게 놓는다. 단면에 칼을 거꾸로 잡고 칼끝을 넣어, 껍질을 밖으로 당기듯이 **항문까지 잘라서 배를 연다.** 내장을 자르지 않도록 주의한다.

4 복강에서 내장을 덮고 있는 복막을 잘라낸다.

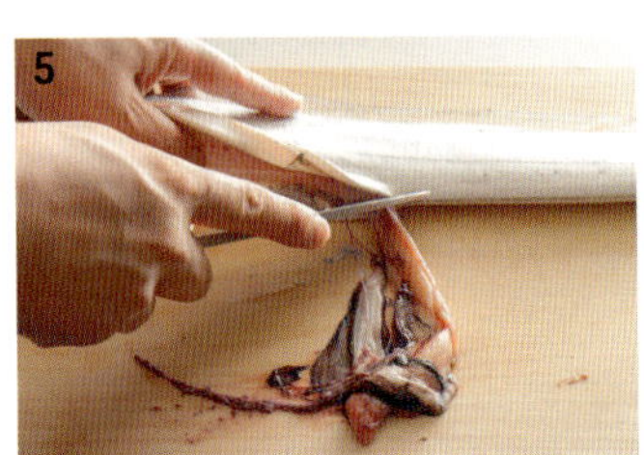

5 칼을 다시 바로 잡고 칼날을 복강의 곡선을 따라 움직여서, **복막과 함께 내장을 빼낸다.** 등뼈의 얇은 막에 칼집을 넣어, **콩팥을 긁어낸다. 재빨리 물로 씻은 뒤, 키친타월로 물기를 닦는다.** 뱃속에 남은 내장 등도 깨끗이 닦아낸다.

손질

[3장뜨기]

* p.26~28 「3장뜨기」 참조.

도구 생선용 칼

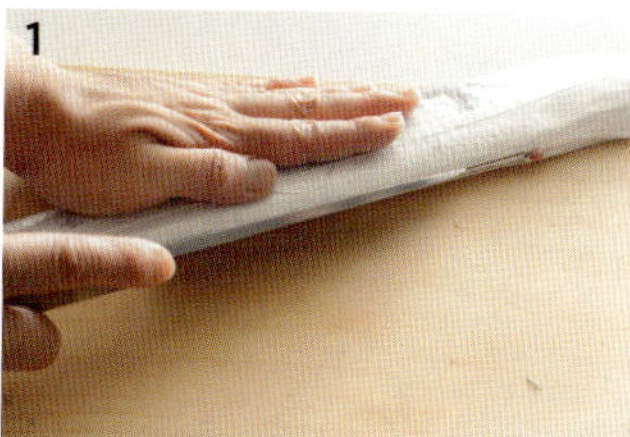

1 머리가 오른쪽, 배가 앞쪽으로 오게 놓는다(몸이 길어서 도마 위에 비스듬히 놓는 것이 좋다). 항문부터 꼬리쪽까지, 뒷지느러미 위(뒷지느러미는 없지만 흔적이 남아 있다)에 칼집을 넣는다.

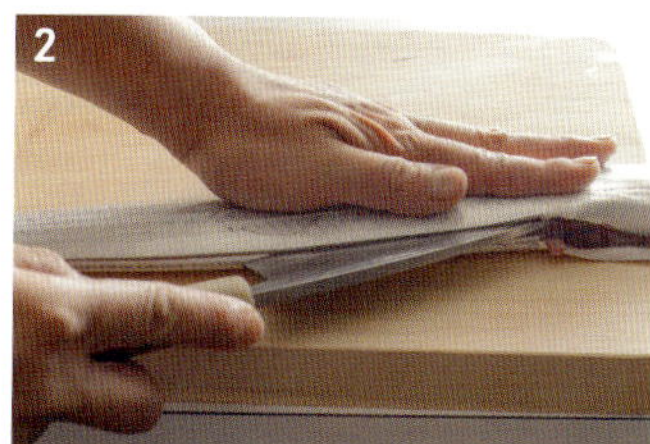

2 칼집을 따라 칼을 넣어 칼끝을 등뼈에 맞춘다. 칼배를 가운데뼈에 밀착되게 올리고, 그대로 칼끝으로 등뼈를 긁듯이 꼬리쪽까지 자른다.

3 머리가 왼쪽, 등이 앞쪽으로 오게 놓는다. 꼬리 연결 부위부터 어깨까지, 등지느러미 위에 칼집을 넣는다.

4 칼집을 따라 칼을 넣어 칼끝을 등뼈에 맞춘다. 칼배를 가운데뼈에 밀착되게 올리고, 그대로 칼끝으로 등뼈를 긁듯이 어깨까지 자른다.

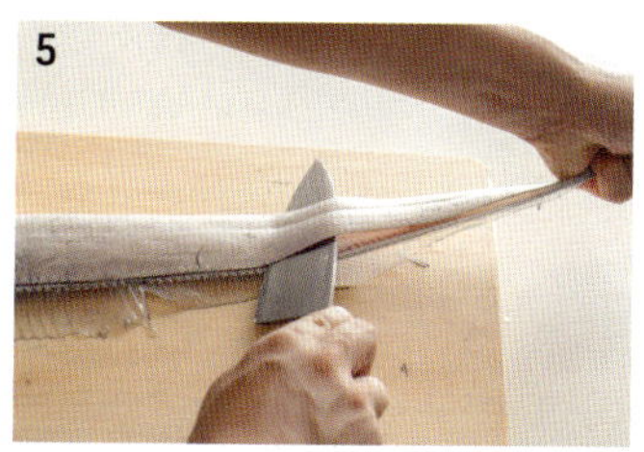

5 꼬리 연결 부위에 칼을 거꾸로 잡고 넣어 꼬리쪽에 살짝 칼집을 낸 뒤, 칼을 돌려서 등뼈 위를 미끄러지듯이 움직여, 살을 잘라서 분리한다.

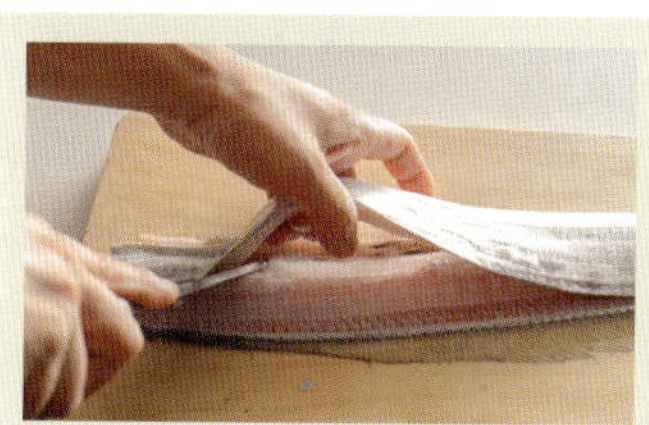

Point

배뼈에 닿으면 칼끝을 도마쪽으로 기울이고, 뒷칼날을 어깨쪽을 향해 비스듬히 돌려서 자른다.

6 뼈가 아래로 가고, 머리는 오른쪽, 등은 앞쪽으로 오게 놓는다. 3, 4와 같은 방법으로 어깨부터 꼬리쪽까지 자른다.

7 머리가 왼쪽, 배가 앞쪽으로 오게 놓는다. 1, 2와 같은 방법으로 꼬리 연결 부위부터 항문까지 자른다.

8 꼬리 연결 부위에 칼을 거꾸로 잡고 넣어 꼬리쪽에 살짝 칼집을 낸 뒤, 칼을 돌려서 등뼈 위를 미끄러지듯이 움직여, 살을 잘라 분리한다.

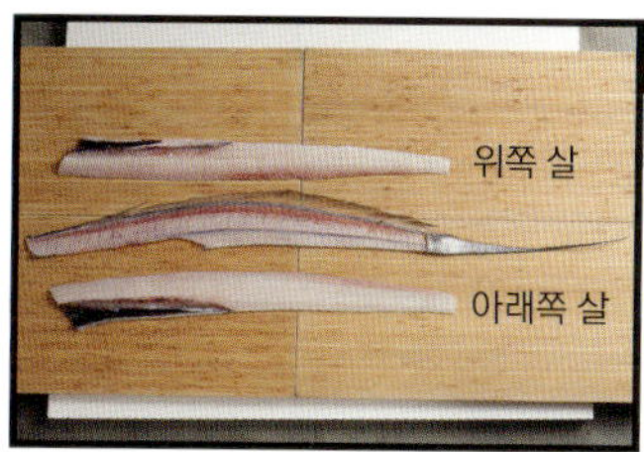

완성 3장뜨기한 상태.

통으로 자르기

* 점액질을 제거하고 머리를 수직으로 자른 것을 사용.

도구 생선용 칼

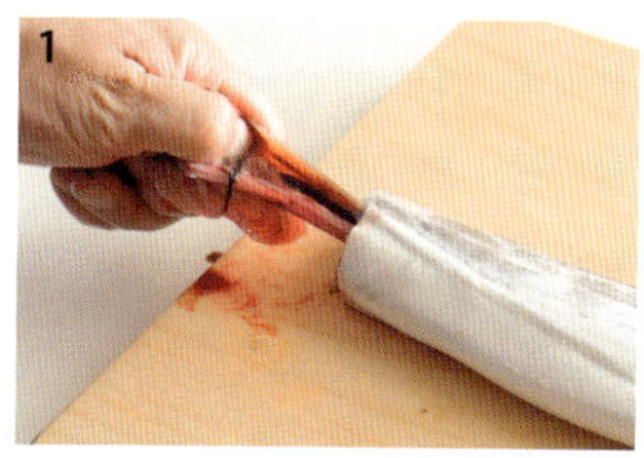

1 **머리쪽 단면에서 손으로 내장을 빼낸다.** 재빨리 물로 씻은 뒤 키친타월로 물기를 꼼꼼히 닦는다. 뱃속에 남은 콩팥과 내장 등도 깨끗이 닦아낸다.

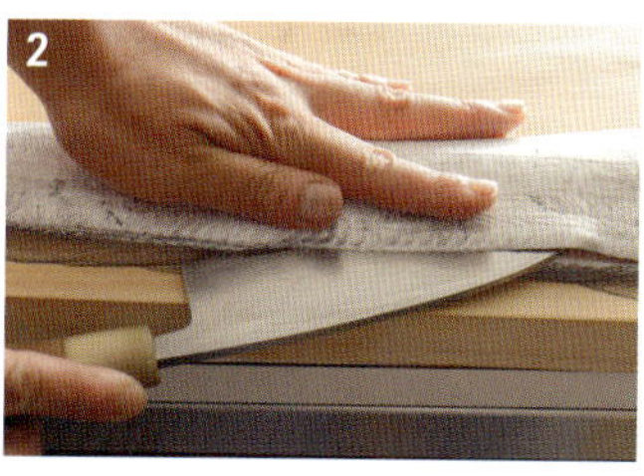

2 머리가 오른쪽, 등이 앞쪽으로 오게 놓고, 등지느러미 위에 칼집을 넣는다. 지느러미뼈는 길고 살에 박혀 있으므로, 등살 가운데까지 칼을 넣는다.

3 머리가 왼쪽, 등이 앞쪽으로 오게 놓고, **2**와 같은 방법으로 칼집을 낸다.

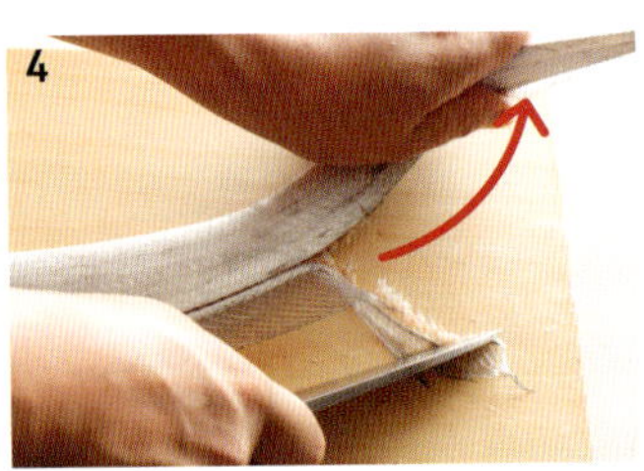

4 칼로 등지느러미를 누르고, 왼손으로 몸통을 반대쪽으로 당겨서 등지느러미를 제거한다.

등지느러미를 칼로 누르고 몸통을 당기면, 등지느러미와 지느러미뼈가 살에서 빠져나온다.

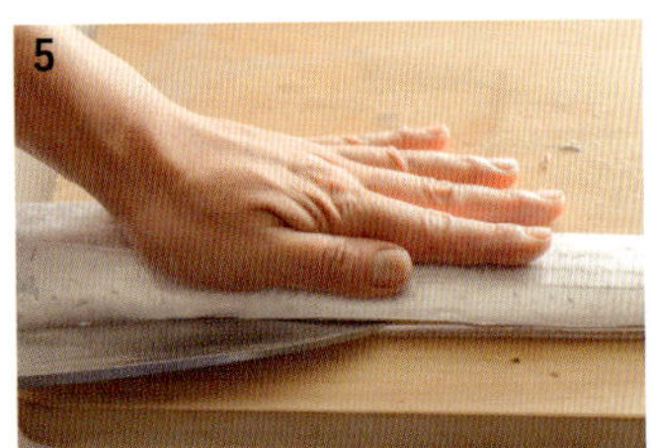

5 머리가 오른쪽, 배가 앞쪽으로 오게 놓는다. 머리부터 꼬리쪽을 향해, 배지느러미 자국 위에 칼집을 넣는다. 깊이는 뱃살 가운데 정도까지.

6 살을 뒤집은 뒤 같은 방법으로 칼집을 넣는다. 칼집 부분을 칼로 누르고, 몸통을 당겨서 지느러미뼈를 제거한다.

7 머리가 왼쪽, 배가 앞쪽으로 오게 놓고, 칼을 찌르듯이 넣는다. 등뼈에 닿으면 앞쪽으로 당겨서 뼈째 자른다. 손가락 4개 정도의 폭을 기준으로 하고, 꼬리쪽으로 갈수록 몸통이 가늘어지므로 더 크게 자른다.

완성
통으로 자른 상태.

배뼈 제거

★ 3장뜨기한 아래쪽 살을 사용.

도구 생선용 칼

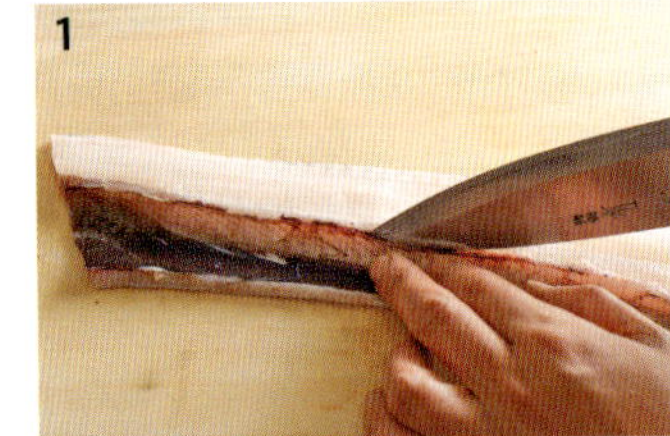

1 배가 왼쪽으로 오도록 비스듬히 놓는다. 칼을 거꾸로 잡은 뒤, 배뼈가 붙어 있는 부분에 칼끝을 넣고 잘라서, 뼈 끝부분을 1개씩 떼어낸다(p.33 「배뼈 분리1」 참조).

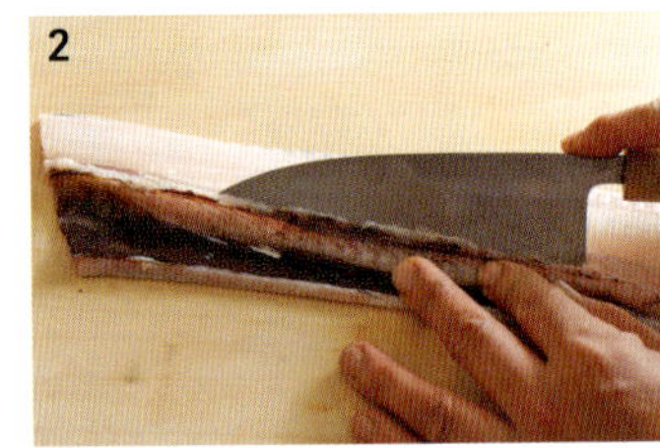

2 왼손으로 배뼈를 살짝 누른 뒤 칼을 오른쪽으로 눕혀서, 배뼈 끝까지 앞쪽으로 당겨 얇게 저민다 (p.34 「배뼈 저미기」 참조).

가늘게 썰기

★ 순살을 항문 근처에서 잘라낸 뒤 반쪽만(꼬리쪽) 사용.

도구 회칼

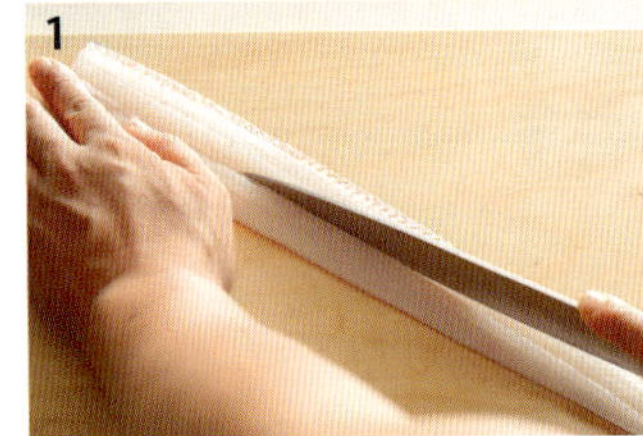

1 껍질이 아래로 가게 놓고 세로로 2등분한다.

2 잘라서 분리한 살을 도톰한 부분이 뒤쪽으로 가게 놓고, 오른쪽 끝부터 3㎝ 폭으로 자른다. 자른 살을 껍질이 아래로 가게 세로로 놓고, 오른쪽 끝부터 5㎜ 간격으로 칼을 똑바로 당겨서 자른다. 껍질이 벗겨지기 쉬우므로, 힘을 주지 않고 한 번에 자른다.

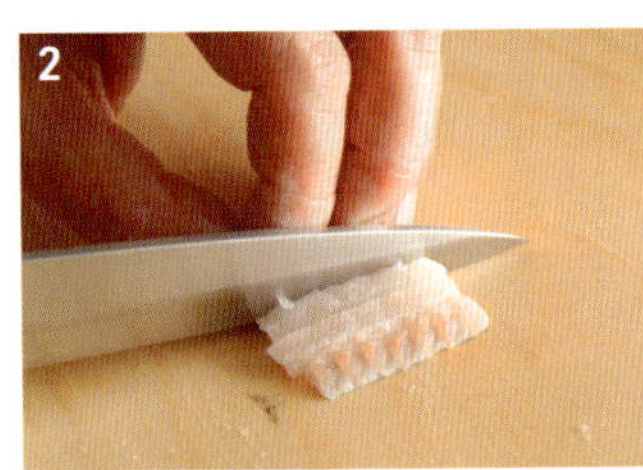

완성
가늘게 썬 상태.

갈치회 ⟶ p.53

갈치회

재료(2인분)

갈치 순살 … 1/8마리 분량(약 50g)

무(채썰기), 청소엽(채썰기), 차즈기 꽃이삭 … 적당량씩

간 고추냉이 … 적당량

스다치(웨지모양 썰기) … 2조각

만드는 방법

1 갈치 순살을 가늘게 썬다.

2 그릇에 무, 청소엽, **1**을 담고 차즈기꽃, 간 고추냉이, 스다치를
   곁들인다.

갈치 다즈나야키

재료(2인분)

갈치 순살
   … 1/4마리 분량(약 30㎝)

소금, 후추 … 조금씩

전분가루 … 적당량

버터 … 30g

버섯(표고, 잎새버섯, 만가닥버섯,
   팽이버섯 등) … 적당량

크레송 … 적당량

레몬(웨지모양 썰기) … 2조각

만드는 방법

1 갈치 순살을 껍질이 아래로 가게 놓고, 15㎝ 폭으로 자른다.

2 **1**을 세로로 놓고 폭을 1/2로 자른 뒤, 윗부분을 각각 1㎝ 정도
   남기고 3등분이 되도록 똑바로 칼집을 넣는다.

3 **2**에 소금을 골고루 뿌려서 10분 정도 둔 뒤, 표면에 배어 나온
   물기를 닦고 후추를 뿌린다.

4 **3**을 땋아서 한쪽 끝을 이쑤시개로 고정한 뒤, 전분가루를 얇게
   묻힌다.

5 프라이팬에 버터 20g을 넣고 약한 중불로 가열한 뒤, **4**를 가
   지런히 올려 5~7분 굽는다. 표면이 하얗게 변하면 뒤집어서
   1~2분 더 굽는다.

6 버섯은 먹기 좋게 자른 뒤, 다른 프라이팬에 버터 10g을 녹여
   서 버섯을 볶는다.

7 그릇에 **5**, **6**, 크레송을 담고, 레몬을 곁들인다.

갯장어

Pike eels

분류_ 뱀장어목 갯장어과
별명_ 해만, 참장어, 놋장어 등
산지_ 여수, 통영, 장흥, 고흥 등
제철_ 6~9월

몸길이가 2m 정도로 색깔이나 모습이 붕장어와 닮았지만, 붕장어보다 입이 크고 등지느러미가 길며 배지느러미는 없다. 일본 이름인「하모」로 많이 알려져 있다. 뼈가 많은 갯장어를 맛있게 먹기 위해 뼈를 자르는 것을 일식 용어로「호네기리」라고 하는데, 껍질을 남기고 살과 뼈를 함께 자른다. 호네기리는 3㎝ 폭을 촘촘하게 24번 정도 자른다. 작은 생선이나 갑각류, 오징어, 문어 등을 먹고 사는 갯장어의 살은 깊고 풍부한 맛이 나며, 호네기리로 뼈를 자른 갯장어를 오독오독 씹는 식감도 특별하다. 단백질이 많아서 여름철 보양식으로도 인기가 많다.

● **손질 포인트**

복강 부분과 그 뒤의 등뼈 모양이 다르므로, 각각의 모양에 따라 칼의 각도를 맞춰서 자른다.

● **선택 포인트**

＊ 갈라서 펼친 것을 구입할 때는, 도톰하고 살이 투명한 것을 선택한다.

밑손질

도구 생선용 칼

1 왼손으로 머리를 잡고, 칼날로 머리부터 꼬리쪽을 향해 표면을 훑어서 **점액질을 제거한다.** 칼은 한 방향으로 움직여야 한다. 흐르는 물로 점액질을 제거하고 물기를 닦는다.

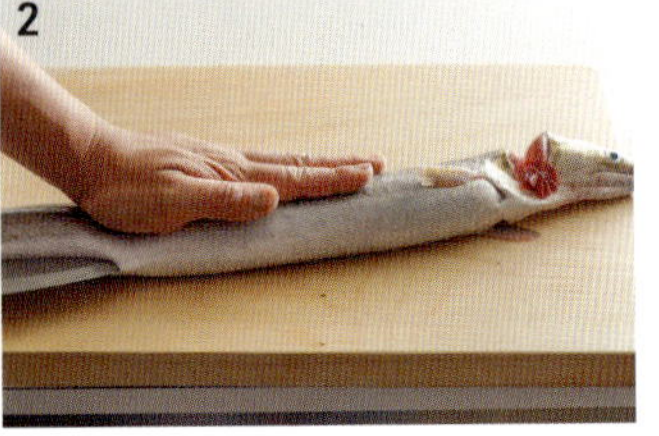

2 머리가 오른쪽, 배가 앞쪽으로 오게 놓는다. 칼을 거꾸로 잡고 칼끝을 항문에 넣어, 배껍질을 밖으로 당기듯이 머리쪽을 향해 잘라 나간다.

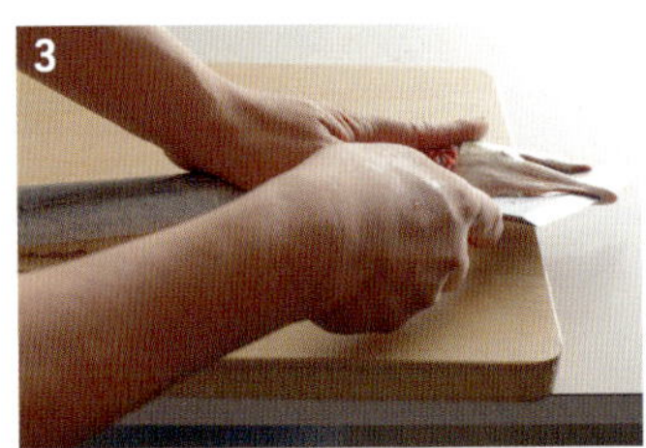

3 그대로 아래턱 끝까지 자른다. 칼을 깊게 넣으면 내장이 손상되므로 주의한다.

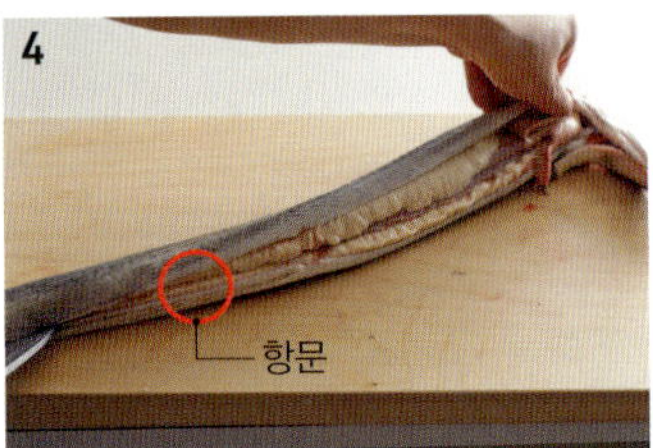

4 갯장어는 복강이 길기 때문에, 칼을 바로 잡고 항문부터 꼬리쪽을 향해서 복강 끝까지 자른다.

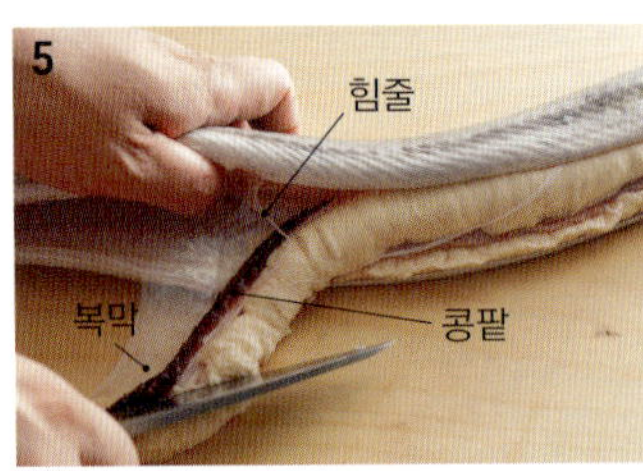

5 배를 갈라서 열고 등뼈를 따라 있는 콩팥, 흰색 힘줄, 얇은 복막과 함께, 내장을 배의 절반 정도까지 조심스럽게 빼낸다.

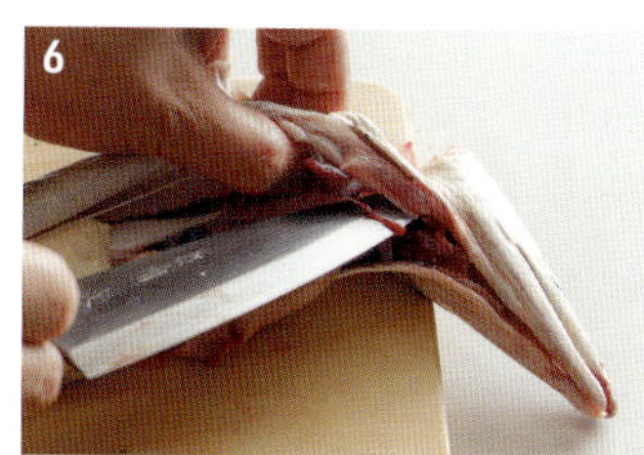

6 칼끝으로 위턱과 아래턱에 붙어 있는 아가미를 잘라서 분리한다.

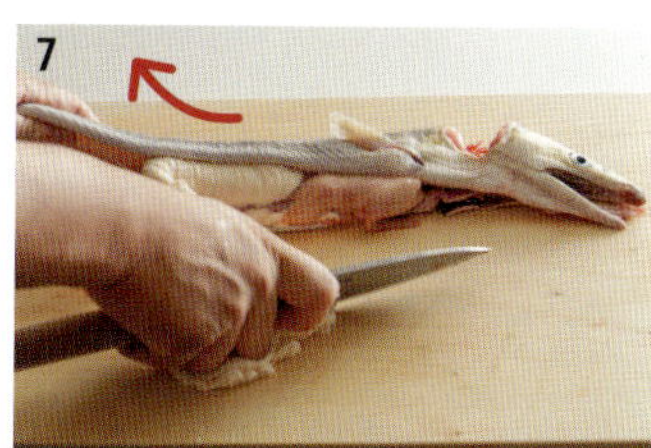

7 뒷칼날로 내장을 누르고, 왼손으로 몸통을 뒤쪽으로 잡아당겨 **내장을 빼낸다.**

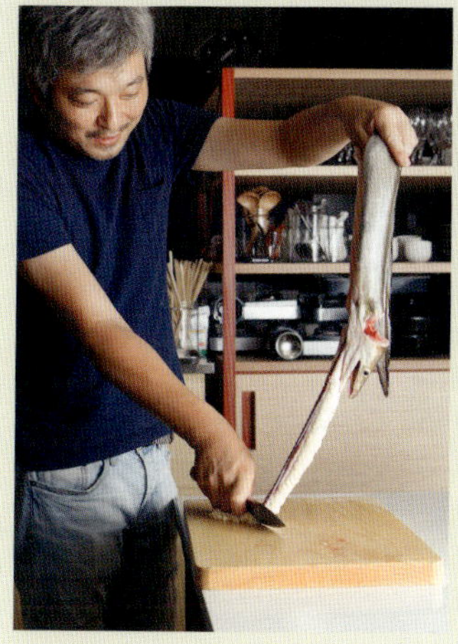

Point

내장을 2/3 정도 빼낸 뒤에는, 몸통을 위쪽으로 잡아당겨서 나머지 내장을 빼내는 것이 좋다. 잘하면 아가미도 함께 빼낼 수 있다.

8 머리 연결 부위에서 내장을 잘라 분리한다.

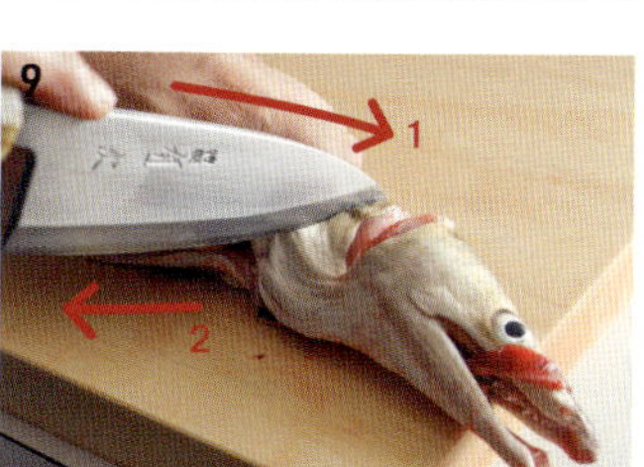

9 머리가 오른쪽, 배가 앞쪽으로 오게 놓는다. 가슴지느러미 뒤에 칼을 수직으로 대고 찌르듯이 밀어서 뒷칼날로 등뼈를 자른 뒤, 앞쪽으로 당겨서 **머리를 자른다. 재빨리 물로 씻어서 물기를 닦는다.** 내장을 각각 분리하여 씻은 뒤, 물기를 닦는다.

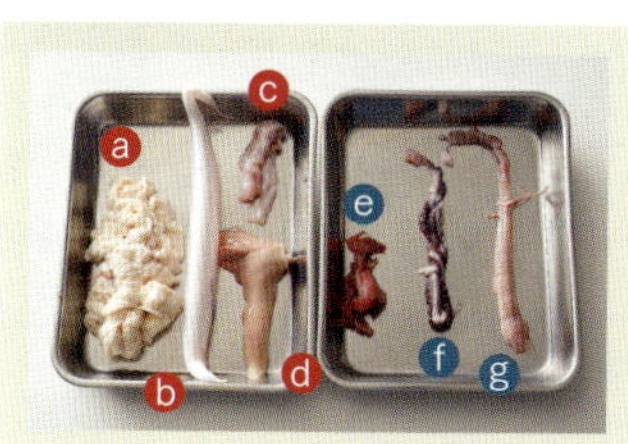

Point

먹을 수 있는 내장 ⓐ난소, ⓑ부레, ⓒ간, ⓓ위 먹을 수 없는 내장 ⓔ아가미, ⓕ콩팥, ⓖ장

갈라서 펼치기
[배 가르기]

도구 회칼

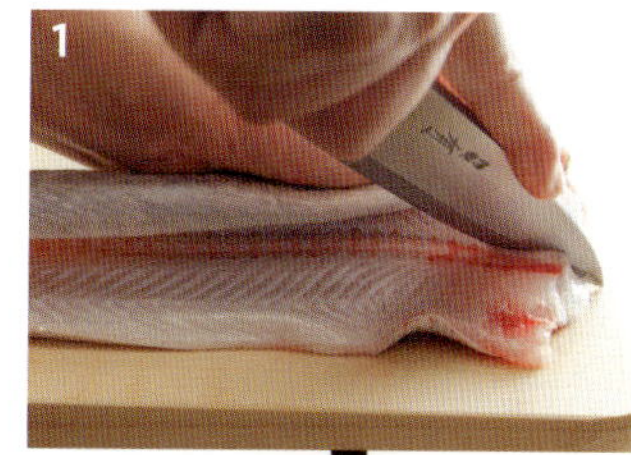

1 머리가 오른쪽, 배가 앞쪽으로 오게 놓는다. 칼끝을 등뼈 각도에 맞게 넣고, 어깨부터 꼬리를 향해 자른다. **갯장어의 등뼈는 머리부터 복강 끝**(항문 아래)**까지 삼각형이다.** 그 각도에 따라 칼끝을 등지느러미에 최대한 가깝게 넣고, 등껍질을 자르지 않도록 칼을 조금 세워서 복강 끝까지 자른다.

2 복강 끝부터 꼬리까지는 등뼈가 평평하므로, 칼을 수평으로 눕히고 등뼈 위를 미끄러지듯이 움직여, 등껍질을 자르지 않도록 주의해서 꼬리 끝까지 자른다.

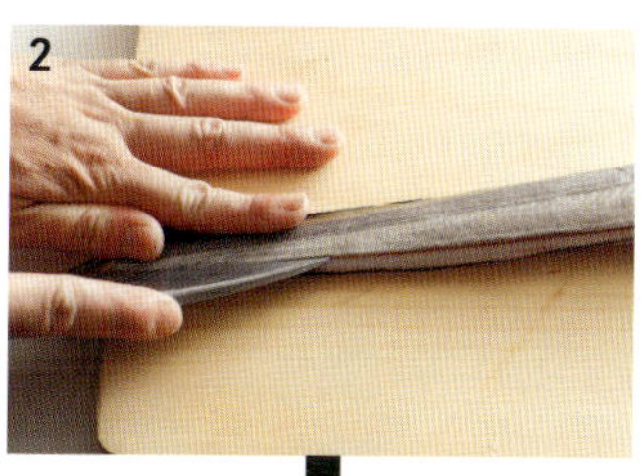

갈라서 펼친 상태.

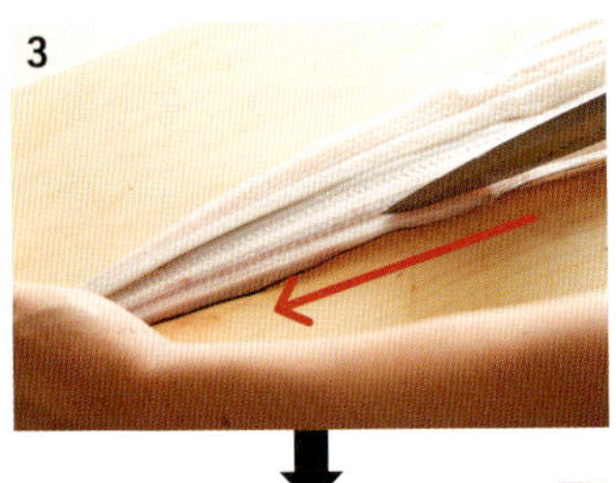

3 등뼈를 자른다. 등뼈가 곧게 펴지도록 놓고, 꼬리를 당기면서 등뼈의 배쪽 가장자리(등뼈와 배지느러미뼈 사이)를 따라, 칼을 거꾸로 잡고 칼끝으로 어깨부터 꼬리까지 칼집을 넣는다. 살에서 분리된 등뼈는 끝부분이 튀어나온다.

4 꼬리 연결 부위의 등뼈에 뒷칼날을 대고 뼈를 자른다. 살을 자르지 않도록 주의해서 등뼈만 자른다.

5 꼬리에 남은 등뼈를 왼손 엄지로 누르고 몸통을 들어올린 뒤, 칼을 거꾸로 잡고 **4**의 단면에서 등뼈 아래로 칼날을 넣는다.

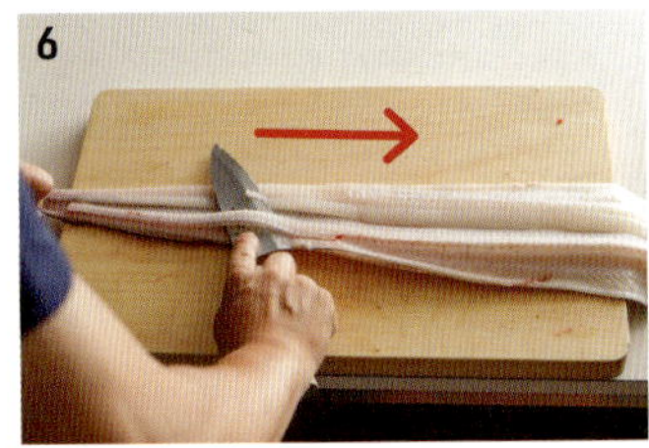

6 왼손으로 살을 팽팽하게 당기면서, 어깨까지 칼을 한 번에 움직여서 **등뼈를 분리한다.** 이때 들어올린 몸통을 서서히 내려서 도마에 밀착시킨다.

살을 자르지 않도록 칼날을 위쪽으로 살짝 비스듬히 올려서 잘라 나간다.

7 살에서 떼어낸 등뼈를 머리쪽으로 넘겨서 잘라낸다.

8 꼬리가 도마 왼쪽 위에 오도록 비스듬히 놓은 뒤, **꼬리 끝을 잘라낸다.**

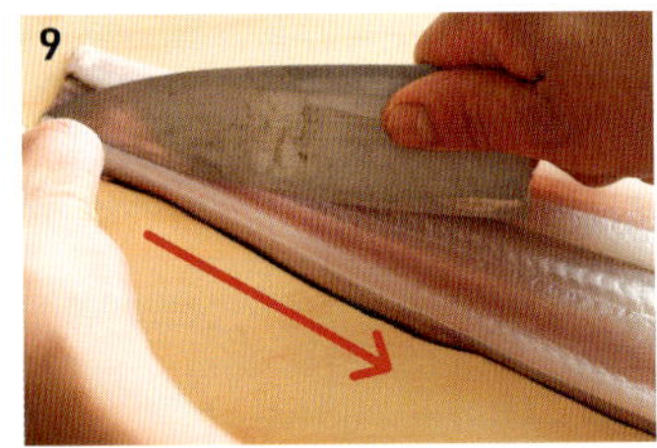

9 뒷지느러미를 자른다. 꼬리쪽부터 칼끝을 세워서 뒷지느러미뼈의 끝부분을 따라 칼집을 넣은 뒤, 자른 살을 왼손으로 당기면서 어깨까지 자른다.

Point

몸쪽에 뒷지느러미뼈가 남아 있지 않도록 함께 잘라낸다.

10 아래쪽 살의 배뼈를 자른다. 꼬리쪽부터 칼을 눕혀서 배뼈가 붙어 있는 부분에 칼집을 넣어, 살에서 분리한다. 왼손으로 배뼈를 누르고, 칼을 앞으로 당기면서 배뼈 끝부분까지 저미듯이 자른다.

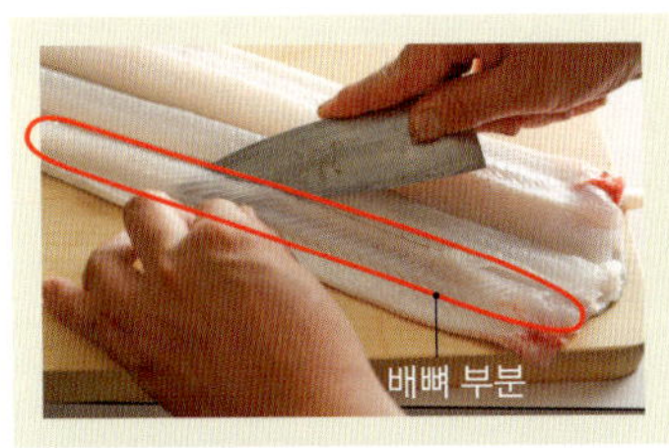

Point

갯장어의 배뼈는 짧아서 몸 끝부분에는 없다. 칼은 배뼈가 있는 부분에만 넣는다.

11 오른손으로 살을 누르고, 왼손으로 칼집을 낸 배뼈 부분을 잡아당겨서 벗긴다.

Point

갯장어 살은 탄력이 있고 단단하므로, 이 방법으로 배뼈를 제거할 수 있다. 잡아당겨서 벗겨내기 때문에, 살 끝부분을 남길 수 있다.

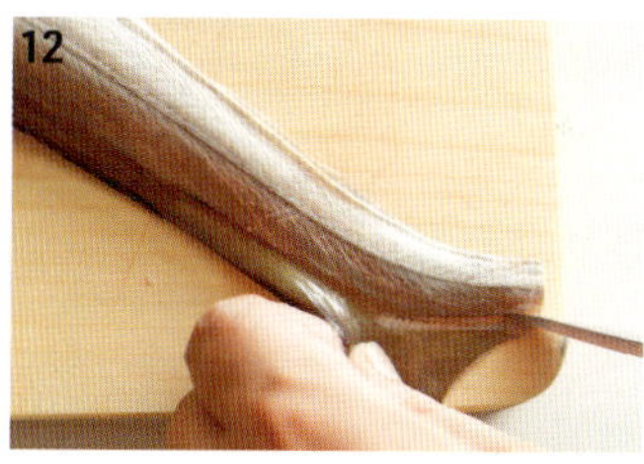

12 꼬리가 오른쪽으로 오게 놓고, 갈라서 펼친 살을 등지느러미가 앞쪽으로 오도록 닫는다. 꼬리쪽 등지느러미의 끝부분에, 칼끝으로 칼집을 넣는다.

13 칼집을 낸 등지느러미의 끝부분을 뒷칼날로 누른 뒤, 왼손으로 살을 잡고 왼쪽 대각선 방향으로 당겨서 **등지느러미를 제거한다**. 같은 속도와 세기로 잡아당기면 등지느러미가 끊어지지 않고 제거된다. 일식 용어로 이 작업을 「히키누키」라고 부른다. 중간에 끊어지면, 다시 칼로 누르고 같은 방법으로 잡아당긴다. 살에 키친타월을 대고 잡으면 미끄러지지 않고 당길 수 있다.

Point

등지느러미를 2/3 정도까지 벗긴 뒤, 어깨까지는 살을 수직으로 당겨서 제거하는 것이 좋다.

14 머리쪽이 도마 왼쪽 위에 오도록 살을 비스듬히 놓은 뒤, **10**, **11**과 같은 방법으로 **위쪽 살의 배뼈를 제거한다.**

15 **살 가운데 부분에 남은 등지느러미뼈를 잘라낸다.** 머리부터 꼬리까지 뼈를 사이에 두고 V자 모양이 되도록, 먼저 지느러미뼈가 붙어 있는 살의 오른쪽에 칼을 넣은 뒤, 칼을 거꾸로 잡고 왼쪽에 칼집을 넣는다.

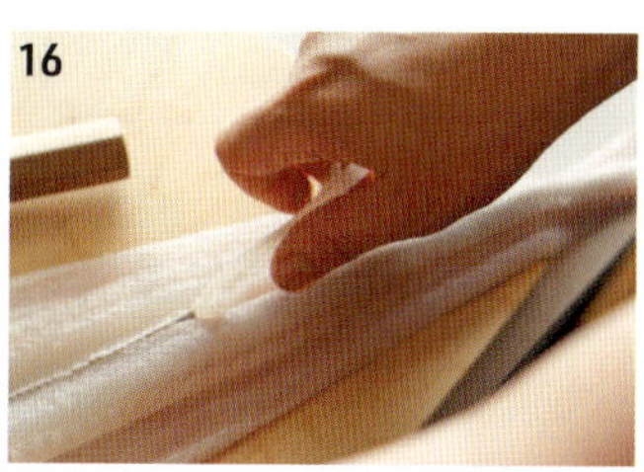

16 칼집을 넣은 살을 머리쪽부터 **손으로 잡아당겨서 벗겨낸다**. 배 가르기 완성.

뼈 자르기
(호네기리)

* 배 가르기한 것을 사용.

도구 회칼

1 머리가 오른쪽, 살이 위쪽으로 오게 놓는다. 양쪽 가슴지느러미 부분을 비스듬히 잘라낸다.

2 살을 도마 앞쪽에 놓는다. 오른쪽 끝부터 칼끝을 살에 대고 칼을 조금 왼쪽으로 기울인 뒤, 뒤쪽으로 밀어내듯이 움직여 껍질만 남기고 깊이 자른다. 마무리는 칼을 왼쪽으로 기울인 채, 칼끝을 튕기듯이 칼을 뺀다. 칼을 2mm 정도의 간격으로 넣고, 같은 방법으로 잘게 칼집을 넣어서 잔뼈와 살을 함께 자른다. 칼 길이를 모두 사용하여, 일정한 속도로 리드미컬하게 잘라 나간다.

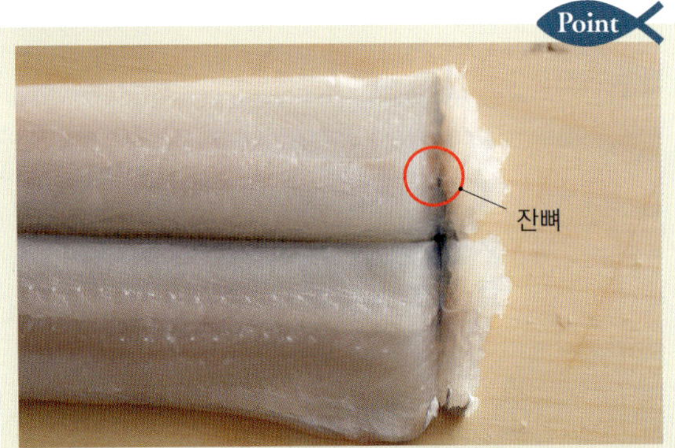

Point

깊이 자르지 않으면 가장자리에 박혀 있는 아치 모양의 뼈가 남게 되므로, 검은 반점처럼 보이는 잔뼈까지 확실히 자른다. 서두르지 말고 천천히 꼼꼼하게 진행한다.

3 3cm 정도 뼈를 자른 뒤, 칼을 앞으로 쭉 당겨서 살을 잘라낸다. 다시 뼈를 자르고 3cm 폭으로 살을 잘라낸다. 이 과정을 반복하여 꼬리까지 자른다.

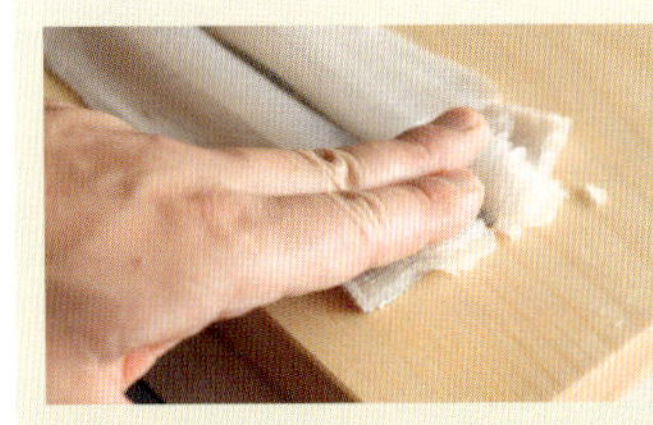

Point

살을 잘라내는 폭은 3cm 정도가 좋다. 손가락 2개 폭을 기준으로 자르면 된다.

완성

뼈를 자른 상태.

3가지 페이스트와 데친 갯장어 ➡ p.60

갯장어 오이 파스타 ➡ p.60

데치기
(유비키)

* 뼈를 자른 것을 사용.

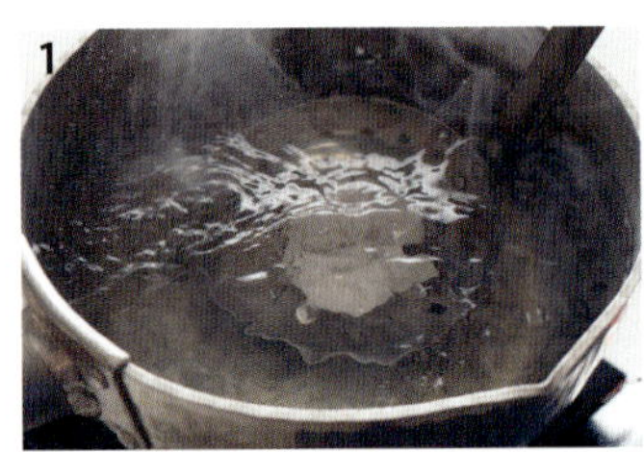

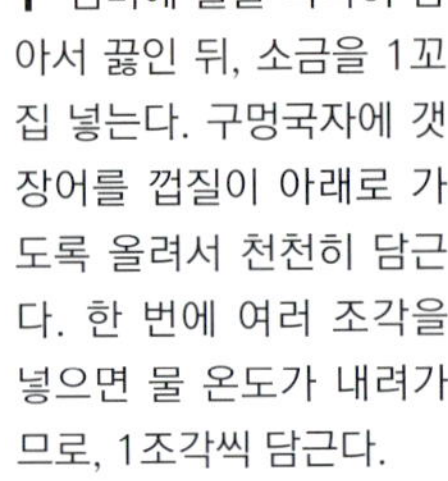

1 냄비에 물을 넉넉히 담아서 끓인 뒤, 소금을 1꼬집 넣는다. 구멍국자에 갯장어를 껍질이 아래로 가도록 올려서 천천히 담근다. 한 번에 여러 조각을 넣으면 물 온도가 내려가므로, 1조각씩 담근다.

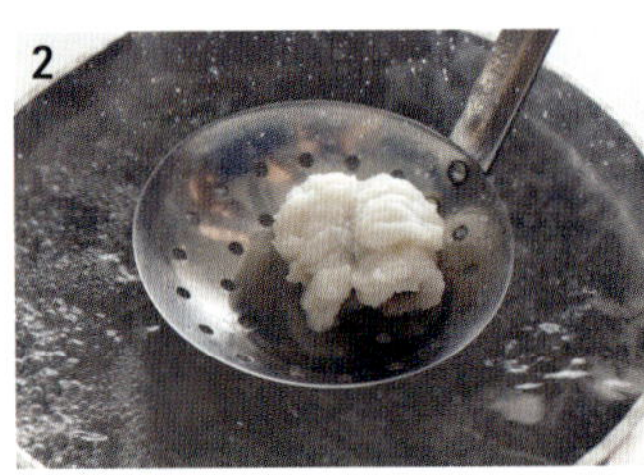

2 구멍국자를 조심스럽게 흔들면서 30초 정도 데친다. 살이 오그라들고 하얗게 변해서 꽃처럼 벌어지고, 껍질이 부드러워지면 건져낸다.

3 얼음물에 담가서 살을 수축시키고 한김 식힌 뒤, 키친타월 위에 올려서 물기를 충분히 뺀다.

2장으로 갈라서 펼치기
(니마이비키)

★ 배 가르기한 것을 사용.

도구 회칼

1 살이 위로 오게 놓는다. 세로로 2등분하고, 각각 가슴지느러미 뒤에서 똑바로 자른다.

2 도마 앞쪽에, 잘라낸 반쪽 살의 도톰한 부분이 앞으로 오고 껍질이 아래로 가게 놓는다. 오른쪽 끝에서 살에 칼날을 수직으로 대고, 칼을 뒤쪽으로 밀어내듯이 움직여서 껍질만 남도록 칼집을 깊이 넣는다.

3 2mm 정도 띄워서 칼을 대고, 같은 방법으로 칼을 뒤쪽으로 밀어내듯이 움직여서 껍질까지 자른다.

4 칼을 앞쪽으로 당겨서 살을 분리한다.

5 잘라낸 살을 왼손으로 도마 뒤쪽으로 옮긴 뒤, 칼집 부분을 열어서 펼친다.

갯장어 샤브샤브 ➡ 아래

갯장어 샤브샤브

재료(2인분)

갯장어 육수

　갯장어 머리와 뼈 … 1마리 분량
　소금 … 10g
　다시마 육수 … 1.5ℓ

갯장어(2장으로 갈라서 펼치기) … 1/4마리 분량

구조파(또는 대파) … 적당량

폰즈간장 … 적당량

만드는 방법

1　갯장어 육수를 만든다. 갯장어 머리와 뼈는 씻어서 적당한 크기로 자른 뒤, 소금을 뿌려 180℃ 오븐에 넣고 20분 정도 굽는다. 냄비에 다시마 육수와 함께 넣고 15분 정도 뭉근하게 끓인다. 육수가 충분히 우러나면 센불로 한소끔 끓인 뒤, 거품을 걷어내고 체에 거른다.

2　구조파는 얇게 어슷썰기한다.

3　그릇에 갯장어와 **2**를 담는다.

4　냄비에 갯장어 육수를 끓여서 **3**을 데친 뒤, 폰즈간장을 찍어서 먹는다.

3가지 페이스트와 데친 갯장어

재료(2인분)

갯장어(뼈 자르기한 것) … 약 150g(6조각)

소금 … 적당량

여뀌 페이스트

| 여뀌 잎 … 10장
| 식초 … 조금

옥수수 페이스트

| 옥수수 … 1/4개
| 소금 … 적당량

매실 페이스트

| 매실장아찌(중간크기) … 1개

만드는 방법

1 여뀌 페이스트를 만든다. 여뀌 잎을 잘게 다져 절구에 넣은 뒤, 식초를 조금씩 넣고 으깨서 페이스트를 만든다.

2 옥수수 페이스트를 만든다. 옥수수는 소금을 조금 넣은 끓는 물에 8분 정도 데쳐서 알을 분리한 뒤, 믹서기로 갈아 페이스트를 만든다. 고운체에 내려서 소금으로 간을 한다.

3 매실 페이스트를 만든다. 매실장아찌의 씨를 제거하고 칼로 다져서 페이스트를 만든다.

4 갯장어는 데친다.

5 그릇에 **4**를 담고 3가지 페이스트를 올린다.

갯장어 오이 파스타

재료(2인분)

갯장어(뼈 자르기한 것)

　　… 200~250g(8~10조각)

갯장어 육수(만들기 쉬운 분량)

| 갯장어 머리와 뼈 … 1마리 분량
| 다시마 육수 … 3컵
| 소금 … 적당량

오이 … 1/4개

스파게티면 … 200g

초피열매(소금 절임)

　　… 적당량

올리브오일 … 3큰술

소금 … 적당량

굵게 간 검은 후추

　　… 적당량

만드는 방법

1 갯장어 머리와 뼈는 씻어서 적당히 자른 뒤, 소금을 뿌리고 180℃ 오븐에 20분 정도 굽는다. 냄비에 다시마 육수와 함께 넣고 15분 정도 뭉근하게 끓인다. 육수가 잘 우러나면 센불로 한소끔 끓여 거품을 제거한 뒤, 체에 걸러 소금으로 간을 한다.

2 갯장어는 데친다. 오이는 3~4cm 길이로 세로로 얇게 썬다.

3 다른 냄비에 물 2ℓ를 넣고 끓인 뒤 소금을 20~25g 넣고 스파게티면을 삶는다. 포장에 표시된 시간을 참조하여, 면이 완전히 익기 2분 전에 체에 건져 물기를 뺀다.

4 프라이팬에 **1**을 1컵 정도 넣고 불에 올려서 **3**을 넣는다. 1분 정도 가열하여 불을 끈 뒤, **2**를 넣고 굵은 후추를 살짝 뿌려서 섞는다. 전체가 골고루 섞이면 올리브오일을 두르고, 초피열매를 올려서 그릇에 담는다.

고등어

Mackerel

분류_ 농어목 고등어과
별명_ 고도어, 고도리(새끼) 등
산지_ 여수, 부산, 제주 등
제철_ 9~11월

고등어 종류에는 고등어와 망치고등어 등이 있는데, 망치고등어는 배쪽에 검은색 반점이 있어서 고등어와 구별된다. 늦봄~여름에 산란을 끝낸 뒤, 체력 회복을 위해 먹이를 많이 먹고 살찐 가을 고등어가 가장 맛이 좋다. 예전에는 대표적인 서민 생선이었지만, 최근에는 어획량이 줄어 몸값이 올라가고 있다. 고등어에 기생하는 아니사키스(고래회충) 등은 원래 내장에 있기 때문에, 선도가 떨어지기 전에 빨리 손질해서 조리하면 안전하게 먹을 수 있다. 또한 상온에 방치된 고등어를 먹으면 히스타민 식중독을 일으킬 수 있으므로, 온도 관리에 주의해야 한다.

● **손질 포인트**

살이 부드러워 부서지기 쉬우므로, 조심스럽게 다룬다.

칼질을 많이 하면 살이 부서지므로, 최소한으로 한다.

● **선택 포인트**

밑손질

도구 생선용 칼

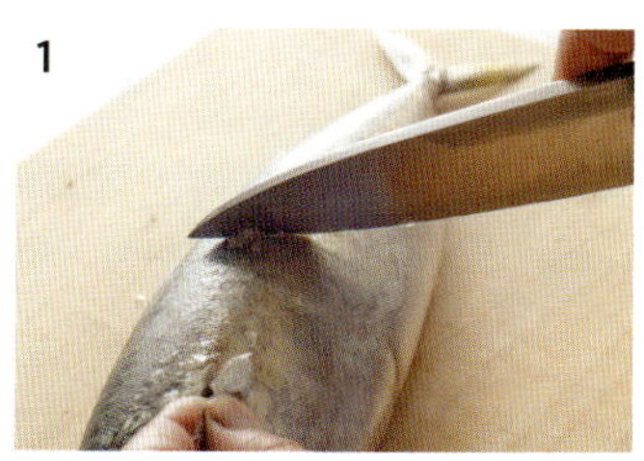

1 머리를 왼쪽으로 놓고, 가슴지느러미를 머리쪽으로 넘겨서 머리를 살짝 잡은 뒤, **칼로 비늘을 긁어낸다**(p.16 「비늘 긁기1」 참조).

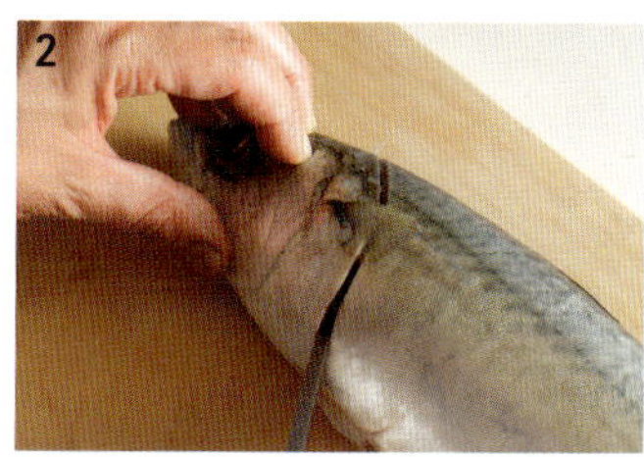

2 가슴지느러미 뒤에서 머리 연결 부위를 향해 칼을 오른쪽으로 조금 눕혀서 대고, **내장으로 이어지는 식도를 자르지 않도록 주의하면서 등뼈까지 자른다.**

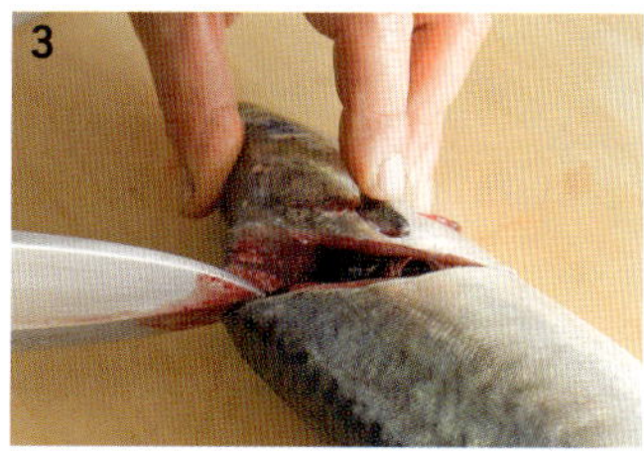

3 몸통을 뒤집어서, 같은 방법으로 가슴지느러미 뒤에서 칼을 비스듬히 넣는다. 등뼈에 닿으면 칼을 세우고 관절을 눌러서 잘라, **머리를 등뼈에서 분리한다.** 식도를 자르지 않도록 주의한다.

4 항문에 칼끝을 넣고 그대로 머리를 향해 배 가운데를 자른다. 내장을 자르지 않도록 주의한다.

5 배는 열지 않고 머리를 구부려 앞쪽으로 당겨서, **배의 칼집으로 머리와 연결된 내장을 빼내, 내장이 붙어 있는 부분을 자른다.**

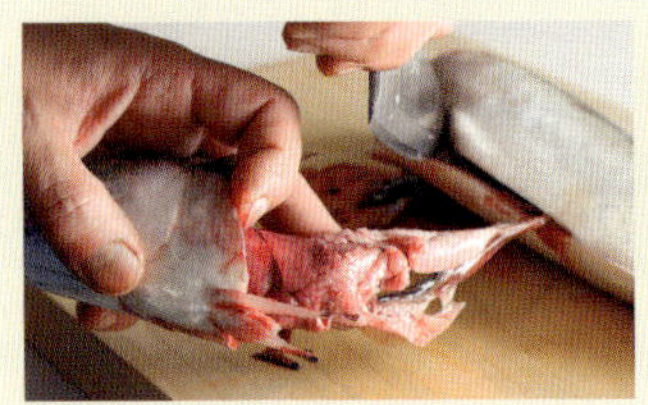

가능한 한 살이 손상되지 않도록, 뱃속에 칼과 손을 넣지 않고 내장을 빼낸다.

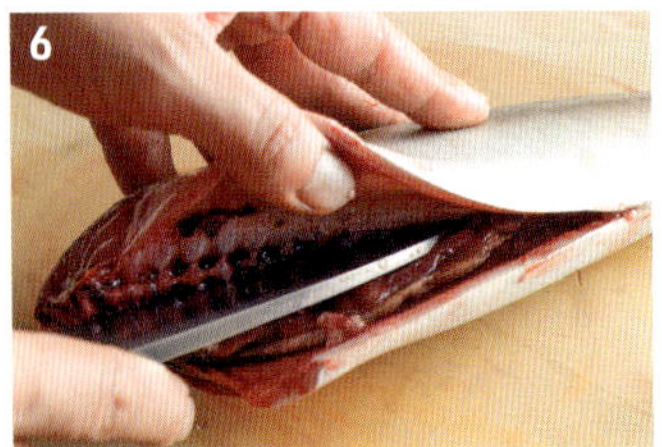

6 등뼈 부분의 얇은 막에 칼집을 넣어, 칼날로 **콩팥을 긁어낸다.**

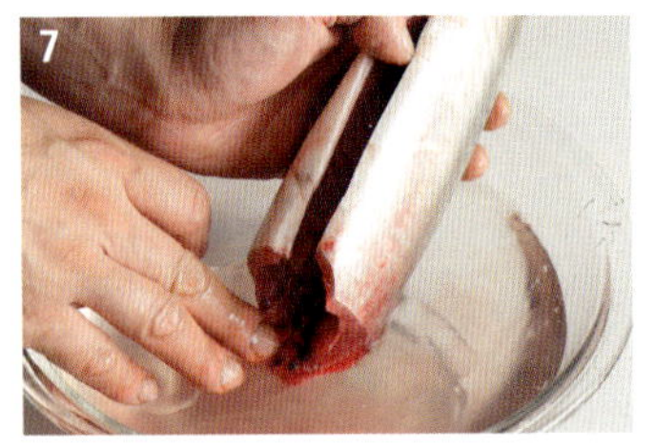

7 물로 표면에 남은 비늘과 뱃속의 불순물을 **재빨리 씻어낸다.**

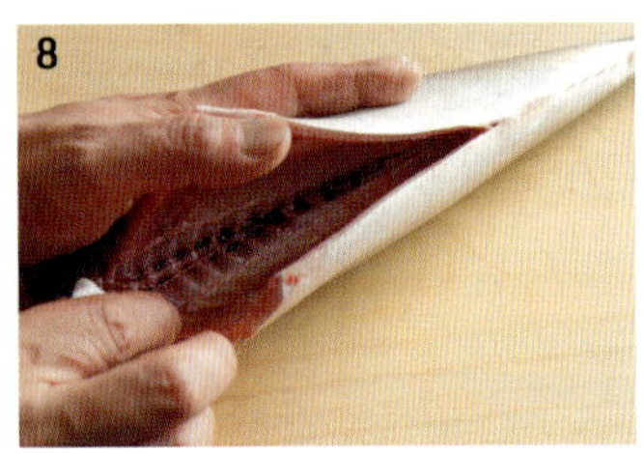

8 키친타월로 **물기를 닦는다.** 뱃속에 남아 있는 내장 등도 닦아낸다.

손질
[3장뜨기]

* p.26~28 「3장뜨기」 참조.

도구 생선용 칼

1 머리가 오른쪽, 배가 앞쪽으로 오게 놓는다. 배의 단면 끝에서 꼬리 연결 부위까지, 뒷지느러미 위에 칼집을 넣는다. 등쪽을 눌러서 배쪽을 살짝 띄우면, 칼이 잘 들어간다.

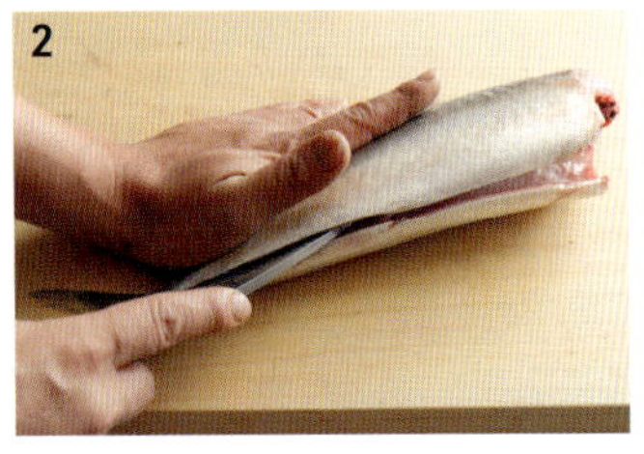

2 칼집을 따라 칼을 넣어, 칼끝을 등뼈에 댄다. 칼배를 가운데뼈에 올리고, 칼끝으로 등뼈를 긁듯이 꼬리쪽까지 자른다.

3 머리가 왼쪽, 등이 앞쪽으로 오게 놓는다. 꼬리 연결 부위에서 어깨쪽을 향해 등지느러미 위에 칼집을 넣는다.

4 칼집을 따라 칼을 넣어, 칼끝을 등뼈에 댄다. 칼배를 가운데뼈에 올리고, 칼끝으로 등뼈를 긁듯이 어깨까지 자른다.

5 꼬리 연결 부위에 칼을 거꾸로 잡고 넣어서 꼬리쪽에 살짝 칼집을 낸 뒤, 칼을 돌려서 등뼈 위를 미끄러지듯이 움직여, 살을 잘라서 분리한다.

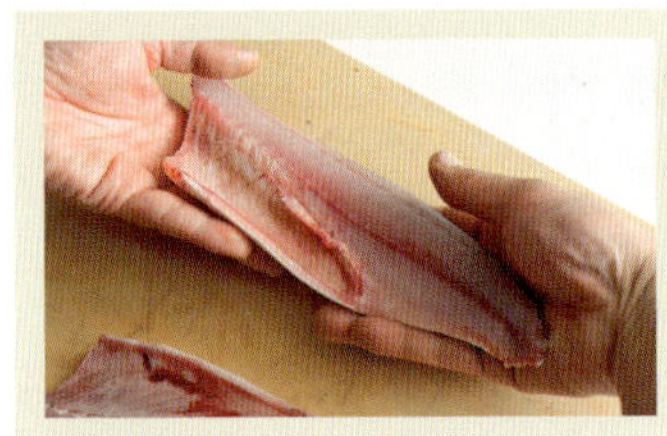

고등어는 살이 부서지기 쉬우므로, 잘라낸 살은 양손으로 조심스럽게 잡아서 분리한다.

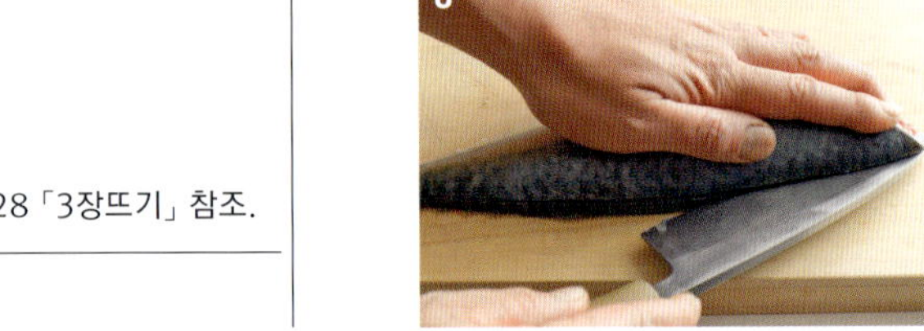

6 등뼈가 아래로 가게 놓고, 머리는 오른쪽, 등은 앞쪽으로 오게 놓는다. 어깨부터 꼬리쪽까지 **3**, **4**와 같은 방법으로 자른다.

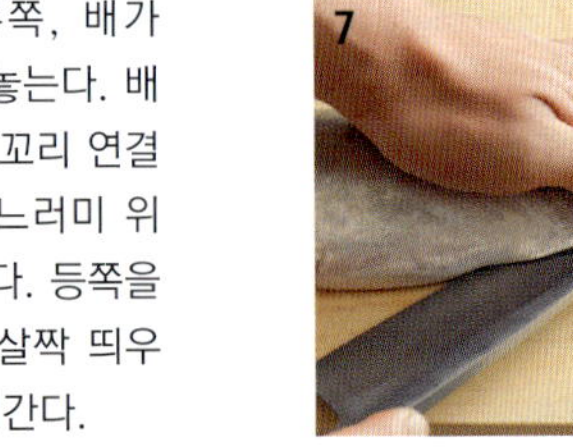

7 방향을 바꿔서 머리가 왼쪽, 배가 앞쪽으로 오게 놓은 뒤, 꼬리 쪽부터 배의 단면 끝까지, **1**, **2**와 같은 방법으로 자른다.

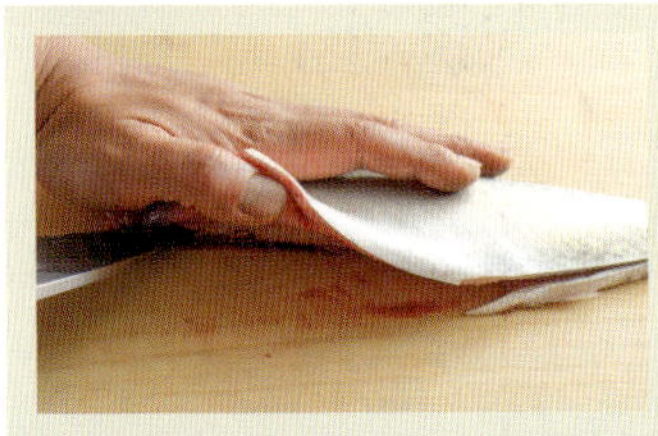

배뼈에 닿으면 살을 살짝 들어서, 칼끝으로 배뼈와 등뼈가 연결된 부분을 자른다.

8 꼬리 연결 부위에 칼을 거꾸로 잡고 넣어서 꼬리 쪽에 살짝 칼집을 넣은 뒤, 칼을 바로 잡고 등뼈 위를 미끄러지듯이 움직여 살을 잘라서 분리한다.

Point

고등어는 살이 부서지기 쉬우므로, 잘라낸 살은 양손으로 잡아서 조심스럽게 분리한다.

완성

3장뜨기한 상태.

고등어 절임 ◐ p.65

위쪽 살 / 아래쪽 살

배뼈·잔뼈 제거

도구 생선용 칼

1 배가 왼쪽으로 오도록 세로로 놓는다. 칼을 거꾸로 잡고 칼끝을 넣어 배뼈가 붙어 있는 부분을 살에서 잘라낸 뒤, 칼을 바로 잡고 잘라낸 자리에서 **뼈를 떠내듯이 얇게 저민다.**

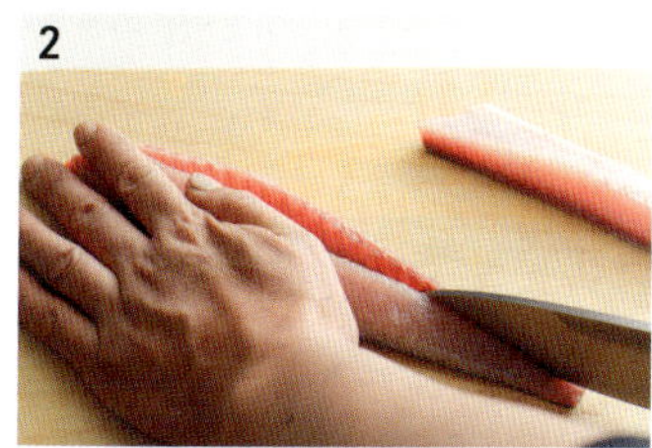

2 머리가 뒤쪽으로 가도록 세로로 놓는다. 살 가운데에 있는 잔뼈와 지아이 부분을 등살쪽에 남기고, 세로로 자른다. 등살에 남아 있는 **잔뼈와 지아이 부분을 잘라낸다.**

완성

배뼈와 잔뼈를 제거하고 뱃살과 등살로 나눈 상태.

뱃살 / 등살

깎아썰기

* 뱃살과 등살로 나눈 것을 사용.

도구 회칼

1 껍질이 위로 오고, 두툼한 부분이 뒤쪽으로 가게 놓는다. 칼을 눕혀서 살짝 비스듬히 대고, 칼 길이를 모두 사용하여 한 번에 당긴다. 요리에 따라 두께를 조절하여 자른다.

2 마무리는 칼을 세우고 똑바로 당겨서 분리한다.

완성

깎아썰기한 상태.

데친 고등어 샐러드 ◐ p.65

절이기

* 3장뜨기한 아래쪽 살 사용.

도구 생선용 칼

1 배가 왼쪽으로 오도록 세로로 놓는다. 칼을 거꾸로 잡고 배뼈가 붙어 있는 부분을 살에서 잘라낸 뒤, 칼을 바로 잡고 잘라낸 자리에서 뼈를 떠내듯이 **배뼈 끝까지 얇게 저민다.** 배뼈 부분을 완전히 잘라내지는 않는다.

2 1의 **표면이 하얗게 될 정도로 굵은 소금을 뿌리고,** 1~2시간 정도 체에 올려둔다. 배뼈 밑에도 소금을 뿌린다

3 흐르는 물로 소금을 재빨리 씻어낸다.

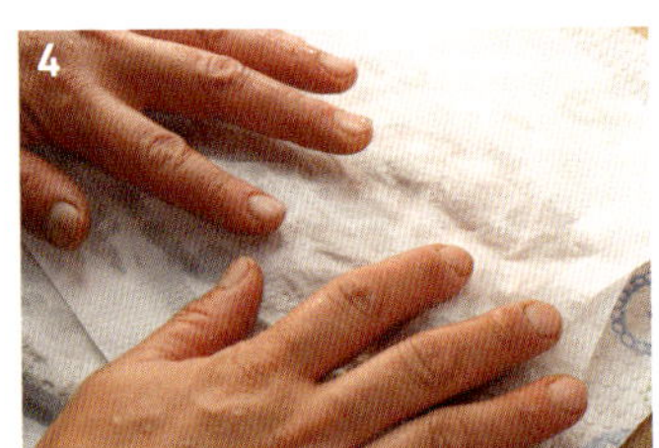

4 키친타월로 물기를 닦는다.

5 **4**의 **고등어를 식초물로 씻는다.** 트레이에 식초물(식초:물 = 1:1)을 넣고 **4**를 담근 뒤, 표면을 키친타월로 덮어서 살 표면이 하얗게 변할 때까지 5분 정도 둔다.

6 식초물에서 꺼내 키친타월로 표면의 수분을 흡수한 뒤, **비닐랩으로 감싸서 냉동고에 하룻밤 넣어 둔다.**

7 **6**을 냉장고에 옮겨서 해동하고 트레이에 담아 식초를 자작하게 부은 뒤, 다시마를 넣어 **원하는 정도로 절인다**(15~60분). 체에 올려 물기를 제거한 뒤, 2~3시간 정도 그대로 두어 간이 배게 한다.

8 머리가 오른쪽으로 오게 놓는다. **핀셋으로 잔뼈를 집고,** 뼈 양옆을 손끝으로 살짝 눌러서 **잡아 뺀다.**

9 배뼈를 잘라낸다.

껍질 제거

* 절인 살을 사용.

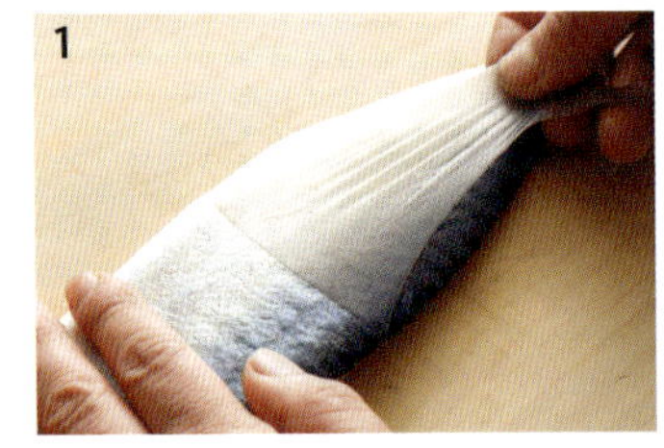

1 껍질이 위로 오게 놓고, 머리쪽 껍질을 살짝 벗겨서 손으로 잡는다. 왼손으로 살을 살짝 누르고, 오른손으로 얇은 껍질을 조금씩 벗겨낸다.

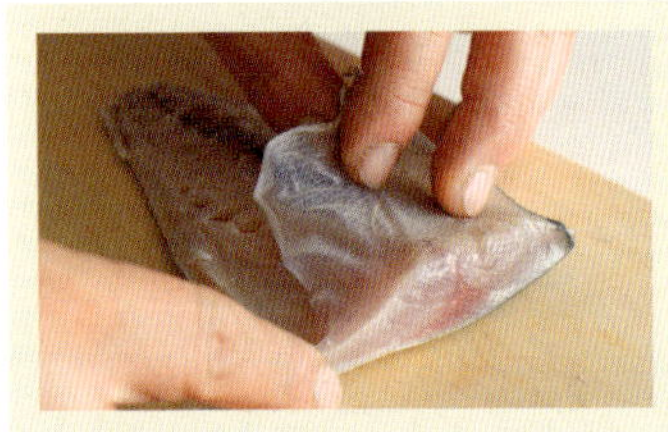

Point

얇은 껍질은 한 번에 벗기지 않고, 사용할 부분만 벗긴 뒤 그 껍질로 단면을 덮어서 보관하면 좋다.

칼집 넣어 썰기

* 절여서 껍질을 벗긴, 아래쪽 살 사용.

도구 회칼

1 껍질이 위로 오고, 도톰한 부분이 뒤쪽으로 가게 놓는다. 오른쪽 끝에서 4mm 정도에 칼을 대고, 살의 중간 정도까지 칼집을 넣는다.

2 칼집에서 4mm 정도 간격을 띄워 칼을 대고, 앞쪽으로 당겨서 썬다.

완성

칼집을 넣어서 썬 상태.

고등어 절임 ◗ p.65

고등어 절임

재료(4인분)

고등어 순살 ··· 1/2마리 분량(약 200g)

다시마 ··· 15㎝ 길이 1장

굵은 소금, 식초 ··· 적당량씩

간 생강 ··· 적당량

무(채썰기), 당근(스프링 모양)* ··· 적당량씩

* 당근을 두께 1㎜ 정도로 껍질을 벗기듯이 얇게 깎아서 가늘고 길게 어슷썰기한 뒤, 얼음물에 살짝 담갔다 건져서 바로 젓가락 등에 돌돌 말아 스프링 모양을 만든다.

만드는 방법

1 고등어 살을 절인다(p.63 「절이기」 참조).

2 **1**의 껍질을 벗기고 칼집을 넣어서 썬다.

3 그릇에 무와 함께 **2**를 담은 뒤, 간 생강을 곁들이고 스프링 모양 당근으로 장식한다.

데친 고등어 샐러드

재료(2인분)

고등어 순살(껍질이 있는 등살)
 ··· 1토막

적양파 ··· 1/2개

오이 ··· 1개

방울토마토 ··· 5개

블랙올리브 ··· 8~10개

소금 ··· 1.5큰술

요구르트 드레싱

플레인 요구르트* ··· 80g

꿀 ··· 1/2작은술

간 마늘 ··· 조금

레몬즙 ··· 1큰술

올리브오일 ··· 1.5큰술

* 유지방이 많이 함유된, 진한 요구르트가 좋다.

만드는 방법

1 고등어 순살은 2㎝ 폭으로 깎아썰기하고, 소금을 뿌려서 10분 정도 그대로 둔다.

2 **1**을 데쳐서 물기를 제거한다.

3 적양파는 얇게 썰어서 물에 헹군 뒤 물기를 제거한다. 오이는 1㎝ 폭으로 반달썰기하고, 방울토마토는 세로로 2등분한다.

4 요구르트 드레싱 재료를 골고루 섞는다.

5 그릇에 **2**, **3**, 블랙올리브를 담고 **4**를 뿌린다.

광어
Flatfish

분류_ 가자미목 넙칫과
별명_ 넙치, 비목어 등
산지_ 강릉, 완도, 제주 등
제철_ 10~2월

공식적인 이름은「넙치」이지만, 넓적한 모양 때문에 「광어」라는 이름으로 많이 알려져 있다. 겨울을 대표하는 흰살생선으로, 체형은 마름모 모양으로 평평하고, 두 눈이 왼쪽으로 치우쳐 있다. 투명감 있는 살은 씹는 맛이 있고 부드러우며, 비린내가 없고 지방의 단맛과 깊은 감칠맛이 느껴지는 것이 특징이다. 특히 지느러미쪽에 있는「엔가와(지느러미 언저리살)」라고 불리는 근육 부분은, 콜라겐이 풍부하고 식감이 꼬들꼬들하며, 기름지고 진한 맛으로 인기가 많다. 광어 1마리에서 나오는 엔가와의 양이 많지 않은데, 초밥 재료 등으로 인기가 많다.

● 손질 포인트

점액질이 있어 미끄러우므로, 도마에 키친타월 등을 깔고 그 위에서 비늘을 벗기는 것이 좋다.

매우 작은 비늘이 촘촘히 겹쳐져 있으므로, 회칼로 얇게 깎아서 벗겨낸다.

몸통의 폭이 넓으므로, 위쪽과 아래쪽 살을 각각 등살과 뱃살로 나누어 5장으로 손질한다.

● 선택 포인트

살이 두껍고 단단하며, 옆줄 부분이 파여 있다.

어깨가 볼록하고 엔가와 부분이 도톰하다.

윗면과 아랫면 모두 껍질에 윤기가 있고, 몸 전체에 점액질이 있다.

아랫면이 하얗고 꼬리지느러미가 깔끔한 것이 자연산이다. 양식은 아랫면에 거무스름한 반점이 있다.

밑손질

도구 회칼, 생선용 칼

1 회칼로 비늘을 깎아낸다(p.19「비늘 깎기2」참조). 머리가 오른쪽으로 오도록 도마 앞쪽에 놓는다. 칼을 거꾸로 잡고 왼쪽으로 눕혀서, 꼬리 연결 부위에서 비늘과 껍질 사이에 칼날을 넣는다.

칼날을 앞뒤로 크게 움직여, 머리를 향해 얇은 껍질과 함께 비늘을 깎는다. 칼날이 닿는 부분이 팽팽해야 자르기 편하므로, 양쪽을 손끝으로 당긴다.

먼저 몸 가운데 부분을 깎고, 등이나 배, 머리 주변으로 칼을 움직인다. 앞쪽의 뒷지느러미에 가까운, 살이 얇고 경사가 있는 부분은, 칼을 움직이기 쉽도록 생선을 도마 가장자리로 옮기고 칼을 세워서 얇게 깎아낸다.

비늘을 제거하기 어려운 배쪽과 지느러미 옆은, 깎을 부분을 들어올려 껍질을 팽팽하게 만들고, 볼록한 경사에서 위를 향해 칼날을 움직이는 것이 좋다.

머리 주변의 비늘도 꼼꼼하게 깎아낸다.

2 아랫면의 비늘도 같은 방법으로 깎는다. 껍질과 살 모두 흰색이라 경계가 잘 구분되지 않으므로, 살에 상처가 나지 않도록 각별히 주의하여 깎는다.

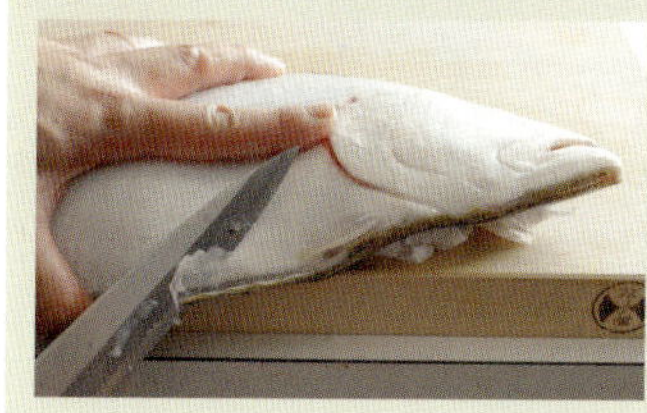

Point

패어 있어서 깎기 어려운 배 부분은, 칼날을 몸에 대고 누르면서 움직이면 쉽게 깎을 수 있다.

완성

껍질을 제거한 상태.

항문 배

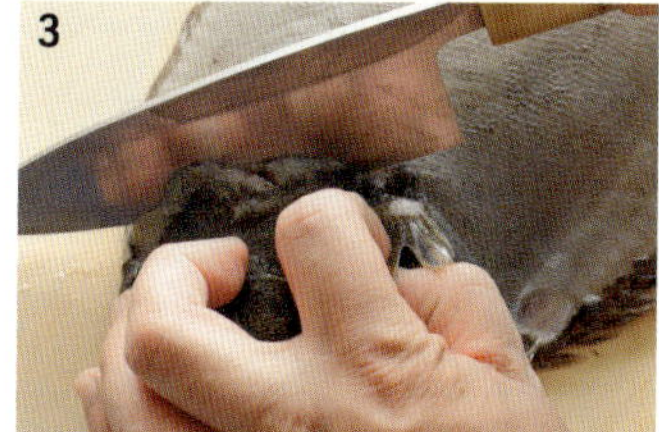

3 생선용 칼로 바꿔서, **아가미뚜껑을 따라 머리를 V자 모양으로 잘라낸다.** 윗면이 위, 머리가 왼쪽으로 오게 놓는다. 가슴지느러미를 머리쪽으로 넘겨서 잡고 지느러미 뒤에 칼을 넣어, 아가미뚜껑을 따라 머리 연결 부위를 향해 눌러서 비스듬히 칼집을 낸다.

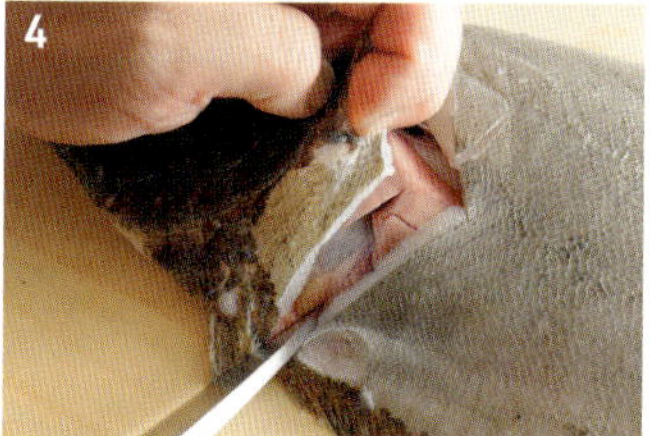

4 가슴지느러미 뒤부터 항문쪽을 향해 칼집을 넣는다. 이때 내장(간)이 손상되지 않게, 칼집 부분을 들어올려 껍질과 살 부분만 자른다.

5 뒷지느러미의 단단한 부분에 칼끝을 대고, 칼등에 무게를 실어 자른다.

6 머리를 왼쪽에 둔 채 뒤집어서, 가슴지느러미를 위로 당겨서 들어올리고, 지느러미 뒤에 칼을 넣는다. 아가미뚜껑을 따라 머리 연결 부위를 향해 비스듬히 자른다.

7 가슴지느러미를 들어올리면 구멍이 생기는데, 칼을 거꾸로 잡고 그 구멍에 칼끝을 넣어 항문까지 껍질과 살 부분만 자른다. 가슴지느러미 바로 아래쪽에 쓸개가 있으므로, 손상되지 않도록 칼을 거꾸로 잡고 칼집을 넣는다.

구멍

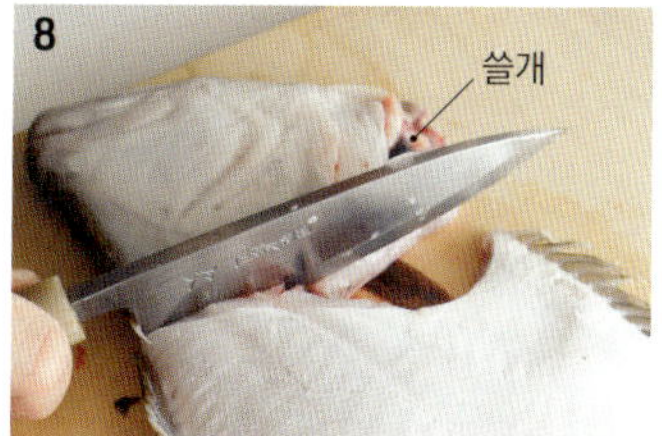

8 등뼈 관절에 뒷칼날을 대고 세게 눌러서, 머리를 자른다.

쓸개

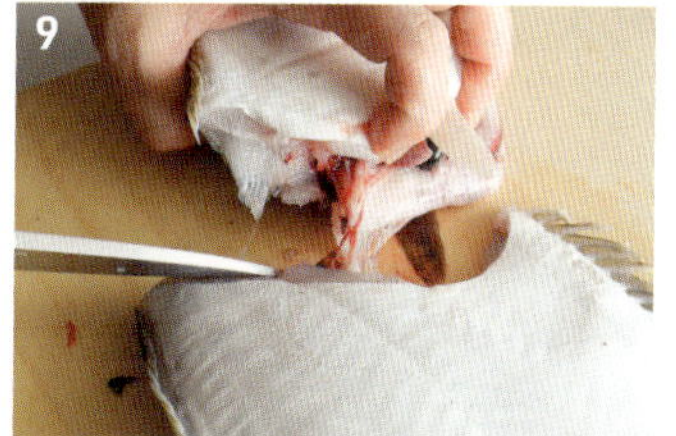

9 머리와 함께 내장을 빼낸다. 이때도 쓸개가 손상되지 않도록 주의한다.

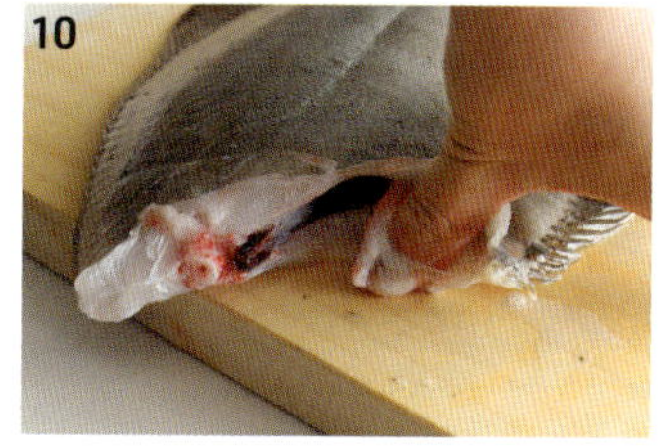

10 뱃속에 왼손 엄지를 넣고 복막을 끌어내, 얇은 막에 붙어 있는 알 또는 이리를 꺼낸다.

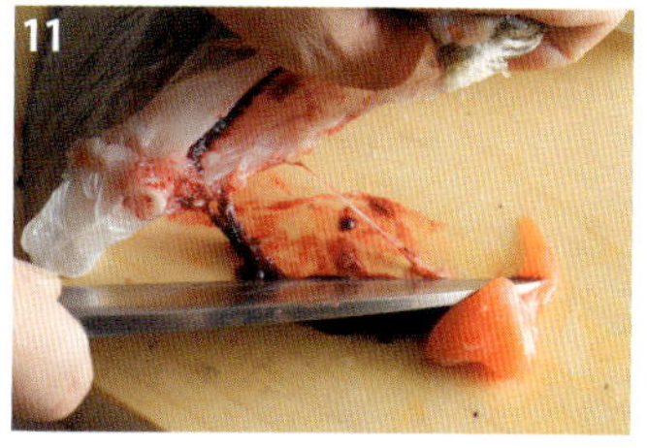

11 등뼈를 따라 있는 **얇은 막에 칼집을 넣어, 콩팥을 긁어낸다.** 또한 복막과 함께 뱃속에 남아 있는 내장을 빼낸다.

완성

재빨리 물로 씻고 키친타월로 물기를 닦는다. 뱃속에 남은 내장 등도 닦아낸다.

손질
[5장뜨기]

p.30 ~ 32 「5장뜨기」와
같은 방법으로 손질한다.

엔가와 분리

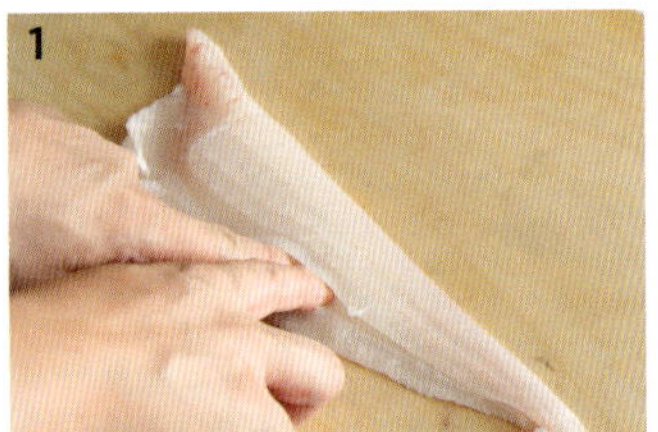

1 껍질이 아래로 가고,
엔가와가 앞쪽으로 오게
놓는다. 살과 엔가와의 경
계에 손가락을 넣고 움직
여서 사이를 벌린다.

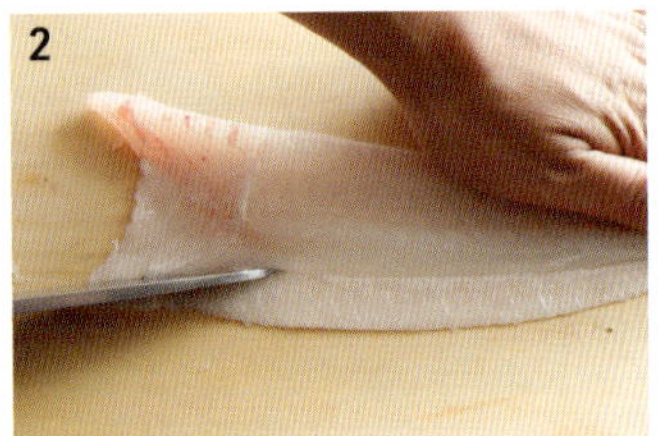

2 엔가와가 오른쪽으로
오도록 세로로 놓는다. **1**
의 경계선을 따라 칼끝을
넣고 앞으로 당겨, 엔가와
를 잘라서 분리한다.

배뼈·잔뼈 제거

* 엔가와를 분리한 뱃살 사용.

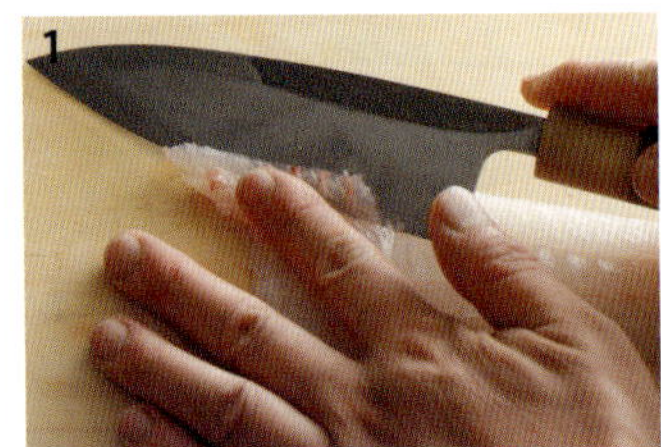

1 배가 왼쪽으로 오도록
세로로 놓는다. 배뼈가 붙
어 있는 부분에 칼날을 넣
어 살과 분리한다. 칼을 눕
혀서 얇게 저미듯이 자르
고, 끝까지 자르면 칼을 세
우고 당겨서 자른다

2 등뼈쪽에 남은 잔뼈를
제거한다.

완성
엔가와를 분리하고 배뼈,
잔뼈를 제거한 상태.

껍질 제거

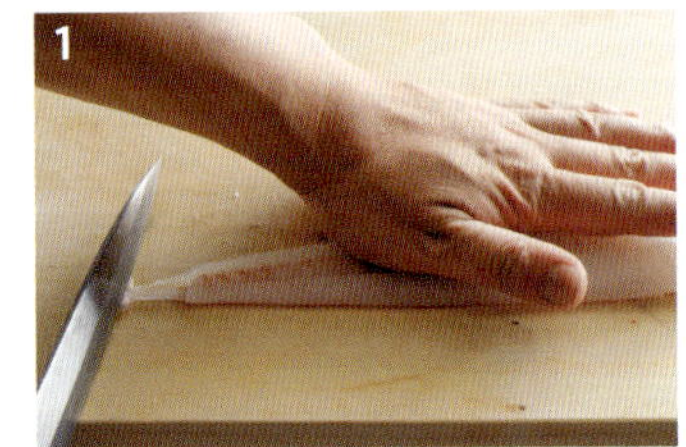

1 껍질이 아래쪽, 꼬리가
왼쪽으로 오게 놓는다. 꼬
리쪽 끝에서 2㎝ 정도에
칼집을 넣고, 꼬리쪽을 향
해 껍질만 남기고 살을 저
며낸다.

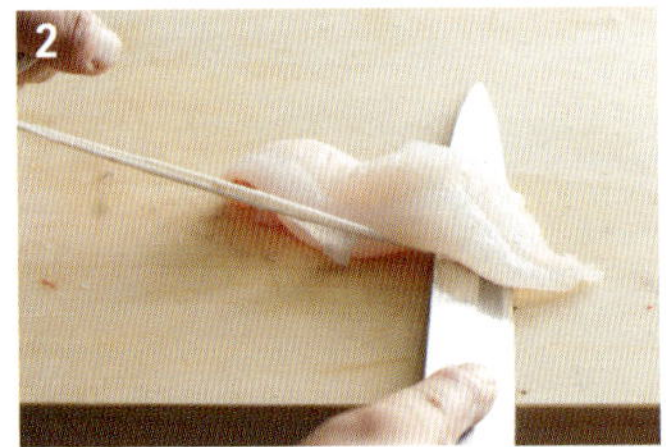

2 칼집 부분의 껍질과 살
사이에 칼날을 넣는다. 껍
질을 왼쪽으로 당기면서,
칼날을 도마에 밀착시키
고 위아래로 조금씩 움직
여, 머리쪽으로 이동하면
서 껍질을 벗긴다.

3 엔가와 껍질도 같은 방
법으로 제거한다.

완성
껍질을 제거한 상태.

얇게 썰기

* 껍질을 벗긴 뱃살 사용.

도구 회칼

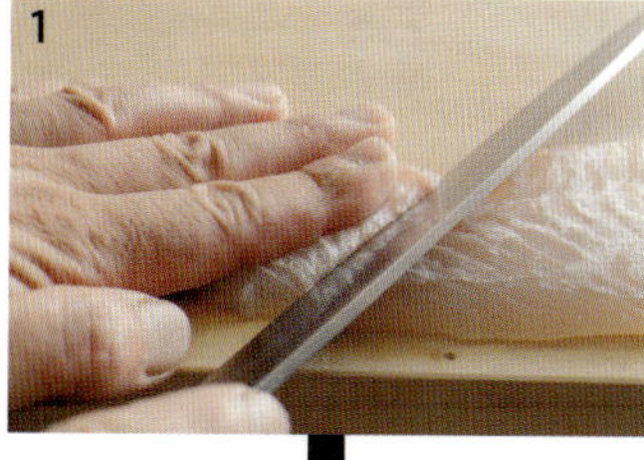

1 꼬리가 왼쪽, 도톰한 부분이 뒤쪽으로 가게 놓는다. 왼쪽 끝부터 칼을 비스듬히 눕혀서 뒷칼날을 살에 대고 앞쪽으로 당긴다. 두께는 5mm가 기준이다.

뒷칼날부터 칼끝까지 칼 길이를 모두 사용하여, 한 번에 당겨서 얇게 저미듯이 자른다.

Point

자른 살의 단면을 크게 만들고 싶은 경우에는, 칼을 기울여서 비스듬히 얇게 썬다.

2 칼날이 도마에 닿으면, 칼끝을 수직으로 세우고 당겨서 살을 분리한다.

광어회 ⇨ 아래

광어회(얇게 썰기)

재료(2인분)

광어 순살(껍질 제거) … 1/2토막
광어 엔가와(껍질 제거) … 1/2토막 분량
무(채썰기) … 적당량
청소엽 … 2장
소금 … 조금
유자껍질(갈기) … 조금

만드는 방법

1 광어는 얇게 썰고 엔가와는 먹기 좋게 자른다.
2 그릇에 **1**, 무, 청소엽을 담는다. 소금을 곁들이고, 유자껍질을 갈아서 뿌린다.

꼬치고기

Barracuda

분류_ 농어목 꼬치고기과
별명_ 꼬치, 꼬지, 꼬치어, 고즐맹이 등
산지_ 부산, 제주 등
제철_ 6~11월

헤엄치는 속도가 시속 150km에 달하고 정어리 등의 생선을 날카로운 이빨로 잡아먹는, 매우 공격적인 생선이다. 이런 식성 때문에 살에 풍부한 맛이 있으며, 일본에서는 「가마스(꼬치고기) 1마리만 있으면 다른 반찬은 필요 없다」라고 할 정도로 즐겨 먹는다. 수분이 많고 부드러운 생선이어서, 소금에 절여 여분의 수분을 빼고 맛을 응축시킨 뒤 조리하는 것이 좋다. 소금에 절여서 말리거나, 소금구이, 유안야키(간장에 청주, 맛술, 유자 등을 넣은 양념에 재료를 절여서 굽는 방법) 등으로 조리하면, 고소한 껍질과 부드러운 살에 고급스러운 단맛이 더해진다.

● **손질 포인트**

상하기 쉬운 생선이므로, 빠르게 밑손질을 한다.

말릴 경우에는 머리가 붙어 있는 채로 등을 갈라서 펼친다. 껍질만 남기고 갈라서 펼치기 때문에, 지나치게 자르지 않도록 주의한다.

등뼈가 높기 때문에, 그 각도에 맞게 칼날을 기울여서 자른다.

● **선택 포인트**

밑손질

도구 생선용 칼

1 비늘을 칼로 긁어낸다 (p.16 「비늘 긁기1」 참조). 머리가 왼쪽으로 오게 놓고 손으로 잡은 뒤, 칼을 꼬리부터 머리를 향해 움직여서 비늘을 긁어낸다. 아랫면도 같은 방법으로 비늘을 제거한다.

2 아가미뚜껑 옆에 칼을 넣고, **머리를 수직으로 자른다.**

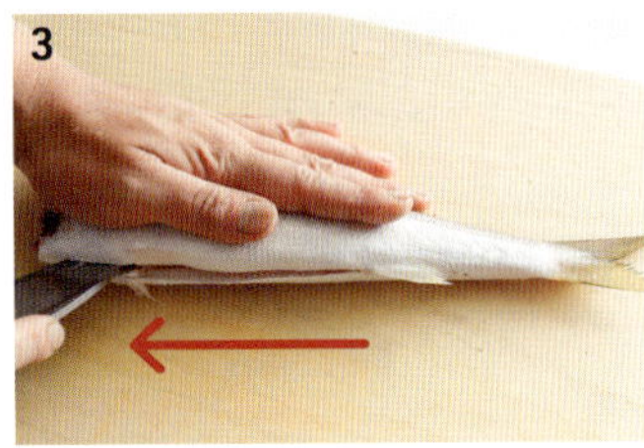

3 항문에 칼끝을 넣고, 머리쪽까지 배 가운데에 칼집을 넣는다. 내장을 자르지 않도록 주의한다.

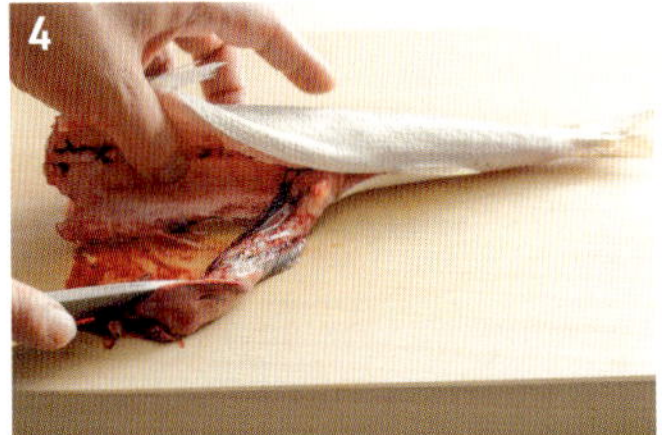

4 칼끝을 사용하여, 내장을 복막과 함께 긁어낸다.

5 물로 재빨리 씻은 뒤 물기를 확실히 닦는다. 뱃속에 남아 있는 내장 등도 키친타월로 닦아낸다.

손질
[3장뜨기]

* p.26 ~ 28 「3장뜨기」 참조.

도구 생선용 칼

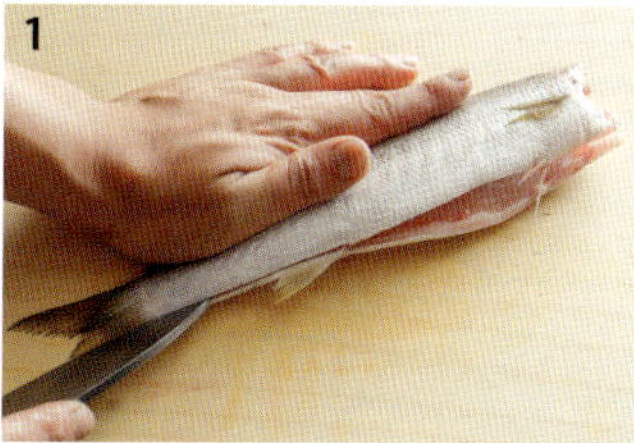

1 머리가 오른쪽, 배가 앞쪽으로 오게 놓는다. 머리쪽 단면 끝에서 꼬리 연결 부위까지, 뒷지느러미 위에 칼집을 넣는다. 꼬치고기 몸통은 원통형이어서 움직이기 쉬우므로, 몸통을 누르는 왼손의 새끼손가락 옆면을 도마에 대고, 몸통이 움직이지 않게 고정한 상태에서 자른다.

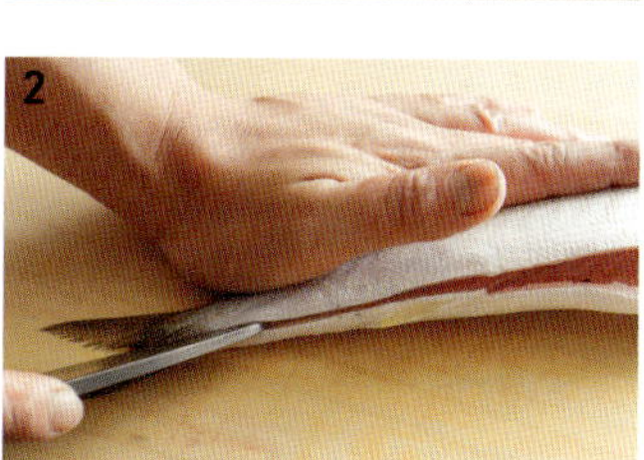

2 칼집에 칼날을 대고 칼끝을 등뼈에 맞춘다. 칼끝으로 등뼈를 긁듯이 꼬리쪽까지 자른다.

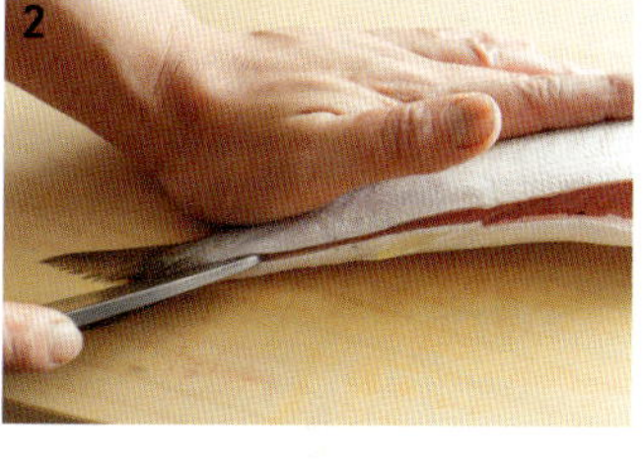

3 방향을 바꿔서 머리가 왼쪽, 등이 앞쪽으로 오게 놓는다. 꼬리 연결 부위에서 어깨까지, 등지느러미 위에 칼집을 넣는다.

4 칼집을 따라 칼을 넣어, 칼끝을 등뼈에 맞춘다. 등뼈를 칼끝으로 긁듯이 어깨까지 자른다.

5 꼬리 연결 부위에 칼을 거꾸로 잡고 넣어서 꼬리쪽에 살짝 칼집을 넣은 뒤, 칼을 돌려서 머리쪽까지 등뼈 위를 미끄러지듯이 움직여, 등뼈에서 살을 분리한다.

Point

배뼈에 닿으면 칼끝을 도마쪽으로 기울여서, 배뼈가 붙어 있는 부분을 잘라내면서 칼을 움직인다.

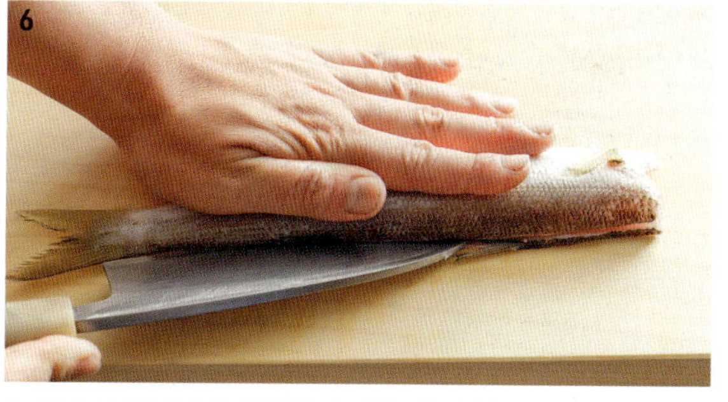

6 뼈가 아래로 가고, 머리가 오른쪽, 등이 앞쪽으로 오게 놓는다. 어깨부터 꼬리 연결 부위까지, 등지느러미 위에 칼집을 넣는다. 등뼈에 높이가 있어서 살이 도마에 밀착되지 않는데, 틈이 생기지 않도록 몸통을 누르고 있는 왼손의 무게중심을 칼을 넣는 쪽으로 옮기면 쉽게 자를 수 있다.

7 어깨에서 칼집을 따라 칼을 넣고, 칼끝을 등뼈에 맞춘다. 칼끝으로 등뼈를 긁듯이 꼬리 연결 부위까지 자른다.

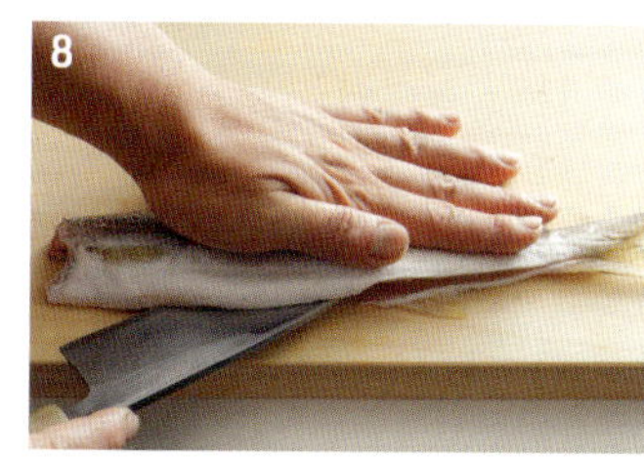

8 방향을 바꾸어 머리가 왼쪽, 배가 앞쪽으로 오게 놓는다. 꼬리 연결 부위에서 머리를 향해, 뒷지느러미 위에 칼집을 넣는다.

9 칼집을 따라 칼끝으로 등뼈를 긁듯이 머리까지 자른다. 배뼈에 닿으면 살을 조금 들어올려, 배뼈와 등뼈가 붙어 있는 부분을 확인하면서 자른다.

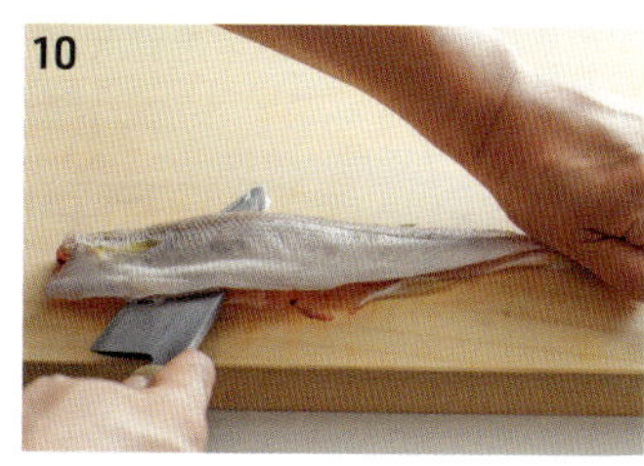

10 꼬리 연결 부위에 칼을 거꾸로 잡고 넣어서 꼬리쪽에 살짝 칼집을 낸 뒤, 칼을 돌려서 머리까지 등뼈 위를 미끄러지듯이 움직여, 등뼈에서 살을 분리한다.

완성

3장뜨기한 상태.

갈라서 펼치기
(등 가르기)

★ 비늘을 제거한 꼬치고기 사용.

도구 생선용 칼

1 머리가 왼쪽, 배가 앞쪽으로 오게 놓는다. 아가미뚜껑 옆에 칼을 오른쪽으로 조금 눕혀서 대고, **등뼈에 닿을 때까지 비스듬히 자른다**. 등뼈는 자르지 않는다.

2 아가미뚜껑을 열고 칼끝을 넣어 아가미와 아래턱, 아가미와 정수리 연결 부위를 자르고, 아가미 바깥쪽을 따라 얇은 막을 자른다.

3 머리가 오른쪽, 등이 앞쪽으로 오게 놓는다. 머리부터 꼬리쪽까지, **등지느러미 위에 칼집을 넣는다**.

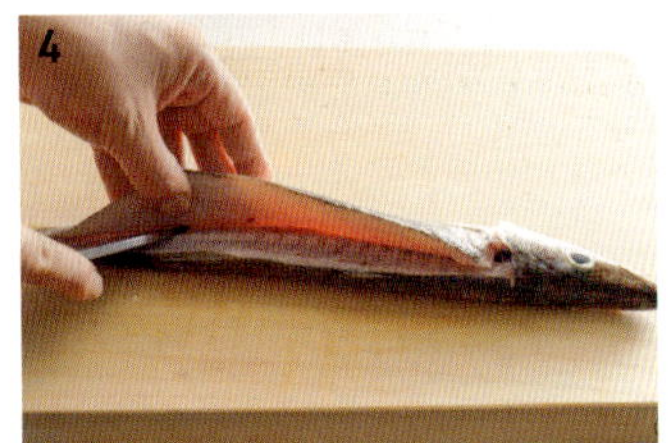

4 칼집을 따라 칼을 넣고, 칼끝으로 등뼈를 긁듯이 꼬리 연결 부위까지 자른다. 칼을 반복적으로 넣어서, **등뼈 위의 살을 분리한다**.

5 아가미뚜껑 옆을, 배쪽까지 자른다.

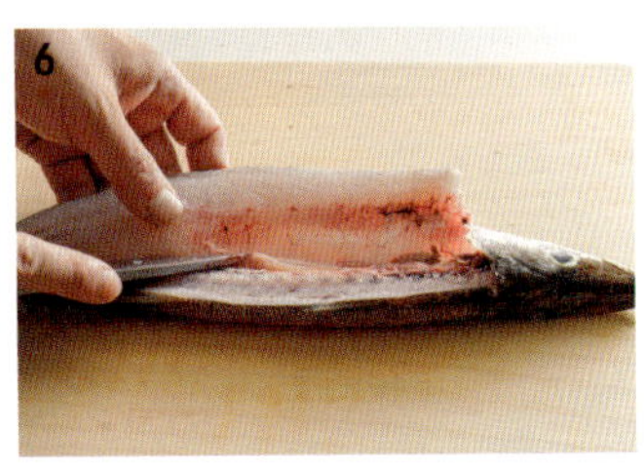

6 왼손으로 살을 들어올리면서, 배쪽의 가운데뼈 위를 따라 칼을 반복적으로 넣어, 배껍질에 최대한 가깝게 잘라서 1장으로 펼친다.

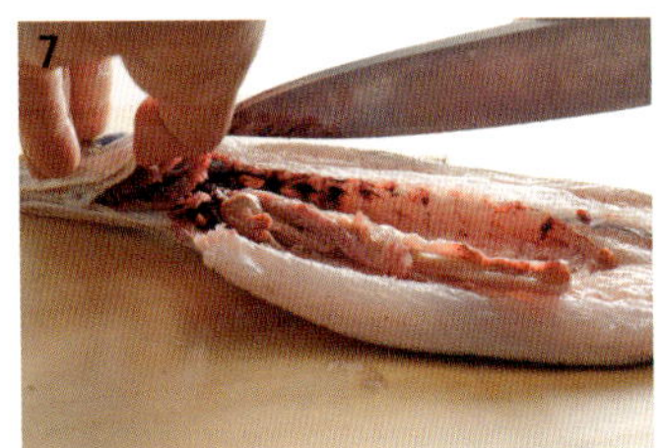

7 머리가 왼쪽, 꼬리가 오른쪽으로 오게 놓고 살을 펼친다. 힘줄과 복막 등을 조심스럽게 자르고, 등뼈 밑에 있는 **콩팥을 칼끝으로 긁어낸다**.

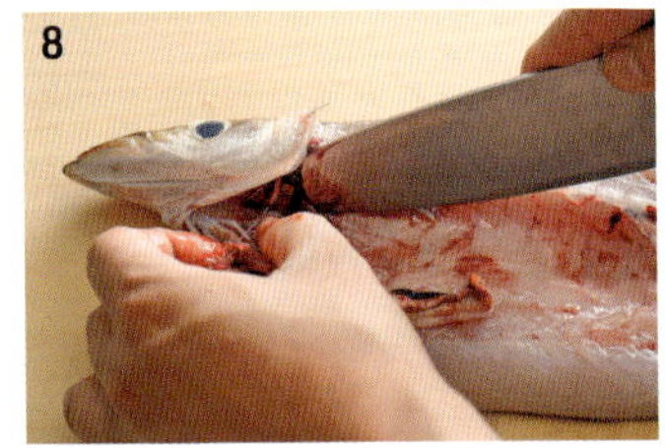

8 2에서 자른 **아가미를 손으로 잡고, 내장과 함께 제거한다**. 물로 재빨리 씻고 물기를 닦는다.

완성

머리째 등 가르기를 한 상태.

반건조 꼬치고기 구이
➡ p.73

꼬치 꽂기

★ 껍질을 벗기지 않은 순살 사용.

도구 쇠꼬치(15cm) 2개

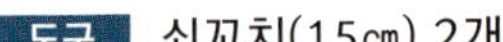

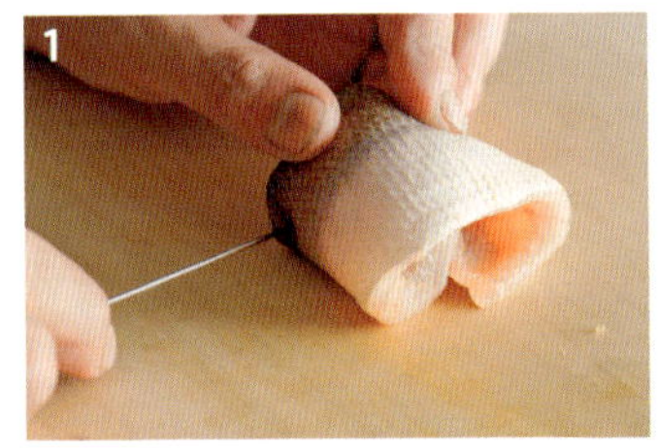

1 순살 양쪽 끝을 안쪽으로 말고, 모양이 흐트러지지 않게 쇠꼬치를 앞에서 뒤쪽으로 찔러서 관통시킨다. 꼬치의 방향은 살짝 바깥쪽을 향하게 한다.

2 구울 때 안정되도록, 쇠꼬치를 1개 더 꽂는다. 2개의 쇠꼬치를 한 손에 잡을 수 있도록 V자 모양으로 꽂는다.

3 껍질쪽에 장식용으로 ×자 모양 칼집을 넣는다.

꼬치고기 유안야키 ➡ p.73

꼬치고기 유안야키

재료(2인분)

꼬치고기 순살(껍질째) … 1마리 분량
유안지(양념)

> 황유자(둥글게 썰기) … 1/2개 분량
> 청주, 간장, 맛술 … 4큰술씩*

송이(취향에 따라 다른 버섯도 가능) … 적당량
하지카미(생강대 초절임) … 2개
소금 … 적당량

★ 유안지용 청주, 간장, 맛술은 같은 비율로 넣고 섞는다.

만드는 방법

1 꼬치고기 전체에 소금을 뿌려서 15분 정도 절인 뒤, 표면에 배어 나온 물기를 닦아낸다.
2 유안지 재료를 섞은 뒤 **1**을 담가서 30분 정도 둔다.
3 **2**의 물기를 빼고 쇠꼬치를 꽂은 뒤 장식용 칼집을 넣는다.
4 예열한 생선구이 그릴(양면구이)에 **3**을 껍질이 위로 오게 가지런히 올린 뒤, 중불로 노릇해질 때까지 7~10분 굽는다. 중간에 3~4번 정도 솔로 **2**의 유안지를 발라준다.
5 버섯은 밑동을 제거하고 먹기 좋은 크기로 잘라서, 생선구이 그릴로 굽는다.
6 **4**가 뜨거울 때 쇠꼬치를 뽑아서 그릇에 담고, **5**와 하지카미를 곁들인다.

반건조 꼬치고기 구이

재료(2인분)

꼬치고기(등 가르기) … 2마리
청주 … 1.5컵
소금 … 2큰술
간 무 … 적당량
스다치 … 1개
간장 … 조금

만드는 방법

1 청주에 소금을 넣고 녹인 뒤, 꼬치고기를 30분~1시간 정도 담가둔다.
2 **1**을 물로 씻어서 물기를 닦아내고, 시판 탈수시트로 감싸서 냉장고에 하룻밤 넣어둔다.
3 예열한 생선구이 그릴(양면구이)에 **2**를 올리고, 중불로 7~10분 굽는다.
4 그릇에 담고 간 무를 올려 간장을 두른 뒤, 2등분한 스다치를 곁들인다.

꽁치

Pacific saurye

분류_ 동갈치목 꽁치과
별명_ 공어, 공치, 추도어, 추광어 등
산지_ 울진, 포항 등
제철_ 10~11월

은빛으로 빛나는 길쭉한 모양이 칼과 비슷하고, 가을에 많이 잡히기 때문에 「추도어(秋刀魚)」라고 부르기도 한다. 꽁치의 제철은 10~11월인데, 이때 잡히는 꽁치는 지방이 적당히 올라 살이 탱탱하며, 등푸른생선 특유의 감칠맛이 풍부하고 깊은 맛이 있다. 꽁치는 위가 없고 장이 짧아 소화가 빠르기 때문에, 배설물이 쌓이지 않고 깨끗한 상태가 유지되어, 잘 익히면 내장째 먹을 수 있다. 예로부터 굽거나 찌개에 넣는 등 다양한 방법으로 즐겨 먹었으며, 동해안에서는 겨울철에 청어 대신 꽁치를 바닷바람에 말려 과메기를 만들어 먹기도 하였다.

● **손질 포인트**

몸이 가늘고 길어서, 「평형 자르기」로 등살과 뱃살을 한 번에 자른다.

비늘은 벗겨진 경우가 많지만, 남은 것은 칼로 긁어낸다.

● **선택 포인트**

밑손질

도구 고기용 칼

1 칼로 비늘을 긁어서 제거한다(p.16 「비늘 긁기1」 참조). 머리가 왼쪽으로 오게 놓고, 가슴지느러미를 머리쪽으로 넘긴 뒤 머리를 손으로 잡는다. 꼬리부터 머리쪽을 향해 칼로 비늘을 긁어서 제거한다.

2 가슴지느러미 뒤에 칼을 비스듬히 넣어서, **머리를 잘라낸다.**

3 항문에 칼끝을 꽂아, 그대로 머리쪽을 향해 배의 가운데를 자른다. 내장을 자르지 않게 주의한다.

4 배를 열고 칼날로 **내장을 긁어서 빼낸다.**

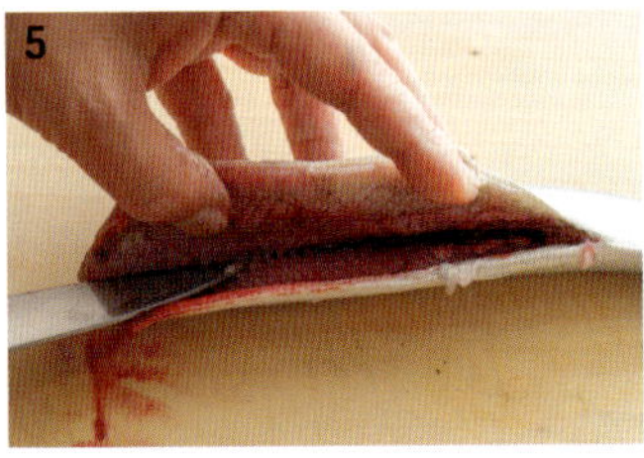

5 등뼈 부분의 얇은 막에 칼집을 넣는다.

6 물로 표면에 남아 있는 비늘과 뱃속의 콩팥, 내장 등을 **재빨리 씻어낸다.**

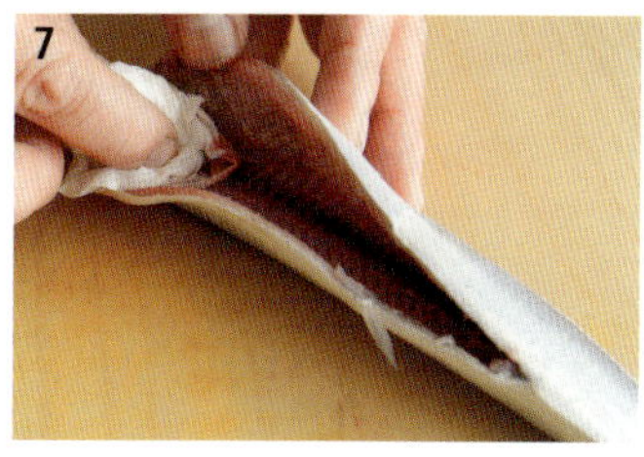

7 키친타월로 **물기를 꼼꼼히 닦는다.** 뱃속에 남은 내장도 깨끗이 닦아낸다.

손질
[평형 자르기]

* P.29 「평형 자르기」 참조.

도구 고기용 칼

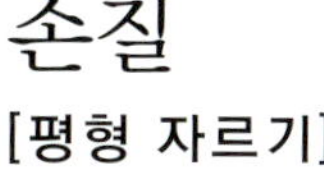

1 머리가 오른쪽, 배가 앞쪽으로 오게 놓는다. 아래쪽 살과 위쪽 살 사이에 있는 가로줄 위에 칼을 대고, 등뼈와 배뼈 연결 부위에 칼날이 닿도록 각도를 조절한다.

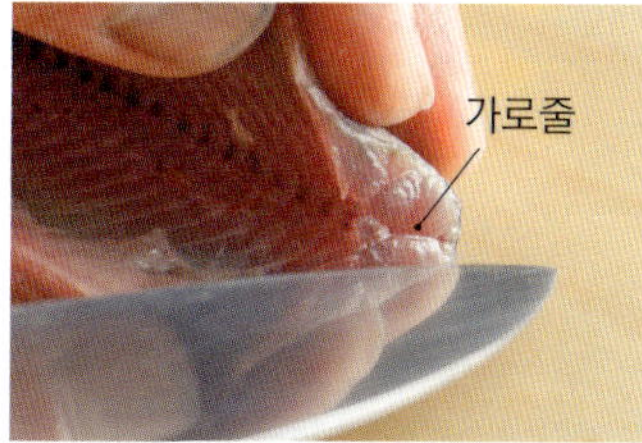

2 등뼈와 연결된 부분을 따라 칼끝을 도마쪽으로 조금 기울이고, **꼬리쪽을 향해 비스듬히 돌려서 잘라 나간다.**

3 배뼈 부분을 통과하면 (항문 주위), **칼의 방향을 똑바로 돌려서 꼬리 연결 부위까지 자른다.**

4 꼬리 연결 부위를 잘라서 살을 분리한다.

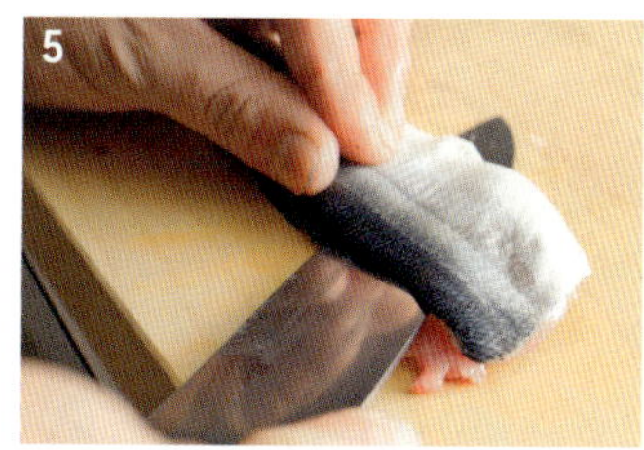

5 뼈가 아래로 가고, 머리가 오른쪽, 등이 앞쪽으로 오게 놓는다. **1**과 같은 방법으로 가로줄 위에 칼을 대고, **꼬리쪽을 향해 잘라 나간다.**

6 배뼈에 닿으면 **2**와 같은 방법으로, 칼을 비스듬히 돌려서 자른다.

7 배뼈 부분을 지나면, 칼의 방향을 **똑바로 돌려서 잘라 나간다.** 꼬리 연결 부위를 잘라서 살을 분리한다.

완성

평형 자르기한 상태.

배뼈·잔뼈 제거

도구 고기용 칼

1 배가 왼쪽으로 오도록 세로로 놓는다. 칼을 거꾸로 잡고 칼끝을 배뼈가 붙어 있는 부분에 넣어서, **뼈 끝부분을 1개씩 잘라 살에서 떼어낸다.**

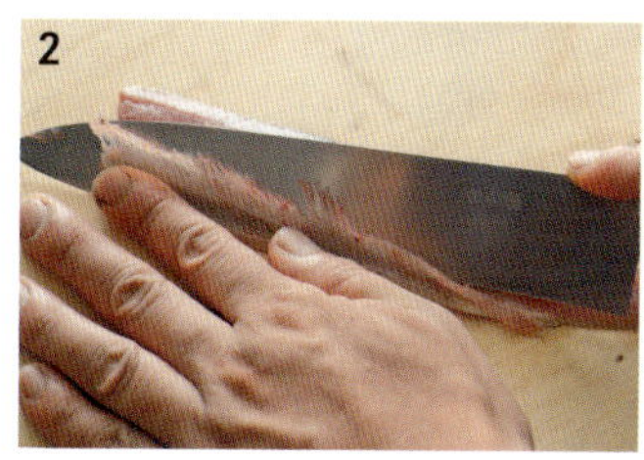

2 왼손으로 배뼈를 살짝 누르고 칼을 바로 잡아 오른쪽으로 눕힌 뒤, **1**에서 잘라낸 자리에 칼날을 넣고 앞으로 당겨서, **배뼈 끝까지 떠내듯이 얇게 저민다.**

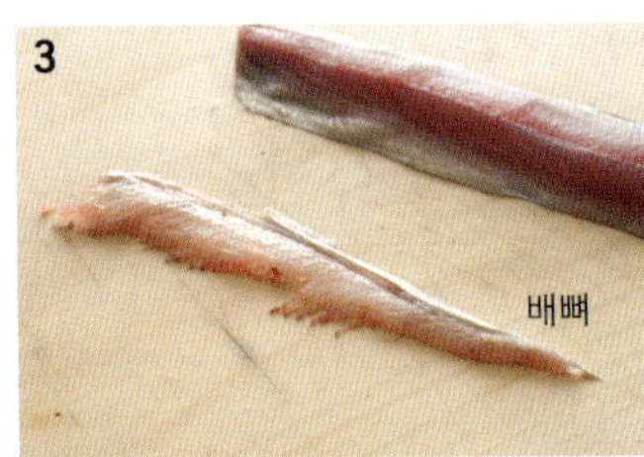

3 배뼈 끝까지 자르면, 칼을 세우고 앞쪽으로 당겨서 배뼈를 제거한다.

4 잔뼈는 핀셋으로 뽑아낸다(p.35 「뽑기」 참조). 머리가 오른쪽으로 오게 놓은 뒤, 등뼈가 있던 위치에 남아 있는 잔뼈를 핀셋으로 집고, 뼈 양옆을 손가락으로 살짝 눌러서 뽑는다.

껍질 제거

도구 고기용 칼

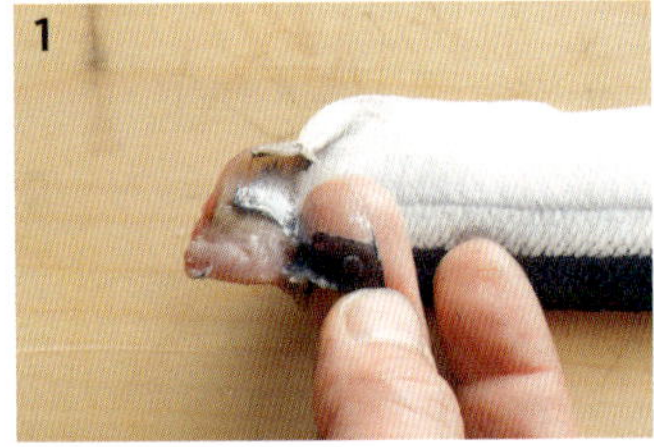

1 껍질이 위, 머리가 왼쪽으로 오게 놓고, 머리쪽 껍질을 살짝 벗겨 잡을 수 있게 만든다.

2 껍질이 아래로 가고, 머리가 왼쪽으로 오게 놓는다. 왼손 엄지로 껍질 끝을 도마에 붙이고, 칼등을 껍질 위에 댄다.

3 칼등을 도마에 밀착시켜서 붙이고 머리부터 꼬리쪽을 향해 훑어서, 껍질에서 살을 벗겨낸다.

완성
껍질을 제거한 상태.

평썰기

★ 껍질을 제거한 순살 사용.

도구 회칼

1 껍질쪽이 위로 오고, 도톰한 부분이 뒤쪽으로 가게 놓는다. 오른쪽 끝에서 칼을 살짝 비스듬히 대고, 칼 길이를 모두 사용하여 당겨서 자른다.

2 칼을 누르지 않고 한 번에 당겨서 자른다. 자르는 폭은 8mm가 기준이다.

꽁치회 2종 ▶ p.78

깎아썰기

★ 껍질을 제거한 순살 사용.

도구 회칼

1 꼬리가 왼쪽, 도톰한 부분이 뒤쪽으로 가게 놓는다. 칼을 오른쪽으로 눕혀서 살짝 비스듬히 대고, 칼 길이를 모두 사용하여 한 번에 당겨서 자른다.

2 칼날이 도마에 닿으면, 칼을 똑바로 세우고 당겨서 자른다.

꽁치회 2종 ▶ p.78

마디 만들기
(후시메즈쿠리)

*껍질을 제거한 순살 사용.

도구 회칼

1 껍질이 위, 등이 앞쪽으로 오게 놓는다. 옆줄을 따라(살이 가장 도톰한 부분) 칼집을 1줄 넣는다.

2 오른쪽 끝부터 먹기 좋은 크기로 자른다.

완성
마디를 만든 상태.
꽁치회 2종 ➡ p.78

직사각형 썰기

*껍질을 제거한 순살 사용.

도구 회칼

1 껍질이 위로 오고, 도톰한 부분이 뒤쪽으로 가게 놓는다. 오른쪽 끝부터 폭 4㎜ 정도로 비스듬히 칼집을 넣는다. 아래까지 완전히 자르지 않게 주의한다.

2 오른쪽 끝부터 적당한 폭으로, 직사각형이 되게 썬다.

완성
칼집을 넣어 직사각형으로 썬 상태.
꽁치회 2종 ➡ p.78

통으로 자르기

*비늘을 제거한 뒤 사용.

도구 생선용 칼

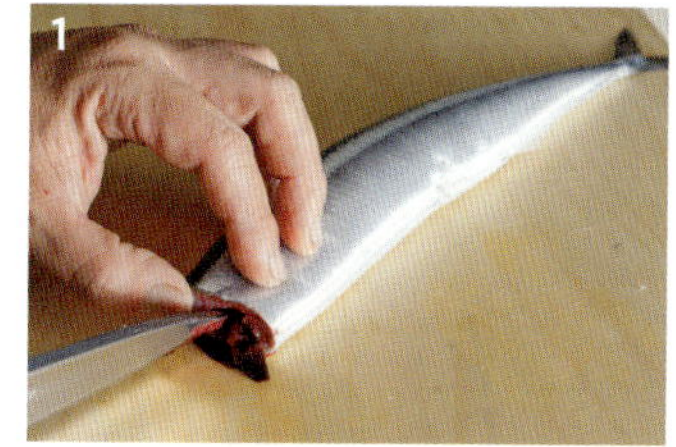

1 머리가 왼쪽으로 오게 놓고, 가슴지느러미 뒤에 칼을 수직으로 넣어 **머리를 자른다**(p.21「수직으로 자르기」참조). 단면에 칼끝을 넣어 **내장을 빼낸다.**

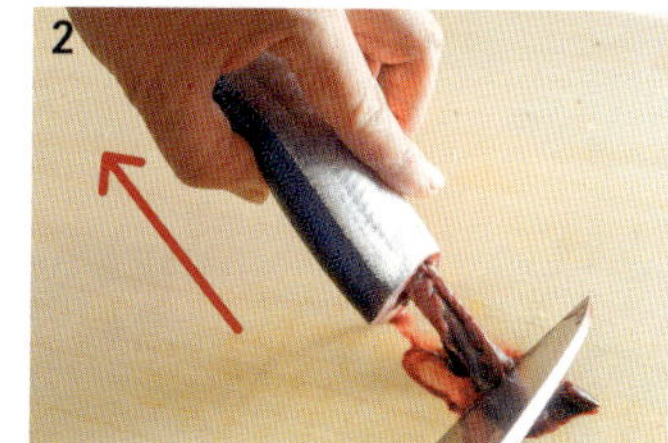

2 빼낸 내장을 칼로 누르고, 몸통을 위로 당겨서 **내장을 빼낸다.**

3 **물로 재빨리 씻은 뒤 물기를 닦는다.** 키친타월 감은 나무젓가락을 뱃속에 넣어, **남은 내장 등도 문질러서 닦아낸다.**

4 머리가 왼쪽, 배가 앞쪽으로 오게 놓는다. **용도에 맞게 자르고**(여기서는 3등분), 꼬리 연결 부위에서 꼬리를 잘라낸다.

완성
통으로 자른 상태.
간양념 꽁치구이 ➡ p.78

꽁치회 2종

재료(2인분)

꽁치 순살(껍질 제거) … 1마리 분량

간 생강 … 적당량

양파(얇게 썰기), 청소엽, 스다치(둥글게 썰기), 차즈기 꽃이삭
  … 적당량씩

만드는 방법

1   꽁치는 원하는 방법으로 회를 뜬다. 여기서는 평썰기, 마디 만들기 방법으로 회를 떴다.

2   그릇에 1을 양파, 청소엽과 함께 담고, 간 생강과 스다치를 곁들인 뒤 차즈기 꽃이삭을 장식한다.

간양념 꽁치구이

재료(2 ~ 3인분)

꽁치(통으로 자르기) … 2마리 분량

꽁치 간 … 2마리 분량

A | 간장 … 1/2컵
A | 맛술 … 1/2컵
A | 청주 … 1/2컵

스다치 … 1개

만드는 방법

1   꽁치 간을 고운체에 내리고 A와 섞어서 내장양념을 만든다.

2   1에 꽁치를 담가서 15분 정도 재운다.

3   2의 물기를 빼고 예열한 생선구이 그릴(양면 구이)에 올려서, 겉면에 구운 자국이 생길 때까지 7~8분 굽는다. 중간중간 간양념을 솔로 2~3번 바르고 말리듯이 굽는다.

4   그릇에 담고 스다치를 4등분하여 곁들인다.

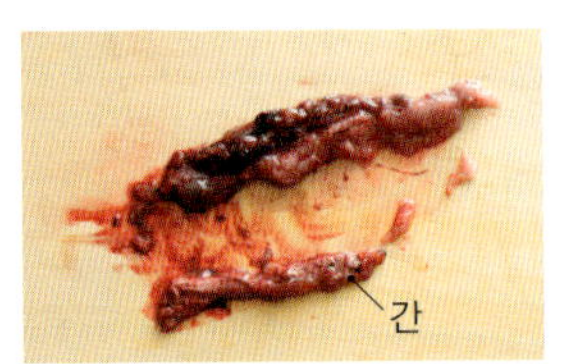

꽁치에서 빼낸 내장에서, 장, 위 등 간 이외의 부분을 제거한다.

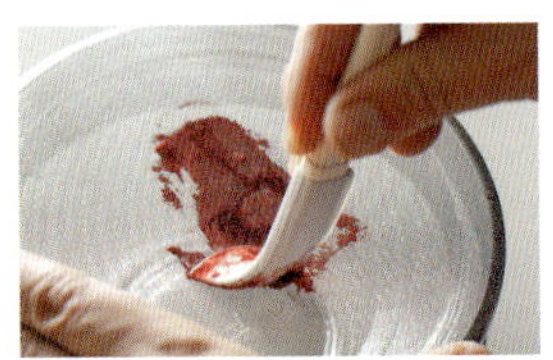

간을 고운체에 내려 페이스트 상태로 만든 뒤, 양념을 섞는다.

농어
Sea bass

분류_ 농어목 농어과
별명_ 농에, 깡다구, 깔대기, 껄떡 등
산지_ 태안, 통영, 남해 등
제철_ 6~8월

여름이 제철인 농어는 바닷물과 민물을 오가며 성장한다. 봄부터 여름까지는 얕은 바다로 이동하여 먹이인 작은 생선을 따라 강을 거슬러 오르기도 하고, 겨울이면 알을 낳고 겨울을 나기 위해 깊은 바다로 이동한다. 일본에서는 농어를 곳바(10㎝ 정도), 세이고(1~2년), 훗코(2~3년), 스즈키(4년 이상) 등 성장에 따라 다른 이름으로 부르는데, 1m 이상으로 자라기도 한다. 투명한 흰살은 쫄깃한 식감과 진한 감칠맛, 고급스러운 단맛이 있고, 얼음물에 씻어서 회로 먹으면 기름기도 적당히 빠지고 살이 단단해져 맛이 깔끔하다. 프렌치나 이탈리안 요리 등에도 많이 사용된다.

● **손질 포인트**

지느러미와 지느러미뼈 사이에 틈이 있어서, 살은 단단하지만 부서지기 쉬워 깔끔하게 손질하기 어려운 생선이다.

지느러미는 날카롭고 뾰족하며, 아가미뚜껑도 날카롭고 가시가 있으므로, 주의해서 손질해야 한다.

● **선택 포인트**

지방이 오른 것은 어깨부터 등까지 볼록하다.

신선한 것은 눈이 볼록하고 투명하다.

전체가 팽팽하고 탄력이 있다.

꼬리 연결 부위가 도톰하고 둥글다.

밑손질

도구 비늘제거기, 생선용 칼

1 머리가 왼쪽으로 오게 놓고 가슴지느러미를 머리쪽으로 넘긴 뒤, **비늘제거기로 비늘을 긁어낸다.** 비늘제거기가 닿지 않는 곳은 칼을 사용해 제거한다(p.17 「비늘 긁기2」, 「잔비늘 제거」 참조).

2 **머리를 자른다.** 아랫면의 비늘을 제거한 방향 그대로, 가슴지느러미 뒤에 칼을 살짝 오른쪽으로 눕혀서 대고, 머리 연결 부위를 향해 당겨서 자른다.

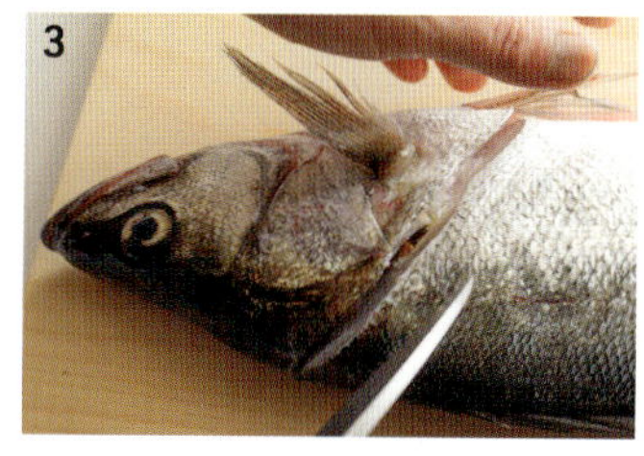

3 칼날이 등뼈에 닿으면 배지느러미 뒤쪽을 향해, **내장과 연결된 식도를 자르지 않도록 주의해서, 칼집을 넣는다.**

4 생선을 뒤집어서 아랫면의 칼집에 맞춰, **머리 연결 부위부터 배지느러미 뒤쪽을 향해 칼집을 넣는다.** 이때 가슴지느러미를 머리쪽으로 당겨서, 가마 아래쪽 살을 팽팽하게 만들면 쉽게 자를 수 있다. 내장을 자르지 않도록 주의한다.

5 등뼈의 관절에 뒷칼날을 대고 칼등을 쳐서, **등뼈에서 머리를 잘라낸다.**

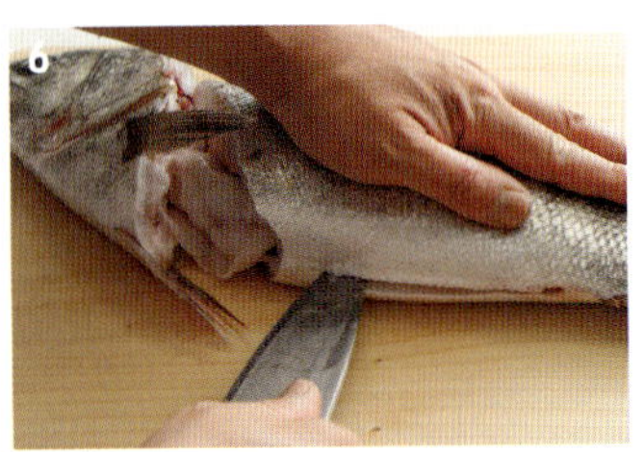

6 항문에 칼끝을 넣고, 아가미 아래까지 배 가운데를 자른다. 칼을 깊이 넣으면 내장이 잘려서 깔끔하게 제거할 수 없으므로 주의한다.

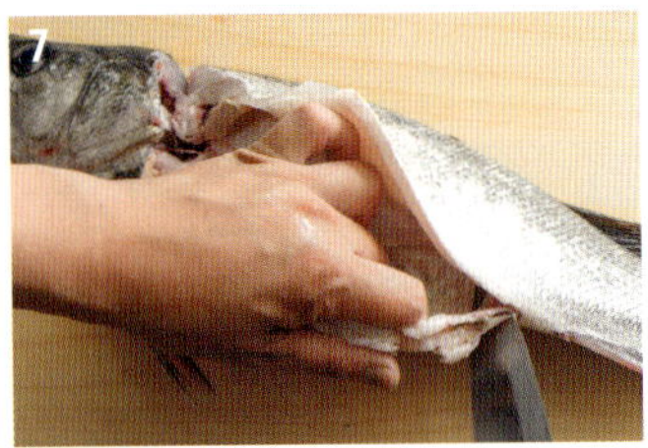

7 배는 열지 않고 머리를 구부려 앞쪽으로 당겨서, **배의 칼집에서 내장을 빼낸다.** 배 안쪽에 칼을 넣어 힘줄과 얇은 막을 잘라 내장을 떼어내고, **머리와 내장을 함께 제거한다.**

8 내장 안쪽에 있는 **부레를 조심스럽게 제거한다.** 손으로 잡아당겨서 떼어내면 깨끗하게 제거되지 않으므로, 반드시 칼로 자른다.

9 등뼈 부분의 얇은 막에 칼집을 넣고, 칼날로 **콩팥을 긁어낸다.** 물로 비늘과 뱃속의 콩팥, 얇은 막 등을 재빨리 씻어낸 뒤 물기를 닦는다. 남은 콩팥 등도 닦아낸다.

손질
[3장뜨기]

* p.26~28 「3장뜨기」 참조.

도구 생선용 칼

1 머리가 오른쪽, 배가 앞쪽으로 오게 놓는다. 배의 단면 끝부터 꼬리쪽까지, 뒷지느러미 위에 칼집을 넣는다. 칼집을 따라 칼을 넣고 칼끝을 등뼈에 맞춰서, 칼끝으로 등뼈를 긁듯이 꼬리쪽까지 자른다.

2 머리가 왼쪽, 등이 앞쪽으로 오게 놓는다. 꼬리쪽부터 어깨까지 등지느러미 위에 칼집을 넣고, **1**과 같은 방법으로 어깨까지 자른다.

등지느러미 위에 칼집을 낸 뒤, 꼬리 연결 부위와 등지느러미 사이에 칼집을 넣는 것이 좋다.

3 꼬리 연결 부위에 칼을 거꾸로 잡고 넣어서 꼬리쪽에 살짝 칼집을 낸 뒤, 칼을 돌려서 등뼈 위를 미끄러지듯이 움직여, 살을 잘라 분리한다.

등뼈에 닿으면 칼끝을 도마쪽으로 기울이고, 뒷칼날을 어깨쪽을 향해 비스듬히 돌려서 잘라 나간다.

4 뼈가 아래, 머리는 오른쪽, 등은 앞쪽으로 오게 놓고, **2**와 같은 방법으로 어깨부터 꼬리 연결 부위까지 자른다.

5 머리가 왼쪽, 배가 앞쪽으로 오게 놓고, **1**과 같은 방법으로 꼬리 연결 부위부터 배의 단면 끝까지 자른다.

6 꼬리 연결 부위에 칼을 거꾸로 잡고 넣어서 꼬리쪽에 살짝 칼집을 낸 뒤, 칼을 돌려서 머리쪽까지 등뼈 위를 미끄러지듯이 움직여, 살을 잘라 분리한다. 배뼈에 닿으면 배뼈와 등뼈의 연결 부위에 칼끝을 맞추고 잘라서, 살을 분리한다.

완성
3장뜨기한 상태.

배뼈·잔뼈 제거

도구 생선용 칼

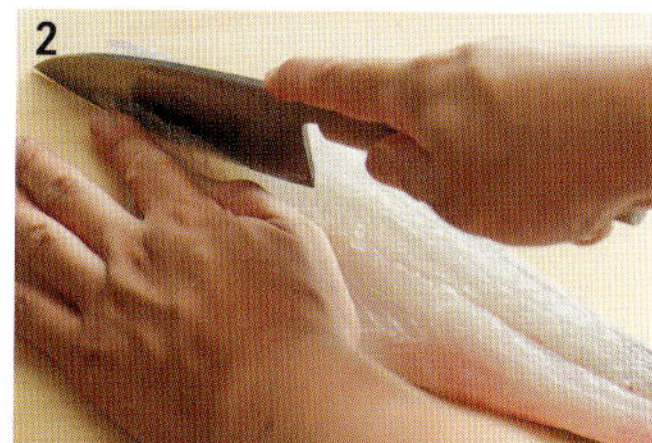

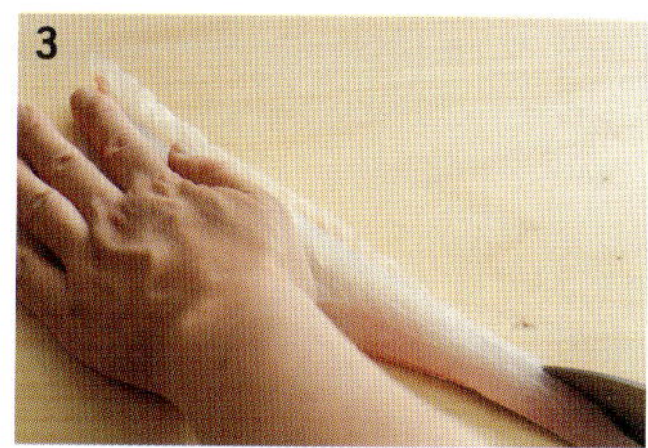

1 배뼈를 제거한다. 배가 왼쪽으로 오도록 세로로 놓는다. 칼을 거꾸로 잡고 배뼈가 붙어 있는 부분을 살에서 분리한(p.33「배뼈 분리1」참조) 뒤, 칼을 바로 잡고 자른 자리에서 배뼈를 떠내듯이 얇게 저민다(p.34「배뼈 저미기」참조).

2 잔뼈를 제거하고, 등살과 뱃살로 나눈다(p.35「잘라내기」참조). 머리가 뒤쪽으로 가도록 세로로 놓는다. 살 가운데에 있는 잔뼈와 지아이를 뱃살쪽에 남기고 세로로 자른다.

3 뱃살에 남은 잔뼈와 지아이 부분을 잘라내고, 등살과 뱃살을 나눈다.

껍질 제거

* 등살과 뱃살로 나눈 것을 사용.

도구 회칼

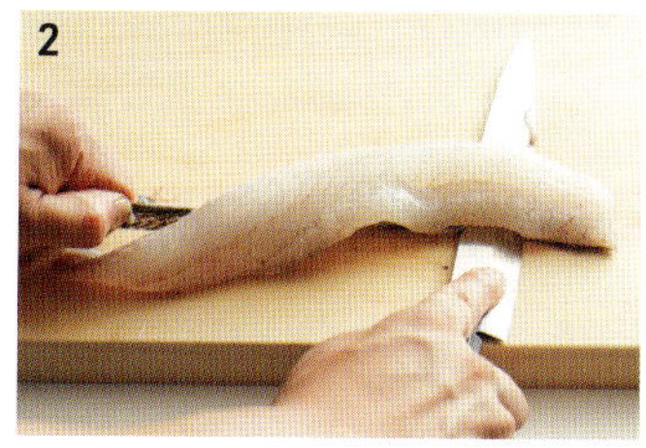

1 껍질이 아래로 가고, 꼬리가 왼쪽으로 오게 놓는다. 꼬리쪽 끝에서 2㎝ 정도에 껍질만 남도록 칼집을 넣은 뒤, 꼬리쪽을 향해 살을 저민다.

2 껍질과 살 사이에 칼을 넣어, 도마에 칼날을 대고 누른다. 왼손으로 껍질을 당기면서 위아래로 조금씩 움직여, 칼을 머리쪽으로 이동시켜 껍질을 벗겨낸다.

깎아썰기

* 껍질을 벗긴 등살 사용.

도구 생선용 칼

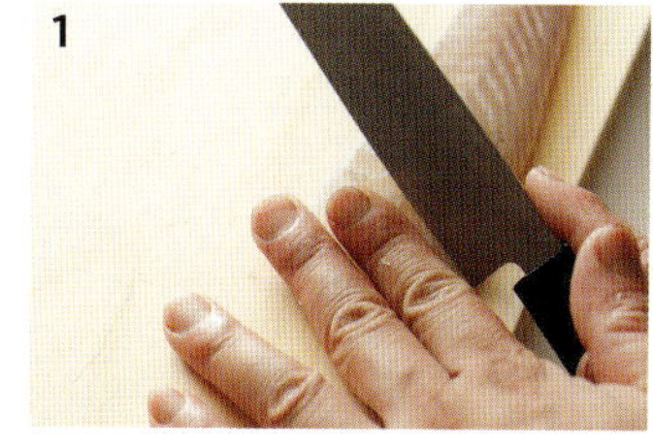

1 꼬리가 왼쪽, 도톰한 부분이 뒤쪽으로 가게 놓는다. 왼쪽 끝부터 뒷칼날을 눕혀서 살에 비스듬히 댄다.

2 칼 길이를 모두 사용하여 한 번에 당겨서 얇게 저민다. 칼날이 도마에 닿으면, 칼을 수직으로 세우고 당겨서 자른다.

완성

깎아썰기한 상태.

농어 아라이 ❍ p.82

토막내기

* 배뼈를 제거한 위쪽 살(껍질째) 사용.

도구 회칼

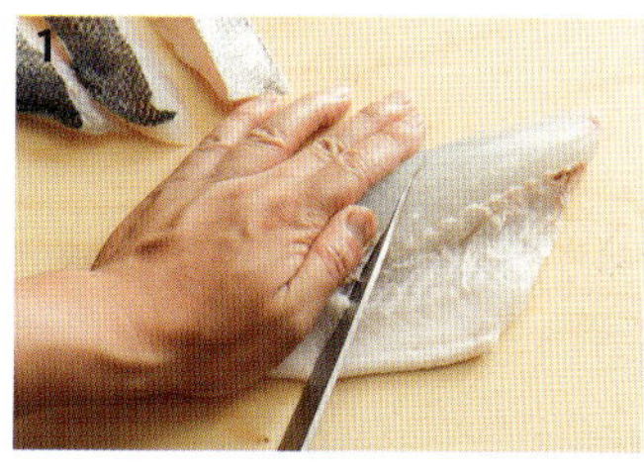

1 껍질이 아래로 가고, 꼬리가 왼쪽으로 오게 놓는다. 왼쪽 끝부터 칼을 오른쪽으로 살짝 기울여서 살에 비스듬히 대고, 칼 길이를 모두 사용하여 당겨서 자른다. 폭은 3㎝가 기준.

완성

토막낸 상태.

살구소스를 곁들인 농어구이 ❍ p.82

농어 아라이

재료(2인분)

농어 순살(껍질 제거한 등살) … 1토막

소금 … 적당량

엽란 … 2장

여뀌 싹, 간 고추냉이 … 적당량씩

만드는 방법

1 농어는 깎아썰기하고 소금을 살짝 뿌려 5분 정도 둔 뒤, 표면에
   배어 나온 물기를 닦는다.

2 얼음물에 **1**을 넣고 흔들어 씻은 뒤, 물기를 확실히 제거한다.

3 그릇에 얼음을 담고 엽란을 깐 뒤 **2**를 담는다. 여뀌 싹을 올리
   고, 간 고추냉이를 곁들인다.

얼음물에 넣고 재빨리 씻으면, 살
이 단단해지고 여분의 기름기도 제
거된다.

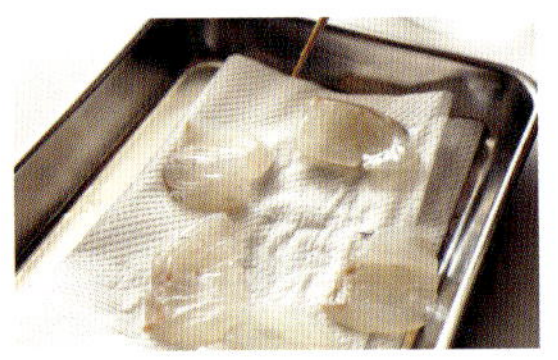

씻은 살을 키친타월 사이에 넣고,
물기를 충분히 흡수시킨다.

살구소스를 곁들인 농어구이

재료(2인분)

농어 살 … 2토막

소금, 후추 … 적당량씩

살구소스

　살구잼 … 2큰술

　화이트와인비네거 … 1큰술

　소금 … 조금

버터 … 15g

식용유 … 적당량

루콜라, 타임 … 적당량씩

만드는 방법

1 농어에 소금을 뿌리고 15분 정도 둔 뒤 표면에 배어 나온 물기
   를 닦아내고, 식용유에 5분 이상 담가둔다.

2 작은 냄비에 살구소스 재료를 모두 넣어 섞은 뒤, 약불로 한소
   끔 끓인다.

3 **1**을 건져서 후추를 뿌린다.

4 프라이팬에 식용유를 살짝 두르고 중불로 가열한 뒤 **3**을 껍질
   이 아래로 가게 올리고, 타지 않도록 프라이팬을 흔들면서 표면
   이 하얗게 될 때까지 6~7분 굽는다. 이때 뒤집개 등으로 위에
   서 살짝 눌러 주면, 껍질이 바삭하게 구워진다.

5 **4**를 뒤집고 버터를 넣어 1~2분 더 굽는다.

6 그릇에 **5**를 담은 뒤 **2**와 루콜라를 곁들이고 타임으로 장식한다.

눈볼대
Blackthroat sea perch

분류_ 농어목 반딧불게르치과
별명_ 눈퉁이, 눈뽈다구, 빨간고기, 금태 등
산지_ 포항, 부산, 제주 등
제철_ 3~6월

몸에 비해 눈이 커서 「눈볼대」라고 불리며, 일본 이름인 「아카무쓰」로도 많이 알려져 있다. 등쪽은 붉은색, 배쪽은 은색을 띠고, 입안은 검은색인데, 일본에서는 목이 검다는 뜻으로 「노도구로」라고 부르기도 한다. 산지에 따라 맛이 미묘하게 다른데, 지방이 듬뿍 축적되어 살이 부드럽고 촉촉한 것은 구이나 조림으로 먹는 것이 좋고, 지방이 적고 살이 투명한 것은 횟감으로 적합하다. 껍질째 살짝 그을리면 살과 껍질 사이의 감칠맛과 고소한 맛을 함께 즐길 수 있다. 수분이 많아서 소금을 뿌려 절이면, 지방의 감칠맛과 살의 맛을 제대로 즐길 수 있다.

● **손질 포인트**

누르면 손가락 자국이 남을 정도로 살이 부드러우므로, 힘을 주지 말고 조심스럽게 다룬다.

비늘은 비교적 커서, 비늘제거기를 사용한다. 비늘제거기가 닿지 않는 부분은 칼을 사용하는데, 부드러운 살이 상하지 않도록 주의한다.

● **선택 포인트**

밑손질

도구 비늘제거기, 생선용 칼

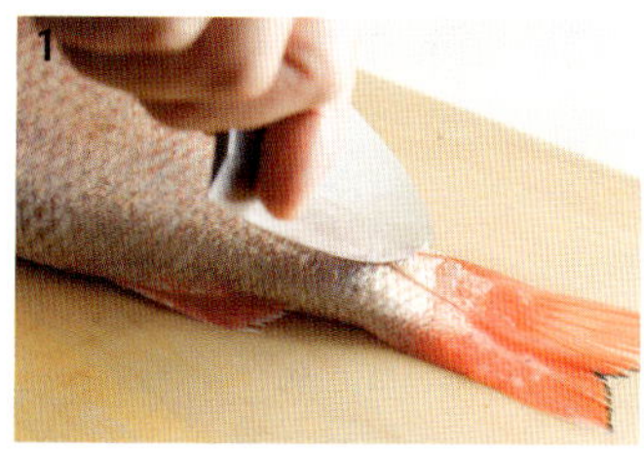

1 비늘은 비늘제거기로 제거하고(p.17 「비늘 긁기 2」 참조), 비늘제거기가 닿지 않는 곳은 생선용 칼로 긁어낸다. 칼끝으로 부드러운 살이 손상되지 않도록 주의한다.

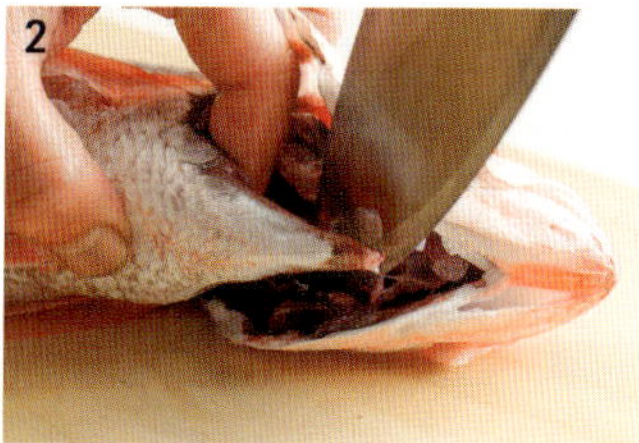

2 머리가 오른쪽으로 오게 놓고, 턱밑과 머리가 붙어 있는 부분을 잘라 턱부분을 벌린다. 아가미뚜껑을 열고 칼끝을 넣어 **아가미를 제거한다**(p.22 「아가미 제거1」 참조).

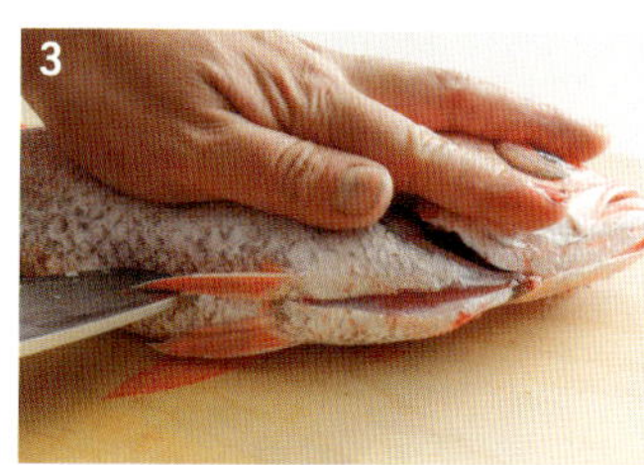

3 턱밑에 칼을 넣고 항문까지 잘라서 **배를 연다.** 내장을 자르지 않도록 주의한다.

4 배를 열고 칼을 배 안쪽에 넣어서, 내장과 복막, 등뼈 연결 부위, 아가미와 머리 연결 부위 등을 잘라서 분리하고, **아가미와 내장을 함께 빼낸다**(p.23 「배 갈라서 열기1」 참조). 등뼈의 얇은 막에 칼집을 넣어, 칼날로 콩팥을 긁어낸다.

5 물로 재빨리 씻은 뒤, 키친타월로 표면과 뱃속의 **물기를 꼼꼼히 닦아낸다.** 뱃속에 남아 있는 내장 등도 깨끗이 닦아낸다.

머리 자르기

[가마 제거]

* p.20 「가마 붙여 자르기2」 참조.

도구 생선용 칼

1 머리가 왼쪽, 배가 앞쪽으로 오게 놓는다. 가슴지느러미를 머리쪽으로 넘겨서 잡고, 가슴지느러미 뒤에 칼을 넣어, 머리 연결 부위부터 가마 아래쪽을 향해 **비스듬히 자른다.**

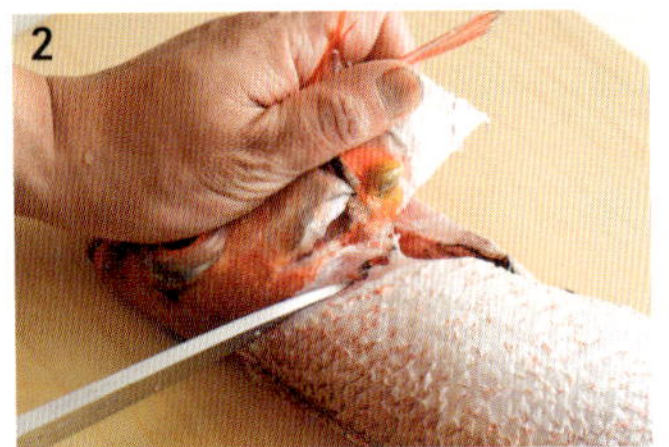

2 머리 위치는 그대로 두고 뒤집어서, **1**의 단면에 맞춰서 자른다. 등뼈에 뒷칼날을 대고 손으로 칼등을 쳐서 **머리를 잘라낸다.**

손질

[3장뜨기]

* p.26~28 「3장뜨기」 참조

도구 생선용 칼

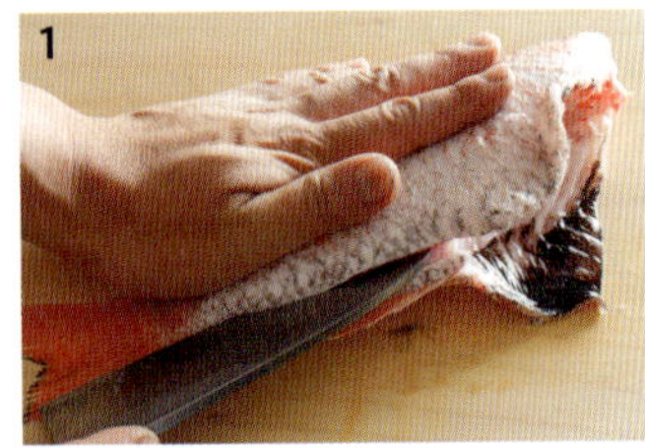

1 배의 단면 끝부터 꼬리 연결 부위까지, 뒷지느러미 위에 기준선이 될 칼집을 넣는다.

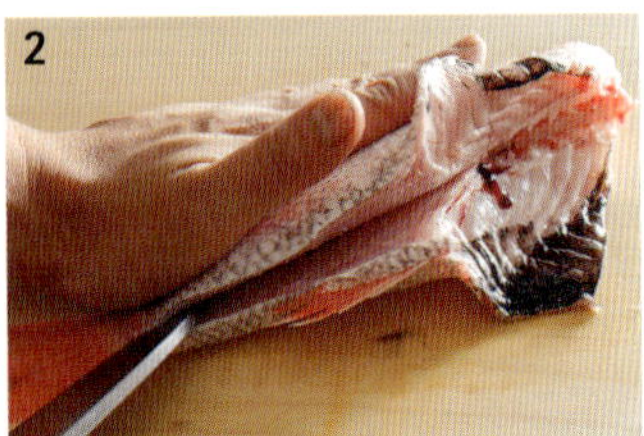

2 기준선을 따라 칼끝으로 등뼈를 긁듯이 꼬리쪽까지 자른다. 살이 부드러우므로 무리하게 칼을 여러 번 넣지 말고, 한 번에 잘라 나간다.

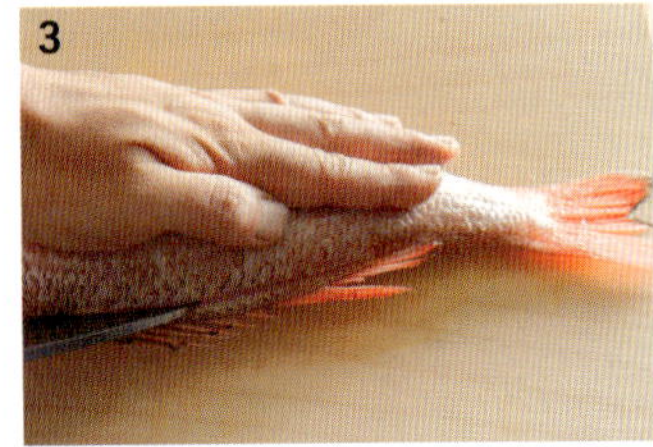

3 등쪽에도 기준선이 될 칼집을 넣는다.

4 **3**의 기준선을 따라 칼끝으로 등뼈를 긁듯이 어깨까지 자른다. 뼈가 부드러우므로, 칼끝으로 가운데뼈를 자르지 않도록 주의한다.

5 꼬리 연결 부위에 칼을 거꾸로 잡고 넣어서 꼬리쪽에 살짝 칼집을 낸 뒤, 칼을 돌려서 머리쪽까지 등뼈 위를 미끄러지듯이 움직여, 살을 잘라서 분리한다.

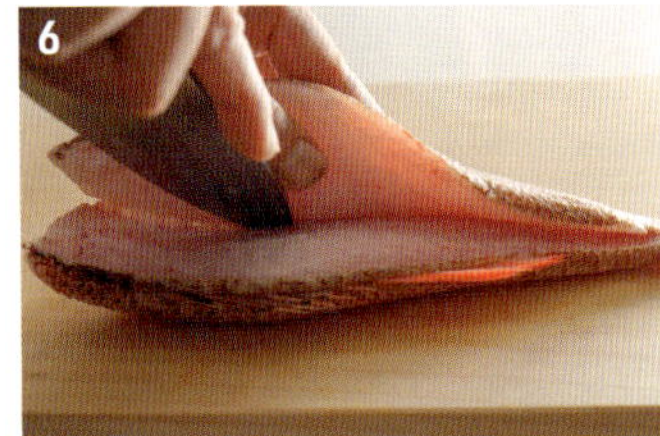

6 등뼈와 배뼈의 연결 부위는 칼을 살짝 비스듬히 들어올려 칼날을 등뼈의 각도에 맞춘 뒤, 등뼈를 긁듯이 잘라서 분리한다.

* 「3장뜨기」에서 한쪽 살을 먼저 자른 상태가 「2장뜨기」.

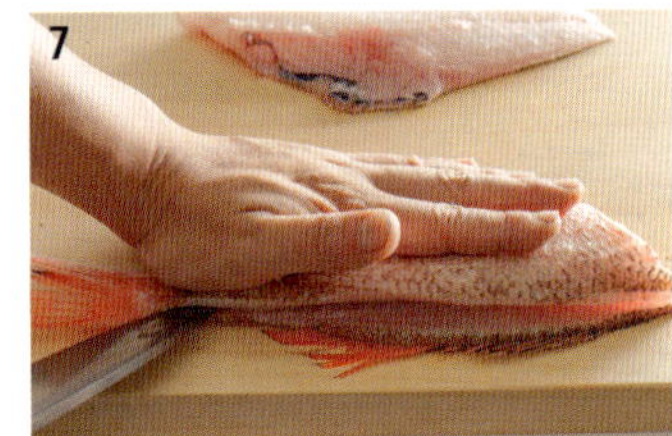

7 가운데뼈가 아래로 가고, 꼬리가 왼쪽, 등이 앞쪽으로 오게 놓는다. 등지느러미를 따라 칼집을 넣고, 칼집을 따라 칼끝으로 등뼈를 긁듯이 꼬리 연결 부위까지 자른다.

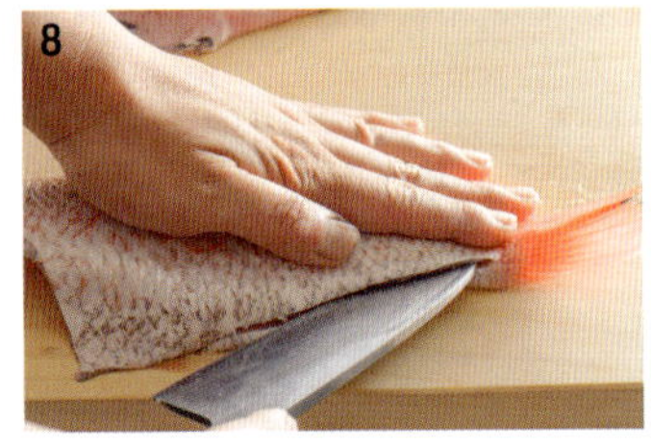

8 방향을 바꿔서 배쪽의 꼬리 연결 부위부터 배의 단면 끝까지 칼을 넣는다.

9 배뼈에 닿으면 살을 조금 들어올려, 칼끝으로 배뼈와 등뼈의 연결 부위를 자른다. 그런 다음 **5**의 방법으로 등뼈에서 살을 잘라 분리한다.

완성

3장뜨기한 상태.

배뼈·잔뼈 제거

 생선용 칼

1 배뼈를 제거한다(p.33 「배뼈 분리1」, p.34 「배뼈 저미기」 참조).

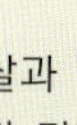

Point

살과 껍질 부분은 두께가 다르므로 함께 잘라내지 않고, 살 부분과 껍질 부분을 나눠서 저며낸다.

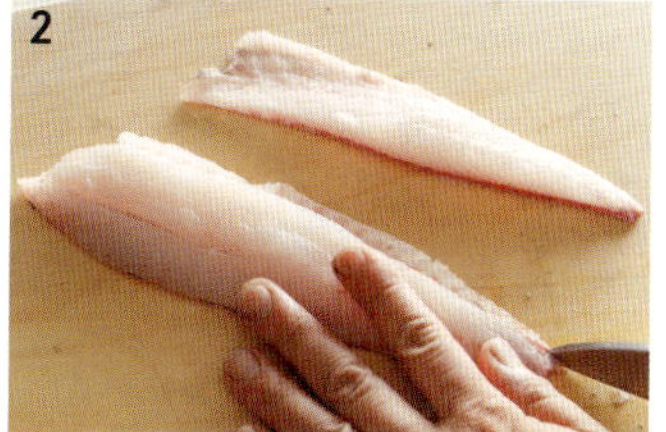

2 잔뼈를 잘라낸다(p.35 「잘라내기」 참조).

완성

배뼈·잔뼈를 제거하고 등살과 뱃살로 나눈 상태.

눈볼대 야키시모즈쿠리 ➡ p.86

등살   뱃살

토막내기

* 2장뜨기해서 뼈가 붙어 있는 위쪽 살 사용.

 생선용 칼, 회칼

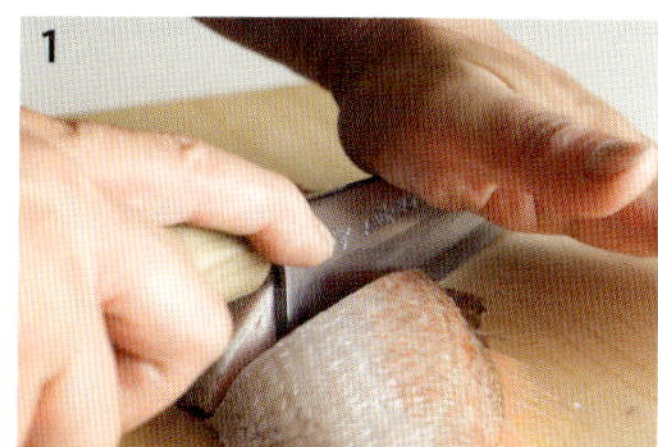

1 껍질이 위, 배가 앞쪽으로 오게 놓는다. 생선용 칼로 꼬리를 잘라내고, 단면이 사선이 되도록 살을 자른다. 등뼈에 뒷칼날을 대고 칼등을 왼손으로 눌러서 자른다.

2 살의 도톰한 부분에, 회칼로 두께의 절반 정도까지 비스듬히 칼집(장식용)을 2개 넣는다.

완성

토막낸 상태.

눈볼대 소금구이 ➡ p.86

* 소금구이를 할 때는, 손질한 살에 먼저 소금을 뿌린 뒤 토막낸다.

야키시모즈쿠리

* p.42 「야키시모즈쿠리」 참조.

 회칼

1 트레이에 소금을 뿌리고 손질한 등살의 껍질이 아래로 가게 올린 뒤, 위에도 소금을 살짝 뿌린다. 10분 정도 그대로 둔 뒤, 표면에 배어 나온 물기를 닦아낸다.

2 트레를 뒤집어서 **1**을 껍질이 위로 가게 놓고, 가스 토치 등으로 그을려서 구운 색을 낸다.

3 껍질이 위, 도톰한 부분이 뒤쪽으로 가게 놓는다. 오른쪽 끝부터 3~4㎜ 간격으로 2개의 칼집을 넣은 뒤 잘라서 분리한다. 살과 껍질이 분리되기 쉬우므로, 칼을 누르지 말고 앞으로 당겨서 자른다.

눈볼대 야키시모즈쿠리

재료(2인분)

눈볼대 순살(껍질이 붙어 있는 등살) … 1토막

무(채썰기) … 적당량

청소엽 … 1장

대파(채썰기) … 적당량

간 고추냉이 … 적당량

만드는 방법

1 눈볼대는 야키시모즈쿠리를 한다.
2 그릇에 무, 청소엽, **1**, 대파를 순서대로 담고, 간 고추냉이를 곁들인다.

눈볼대 소금구이

재료(2인분)

눈볼대 … 1/2마리 분량(뼈째)

무화과(생략 가능) … 1개

소금 … 적당량

만드는 방법

1 무화과는 세로로 4등분해서 210℃ 오븐에 노릇하게 굽는다.
2 눈볼대에 소금을 뿌리고 30분 정도 절여서 수분을 뺀다. 표면에 배어 나온 물기를 닦은 뒤 토막낸다.
3 210℃ 오븐에 **2**를 껍질이 위로 오게 넣고, 15~20분 굽는다. 생선구이 그릴(양면)을 사용할 때는 충분히 예열한 뒤, 중불로 7~8분 굽는다.
4 그릇에 구운 눈볼대를 담고 무화과를 곁들인다.

돌돔

Striped beakperch

분류_ 농어목 돌돔과
별명_ 청돔, 갓돔, 물톳, 줄돔, 벤찌 등
산지_ 거제, 제주 등
제철_ 9~12월

바다낚시에서 매우 인기가 많은 생선으로, 잘 잡히지는 않지만 낚싯줄을 당기는 힘이 매우 강해서 「갯바위의 왕자」라고 부르기도 한다. 고급 생선으로 일반 횟집에서는 보기 힘들었지만, 최근에는 양식 돌돔이 많이 유통된다. 어릴 때는 검은색 가로 줄무늬가 7개 있어서 줄돔이라고 부르기도 하는데, 성장과 함께 줄무늬가 옅어지면서 수컷은 몸 전체가 회색으로 변한다. 살은 단단하고 쫀득한 식감과 단맛이 있지만, 바다냄새가 강해서 회로 먹을 때는 얇게 썰거나 얼음물에 씻어서 먹는 아라이를 추천한다.

● **손질 포인트**

작은 비늘을 비늘제거기와 칼을 사용하여 꼼꼼히 제거한다. 이때, 표면의 점액질도 확실히 제거해야 한다.

등살과 뱃살 모두 등뼈 부분까지 폭이 넓기 때문에, 필요하면 가운데뼈를 따라 여러 번 칼질을 한다.

잡식성으로 다양한 먹이를 먹기 때문에, 뱃속을 꼼꼼하게 손질해야 비린내가 나지 않는다.

● **선택 포인트**

신선한 것은 표면에 점액질이 있다.

지느러미가 닳거나 변형되지 않고, 보기 좋은 것.

줄무늬가 뚜렷한 것은 아직 어린 돌돔으로, 다 자라면 무늬가 흐려지고, 전체가 회색이 되며, 입 주위가 검게 변한다. 성장과 함께 바닷물고기 특유의 맛이 진해진다.

배가 단단하고 살이 도톰한 것.

밑손질

도구 비늘제거기, 생선용 칼

1 비늘은 비늘제거기로 긁어내고(p.17 「비늘 긁기 2」 참조), 비늘제거기가 닿지 않은 곳은 생선용 칼로 긁어낸다(p.17 「잔비늘 제거」 참조).

2 머리가 왼쪽, 등이 앞쪽으로 오게 놓는다. 가슴지느러미를 머리쪽으로 넘겨서 잡고, 가슴지느러미 뒤에 칼을 넣어 배지느러미 가운데까지 비스듬히 밀어내듯이 자른다(내장을 자르지 않도록 주의한다).

3 그대로 머리 연결 부위를 향해 비스듬히 당겨서 자른다. 생선을 살짝 세우고 머리 연결 부위의 단면에서 아랫면쪽으로 조금 잘라서, 기준선을 만든다.

4 머리 위치가 바뀌지 않게 뒤집는다. 2와 같은 방법으로 가슴지느러미 뒤에 칼을 넣어, 3에서 낸 칼집을 향해 비스듬히 눌러서 자르고, 그대로 배지느러미 가운데까지 당겨서 자른다(내장을 자르지 않도록 주의한다).

5 등뼈에 뒷칼날을 대고, 손바닥으로 칼등을 쳐서 등뼈를 자른다.

6 머리를 앞쪽으로 당겨서 몸통에서 떼어낸다. 아가미와 내장은 연결된 상태이다.

7 배쪽을 항문까지 자르고, **머리를 잡아당겨 내장을 빼낸다.** 뱃속에 남은 내장을 칼로 긁어낸다.

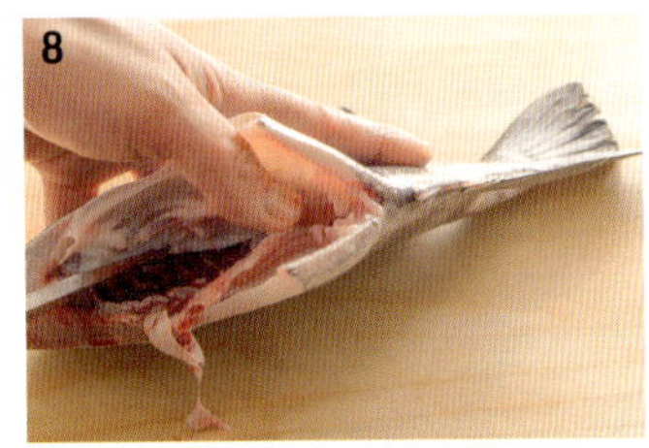

8 등뼈의 얇은 막에 칼집을 넣어, 콩팥을 긁어낸다.

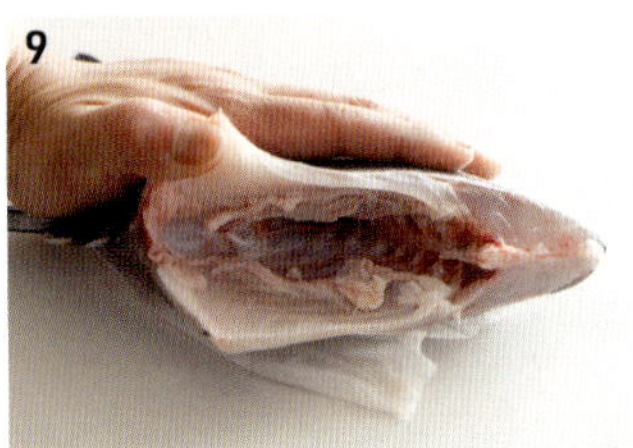

9 **물로 깨끗이 씻고,** 키친타월로 표면과 뱃속의 물기를 확실히 닦는다. 뱃속에 남은 내장 등도 깨끗이 닦아낸다.

2 뼈쪽이 아래로 가게 놓고, 위쪽 살을 분리한다(p.27~28 「3장뜨기」 **14~21** 참조).

배뼈 부분은 높이가 있으므로, 살을 살짝 들어올려 배뼈가 붙어 있는 부분을 확인하면서 자르는 것이 좋다.

완성

3장뜨기한 상태.

위쪽 살 / 아래쪽 살

손질

[3장뜨기]

* p.26~28 「3장뜨기」 참조.

도구 생선용 칼

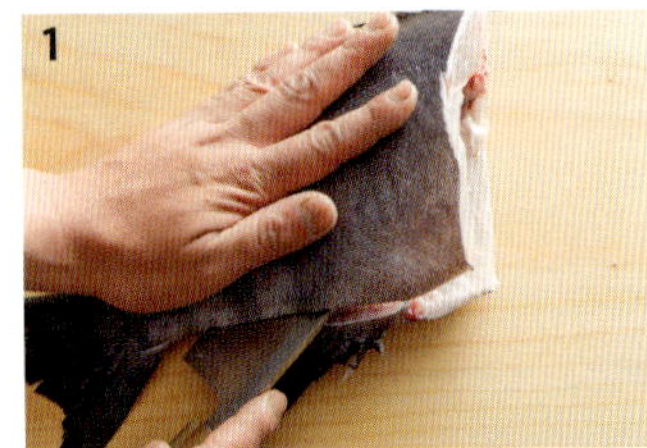

1 머리가 오른쪽, 배가 앞쪽으로 오게 놓고, 아래쪽 살을 분리한다(p.26~27 「3장뜨기」 **1~13** 참조). 배뼈가 붙어 있는 부분은 살을 살짝 들어올리고, 칼끝을 당겨서 자른다.

Point

칼끝이 아래로 향하도록 각도를 조절하고, 뒷칼날을 어깨쪽을 향해 움직이면 힘들이지 않고 자를 수 있다.

배뼈·잔뼈 제거

도구 생선용 칼

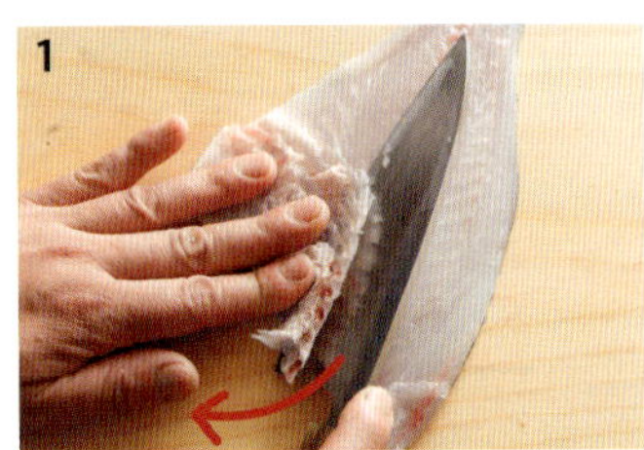

1 배가 왼쪽으로 오게 세로로 놓고, 배뼈를 제거한다(p.33 「배뼈 분리1」, p.34 「배뼈 저미기」 참조).

Point

배의 가장자리 부분은 잘라낸다. 이 부분은 근육질이어서 단단하므로, 남겨두면 껍질을 제거할 때 방해가 된다.

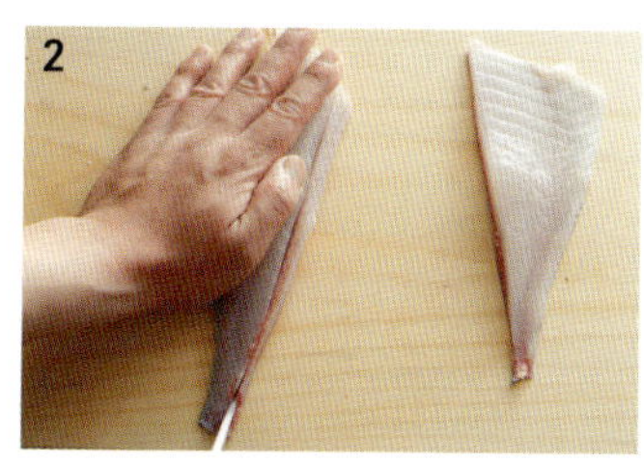

2 잔뼈를 잘라내고(p.35 「잘라내기」 참조), 등살과 뱃살로 나눈다.

완성
등살과 뱃살로 나눈 상태.

등살　　뱃살

깎아썰기

* 잘라낸 등살 사용.

도구　회칼

1 껍질이 아래, 꼬리가 왼쪽으로 오게 놓고, 껍질을 제거한다(p.36 「칼로 벗기기」 참조).

2 깎아썰기한다(p.40 「깎아썰기」 참조). 껍질이 위로 오고, 도톰한 부분이 뒤쪽으로 가게 놓는다. 왼손을 살짝 대고 칼을 눕혀서 뒷칼날을 앞쪽의 가장자리에 비스듬히 댄다.

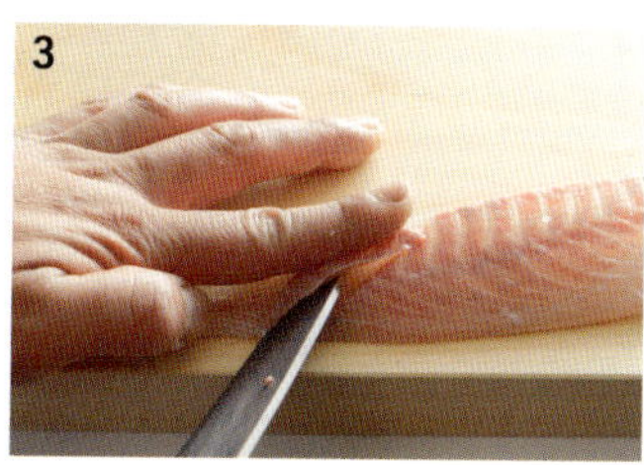

3 칼을 칼끝까지 한 번에 당겨서, 비스듬히 얇게 저민다. 마무리는 칼날을 똑바로 세우고 칼을 당겨서 살을 분리한다.

완성
깎아썰기한 상태.

돌돔 세비체 ➡ p.90

통째로 사용할 때의 밑손질

* 비늘을 제거한 뒤 사용.

도구　생선용 칼

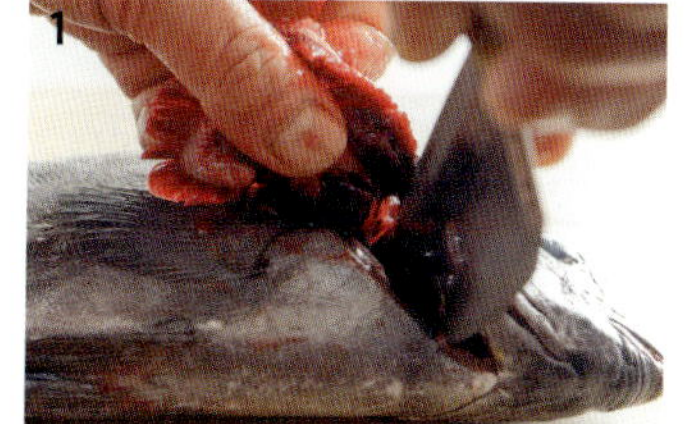

1 머리가 오른쪽, 배가 앞쪽으로 오게 놓고, **아가미를 분리한 뒤**(p.22 「아가미 제거1」 참조), **손으로 빼내서 제거한다.**

2 배지느러미 위에 4㎝ 정도의 칼집을 넣는다.

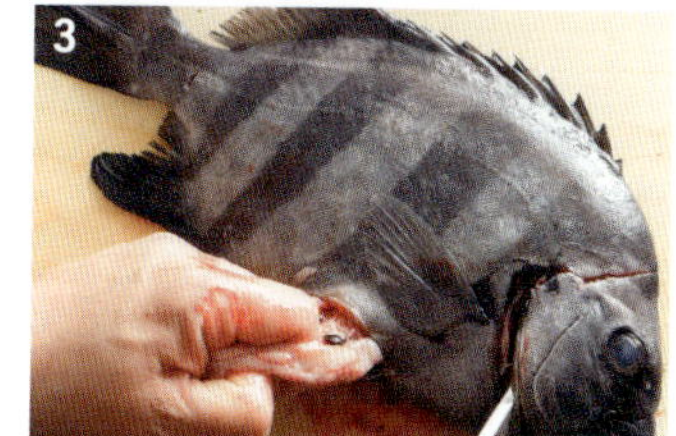

3 손가락을 칼집 속에 넣어 **내장을 빼낸다.**

4 **물로 재빨리 씻는다.** 아가미뚜껑과 배 안에 손가락을 넣어 꼼꼼히 씻는다. 키친타월로 표면과 뱃속의 물기를 확실히 닦아낸다.

5 머리가 오른쪽, 배가 앞쪽으로 오게 놓고, 접시에 담을 때 아래로 가는 면이 위로 오게 놓는다. 꼬리부터 머리를 향해, **등뼈를 따라 칼집을 1개 넣는다**(보이지 않는 칼집). 등뼈 바로 앞까지 깊게 자른다.

6 뒤집어서 머리가 왼쪽, 배가 앞쪽으로 오게 놓는다. 도톰한 부분에 ×자 모양의 칼집을 넣는다(장식용 칼집).

돌돔 소금구이 ➡ p.90

돌돔 세비체

재료(2인분)

돌돔(잘라낸 등살) … 1토막
팔삭(또는 다른 감귤류) … 1/2개
양하 … 1개
파드득나물 … 1/2단
소금, 올리브오일 … 적당량씩

만드는 방법

1 팔삭은 1/4개는 과즙을 짜고 나머지는 과육을 풀어준다.
2 돌돔은 껍질을 제거하고 깎아썰기한 뒤, 소금을 뿌려서 5분 정도 그대로 두고 표면에 배어 나온 수분을 닦아낸다.
3 볼에 **2**와 팔삭 즙을 넣고 살짝 섞는다. 먹기 직전까지 냉장고에 넣어두고 차갑게 식힌다.
4 양하는 채썰고, 파드득나물은 듬성듬성 자른다.
5 **3**의 물기를 제거한 뒤 팔삭 과육과 **4**를 섞고, 올리브오일을 둘러서 살짝 섞은 뒤, 소금으로 간을 한다.

돌돔 소금구이

재료(4인분)

돌돔(통째로 사용할 수 있도록 밑손질한 것) … 1마리(약 700g)
소금 … 적당량

만드는 방법

1 돌돔은 보이지 않는 칼집과 장식용 칼집을 넣고, 소금을 뿌려서 15~20분 그대로 둔다.
2 표면에 배어 나온 수분을 닦아내고 전체에 소금을 뿌린 뒤, 각 지느러미에는 한 번 더 소금을 듬뿍 뿌린다.
3 210℃ 오븐에 윗면이 위로 오게 넣고, 양면이 노릇해지도록 15분 정도 굽는다.

타기 쉬운 지느러미에는
소금을 듬뿍 뿌린다.

방어
Japanese Amberjack

분류_ 농어목 전갱이과
별명_ 떡메레미, 메레미, 피미 등
산지_ 고성(강원), 통영, 제주 등
제철_ 11~2월

성장과 함께 이름이 달라지는 출세어로, 경북·영덕·울릉 등지에서는 10㎝ 정도를 「떡메레미」, 30㎝ 정도를 「메레미」 또는 「피미」, 60㎝ 이상을 「방어」라고 부른다. 일본에서도 성장에 따라 「와카시」, 「이나다」, 「와라사」, 「부리」라고 부른다. 봄과 여름 사이에 떼를 지어 오호츠크해를 향해 북상하는 방어는, 수온이 떨어지는 가을에 남하하기 시작하여 겨울에 제철을 맞이한다. 혹한의 바다에서 잡은 겨울 방어의 살은, 연분홍색으로 결이 고우며 지방이 풍부해서 고소하고 부드럽다. 머리와 뼈 등에도 감칠맛이 있어서, 조림이나 국물 요리 등에 사용할 수 있다.

● **손질 포인트**

비늘이 작고 껍질에 밀착되어 있어서, 회칼로 얇게 깎아낸다.

몸통이 크기 때문에, 3장뜨기 한 뒤 등살과 뱃살로 나눈다.

● **선택 포인트**

신선한 것은 눈이 볼록하다.

껍질에 윤기가 있고 색도 선명한 것. 신선도가 떨어지면 색이 칙칙해지고 전체적으로 흐려진다.

가운데에 있는 노란 띠가 뚜렷한 것.

몸이 두툼하고, 정면에서 보면 뒷지느러미 주위의 살이 옆으로 튀어나와 있다.

밑손질

도구 회칼, 생선용 칼

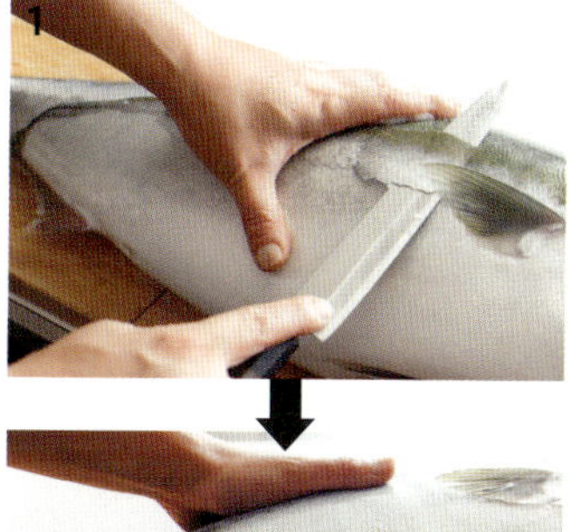

1 회칼로 비늘을 깎아낸다(p.18~19 「비늘 깎기1」 참조). 머리가 오른쪽, 배가 앞쪽으로 오게 놓는다. 칼을 거꾸로 잡고 꼬리 연결 부위에서 비늘과 껍질 사이에 칼날을 넣어, 살이 손상되지 않게 주의하면서 비늘을 깎아낸다.

배쪽은 껍질이 얇고 살도 부드러우므로, 얇은 껍질을 깎거나 살을 도려내지 않도록 주의한다.

등쪽을 깎을 때는 칼날이 지느러미에 닿지 않도록, 몸통을 뒤쪽으로 살짝 기울인다.

지느러미 옆은 비늘을 깎기 어렵기 때문에, 칼끝을 세밀하게 움직여서 꼼꼼하게 제거한다.

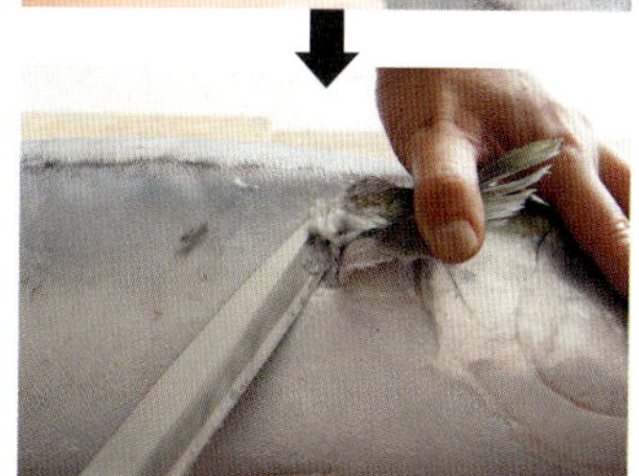

지느러미 옆이나 머리 주위도 남김없이 제거한다.

2 아가미뚜껑을 들어올려, 그 밑에 있는 비늘을 깎는다. 세부적인 부분은 생선용 칼을 사용하면 쉽게 제거할 수 있다.

아랫면의 비늘을 깎아낸 상태. 뒤집어서 등이 앞쪽으로 오게 놓고, 같은 방법으로 윗면의 비늘을 깎는다.

3 아가미를 제거한다. 생선용 칼로 바꿔서, 머리가 오른쪽, 배가 앞쪽으로 오게 놓는다. 아가미뚜껑을 들어올리고 머리 연결 부위에 칼을 넣어, 아가미 가장자리를 따라 움직여서 몸통과 연결된 얇은 막을 자른다.

4 아가미와 아래턱의 연결 부위를 자른다.

5 턱밑과 머리의 연결 부위를 잘라서 분리한다.

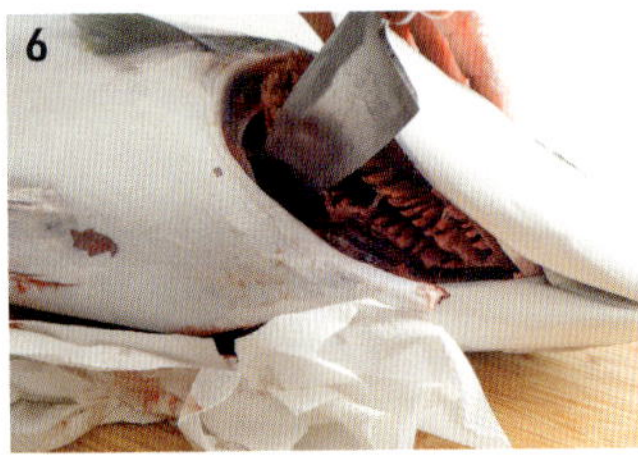

6 턱 부분을 벌려서 칼을 안쪽까지 찔러 넣고, 아랫면의 아가미 가장자리를 따라 움직여서, 얇은 막을 자른다. 피가 많이 날 수 있으므로, 피를 닦아내면서 작업한다.

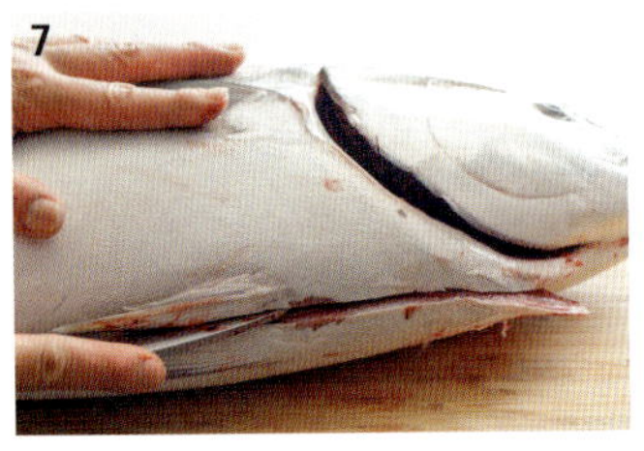

7 턱밑에서 항문까지 칼을 움직여, 배를 갈라서 연다. 내장을 자르지 않도록 주의한다.

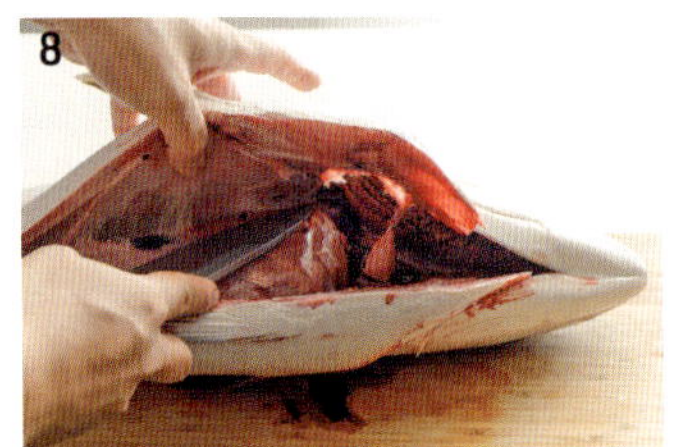

8 배를 열고 칼을 배 안쪽에 넣어, 얇은 막과 힘줄을 잘라서 분리한다.

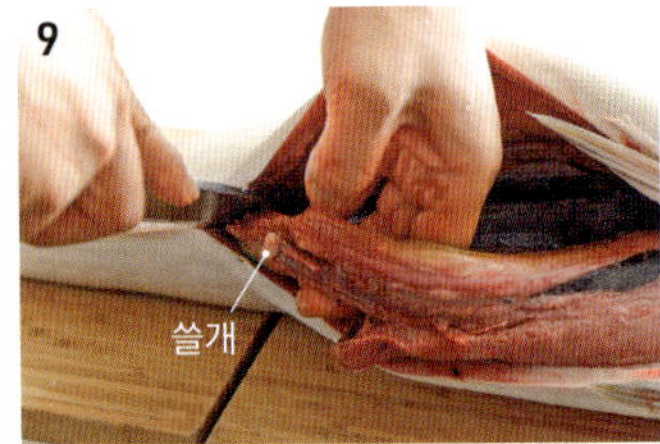

9 항문과 연결된 부분을 자른다. 쓸개가 터지지 않도록 주의한다.

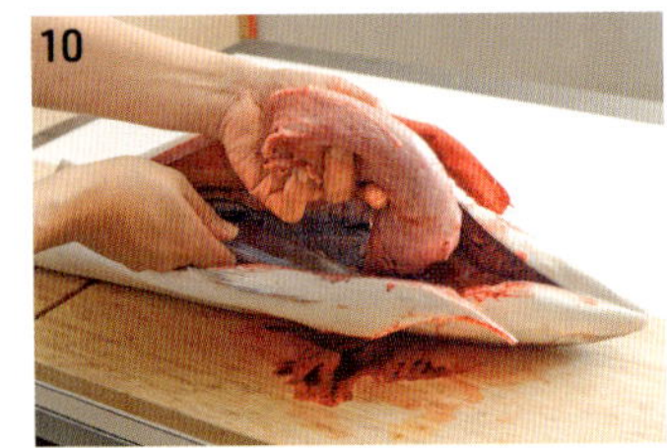

10 내장을 머리쪽으로 들어올려, 주위의 힘줄과 얇은 막을 자른다.

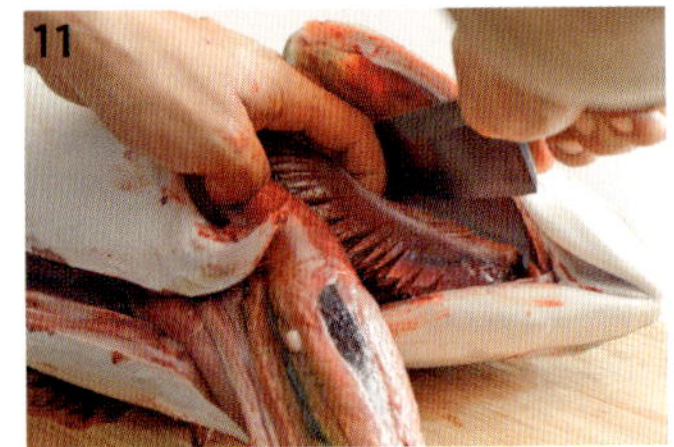

11 아가미뚜껑을 열고 안쪽까지 칼을 찔러 넣어, 정수리와 아가미의 연결 부위를 자른다.

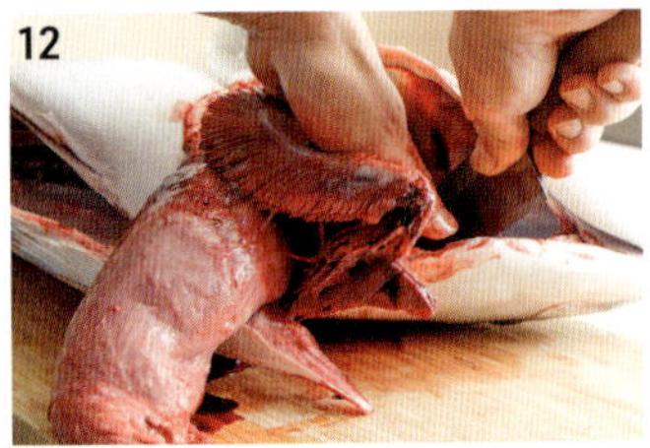

12 아랫면의 아가미와 아래턱의 연결 부위를 잘라서 분리하고, 아가미와 내장을 함께 빼낸다.

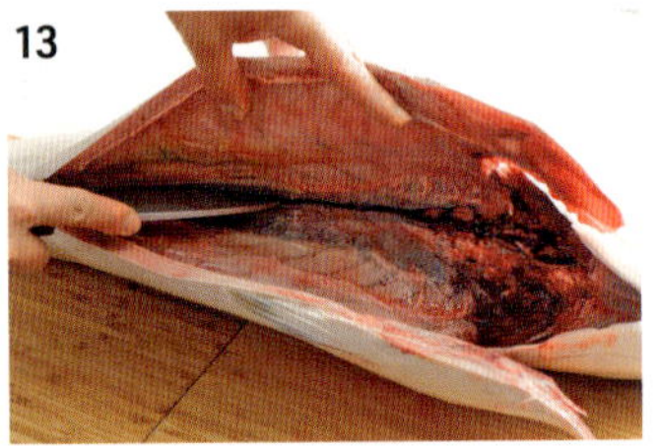

13 등뼈 밑에 있는 얇은 막에 칼집을 넣는다.

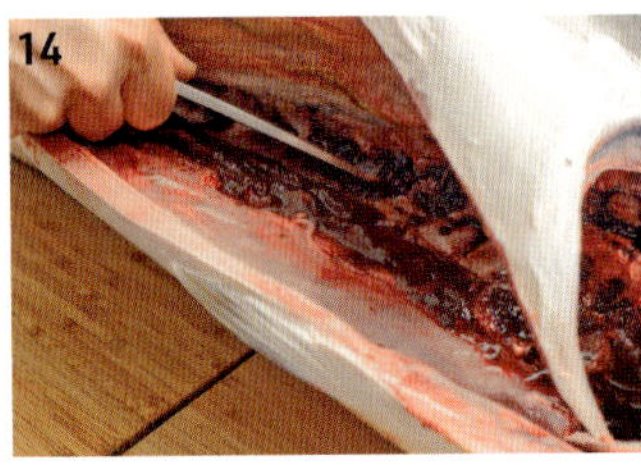

14 콩팥을 칼날로 긁어낸다. 재빨리 물로 씻고 키친타월로 표면과 뱃속의 **물기를 확실히 닦아낸다.** 뱃속에 남아 있는 내장 등도 꼼꼼히 닦아낸다.

손질
[3장뜨기]

도구 생선용 칼

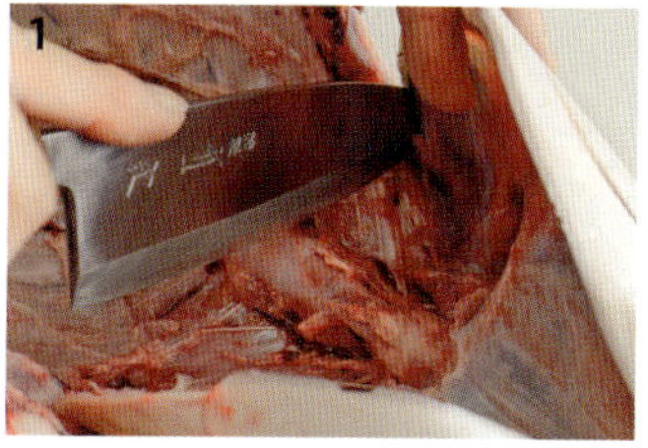

1 가마를 남기고 머리를 잘라낸다. 머리가 오른쪽, 배가 앞쪽으로 오게 놓는다. 양쪽 아가미뚜껑을 각각 열고, 연결 부위부터 등뼈에 닿을 때까지 칼을 넣는다.

2 머리를 세우고, 1에서 넣은 칼집에 칼을 수직으로 넣어, 머리를 자른다.

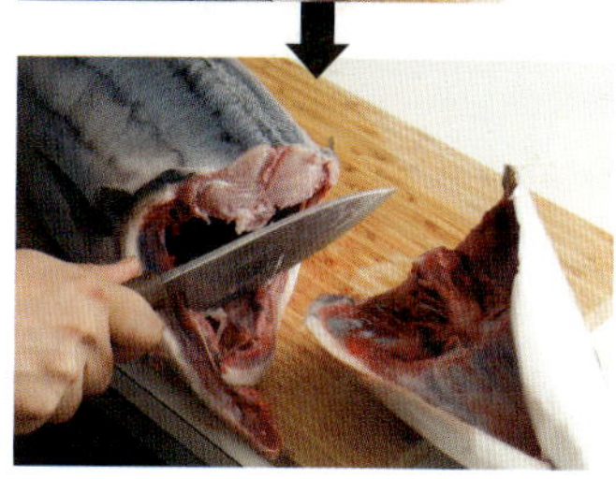

3 몸을 눕히고 항문부터 꼬리쪽까지 뒷지느러미 위에 칼집을 넣는다.

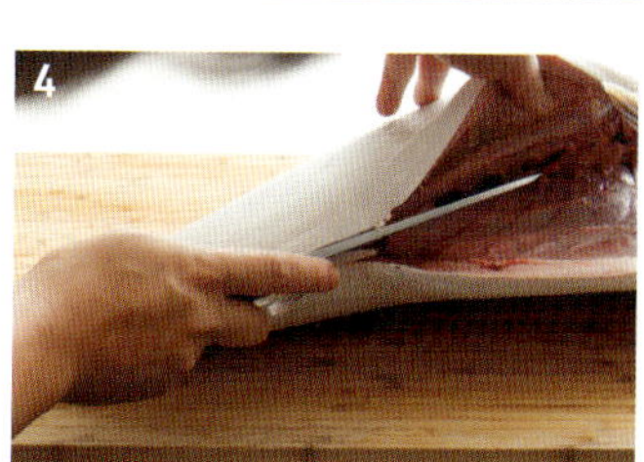

4 칼집을 따라 칼을 대고 자르면서, 칼끝을 등뼈에 맞춘다.

5 오른손의 힘을 빼고 칼배를 가운데뼈에 밀착되게 올린 뒤, 그대로 칼끝으로 등뼈를 긁듯이 꼬리 연결 부위까지 자른다.

안쪽의 하얗게 보이는 부분이 등뼈. 폭이 넓은 생선이므로, 등뼈에 닿을 때까지 2~3번 반복하여 칼을 넣어도 좋다.

6 몸을 뒤집어서 머리가 왼쪽, 등이 앞쪽으로 오게 놓는다. 꼬리 연결 부위에서 어깨까지, 등지느러미 위에 칼집을 넣는다.

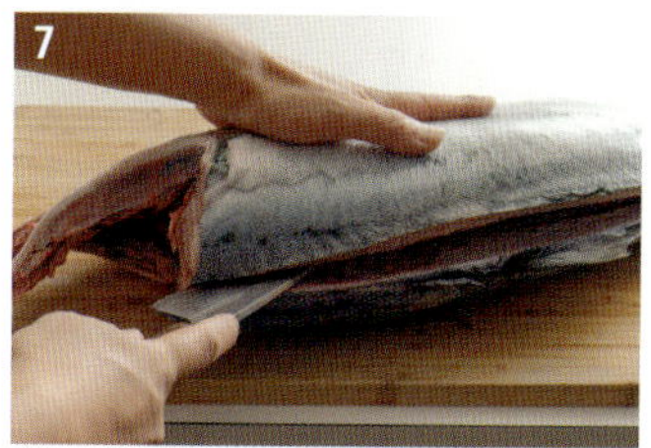

7 칼집을 따라 칼을 넣고, 칼끝을 등뼈에 맞춘다. 오른손의 힘을 빼고 칼배를 가운데뼈에 밀착되게 올린 뒤, 그대로 칼끝으로 등뼈를 긁듯이 어깨까지 자른다. 잘리지 않은 부분이 있으면, 등뼈에 닿을 때까지 반복해서 칼을 넣는다.

8 꼬리 연결 부위에 칼을 거꾸로 잡고 넣어서 꼬리쪽에 살짝 칼집을 낸 뒤, 칼을 돌려서 등뼈 위를 미끄러지듯이 움직여, 살을 분리한다.

9 배뼈에 닿으면 칼끝을 도마쪽으로 기울이고, 뒷칼날을 어깨쪽을 향해 비스듬히 돌려서 잘라, 등뼈에서 살을 분리한다.

10 꼬리 연결 부위를 잘라서 분리한다.

뼈가 붙어 있는 위쪽 살과 붙어 있지 않은 아래쪽 살의, 2장으로 잘라서 분리한 상태.

11 뼈가 위, 머리가 오른쪽으로 오게 놓는다. **3~5**의 방법으로, 항문부터 꼬리 연결 부위까지 자른다. 칼배를 살에 밀착되게 올리고 자른다.

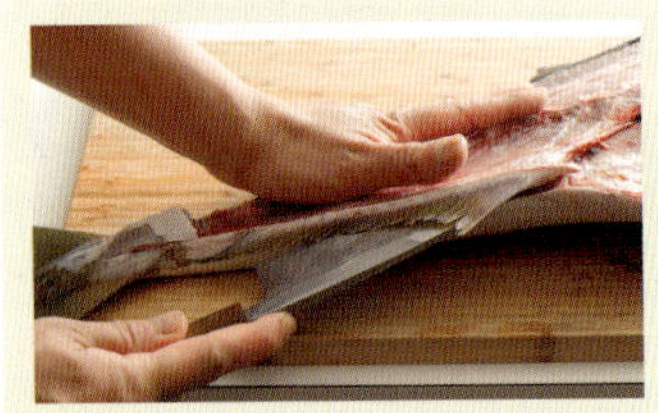

Point

왼손으로 등쪽을 살짝 눌러서 배쪽을 조금 띄우면, 칼을 쉽게 넣을 수 있다.

12 머리가 왼쪽, 등이 앞쪽으로 오게 놓는다. **6, 7**의 방법으로 꼬리 연결 부위에서 어깨까지 자른다. **11**처럼 칼배를 살에 밀착되게 올리고 자른다.

Point

가운데뼈를 들어올려, 등뼈의 가운데 부분까지 칼집을 낸다.

13 꼬리 연결 부위에 칼을 거꾸로 잡고 넣어서 꼬리쪽에 살짝 칼집을 낸 뒤, 칼을 돌려서 등뼈 아래를 미끄러지듯이 움직여, 살을 잘라서 분리한다.

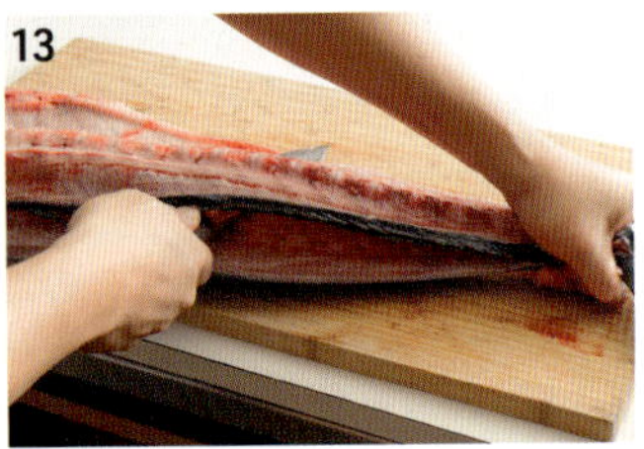

14 꼬리 연결 부위를 잘라서 분리한다.

완성

3장뜨기한 상태.

가마 자르기

★ 3장뜨기한 살 사용.

도구 생선용 칼

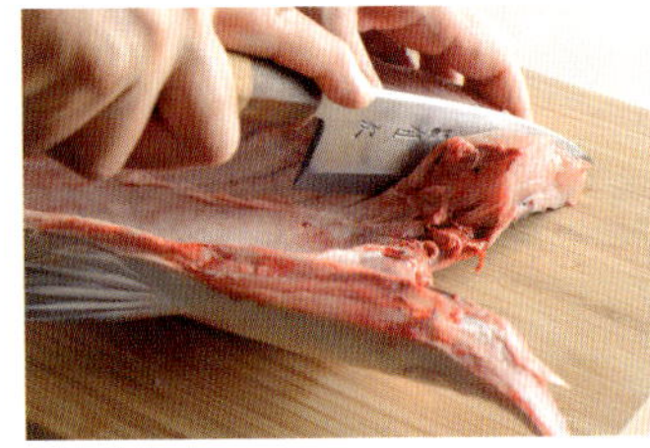

머리쪽이 오른쪽으로 오게 놓는다. 어깨와 꼬리지느러미 뒤를 연결하는 사선에 칼을 넣어, 가마를 잘라낸다.

완성

위쪽 살과 아래쪽 살에서 잘라낸 가마.

등살·뱃살 분리

★ 가마를 제거한 아래쪽 살 사용.

도구 생선용 칼

1 배가 왼쪽으로 오도록 세로로 놓는다. 살 가운데에 있는 **잔뼈와 지아이 부분의 오른쪽 바로 옆을, 머리부터 꼬리 연결 부위까지 수직으로 자른다.**

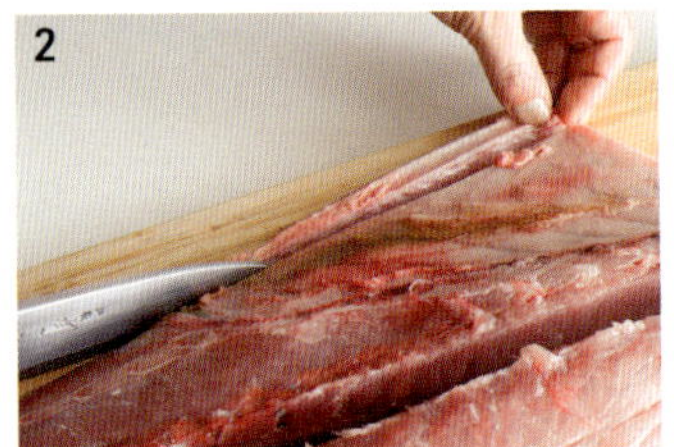

2 배쪽 끝에 있는, 배뼈가 끝난 부분 주위의, **뼈가 없는 부분(하라스)을 잘라낸다.**

3 **배뼈를 분리한다**(p.33 「배뼈 분리1」, p.34 「배뼈 저미기/아래쪽 살」 참조). 배뼈가 붙어 있는 부분에 칼을 거꾸로 잡고 칼끝을 넣어 자른 뒤, 뼈 끝부분을 1개씩 살에서 분리한다.

4 칼을 바로 잡고 **3**에서 자른 자리에 칼을 오른쪽으로 눕혀서 넣은 뒤, 배뼈를 따라 앞쪽으로 당겨서 얇게 저민다.

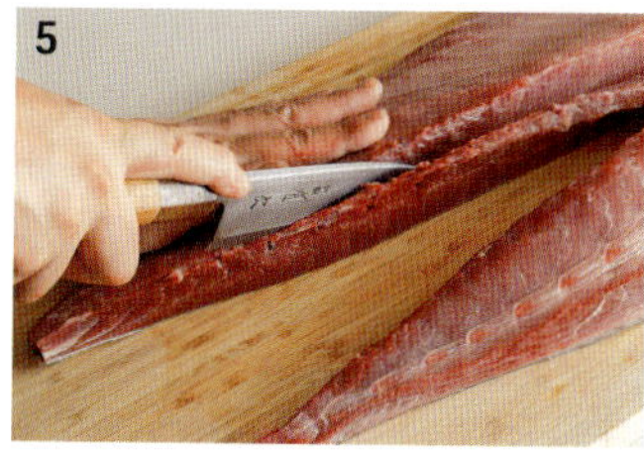

5 배쪽 살에 남은 **잔뼈와 지아이 부분을**, 왼쪽 끝에 **바싹 붙여서 잘라낸다.**

완성

등살과 뱃살을 잘라서 분리한 상태.

등살

뱃살

토막내기

＊배쪽(아래쪽 살) 사용.

도구 생선용 칼

껍질이 아래로 가고, 도톰한 부분이 뒤쪽으로 가게 놓는다. 칼을 눕히고 칼 길이를 모두 사용하여, 2~3㎝ 폭으로 비스듬히 썬다.

Point

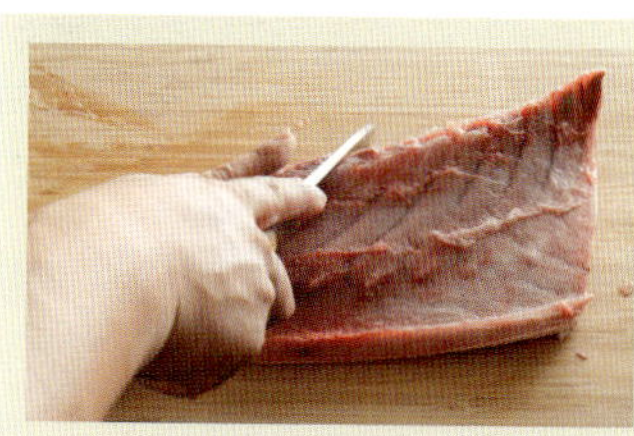

칼날을 살에 대고 뒤쪽으로 밀어내듯이 자르는데, 뒷칼날이 닿으면 앞쪽으로 당겨서 잘라낸다.

완성

토막낸 상태.

방어 데리야키 ➡ p.97

머리 가르기

도구 생선용 칼

1 머리를 안쪽에서 가른다(p.38「안쪽에서 가르기」참조). 입이 위, 턱이 앞으로 오도록 세운 뒤, 아랫입술 가운데를 자른다. 미끄러지지 않도록 물기를 꽉 짠 행주를 깔고 작업한다.

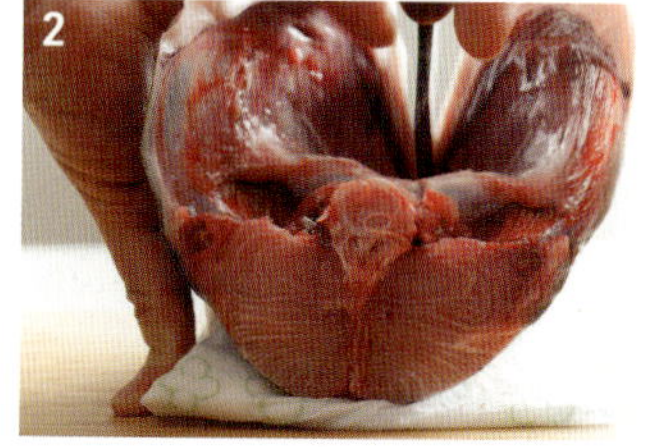

2 오른쪽 눈과 굵은 뼈 사이에 칼을 대고, 뒤쪽으로 밀어내서 칼끝이 도마에 닿을 때까지 한 번에 자른다.

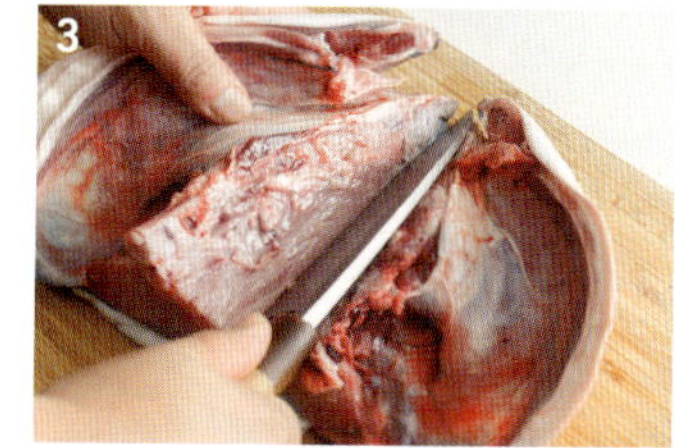

3 머리를 양쪽으로 활짝 연 뒤, 연결된 부분에 칼날을 대고 손으로 칼등을 쳐서 2개로 가른다.

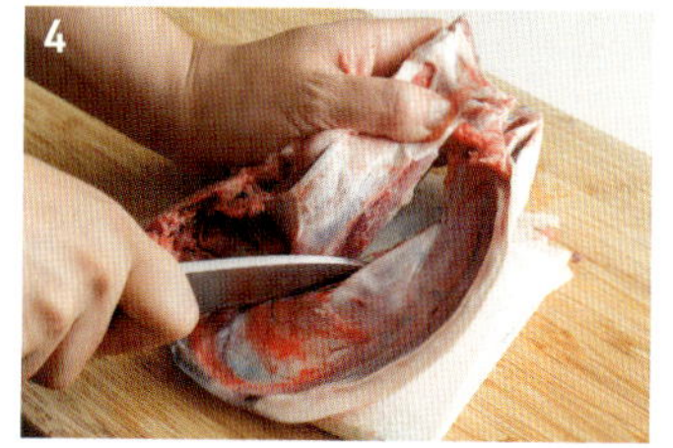

4 **가른 머리를 잘라서 분리한다.** 아랫입술에서 아가미뚜껑을 향해 칼을 넣어 잘라서 분리한다.

5 머리와 눈 부분을 먹기 좋은 크기로 잘라서 나눈다. 뼈가 단단하므로, 칼등을 왼손으로 쳐서 자른다.

완성

머리를 잘라서 나눈 상태.

방어 무조림 ➡ p.97

살이 없는 부분

샤브샤브용 평썰기

* 등살 사용.

도구 회칼

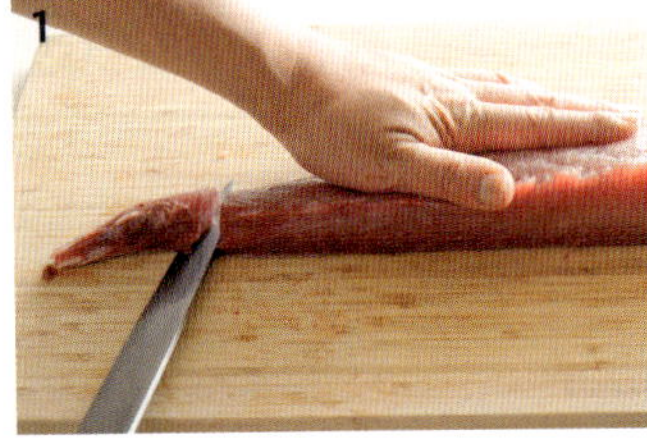

1 껍질이 아래로 가고, 꼬리가 왼쪽으로 오게 놓는다. 꼬리 끝에서 3cm 정도에 칼집을 내고, 꼬리쪽을 향해 껍질만 남기고 살을 저며낸다.

2 칼집에서 껍질과 살 사이에 칼날을 넣고, 도마에 밀착되게 누른다. 껍질을 왼쪽으로 당기면서 위아래로 조금씩 움직여, 칼을 머리쪽으로 이동시켜서 껍질을 벗긴다.

3 껍질이 위로 오고 도톰한 부분이 뒤쪽으로 가게 놓은 뒤, 오른쪽부터 자른다. 칼날을 살의 경사에 맞춰서 대고, 앞쪽으로 당긴다. 두께의 기준은 5mm.

4 뒷칼날부터 칼끝까지 칼 길이를 모두 사용하여, 한 번에 당겨서 얇게 썬다.

완성
평썰기한 상태.

방어 샤브샤브 ➡ 아래

방어 샤브샤브

재료(2인분)
방어(평썰기) … 약 200g
다시마 육수 … 2.5컵
간 무(즙 포함) … 2.5컵
홍고추 … 1개
소금 … 1작은술
대파채(흰 부분), 경수채 등 … 적당량
양념
│ 모미지오로시(무와 홍고추를 함께 간 것), 간 무 … 적당량씩
폰즈간장 … 적당량

만드는 방법

1 그릇에 방어, 먹기 좋게 자른 채소, 양념을 담는다.

2 홍고추는 씨를 제거하고 잘게 썬다.

3 냄비에 다시마 육수를 넣고 한소끔 끓인 뒤, 간 무와 즙을 넣고 **2**와 소금을 넣는다.

4 다시 끓어오르면 방어와 채소를 국물에 살짝 데치고, 취향에 따라 양념을 넣은 폰즈간장을 찍어서 먹는다.

방어 데리야키

재료(2인분)

방어 살 … 2토막

우엉 … 6㎝

소금 … 조금

절임액

| 간장, 맛술, 청주 … 1/2컵씩

간 무, 고춧가루 … 적당량씩

만드는 방법

1. 방어는 양면에 소금을 뿌리고 30분 정도 둔 뒤, 표면에 배어 나온 물기를 닦아낸다.
2. 절임액 재료를 섞어서 **1**의 방어를 15분 정도 절인다.
3. 우엉은 3㎝ 길이로 썰어서 4등분한 뒤, 끓는 물에 2분 정도 데쳐서 물기를 뺀다.
4. 프라이팬에 오븐페이퍼를 깔고 **2**의 방어를 건져서 물기를 빼고 올린 뒤, 솔로 절임액을 바르면서 중불로 양면을 굽는다.
5. 완성되기 직전에 **3**을 넣어 절임액을 묻힌다.
6. 그릇에 방어와 우엉을 담고, 간 무를 곁들인 뒤 고춧가루를 살짝 뿌린다.

방어 무조림

재료(4인분)

방어 머리(잘라서 나눈 것)
  … 1/2마리 분량(약 500g)

무 … 1/2개

쌀 … 조금

시금치 … 1/2단

소금 … 적당량

물 … 4컵

청주, 맛술, 설탕, 간장
  … 3큰술씩

대파채(흰 부분) … 적당량

만드는 방법

1. 방어 머리에 소금을 뿌려서 30분 정도 둔 뒤, 끓는 물에 살짝 데쳐서 찬물에 담가 비늘과 불순물을 재빨리 제거한다. 체에 올려 물기를 뺀다.
2. 무는 2.5㎝ 두께의 반달 모양으로 썬다.
3. 냄비에 **2**를 담고 잠길 정도로 물을 부은 뒤, 쌀을 넣고 센불로 익힌다. 대나무 꼬치가 들어갈 정도로 익으면 찬물에 행군다.
4. 시금치는 끓는 소금물에 데친 뒤 찬물로 헹궈서 물기를 짜고, 3㎝ 길이로 썬다.
5. 냄비에 **1**과 **3**을 넣고 분량의 물, 청주, 맛술, 설탕을 넣어 센불로 가열한다. 끓으면 중불로 줄이고, 거품을 걷어내면서 20분 정도 조린다.
6. **5**에 간장을 넣고 속뚜껑(오토시부타)을 덮어 10~15분 조린다.
7. 그릇에 담고 **4**를 곁들인 뒤 대파채를 올린다.

벤자리
Grunt

분류 _ 농어목 하스돔과
별명 _ 벤자리돔, 아롱이, 돗벤자리 등
산지 _ 통영, 제주 등
제철 _ 6~8월

해안 가까이에 살며 특유의 바다냄새가 있는 흰살생선이다. 크기는 보통 30㎝ 정도이지만 50㎝ 가까이 자라기도 한다. 30cm 미만은 「아롱이」, 40cm가 넘는 것은 「돗벤자리」라고 부르며, 부산을 비롯한 남해 동부지방에서는 일본 이름인 「이사키」라고 부르기도 한다. 초여름부터 여름에 걸친 산란기가 제철이며, 추위를 앞두고 지방을 축적하는 초겨울에도 맛이 좋다. 살이 단단하고 기름진 벤자리는 소금구이로 많이 먹는데, 익히면 껍질의 바다냄새가 감칠맛으로 바뀌고, 은은한 단맛도 더해진다. 담백하고 고급스러운 맛을 회, 조림, 찜 등으로 다양하게 즐길 수 있다.

● 손질 포인트

지느러미는 끝이 날카롭고, 뼈는 매우 단단하므로 주의해서 다룬다.

내장이 커서 상하기 쉬우므로, 가능한 한 빨리 내장을 제거하고 뱃속을 깨끗하게 손질한다.

전형적인 생선 모양이므로, 손질할 때 특별한 순서는 없다.

● 선택 포인트

지방이 올라 등이 볼록해서, 머리부터 등지느러미까지의 경사가 급한 것이 좋다. 머리가 작아 보인다.

눈에 생기가 있다.

꼬리 연결 부위가 가늘고, 단단하며, 볼록하다.

배가 단단하고, 탄력이 있으며, 볼록하다.

항문부터 꼬리 연결 부위까지의 선이 날렵한 것. 살이 빠지면 이 부분의 각도가 완만해진다.

통째로 사용할 때의 밑손질

도구 비늘제거기, 생선용 칼

1 비늘은 비늘제거기로 긁어서 제거하고(p.17 「비늘 긁기2」 참조), 비늘제거기가 닿지 않는 곳은 생선용 칼로 긁어낸다(p.17 「잔비늘 제거」 참조).

2 아가미와 내장을 제거한다(p.22 「아가미 제거2」 참조). 머리가 오른쪽, 배가 앞쪽으로 오게 놓는다. 아가미뚜껑을 열고 칼끝을 세워서 넣어, 정수리와 아가미의 연결 부위를 잘라서 분리한다.

3 아가미와 아래턱의 연결 부위를 자른다.

4 아가미 주위의 얇은 막을 곡선을 따라 잘라서 분리한다.

5 반대쪽의 얇은 막도 자른다.

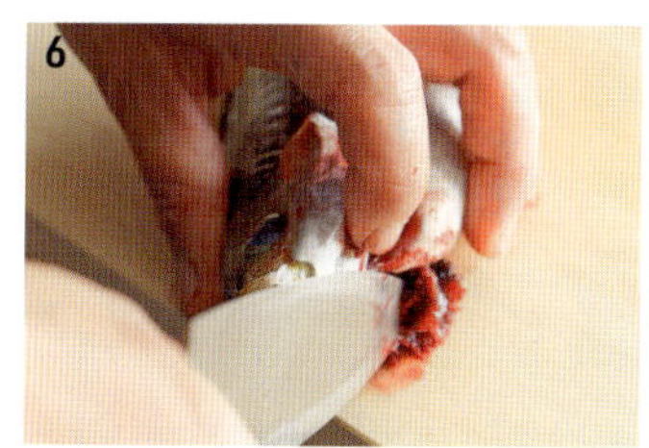

6 칼끝에 아가미를 걸어서 빼낸다.

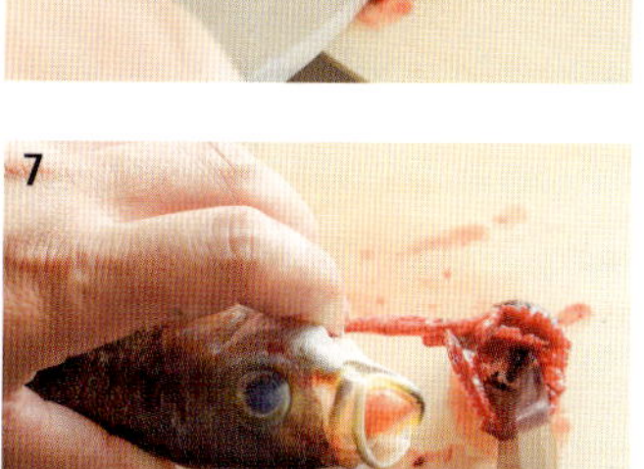

7 아가미를 칼끝으로 누르고 생선을 왼쪽으로 천천히 움직여서, **내장을 빼낸다**. 물로 재빨리 씻고 물기를 닦아낸다.

중국식 벤자리찜 ➡ 아래

보이지 않는 칼집·장식용 칼집

* 밑손질한 것을 사용.

도구 생선용 칼

1 머리가 오른쪽, 배가 앞쪽으로 오게 놓고, 그릇에 담을 때 아래로 가는 면이 위로 오게 놓는다. 꼬리부터 머리를 향해, 등뼈를 따라 칼집을 1줄 넣는다(보이지 않는 칼집). 등뼈 앞까지 깊게 넣는다.

2 뒤집어서 머리가 오른쪽, 등이 앞쪽으로 오게 놓는다. **1**과 같은 방법으로 등뼈를 따라 칼집을 1줄 넣는다(장식용 칼집).

중국식 벤자리찜

재료(2인분)

벤자리(통째로 사용하기 위해 밑손질한 것) … 1마리(약 300g)
양념장

　간장 … 3큰술
　생참기름, 사오싱주 … 1큰술씩
　굴소스 … 2/3큰술
　설탕 … 1/2큰술
대파(흰 부분), 생강, 고수잎 … 적당량씩
생참기름 … 1/4컵
소금 … 적당량

만드는 방법

1 벤자리에 소금을 뿌리고 15분 정도 둔 뒤, 표면의 물기를 닦아내고 보이지 않는 칼집과 장식용 칼집을 넣는다. 내열용기에 담는다.
2 대파는 채썰어서 물에 헹군 뒤 물기를 뺀다. 생강은 채썬다.
3 양념장 재료를 골고루 섞는다.
4 김이 오른 찜통에 **1**을 넣고 센불로 7~8분 찐다.
5 그릇에 **4**를 담고 **2**를 올린 뒤 **3**을 끼얹는다.
6 작은 냄비에 생참기름을 넣고 연기가 날 정도로 가열하여 **5**에 두른다. 마무리로 고수잎을 올린다.

병어

Silver pomfret

분류_ 농어목 병어과
별명_ 뱅어, 병치 등
산지_ 신안, 목포, 통영 등
제철_ 5~8월

은빛을 띤 매끄러운 흰살생선으로, 몸이 평평하고 마름모 모양이다. 수심 5~110m의 바닥이 진흙으로 된 연안에서 무리를 지어 생활하는데, 그 모습이 「병졸」처럼 보인다고 해서 「병어」라는 이름을 갖게 되었다. 영양이 풍부하며 지방이 적고 소화가 잘 되어, 어린이나 노인, 병후 회복기 환자의 기력 회복에도 좋다. 수분이 많아서 소금을 뿌려 여분의 수분을 빼면 섬세한 맛을 즐길 수 있다. 회로 먹기도 하고, 구이, 조림, 찜 등 다양한 방법으로 먹는다. 일본 이름은 「마나가쓰오」로, 시로미소와 맛술 등으로 절여서 구운 「사이쿄야키」가 유명하다.

● 손질 포인트

뼈가 매우 부드럽기 때문에, 가운데뼈에 칼을 넣을 때 뼈 아래쪽 살이 손상되지 않도록 주의한다.

살이 부드럽고 부서지기 쉬우므로, 조심스럽게 다룬다.

● 선택 포인트

지느러미 주변이 통통한 것은 지방이 많다.

눈의 투명한 부분에 탄력이 있는 것.

살이 두껍고, 단단하며, 탄력이 있다.

은빛 비늘이 벗겨진 것은 지방이 많다는 증거이다. 단, 신선도가 떨어진 것도 비늘이 벗겨지므로, 눈으로 보고 확인한다.

밑손질

도구 생선용 칼

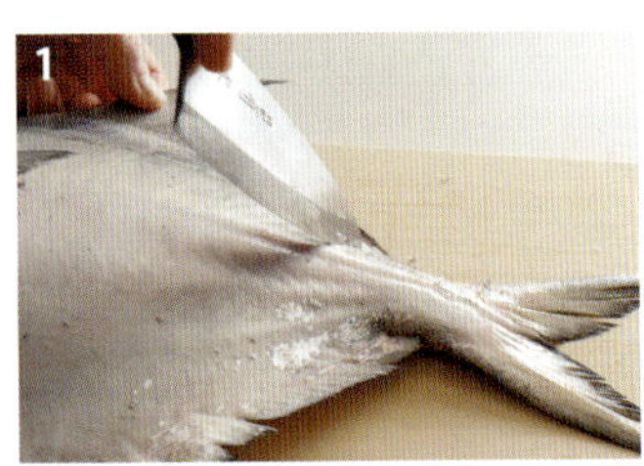

1 비늘을 칼로 긁어낸다 (p.16 「비늘 긁기1」 참조).

2 손질할 때 방해가 되므로, **양쪽 가슴지느러미를 자른다.**

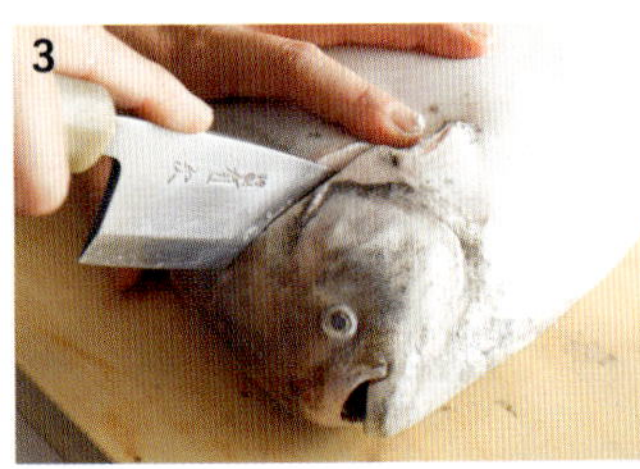

3 머리가 오른쪽, 등이 앞쪽으로 오게 놓는다. 잘라낸 가슴지느러미가 붙어 있던 부분부터, 정수리 쪽을 향해 비스듬히 아랫면까지 자른다.

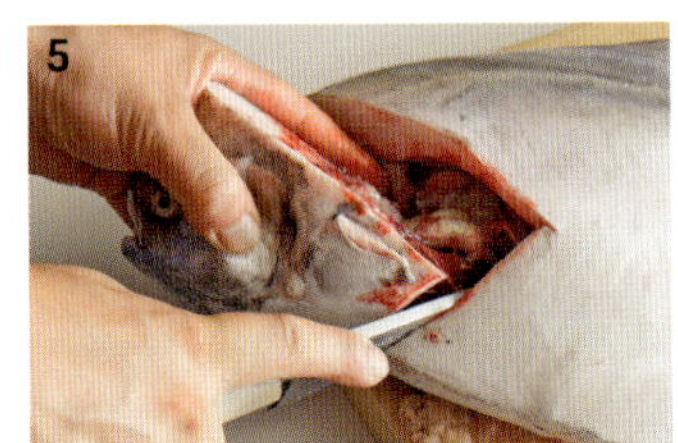

4 머리가 왼쪽, 배가 앞쪽으로 오게 놓는다. 잘라낸 가슴지느러미가 붙어 있던 부분부터 목 아래쪽을 향해 비스듬히 칼을 넣어, **V자 모양으로 머리를 잘라낸다.** 이때 내장에 연결된 식도를 자르지 않도록 주의한다.

5 **머리를 당겨서 내장까지 빼낸다.**

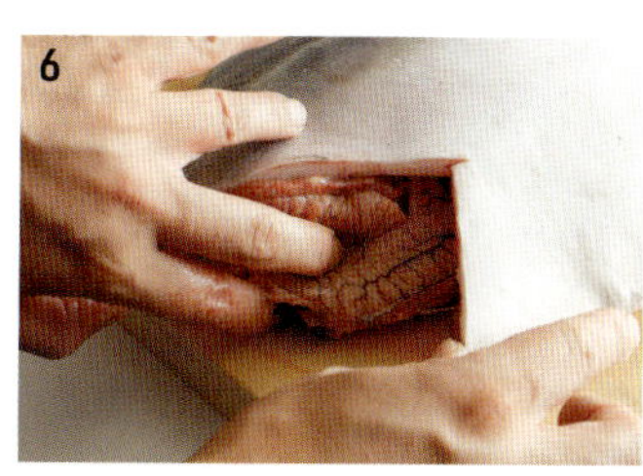

6 뱃속에 손가락을 넣어 남아 있는 내장을 빼낸다. **재빨리 물로 씻고 꼼꼼하게 물기를 닦는다.** 뱃속에 남아 있는 콩팥 등도 닦아낸다.

완성

물로 씻은 상태.

손질
[3장뜨기]

도구 생선용 칼

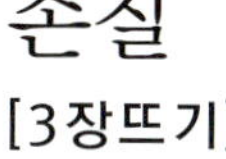

1 머리가 오른쪽, 배가 앞쪽으로 오게 놓는다. 머리부터 뒷지느러미가 붙어 있는 쪽을 향해, 배 가장자리를 따라 칼집을 넣는다.

2 뒷지느러미가 붙어 있는 부분부터 꼬리쪽을 향해, 지느러미뼈 끝(겉으로 비쳐 보인다)을 따라 칼집을 넣는다.

3 머리쪽부터 배뼈의 각도에 맞춰서 칼을 넣어, 배뼈 부분을 잘라 분리한다.

4 뒷지느러미가 붙어 있는 부분에 칼을 눕혀서 넣고, 가운데뼈 위에 밀착되게 올려서 칼집을 따라 자른다. 뼈가 부드러우므로, 아래쪽 살까지 자르지 않도록 주의한다.

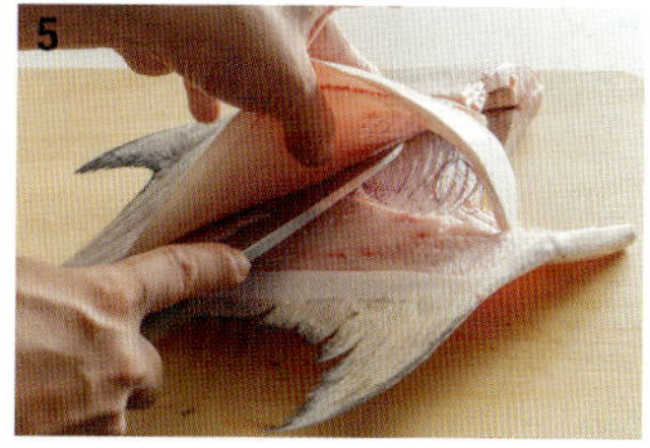

5 등뼈 옆까지 칼을 깊이 넣는다.

6 방향을 바꿔서 머리가 왼쪽, 등이 앞쪽으로 오게 놓는다. 꼬리 연결 부위에서 등지느러미가 붙어 있는 쪽을 향해, 지느러미뼈의 끝을 따라 칼집을 넣고, 다시 어깨를 향해 등 가장자리에 칼집을 넣는다.

7 꼬리 연결 부위에 칼을 눕혀서 넣고 가운데뼈 위에 밀착되게 올린 뒤, 칼집을 따라 자른다.

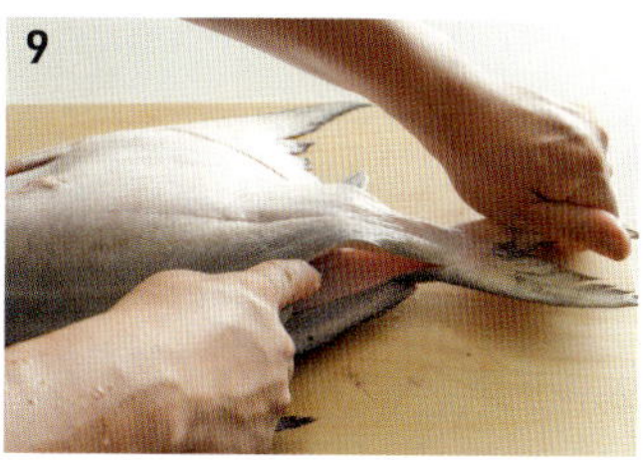

8 등지느러미가 붙어 있는 부분부터 어깨까지 자른다. 등뼈 옆까지 칼을 깊이 넣는다

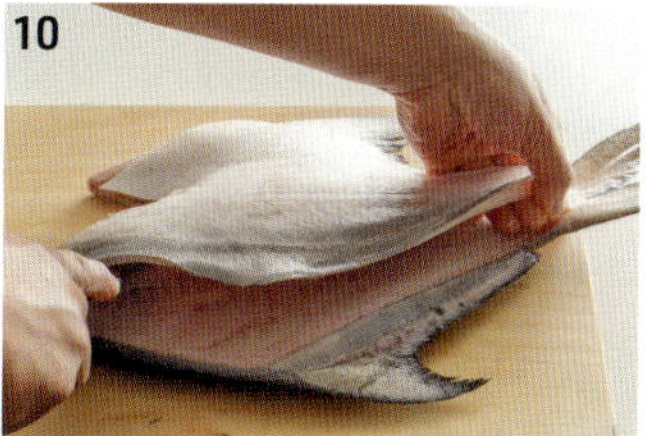

9 꼬리 연결 부위에 칼을 거꾸로 잡고 넣어서 꼬리쪽에 살짝 칼집을 낸 뒤, 칼을 돌려서 등뼈 위를 미끄러지듯이 움직여 잘라 나간다.

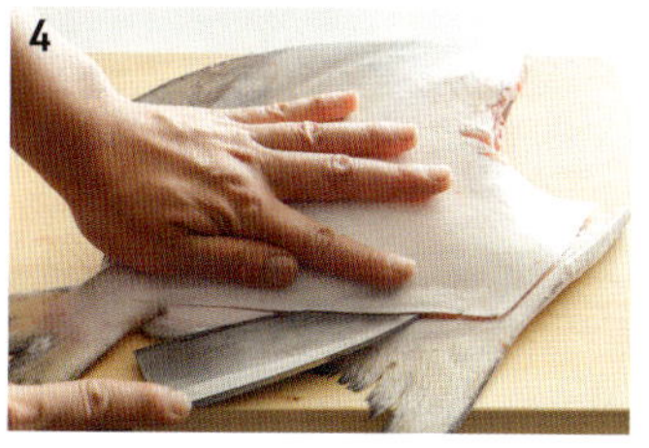

10 배뼈에 닿으면 칼끝을 도마쪽으로 기울이고, 뒷칼날을 어깨쪽을 향해 비스듬히 돌려서 자른다. 꼬리 연결 부위를 잘라서 한쪽 살을 분리한다.

11 뼈가 아래, 머리가 오른쪽, 등이 앞쪽으로 오게 놓는다. 어깨부터 등지느러미가 붙어 있는 쪽을 향해 지느러미뼈 끝을 따라 칼집을 넣은 뒤, 다시 꼬리 연결 부위를 향해 등 가장자리에 칼집을 넣는다.

12 어깨에 칼을 눕혀서 넣고 가운데뼈 위에 밀착되게 올린 뒤, 칼집을 따라 등지느러미가 붙어 있는 부분까지 자른다.

13 등지느러미가 붙어 있는 부분부터 꼬리쪽까지 자른다. 몇 번에 나눠서 등뼈 옆까지 칼을 넣는다.

14 방향을 바꾸어 머리가 왼쪽, 배가 앞쪽으로 오게 놓는다. 꼬리 연결 부위에서 뒷지느러미가 붙어 있는 쪽을 향해 지느러미뼈 끝을 따라 칼집을 넣은 뒤, 다시 머리쪽을 향해 배 가장자리를 따라 칼집을 넣는다.

15 꼬리 연결 부위에 칼을 눕혀서 넣고 가운데뼈 위에 밀착되게 올린 뒤, 칼집을 따라 뒷지느러미가 붙어 있는 부분까지 자른다. 등뼈 옆까지 칼을 확실히 넣는다.

16 뒷지느러미가 붙어 있는 부분에서 배뼈의 각도에 맞춰 칼을 넣고, 배뼈 부분을 잘라서 분리한다.

17 배뼈 부분은 살을 손가락으로 살짝 들어올려, 배뼈가 붙어 있는 부분의 곡선을 확인하면서 잘라나간다.

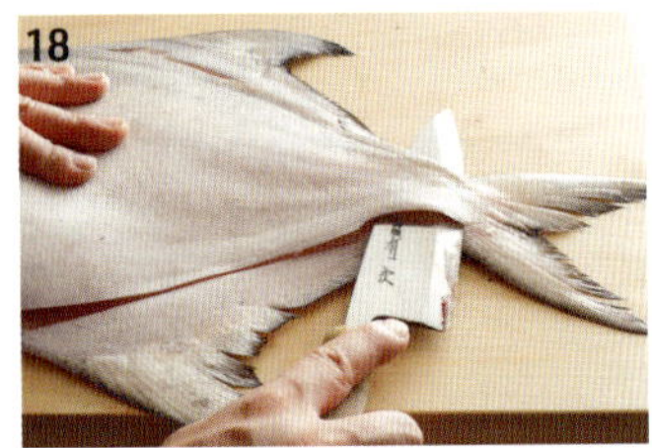

18 꼬리 연결 부위에 칼을 거꾸로 잡고 넣어서 꼬리쪽에 살짝 칼집을 낸 뒤, 칼을 돌려서 등뼈 위를 미끄러지듯이 움직여 잘라나간다.

19 꼬리 연결 부위를 잘라서, 나머지 한쪽 살을 분리한다.

완성

위쪽 살   아래쪽 살

3장뜨기한 상태.

토막내기

★ 3장뜨기한 위쪽 살 사용.

도구 생선용 칼

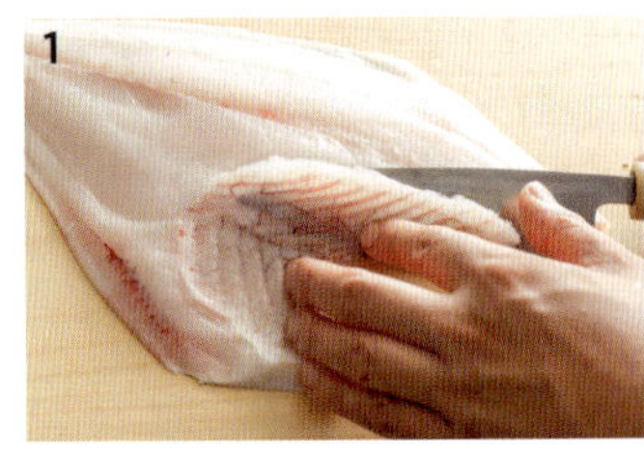

1 **배뼈를 제거한다**(p.33 「배뼈 분리2」, p.34 「배뼈 저미기/위쪽 살」 참조). 배가 왼쪽으로 오도록 세로로 놓는다. 왼손으로 배뼈를 살짝 누르고, 칼을 눕혀 앞쪽으로 당기면서 배뼈 끝까지 저며낸다.

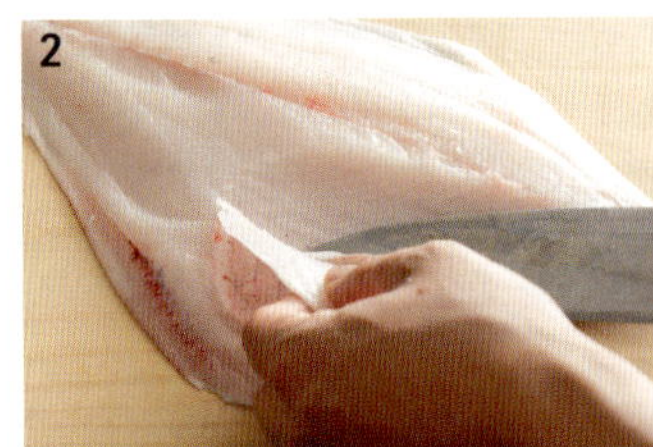

2 저며낸 부분의 살을 왼손으로 젖혀서 잡고, 배의 얇은 부분을 조금씩 잘라서, 마무리는 칼을 세우고 잘라낸다.

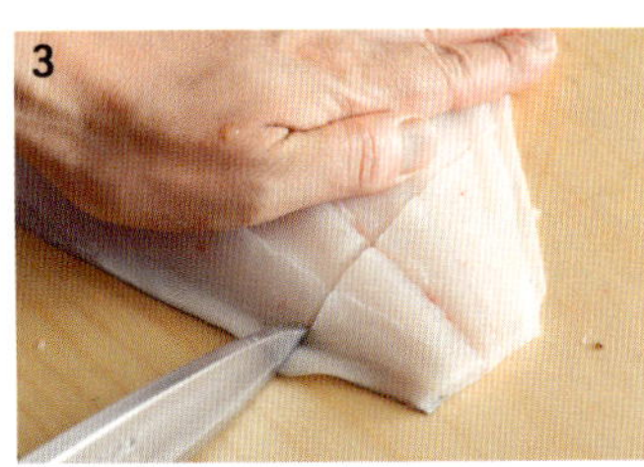

3 **작게 토막낸다.** 머리가 왼쪽으로 오게 놓고, 폭이 좁은 꼬리쪽 끝부분을 잘라서 모양을 정리한다.

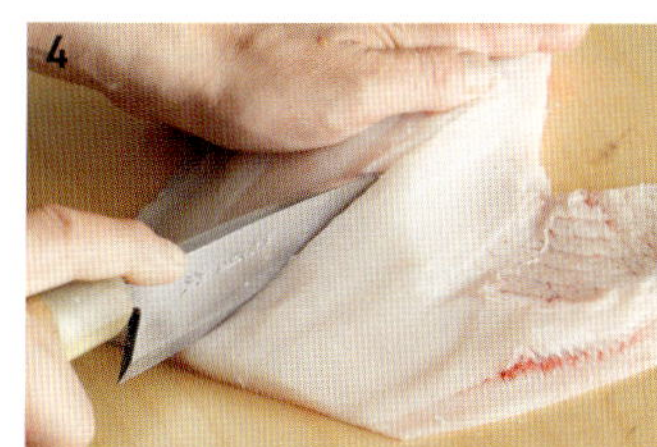

4 머리쪽이 뒤로 가도록 세로로 놓는다. 잔뼈와 지아이 부분을 등살(왼쪽)에 남기고, 뱃살(오른쪽)을 잘라서 분리한다. 등살에 남은 잔뼈와 지아이 부분을 잘라낸다.

5 껍질이 위로 오고, 도톰한 부분이 뒤쪽으로 가게 놓는다. 왼손으로 살을 누른 채 칼을 비스듬히 눕혀서 넣고, 앞쪽으로 당기면서 자른다. 요리에 알맞는 폭으로 토막낸다.

완성

작게 토막낸 상태.

병어 사이쿄야키 ➲ 아래

병어 카레 ➲ p.104

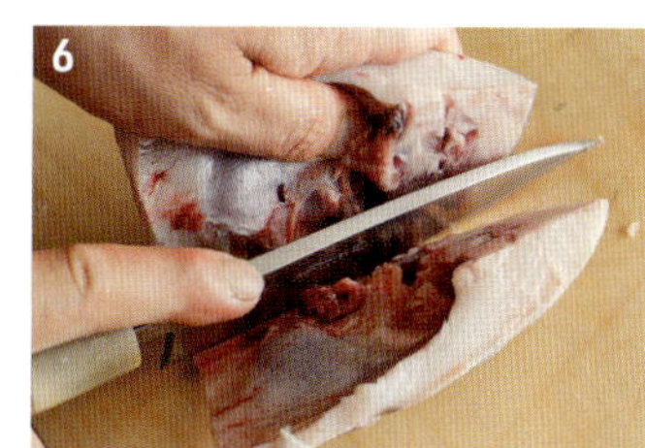

6 **머리를 안쪽에서 갈라서**(P.38「안쪽에서 가르기」참조) **분리한다.** 입이 위로 오고, 턱이 앞쪽으로 오도록 세워서 놓는다. 아랫입술 가운데를 자르고, 그대로 오른쪽 눈과 굵은 뼈 사이에 칼을 대고 자른다. 머리를 양쪽으로 열고, 연결된 부분에 칼을 넣어 2개로 나눈다.

7 머리와 아가미 아래를 잘라서 분리한다.

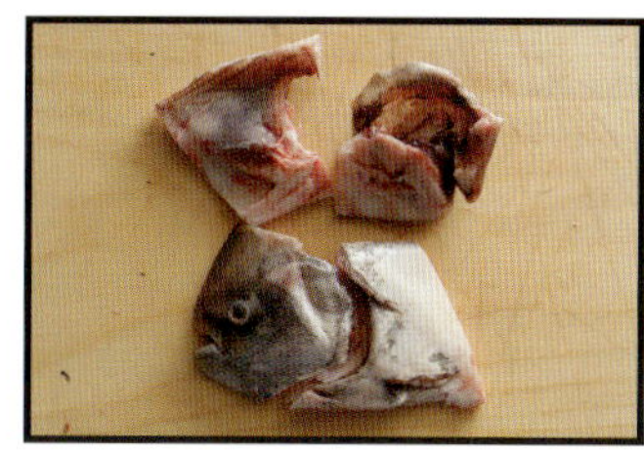

완성

머리를 갈라서 나눈 상태.

병어 사이쿄야키

재료(2인분)

병어 살(토막내기) ⋯ 4토막
소금 ⋯ 적당량

미소양념

| 시로미소 ⋯ 100g
| 맛술 ⋯ 2큰술
하지카미(생강대 초절임,
　　　　시판품) ⋯ 적당량

만드는 방법

1 병어에 소금을 뿌리고 15분 정도 둔 뒤, 표면에 배어 나온 물기를 닦아낸다.

2 미소양념 재료를 섞어서 **1**을 넣고, 냉장고에서 하룻밤 절인다.

3 **2**의 병어에서 미소양념을 씻어내고 물기를 닦은 뒤, 껍질에 잘게 칼집을 넣는다.

4 예열한 생선구이 그릴(양면구이)에 **3**을 껍질이 위로 오도록 올려서 7~8분 굽는다.

5 그릇에 담고 하지카미를 곁들인다.

트레이 바닥에 미소양념을 깔고 병어를 올린 뒤, 나머지 미소양념을 위에 바르고 거즈로 덮는다.

병어 껍질은 단단하므로, 잘게 칼집을 넣어 먹기 좋게 만든다.

병어 카레

재료(4인분)

병어 살 … 1/2마리 분량(약 200g)

강황 … 1작은술

소금 … 조금

A	토마토 … 200g
	플레인 요거트 … 100g
	캐슈넛(구운 것) … 20알
	다진 생강 … 1작은술
	다진 마늘 … 1작은술
	풋고추(생략 가능) … 2개

버터 … 50g

B	넛메그, 카르다몸, 시나몬 (모두 파우더) … 1/2작은술씩
	커민, 코리앤더 (모두 파우더) … 1작은술씩
	후추 … 1/2작은술
	소금 … 1작은술

우유, 생크림 … 1/2컵씩

따뜻한 밥(사진은 인디카쌀 밥) … 적당량

만드는 방법

1 병어는 강황과 소금을 묻혀서 15분 정도 재운다.

2 A를 믹서로 갈아서 페이스트로 만든다.

3 냄비에 버터를 녹이고 **2**를 넣어서, 기름이 분리되어 표면에 뜰 때까지 약불로 볶는다.

4 **1**을 넣어서 익힌 뒤 B를 넣는다.

5 향신료 향이 나면 우유와 생크림을 넣고 섞어서 살짝 끓인다.

6 그릇에 밥을 담고 **5**를 끼얹는다.

병어에 강황과 소금을 묻힌 뒤, 15분 정도 재워서 밑간을 한다.

우유와 생크림을 넣은 뒤, 데우는 정도로 살짝 끓인다. 끓어오르면 분리된다.

"""

보리멸

Sand smelt

분류_ 농어목 보리멸과
별명_ 모래문저리, 보리메레 등
산지_ 통영, 남해, 제주 등
제철_ 6~9월

해안에 가까운 얕은 모래 바닥이나 강 하구의 간석지에 주로 서식하며, 무리를 지어 다니다가 위험을 느끼면 모래 속에 숨는다. 보리멸 종류에는 보리멸과 청보리멸 등이 있는데 시장에서 볼 수 있는 것은 대부분은 「보리멸」로, 살짝 분홍빛을 띠며 작고 뾰족한 모양이 특징이다. 일본 이름은 「기스(시로기스)」로, 오래전부터 튀김이나 초밥 재료로 많이 사용되고 있다. 부드러운 감칠맛이 있는 투명한 흰살과 독특한 풍미의 껍질로 인기가 많으며, 체력 향상에 도움이 되는 양질의 단백질과 혈압 상승을 억제하는 칼륨도 풍부하다.

● 손질 포인트

크기는 작지만 뼈가 단단해서, 비교적 손질하기 쉽다. 칼을 넣는 포인트를 틀리면, 먹을 수 있는 부분이 없어지기 때문에 주의해서 손질한다.

등을 가를 때는 최대한 배껍질에 가깝게 칼을 넣는다. 정확하게 자르면 뒷지느러미와 지느러미뼈가 함께 제거된다. 잘못 자르면 지느러미만 제거되고 뼈가 남는다.

● 선택 포인트

밑손질

도구 생선용 칼

1 칼로 비늘을 긁는다 (p.16 「비늘 긁기1」 참조). 머리를 왼쪽으로 놓고 잡은 뒤, 꼬리부터 머리를 향해 칼을 움직여서 비늘을 긁어낸다. 아랫면도 같은 방법으로 긁어낸다.

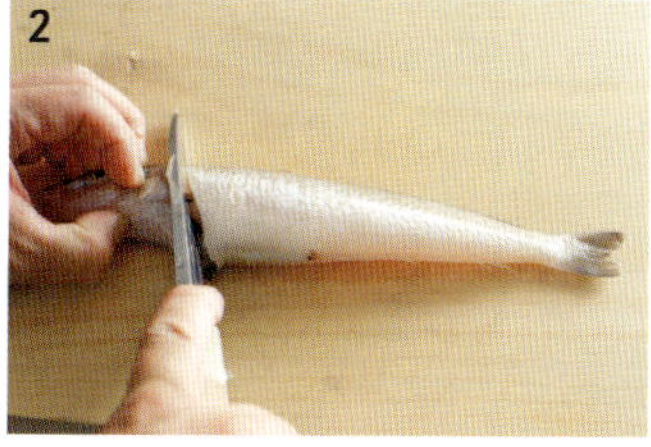

2 머리를 비스듬히 잘라낸다. 가슴지느러미 뒤에 칼을 넣고, 머리 연결 부위에서 배지느러미 가운데를 향해, 가마를 머리에 붙이는 각도로 비스듬히 머리를 잘라낸다.

3 내장을 제거한다(p.23 「배 갈라서 열기2」 참조). 머리가 앞쪽, 배가 오른쪽으로 오도록 세로로 놓는다. 단면에 칼을 거꾸로 잡고 넣어서, 앞칼날을 사용하여 배껍질을 자르는 느낌으로 항문까지 칼을 움직인다.

4 칼을 바로 잡고 내장을 빼낸다. 등뼈 밑에 있는 얇은 막에 칼집을 넣고, 칼끝으로 **콩팥을 긁어낸다.**

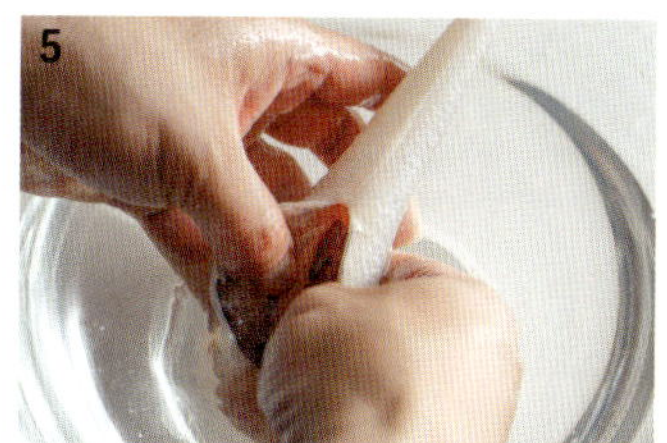

5 물로 재빨리 씻고 키친타월로 물기를 확실히 닦은 뒤, 뱃속에 남은 내장 등을 제거한다.

손질
[3장뜨기]

★ P.26~28 「3장뜨기」 참조.

 생선용 칼

1 머리가 오른쪽, 배가 앞쪽으로 오게 놓는다. 배의 단면 끝부터 꼬리 연결 부위까지, 뒷지느러미 위에 칼집을 넣는다.

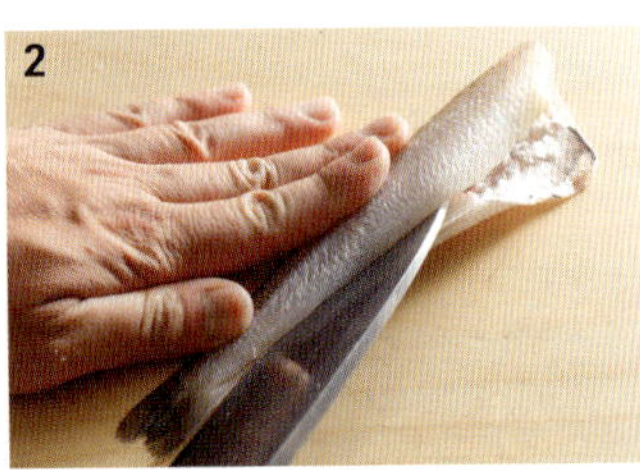

2 칼집을 따라 칼을 넣고, 칼끝을 등뼈에 맞춘다. 칼끝으로 등뼈를 긁듯이 꼬리쪽까지 자른다.

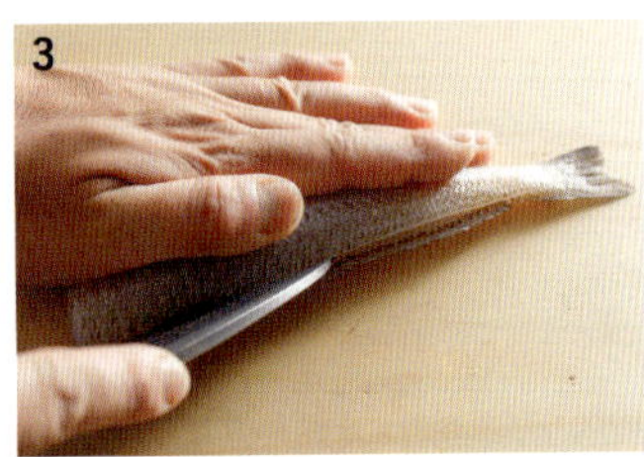

3 몸을 돌려서 머리가 왼쪽, 등이 앞쪽으로 오게 놓는다. 꼬리 연결 부위에서 어깨까지, 등지느러미 위에 칼집을 넣는다.

4 칼집을 따라 칼을 넣고 칼끝을 등뼈에 맞춘다. 칼끝으로 등뼈를 긁듯이 어깨까지 자른다.

5 꼬리 연결 부위에 칼을 거꾸로 잡고 넣어서 꼬리쪽으로 살짝 칼집을 낸 뒤, 칼을 돌려서 머리쪽까지 등뼈 위를 미끄러지듯이 움직여, 살을 잘라서 분리한다.

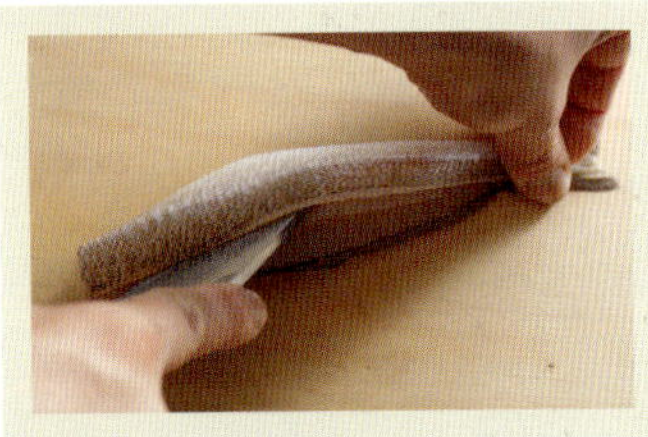

Point

배뼈에 닿으면 칼끝을 도마쪽으로 기울이고, 배뼈가 붙어 있는 부분을 자르면서 칼을 움직인다.

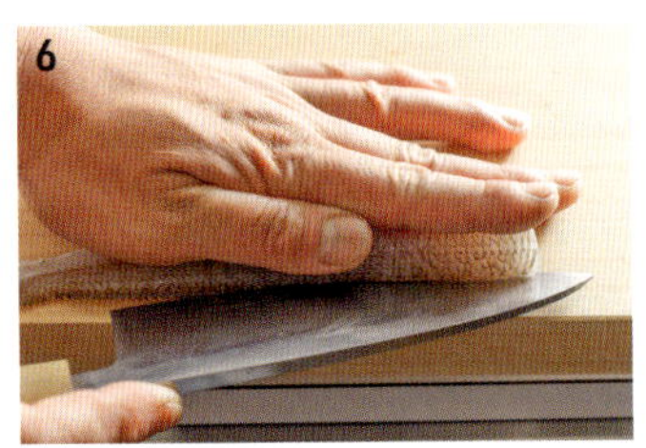

6 뼈가 아래로 가고, 머리는 오른쪽, 등이 앞쪽으로 오게 놓는다. 어깨부터 꼬리쪽까지 등지느러미 위에 칼집을 넣는다.

7 어깨부터 칼집을 따라 칼을 넣어, 칼끝을 등뼈에 맞춘다. 칼끝으로 등뼈를 긁듯이 꼬리 연결 부위까지 자른다.

8 방향을 바꿔서 머리가 왼쪽, 배가 앞쪽으로 오게 놓는다. 꼬리 연결 부위에서 머리쪽을 향해, 뒷지느러미 위에 칼집을 넣는다.

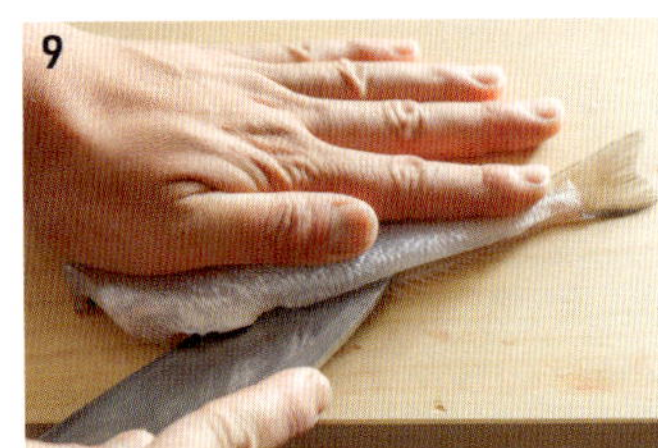

9 칼집을 따라, 칼끝으로 등뼈를 긁듯이 머리쪽까지 자른다.

10 등뼈에 닿으면 살을 살짝 들어올려 등뼈가 붙어 있는 부분을 확인하면서, 등뼈와 배뼈의 연결 부위를 자른다.

11 꼬리 연결 부위에 칼을 거꾸로 잡고 넣어서 꼬리쪽으로 살짝 칼집을 낸 뒤, 칼을 돌려서 머리쪽까지 등뼈 위를 미끄러지듯이 움직여, 살을 잘라서 분리한다.

완성

3장뜨기한 상태.

갈라서 펼치기
[등 가르기]

도구 생선용 칼

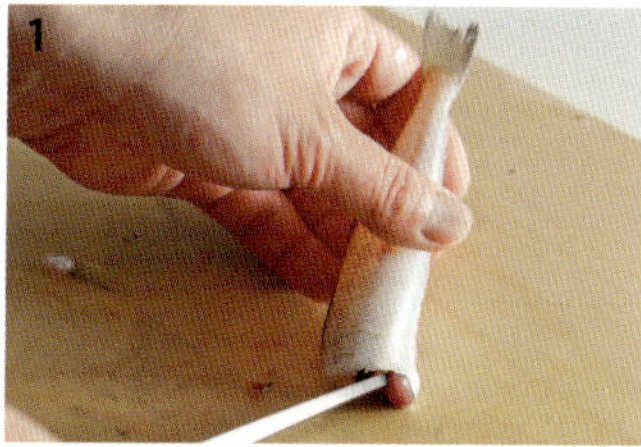

1 비늘을 제거하고 머리를 비스듬히 잘라낸 뒤 (p.105 「밑손질」 순서 **1**, **2** 참조), 단면에서 **내장을 긁어낸다. 물로 씻고 물기를 닦는다.** 뱃속에 남은 내장 등도 닦아낸다.

2 머리가 오른쪽, 등이 앞쪽으로 오게 놓는다. 「3장뜨기(p.26~28)」와 같은 방법으로, 어깨부터 꼬리쪽까지 등뼈를 따라 칼집을 넣는다.

3 살을 들어올려, 가운데뼈 위를 긁듯이 칼을 반복적으로 넣어, 등뼈 위의 살을 잘라서 분리한다.

4 등뼈를 지나 가운데뼈를 따라 칼을 움직여서, 최대한 **배껍질에 가깝게 잘라 1장으로 펼친다.** 꼬리 연결 부위도 잘라서 살을 펼친다.

5 복강 부분에 남아 있는 복막과 내장을 긁어낸다.

6 방향을 바꾸고 뒤집어서, 뼈가 아래로 가게 놓는다. 꼬리쪽부터 어깨까지 **2**~**3**과 같은 방법으로 칼을 넣는다.

7 가운데뼈를 따라 칼을 움직여, 살을 잘라서 분리한다.

8 갈라서 펼친 살을 왼쪽으로 젖힌 뒤, 등뼈와 가운데뼈에 붙어 있는 **꼬리 연결 부위에 뒷칼날을 대고, 손으로 칼등을 쳐서 잘라낸다.**

9 뒤집어서 살이 위로 오게 놓고, **배뼈를 V자 모양으로 잘라낸다.** 꼬리가 뒤쪽으로 가도록 세로로 놓는다. 오른쪽의 배뼈가 붙어 있는 부분 밑에 칼날을 넣어, 배뼈 끝까지 얇게 저민다.

10 왼쪽의 배뼈가 붙어 있는 부분 밑에 칼을 거꾸로 잡고 칼날을 넣어서, **배뼈 끝까지 얇게 저민다.**

11 저며낸 양쪽 배뼈를 앞칼날로 제거한다.

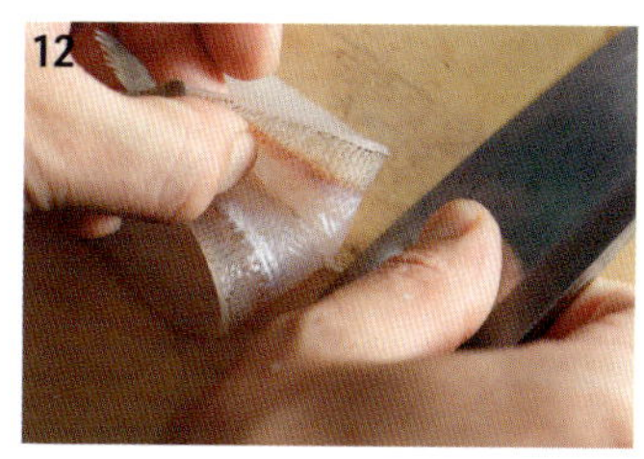

12 뒷칼날로 뒷지느러미가 붙어 있는 부분을 꾹 누르고, 살을 들어올리면서 당겨 **뒷지느러미를 제거한다.**

완성

등 가르기한 상태.

보리멸 튀김 ● p.109

배뼈 제거

★ 3장뜨기한 아래쪽 살 사용.

1 배가 왼쪽으로 오도록 세로로 놓는다. 배뼈가 붙어 있는 부분에 칼을 대고, 소리가 날 때까지 그대로 밀어넣는다.

2 칼을 오른쪽으로 눕히고 아래쪽의 칼배로 살을 쓰다듬듯이 앞쪽으로 당겨서, 배뼈 끝까지 자른다.

3 자른 부분의 살을 젖히고, 배의 얇은 부분을 조금씩 자른다.

4 마무리로 칼을 세우고 당겨서 자른다.

가늘게 썰기

★ 다시마를 넣고 절인 순살 사용.

1 껍질을 벗긴다. 어깨 끝부분의 껍질을 손톱 끝으로 조심스럽게 벗긴다. 살을 엄지로 눌러서 껍질에서 분리한다.

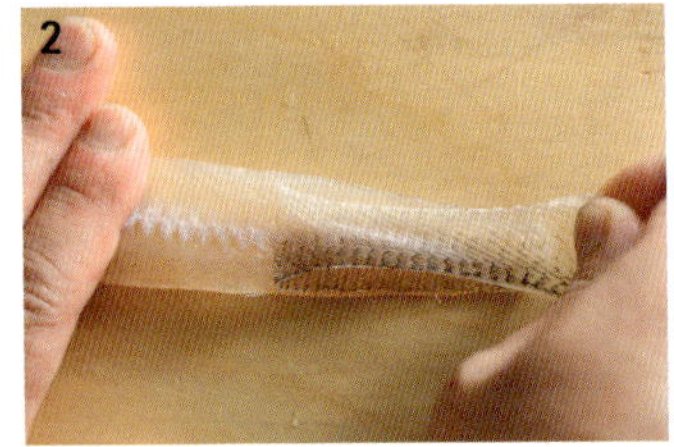

2 1/2 이상 벗겨지면 껍질이 위, 꼬리가 오른쪽으로 오게 놓은 뒤, 살을 살짝 잡고 껍질을 비스듬히 위로 당겨서 벗긴다.

3 잔뼈를 자른다. 머리가 뒤쪽으로 가도록 세로로 놓는다. 살 가운데에 있는 잔뼈와 지아이 부분의 오른쪽에 칼을 바싹 붙여서, 어깨에서 꼬리 연결 부위까지 수직으로 자른다.

4 배쪽에 남은 잔뼈와 지아이 부분을 잘라서, 등살과 뱃살을 분리한다.

5 가늘게 썬다. 길이를 3등분한다.

6 3등분한 살의 폭을 2등분한다.

보리멸 다시마 절임
🡒 p.109

보리멸 다시마 절임

재료(2인분)

보리멸 순살 ⋯ 1마리 분량   청주 ⋯ 조금

다시마 ⋯ 10×20㎝ 1장   소금 ⋯ 적당량

꼬투리강낭콩 ⋯ 2~3개

만드는 방법

1 키친타월에 청주를 적셔서 다시마를 닦는다.

2 보리멸에 소금을 뿌려서 5분 정도 둔 뒤, 표면에 배어 나온 물기를 닦는다.

3 1의 다시마로 2를 감싸고 비닐랩으로 싸서, 냉장고에 넣고 2시간~하룻밤 절인다.

4 꼬투리강낭콩은 꼭지를 자르고 끓는 소금물에 살짝 데친 뒤, 찬물에 담가서 식힌다. 물기를 빼고 먹기 좋게 자른다.

5 3의 껍질을 벗기고 잔뼈와 지아이 부분을 제거한 뒤 가늘게 썬다. 그릇에 담고 4를 곁들인다.

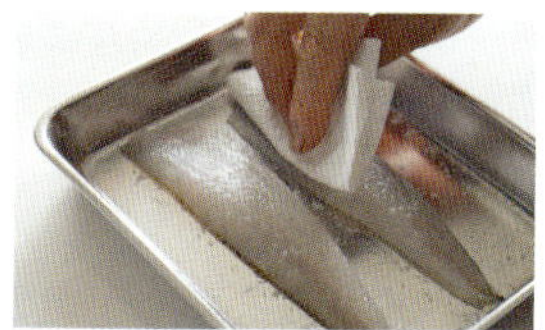
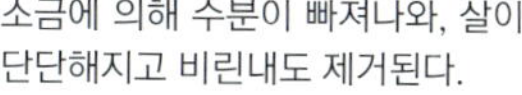
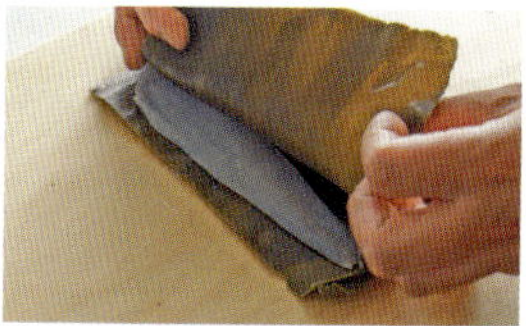

소금에 의해 수분이 빠져나와, 살이 단단해지고 비린내도 제거된다.

다시마가 수분을 흡수하고, 다시마의 감칠맛이 생선에 배어든다

보리멸 튀김

재료(2인분)

보리멸(등 가르기) ⋯ 4마리

가지 ⋯ 1개

꼬투리강낭콩 ⋯ 6개

생강대 ⋯ 2개

튀김옷(만들기 쉬운 분량)

　달걀 ⋯ 1개

　찬물 ⋯ 1/2컵

　박력분(체에 치기) ⋯ 120g

소금, 튀김용 기름 ⋯ 적당량씩

만드는 방법

1 보리멸에 소금을 뿌리고 5~10분 정도 둔 뒤, 표면에 배어 나온 물기를 닦는다.

2 가지는 꼭지를 떼고 세로로 2등분한 뒤, 5㎜ 폭으로 비스듬히 칼집을 넣는다.

3 꼬투리강낭콩은 꼭지를 잘라내고 길이를 1/2로 자른다.

4 튀김옷을 만든다. 볼에 달걀과 찬물을 넣고 풀어서 섞은 뒤, 박력분을 넣어 자르듯이 섞는다.

5 튀김용 기름을 180℃로 가열하고, 보리멸에 튀김옷을 입혀서 튀긴다. 가지, 꼬투리강낭콩, 생강대에도 튀김옷을 입혀서 튀긴 뒤, 보리멸과 함께 담는다.

붕장어
Conger-eel

분류_ 뱀장어목 붕장어과
별명_ 붕어지, 벵찬, 참장어 등
산지_ 부산, 통영 등
제철_ 7~8월

「아나고」라는 일본 이름으로 더 잘 알려져 있는 붕장어는 몸길이가 90㎝ 이상 되는 바닷물고기로, 다른 장어류처럼 버들잎 모양의 유생(렙토세팔루스) 시기를 거친다. 일제 강점기에 일본사람들의 영향으로 많이 먹게 되었으며, 껍질을 벗기고 뼈까지 잘게 잘라서 회로 먹거나, 구워서 먹기도 한다. 담백하고 독특한 단맛이 있어, 일본에서는 초밥, 튀김, 구이 등으로 많이 먹는다. 표면의 점액질은 비린내의 원인이 되므로, 꼼꼼하게 제거해야 한다. 필수 아미노산을 골고루 함유하여 기력회복에 좋고, 비타민 A가 풍부하여 눈 건강에 도움이 된다.

● **손질 포인트**

점액질 때문에 미끄러지지 않도록, 송곳으로 단단히 고정한다.

등뼈는 항문 근처까지 삼각형을 이루고 있다. 뼈에 바싹 붙여서 자르면 뼈 끝부분이 살에 남게 되므로, 칼의 각도를 위로 살짝 비스듬히 올려서 뼈쪽에 살이 남도록 자른다.

● **선택 포인트**   ＊ 갈라서 펼친 붕장어를 살 때는, 살이 도톰하고 투명한 것을 선택한다.

갈라서 펼치기
[등 가르기]

도구　송곳, 생선용 칼, 작업용 판(길이 90㎝×폭 16㎝×두께 2㎝ 정도)

1 작업용 판을 물로 충분히 적신 뒤, 앞쪽의 오른쪽 끝에 송곳으로 붕장어를 고정한다. 머리가 오른쪽, 등이 앞쪽으로 오게 놓고, **볼의 단단한 부분에 송곳을 찌른 뒤** 칼등으로 두드려서 고정한다.

2 이케지메한 자리 바로 옆에 칼을 넣어, 등뼈에 닿을 때까지 자른다.

3 단면에서 배껍질 바로 옆까지 칼날을 눕혀서 넣고, **칼끝을 위로 살짝 비스듬히 올려서, 등뼈를 따라 잘라 나간다.**

항문 근처까지 자르면 칼을 수평으로 잡은 뒤, 왼손 엄지를 칼등에 대고 칼을 왼쪽으로 밀어내듯이 움직인다. 배껍질까지 자르지 않도록 왼손 중지를 사진처럼 붕장어의 배껍질에 대고, 칼의 움직임을 느끼면서 자른다.

붕장어의 등뼈는 항문 근처까지는 삼각형이다. 뼈에 바싹 붙여서 자르면, 배뼈와 연결된 부분의 뼈가 살에 남는다. 이를 피하기 위해 칼끝을 위로 비스듬히 올려서, 뼈에 살이 조금 남도록 자른다. 항문 근처부터는 뼈가 평평하므로 칼을 수평으로 잡고 자른다.

4 내장을 제거한다. 몸을 열고, 머리쪽의 내장이 붙어 있는 부분에 칼을 거꾸로 잡고 넣어서 자른 뒤, 손으로 잡고 꼬리쪽으로 당겨서 살에서 떼어낸다. 내장이 손상되면 뱃살에 비린내가 배기 때문에 주의한다. 특히 쓸개가 터지지 않도록 주의한다.

5 등뼈의 배쪽 가장자리를 따라 칼을 거꾸로 잡고 넣어서, 머리부터 꼬리쪽까지 칼집을 넣는다. 살에서 뼈가 분리된다.

6 뒷칼날로 **머리에서 등뼈를 잘라 분리한다.** 머리를 잘라내지 않도록 주의한다.

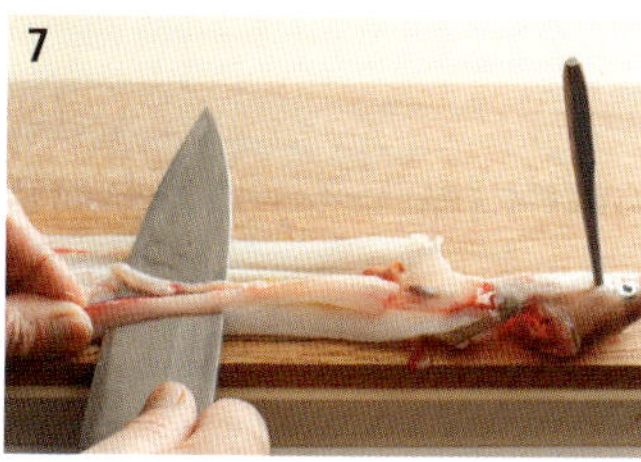

7 6의 단면에서 등뼈 밑에 칼날을 넣고, 왼손 엄지와 검지로 등뼈를 잡고 누르면서 저미듯이 칼을 움직여, **살에서 등뼈를 잘라 분리한다.**

8 칼은 꼬리 연결 부위에서 멈춘다.

9 남은 등뼈와 함께, 꼬리를 등지느러미 바로 옆까지 비스듬히 자른다.

10 왼손으로 꼬리 부분을 잡아당기면서, 칼끝을 등지느러미를 따라 머리 연결 부위까지 움직여서, **등지느러미를 잘라낸다.**

등지느러미를 당겨서 벗겨내는 느낌으로 칼을 움직이면, 깔끔하게 잘라낼 수 있다.

11 남아 있는 내장을 머리쪽으로 긁어모은다. 힘을 주면 살이 눌리므로 살짝 긁는다.

12 긁어모은 내장과 함께 **머리를 잘라낸다.**

13 뒷지느러미가 앞으로 오도록 살을 닫는다. 뒷지느러미 끝을 왼손으로 잡고, 지느러미가 붙어 있는 부분을 따라 칼집을 넣는다. 그대로 지느러미를 잡아당기면서, 뒷지느러미가 끝나는 항문 앞까지 칼끝을 움직여서 **뒷지느러미를 잘라낸다.**

점액질 제거

1 도마 위에 껍질이 위로 오도록 붕장어 살을 놓는다. 머리가 위로 오도록 도마를 기울여서 개수대에 놓고, **뜨거운 물을 전체에 골고루 뿌린다.**

2 찬물에 담가 식힌다.

3 뜨거운 물을 부어서 하얗게 변한 점액질을, 머리부터 꼬리쪽을 향해 **칼로 긁어서 제거한다.**

4 칼로 완전히 제거하지 못한 점액질은 키친타월로 닦아낸다. 힘을 주면 살이 부서지므로 주의한다.

붕장어 조림 **◐ 아래**
붕장어 소금구이 **◐ p.113**
붕장어 튀김 **◐ p.113**

붕장어 조림

재료(2인분)

붕장어(등 가르기한 뒤 점액질을 제거한 것) … 1마리(약 150g)
청주 … 적당량
맛술 … 1/2컵
중자라당(자당을 결정화시킨 설탕의 일종) … 2큰술
간장 … 1/4컵

만드는 방법

1 붕장어는 먹기 좋은 폭으로 자른다.
2 넓은 냄비에 붕장어가 잠길 정도로 청주를 적당히 붓고, 맛술과 중자라당을 넣은 뒤 끓여서 알코올 성분을 날린다.
3 1을 껍질이 아래로 가도록 겹치지 않게 가지런히 넣는다. 속뚜껑(오토시부타)을 덮은 뒤, 약불로 붕장어가 부드러워질 때까지 20분 정도 끓인다.
4 간장을 넣어 한소끔 끓인 뒤 불을 끄고 그대로 식힌다.
5 먹기 전에 다시 데워서 붕장어가 따뜻해지면 꺼낸다. 조림국물을 걸쭉해질 때까지 센불로 졸인다.
6 그릇에 붕장어를 담고 조림국물을 끼얹는다.

붕장어 소금구이

재료(2인분)

붕장어(등 가르기한 뒤 점액질을 제거한 것) … 1마리(약 150g)

소금 … 적당량

간 고추냉이, 스다치 … 적당량씩

만드는 방법

1   붕장어는 1/2로 자르고 소금을 뿌린다.

2   200℃ 오븐에 넣고 10분 정도 굽는다.

3   그릇에 담고 간 고추냉이와 스다치를 곁들인다.

붕장어 튀김

재료(1인분)

붕장어(등 가르기한 뒤 점액질을 제거한 것) … 1마리(약 150g)

튀김옷(만들기 쉬운 분량)

　| 달걀 … 1개

　| 찬물 … 1/2컵

　| 박력분 … 120g

튀김용 기름 … 적당량

간 무, 튀김 간장 … 적당량씩

만드는 방법

1   튀김옷을 만든다. 볼에 달걀과 찬물을 넣고 풀어서 섞은 뒤, 박력분을 넣고 자르듯이 섞는다.

2   튀김용 기름을 170~180℃로 가열하고, 붕장어에 **1**의 튀김옷을 입혀서 넣는다. 튀김용 젓가락으로 뒤집어주면서 바삭하게 튀긴다.

3   건져서 기름기를 제거한 뒤 그릇에 담고, 간 무를 곁들인다. 다른 그릇에 튀김 간장을 담아서 함께 낸다.

빛금눈돔

Splendid alfonsino

분류 _ 금눈돔목 금눈돔과
별명 _ 알폰시노
산지 _ 한국 남해 / 일본 지바, 시즈오카 등
제철 _ 11~3월

금빛으로 빛나는 큰 눈과 붉은빛 껍질이 특징인 심해어. 일본 이름은 「긴메다이」로, 선명한 붉은색이 아름다워서 축하 음식에 많이 사용된다. 심해어 중에서도 지방이 많은 편에 속하며, 신선한 것은 살이 투명한 연분홍색이지만 시간이 지날수록 뿌옇게 변한다. 살이 폭신하고 부드러우며 잔뼈가 적어서 살을 쉽게 바를 수 있고, 남은 머리와 뼈로는 맛있는 육수를 우려낼 수 있다. 같은 과에 속하는 금눈돔도 선명한 붉은색을 띠고 있어서 빛금눈돔과 매우 비슷해 보이지만, 두께와 옆줄의 비늘 수로 구분할 수 있다. 2종류 모두 한국에서는 구하기 힘들다.

● **손질 포인트**

지느러미 끝이 날카롭고 뾰족하므로, 주의해서 다룬다.

지느러미뼈와 가운데뼈 사이에 틈이 있어서 칼날이 반대쪽으로 파고들기 쉬우므로, 가운데뼈 위에 칼배를 올린 뒤 힘을 빼고 자른다.

● **선택 포인트**

밑손질

도구 비늘제거기, 생선용 칼

1 머리가 왼쪽으로 오게 놓는다. 가슴지느러미를 머리쪽으로 넘기고, 비늘제거기로 **비늘을 긁는다** (p.17 「비늘 긁기2」 참조). **비늘제거기가 닿지 않는 곳은, 생선용 칼로 비늘을 제거한다**(p.17 「잔비늘 제거」 참조).

2 턱밑과 머리의 연결 부위를 자른 뒤, 아가미뚜껑을 열고 칼끝을 넣어 **아가미를 떼어낸다**(p.22 「아가미 제거1」 참조).

3 항문부터 턱밑까지 칼을 넣어 **배를 잘라서 연다**. 배에 간이 있으므로 자르지 않도록 주의한다.

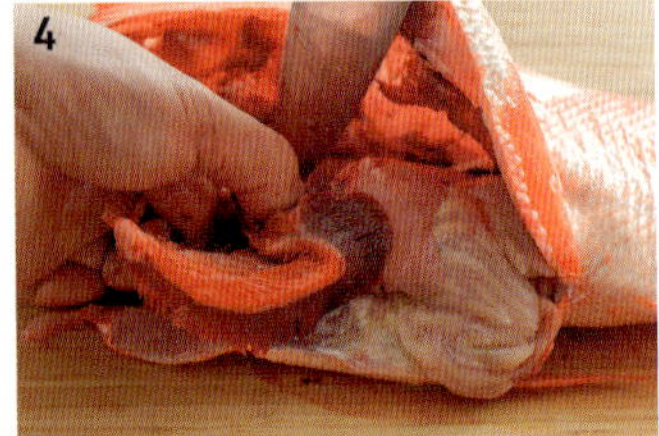

4 내장 주위의 힘줄과 얇은 막을 잘라서 분리한다. **아가미를 잡아당겨 내장과 함께 빼낸다**. 등뼈 부분의 얇은 막에 칼집을 넣어, **콩팥을 제거한다**.

5 표면에 남은 비늘과 뱃속의 검은 복막 등을 **물로 씻어내고 물기를 닦는다**. 뱃속에 남아 있는 내장 등도 닦아낸다.

손질

[3장뜨기]

* p.26～28「3장뜨기」참조

도구 생선용 칼

1 머리를 자른다(p.21 「가마 빼고 자르기」 참조). 가능한 한 머리에 살이 남지 않도록, 아가미뚜껑 가장자리를 따라 비스듬히 칼을 넣어 머리를 잘라낸다.

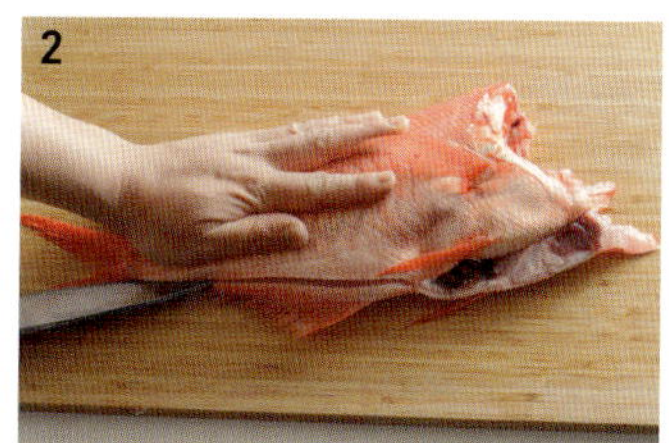

2 머리가 오른쪽, 배가 앞쪽으로 오게 놓는다. 턱 밑부터 꼬리쪽까지, 뒷지느러미 위에 칼집을 낸다.

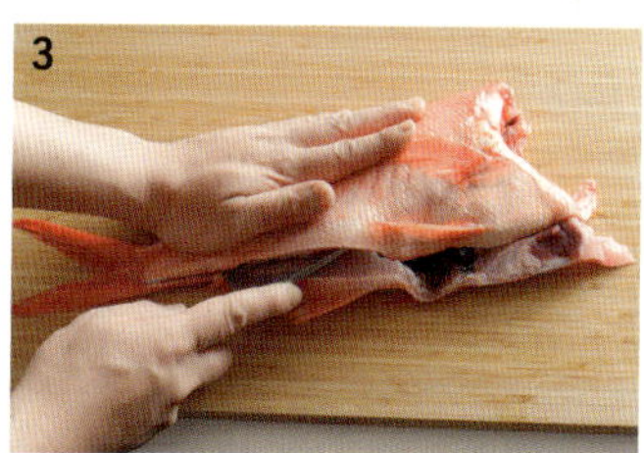

3 칼집을 따라 칼을 넣어, 칼끝을 등뼈에 맞춘다. 칼배를 가운데뼈에 올린 뒤, 오른손의 힘을 빼고 칼끝으로 등뼈를 긁듯이 꼬리쪽까지 자른다.

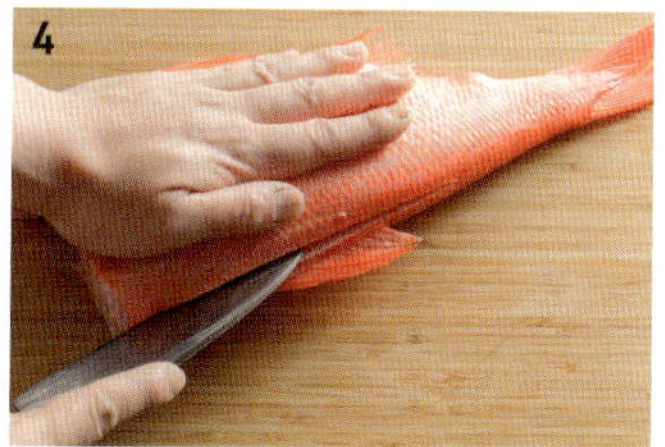

4 머리를 왼쪽, 등을 앞쪽으로 놓고, 등쪽에 칼집을 넣는다. 지느러미뼈가 없는 부분은 칼날이 깊게 들어가므로, 여기서는 껍질에만 칼집을 넣는다.

5 칼집을 따라 칼을 넣고, 칼끝을 등뼈에 맞춘다. 칼배를 가운데뼈에 올린 뒤, 힘을 주지 않고 칼끝으로 등뼈를 긁듯이 어깨까지 자른다.

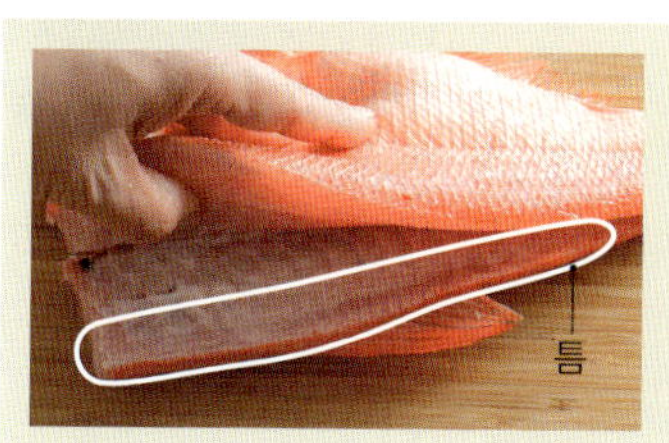

지느러미뼈와 가운데뼈 사이의 틈을 통해 칼날이 뼈 밑으로 파고들지 않도록, 칼배를 가운데뼈 위에 올린다.

6 꼬리 연결 부위에 칼을 거꾸로 잡고 넣어서 꼬리쪽에 살짝 칼집을 낸 뒤, 칼을 돌려서 등뼈 위를 미끄러지듯이 움직여 살을 잘라 분리한다.

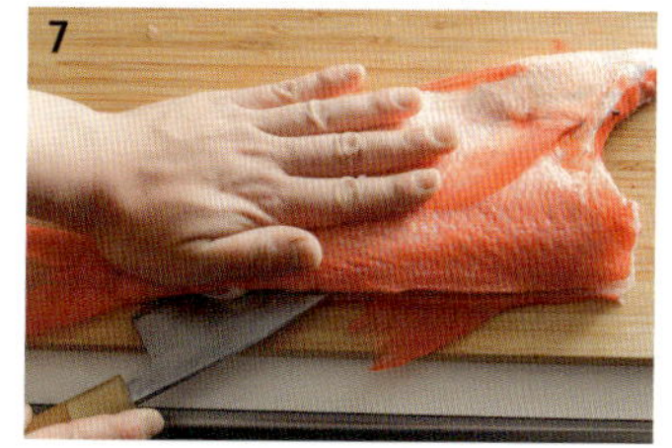

7 뼈가 아래로 가고, 머리가 오른쪽, 등이 앞쪽으로 오게 놓는다. **4, 5**와 같은 방법으로 등쪽에 칼을 넣는다.

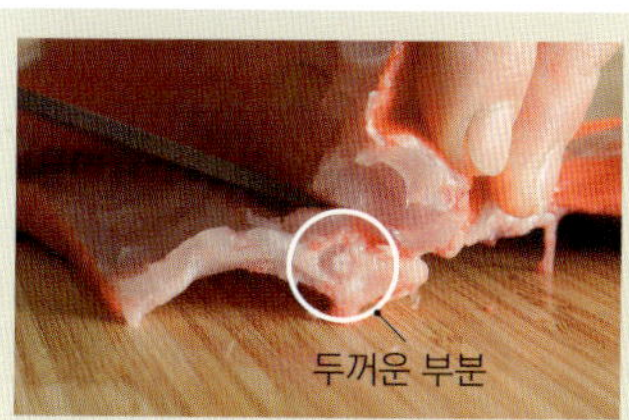

빛금눈돔의 등뼈는 머리쪽 끝부분이 두껍다. 이 점을 의식하고 자른다.

8 머리가 왼쪽, 배가 앞쪽으로 오게 놓는다. 꼬리부터 머리쪽까지, 뒷지느러미 위에 칼집을 넣는다.

9 칼집을 따라 칼끝으로 등뼈를 긁듯이 칼을 움직인다. 배뼈에 닿으면 살을 살짝 들어올려, 칼끝으로 배뼈와 등뼈의 연결 부위를 자른다.

10 꼬리 연결 부위에 칼을 거꾸로 잡고 넣어서 꼬리쪽에 살짝 칼집을 낸 뒤, 칼을 돌려서 등뼈 위를 미끄러지듯이 움직여 살을 잘라 분리한다.

완성

몸통에 가마가 붙어 있도록 3장뜨기한 상태.

토막내기

** 3장뜨기한 위쪽 살을 사용.*

1 껍질이 아래로 가고 머리가 왼쪽으로 오게 놓는다. 가마 부분을 세우듯이 들어올리면, 소리가 나면서 접히는 선이 있다. 이 선을 따라 칼을 넣어 **가마를 잘라낸다.**

2 껍질이 위로 오고, 도톰한 부분이 뒤쪽으로 가게 놓는다. 용도에 맞게 크기를 정하고, 칼을 조금 눕혀서 왼쪽에 넣어, **칼 길이를 모두 사용하여 당겨서 자른다.** 꼬리쪽처럼 살이 얇은 부분은 크게 자르는 등, 1조각당 무게가 같도록 길이와 폭을 조절한다.

빛금눈돔 조림 ➡ p.117

빼뼈·잔뼈 제거

** 가마를 제거한 순살 사용.*

1 배가 왼쪽으로 오게 세로로 놓는다. 배뼈가 붙어 있는 부분에 칼을 거꾸로 잡고 넣어서, **뼈 끝부분을 1개씩 살에서 떼어낸다.**

2 칼을 다시 바로 잡고 눕혀서 1에서 자른 자리에 넣은 뒤, **배뼈 끝부분까지 얇게 저미듯이 자른다.**

3 배의 얇은 부분을 조금씩 잘라서, 뼈를 떠내듯이 얇게 저며낸다.

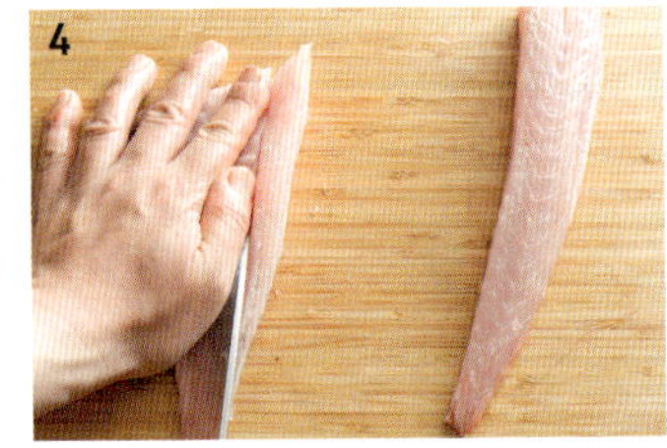

4 잔뼈(지아이뼈)를 제거한다. 먼저 살 가운데에 있는 잔뼈와 지아이 부분이 배쪽에 남도록, 세로로 자른다. 배쪽에 남은 잔뼈와 지아이 부분을 잘라낸다.

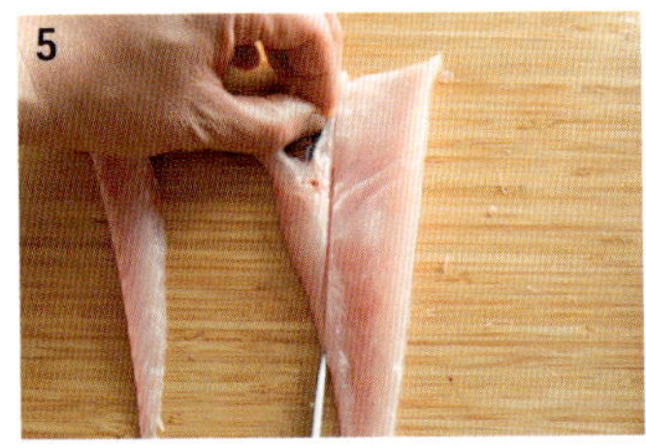

5 뱃살의 폭이 일정하도록 배 부분을 자른다. 등살과 뱃살로 나누어진다.

** 잘라낸 부분은 육수를 내는 데 사용해도 좋다.*

완성

배뼈·잔뼈(지아이뼈)를 제거하고, 등살과 뱃살로 나눈 상태.

빛금눈돔회 2종 ➡ p.117

껍질 제거

1 껍질이 아래로 가고, 꼬리가 오른쪽으로 오게 놓는다. 꼬리 끝에서 2㎝ 정도에 껍질만 남도록 칼집을 넣고, 꼬리쪽을 향해 살을 저며낸다.

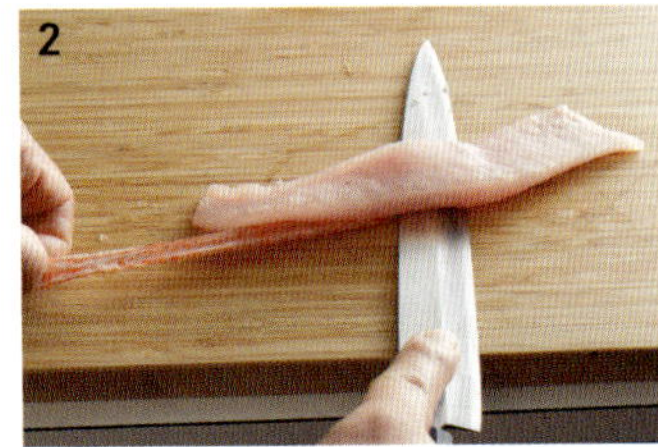

2 껍질과 살 사이에 칼을 넣어, 도마에 칼날을 대고 누른다. 왼손으로 껍질을 당기면서 위아래로 조금씩 움직여, 칼을 머리쪽으로 이동시켜서 껍질을 벗긴다.

빛금눈돔회 2종 ➡ p.117

빛금눈돔회 2종

재료(2인분)

빛금눈돔 순살(껍질이 붙어 있는 등살) … 1토막

소금 … 적당량

간 고추냉이 … 적당량

만드는 방법

1 빛금눈돔에 소금을 뿌려서 5분 정도 둔 뒤, 표면에 배어 나온 물기를 닦는다.

2 1의 1/2토막은 야키시모즈쿠리를 만든다(p.42 「야키시모즈쿠리」 참조). 뒤집어 놓은 트레이 위에 껍질이 위로 오게 올리고, 가스 토치 등으로 구운 자국이 나도록 그을린다.

3 2를 껍질이 위로 오고 도톰한 부분이 뒤쪽으로 가게 놓는다. 오른쪽 끝부터 칼 길이를 모두 사용하여 평썰기한다(p.40 「평썰기」 참조). 살과 껍질이 잘 분리되므로, 칼을 누르지 말고 한 번에 당겨서 자른다. 두께의 기준은 8mm.

4 나머지는 껍질을 제거하고, 3과 같은 방법으로 평썰기한다.

5 그릇에 3, 4를 같이 담고 간 고추냉이를 곁들인다.

빛금눈돔 조림

재료(2인분)

빛금눈돔 살 … 2토막

조림국물

A	청주 … 1컵
	맛술 … 4큰술
	간장 … 2큰술

소금 … 적당량

대파채(흰 부분) … 적당량

만드는 방법

1 빛금눈돔 살에 소금을 뿌리고 10분 정도 둔 뒤, 표면에 배어 나온 물기를 닦는다.

2 냄비에 조림국물 재료를 넣고 센불로 가열한다. 한소끔 끓으면 1의 빛금눈돔 살을 넣고, 국물을 끼얹으면서 걸쭉해질 때까지 10분 정도 조린다.

3 그릇에 담고 국물을 끼얹은 뒤 대파채(흰 부분)를 올린다.

쑤기미

Devil stinger, Stonefish

분류 _ 쏨뱅이목 양볼락과
별명 _ 쑥쑤기미, 쐬미, 미역치, 범치 등
산지 _ 남해, 통영, 여수 등
제철 _ 6~8월

몸 전체에 돌기가 있고, 머리는 울퉁불퉁하며, 서식 장소에 따라 색이 변한다. 등지느러미에 독이 있는 가시가 있어서, 조리할 때는 등지느러미를 가장 먼저 잘라내야 한다. 무섭게 생긴 겉모습에 비해 살은 매우 맛이 좋아서, 지방이 살짝 함유된 흰색 살은 쫄깃한 식감과 단맛이 있고, 껍질 아래에는 젤라틴질이 있어 끈적하다. 간도 맛이 좋고, 머리와 뼈로는 맛이 깊은 육수를 우려낼 수 있다. 작은 것은 그대로 튀겨 먹어도 맛있다. 머리가 커서 먹을 수 있는 부분이 적지만, 살뿐 아니라 껍질, 뼈, 내장도 먹을 수 있다.

● **손질 포인트**

등지느러미는 주방용 가위로 잘라낸다. 자른 뒤에는 신문지 등으로 잘 싸서 버린다.

등뼈가 가늘어서 힘을 주면 칼날이 밑으로 들어가 버리기 때문에, 힘을 빼고 자른다.

● **선택 포인트**

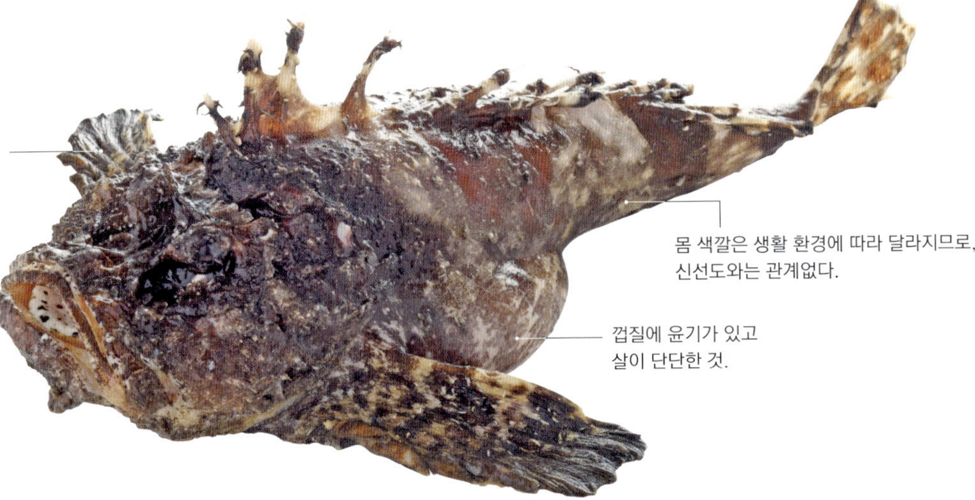

신선도가 떨어지면 비린내가 나기 때문에, 냄새를 맡아본다.

몸 색깔은 생활 환경에 따라 달라지므로, 신선도와는 관계없다.

껍질에 윤기가 있고 살이 단단한 것.

밑손질

| 도구 | 주방용 가위, 생선용 칼 |

1 등지느러미를 주방용 가위로 잘라낸다. 가시에 독이 있으므로 찔리지 않도록 주의한다.

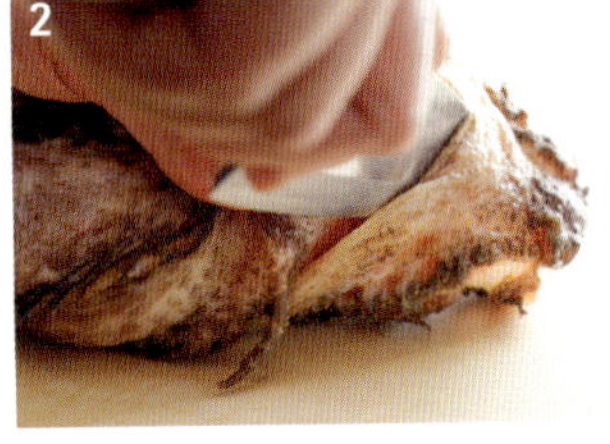

2 머리가 오른쪽으로 오도록 등을 도마에 대고, 아가미뚜껑을 열어서 칼끝을 넣고 **턱밑과 머리의 연결 부위를 자른다.**

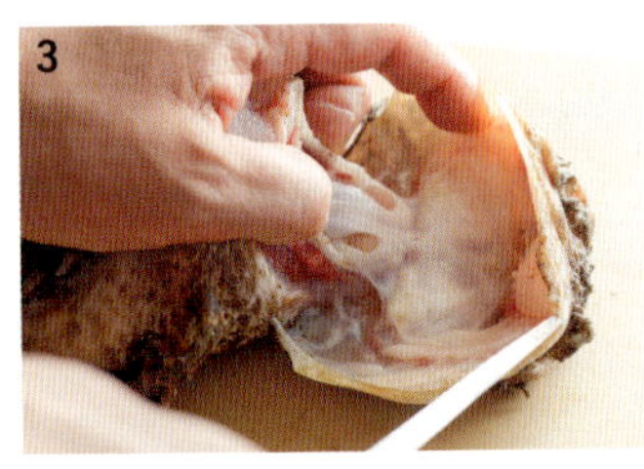

3 턱밑을 크게 벌린다.

4 위턱과 아가미가 붙어 있는 부분을 잘라서 분리하고, 아가미 주위의 얇은 막에도 칼집을 넣는다.

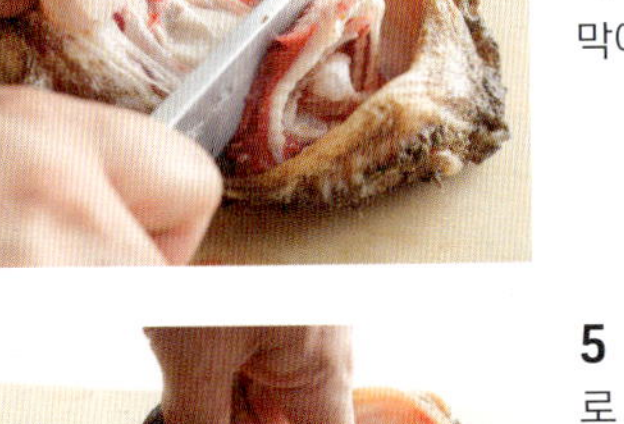

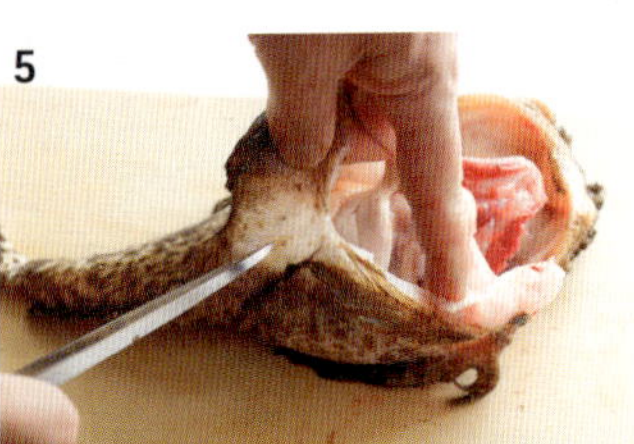

5 턱밑부터 항문까지 칼로 얇은 껍질을 찢어서 배를 가른다. 내장을 자르지 않도록 주의한다.

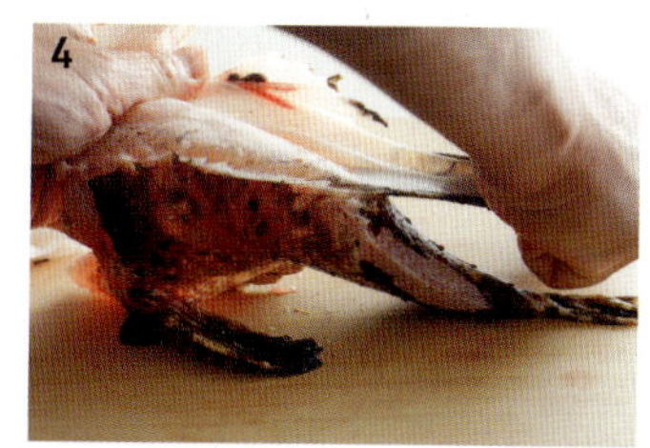

6 내장이 손상되지 않도록 주의하면서 복막을 자르고, **아가미와 내장을 빼낸다.**

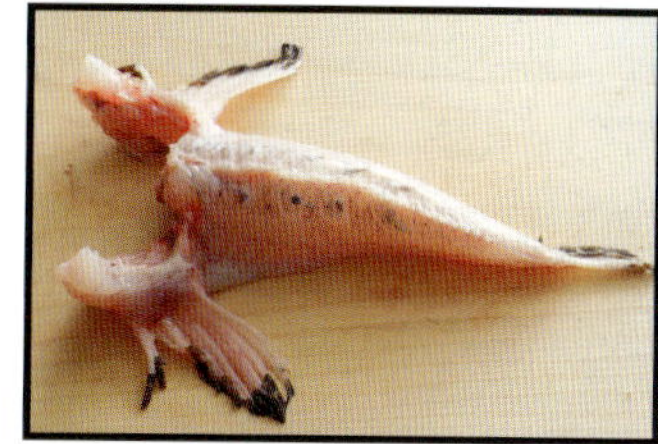

7 간에 붙어 있는 **검은 쓸개를 터지지 않게 잘라낸다.** 물로 재빨리 씻고, 키친타월로 표면과 뱃속의 물기를 확실히 닦는다.

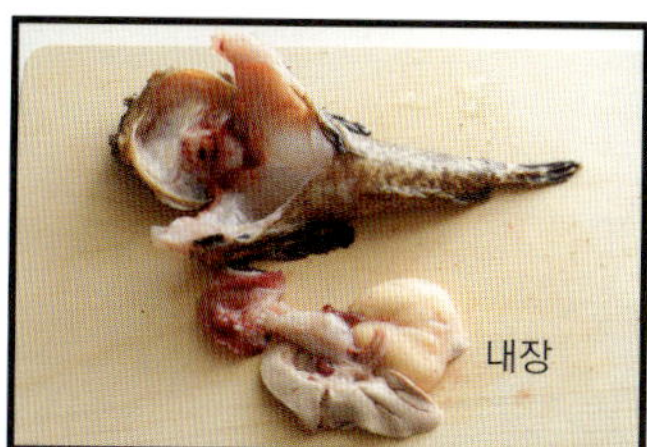

완성
밑손질한 상태.

내장

머리 자르기·껍질 제거
[가마 빼고 자르기]

도구 생선용 칼

1 머리가 왼쪽, 배가 앞쪽으로 오게 놓는다. 아가미뚜껑을 따라 머리 연결 부위에 칼을 비스듬히 깊게 넣어서, 등뼈를 자른다.

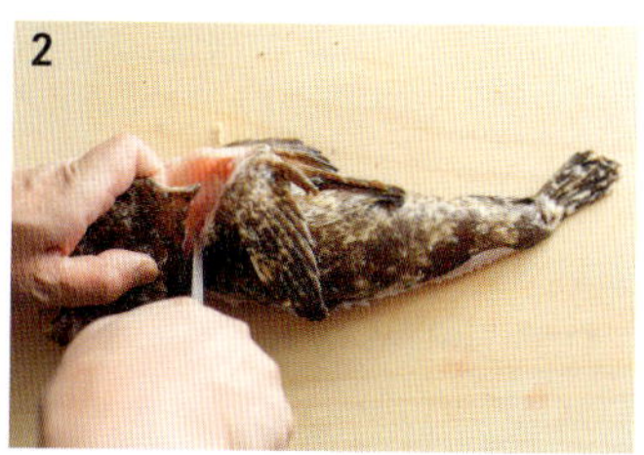

2 등이 앞쪽으로 오게 놓고, **1**의 자른 자리에서 아가미뚜껑을 따라 칼을 비스듬히 깊게 넣어서, **머리를 잘라낸다.**

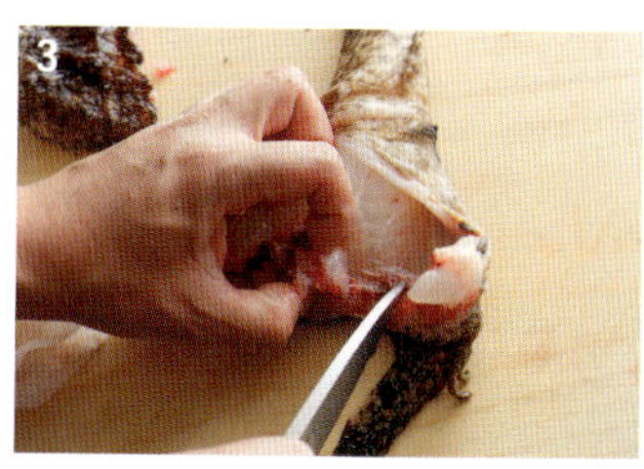

3 배가 위로 오고, 머리가 앞쪽으로 오도록 세로로 놓는다. **머리와 몸통의 연결 부위에 있는 콩팥에,** 양쪽에서 칼을 비스듬히 넣어 콩팥을 잘라낸다.

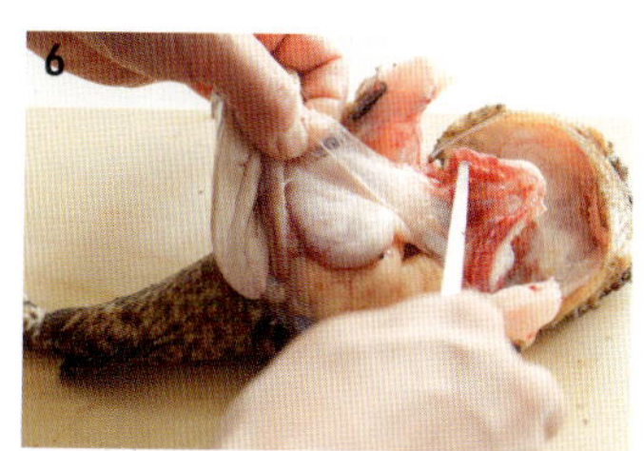

4 머리가 왼쪽, 등이 위로 오게 놓는다. 어깨에서 살과 껍질 사이에 손가락을 넣고, 꼬리를 향해 **껍질을 한 번에 잡아당겨서 깨끗하게 벗긴다.**

완성
머리를 잘라내고 껍질을 벗긴 상태.

손질
[3장뜨기]

＊ p.26~28 「3장뜨기」 참조

도구 생선용 칼

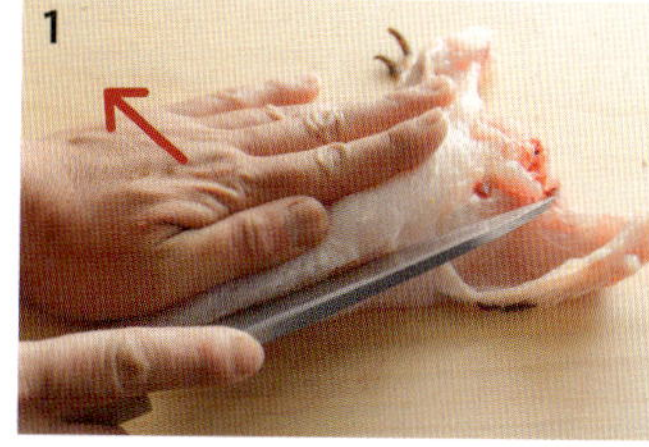

1 머리가 오른쪽, 배가 앞으로 오게 놓는다. 머리부터 꼬리쪽까지 기준선이 될 칼집을 넣는다. 생선이 움직이지 않도록 왼손으로 잘 누르고, 그 손을 등쪽으로 조금 옮기면 칼을 넣을 부분이 팽팽해져서 쉽게 칼집을 낼 수 있다. 단, 도마쪽으로 누르면 등뼈와 가운데뼈가 뒤틀려서, 칼이 똑바로 들어가지 않으므로 주의한다.

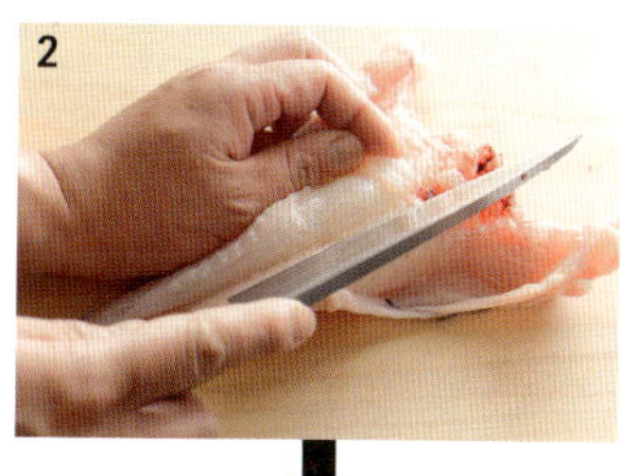

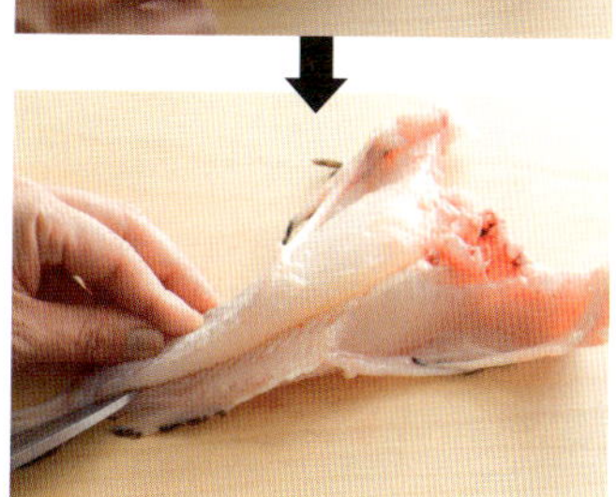

2 기준선을 따라 칼끝으로 등뼈를 긁듯이 꼬리쪽까지 자른다. 등뼈가 가늘어서 칼이 밑으로 들어가기 쉬우므로, 힘을 빼고 뼈 위를 정확히 자른다.

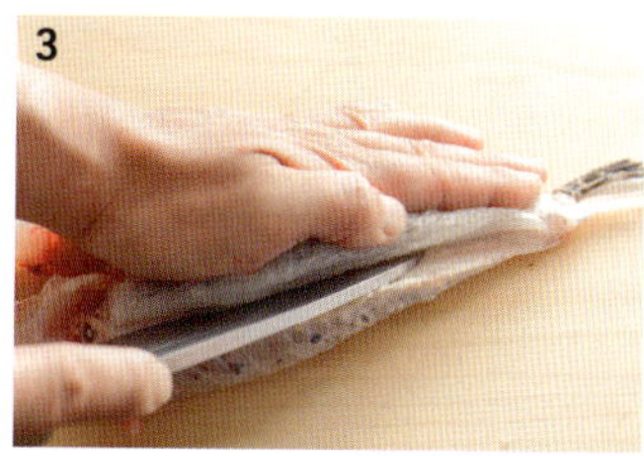

3 방향을 바꾸어 머리가 왼쪽, 등이 앞쪽으로 오게 놓고, 등쪽에 기준선이 될 칼집을 넣는다.

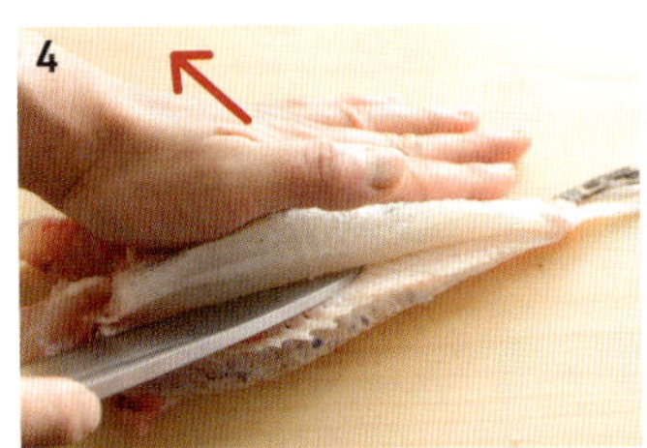

4 기준선을 따라 칼끝으로 등뼈를 긁듯이 어깨까지 자른다. 왼손으로 배를 살짝 눌러서 살을 팽팽하게 당기면, 칼을 쉽게 넣을 수 있다.

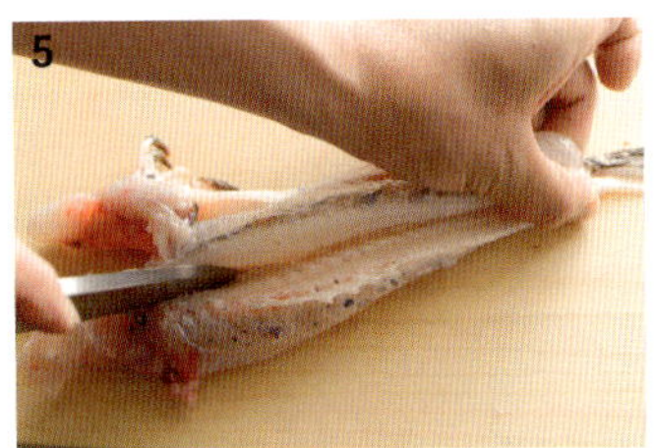

5 꼬리 연결 부위에 칼을 거꾸로 잡고 넣어서, 꼬리쪽을 향해 살짝 칼집을 넣는다. 칼을 돌려서 머리쪽까지 등뼈 위를 미끄러지듯이 움직여, 뼈에서 살을 잘라 분리한다.

6 뼈가 아래로 가고, 머리가 오른쪽, 등이 앞쪽으로 오게 놓은 뒤, 아래쪽 살과 같은 방법으로 등쪽에 칼을 넣는다.

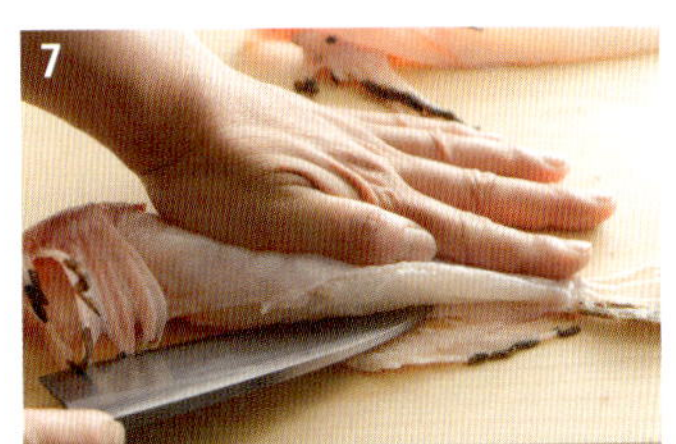

7 방향을 바꾸어 배쪽에도 같은 방법으로 칼을 넣는다. 살이 팽팽하게 당겨진 상태여서 자르는 순간 살이 벌어진다.

8 배뼈 부분은, 붙어 있는 부분의 곡선을 확인하면서 자른다.

9 5와 같은 방법으로 위쪽 살을 잘라서 분리한다.

완성

3장뜨기한 상태.

가마·배뼈 제거

★ 3장뜨기한 위쪽 살 사용.

도구 생선용 칼

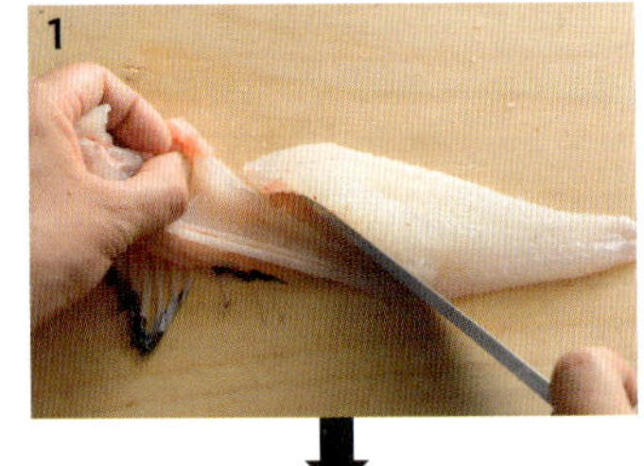

1 가슴지느러미와 가마를 비스듬히 잘라낸다.

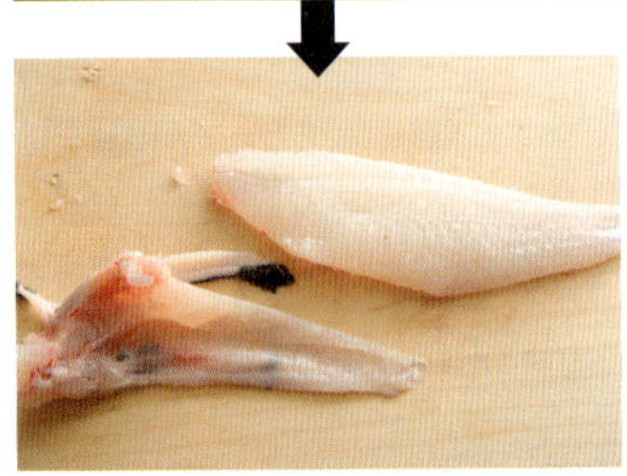

2 배뼈가 붙어 있는 부분에 칼을 넣어 위로 세우고, **배뼈를 얇게 저며낸다**(p.33「배뼈 분리2」, p.34「배뼈 저미기」 참조)

깎아썰기

★ 가마·배뼈를 제거한 위쪽 살 사용.

도구 회칼

1 **얇은 껍질을 벗긴다.** 얇은 껍질이 아래로 가고, 꼬리가 왼쪽으로 오게 놓는다. 꼬리쪽 끝부분의 살을 2㎝ 정도 저민 뒤, 얇은 껍질과 살 사이에 칼을 넣고, 껍질을 당기면서 머리쪽으로 칼을 움직여 껍질을 벗겨낸다(p.36「칼로 벗기기」 참조).

2 꼬리가 왼쪽, 도톰한 부분이 뒤쪽으로 가게 놓는다. 왼손을 살에 살짝 올리고, 칼을 눕혀서 뒷칼날을 살에 비스듬히 댄 뒤, 칼끝까지 한 번에 당겨서 얇게 저민다.

3 마무리는 칼날을 수직으로 세우고 당겨서 살을 잘라 분리한다.

쑤기미 무침 ⟶ p.122

갈라서 펼치기
[등 가르기]

★ 작은 쑤기미의 등지느러미를 주방용 가위로 잘라내고 사용.

도구 생선용 칼

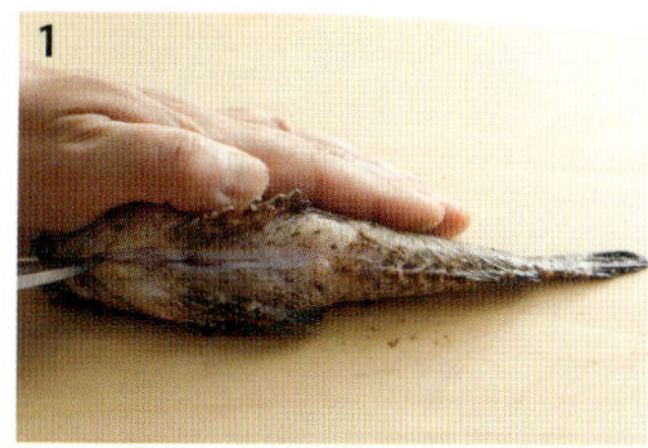

1 머리가 왼쪽, 배가 앞쪽으로 오게 놓는다. 내장이 손상되지 않도록 주의해서, 항문부터 턱밑까지 자른다.

2 배를 열고 아가미와 위아래 턱의 연결 부위를 자른다.

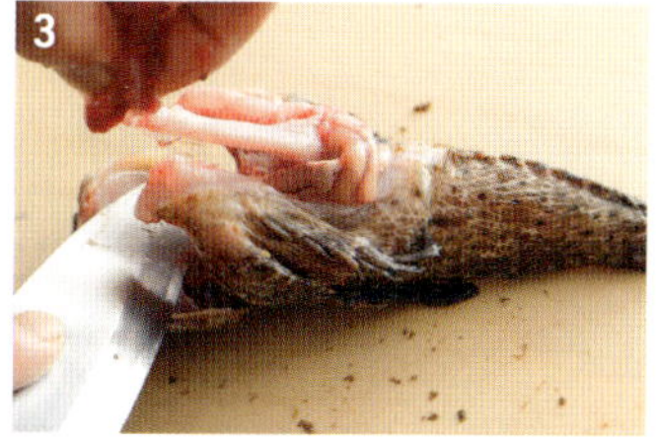

3 아가미 주변의 얇은 막을 잘라서 떼어내고, 손가락으로 아가미를 잡아당겨 내장과 함께 빼낸다.

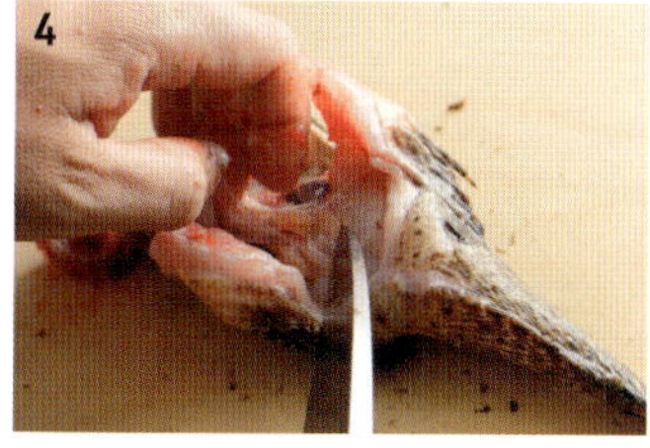

4 아가미와 내장을 한꺼번에 머리쪽으로 들어올려서, 살이 손상되지 않도록 힘줄과 얇은 막을 자르고 빼낸다. 물로 재빨리 씻고 물기를 닦는다.

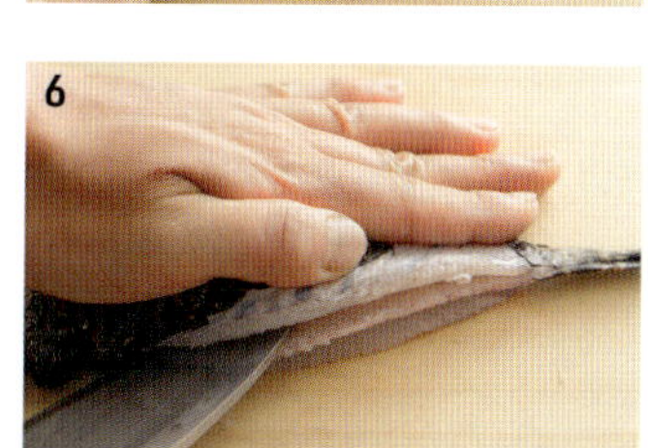

5 머리가 오른쪽, 등이 앞쪽으로 오게 놓는다. 왼손으로 껍질을 배쪽으로 살짝 당기면서, 등지느러미를 따라 머리 연결 부위부터 꼬리쪽까지 칼집을 넣는다. 칼집에 칼을 다시 넣고, 가운데뼈를 긁듯이 등뼈까지 깊게 자른다. 그대로 칼을 등뼈를 따라 움직여 배껍질만 남기고 잘라서, 등뼈와 가운데뼈에서 살을 잘라서 분리한다. 단, 꼬리쪽은 연결된 상태 그대로 둔다.

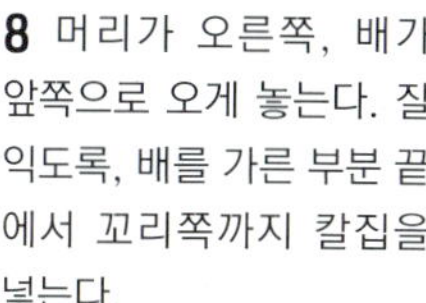

6 머리가 왼쪽, 등이 앞쪽으로 오게 놓고, **5**와 같은 방법으로 꼬리쪽부터 머리 연결 부위까지 칼을 넣어, 등뼈와 가운데뼈에서 살을 잘라 분리한다.

7 뼈에서 잘라 분리한 양쪽 살을 펼친다.

8 머리가 오른쪽, 배가 앞쪽으로 오게 놓는다. 잘 익도록, 배를 가른 부분 끝에서 꼬리쪽까지 칼집을 넣는다.

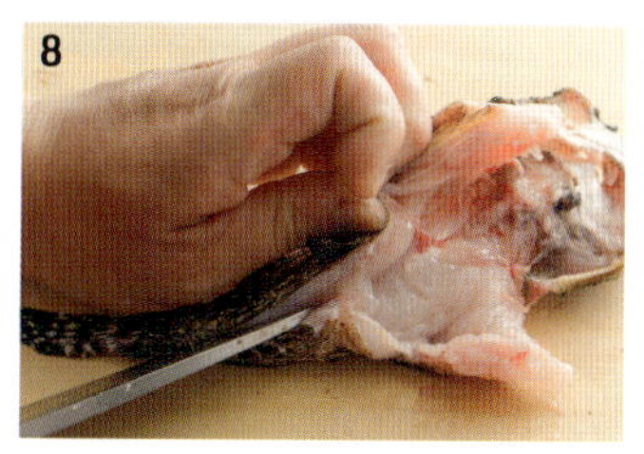

9 머리가 왼쪽, 등이 앞쪽으로 오게 놓고, 같은 방법으로 꼬리쪽부터 머리 연결 부위까지 칼집을 넣는다.

10 양쪽 가슴지느러미를, 뒤에서 앞으로 1/2바퀴 돌린다. 지느러미가 펴져서 요리를 보기 좋게 완성할 수 있다.

11 잘 익도록 머리를 칼등으로 두드려서 뼈를 부순다.

쑤기미 튀김 ⟶ p.122

쑤기미 무침

재료(2인분)

쑤기미 순살 … 1/2마리 분량
쑤기미 내장, 살껍질 … 1마리 분량씩
싹눈파, 소금, 간장 … 적당량씩

만드는 방법

1 쑤기미 내장에서 간, 난소, 위장을 잘라서 분리한다. 살껍질과
  위장은 물로 씻어서 점액질을 제거한다.
2 간은 끓는 물에 살짝 데쳐서 고운체에 내린다. 살껍질은 1분,
  위장과 난소는 3분 동안 데쳐서 물기를 빼고 먹기 좋게 썬다.
3 쑤기미 순살에 소금을 뿌리고 5분 정도 둔 뒤 물기를 닦아낸다.
  얇은 껍질을 제거하고 비스듬히 얇게 썬다.
4 볼에 2, 3을 넣고 골고루 버무린 뒤 간장으로 간을 한다.
5 그릇에 담고 싹눈파를 적당한 길이로 잘라서 올린다.

쑤기미 튀김

재료(2인분)

쑤기미(등 가르기) … 2마리(1마리 약 200g)
고추 … 4개
전분가루, 튀김용 기름 … 적당량씩

만드는 방법

1 쑤기미에 전분가루를 묻히고 여분의 가루를 털어낸다. 고추는
  세로로 칼집을 1개 넣는다.
2 튀김용 기름을 160℃로 가열하고 1을 넣어, 약불로 천천히 오
  래 튀긴다. 생선에서 나오는 거품이 작아지면, 건져서 기름기를
  제거한다.
3 튀김용 기름 온도를 180℃로 올리고, 2의 쑤기미를 1번 더 튀
  긴다. 표면이 노릇해지면 건져서 기름기를 뺀다.
4 튀김용 기름에 고추를 넣고 튀긴다.
5 그릇에 쑤기미를 담고 고추를 곁들인다.

양태

Bartail flathead

분류_ 쏨뱅이목 양태과
별명_ 장대, 장태, 짱태, 낭태 등
산지_ 보령, 여수, 고흥, 거제 등
제철_ 5~8월

위에서 누른 것처럼 머리가 납작하고, 볼이 양쪽으로 볼록하며, 몸통은 둥근 막대 모양으로 꼬리쪽으로 갈수록 가늘어지는 것이 특징이다. 몸 색깔은 서식 환경에 따라 달라지며, 모래 바닥에 몸을 숨기고 새우, 작은 문어나 오징어, 보리멸 등을 먹고 산다. 여름을 대표하는 흰살생선으로, 단단한 살은 탄력이 있고 단맛이 나서 맛있다. 얇게 썰거나 얼음물에 씻어서 먹으면, 쫄깃한 식감과 잡내가 없는 고급스러운 맛을 즐길 수 있다.

● **손질 포인트**

아가미 앞부분에 가시가 있고, 등지느러미도 날카로운 가시 모양이므로 주의해서 손질한다.

비늘이 촘촘해서 제거하기 힘들다. 비늘제거기와 칼을 사용하여 제거한다.

몸통이 둥근 막대 모양이지만, 기본 방법대로 칼을 넣으면 된다.

살에 잔뼈가 많이 박혀 있어서, 핀셋으로 1개씩 뽑는다

● **선택 포인트**

표면의 점액질은 신선하다는 증거.

위에서 보았을 때 통통하게 살찐 것을 고른다.

몸 색깔이 뚜렷하게 흑갈색을 띠는 것. 신선도가 떨어지면 색이 바래서 회색이 된다.

밑손질

도구 비늘제거기, 생선용 칼

1 머리가 왼쪽으로 오게 놓고, 지느러미에 찔리지 않게 주의하면서 **비늘제거기로 비늘을 벗긴다**(p17 「비늘 긁기2」 참조). 꼬리부터 머리를 향해 칼날로 등지느러미를 1개씩 쳐서 잘라낸다(주방용 가위로 잘라도 좋다).

2 몸을 뒤집어서 같은 방법으로 **뒷지느러미와 배지느러미를 제거한다.**

3 비늘제거기로 제거하기 힘든 부분(지느러미 주위 등)에 있는 **잔비늘을 칼로 제거한다**(p.17 「잔비늘 제거」 참조). 아가미뚜껑 끝에 가시가 있으므로 주의한다.

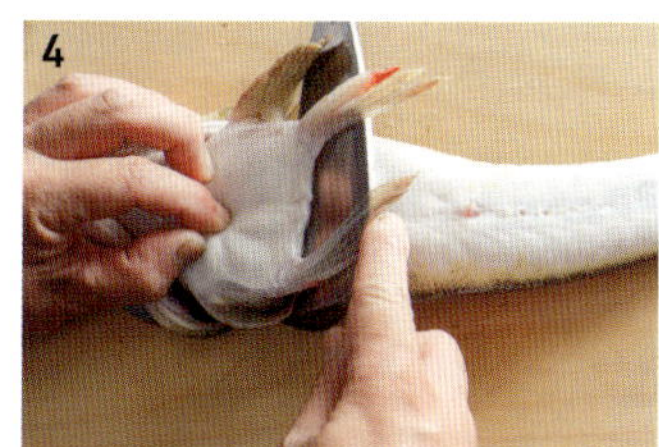

4 배가 위로 오게 놓은 뒤, 사진처럼 양쪽 가슴지느러미가 붙어 있는 부분을 연결하는 선에 칼을 대고, **머리와 등뼈의 연결 부위를 향해 껍질을 저미듯이 비스듬히 자른다.**

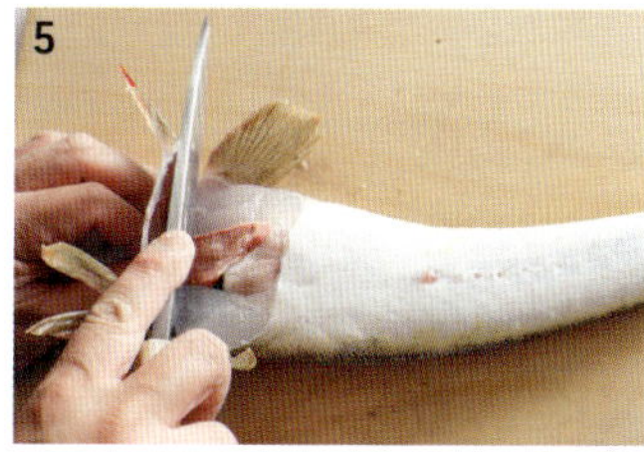

5 내장과 연결된 식도를 자르지 않도록 주의하면서, 연결 부위까지 칼을 넣는다.

6 배가 앞쪽으로 오게 놓은 뒤, 가슴지러미 뒤부터 머리 연결 부위를 향해 칼을 비스듬히 넣고, 등뼈에 닿으면 힘을 주어 자른다.

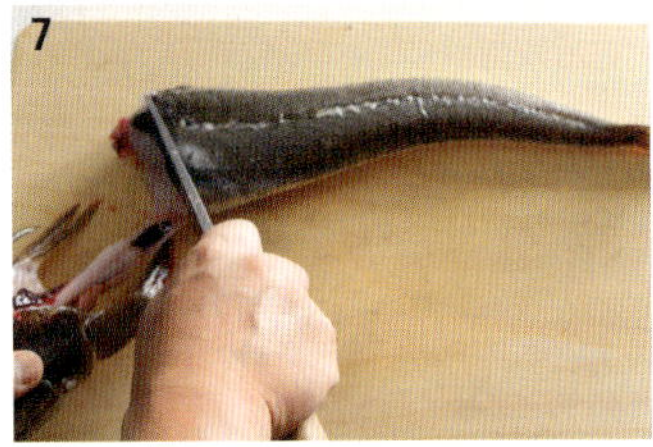

7 몸을 돌려서 등이 앞쪽으로 오게 놓고, 머리 연결 부위에서 가슴지느러미 뒤쪽을 향해 칼을 비스듬히 넣어 **머리를 잘라낸다.** 머리는 요리에 사용하지 않기 때문에, 가능한 한 살이 머리쪽에 남지 않도록, 양쪽에서 V자 모양으로 자른다. 이때 내장과 연결된 식도를 자르지 않는 것이 좋다.

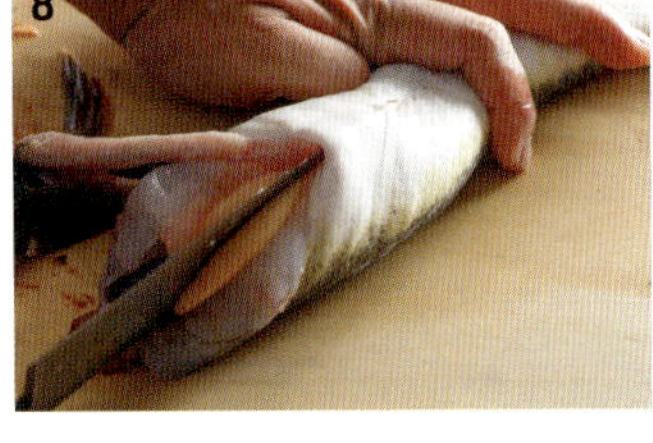

8 배가 위로 오게 놓고, 칼을 거꾸로 잡고 넣어서 항문쪽을 향해 배를 갈라서 연다.

9 내장 주위의 힘줄과 복막을 꼼꼼하게 잘라서 분리하고 **내장을 빼낸다. 7** 에서 식도를 자르지 않았으면, 머리와 내장을 함께 제거할 수 있다.

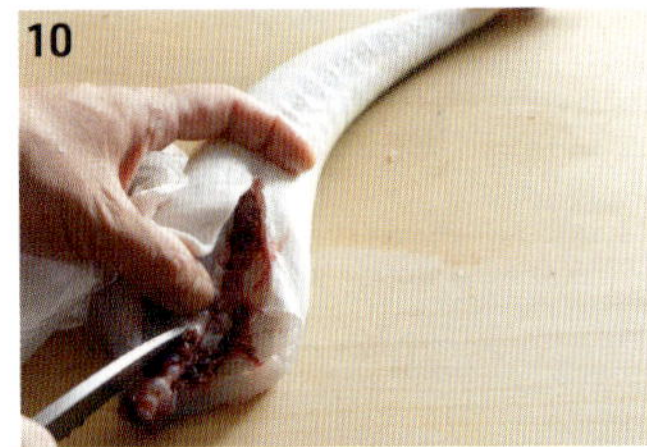

10 등뼈 부분의 얇은 막에 칼집을 넣어, 콩팥을 긁어낸다.

11 표면에 남아 있는 비늘과 뱃속의 불순물을 **물로 재빨리 씻어낸 뒤, 물기를 닦는다.** 뱃속에 남은 내장 등도 닦아낸다.

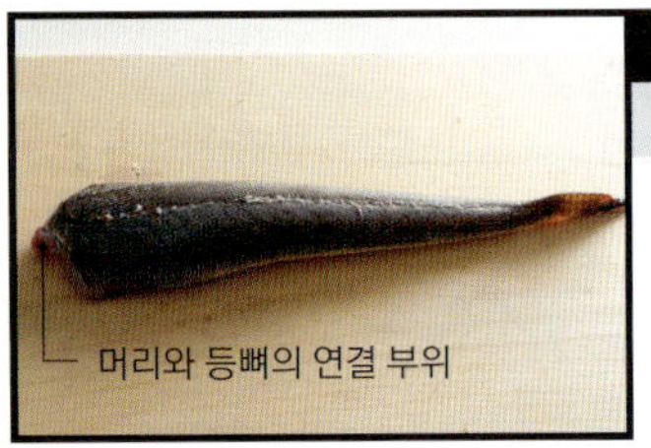

밑손질한 상태.

└ 머리와 등뼈의 연결 부위

손질
[3장뜨기]

* p.26~28 「3장뜨기」 참조.

도구 회칼

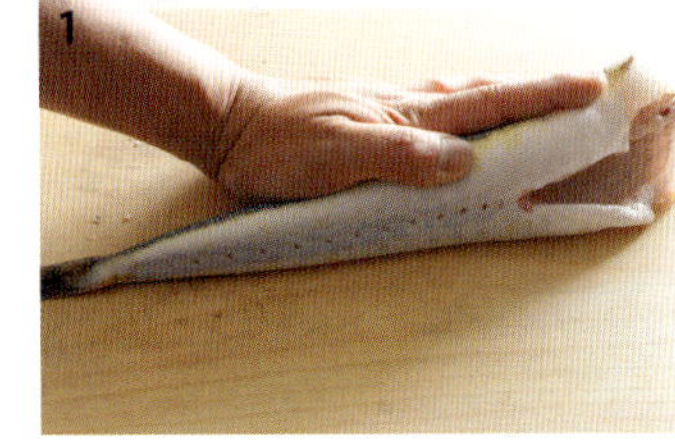

1 양태는 몸통이 둥근 막대 모양으로 도마에 올리면 움직일 수 있으므로, 몸통을 누르는 왼손 손가락을 도마에 대서 움직이지 않게 고정한 뒤 손질한다.

Point

왼손으로 몸통을 세우듯이 고정한다. 흔들리지 않게 고정하면, 손질 방법은 기본과 같다.

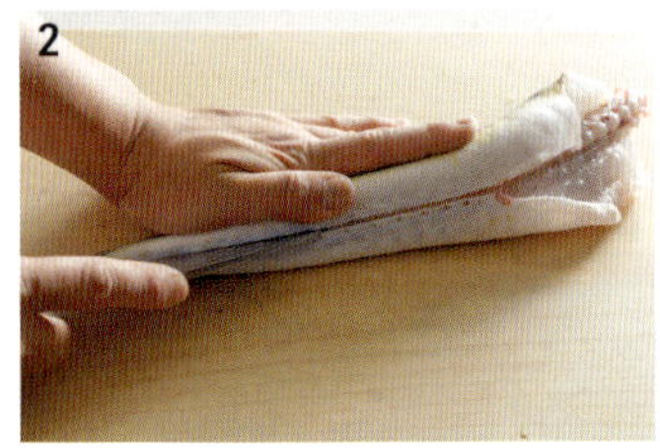

2 머리가 오른쪽, 배가 앞쪽으로 오게 놓는다. 배의 단면 끝부터 꼬리쪽까지, 뒷지느러미가 있던 자리 위에 칼집을 넣는다.

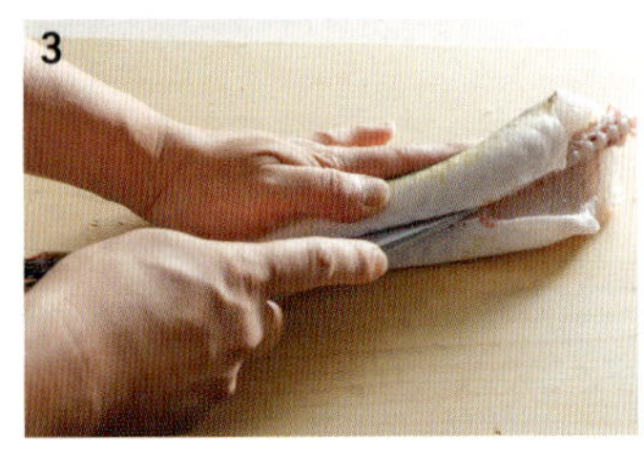

3 칼집을 따라 칼을 넣어 칼끝을 등뼈에 맞춘다. 칼배를 가운데뼈에 올리고, 칼끝으로 등뼈를 긁듯이 꼬리쪽까지 자른다.

4 머리가 왼쪽, 등이 앞쪽으로 오게 놓는다. 꼬리 연결 부위에서 어깨까지, 등지느러미가 있던 자리 위에 칼집을 넣는다.

Point

이때도 몸통이 움직이지 않도록 왼손으로 단단히 고정한다.

5 칼집을 따라 칼을 넣어 칼끝을 등뼈에 맞춘다. 칼배를 가운데뼈에 올리고, 칼끝으로 등뼈를 긁듯이 어깨까지 자른다.

6 꼬리 연결 부위에 칼을 거꾸로 잡고 넣어서 꼬리쪽에 살짝 칼집을 낸 뒤, 칼을 돌려서 등뼈 위를 미끄러지듯이 움직여 살을 잘라서 분리한다.

7 뼈가 아래로 가고, 머리가 오른쪽, 등이 앞쪽으로 오게 놓는다. 어깨부터 꼬리쪽까지 등지느러미가 있던 자리 위에 칼집을 넣고, 칼집을 따라 칼끝으로 등뼈를 긁듯이 꼬리쪽까지 자른다.

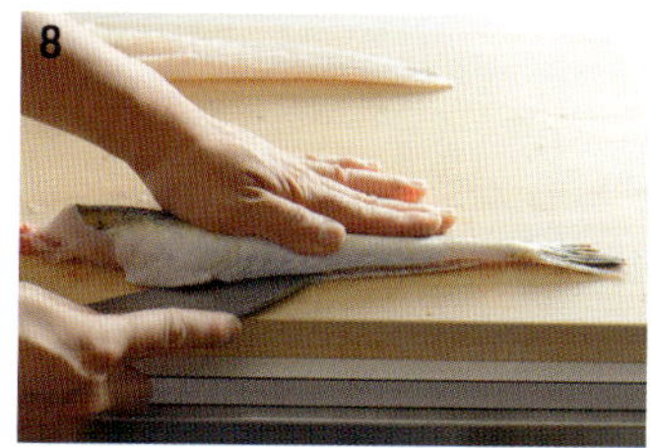

8 방향을 돌려서 머리가 왼쪽, 배가 앞쪽으로 오게 놓는다. 꼬리쪽부터 배의 단면 끝까지, 뒷지느러미가 있던 자리 위에 칼집을 넣는다.

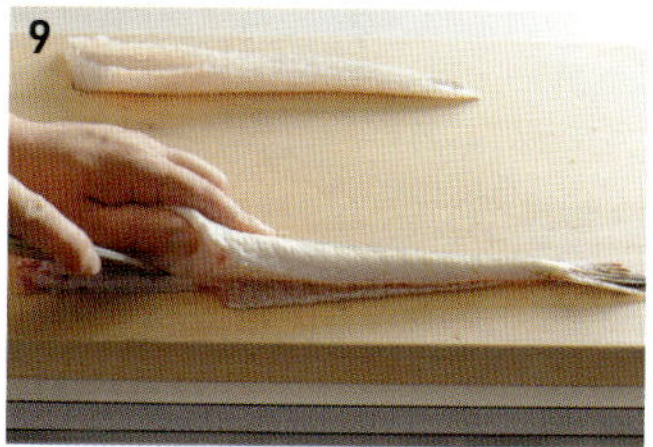

9 칼집을 따라 칼끝으로 등뼈를 긁듯이 칼을 움직인다. 배뼈에 닿으면 살을 살짝 들어올리고, 칼끝으로 배뼈와 등뼈의 연결 부위를 잘라서 분리한다.

10 꼬리 연결 부위에 칼을 거꾸로 잡고 넣어서 꼬리쪽에 살짝 칼집을 낸 뒤, 칼을 돌려서 등뼈 위를 미끄러지듯이 움직여 살을 잘라서 분리한다.

완성

3장뜨기한 상태.

배뼈·잔뼈 제거

도구 생선용 칼, 핀셋

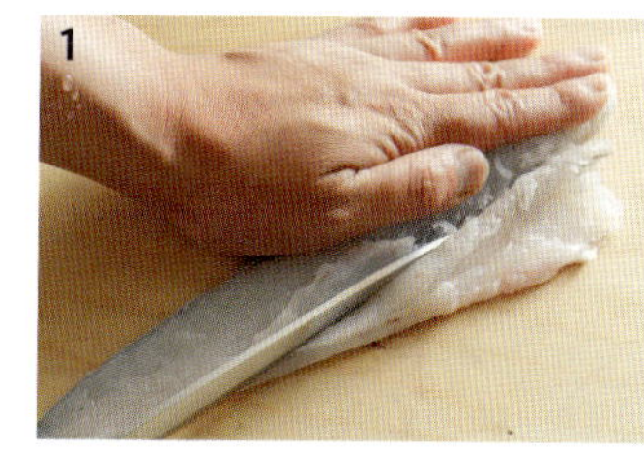

1 배가 오른쪽으로 오게 세로로 놓고, 배뼈와 잔뼈를 뱃살쪽에 붙여서 자른다.

Point

자른 뱃살은 조림이나 국물 요리에 사용할 수 있다.

2 등뼈에 남은 잔뼈를 핀셋으로 뽑는다(p.35 「뽑기」 참조). 머리가 오른쪽으로 오게 놓고, 잔뼈를 핀셋으로 집은 뒤, 뼈 양옆을 손가락으로 살짝 누른다.

3 뼈의 모양과 각도에 맞춰서, 머리쪽을 향해 뽑는다. 손가락으로 뼈를 찾아서 1개씩 뽑는다.

Point

양태의 잔뼈는 두껍고 단단할 뿐 아니라 활모양으로 구부러져 있어서, 제거하기 어렵고 힘이 많이 필요하다.

껍질 제거

* 껍질이 붙어 있는 순살(등살) 사용.

도구　회칼

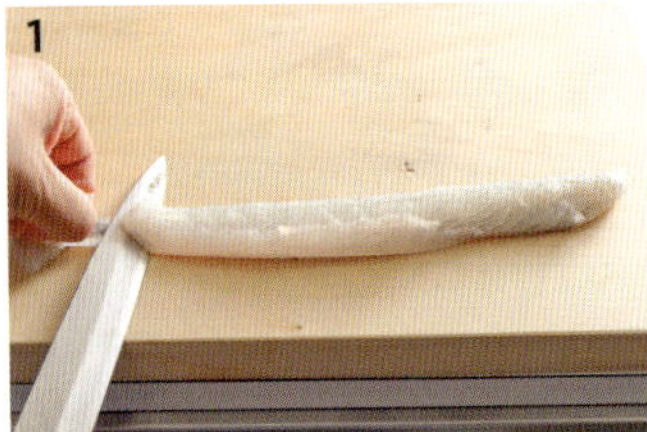

1 껍질이 아래로 가고, 꼬리가 왼쪽으로 오게 놓는다. 꼬리 끝에서 2㎝ 정도에 껍질만 남도록 칼집을 넣고, 꼬리쪽을 향해 살을 저며낸다.

2 껍질과 살 사이에 칼을 넣고, 도마에 칼날을 대고 누른다. 왼손으로 껍질을 당기면서 위아래로 조금씩 움직여, 칼을 머리쪽으로 이동시켜서 껍질을 제거한다.

깎아썰기

* 껍질을 제거한 순살(등살) 사용.

도구　회칼

꼬리가 왼쪽, 도톰한 부분이 뒤쪽으로 가게 놓는다. 뒷칼날을 눕혀서 살에 비스듬히 대고, 칼 길이를 모두 사용하여 한 번에 당겨서 얇게 저민다. 마무리로 칼날을 수직으로 세우고 당겨서 살을 잘라 분리한다.

양태회

재료(2인분)

양태 순살(껍질을 제거한 등살) ⋯ 1토막

토란 줄기 ⋯ 적당량

매실절임(으깬 과육) ⋯ 적당량

만드는 방법

1 양태를 조금 도톰하게 깎아썰기하고, 50~60℃ 물에 넣어 흔들어서 씻는다. 살이 살짝 오그라들고 하얗게 변하면 얼음물에 담가서 식히고, 건져서 물기를 잘 닦는다.

2 토란 줄기는 껍질을 벗기고 얇게 썬 뒤, 물에 15분 정도 담가서 떫은맛을 빼고 물기를 제거한다.

3 그릇에 **1**을 담고 **2**와 매실절임을 곁들인다.

미지근한 물로 씻는다. 특유의 잡내가 빠지고, 단맛이 증가하며, 식감이 쫀득해진다.

키친타월로 물기를 닦는다.

연어
Chum salmon

분류_ 연어목 연어과
별명_ 계어, 연어사리(새끼 연어)
산지_ 한국 양양, 속초 / 일본 홋카이도 /
　　　노르웨이 / 칠레 등
제철_ 5~9월(자연산), 양식은 연중

연어는 흰살생선으로 분류된다. 살이 붉은 것은 먹이인 갑각류의 껍질 등에 포함된 아스타잔틴이라는 색소 때문인데, 연어알이 붉은 것도 같은 이유이다. 아스타잔틴에는 항산화 작용이 있다. 일본에서는 연어를 「사케」라고 부르는데, 홋카이도 지역 등에서 자연산 연어를 만날 수 있다. 가을에 산란을 위해 돌아온 연어가 강 상류로 올라가기 직전에 어획하는데, 이때는 살에 지방이 적지만 암컷 배에는 알이 가득하다. 홋카이도에는 연어의 코연골과 콩팥으로 만든 향토요리도 있다. 다만, 자연산 연어에는 기생충이 있으므로, 냉동이 아니면 날것으로 먹지 않는다.

● **손질 포인트**

살도 뼈도 부드러워서 부서지기 쉬우므로, 주의한다.

한쪽 살을 분리한 뒤, 뒤집지 않고 등뼈 아래쪽 살을 잘라서 분리한다.

● **선택 포인트**

신선한 것은 비늘이 은빛을 띤다.

연어는 강을 거슬러 올라갈 때가 되면 은빛이었던 몸 색깔이 황갈색(혼인색) 등으로 바뀌어, 수컷과 암컷의 차이가 뚜렷해진다.

배나 꼬리 연결 부위가 둥그스름하고 입체적인 것.

수컷은 머리가 곧고 크며, 번식기가 되면 위턱 끝부분이 늘어나 부리 모양으로 구부러진다.

수컷은 꼬리지느러미가 깊이 갈라져 있다.

밑손질

도구　철수세미, 생선용 칼

1 흐르는 물 아래에서 꼬리부터 머리쪽을 향해 **철수세미로 문질러서, 비늘을 제거한다.** 수세미가 닿지 않는 부분은 칼로 긁어낸다(p.17 「잔비늘 제거」 참조).

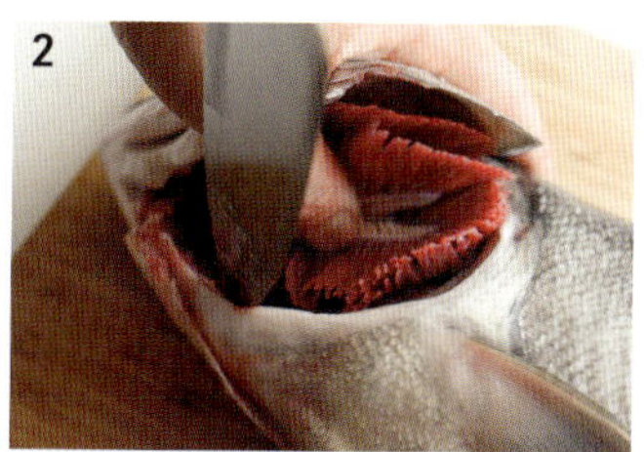

2 머리가 왼쪽, 배가 앞쪽으로 오게 놓는다. 아가미뚜껑을 열어서 칼끝을 넣고 **아가미를 제거한다** (p.22 「아가미 제거1」 참조).

3 칼끝으로 항문부터 턱밑까지, 배의 가운데를 자른다.

배에 들어 있는 알이 손상되지 않도록, 칼을 깊게 넣지 않는다.

4 배를 열고 내장 주위의 힘줄과 복막을 꼼꼼하게 잘라낸다.

5 아가미와 머리의 연결 부위를 자르고, 그대로 **아가미를 잡아 조심스럽게 당겨서 내장과 함께 빼낸다**(p.23「배 갈라서 열기 1」참조).

6 알 주변의 힘줄과 얇은 막을 조심스럽게 자르고, **알이 손상되지 않게 손으로 빼낸다.**

7 등뼈 부분의 얇은 막에 칼집을 넣고, 칼날로 **콩팥을 긁어낸다.** 꼬리쪽은 칼끝을, 머리쪽은 뒷칼날을 사용하면 쉽게 긁어낼 수 있다. 콩팥이 손상되지 않도록 주의한다. **물로 깨끗이 씻고 물기를 닦는다.** 알과 콩팥도 씻어서 물기를 닦는다.

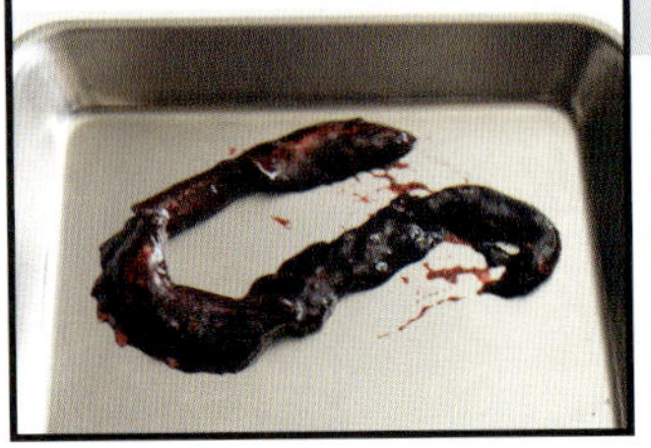

밑손질한 연어알.

연어알 절임 ➡ p.131

콩팥

연어 콩팥 젓갈(메훈)
➡ p.132

손질
[3장뜨기]

 생선용 칼

1 머리가 오른쪽, 배가 앞쪽으로 오게 놓는다. 아가미뚜껑을 열고, 머리 연결 부위를 자른다.

2 머리 연결 부위를 세우고 칼을 수직으로 넣어서 **머리를 잘라낸다.**

3 항문부터 꼬리쪽까지 칼집을 넣고, 칼집을 따라 칼끝으로 등뼈를 긁듯이 꼬리쪽까지 자른다. 가운데뼈가 짧아서 힘을 주면 칼날이 기울어져 뼈 밑으로 들어가버린다. 칼집에 칼을 넣고 오른손의 힘을 뺀 뒤, 칼배를 가운데뼈 위에 잘 올려서 자른다.

4 머리가 왼쪽, 등이 앞쪽으로 오게 놓는다. 꼬리쪽부터 어깨까지 등지느러미 위에 칼집을 넣는다. 등지느러미가 짧기 때문에, 먼저 등지느러미 위에 칼집을 낸 뒤, 이어서 꼬리 연결 부위에서 등지느러미까지, 등지느러미에서 어깨까지 칼집을 넣는다. 연어 껍질은 매우 단단하므로, 몸통을 누르는 왼손의 중심을 배쪽으로 옮겨, 껍질을 팽팽하게 당기면서 칼집을 넣는다.

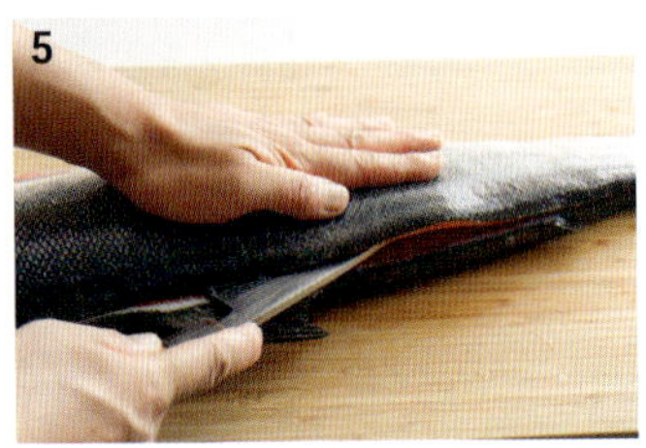

5 칼집을 따라 칼끝으로 등뼈를 긁듯이 어깨까지 자른다.

6 살을 조금 들어올려, 등뼈를 긁듯이 마름모 모양 등뼈의 꼭대기까지 칼집을 확실히 넣는다.

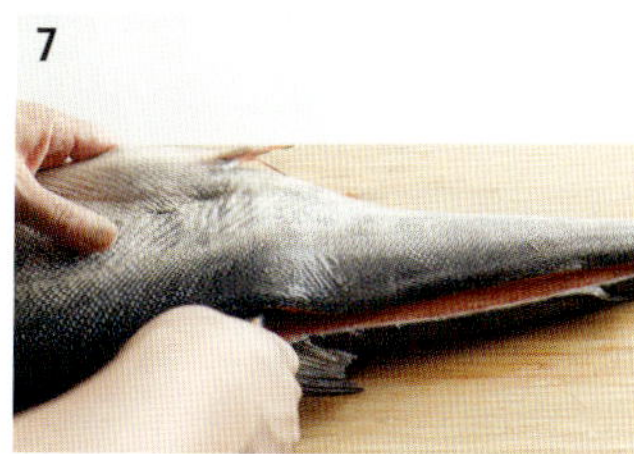

7 꼬리 연결 부위에 칼을 거꾸로 잡고 넣어서, 꼬리 쪽에 살짝 칼집을 낸다. 칼을 돌려서 등뼈 위를 미끄러지듯이 움직여 살을 잘라낸다. 배뼈에 닿으면 칼끝을 도마쪽으로 기울이고, 뒷칼날을 어깨쪽으로 돌려서 자른다. 이때 살이 손상되지 않도록 몸통을 들어올려서 자른다. 살을 잘라낸 뒤, 꼬리 연결 부위에 칼을 넣어 한쪽 살을 분리한다.

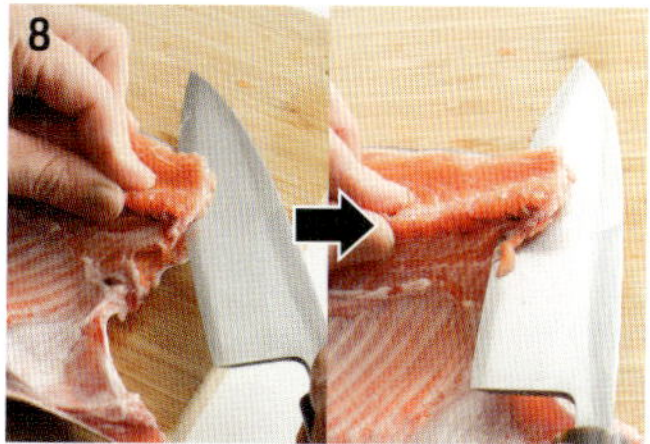

8 **뼈가 위에 있는 상태에서**, 머리를 오른쪽, 배를 앞쪽으로 놓는다. **등뼈와 살 사이에 칼을 넣는다.** 칼날을 가운데뼈 끝에서 비스듬히 넣고, 등뼈에 닿으면 수평하게 잡는다.

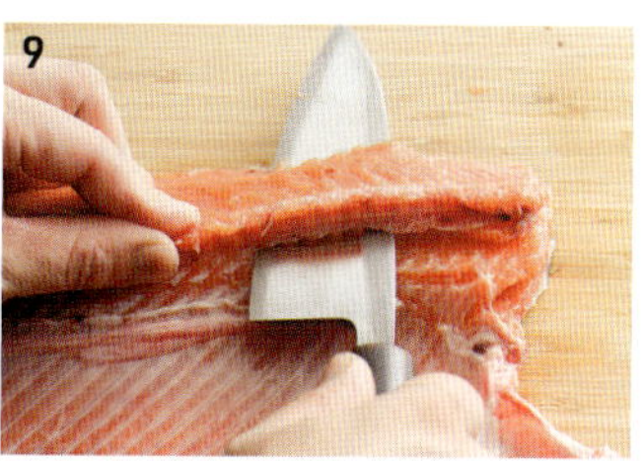

9 등뼈 위를 왼손으로 살짝 잡고 칼날을 조금 위로 올려서, **뼈를 들어올리듯이 등뼈를 따라 자른다.** 칼을 살에 붙이고 자르면 살이 손상되기 쉽다.

10 등지느러미와 지느러미뼈, 뒷지느러미와 지느러미뼈는 살쪽에 남긴다. 꼬리까지 자르면 꼬리 연결 부위에 칼을 넣어 한쪽 살을 잘라낸다.

11 **10**에서 자른 살을 머리가 앞쪽으로 오도록 세로로 놓고, 뒷지느러미와 지느러미뼈를 함께 저며서 잘라낸다.

12 꼬리가 앞쪽으로 오게 놓고, 등지느러미와 지느러미뼈를 잘라낸다.

완성
3장뜨기한 상태.

토막내기

* 3장뜨기한 순살 사용.

도구 생선용 칼

1 살이 위로 오고, 머리는 왼쪽으로 오게 놓는다. 가마 부분을 세우듯이 들어올리면 접히는 선이 있는데, 이 선을 따라 칼을 넣어 **가마를 잘라낸다.**

2 배쪽 끝에 있는, 배뼈가 끝나고 뼈가 없는 부분(하라스)을 자른다.

3 배뼈가 붙어 있는 부분에 칼을 눕혀서 넣고, 떠내듯이 얇게 저민다.

4 꼬리가 왼쪽, 도톰한 부분이 뒤쪽으로 가게 놓는다. 왼쪽부터 칼을 눕혀서 넣고, 칼 길이를 모두 사용하여 **2~3㎝ 두께로 얇게 저미듯이 썬다.**

완성
작게 토막낸 상태.

연어 사이쿄야키 ➡ p.133

보관할 때는 양면에 소금을 뿌리고 비닐랩으로 감싼 뒤, 냉동보관하는 것이 좋다.

머리 갈라서 나누기

1 **머리를 안쪽에서 가른다**(p.38 「안쪽에서 가르기」 참조). 입이 위로 오고 턱이 앞쪽으로 오도록 세운 뒤, 아랫입술 가운데를 자른다.

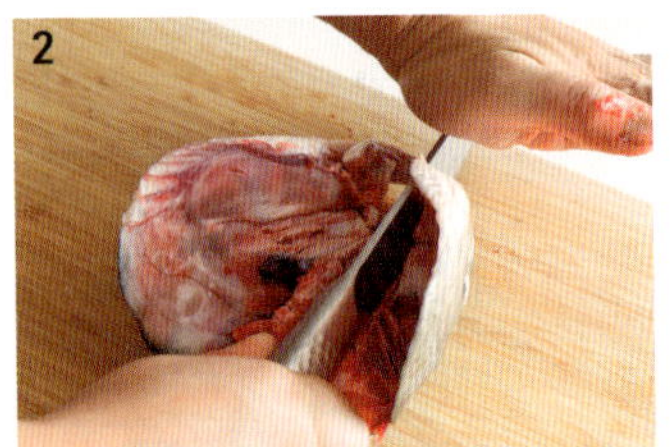

2 오른쪽 눈과 굵은 뼈 사이에 칼집을 넣는다. 이 칼집에 칼을 대고 왼손으로 칼등을 눌러서 자른다.

3 머리를 양쪽으로 완전히 벌린 뒤, 연결된 부분에 칼을 대고 손으로 칼등을 쳐서 2개로 나눈다.

4 윗면이 위로 오고, 정수리가 앞쪽으로 오게 놓는다. 코끝부터 머리쪽에 걸쳐서 있는, **반투명한 연골 부분을 잘라낸다.**

5 코끝, 연골 부분, 머리 부분으로 잘라서 나눈다.

6 눈 뒤에 칼을 넣어 머리 부분을 네모나게 잘라서 나눈다. 입과 아래턱을 나누고, 아가미뚜껑을 잘라낸다.

연어 미소장국 ● p.133
연골 초무침 ● p.132

등뼈·가운데뼈 잘라서 나누기

관절(볼록한 부분)에 뒷칼날을 대고 칼등을 쳐서 자른다.

완성

등뼈·가운데뼈를 잘라서 나눈 상태.

연어 미소장국 ● p.133

연어알 풀기

* 생연어의 알주머니 2개 중 1개 사용.

1 볼에 70℃ 소금물(염분농도 약 3% / 물 또는 뜨거운 물 1ℓ에 소금 30g을 섞으면 3% 농도가 된다)을 1ℓ 준비한 뒤, 알주머니를 넣어서 알주머니가 수축되고 전체가 하얗게 변할 때까지 담가둔다.

2 상온의 소금물(염분농도 약 3%)을 넉넉히 준비한다. **1**의 소금물을 버리고, 상온의 소금물을 다시 붓는다.

3 알주머니에서 알을 풀어준다. 대강 풀어지면 소금물을 갈아준다.

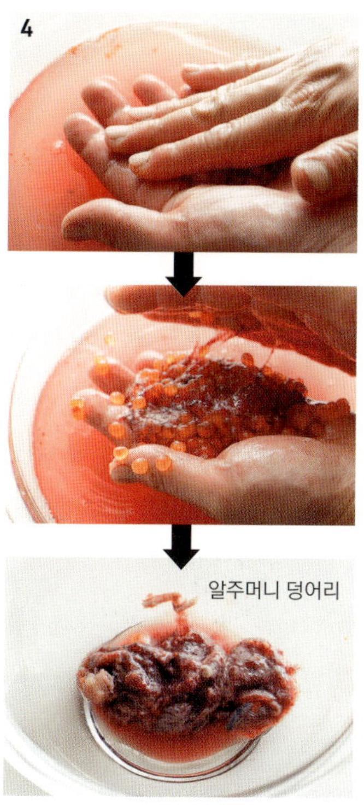

4 손 위에 놓고 살짝 주물러서 알알이 풀어준다. 주무르는 동안 알주머니가 엉켜서 덩어리가 되면 제거한다. 소금물을 3~4번 갈아주면서 조심스럽게 풀어준다.

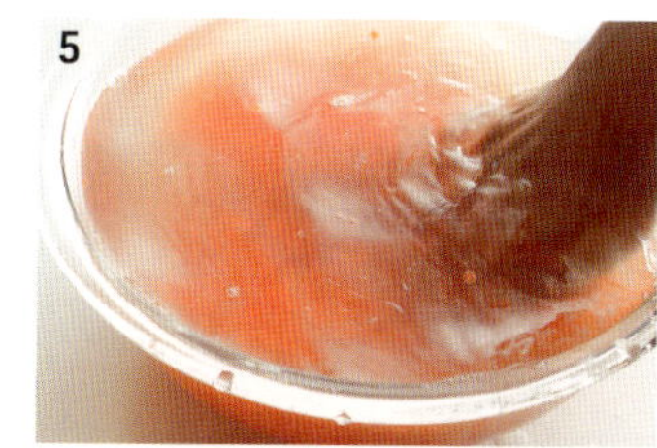

5 모두 풀어준 다음 다시 소금물을 갈고 살짝 섞는다. 남아 있는 껍질, 힘줄, 흰 박막 등이 물 위로 떠오르면, 소금물과 함께 버린다. 소금물이 뿌옇게 변하지 않을 때까지, 이 과정을 반복한다.

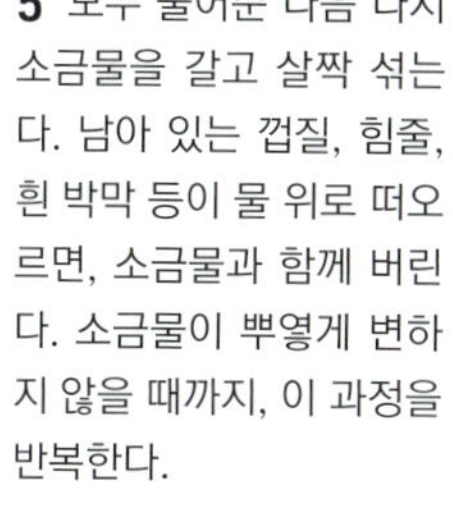

6 체에 건져서 물기를 뺀다. 이때 짙은 색을 띤 알(쓴맛이 난다)이 있으면 제거한다.

완성
생연어의 알주머니를 풀어준 상태.

연어알 절임 ➲ 아래

연어알 절임

재료(만들기 쉬운 분량)

연어알 … 알주머니 1개 분량

굵은 소금 … 적당량

만드는 방법

1 연어알을 소금물에 넣고 씻어서 풀어준다(p.130「연어알 풀기」 참조).

2 맛을 보고 짠맛이 부족하면 소금을 넣고, 하룻밤 냉장보관한다.

연어알 술지게미 절임

재료(만들기 쉬운 분량)
연어알 … 알주머니 1개 분량
술지게미(판처럼 굳힌 것) … 60g
미소된장 … 30g

만드는 방법
1 술지게미는 적당한 크기로 잘라서 볼에 담고, 뜨거운 물을 조금씩 부은 뒤 섞어서 페이스트 상태로 만든다.
2 1에 미소된장을 넣고 골고루 섞는다.
3 연어알은 굵은 힘줄 등을 제거하고 2를 골고루 발라서, 밀폐용기에 담아 하룻밤 이상 냉장고에 넣어둔다.
4 3을 먹기 좋은 크기로 잘라 쿠킹시트에 올린 뒤, 100℃ 오븐에 넣고 표면이 마를 때까지 10분 정도 굽는다.

연어 콩팥 젓갈

재료(만들기 쉬운 분량)
연어 콩팥 … 30g   청주 … 적당량
소금 … 1큰술   청소엽, 싹눈파 … 적당량씩

만드는 방법
1 콩팥에 소금을 뿌리고, 3일 동안 냉장고에 넣어둔다.
2 1의 소금을 청주로 씻어낸다.
3 물기를 확실히 닦고 비닐랩으로 단단히 감싼 뒤, 3일 동안 냉동고에 넣어두고 얼린다.
4 해동해서 먹기 좋게 썬 뒤 청소엽을 깐 그릇에 담고, 싹눈파를 잘게 썰어서 뿌린다.

연골 초무침

재료(만들기 쉬운 분량)
연어 코연골 … 1마리 분량   소금, 식초 … 적당량씩
단촛물   식용 국화, 간 무 … 적당량씩
　| 식초 … 2큰술 / 설탕 … 1큰술 / 소금 … 조금

만드는 방법
1 연골을 얇게 저며 소금 1큰술을 섞고, 하루 동안 냉장보관한다.
2 1을 물로 씻은 뒤 식초와 물을 같은 비율로 섞은 식촛물에 담가서, 소금기를 알맞게 뺀다.
3 식용 국화는 꽃잎을 떼서 암술과 수술을 제거한 뒤, 식초를 조금 넣은 뜨거운 물에 살짝 데쳐서 찬물로 헹구고 물기를 짠다.
4 단촛물 재료를 섞어서 설탕을 녹인다.
5 물기를 뺀 코연골, 국화, 간 무를 섞어서 단촛물로 버무린다.

연어 사이교야키

재료(4인분)

연어 살 ··· 4토막

미소양념

　사이쿄미소 ··· 100g

　맛술 ··· 1.5큰술

　청주 ··· 1/2큰술

소금 ··· 적당량

간 무, 간장 ··· 적당량씩

만드는 방법

1　연어 살 양면에 소금을 뿌려서 30분 정도 둔 뒤, 표면에 배어 나온 물기를 닦아낸다.

2　미소양념 재료를 섞어서 밀폐용기에 담고 **1**을 넣은 뒤, 냉장고에서 2일 정도 재운다.

3　**2**의 양념을 씻어낸 뒤 물기를 닦고, 예열한 생선구이 그릴(양면구이)에 올려서 중불로 7~8분 굽는다.

4　그릇에 담고, 간 무를 올린 뒤 간장을 두른다.

연어 미소장국

재료(4인분)

연어 머리, 뼈 ··· 1/2마리 분량

무 ··· 1/3개

당근 ··· 1/3개

우엉 ··· 1/3개

대파 ··· 1/3줄

표고버섯(생) ··· 4개

다시마 육수 ··· 3.5컵

술지게미(판처럼 굳힌 것) ··· 100g

미소된장 ··· 2~3큰술

소금 ··· 적당량

만드는 방법

1　연어의 머리와 뼈는 한입 크기로 썰고, 소금을 뿌려서 30분 정도 그대로 둔다. 볼에 담고 뜨거운 물을 넉넉히 부어 살짝 익힌 뒤, 찬물에 담가서 비늘 등을 씻어내고 물기를 닦는다.

2　무, 당근, 우엉은 먹기 좋게 썰고 대파는 3㎝ 길이로 썬다. 표고버섯은 밑동을 잘라내고 4조각으로 자른다.

3　냄비에 다시마 육수를 넣고 중불에 올려서 **1**을 넣는다. 끓으면 거품을 걷어내고 약불로 줄여서 15분 정도 끓인다.

4　술지게미를 적당한 크기로 잘라서 볼에 담고, **3**의 육수를 알맞게 넣은 뒤 섞어서 페이스트 상태로 만든다.

5　**3**에 무, 당근, 우엉을 넣는다. 익으면 표고버섯과 대파를 넣고 **4**와 미소된장을 넣어서 섞은 뒤 소금으로 간을 한다.

옥돔
Tilefish

분류_ 농어목, 옥돔과
별명_ 오토미, 솔라니, 생선 등
산지_ 부산, 제주 등
제철_ 11~2월

지방이 적당히 있고 고급스러운 단맛이 나는 생선이다. 건어물, 구이, 찜 등으로 많이 먹는데, 특히 옥돔 구이는 제주도를 대표하는 음식으로 유명하다. 일본에서는 단맛이 나는 붉은 생선이라는 뜻으로 「아카아마다이」라고 부른다. 옥돔은 살이 부드럽고 촉촉하기 때문에, 소금에 절여 여분의 수분을 빼고 맛을 응축시키면 깊은 맛이 난다. 비늘을 튀기거나 구워서 바삭한 식감과 고소한 향을 즐기는 것도 옥돔만의 독특한 조리법이고, 머리나 뼈로는 깊은 맛이 있는 육수를 낼 수 있다. 같은 옥돔 종류로 「황옥돔」, 「옥두어」 등이 있으며, 그중 옥두어가 가장 맛이 좋다고 알려져 있다.

● **손질 포인트**

붉은 껍질을 살리려면 비늘을 긁어낸다.

살은 부드럽고 뼈는 단단해서 손질하기 어렵다. 칼을 넣는 포인트가 조금만 어긋나도 살이 부서지기 때문에, 신중하고 꼼꼼하게 작업한다.

● **선택 포인트**

신선한 것은 표면에 실처럼 늘어지는 끈적한 점액이 있다.

눈에 생기가 있다.

살에 탄력이 있고 배가 단단한 것.

밑손질

도구 비늘제거기, 생선용 칼

1 크고 긴 가슴지느러미는 손질할 때 방해가 되므로, 아가미뚜껑에 끼워놓는다.

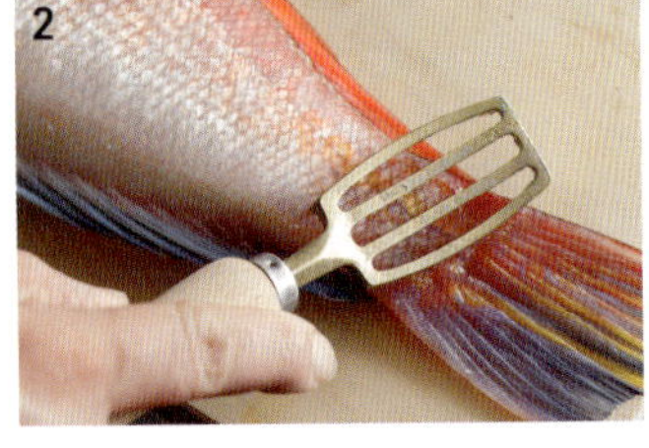

2 비늘은 비늘제거기로 긁어내고(p.17 「비늘 긁기 2」 참조), 비늘제거기가 닿지 않는 곳은 생선용 칼로 긁어서 제거한다(p.17 「잔비늘 제거」 참조).

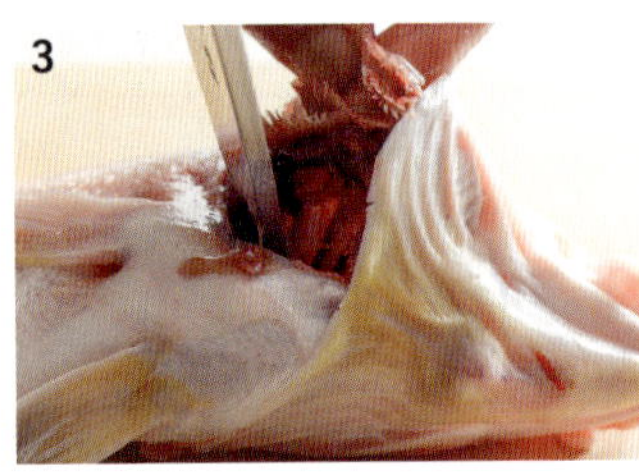

3 머리가 오른쪽, 배가 앞쪽으로 오게 놓는다. 아가미뚜껑을 열고 칼끝을 넣어, **아가미를 분리한다**(p.22 「아가미 제거1」 2~4 참조).

4 턱 안쪽에 칼을 넣고 턱밑과 머리의 연결 부위를 자른다.

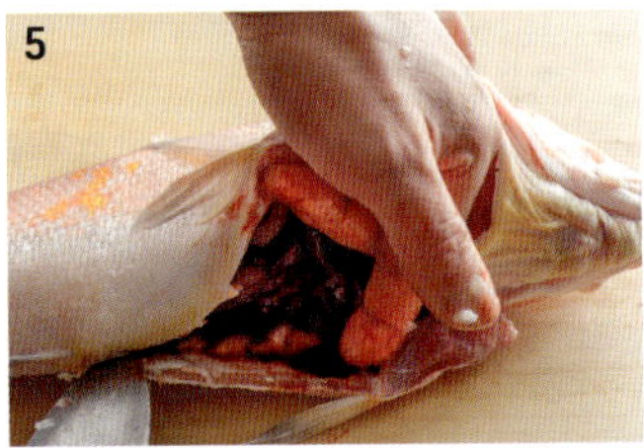

5 턱밑부터 항문까지 칼을 움직여, **배를 갈라서 연다**. 내장을 자르지 않도록 주의한다.

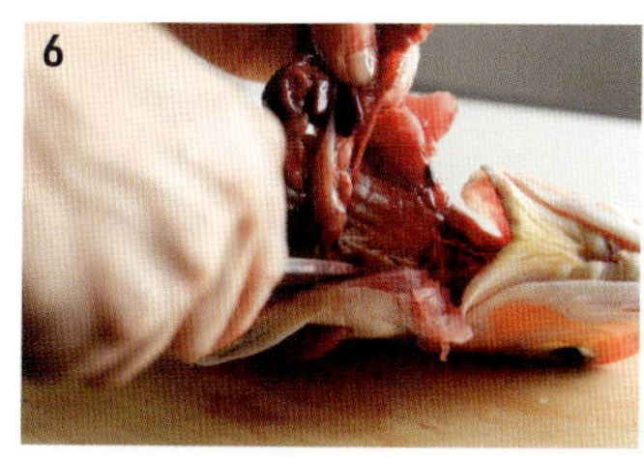

6 배를 열고 칼을 배 안쪽에 넣어서, 내장과 복막이나 등뼈의 연결 부위, 아가미와 머리의 연결 부위 등을 잘라, **아가미와 내장을 함께 빼낸다.** 등뼈 앞쪽에 있는 부레의 흰 껍질을 칼끝으로 자르고, 칼날로 콩팥을 긁어낸다.

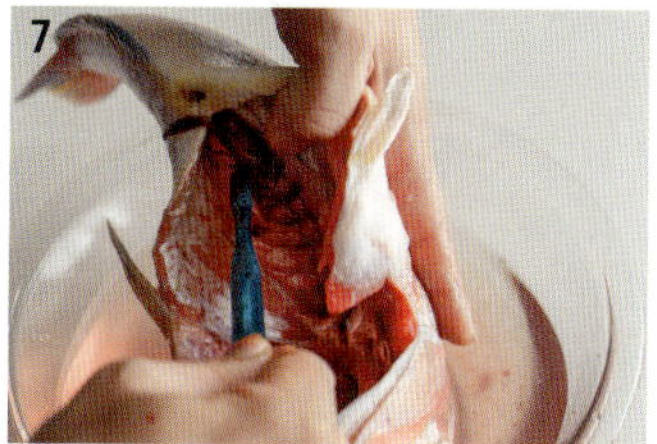

7 **흐르는 물로 불순물을 씻어내고,** 뱃속을 깨끗이 씻는다. 등뼈의 홈에 있는 콩팥은 칫솔로 긁어서 제거한다.

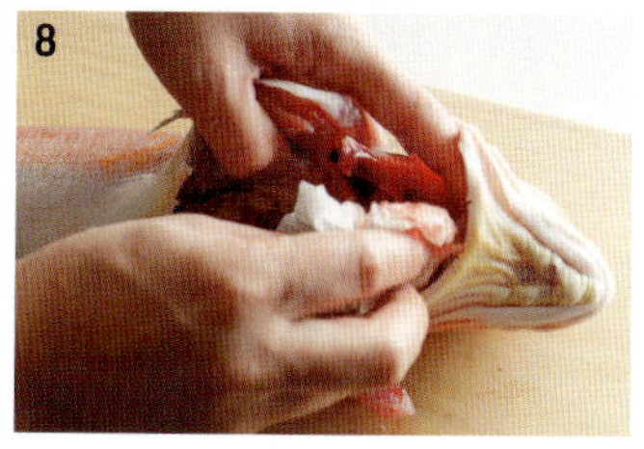

8 키친타월로 표면과 뱃속의 **물기를 꼼꼼히 닦는다.** 뱃속에 남아 있는 내장 등도 깨끗이 닦는다.

머리 자르기
[가마 붙여 자르기]

* p.20 「가마 붙여 자르기2」 참조

도구 생선용 칼

1 머리가 왼쪽, 배가 앞쪽으로 오게 놓는다. 가슴지느러미를 머리쪽으로 넘겨서 잡은 뒤, 칼을 가슴지느러미 뒤에 넣고 머리 연결 부위부터 가마 아래쪽으로 **비스듬히 자른다.**

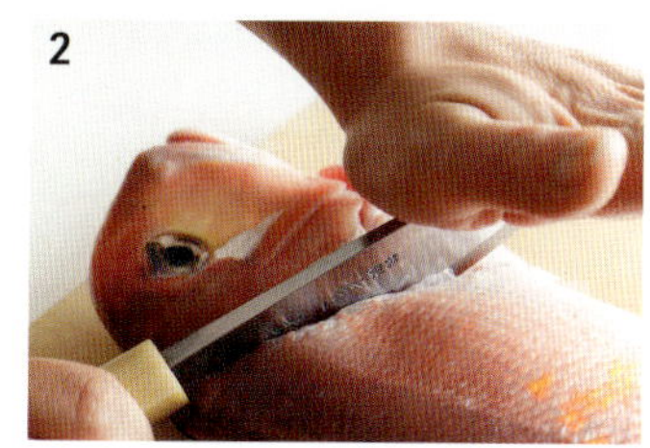

2 머리 위치를 그대로 두고 뒤집어서, **1**의 단면에 맞춰서 자른다. 등뼈에 뒷칼날을 대고 손으로 칼등을 쳐서 **머리를 잘라낸다.**

비늘 깎기

도구 회칼

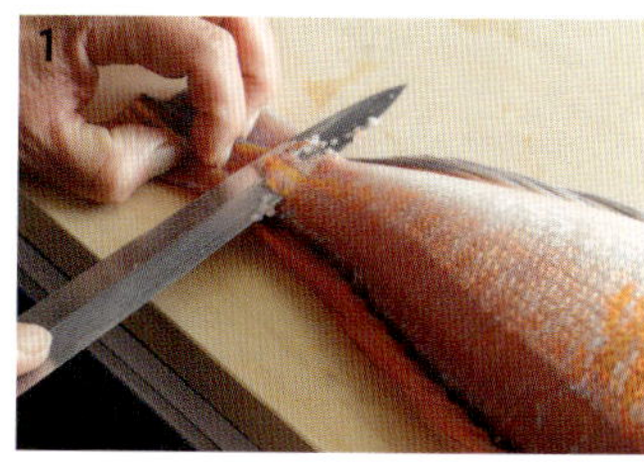

1 p.18~19 「비늘 깎기 1」과 같은 방법으로 작업한다.

비늘을 깎아낸 상태.

비늘은 띠 모양이 되도록 1장의 껍질처럼 깎는다.

벗긴 비늘에 소금을 뿌려서 5분 정도 둔 뒤 배어 나온 물기를 닦고, 전분가루를 얇게 묻혀서 160℃ 기름에 튀기면 바삭하게 먹을 수 있다.

손질
[3장뜨기]

* p.26~28 「3장뜨기」 참조.

도구 생선용 칼

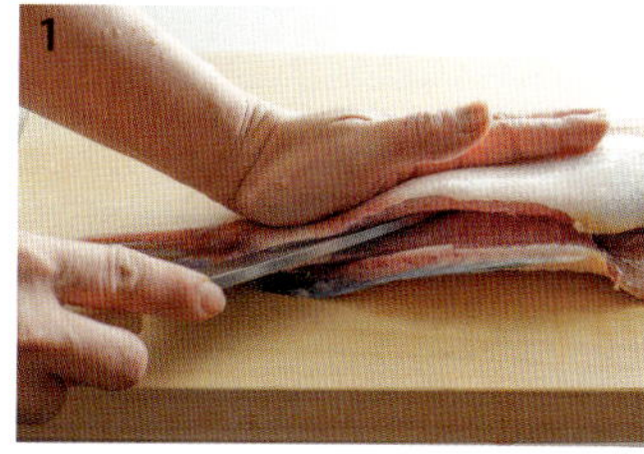

1 머리가 오른쪽, 배가 앞쪽으로 오게 놓는다. 배의 단면 끝부터 꼬리쪽까지 기준선이 될 칼집을 넣고, 기준선을 따라 칼끝으로 등뼈를 긁듯이 꼬리쪽까지 자른다.

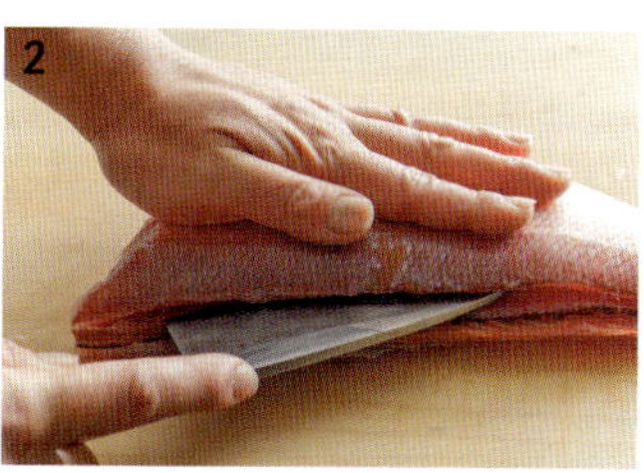

2 머리를 왼쪽, 등을 앞쪽으로 놓는다. 등쪽에 기준선이 될 칼집을 넣고, 등뼈를 긁듯이 꼬리쪽부터 어깨까지 자른다. 칼집을 넣을 때 왼손으로 배쪽을 눌러서 껍질을 당기면, 칼이 쉽게 들어간다.

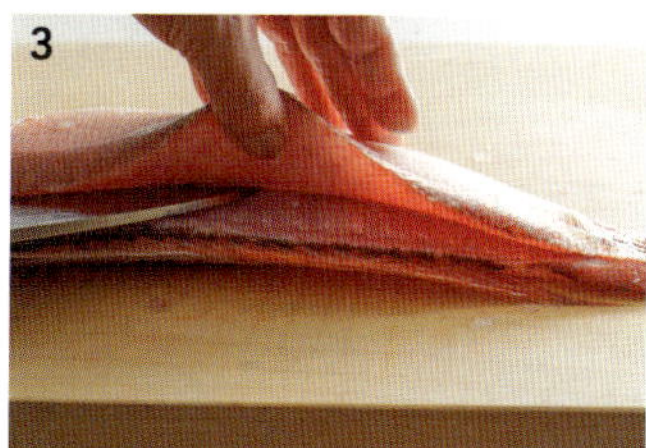

3 다시 등뼈를 긁듯이 마름모 모양의 등뼈 맨 위까지, 꼼꼼하게 잘라서 분리한다.

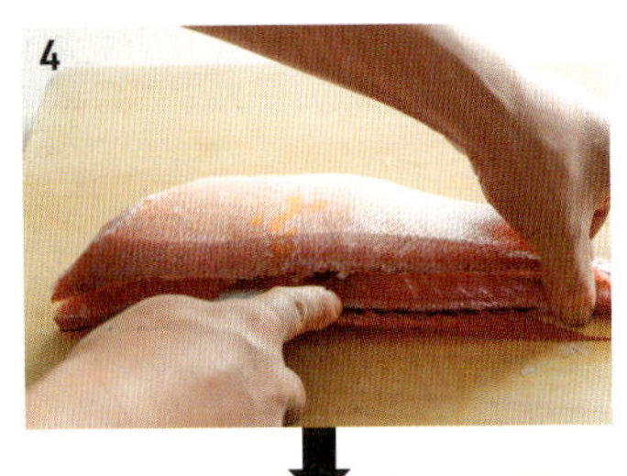

4 꼬리 연결 부위에 칼을 거꾸로 잡고 넣어서 꼬리 쪽을 향해 살짝 칼집을 낸다. 칼을 돌려서 머리쪽까지, 등뼈 위를 미끄러지듯이 움직인다.

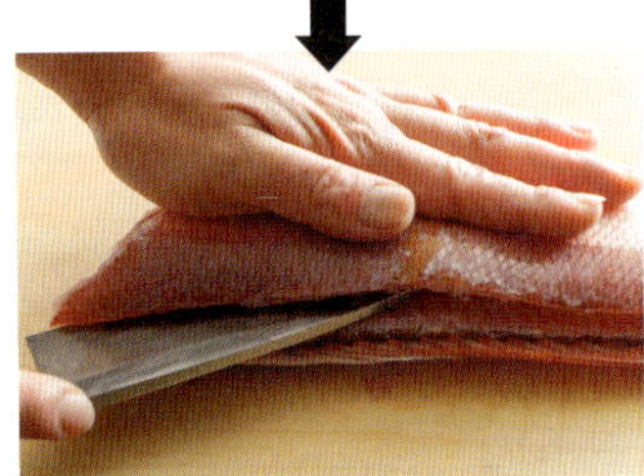

배뼈에 닿으면 칼이 나가지 않으므로, 살을 조금 들어올려(지나치게 많이 올리면 살이 부서진다), **칼끝으로 배뼈와 등뼈의 연결 부위를 잘라**, 뼈에서 살을 분리한다.

Point

배뼈의 연결 부위는 굵고 단단해서, 숙달되지 않으면 자르기 어렵다. 칼을 살짝 비스듬히 들어올려 칼끝을 등뼈 각도에 맞추고, 배뼈가 붙어 있는 부분을 1개씩 잘라서 분리한다.

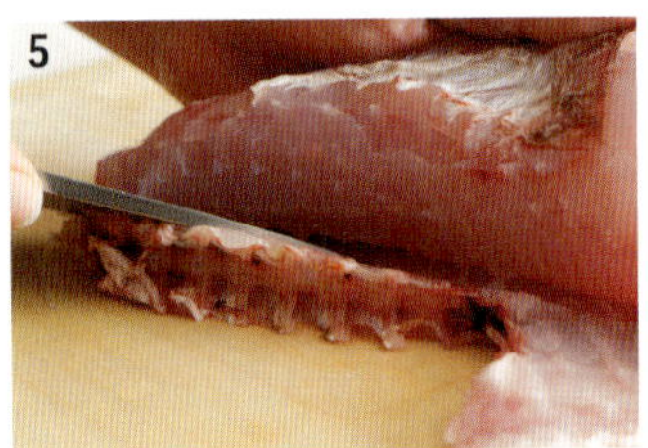

5 머리 위치를 그대로 두고 뒤집어서, 같은 방법으로 위쪽 살을 자른다. 배뼈 부분까지 자르고 칼을 등뼈 각도에 맞춰서 기울인 뒤, 긁듯이 자른다.

Point

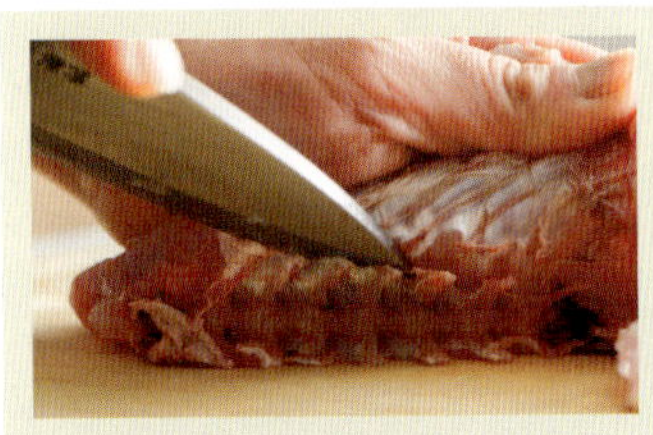

칼끝으로 등뼈와 배뼈의 연결 부위를, 1개씩 잘라서 분리한다.

완성
3장뜨기한 상태.

토막내기

* 비늘을 제거하지 않고 3장뜨기한 아래쪽 살 사용.

도구 생선용 칼, 핀셋

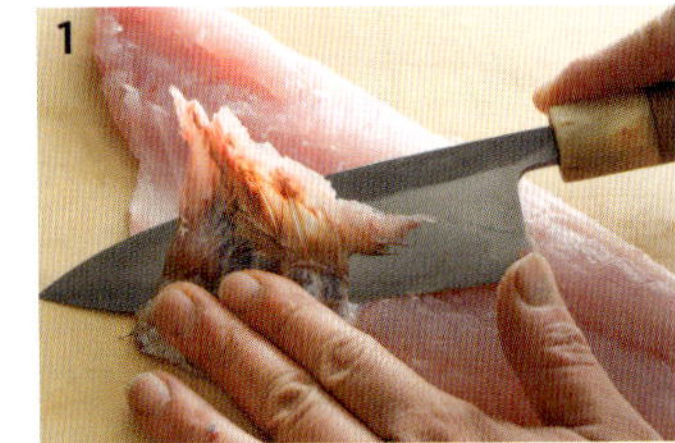

1 배가 왼쪽으로 오도록 세로로 놓고, **배뼈를 제거한다**(p.33「배뼈 분리1」, p.34「배뼈 저미기」 참조).

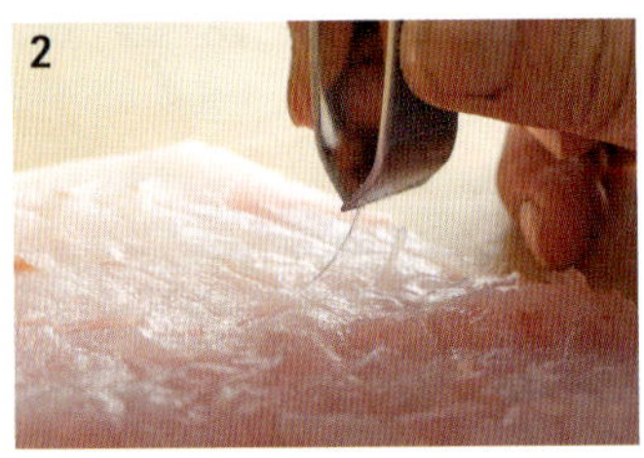

2 머리가 오른쪽으로 오도록 가로로 놓고, **핀셋으로 잔뼈를 뽑는다**(p.35「뽑기」 참조).

3 껍질이 아래로 가고, 꼬리는 오른쪽으로 오게 놓는다. **용도에 알맞은 폭으로 자른다.** 폭이 좁은 꼬리쪽 살은 칼을 살짝 눕혀서 도톰하게 저미고, 머리쪽은 수직으로 자른다.

옥돔 솔방울 튀김 ➲ p.138

잔뼈 제거

* 3장뜨기해서 배뼈를 제거한 위쪽 살 사용.

도구 생선용 칼

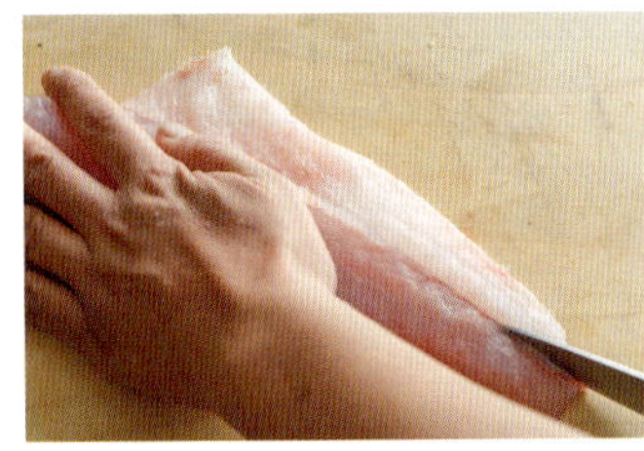

머리가 뒤쪽으로 가도록 세로로 놓고, 잔뼈(지아이뼈)를 제거한다(p.35「잘라내기」 참조).

완성
잔뼈를 제거하고 등살과 뱃살로 나눈 상태.

깎아썰기

* 등살과 뱃살로 나누어서 등살 사용.

도구 회칼

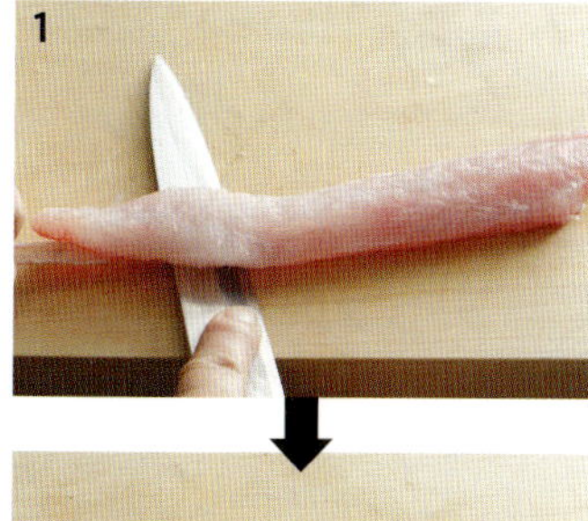

1 껍질이 아래로 가고 꼬리가 왼쪽으로 오게 놓고, 껍질을 제거한다(p.36「칼로 벗기기」참조).

껍질을 제거한 상태.

2 꼬리가 왼쪽, 도톰한 부분이 뒤쪽으로 가게 놓고, 깎아썰기한다(p.40「깎아썰기」참조). 왼손을 살에 살짝 올리고, 칼을 눕혀서 뒷칼날을 살 앞쪽 가장자리에 비스듬히 댄다.

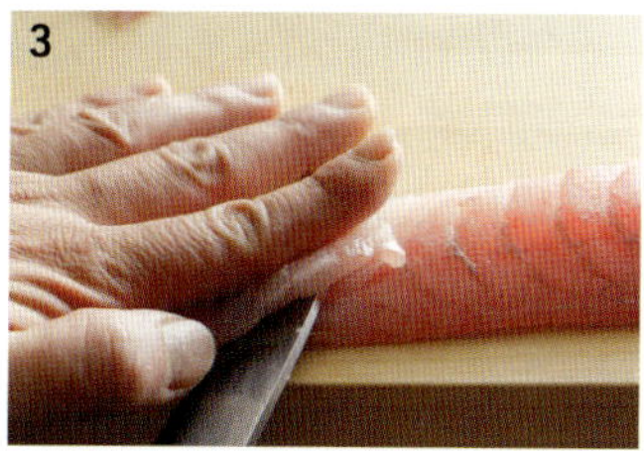

3 칼끝까지 칼을 한 번에 당겨서 얇게 저민다. 마무리로 칼날을 수직으로 세운 뒤, 칼을 앞으로 당겨서 살을 분리한다.

완성
깎아썰기한 상태.

옥돔 다시마 절임 ▶ 아래

옥돔 다시마 절임

재료(4인분)
옥돔 순살(등살과 뱃살로 나눈 것 중 등살) … 1토막
다시마 … 10×20㎝ 2장
소금, 청주 … 적당량씩
무, 바위취(생략 가능) … 적당량씩
간 고추냉이 … 적당량

만드는 방법
1 옥돔 등살을 얇게 썰어서 소금을 살짝 뿌린 트레이에 가지런히 올린 뒤, 위에도 소금을 뿌리고 5분 정도 그대로 둔다. 표면에 배어 나온 물기를 닦는다.
2 다시마 표면을 청주에 적신 두꺼운 키친타월로 닦아서 부드럽게 만든다.
3 2의 사이에 1을 끼우고 비닐랩으로 단단히 싸서, 냉장고에 하룻밤 넣어둔다.
4 무를 얇고 둥글게 4조각 정도 썰고, 곁들임용은 채썰기한다.
5 그릇에 옥돔, 4, 적당한 크기로 자른 다시마(다시마 절임에 사용한 것)를 담고, 바위취로 장식한 뒤 간 고추냉이를 곁들인다.

옥돔 솔방울 튀김

재료(2인분)

옥돔 살(비늘째·3~4㎝ 폭*) … 4토막

소금, 전분가루 … 적당량씩

소귀나물(작은 덩이줄기) … 4개

튀김용 기름 … 적당량

만드는 방법

1 옥돔은 소금을 뿌린 트레이 위에 가지런히 올린 뒤, 위에도 소금을 뿌려서 30분 정도 그대로 둔다. 표면에 배어 나온 물기를 닦는다.

2 소귀나물 덩이줄기는 얇은 껍질과 싹 껍질 1장을 벗겨낸다.

3 1에 전분가루를 얇게 묻히고 여분의 가루는 털어낸다.

4 튀김용 기름을 190℃로 가열하고 3을 껍질쪽부터 넣는다. 껍질이 바삭해지면 뒤집어서 살도 튀긴 다음 기름기를 제거한다.

5 2를 튀김용 기름에 넣고 4~5분 튀겨서 기름기를 제거한다.

6 그릇에 4를 담고 5를 곁들인다.

* 비늘째 3장뜨기해서 배뼈·잔뼈를 제거한 뒤 3~4㎝ 폭으로 자른다. 폭이 좁은 꼬리쪽은 칼을 살짝 눕혀서 도톰하게 저미고, 머리쪽은 칼을 똑바로 넣고 당겨서 자른다(p.136「토막내기」참조).

옥돔 머리 찜

재료(2인분)

옥돔 머리 … 1마리 분량

구조파, 버섯(흰잎새버섯 등 취향에 따라) … 적당량씩

다시마(5×10㎝) … 1장

유자 껍질 … 조금

청주 … 3큰술

소금 … 적당량

만드는 방법

1 옥돔 머리에 소금을 뿌리고 2시간 이상 그대로 둔다.

2 1을 볼에 담고 뜨거운 물을 넉넉히 부은 뒤, 건져서 비늘과 점액질 등을 깨끗이 씻어내고 물기를 제거한다.

3 구조파는 어슷썰기하고, 버섯은 밑동을 제거한 뒤 먹기 좋은 크기로 자른다.

4 내열용기에 다시마를 깔고 2를 올린 뒤, 3과 유자 껍질을 곁들이고 청주를 두른다.

5 김이 오른 찜통에 4를 넣고 센불로 15~20분 찐다.

은어
Ayu

분류 _ 바다빙어목 바다빙어과
별명 _ 은광어, 열광어, 치리 등
산지 _ 하동, 영덕 등
제철 _ 6~8월

강물을 솟구쳐 오르며 화려하게 헤엄치는 민물고기로, 맑은 하천이나 하구에 서식한다. 몸에서 오이 또는 수박과 비슷한 독특한 향이 나며, 대부분 1년 만에 생을 마감한다. 맛이 좋아서 옛날부터 왕실에 진상되었는데, 최근에는 기술의 발달로 양식 은어도 많이 유통되고 있다. 담백하고 비린내가 없어서 회로 먹거나 소금구이로도 많이 먹는다. 일본 이름은 「아유」이며, 이른 봄에 강을 거슬러 올라오는 갓 부화한 은어를 「지아유」, 강의 상류에 이르는 초여름의 은어를 「와카아유」, 초가을에 산란을 위해 바다로 내려가는 은어를 「오치아유」라고 부른다.

● **손질 포인트**

비린내의 원인이 되는 점액질을 꼼꼼하게 제거한다.

머리와 꼬리를 세워서, 힘차게 헤엄치는 모습처럼 보이도록 꼬치를 꽂는 것을 「오도리쿠시」라고 한다.

● **선택 포인트**

머리가 작고, 머리 연결 부위에서 등까지 볼록하게 부푼 것이 맛이 좋다.

바위 사이를 헤엄치는 은어는 몸이 납작한 모양인데, 지방이 올라오면 둥그스름해진다.

신선한 은어는 표면에 점액질과 윤기가 있다.

점액질 제거

1 손을 물에 적신 뒤 굵은 소금을 묻힌다.

2 배지느러미 주변부터 항문쪽을 향해, 배를 살짝 훑어서 **똥을 빼낸다.**

3 소금을 묻힌 손으로 표면을 문질러서 점액질, 비늘, 불순물을 제거한다. 지느러미의 점액질도 제거한다.

4 물로 꼼꼼히 씻는다.

5 키친타월로 물기를 잘 닦아낸다.

꼬치 꽂기
(오도리쿠시)

도구 쇠꼬치

1 머리가 앞쪽, 배가 왼쪽으로 오도록 왼손으로 잡는다. 입에 쇠꼬치(15㎝)를 찔러 넣고, 아가미 뒤로 엄지 폭 정도 떨어진 위치에서 빼낸 뒤, 1㎝ 정도 간격을 두고 다시 꽂는다.

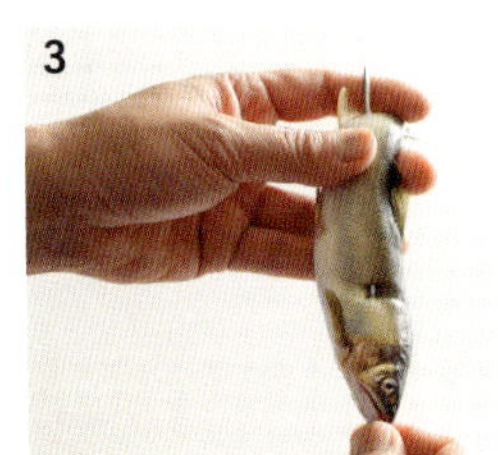

2 꼬리를 구부려서 몸통이 휘어지게 하고, 쇠꼬치를 등뼈 위로 통과시킨다.

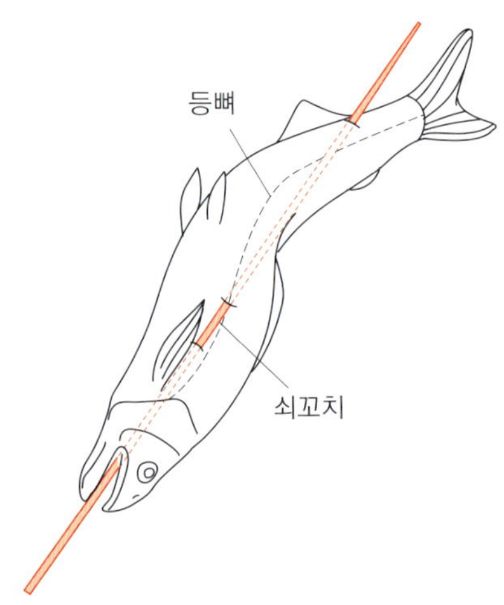

3 꼬리 바로 앞쪽에서 쇠꼬치를 빼내, 모양을 정리한다. 위에서 볼 때 헤엄치는 것처럼 보이도록, 모양을 만든다.

은어 소금구이 ➡ 아래

은어 소금구이

재료(4인분)

은어(점액질 제거) … 4마리

소금 … 적당량

다데즈(여뀌 잎을 갈아서 식초를 섞은 조미료) … 적당량

만드는 방법

1 은어에 꼬치를 꽂고 전체에 소금을 뿌린 뒤, 등지느러미, 가슴지느러미, 뒷지느러미, 꼬리지느러미가 타지 않도록 소금을 듬뿍 묻힌다.

2 예열한 생선구이 그릴(양면구이)에 윗면이 위로 오게 넣고, 양면이 노릇하게 변할 때까지 12분 정도 굽는다.

3 쇠꼬치를 돌려서 뺀 뒤 그릇에 담는다. 다데즈가 있으면 곁들인다.

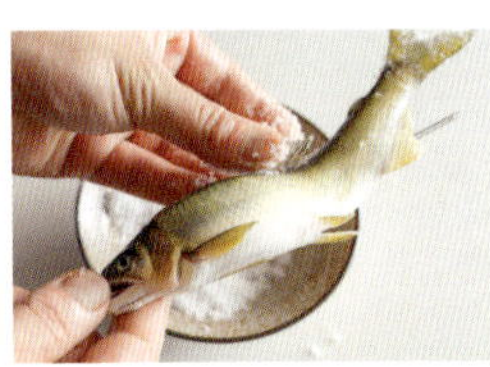

지느러미는 타기 쉬우므로, 소금을 듬뿍 묻혀서 굽는다.

꼬치에 꽂아서 구우면 보기 좋게 플레이팅할 수 있다.

은어밥

재료(4 ~ 5인분)

은어(점액질 제거) ··· 3마리

쌀 ··· 3홉

A
| 물 ··· 3컵
| 우스구치간장 ··· 1큰술
| 맛술 ··· 2큰술
| 청주 ··· 2큰술
| 소금 ··· 조금

초피열매(소금절임) ··· 적당량

식초 ··· 적당량

만드는 방법

1 은어는 초벌구이한다. 오븐팬에 철망을 올려서 오븐에 넣고 180℃로 예열한다. 은어의 아래쪽 살(그릇에 담을 때 아래로 가는 살)에 식초를 바르고(철망에 달라붙는 것을 막아준다), 달궈진 철망 위에 가지런히 올려서 20분 정도 굽는다.

2 구워지면 한김 식힌 뒤 냉장고에 넣고 표면을 말린다(또는 그늘에서 말린다).

3 밥을 짓기 30분 정도 전에 쌀을 씻어서 체에 올려 물기를 뺀다.

4 초피열매를 살짝 씻어서 물기를 뺀다.

5 뚝배기에 3을 담고 A를 넣은 뒤 초벌구이한 은어를 올린다. 뚜껑을 덮고 센불로 가열하여, 끓으면 중불로 줄이고 12분 정도 가열한 뒤, 약불로 줄인다. 수분이 없어지고 타는 소리가 나면 불을 끄고 4를 올린다. 뚜껑을 덮고 15분 동안 뜸을 들인다.

6 은어를 꺼내 머리와 뼈를 제거한 뒤 살을 큼직하게 바른다. 바른 살을 뚝배기에 다시 넣고 밥에 살짝 섞은 뒤 그릇에 담는다.

은어는 초벌구이하면 기름기가 빠져서 비린내가 나지 않는다. 냉장하면 4~5일, 냉동하면 2주 정도 저장할 수 있기 때문에, 넉넉히 만들어 두어도 좋다.

은어는 일단 꺼내서 뼈를 제거하고 살을 발라서 밥에 섞는다. 이렇게 하면 먹기 편해서 더 맛있게 먹을 수 있다.

전갱이

Horse mackerel

분류_ 농어목 전갱이과
별명_ 전광어, 메가리, 가라지, 빈쟁이, 각
　　　재기 등
산지_ 포항, 여수, 부산, 제주 등
제철_ 6~8월

등푸른생선이지만 비교적 비린내가 심하지 않고, 정어리나 고등어에 비해 맛이 담백하고 지방이 적당히 있어서, 어떻게 요리해도 맛있게 먹을 수 있다. 일본 이름은 「아지」인데, 길이가 20~30㎝인 전갱이를 「주아지」, 10~20㎝ 미만을 「고아지」, 10㎝ 미만은 「마메아지」라고 구분하여 부른다. 원래는 회유성이지만 먹이가 풍부한 내만 등에서 회유하지 않고 살기도 한다. 몸은 가늘고 길며, 모비늘(방패비늘)이라고 부르는 전갱이 특유의 가시 같은 비늘이 꼬리 앞부분까지 이어진다. 모비늘은 먹을 수 없는 부위이므로 손질할 때 도려낸다.

● **손질 포인트**

회로 먹을 때처럼 껍질을 제거하는 경우 외에는, 먼저 모비늘을 깎아낸 뒤 나머지 비늘을 제거한다.

● **선택 포인트**

신선한 것은 투명한 부분에 생기가 있고, 볼록하게 튀어나와 있다. 눈 색깔이 뿌옇게 흐린 것은 얼음물에 넣고 보관했기 때문이며, 신선도와는 관계없다.

모비늘 제거

도구　생선용 칼

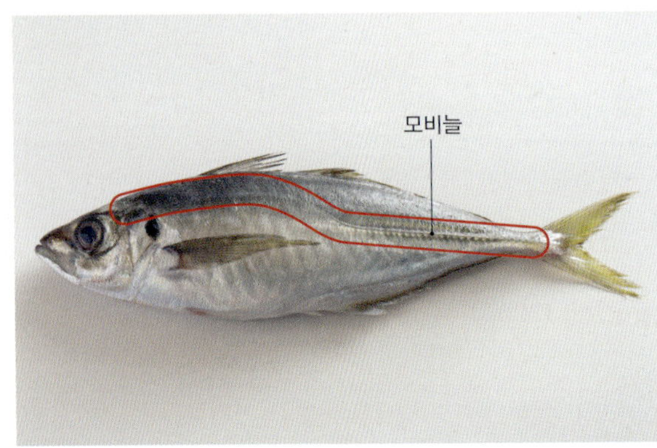

먼저 모비늘을 제거한다. 단, 생선회처럼 껍질을 제거하고 요리하는 경우에는 미리 제거할 필요는 없다.

1 머리가 왼쪽, 배가 앞쪽으로 오게 놓는다. 꼬리 쪽에 있는 **모비늘 끝부분에 칼을 넣는다.** 모비늘 양 옆에 엄지와 검지를 댄다. 이때 손톱을 세워 칼날에서 손가락을 보호한다.

2 칼날이 살짝 위로 향하게 잡고, 칼을 앞뒤로 조금씩 움직여서 **모비늘을 저며낸다.** 중간에 칼이 나가지 않으면, 힘을 세게 주기보다 칼의 방향을 조금 바꾸면 다시 움직일 수 있다.

3 만졌을 때 날카로운 부분이 없어지면 된다. 가능한 한 붉은 생선살이 노출되지 않게 한다. 아랫면도 같은 방법으로 제거한다.

밑손질

도구 생선용 칼

1 비늘은 칼로 긁어서 제거한다(p.16「비늘 긁기1」참조). 전갱이 비늘은 마르면 잘 떨어지지 않으므로, 칼에 붙은 비늘은 바로 닦아낸다.

2 가슴지느러미 뒤에서 머리 연결 부위를 향해 칼을 비스듬히 넣어, **머리를 잘라낸다**(p.20「가마 붙여 자르기1」참조).

3 머리가 앞쪽, 배가 오른쪽으로 오도록 세로로 놓는다. 머리쪽의 단면에 칼끝을 넣어, 껍질을 밖으로 당기듯이 항문까지 잘라 **배를 연다**. 내장을 자르지 않게 주의한다.

4 복강의 곡선을 따라 칼날을 움직여, 복막과 함께 내장을 빼낸다.

5 빼낸 내장을 칼로 누르고 배를 다시 닫은 뒤, 엄지를 복강에 넣고 그대로 전갱이를 뒤쪽으로 밀면, 내장을 쉽게 빼낼 수 있다.

6 등뼈의 얇은 막에 칼집을 넣어 **콩팥을 긁어낸다.**

7 **물로 재빨리 씻는다**. 비늘과 콩팥을 씻어내는 정도면 된다.

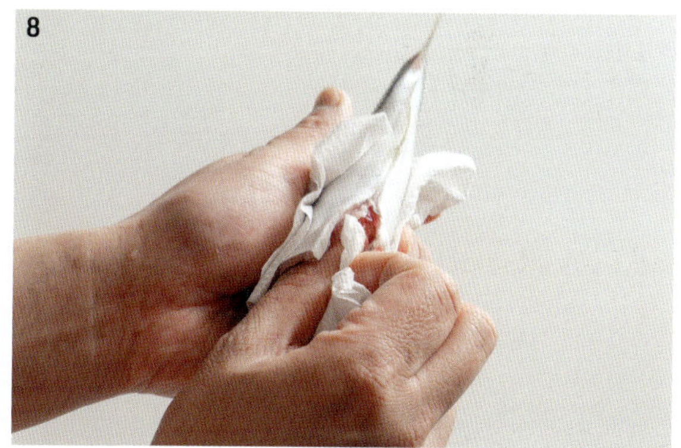

8 키친타월로 표면과 뱃속의 **물기를 확실히 닦는다**. 뱃속에 남은 내장 등도 깨끗이 닦는다.

완성

밑손질한 상태.

손질
[3장뜨기]

도구 생선용 칼

P.26~28 「3장뜨기」와 같은 방법으로 손질한다.

배뼈·잔뼈 제거

도구 생선용 칼, 핀셋

1 아래쪽 배뼈를 제거한다(p.33 「배뼈 분리2」, p.34 「배뼈 저미기/아래쪽 살」 참조).

Point 배뼈 끝까지 자른 뒤, 칼을 세워서 배의 얇은 부분과 함께 잘라낸다.

완성 배뼈를 제거한 아래쪽 살.

2 위쪽 살의 배뼈를 제거한다(p.33 「배뼈 분리2」, p.34 「배뼈 저미기/위쪽 살」 참조).

Point 배뼈 끝까지 자른 뒤, 칼을 세워서 배의 얇은 부분과 함께 잘라낸다.

완성 배뼈를 제거한 위쪽 살.

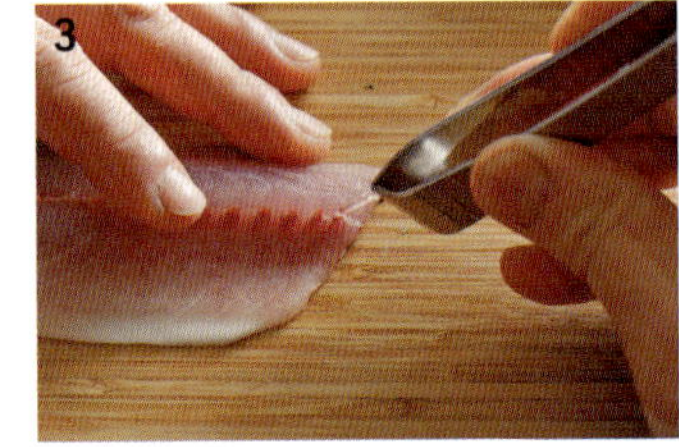

3 핀셋을 사용하여 잔뼈를 뽑는다(p.35 「뽑기」 참조).

전갱이 & 오이 초간장 무침 ⊙ p.149

파슬리빵가루를 묻힌 전갱이구이 ⊙ p.150

껍질 제거

도구 생선용 칼

1 전갱이는 껍질이 얇아서 벗기기 쉽다. 이 단계에서는 어깨쪽 껍질이 살짝 벗겨져 있으므로, 그 부분을 손끝으로 잡는다. 벗겨진 부분이 없으면 손톱으로 살짝 벗긴다.

2 칼배를 사용하여 살쪽을 살짝 두드리면서 껍질을 밀어서, 껍질에서 살을 2~3㎝ 정도 벗긴다.

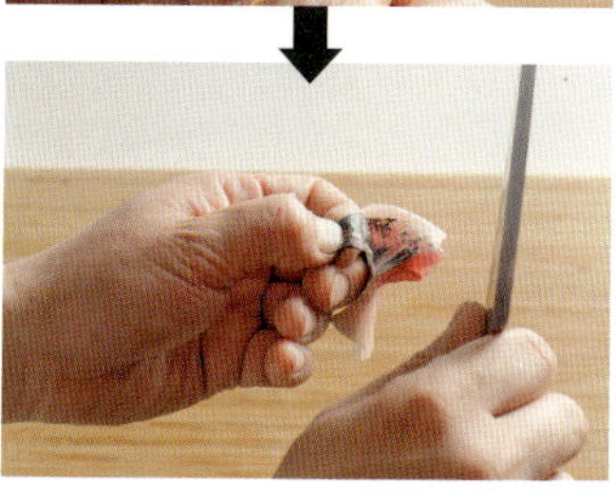

3 벗긴 껍질을 잡은 채로, 도마 앞쪽에 껍질이 아래로 가게 놓는다. 칼등 아래쪽의 가장 두껍고 곧은 부분으로 껍질을 누른다.

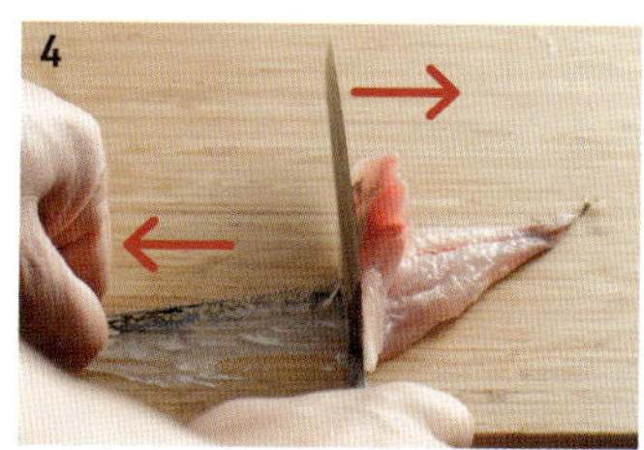

4 왼손으로 껍질을 잡아당기면서, 칼등을 도마에 밀착시킨 상태로 꼬리 방향으로 움직여, 껍질에서 살을 벗겨낸다.

5 2/3 정도까지 벗겨지면, 껍질이 위로 오고 꼬리가 왼쪽으로 오게 놓는다.

6 살을 오른손으로 살짝 잡은 뒤, 벗긴 껍질을 비스듬히 위쪽으로 한 번에 잡아당겨서, **남은 껍질을 벗긴다.** 어려우면 왼손으로 살을 잡고, 오른손으로 껍질을 당겨도 좋다.

완성

껍질을 제거한 상태.

껍질을 잘 벗겨내면 은색 껍질이 남는다.
전갱이 다타키 ➡ p.148

통째로 사용할 때의 밑손질

도구 생선용 칼

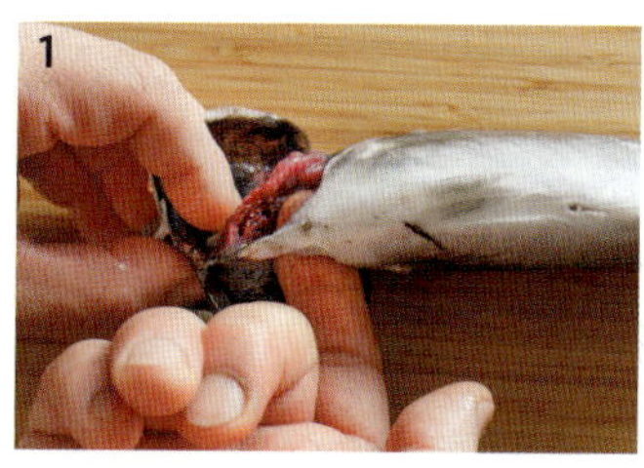

1 모비늘을 제거하고 (p.142「모비늘 제거」참조), **나머지 비늘은 칼로 긁어낸다**(p.16「비늘 긁기 1」참조). 머리가 왼쪽, 배가 앞쪽으로 오게 놓는다. 아가미뚜껑을 열고 **손가락으로 턱밑의 연결부위를 떼어낸다.**

2 아가미를 잡고 턱과의 연결 부위를 떼어낸 뒤, **얇은 막을 벗기면서 밖으로 잡아당겨 제거한다.**

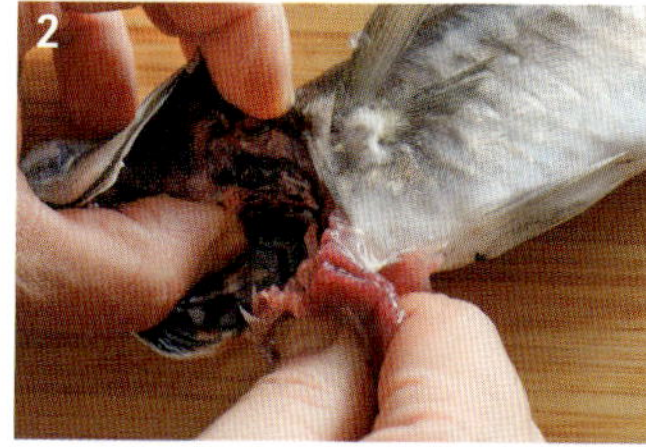

3 머리가 오른쪽, 배가 앞쪽으로 오게 놓는다. 배지느러미 위에 3㎝ 정도 칼집을 넣은 뒤, 칼끝을 넣어 **내장을 긁어낸다**(p.24「보이지 않는 칼집 넣기」참조). **재빨리 물로 씻은 뒤 물기를 닦아낸다.**

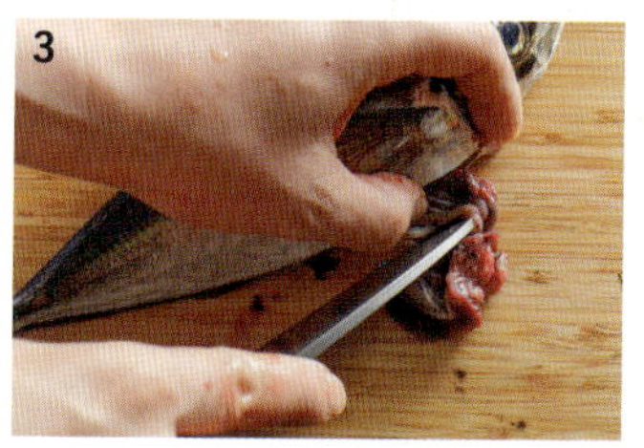

4 머리를 오른쪽, 배를 앞쪽으로 놓아서, 그릇에 담을 때 아래로 가는 부분이 위로 오게 한다. 머리부터 꼬리쪽을 향해 **등뼈를 따라 칼집을 1줄 넣는다.** 등뼈 앞까지 칼집을 깊게 넣는다.

5 뒤집어서 머리를 왼쪽, 배를 앞쪽으로 놓는다. **살이 두꺼운 부분에 칼집 2개를 비스듬히 넣는다.**

완성

통째로 사용하기 위해 손질한 상태.

전갱이 아쿠아 파차
➡ p.150

작은 전갱이 밑손질

* 모비늘을 제거한 10~20㎝ 미만 전갱이와
10㎝ 미만 전갱이 사용.

도구 생선용 칼

1 10~20㎝ **미만 전갱이**를 머리가 왼쪽, 배가 앞쪽으로 오게 놓는다. 칼끝으로 머리와 턱밑의 연결 부위를 잘라서 분리한다.

2 분리한 부분을 칼로 누른 채, 왼손으로 생선을 들어올려 내장을 빼낸다. 재빨리 물로 씻은 뒤 물기를 닦는다.

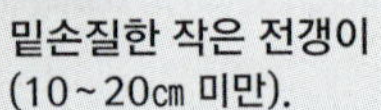

완성

밑손질한 작은 전갱이
(10~20㎝ 미만).

아가미, 내장, 가마를 삼각형으로 제거한다.

전갱이 난반즈케 ◐ **p.149**

1 10㎝ 미만 전갱이를 배가 위로 오게 놓은 뒤, 아가미뚜껑을 열고 아가미를 빼낸다. 그대로 아래로 당겨서 아가미를 분리한다.

2 분리한 아가미와 배지느러미를 잡고 꼬리쪽으로 당겨서, 가마와 함께 내장을 제거한다. 재빨리 물로 씻은 뒤 물기를 닦는다.

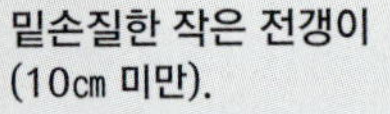

완성

밑손질한 작은 전갱이
(10㎝ 미만).

아가미, 내장, 가마를 삼각형으로 제거한다.

갈라서 펼치기
[머리 붙여 배 가르기]

* 모비늘과 비늘을 제거한 전갱이 사용.

도구 생선용 칼

1 머리가 왼쪽, 배가 앞쪽으로 오게 놓는다. 항문에 칼끝을 넣어, 내장이 손상되지 않도록 턱밑까지 자른다. 배를 열고 아가미와 턱의 연결 부위를 자른 뒤, 아가미 주위의 얇은 막을 자른다. **내장을 힘줄과 복막에서 잘라낸다.**

2 **아가미와 내장을 밖으로 빼내 제거한다. 재빨리 물로 씻은 뒤 물기를 닦는다.** 뱃속에 남은 내장 등도 깔끔하게 닦아낸다(p.23 「배 갈라서 열기1」 참조).

3 p.26~28 「3장뜨기」와 같은 방법으로, 뒷지느러미 위와 그 연장선 위에, **꼬리쪽부터 항문까지 칼집을 넣는다.**

4 칼집을 따라 칼날을 넣고, 등뼈를 긁듯이 칼을 움직여 **배쪽 살을 잘라서 분리한다.**

5 몸을 세우고 턱을 반으로 가르듯이 칼집을 넣는다. 이때 입술 부분은 잘라내지 않는다. 다시 등뼈를 따라 칼을 넣고, **등껍질에 최대한 가깝게 잘라서 1장으로 펼친다.** 복막 등이 남아 있으면 칼로 저민다.

완성

머리가 붙어 있는 채로 배를 갈라서 펼친 상태.

반건조 전갱이 ◐ **p.151**

갈라서 펼치기
[등 가르기]

* 모비늘과 비늘을 제거한 전갱이 사용.

도구 생선용 칼

1 **머리를 잘라내고**(p.20 「가마 붙여 자르기1」 참조) **내장을 긁어낸다.** 재빨리 물로 씻고 물기를 닦는다. 뱃속에 남아 있는 내장 등도 깨끗이 닦는다.

2 꼬리가 왼쪽, 등이 앞쪽으로 오게 놓는다. p.26~28 「3장뜨기」와 같은 방법으로, 등뼈를 따라 어깨부터 꼬리쪽까지 칼을 넣는다. 칼을 여러 번 넣어 **등뼈 위의 살을 잘라서 분리한다.**

3 칼을 조금 비스듬히 들어올려 칼날을 등뼈의 각도에 맞추고, 배뼈가 붙어 있는 부분을 잘라서 분리한다.

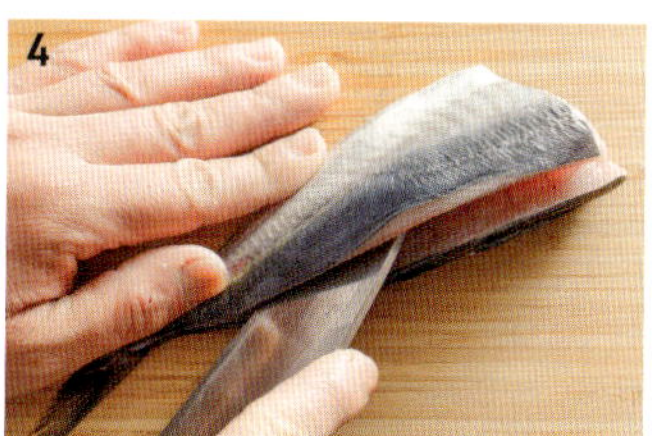

4 등뼈 위를 미끄러지듯이 칼을 움직여, 뼈에서 살을 잘라 분리한다.

5 살을 들어올리면서, 배쪽의 가운데뼈 위를 따라 반복적으로 칼을 넣어, **배 껍질에 최대한 가깝게 잘라서 1장으로 펼친다.**

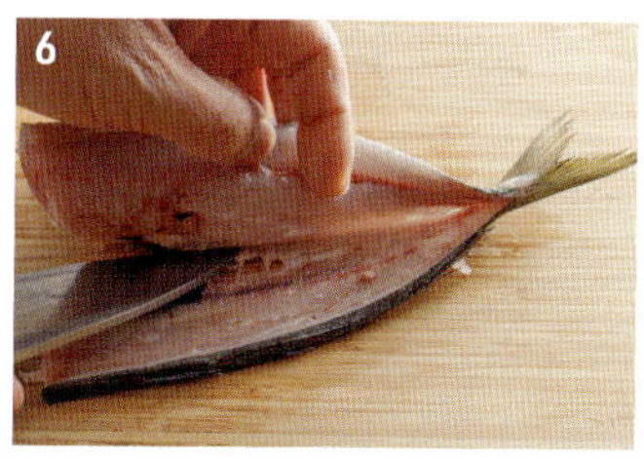

6 꼬리가 오른쪽으로 오고 가운데뼈가 아래로 가게 뒤집어서 놓는다. 꼬리 연결 부위부터 어깨까지 **2**~**5**와 같은 방법으로 칼집을 넣어, **뼈에서 살을 잘라 분리한다.**

7 위쪽 살과 아래쪽 살의 껍질이 만나도록 겹치고, 뒷지느러미의 뼈와 살의 연결 부위에 칼을 세로로 넣어, **살과 뼈를 잘라서 분리한다.**

8 꼬리 연결 부위에서 등뼈와 가운데뼈를 잘라낸다.

9 **가시를 제거한다.** 뒷칼날로 뒷지느러미 앞에 있는 2개의 가시를 누른 채로 살을 들어올려서, 가시를 뽑아낸다.

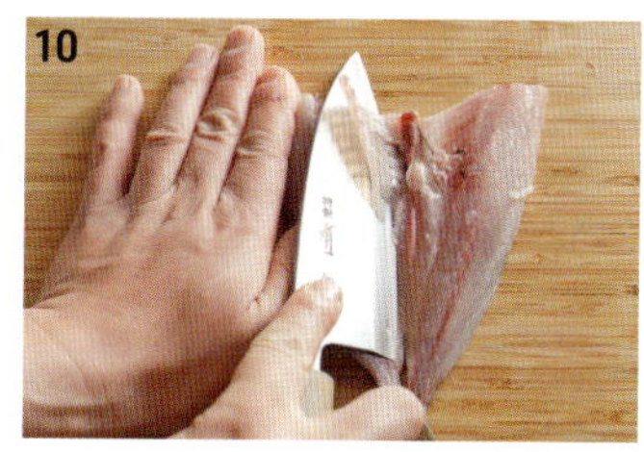

10 **배뼈를 V자로 자른다.** 꼬리가 앞쪽으로 오도록 세로로 놓는다. 왼쪽의 배뼈가 붙어 있는 부분에 칼을 거꾸로 잡고 넣어서, 배뼈 끝까지 얇게 저민다.

11 오른쪽의 배뼈가 붙어 있는 부분에 칼을 넣고, 배뼈 끝까지 얇게 저민다.

12 저민 배뼈를 앞칼날로 제거한다.

완성

등을 갈라서 펼친 상태.

전갱이 튀김 ➡ p.151

다타키

* 껍질을 제거한 순살 사용.

도구 생선용 칼, 회칼

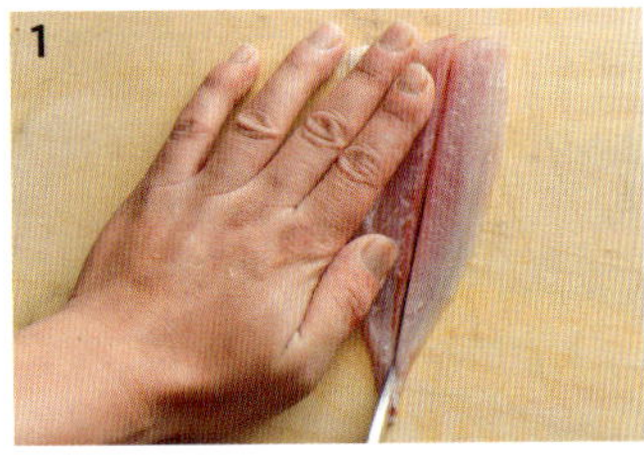

1 머리가 뒤쪽으로 가도록 세로로 놓는다. 지아이 뼈와 잔뼈 부분을 왼쪽 살에 남기고, 생선용 칼로 어깨부터 꼬리쪽까지 똑바로 자른다.

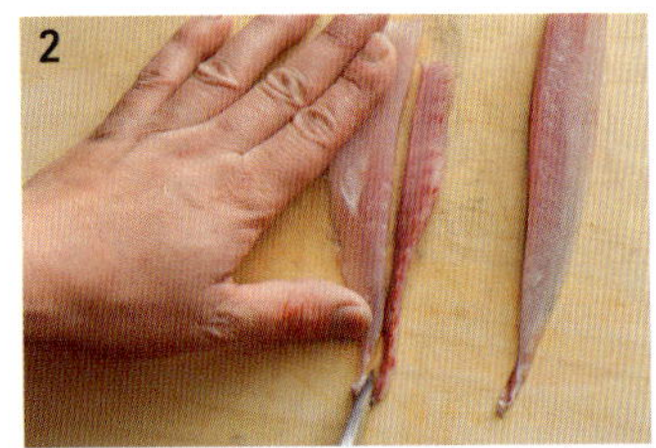

2 왼쪽 살에 남은 지아이와 잔뼈 부분을 똑바로 잘라낸다.

3 회칼로 바꾸고, 도마 앞쪽에 자른 살의 껍질쪽이 위로 오고 도톰한 부분이 뒤쪽으로 가게 놓는다. 자른 살의 경사에 뒷칼날을 맞춘다.

4 칼 길이를 모두 사용하여, 한 번에 당겨서 자른다. 자른 살은 옮기지 말고 그대로 둔 채, 나머지 살을 자른다. 7~8mm 폭을 기준으로 자른다.

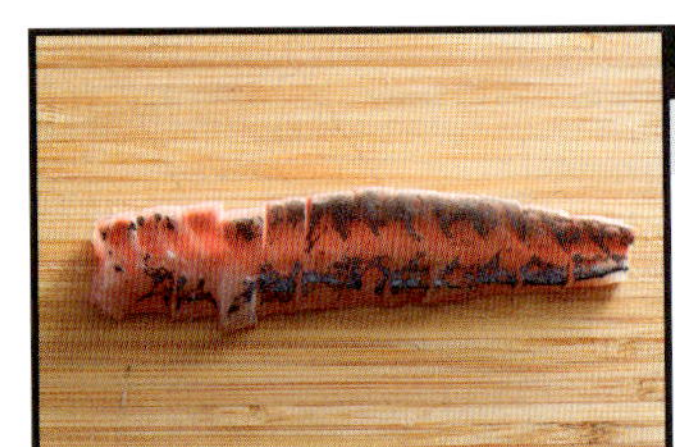

완성

다타키로 완성한 상태.

전갱이 다타키 ⊙ 아래

전갱이 다타키

재료(2인분)

전갱이 순살(껍질 제거) … 1/2마리 분량

양하 … 1/2개

청소엽 … 2장

실파 … 1~2줄

만드는 방법

1. 양하는 장식용으로 몇 장 정도 얇게 썰고, 나머지는 채썬다. 청소엽은 곱게 채썰고 실파는 송송 썬다.
2. 전갱이는 작게 썰고 채썬 양하와 섞는다.
3. 그릇에 **2**를 담고 청소엽과 장식용 양하를 올린 뒤 실파를 곁들인다.

전갱이 & 오이 초간장 무침

재료(2인분)

전갱이 순살 … 1/2마리 분량	**초간장**
오이 … 1/3개	식초 … 3큰술
생강(채썰기) … 적당량	간장 … 2큰술
	소금, 식초 … 적당량씩

만드는 방법

1 전갱이는 소금물(바닷물과 같은 염분농도 3% 정도의 소금물)에 1분 정도 담가둔 뒤 물기를 닦는다.

2 **1**이 잠길 정도의 식촛물(식초:물=1:1)을 준비하고, 표면이 하얗게 변할 때까지 30~40초 담갔다 건져서 물기를 닦는다.

3 오이는 얇고 둥글게 썰어서 소금을 1/4작은술 정도 뿌리고 주물러서 절인 뒤, 찬물로 헹구고 물기를 짠다.

4 **2**의 껍질을 벗기고 채썬다.

5 초간장 재료를 섞어서 **4**와 **3**을 함께 버무린다. 그릇에 담고 생강채를 올린다.

식촛물에 담그는 것은 맛을 내기 위해서가 아니라, 비린내를 줄이기 위한 과정이다.

전갱이 난반즈케

재료(2인분)

전갱이(10~20㎝ 미만, 밑손질한 것) … 6마리	설탕 … 2큰술
양파 … 1/2개	우스구치간장, 맛술 … 2큰술씩
당근 … 1/3개	소금 … 1/2큰술
난반즈케 양념	홍고추(작게 썬 것) … 1~2개 분량
육수 … 1컵	소금, 전분가루 … 적당량씩
식초 … 1/2컵	튀김용 기름 … 적당량

만드는 방법

1 전갱이에 소금을 뿌려서 2~3분 그대로 둔 뒤, 표면에 배어 나온 물기를 닦는다.

2 양파는 도톰하게 슬라이스하고 당근은 채썬다.

3 작은 냄비에 난반즈케 양념 재료를 넣고 한소끔 끓인 뒤, 내열성 밀폐용기에 옮긴다.

4 **1**에 전분가루를 묻히고 여분의 가루를 털어낸다.

5 튀김용 기름을 170℃로 가열한 뒤 **4**를 넣는다. 튀김용 젓가락으로 조심스럽게 저으면서 7~8분 정도 바삭하게 튀긴다.

6 **5**가 뜨거울 때 **3**에 담근 뒤 **2**를 넣고, 간이 배도록 하룻밤 냉장고에 넣어둔다.

전갱이 아콰 파차

재료(2인분)

전갱이(통째로 사용하기 위해 밑손질한 것) … 1마리

방울토마토 … 5개

바지락 … 200g

유채꽃 봉오리 … 적당량

올리브오일 … 적당량

소금, 굵게 간 검은 후추 … 적당량씩

만드는 방법

1 전갱이에 소금을 뿌려서 15분 정도 둔다. 표면에 배어 나온 물기를 닦는다.

2 방울토마토는 꼭지를 떼어낸다. 유채꽃 봉오리는 아래쪽의 단단한 부분을 잘라내고, 소금을 조금 넣은 끓는 물로 데친다. 찬물로 헹궈서 한김 식히고 물기를 제거한다.

3 프라이팬에 올리브오일을 2큰술 정도 두르고 가열한 뒤, **1**을 넣어 양면을 노릇하게 굽는다.

4 전갱이가 1/2 정도 잠기도록 물을 부어서 센불로 끓인다. 전갱이가 익으면 방울토마토와 바지락을 넣고, 올리브오일을 물 분량의 1/2 정도 넣어서 끓인다. 중간에 국물이 부족하면 물을 보충한다.

5 바지락 껍질이 모두 열리면 유채꽃 봉오리를 넣고 가열한 뒤, 소금과 후추로 간을 한다.

파슬리빵가루를 묻힌 전갱이구이

재료(2인분)

전갱이 순살(껍질째) … 2마리 분량

파슬리빵가루

　빵가루 … 6큰술

　다진 파슬리 … 2작은술

　올리브오일 … 2큰술

소금, 후추 … 적당량씩

마이크로 토마토(또는 방울토마토) … 적당량

만드는 방법

1 전갱이에 소금을 뿌리고 15분 정도 그대로 둔다. 표면에 배어 나온 물기를 닦고 후추를 뿌린다.

2 파슬리빵가루 재료를 섞는다.

3 내열용기에 **1**을 가지런히 넣고 **2**를 뿌린다. 220℃ 오븐에 넣고 상태를 보면서 빵가루가 노릇해질 때까지 10~15분 정도 굽는다.

4 그릇에 담고 취향에 따라 마이크로 토마토 등을 곁들인다.

전갱이 튀김

재료(2인분)

전갱이(등 가르기) … 2마리

튀김옷

> 박력분 … 적당량
> 달걀물 … 1개 분량
> 빵가루 … 적당량

양배추(채썰기) … 2장 분량

다진 파슬리 … 조금

소금, 후추 … 조금씩

튀김용 기름 … 적당량

만드는 방법

1. 전갱이에 소금을 뿌리고 15분 정도 그대로 둔다. 표면에 배어 나온 물기를 닦고 후추를 뿌린다.
2. 양배추와 파슬리를 섞는다.
3. **1**에 박력분, 달걀물, 빵가루 순서로 튀김옷을 입힌다.
4. 튀김용 기름을 170~180℃로 가열하고, **3**을 튀겨서 기름기를 뺀다.
5. 그릇에 **2**와 **4**를 담는다.

반건조 전갱이

재료(2인분)

전갱이(배 가르기) … 2마리

청주 … 1.5컵

소금 … 30g

간 무 … 적당량

간장 … 조금

* 소금의 분량은 청주의 10%이지만, 취향에 따라 조절한다.

만드는 방법

1. 청주에 소금을 넣고 녹여서 전갱이를 40~60분 정도 절인다.
2. **1**을 흐르는 물에 씻은 뒤 물기를 닦아내고, 체에 올려 비닐랩 등을 씌우지 않고 그대로 하룻밤 냉장고에 넣어둔다.
3. 예열한 생선그릴(양면구이)에 껍질이 위로 오게 올리고, 중불로 7~8분 정도 굽는다.
4. 그릇에 담고, 간 무를 곁들인 뒤 간장을 뿌린다.

냉장고에서 건조시킬 때는, 시판용 탈수시트를 이용해도 좋다.

전어
Gizzard shad

분류 _ 청어목 청어과
별명 _ 새갈치, 엿사리, 전애 등
산지 _ 보령, 광양, 사천, 보성 등
제철 _ 9~10월

집 나간 며느리가 전어 굽는 냄새에 다시 집으로 돌아온다는 말이 있을 만큼, 전어는 맛이 좋기로 유명한 등푸른생선이다. 특히 지방이 올라 고소한 풍미를 자랑하는 가을 전어는 소금구이로 먹어도 맛이 좋지만, 뼈가 연하기 때문에 뼈째 썰어서 세꼬시로 먹으면 고소한 맛을 즐길 수 있다. 겨울이 오면 지방이 빠져 맛이 떨어지고, 뼈도 억세져서 뼈째 먹기 힘들어진다. 일본에서는 전어를 성장에 따라 「신코(4~5cm)」, 「고하다(7~10cm)」, 「나카즈미(12~13cm)」, 「고노시로(15cm 이상)」라고 부르며, 초밥 재료로 사용할 때는 은색을 살리기 위해 껍질을 벗기지 않는다.

● **손질 포인트**

아가미뚜껑 뒤에 있는 검은 반점이 몸통쪽에 남도록, 머리를 잘라낸다.

복강 아래쪽에는 보호대 같은 단단한 뼈가 있다. 이 부분이 남지 않도록 배를 잘라낸다

● **선택 포인트**

눈이 검고 맑은 것. 신선도가 떨어지면 눈이 붉어진다.

몸 표면이 빛나고 비늘이 벗겨지지 않은 것. 다만, 지방이 오르면 껍질이 얇아져서 비늘이 잘 벗겨진다.

전체적으로 둥그스름하고 살이 단단한 것.

밑손질

도구 생선용 칼

1 머리가 왼쪽, 등이 앞쪽으로 오게 놓는다. 왼손으로 머리를 잡고, **아랫면쪽 비늘**을 꼬리부터 머리쪽을 향해, 칼에 힘을 주지 않고 긁어낸다(p.16「비늘 긁기1」참조).

2 꼬리부터 머리쪽을 향해 칼을 넣어, **등지느러미를 잘라낸다.**

3 몸을 뒤집어서 배가 앞쪽으로 오게 놓고, 1과 같은 방법으로 **윗면쪽의 비늘을 긁어낸다.**

4 검은 반점이 몸통에 남도록, 가슴지느러미 뒤에 칼을 수직으로 넣어 **머리를 잘라낸다.**

5 꼬리 연결 부위에 살짝 비스듬히 칼을 넣어, **꼬리를 잘라낸다.** 이렇게 자르면 살을 갈라서 펼쳤을 때, 완만한 V자 모양이 되어 보기 좋다.

6 배 아래쪽을, 머리부터 항문쪽을 향해 비스듬히 잘라낸다. 이 부분에 단단한 뼈가 있으므로 잘라내야 한다.

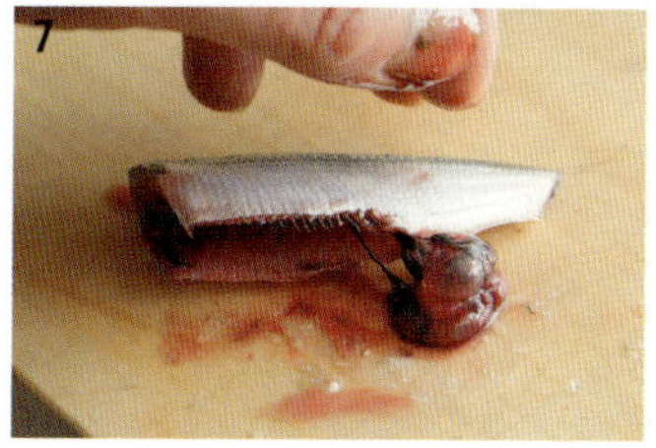

7 배에 왼손 엄지를 넣고 내장을 빼낸다.

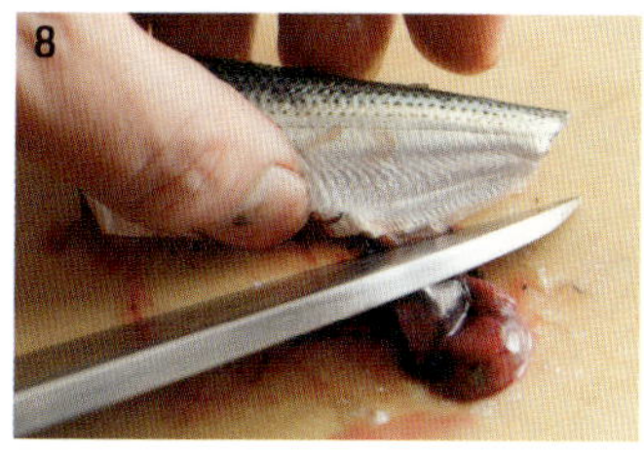

8 내장을 잘라내고, 남은 비늘과 내장을 물로 **재빨리 씻어낸 뒤, 물기를 닦는다.** 뱃속에 남은 콩팥 등도 닦아낸다.

갈라서 펼치기
[배 가르기]

도구 생선용 칼

1 머리가 오른쪽, 배가 앞쪽으로 오게 놓는다. 배의 단면 끝에서 **등뼈 위에 칼끝을 넣고,** 등뼈 위를 미끄러지듯이 움직여 꼬리까지 자른다.

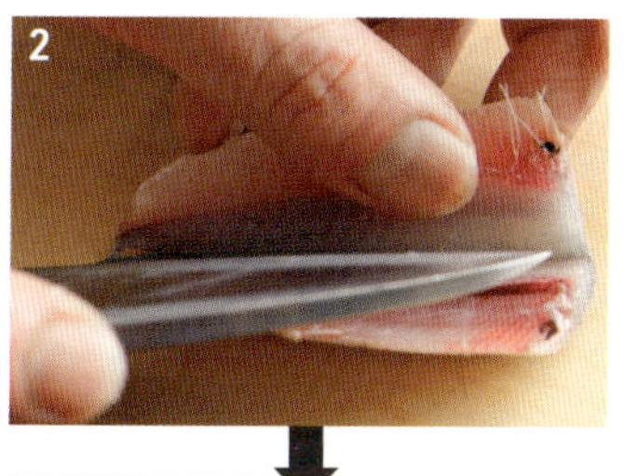

2 그대로 등뼈를 넘어 가운데뼈를 따라 자르는데, **최대한 등껍질에 가깝게 잘라서, 1장으로 펼친다.**

3 뼈가 아래로 가도록 도마에 놓고 누른다. 등뼈 위에 칼을 넣고 꼬리쪽으로 미끄러지듯이 움직여, 살을 잘라서 분리한다.

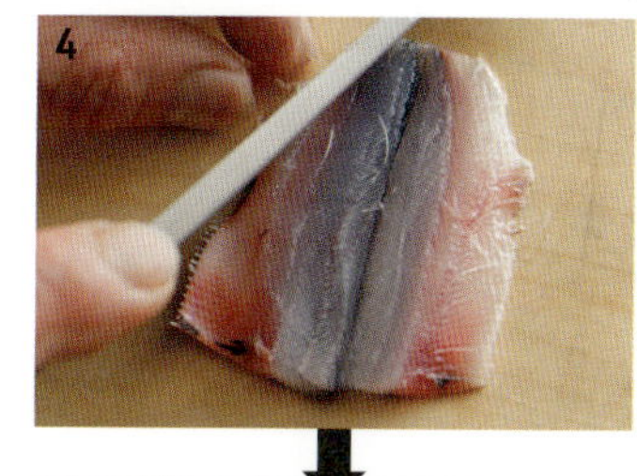

4 살이 위로 오고, 머리가 앞쪽으로 오도록 세로로 놓는다. 양쪽 뒷지느러미의 뼈부분을 잘라낸다.

5 왼쪽 배뼈를 저며낸다.

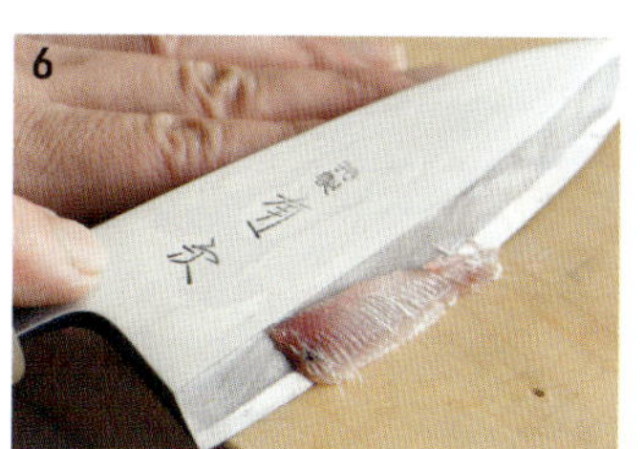

6 오른쪽 배뼈에 칼을 거꾸로 잡고 넣어서 저민다.

7 머리쪽을 비스듬하게 조금 잘라내서, **모양을 정리한다.**

마디 만들기

* 배 가르기한 순살을 초절임하여 사용.

도구 회칼

1 껍질이 위, 머리가 왼쪽으로 오게 놓고, **양쪽 살의 도톰한 부분에 세로로 칼집을 1줄씩 넣는다.**

2 폭이 좁은 꼬리 부분을 잘라낸다.

3 나머지 살은 2등분한다.

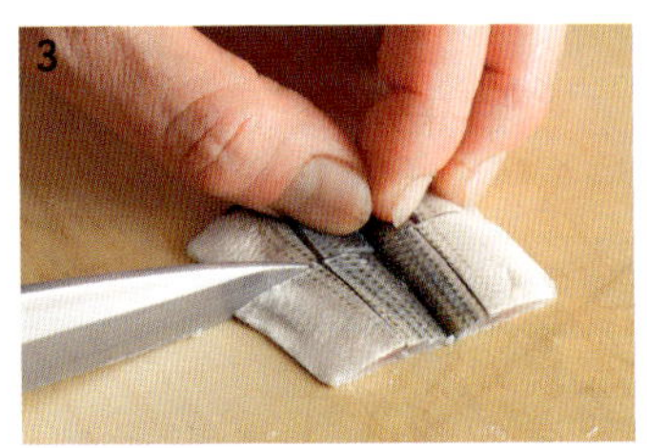

완성

마디를 만든 상태.

전어 초무침 ➡ 아래

전어 초무침

재료(2인분)

전어(7~10㎝, 배 가르기한 것) … 4마리

다시마 … 가로세로 10㎝ 1장

식용 국화, 청소엽, 간 고추냉이 … 적당량씩

소금, 식초 … 적당량씩

만드는 방법

1 전어는 소금을 뿌려서 10분 정도 둔 뒤, 재빨리 물로 씻어서 소금을 제거한다.

2 트레이에 식초와 물을 1컵씩 붓고, **1**을 10분 정도 담가둔다. 표면이 하얗게 변하면 1장씩 살쪽이 맞닿게 세로로 1/2로 접고, 손바닥으로 살짝 식초물을 짜낸다.

3 껍질이 아래로 가도록 체에 올려서 비닐랩을 씌운 뒤, 간이 배도록 2시간 정도 냉장고에 넣어둔다.

4 식용 국화는 꽃잎을 떼고 암술과 수술을 제거한 뒤, 식초를 조금 넣은 뜨거운 물에 살짝 데쳐서 찬물에 헹구고 물기를 짠다. 청소엽은 곱게 채썬다.

5 트레이에 식초 1컵과 다시마를 넣고, **3**을 10분 정도 담가둔다.

6 **5**의 식초를 닦고 칼집을 넣어 마디를 만든 뒤 토막낸다. 1/2로 접어서 그릇에 담고, 간 고추냉이와 **4**를 곁들인다.

정어리

Sardine

분류_ 청어목 청어과
별명_ 눈치, 순봉이, 징어리 등
산지_ 부산, 남해 등
제철_ 4~6월, 9~11월

청어과에 속하는 등푸른생선으로, 고등어나 꽁치 등에 비해 크기는 작지만 영양분이 많아 몸에 좋은 생선이다. 옆구리에 검은 반점이 줄지어 있는 것이 특징이며, 물 밖으로 나오면 빠른 속도로 상하기 때문에 신선한 것을 선택해야 한다. 다른 큰 물고기들의 먹이가 될 만큼 맛이 좋으며, 특히 지방이 오른 정어리는 어떻게 요리해도 맛있다. 같은 청어목에 속하는 멸치도 정어리처럼 뼈째 먹는 생선이지만, 몸길이가 5~10㎝로 작다. 멸치도 잡히면 금방 상하기 때문에, 갓 잡은 멸치 외에는 날것으로 먹기 힘들다. 마른 멸치를 통째로 먹으면 칼슘 보충에 도움이 된다.

● **손질 포인트**

살이 부드러워서 손으로 갈라서 뼈를 제거할 수 있다.

복강 아래쪽에 보호대 같이 단단한 뼈가 있다. 이 부분이 남지 않도록 배를 잘라낸다.

● **선택 포인트**

신선한 것은 반점이 뚜렷한데, 지방이 오르면 껍질이 얇아져서 반점도 흐려진다.

눈이 붉지 않고 볼록한 것이 신선하다.

멸치/ 청어목 멸치과

대부분 마른 멸치, 멸치젓갈 등으로 가공되어 유통된다. 안초비는 유럽 멸치를 소금에 절인 것이다.

밑손질

도구 생선용 칼

1 머리가 왼쪽으로 오게 놓고 왼손으로 머리 양옆을 살짝 잡은 뒤, 꼬리부터 머리쪽을 향해 **칼로 비늘을 긁어낸다**(p.16「비늘 긁기1」참조). 살이 부드러우므로 손상되지 않도록 주의한다.

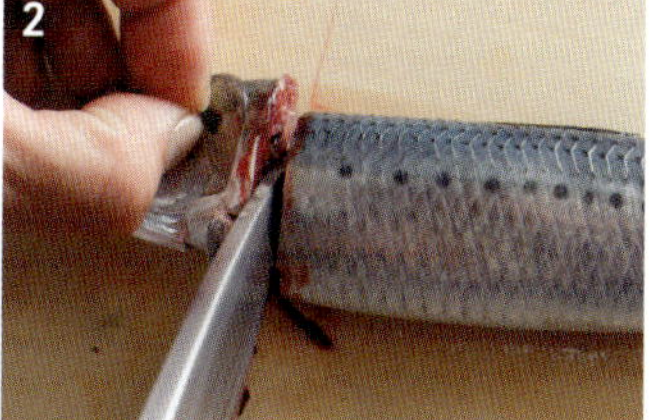

2 가슴지느러미 뒤에 칼을 수직으로 넣고, 한 번에 **머리를 잘라낸다**(p.21「수직으로 자르기」참조).

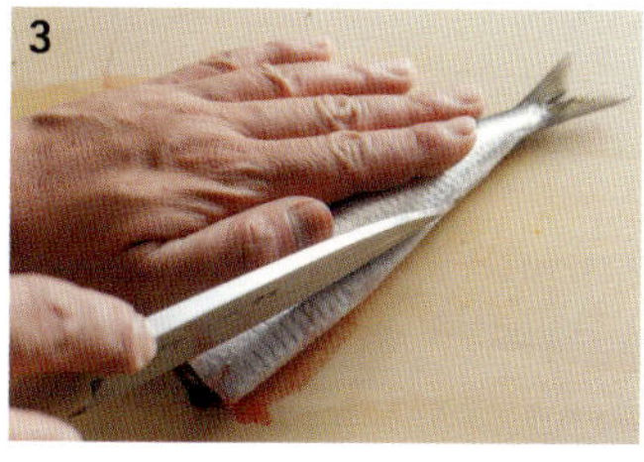

3 내장을 제거한다(p.24「배 자르기」참조). 배 아래쪽을, 항문부터 머리쪽까지 비스듬히 잘라낸다. 이 부분에 단단한 뼈가 있으므로 함께 잘라내야 한다.

4 배 안쪽에 칼을 넣고, **내장을 긁어낸다.**

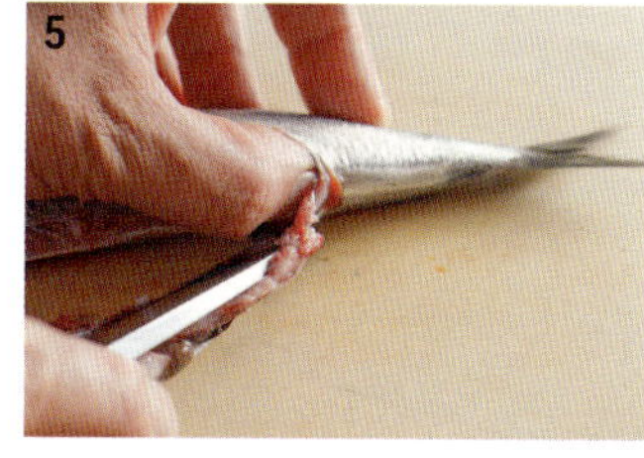

5 항문부터 꼬리쪽을 향해 엄지를 넣어 살짝 벌린 뒤, 안쪽 내장을 제거한다. 칼끝으로 **등뼈의 얇은 막에 칼집을 넣는다.**

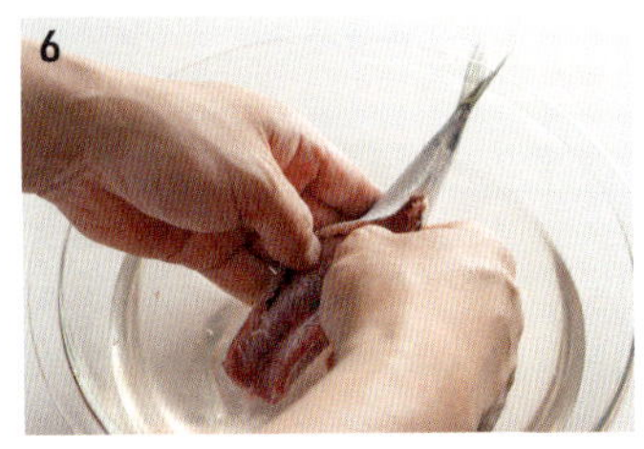

6 물로 재빨리 씻는다.
등뼈 밑에 있는 콩팥은 손
끝으로 긁어서 제거한다.
키친타월로 겉면과 뱃속
의 물기를 확실히 닦는다.

3 등뼈를 꼬리 연결 부위
에서 잡아당겨 빼낸다.

밑손질한 상태.

정어리 매실조림 ➡ p.158

손으로 갈라서 펼친 상태.

갈라서 펼치기
[손으로 가르기]

껍질 제거

* 손으로 갈라서 펼친 것을 사용.

1 머리가 왼쪽, 배가 앞
쪽으로 오게 잡는다. 오른
손 엄지 끝을 등뼈와 살 사
이에 넣고 등뼈를 따라 꼬
리쪽으로, 그런 다음 꼬리
에서 머리쪽으로 움직여
서, 살을 분리한다.

1 껍질이 겉으로 오게 몸
통을 닫고, 머리가 위, 배
가 왼쪽으로 오도록 세로
로 잡는다. 어깨의 등쪽 끝
에서 3㎝ 정도 껍질을 벗
긴다.

Point

엄지를 깊이 찔러 넣고,
손가락 안쪽 부분은 등
뼈를, 손톱 끝은 등 안쪽
을 따라 움직인다.

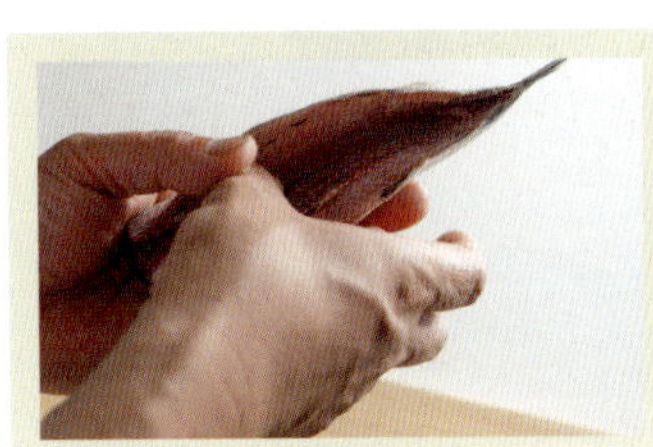

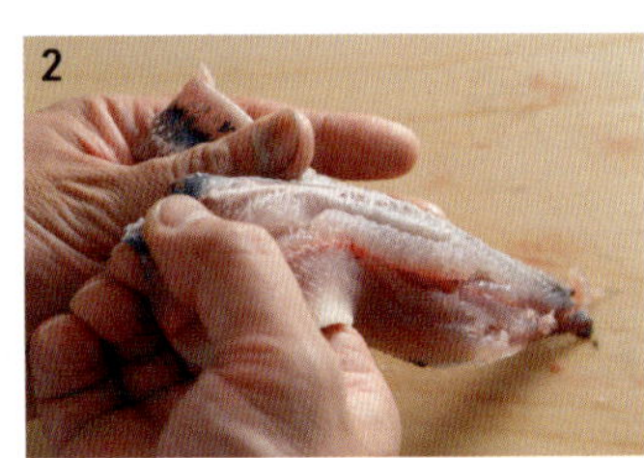

2 몸통을 펼치고, 살이
위로 오도록 오른손으로
잡는다. 껍질과 살 사이에
왼손 엄지를 집어넣고, 손
가락으로 살을 누르면서
껍질에서 살을 조금씩 벗
겨낸다. 껍질을 당겨서 벗
기는 것이 아니라, 살을 껍
질에서 벗기는 느낌이다.

2 왼손으로 꼬리를 잡고
오른손으로 꼬리 연결 부
위의 등뼈를 잡은 뒤, 살까
지 분리되지 않게 주의하
면서, 그대로 손가락을 아
래로 움직여 살에서 등뼈
를 떼어낸다.

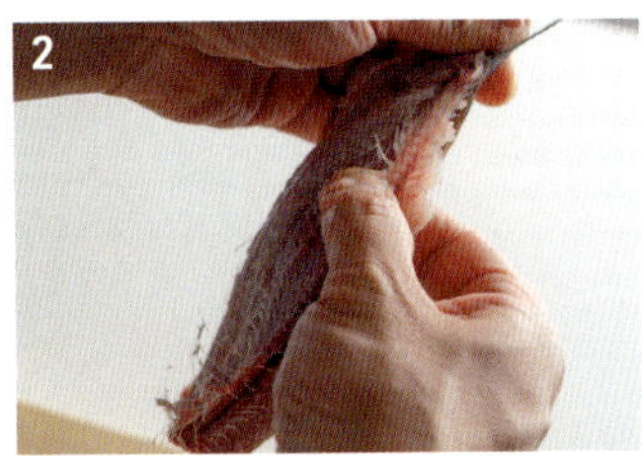

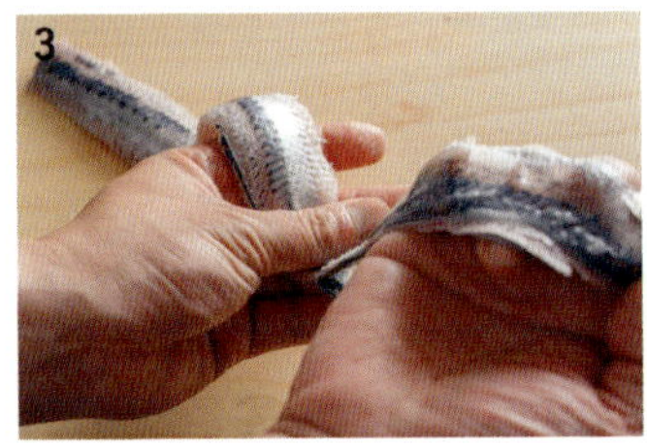

3 한쪽 살을 벗긴 뒤, 다
른 쪽 살도 같은 방법으로
벗긴다.

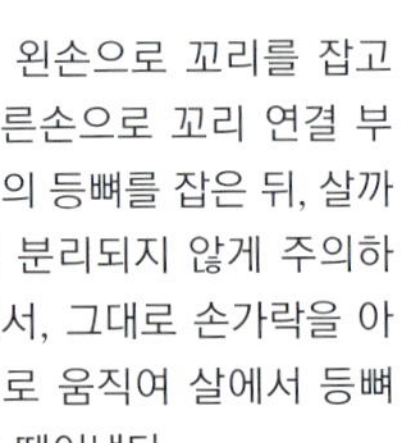

Point

보통은 칼로 저미는 배
뼈나 핀셋으로 뽑는 잔
뼈도, 등뼈와 함께 제거
할 수 있다.

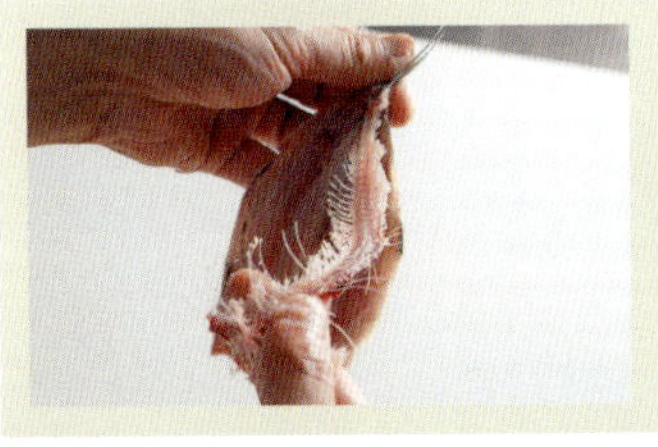

손으로 가른 살에서
껍질을 벗긴 상태.

정어리회 무침 ➡ p.158

손질
[평형 자르기]

* p.29「평형 자르기」와 같은 방법으로 손질한다.

도구 생선용 칼

1 머리가 오른쪽, 배가 앞쪽으로 오게 놓은 뒤, 어깨에서 등뼈 위에 칼을 넣는다.

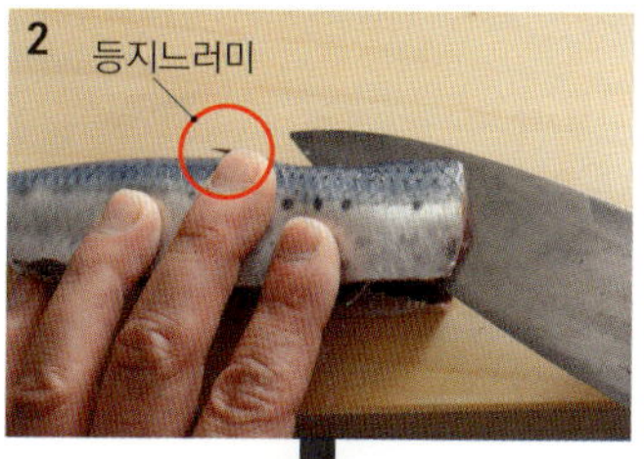

2 어깨부터 항문까지의 배뼈 부분은 칼을 조금 세워서 등뼈의 경사에 맞추고, 칼끝을 등지느러미쪽(꼬리쪽)을 향해 비스듬히 돌려서, 등뼈 위를 미끄러지듯이 움직여 자른다.

3 항문부터는 칼의 면이 가운데뼈와 평행이 되도록 방향을 바꿔서 눕힌 뒤, 그대로 꼬리쪽까지 잘라서 살을 분리한다.

4 머리 위치를 그대로 두고 뒤집은 뒤, 어깨에서 등뼈 위에 칼을 넣는다. 항문까지의 배뼈 부분은 칼을 조금 세우고 뒷칼날을 등지느러미쪽(꼬리쪽)을 향해 비스듬히 돌려서, 등뼈 위를 미끄러지듯이 움직여 자른다. 항문부터는 **3**과 같은 방법으로 잘라서 살을 분리한다.

완성
평형 자르기한 상태.

배뼈 제거

* 평형 자르기한 아래쪽 살 사용.

도구 생선용 칼

1 머리가 뒤쪽으로 가도록 세로로 놓고, 배뼈를 제거한다(p.33「배뼈 분리 2」, p.34「배뼈 저미기」참조).

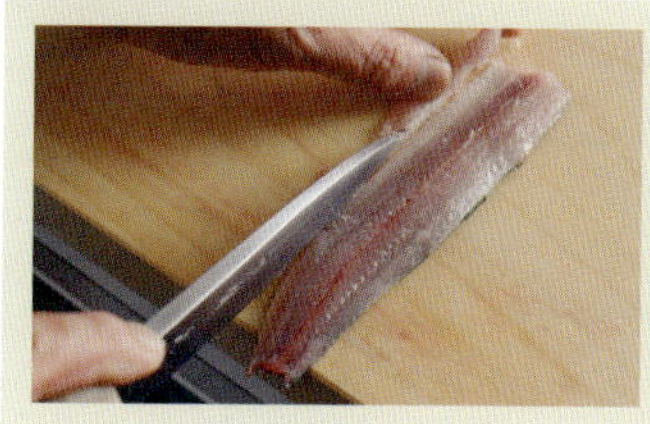

Point

배뼈를 제거할 때는 칼집 부분을 젖히고, 칼을 세워서 자른다.

껍질 제거

* p.36「손으로 벗기기」와 같은 방법으로 작업한다.

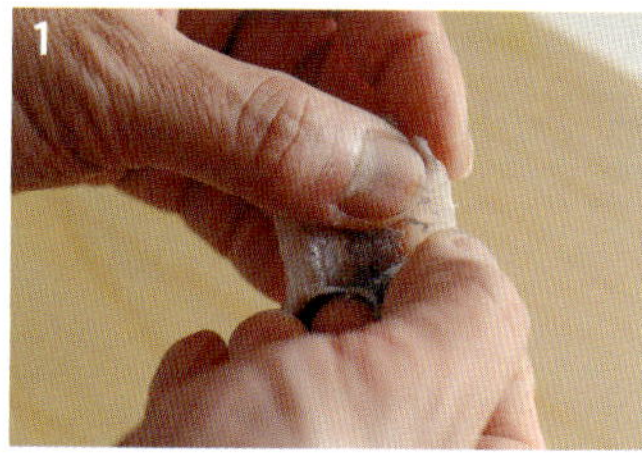

1 머리가 위로 오고, 껍질이 앞쪽으로 오도록 세로로 잡는다. 어깨 끝에서 껍질을 벗기고, 껍질과 살 사이에 왼손 엄지를 넣은 뒤, 손가락으로 살을 누르면서 껍질에서 조금씩 벗긴다. 1/2 정도까지 벗긴다.

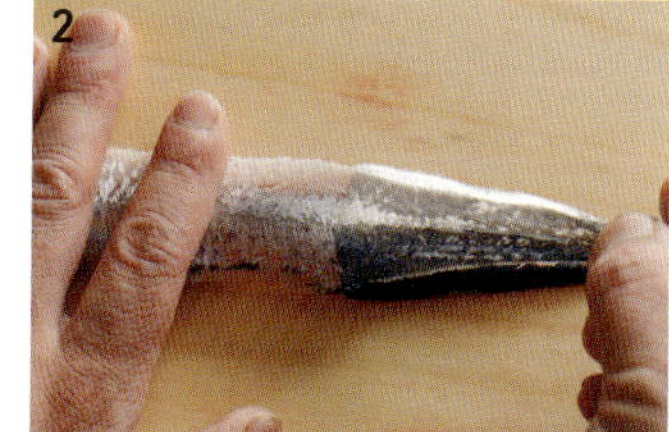

2 머리가 왼쪽, 껍질이 위로 오도록 도마 위에 놓는다. 왼손으로 살을 살짝 누르고, 꼬리를 향해 껍질을 조금씩 벗겨낸다. 은색 부분이 살에 남게 한다.

정어리회 무침

재료(2인분)

정어리(손으로 갈라서 껍질을 제거한 것) ··· 1마리
고추장, 간장, 맛술 ··· 1/2작은술씩
소금, 참깨(간 것) ··· 적당량씩
오이(채썰기), 생강(채썰기) ··· 적당량씩

만드는 방법

1 정어리에 소금을 뿌려서 1분 정도 두고 표면에 배어 나온 물기를 닦아낸 뒤, 다시 소금이 전체에 흡수되도록 10~30분 둔다.
2 **1**을 가늘게 비스듬히 썬다.
3 볼에 고추장, 간장, 맛술을 섞은 뒤 **2**를 넣고 버무린다.
4 그릇에 **3**을 담고 간 참깨를 뿌린 뒤, 오이와 생강을 곁들인다.

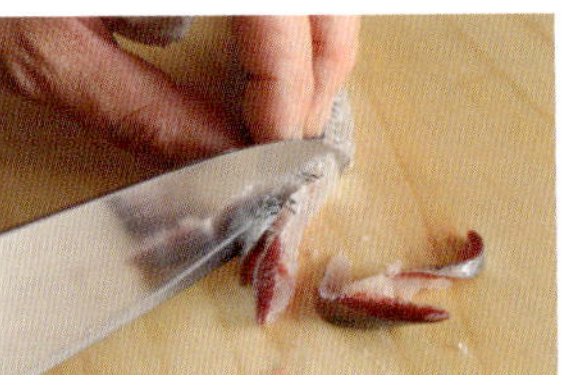

최대한 길게 비스듬히 썬다.

정어리 매실조림

재료(만들기 쉬운 분량)

정어리(밑손질) ··· 5마리
매실장아찌(큰 것) ··· 2개
청주 ··· 1컵
맛술 ··· 1/2작은술
우스구치간장 ··· 1/2작은술
생강(채썰기) ··· 적당량

만드는 방법

1 냄비에 청주를 넣고 매실장아찌를 으깨서 씨째로 넣은 뒤, 정어리를 가지런히 올려서 가열한다.
2 끓으면 거품을 걷어내고 맛술과 간장을 넣은 뒤, 속뚜껑을 덮고 약불로 7~8분 끓인다.
3 냄비 바닥에 국물이 조금 남을 정도가 되면 완성. 그릇에 담고 생강을 올린다.

물을 사용하지 않고 청주로 조리면,
살이 부드럽게 완성된다.

멸치 손질
[3장뜨기]

도구　포장용 PP밴드

1　PP밴드를 10~15㎝ 길이로 잘라 반으로 구부린 뒤, 스테이플러로 고정시킨다.

2　머리를 왼쪽, 등을 앞쪽으로 놓는다. **1**에서 구부린 부분을 아가미 뒤에 꽂고, 그대로 꼬리를 향해 한 번에 움직여서 살을 분리한다. 머리 위치를 그대로 두고 뒤집어서, 같은 방법으로 살을 분리한다.

완성
PP 밴드로 3장뜨기한 상태.

3　**재빨리 물로 씻는다.** 살짝 주물러서 살에 남은 내장 등의 불순물을 씻어낸다.

4　체에 올려 물기를 뺀다.

안초비 ➡ 아래

냉장고에서 1달 동안 숙성시킨 안초비. 국물은 액젓으로 사용할 수 있다.

안초비

재료(만들기 쉬운 분량)

멸치(3장뜨기) … 100 g
굵은 소금, 올리브오일 … 적당량씩
삶은 달걀(반숙) … 적당량

만드는 방법

1　멸치는 키친타월로 물기를 꼼꼼히 닦는다.

2　깨끗한 밀폐용기 바닥에 굵은 소금을 듬뿍 깔고, **1**을 가지런히 올린다. 1번째 단이 모두 차면 멸치가 보이지 않을 때까지 굵은 소금을 뿌리고, 다시 2번째 단을 가지런히 채운다. 이 과정을 반복하여 모든 멸치를 담은 뒤, 마지막으로 윗면을 굵은 소금으로 덮는다.

3　윗면에 비닐랩을 밀착시켜서 씌우고 뚜껑을 덮어서 냉장고에 넣은 뒤, 1달 정도 숙성 및 발효시킨다.

4　1달 뒤 멸치를 용기에서 꺼내 소금물(염분농도 3%)로 살짝 씻어서 소금을 제거한다. 키친타월로 가볍게 누르듯이 닦아 물기를 제거한다.

5　밀폐용기에 **4**를 가지런히 담고 올리브오일을 가득 부은 뒤, 다시 냉장고에 1주일 동안 넣어두면 안초비가 완성된다.

6　삶은 달걀을 1/2로 잘라 그릇에 가지런히 담는다. 완성된 안초비를 먹기 좋게 썰어서 올리고, 올리브오일을 뿌린다. 안초비는 냉장고에서 3달 동안 보관 가능하다.

쥐노래미
Greenling

분류_ 쏨뱅이목 쥐노래미과
별명_ 게르치, 놀래미, 석반어 등
산지_ 거제, 남해 등
제철_ 3~6월

지방이 많아서 흰살생선답지 않게 진한 단맛과 감칠맛이 있으면서 뒷맛은 깔끔하다. 쫄깃쫄깃한 식감도 좋고, 껍질 아랫부분은 감칠맛이 진하기 때문에 껍질째 요리하는 것이 좋다. 회로 먹을 때는 뜨거운 물로 껍질만 살짝 익히는 가와시모즈쿠리나, 껍질만 굽는 야키시모즈쿠리로 먹으면 맛있다. 기름과도 궁합이 좋아서 튀기면 맛이 더욱 살아난다. 비교적 손질하기 쉽지만, 잔뼈가 매우 많아서 뼈를 잘라야 한다. 선도가 떨어지면 특유의 비린내가 나기 때문에, 이케지메한 것을 선택한다. 이름이 비슷한 노래미는 쥐노래미와 생김새가 매우 비슷하지만 몸집이 작다.

● **손질 포인트**

비늘이 촘촘해서 벗기기 어렵다. 또한 점액질도 있어서, 철수세미로 꼼꼼히 제거한다.

───

아가미와 함께 내장을 빼내고, 머리는 이케지메한 단면에서 비스듬히 잘라낸다.

───

잔뼈가 많으므로 뼈를 잘라서 먹기 좋게 손질한다. 칼을 일정한 리듬과 속도로 움직여서, 최대한 껍질에 가깝게 자른다.

● **선택 포인트**

밑손질

도구 철수세미, 생선용 칼

1 왼손으로 머리를 잡고, 철수세미로 꼬리부터 머리쪽을 향해 꼼꼼히 문질러서 비늘을 제거한다. 잔비늘은 칼로 긁어낸다. 힘을 세게 주면 부드러운 살에 상처가 나므로 주의한다.

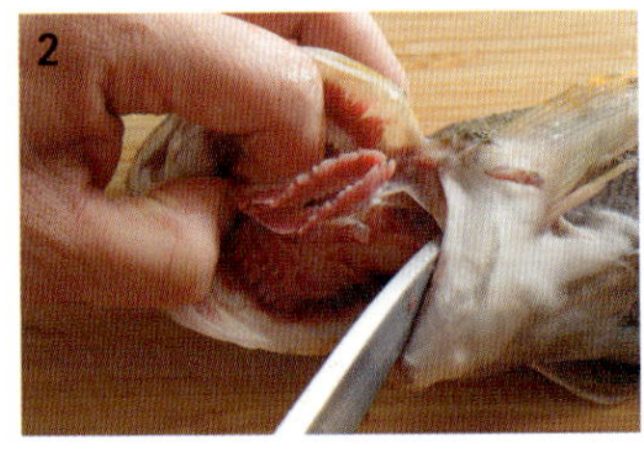

2 아가미를 제거한다
(p.22 「아가미 제거1」
1~5 참조).

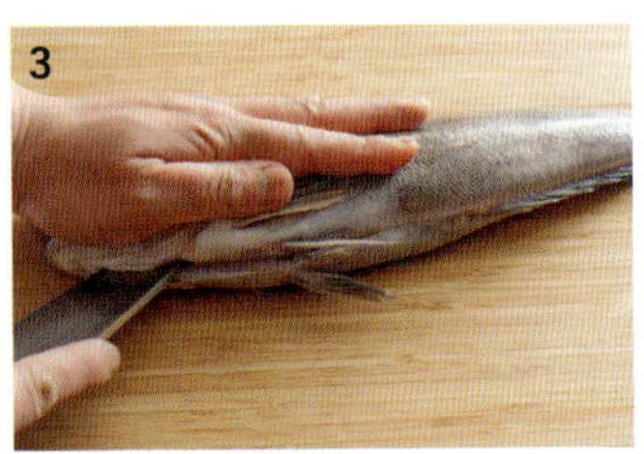

3 칼끝을 항문에 넣고 턱 밑까지 잘라서, **배를 가른다.** 내장을 자르지 않도록 주의한다.

Point

항문 부분의 칼집이 작으면, 칼을 거꾸로 잡고 꼬리쪽을 향해 살짝 더 자른다.

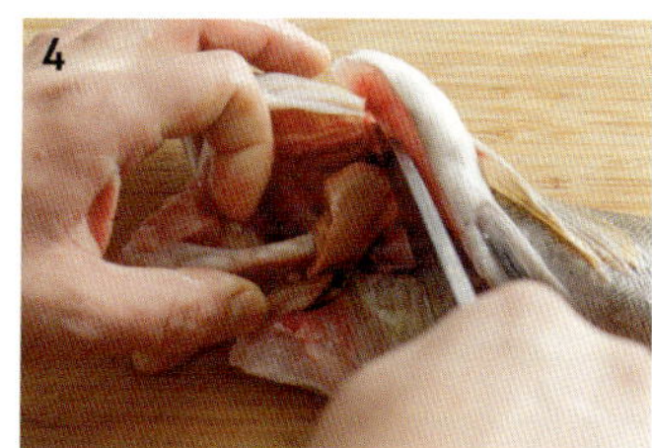

4 배를 열고 내장을 모두 머리쪽으로 모은다. 배 안쪽에 칼을 넣어 복막과 등뼈의 연결 부위를 자른다.

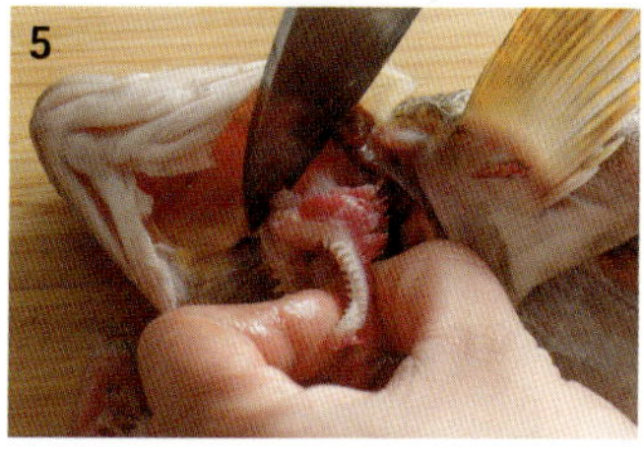

5 아가미와 머리의 연결 부위를 자르고, 그대로 아가미를 잡아 조심스럽게 당겨서, **아가미와 내장을 함께 빼낸다.**

6 콩팥 가장자리를 따라 등뼈의 얇은 막에 위아래로 칼집을 2개 넣어서, 칼날로 **콩팥을 긁어낸다.**

Point

등뼈의 홈 등에 남아 있는 콩팥은 칼끝으로 긁어낸다.

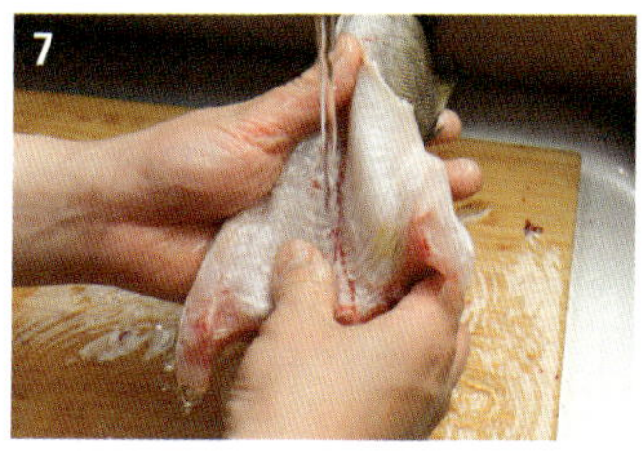

7 **물로 재빨리 씻어서,** 표면과 뱃속에 남은 비늘과 불순물을 제거한다.

8 키친타월로 표면과 뱃속의 **물기를 확실히 닦는다.** 뱃속에 남은 내장 등도 깨끗이 닦아낸다.

머리 자르기
[가마 붙여 자르기]

도구 생선용 칼

1 머리가 왼쪽, 배가 앞쪽으로 오게 놓는다. 가슴지느러미와 배지느러미를 머리쪽으로 넘겨서 잡고, 가슴지느러미 뒤에 칼을 넣어 배지느러미 가운데까지 **비스듬히 자른다.**

2 가슴지느러미 뒤에서 머리쪽(이케지메한 자국)으로 칼을 넣고, 등뼈까지 칼집을 낸다. 그런 다음 등뼈에 뒷칼날을 대고, 손바닥으로 칼등을 쳐서 **등뼈를 자른다.**

3 머리 위치를 그대로 두고 뒤집어서, 가슴지느러미와 배지느러미를 잡고 머리를 살짝 세운 뒤, 배지느러미 뒤에서 머리쪽(이케지메한 자국)을 향해 비스듬히 **머리를 잘라낸다.**

손질
[3장뜨기]

* p.26~28 「3장뜨기」 참조

도구 생선용 칼

1 배의 단면의 끝부터 꼬리쪽까지 기준선이 될 칼집을 넣고, 기준선을 따라 칼끝으로 등뼈를 긁듯이 꼬리쪽까지 자른다.

2 등쪽에 기준선이 될 칼집을 넣고, 등뼈를 긁듯이 어깨까지 자른다. 칼집을 넣을 때는 왼손으로 배쪽을 눌러서 껍질을 당기면, 칼이 잘 들어간다.

꼬리 부분은 곡선이어서 칼 위치를 정하기 어렵다. 기준선이 될 칼집을 넣을 때는 뒷지느러미와 일직선이 되게 칼날을 댄다. 지느러미뼈 밑에 넣지 않도록 주의한다.

3 꼬리 연결 부위에 칼을 거꾸로 잡고 넣어서 꼬리쪽을 향해 살짝 칼집을 낸 뒤, 칼을 돌려서 머리쪽까지 등뼈 위를 미끄러지듯이 움직여, 살을 잘라 분리한다.

4 가운데뼈가 아래로 가고, 꼬리가 왼쪽, 등이 앞쪽으로 오게 놓는다. 등지느러미를 따라 칼집을 넣고, 그 칼집을 따라 칼끝으로 등뼈를 긁듯이 꼬리쪽까지 자른다.

5 방향을 바꾸고, 배쪽의 꼬리 연결 부위부터 배의 단면 끝까지 칼을 넣는다.

6 꼬리 연결 부위에 칼을 거꾸로 잡고 넣어서 꼬리쪽을 향해 살짝 칼집을 낸 뒤, 칼을 돌려서 머리쪽까지 등뼈 위를 미끄러지듯이 움직여, 살을 잘라서 분리한다. 마지막에 꼬리 연결 부위를 잘라 분리한다.

완성
3장뜨기 한 상태.

배뼈·잔뼈 제거

도구 생선용 칼, 핀셋

1 배뼈를 제거한다(p.33 「배뼈 분리1」, p.34 「배뼈 저미기」 참조)

2 핀셋을 사용하여 **잔뼈를 뽑는다**(p.35 「뽑기」 참조).

쥐노래미 맑은국 **○** p.163
쥐노래미 아게다시 **○** p.163

뼈 자르기

* 순살 사용.

도구 회칼

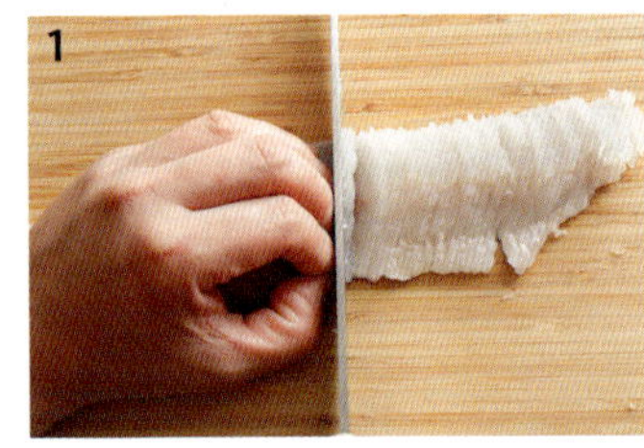

1 살을 위로, 도톰한 부분을 뒤쪽으로 놓는다. 2~3㎜ 간격으로 칼을 뒤쪽으로 밀어내듯이 움직여, 껍질만 남을 정도로 칼집을 깊게 넣어서, 껍질 가까이에 있는 잔뼈를 자른다.

칼집을 제대로 넣어서 껍질 가까이에 있는 잔뼈를 자른다. 단면을 벌렸을 때 껍질 안쪽 면이 보이면 OK.

완성
뼈를 자른 상태.

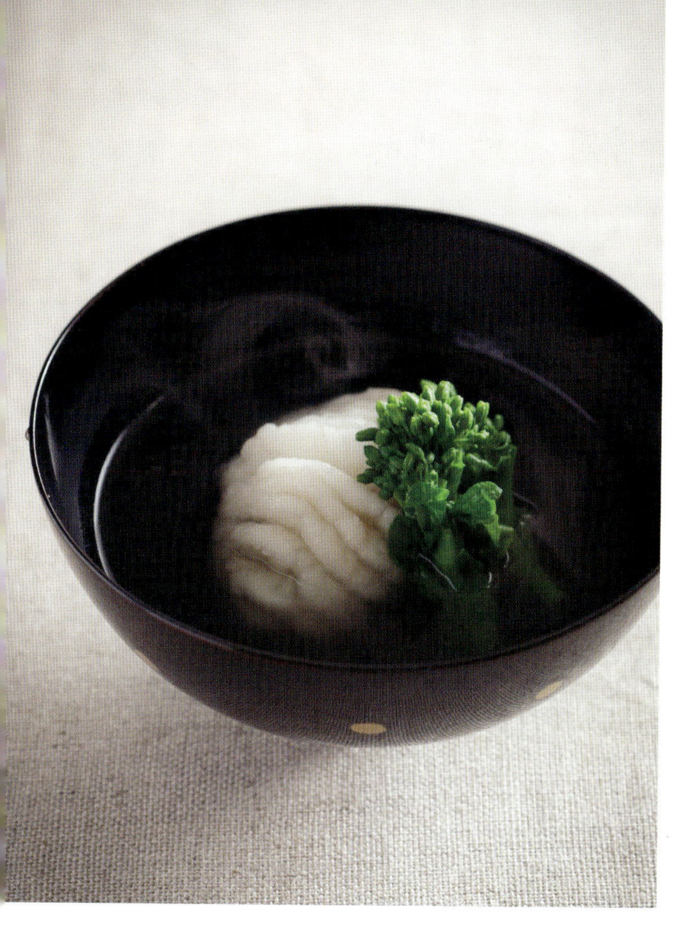

쥐노래미 맑은국

재료(4인분)

쥐노래미 순살 … 1/2마리 분량(약 200g)

유채꽃 봉오리 … 8줄기

칡뿌리 가루(또는 전분가루), 소금 … 적당량씩

육수 … 4컵

A
| 청주 … 1큰술
| 소금 … 1/3~2/3작은술
| 우스구치간장 … 1/2~2/3작은술

만드는 방법

1 쥐노래미 살에 소금을 뿌리고 15분 정도 둔 뒤, 표면에 배어 나온 물기를 닦아서 뼈를 자르고 4등분한다.

2 **1**의 자른 살에 솔로 칡뿌리 가루를 칼집 속까지 꼼꼼히 묻힌다.

3 유채꽃 봉오리는 아래쪽의 단단한 부분을 잘라내고 소금물에 데친 뒤, 찬물에 담가 한김 식히고 물기를 제거한다.

4 냄비에 육수를 넣어 데우고 A로 간을 한다.

5 다른 냄비에 물을 넉넉히 담아서 끓인 뒤, **2**를 조심스럽게 넣어 칼집이 벌어져 익을 때까지 2~3분 데친다.

6 쥐노래미 데친 물을 버리고, 뜨거울 때 오목한 그릇에 담는다. 유채꽃 봉오리를 **4**의 육수에 담가서 데운 뒤 곁들이고, 뜨거운 육수를 붓는다.

쥐노래미 아게다시

재료(4인분)

쥐노래미 순살 … 1/2마리 분량(약 200g)

소금, 전분가루 … 적당량씩

간 무 … 적당량

육수 … 1.5컵

A
| 간장 … 2큰술
| 우스구치간장 … 2큰술
| 맛술 … 3큰술

간 생강 … 적당량

튀김용 기름 … 적당량

만드는 방법

1 쥐노래미 살에 소금을 뿌리고 15분 정도 둔 뒤, 표면에 배어 나온 물기를 닦아서 뼈를 자르고 4등분한다.

2 **1**의 자른 살에 솔로 전분가루를 칼집 속까지 꼼꼼히 묻힌다.

3 튀김용 기름을 170~180℃로 가열하고 **2**를 넣어, 칼집이 살짝 벌어지고 노릇해질 때까지 튀긴 뒤 기름기를 제거한다.

4 냄비에 육수를 담아 데우고 A로 간을 한다. **3**을 칼집이 위로 오도록 넣어서 국물에 적신 뒤 건져낸다.

5 **4**의 육수에 간 무를 넣고 데운 뒤 불을 끈다.

6 그릇에 **5**와 **4**의 쥐노래미를 담고 간 생강을 올린다.

쥐치
Threadsail filefish

분류_ 복어목 쥐치과
별명_ 쥐고기, 쥐치어, 객주리 등
산지_ 태안, 여수, 부산, 제주 등
제철_ 10~12월

평평하고 마름모 모양인 쥐치는 비늘이 없는 대신, 단단하고 까칠까칠한 껍질로 덮여 있다. 이 껍질을 벗기고 요리하기 때문에, 일본에서는 껍질을 벗긴다는 의미로「가와하기」라고 부른다. 투명감 있는 흰 살은 쫀득한 식감과 함께 단맛이 느껴지며, 진한 감칠맛도 있다. 또한「바다의 푸아그라」라고 불리는 끈적하고 농후한 간도 별미로 꼽히는데, 가을~겨울에 비대해지면서 감칠맛이 증가하는 쥐치의 간은, 생선 간 중에서도 맛이 좋기로 유명하다. 쥐치를 포를 떠서 포갠 뒤 조미해서 말린 것이 흔히 먹는 쥐포이다. 조림이나 매운탕으로도 먹고, 회로도 많이 먹는다.

● 손질 포인트

입끝을 잘라내고 그 틈을 통해 껍질을 한 번에 벗겨낸다.

간이 손상되지 않도록 머리와 몸통을 잡아당겨서 분리하고, 내장을 빼낸다. 쓸개가 터지지 않도록 주의한다.

회로 먹을 때는 껍질을 벗긴 뒤, 살에 남아 있는 얇은 껍질을 제거한다.

● 선택 포인트

껍질이 진한 갈색을 띠고, 무늬도 뚜렷한 것이 신선하다. 신선도가 떨어지면 회색으로 변하고, 무늬도 흐려져서 하얗게 된다.

도톰하고 배 주변이 볼록한 것. 배가 볼록하면 큰 간이 있을 가능성이 높다(먹이가 차 있는 경우도 있다).

껍질 벗기기

도구 생선용 칼

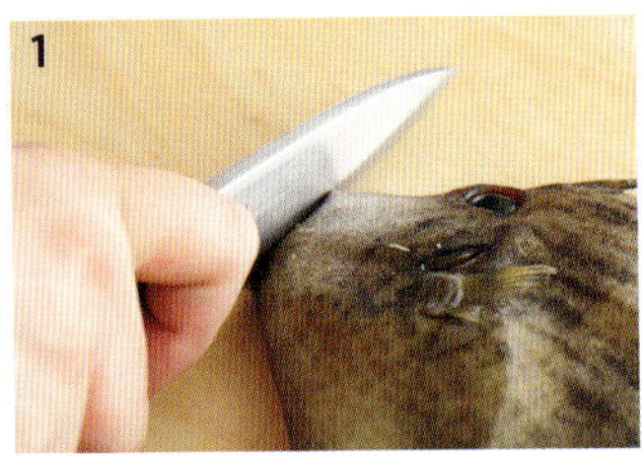

1 머리가 왼쪽, 배가 앞쪽으로 오게 놓고, 뒷칼날로 입끝을 잘라낸다.

2 잘라낸 부분에서 손으로 껍질을 벗겨낸다. 무리하게 당기지 말고, 눈이나 지느러미 부분은 조금씩 벗긴다.

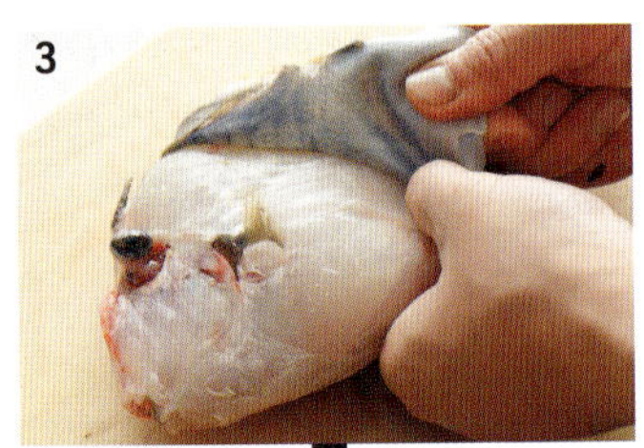

3 1/2 정도 벗기면, 껍질 끝을 잡고 꼬리쪽까지 양면의 껍질을 한 번에 당겨서 벗긴다.

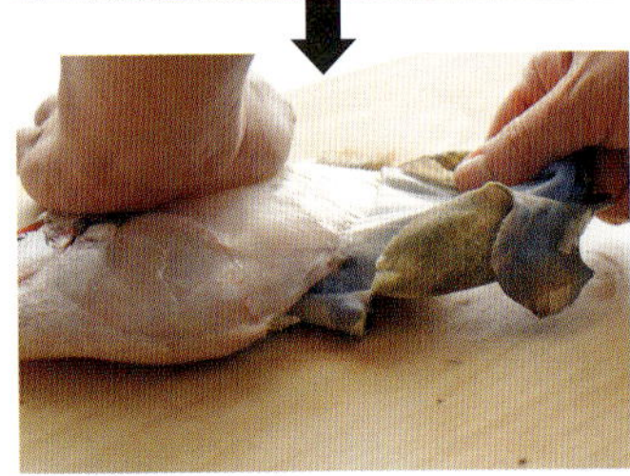

완성
껍질을 벗긴 상태.

밑손질

도구 생선용 칼

1 머리가 왼쪽, 등이 앞쪽으로 오게 놓는다. 뿔이 붙어 있는 부분의 뒤부터 눈 뒤쪽 주변까지, 칼끝을 넣어 등뼈를 잘라낸다. 배까지 자르지 말고, 머리 윗부분만 자른다.

2 가슴지느러미를 머리쪽으로 넘기고, **1**의 칼집 끝에서 칼을 거꾸로 잡고 넣어, 복강 가장자리를 따라 항문까지 칼집을 낸다.

Point

비쳐서 보이는 라인(점선 부분)을 따라 칼집을 넣는다. 간이 손상되지 않도록 주의한다.

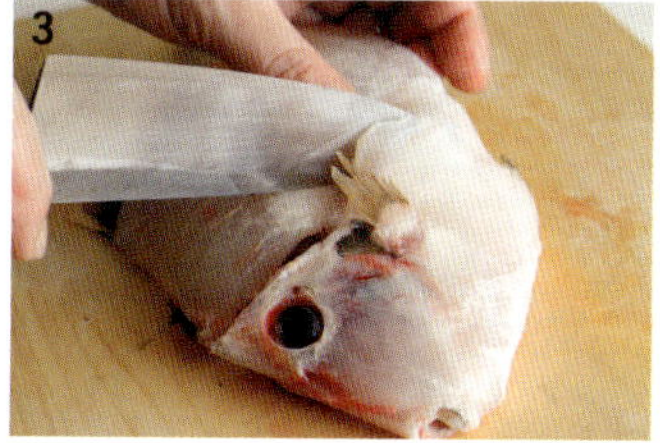

3 뒤집어서 아랫면도 **1**, **2**와 같은 방법으로 머리 부분을 자르고, 복강 가장자리를 따라 칼집을 낸다.

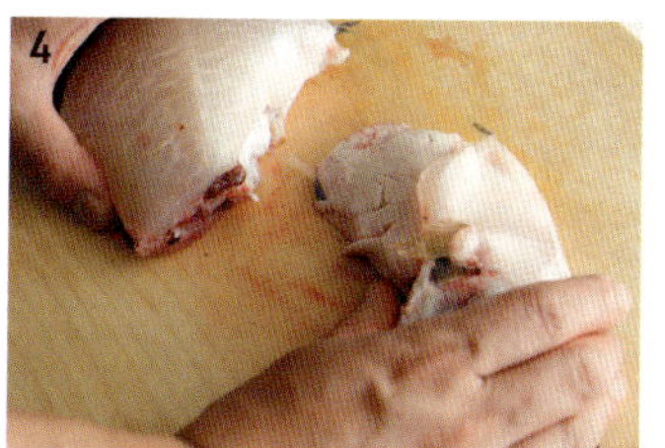

4 왼손으로 몸통을 누르고 **오른손으로 머리를 잡아당겨서, 간이 손상되지 않도록 내장째 분리한다.**

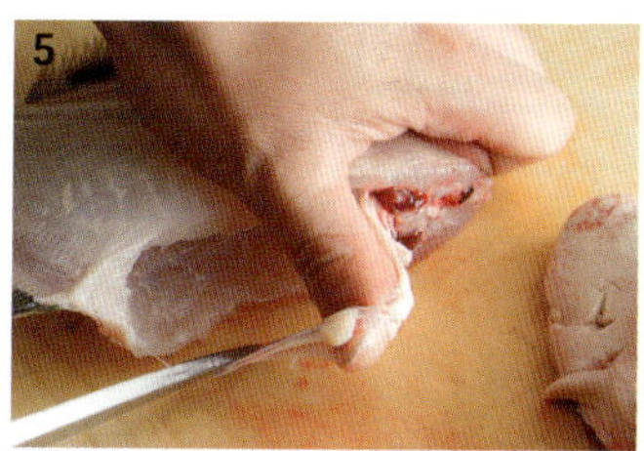

5 복강에 엄지를 넣고, **부레를 손끝으로 빼내서 잘라낸다.**

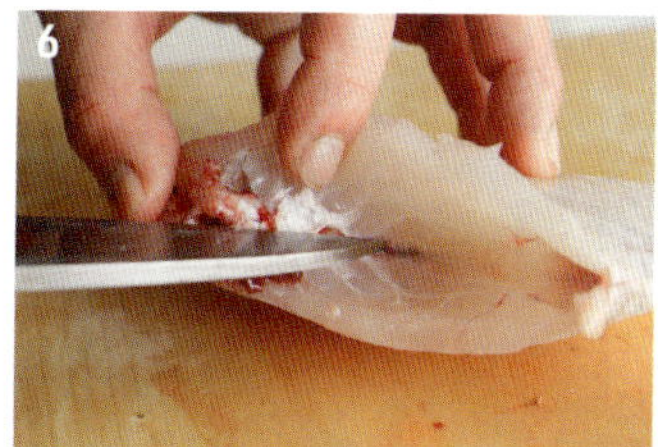

6 몸통쪽의 머리를 잘라낸 단면에 남아 있는 뼈를 제거한다. **살을 물로 재빨리 씻은 뒤 물기를 닦는다.**

간 분리

도구 생선용 칼

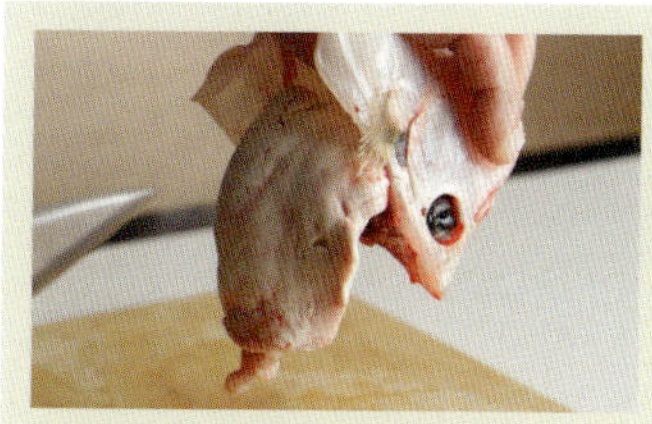

Point

내장과 함께 잘라낸 머리를 들어올려서, 어디를 자르면 간을 분리할 수 있는지 확인한다.

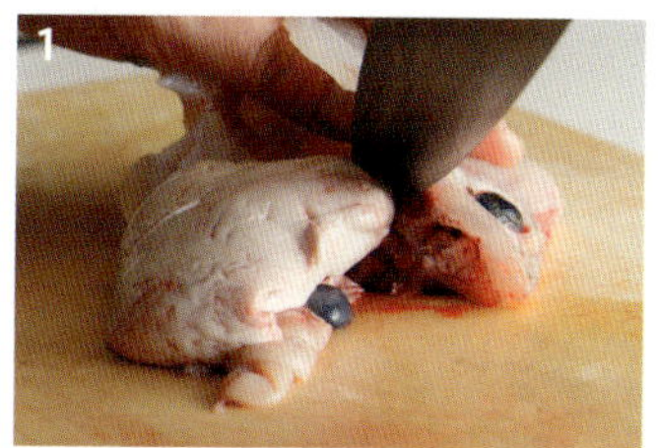

1 아가미와 내장을 연결하는 얇은 껍질에 칼집을 넣는다.

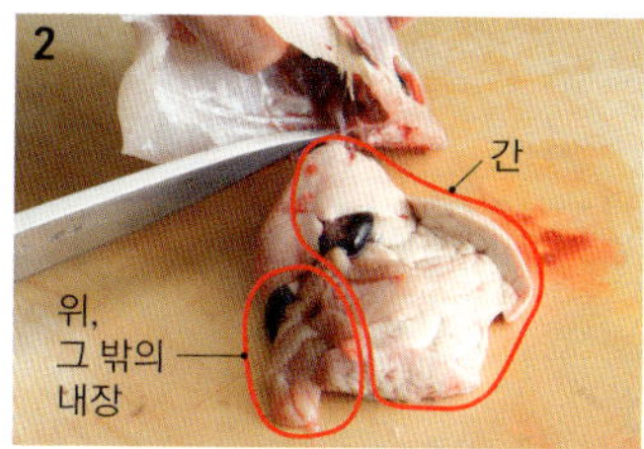

2 **머리와 내장을 연결하고 있는 식도를 자른다.** 이것으로 내장이 분리된다.

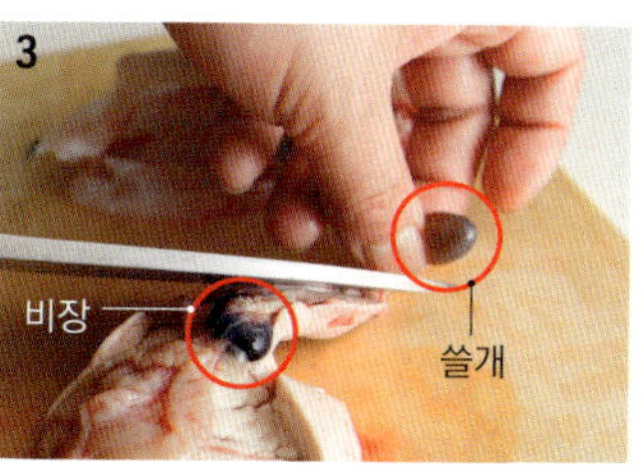

3 분리한 내장에서 **쓸개를 터지지 않도록 주의하면서 잘라낸다.** 터지면 간에 쓴맛이 배어서 사용할 수 없게 된다.

4 간이 손상되지 않도록 나머지 내장과 복막 등을 칼로 잘라내고, 간을 물로 살짝 씻어서 물기를 닦는다. 손으로 분리하면 간이 손상되므로 칼을 사용하여 분리한다.

손질
[3장뜨기]

* p.26~28 「3장뜨기」 참조

도구 생선용 칼

1 머리가 오른쪽, 배가 앞쪽으로 오게 놓는다. 배의 단면 끝부터 꼬리쪽까지, 뒷지느러미뼈를 피해서 가운데뼈 부분에 기준선이 될 칼집을 넣는다.

2 칼집 끝에 뒷칼날을 대고, 칼끝을 등뼈에 맞춘다. 등뼈를 긁듯이 꼬리쪽까지 자른다.

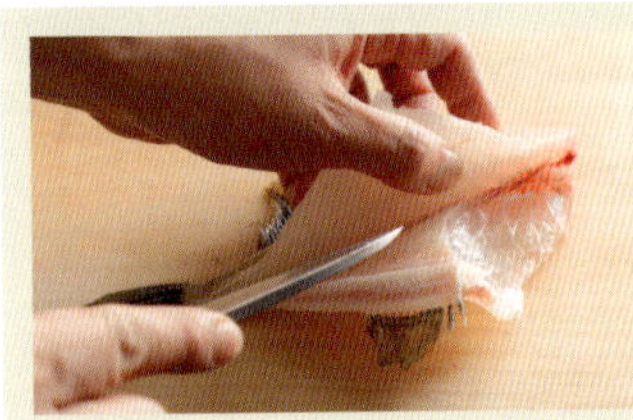

Point

살을 살짝 젖혀서, 등뼈를 긁듯이 마름모 모양 등뼈의 꼭대기까지 확실히 자른다.

3 방향을 돌려 머리가 왼쪽, 등이 앞쪽으로 오게 놓는다. 꼬리쪽부터 등지느러미 앞까지, 등지느러미뼈를 피해 칼집을 넣는다.

4 계속해서 등지느러미 앞부터 어깨까지, 생선 모양에 맞게 칼집의 각도를 바꾸어 칼을 넣는다.

5 칼집을 따라 칼을 넣고, 칼끝을 등뼈에 맞춘다. 칼끝으로 등뼈를 긁듯이 어깨까지 자른다.

6 꼬리 연결 부위에 칼을 거꾸로 잡고 넣어서, 꼬리쪽에 살짝 칼집을 낸다. 칼을 돌려서 머리쪽까지 등뼈 위를 미끄러지듯이 움직여 살을 자른 뒤, 꼬리 연결 부위를 잘라서 한쪽 살을 분리한다.

7 뼈가 아래로 가고, 머리가 오른쪽, 등이 앞쪽으로 오게 놓는다. 머리쪽부터 등지느러미 앞, 꼬리 연결 부위까지, **3**, **4**와 같은 방법으로 칼집을 넣는다.

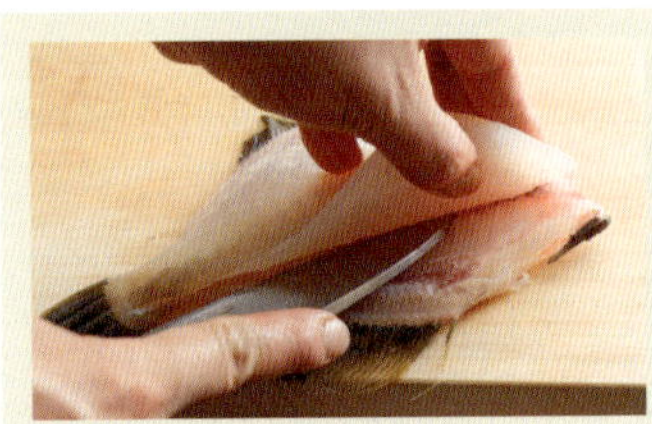

8 칼집에 뒷칼날을 대고, 칼끝을 등뼈에 맞춘다. 칼끝으로 등뼈를 긁듯이 꼬리쪽까지 자른다.

Point

아래쪽 살과 마찬가지로, 등뼈를 긁듯이 마름모 모양 등뼈의 꼭대기까지 확실히 자른다.

9 몸을 돌려서 머리가 왼쪽, 배가 앞쪽으로 오게 놓는다. 꼬리 연결 부위부터 배의 단면 끝까지 뒷지느러미뼈를 피해 칼집을 넣은 뒤, 그 칼집을 따라 칼끝으로 등뼈를 긁듯이 잘라 나간다.

10 배뼈에 닿으면 살을 살짝 들어올려서, 붙어 있는 부분을 확인하면서 잘라낸다. **6**과 같은 방법으로 살을 분리한다.

완성

3장뜨기한 상태.

가늘게 썰기

* 3장뜨기한 아래쪽 살 사용.

도구 생선용 칼, 회칼

1 배뼈를 제거한다. 배뼈가 왼쪽으로 오도록 세로로 놓는다. 생선용 칼을 거꾸로 잡고 넣어서 배뼈가 붙어 있는 부분을 세운 뒤, 칼을 바로 잡고 배뼈를 떠내듯이 얇게 저민다.

2 잔뼈(지아이뼈)를 분리한다. 머리가 뒤로 가도록 세로로 놓는다. 몸 가운데에 있는 잔뼈와 지아이 부분의 오른쪽 바로 옆을, 어깨부터 꼬리까지 일직선으로 자른다.

3 배쪽에 남은 잔뼈와 지아이 부분을 잘라낸다. 사진은 등살과 뱃살로 분리한 상태(순살).

4 회칼로 얇은 껍질(살껍질)을 제거한다. 껍질이 아래로 가고, 꼬리가 왼쪽으로 오게 놓는다. 꼬리 끝부분의 살을 2㎝ 정도 껍질만 남기고 저며낸 뒤, 왼손으로 껍질을 잡고 껍질과 살 사이에 칼을 넣어, 껍질을 잡아당기면서 머리쪽까지 칼을 움직여 얇은 껍질을 제거한다.

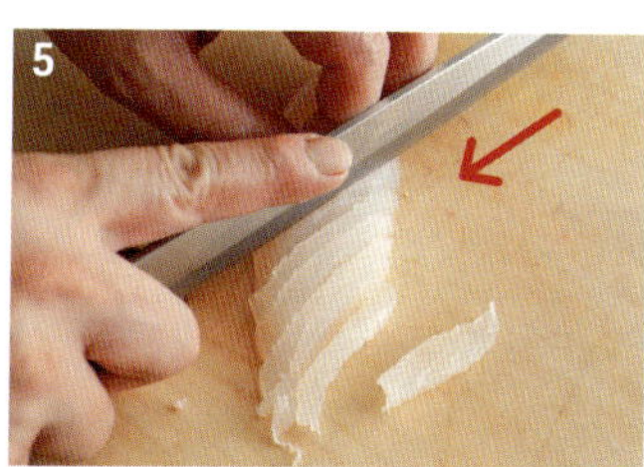

5 가늘게 썬다. 꼬리가 왼쪽, 도톰한 부분이 뒤쪽으로 가게 놓는다. 오른쪽 끝부터 5㎜ 폭 정도로, 길게 자르기 위해 칼을 조금 비스듬히 대고, 칼 길이를 모두 사용하여 한 번에 당겨서 자른다.

완성

가늘게 썬 상태.

쥐치간 무침 ➡ p.168

통째로 사용할 때의 밑손질

* 입 주변에 칼집을 넣고 껍질을 벗긴 것을 사용.

도구 생선용 칼

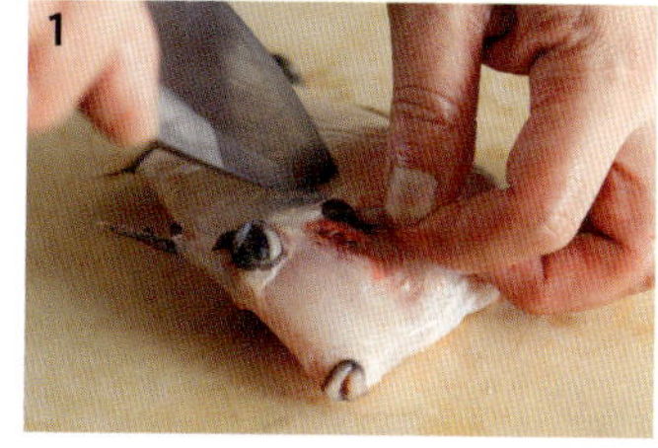

1 가슴지느러미를 머리쪽으로 넘긴 뒤, 가슴지느러미가 붙어 있는 부분 뒤에 칼을 거꾸로 잡고 칼끝을 넣는다.

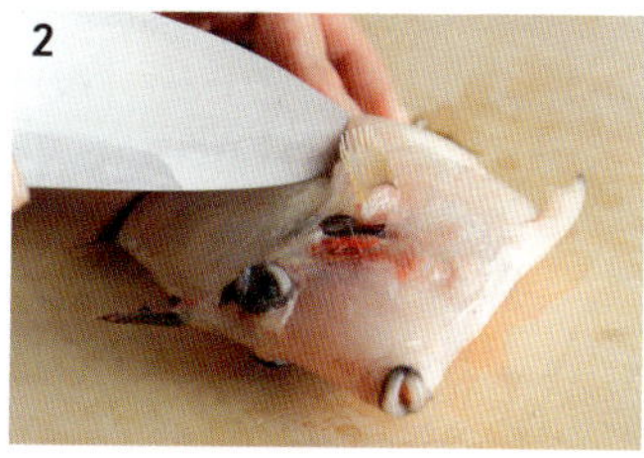

2 간이 손상되지 않도록 주의하면서, 복강 가장자리를 따라 항문까지 칼집을 넣는다.

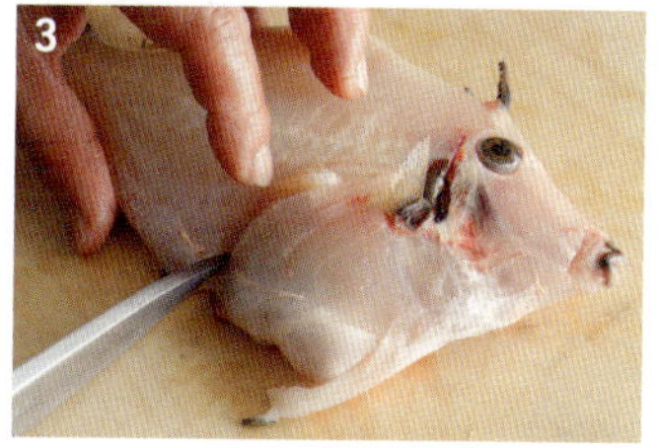

3 몸을 뒤집어서 아랫면도 **1**, **2**와 같은 방법으로 자른다.

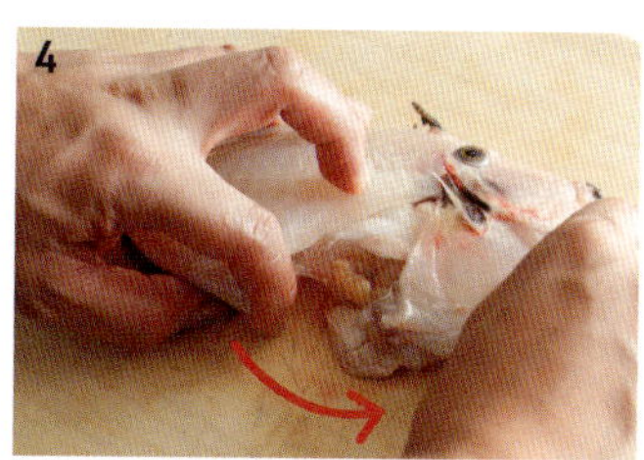

4 왼손으로 몸통을 누르고 오른손으로 머리를 잡은 뒤, 배쪽에서 **머리와 몸통을 양쪽으로 벌려 내장을 빼낸다.** 쓸개를 터지지 않게 잘라낸다.

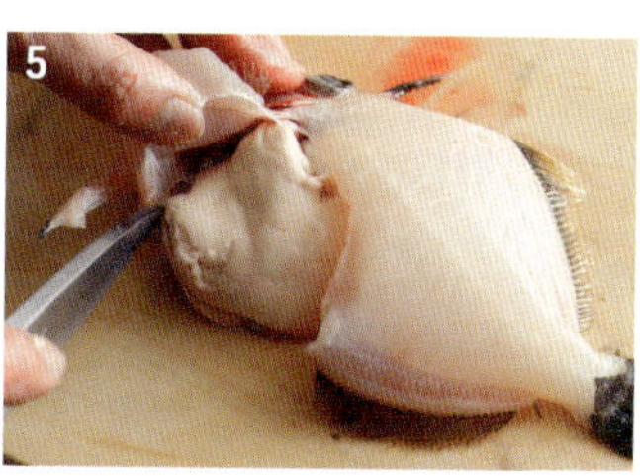

5 아가미와 내장을 연결하는 얇은 껍질에 칼집을 넣어, **머리에서 내장을 잘라 분리한다.** 간이 손상되지 않도록 내장과 복막 등을 자른다. 머리에서 아가미를 분리한다.

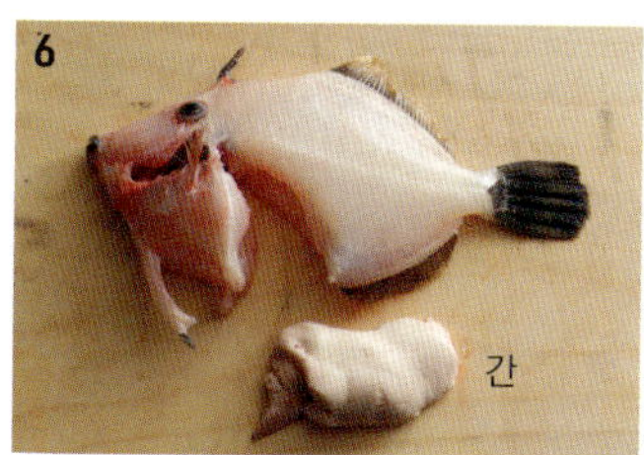

6 살과 간을 물로 재빨리 씻은 뒤, 물기를 닦는다.

쥐치 조림 ➡ p.168

쥐치간 무침

재료(2인분)
쥐치 순살 ⋯ 1/2마리 분량
쥐치 간 ⋯ 1마리 분량(약 50g)
청주 ⋯ 적당량
간장 ⋯ 1큰술
당근, 래디시, 주키니 ⋯ 적당량씩
간 고추냉이 ⋯ 적당량

만드는 방법
1 볼에 간을 넣고 청주를 가득 부은 뒤 10분 정도 그대로 두어서, 핏물을 빼고 혈관, 힘줄, 점막을 제거한다.
2 냄비에 물을 끓여서 **1**을 데친 뒤, 물기를 꽉 짜고 칼로 두드린다. 볼에 옮겨 담은 뒤 긴 젓가락을 가운데에 세우고 빙글빙글 저어서, 젓가락 끝에 엉킨 힘줄 등을 제거한 뒤 간장을 넣는다.
3 당근은 얇고 둥글게 썰고, 틀(지름 2㎝)로 찍어낸다. 래디시와 주키니는 얇고 둥글게 썬다. 썬 다음 물에 헹군다.
4 쥐치 순살은 얇은 껍질을 제거하고 가늘게 썬다.
5 **4**에 **2**를 넣고 무친다.
6 그릇에 **3**을 보기 좋게 깔고 **5**를 담은 뒤, 간 고추냉이를 올린다.

쥐치 조림

재료(1인분)
쥐치(통째로 사용할 수 있도록 손질한 뒤 물로 씻은 것)
　　⋯ 1마리(약 250g)
쥐치 간 ⋯ 1마리 분량
조림국물
　A ┃ 청주 ⋯ 1/2컵
　　┃ 맛술 ⋯ 2큰술
　　┃ 간장 ⋯ 1큰술
소송채 등의 녹색잎채소 ⋯ 적당량

만드는 방법
1 녹색잎채소를 데쳐서 물기를 짠 뒤, 먹기 좋은 크기로 자른다.
2 냄비(또는 작은 프라이팬)에 조림국물 재료를 넣고 끓인 뒤, 쥐치(머리가 왼쪽, 배가 앞쪽)와 간을 넣고, 조림국물을 끼얹으면서 익을 때까지 6~7분 조린다.
3 그릇에 담고 조림국물로 **1**의 녹색잎채소를 데워서 곁들인 뒤, 조림국물을 끼얹는다.

참돔
Red seabream

분류_ 농어목 도미과
별명_ 도미, 돔, 참도미, 진도미어 등
산지_ 통영, 완도, 제주 등
제철_ 11~4월

참돔은 예로부터 행운과 복을 불러온다고 해서 잔칫상에 빠지지 않는 생선이다. 구이, 조림, 회, 찜 등 여러 가지 요리로 이용되는데, 양념하여 찐 참돔에 여러 가지 고명을 올린 도미찜이 특히 유명하다. 참돔 고유의 맛이 돋보이는 시기는 가을인데, 특히 이 시기에 성장이 왕성한 1kg 미만의 참돔은, 새우나 게 등을 먹고 살이 단단해지고 지방도 축적되며 몸 색깔이 붉어진다. 최근 시장에서 유통되는 참돔은, 90% 이상이 양식이며, 기름지고 진한 맛이 특징이다. 일본 이름은 「마다이」로, 일본에서도 참돔을 축하와 행운의 상징으로 여기며, 특별한 날에 많이 먹는다.

● **손질 포인트**

자연산 참돔은 가운데뼈에 혹이 있는 것도 있다. 격류로 인해 뼈가 부러진 흔적인데, 이 부분에 칼날이 닿으면 무리하지 말고 타고 넘어가듯이 잘라 나간다.

● **선택 포인트**

밑손질

도구 비늘제거기, 생선용 칼

1 머리가 왼쪽으로 오게 놓고, 가슴지느러미를 머리쪽으로 넘겨서 잡은 뒤, **비늘제거기로 비늘을 긁어낸다**(p.17 「비늘 긁기2」 참조).

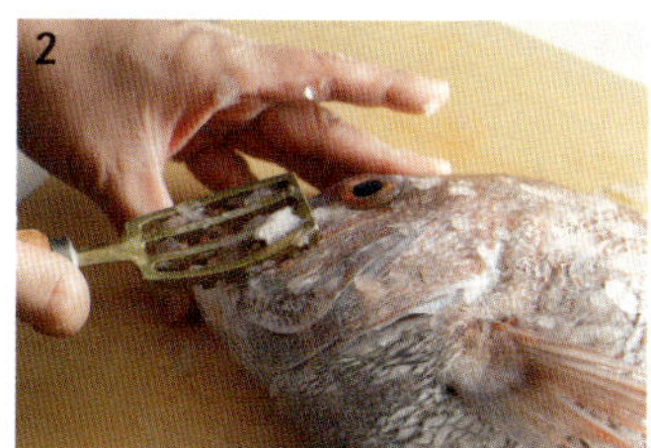

2 지느러미 주위, 머리, 턱밑 등의 비늘도 제거한다. 참돔 머리를 요리에 사용할 경우, 따뜻한 물에 살짝 데치면 비늘이 쉽게 벗겨지므로, 이 과정에서 꼼꼼히 제거할 필요는 없다.

3 지느러미 옆, 눈, 입술 주위, 아가미뚜껑 아래 등, **비늘제거기를 사용할 수 없는 부분은 칼로 제거한다**(p.17 「잔비늘 제거」 참조).

4 머리가 오른쪽, 배가 앞쪽으로 오게 놓고, 아가미뚜껑을 열어서 칼을 넣어 칼끝으로 **턱밑과 머리의 연결 부위를 자른다**. 힘을 주지 않아도 잘라지는 부분이 있으므로, 찾아서 자른다. 자르면 입구가 넓어져서 아가미를 쉽게 처리할 수 있다.

5 배가 위로 오게 눕히고, 머리를 아래로 눌러 턱밑을 벌린다.

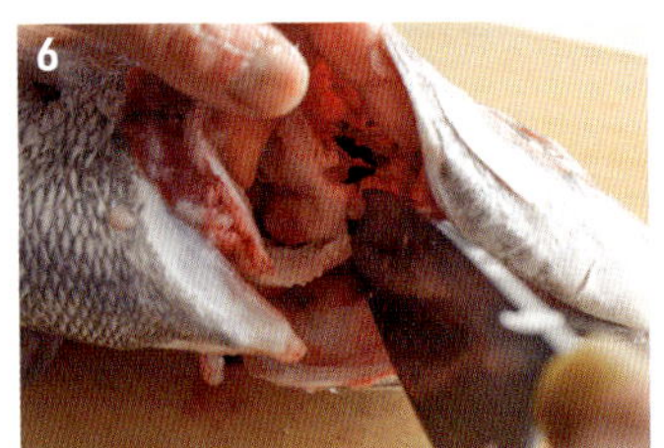

6 아가미 위아래의 붙어 있는 부분을 자르고, 아가미 바깥쪽 곡선을 따라 칼을 넣어 **얇은 막을 자른다.**

7 턱밑부터 항문까지 칼을 넣어 배를 잘라서 연다. 내장을 자르지 않도록, 얇은 막을 찢는 느낌으로 잘라 나간다.

Point

턱밑 부분이 잘리지 않았으면, 칼을 거꾸로 잡고 넣어서 끝까지 자른다.

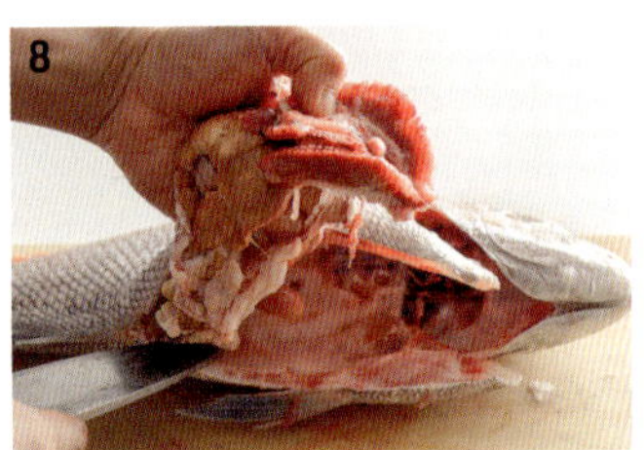

8 배를 열고 내장 주위의 힘줄과 얇은 막을 잘라 내장을 분리한 뒤, 손으로 **아가미와 내장을 함께 빼낸다.** 가운데뼈를 따라 있는 얇은 막에 칼집을 낸다.

9 물로 표면에 남아 있는 비늘과 뱃속에 남아 있는 내장 등의 **불순물을 씻어내고, 칫솔로 콩팥을 긁어서 제거한다.**

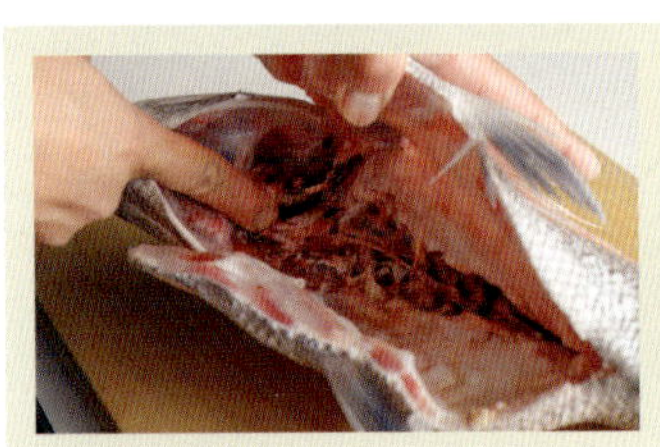

Point

관절 부분의 홈이 깊기 때문에, 칫솔로 콩팥을 긁어낸 뒤 씻는다

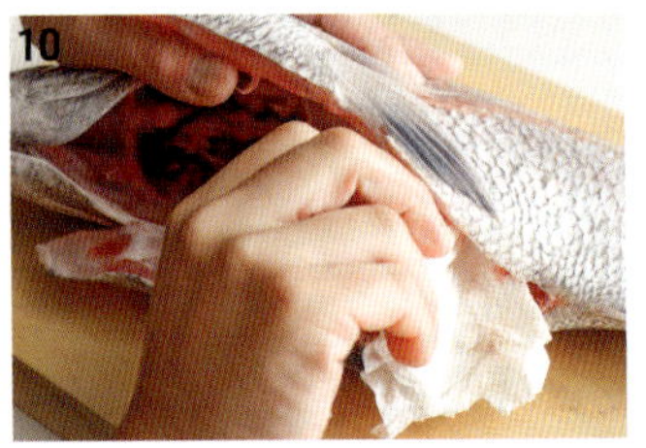

10 키친타월로 표면과 뱃속의 물기를 꼼꼼히 닦고, 뱃속에 남은 내장 등도 깨끗이 닦아낸다.

머리 자르기
[가마 붙여 자르기]

* p.20 「가마 붙여 자르기2」 참조

도구 생선용 칼

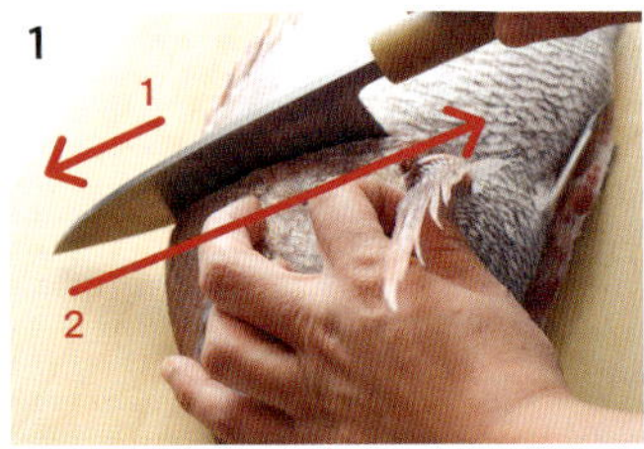

1 머리가 왼쪽, 배가 앞쪽으로 오게 놓고, 가슴지느러미를 머리쪽으로 넘긴다. 가슴지느러미 뒤에 칼을 넣고, 등뼈에 닿을 때까지 머리 연결 부위를 향해 비스듬히 밀어내서 자른다. 계속해서 가마 아래쪽(배지느러미 가운데)을 향해 비스듬히 당겨서 자른다.

2 정수리 부분에, 아랫면에 표시가 나도록 깊게 칼집을 넣는다.

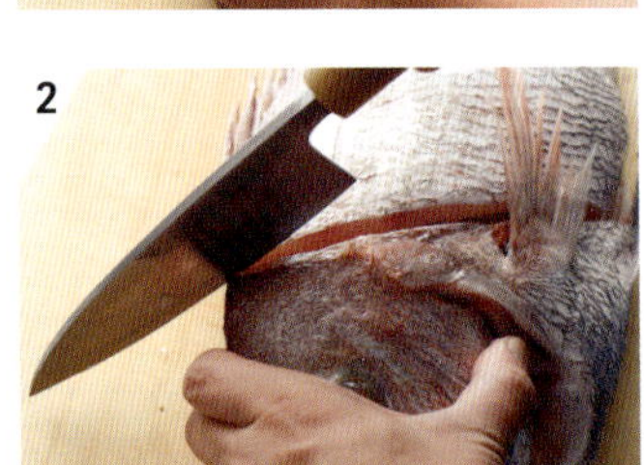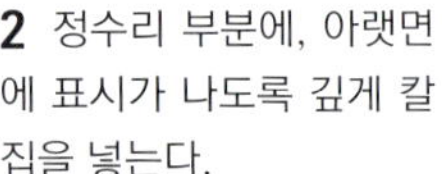

3 등이 앞쪽으로 오도록 뒤집는다. 가슴지느러미와 배 부분이 팽팽해지도록 머리를 잡아당기면서, 가슴지느러미 뒤쪽부터 가마 아래쪽을 향해 비스듬히 찔러서 자른다.

4 **2**에서 낸 칼집쪽을 향해, 가슴지느러미 뒤부터 머리 연결 부위까지 칼을 비스듬히 당겨서 자른다.

5 등뼈의 관절에 뒷칼날을 대고, 왼손으로 칼등을 쳐서 머리를 잘라낸다. 머리와 몸통은 머리뼈와 척수로 연결되어 있으므로, 연결 부위의 관절에 뒷칼날을 대고 한 번에 자른다.

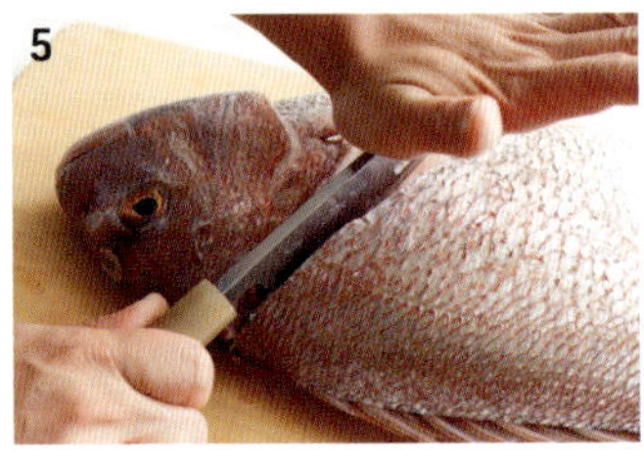

완성

가마를 붙여서 자른 상태.

손질

[3장뜨기]

* p.26~28 「3장뜨기」 참조

도구 생선용 칼

1 머리가 오른쪽, 배가 앞쪽으로 오게 놓는다. 배의 단면 끝부터 꼬리쪽까지 칼집을 넣는다.

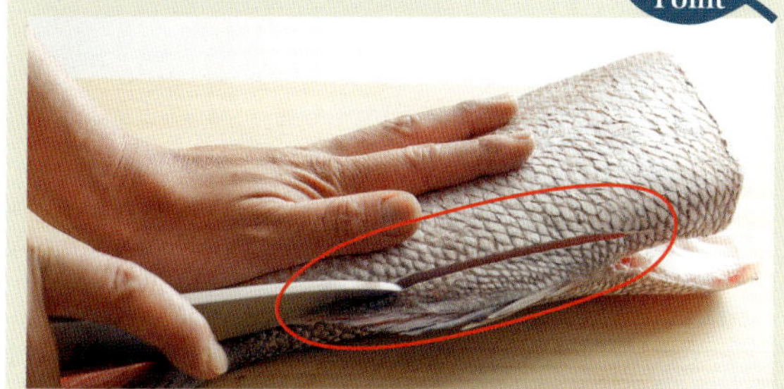

칼집은 보통 뒷지느러미를 따라 넣는데, 참돔은 튼실한 뒷지느러미살이 맛있으므로(엔가와와 비슷한 맛), 버리지 않고 사용하기 위해 가운데뼈에 살이 남도록 배의 단면 끝과 꼬리지느러미를 연결하는 선에 칼집을 넣는다. 이 부분은 조림이나 국물 요리에 사용하면 좋다.

2 칼집을 따라 칼을 넣고, 칼끝을 등뼈에 맞춘다. 칼배를 가운데뼈에 밀착되게 올리고, 그대로 칼끝으로 등뼈를 긁듯이 꼬리쪽까지 자른다.

3 머리가 왼쪽, 등이 앞쪽으로 오게 놓는다. 꼬리쪽부터 어깨까지 칼집을 넣는다.

칼집은 등지느러미를 따라 곡선으로 넣는 것이 아니라, 꼬리 연결 부위와 어깨를 잇는 직선으로 넣는다.

4 칼집을 따라 칼을 넣고, 칼끝을 등뼈에 맞춘다. 칼배를 가운데뼈에 밀착되게 올리고, 그대로 칼끝으로 등뼈를 긁듯이 어깨까지 자른다.

등뼈가 굵고 높이가 있기 때문에, 마름모 모양 등뼈의 맨 위까지 확실히 자른다.

5 꼬리 연결 부위에 칼을 거꾸로 잡고 넣어서 꼬리쪽에 살짝 칼집을 낸 뒤, 칼을 돌려서 등뼈 위를 미끄러지듯이 움직여, 살을 잘라서 분리한다.

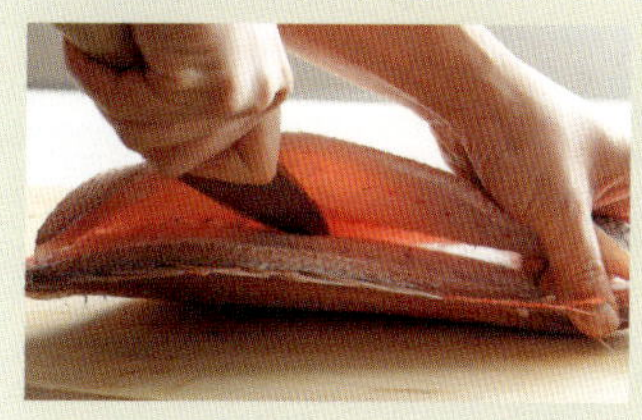

배뼈에 닿으면 칼끝을 도마쪽으로 기울이고, 뒷칼날을 어깨쪽을 향해 비스듬히 돌려서 잘라 나간다.

2장뜨기한 상태. 뒷지느러미 근육을 뼈쪽에 남기고, 한쪽 살을 잘라서 분리한다.

6 뼈쪽이 아래로 가고, 머리가 오른쪽, 등이 앞쪽으로 오게 놓는다. 3, 4의 방법으로 어깨부터 꼬리 연결 부위까지 자른다.

7 머리가 왼쪽, 배가 앞쪽으로 오게 놓는다. 1, 2의 방법으로 꼬리쪽부터 항문까지 자른다.

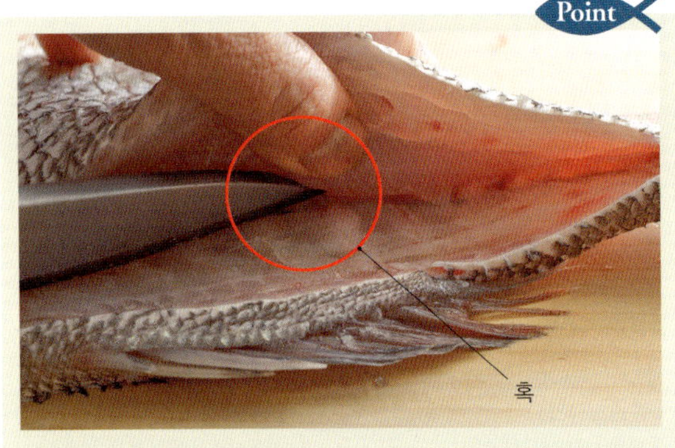

가운데뼈에 혹이 있으면 단단해서 자르기 어려우므로, 타고 넘어가듯이 잘라 나간다. 이때 혹에 살이 남지 않게 자른다.

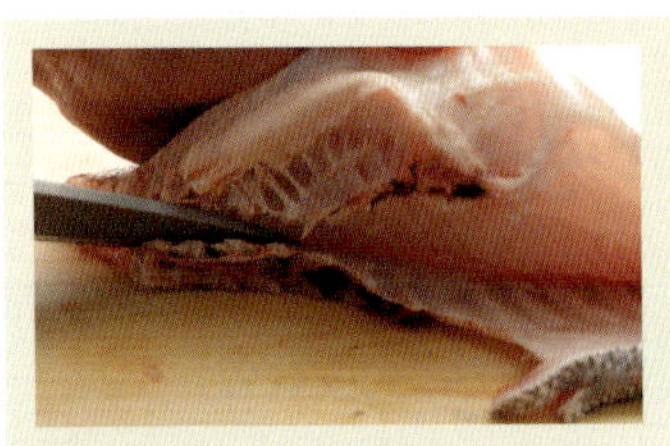

Point

배뼈에 닿으면 살을 살짝 들어올려, 배뼈와 등뼈의 연결 부위에 칼끝을 맞춰서 자른다.

8 꼬리 연결 부위에 칼을 거꾸로 잡고 넣어서 꼬리 쪽에 살짝 칼집을 낸 뒤, 칼을 돌려서 등뼈 위를 미끄러지듯이 움직여, 살을 잘라서 분리한다.

완성

3장뜨기한 상태.

머리 자르기

도구 생선용 칼

1 머리에서 가마를 잘라낸다. 양쪽 가마를 모아서 잡고, 입이 위, 가마는 앞쪽으로 오게 놓는다. 아가미뚜껑을 열고 칼을 넣어서, 머리와 가마의 연결 부위를 자른다.

Point

칼이 쉽게 들어가는 부분이 있으므로, 그 부분을 찾아 머리에서 가마를 잘라낸다.

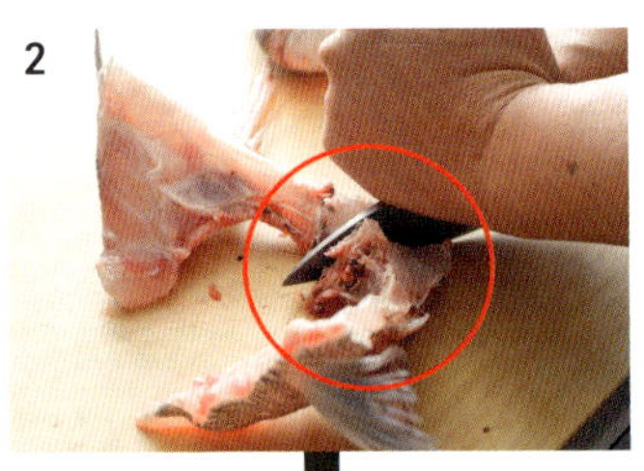

2 가마를 벌려 등뼈 옆에 칼을 넣고 눌러서, 2조각으로 나눈다.

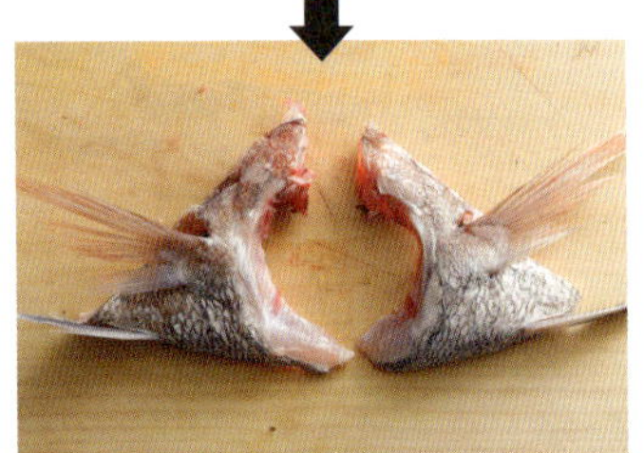

머리에서 자른 뒤 2조각으로 나눈 가마.

참돔 가마 구이 ◑ p.175

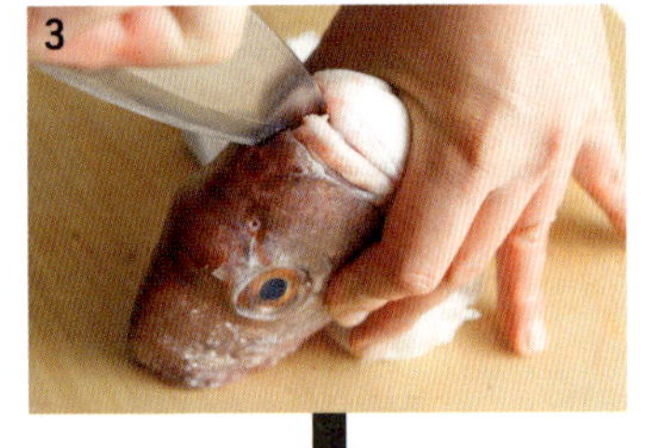

3 머리를 가른다(p.37~38「세로로 가르기」참조).

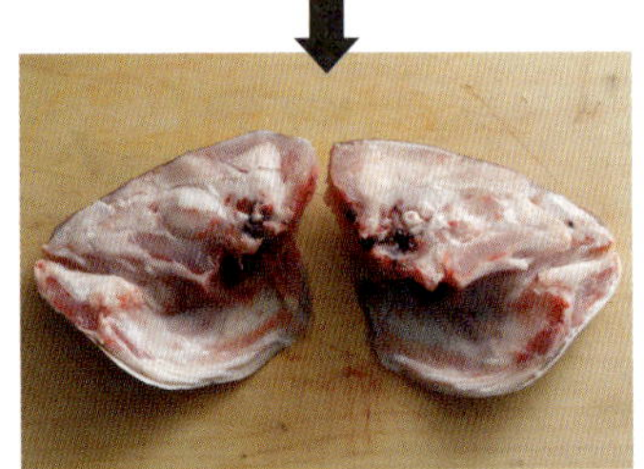

세로로 가른 상태.

4 2개로 가른 머리를 먹기 좋게 잘라서 토막낸다(p.39「머리와 뼈를 토막낸다」**1~4** 참조).

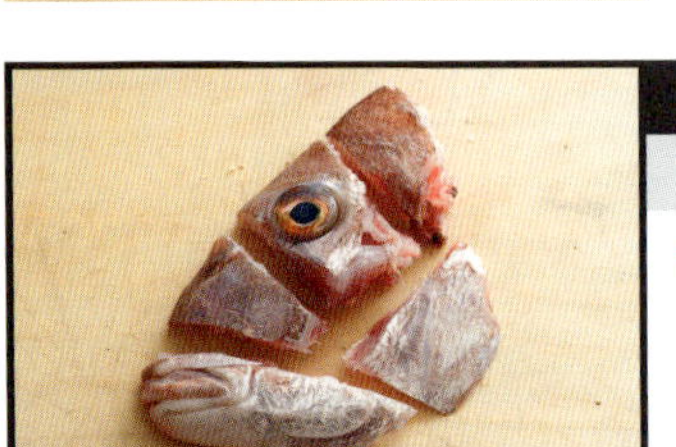

완성

잘라서 토막낸 상태.

참돔 맑은국 ◑ p.176

배뼈·잔뼈 제거

도구 생선용 칼

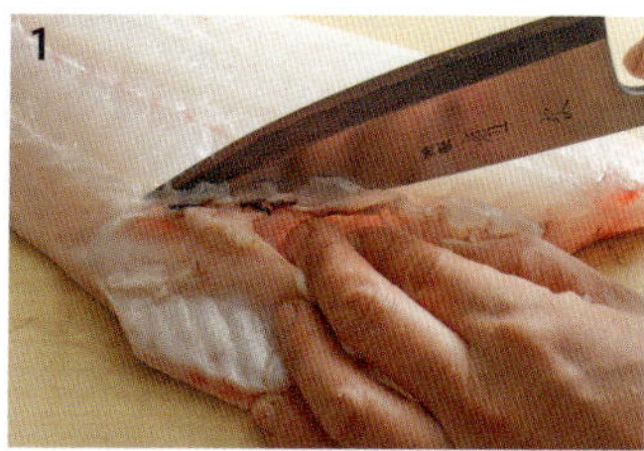

1 배뼈를 제거한다. 배가 왼쪽으로 오도록 세로로 놓는다. 칼을 거꾸로 잡고 배뼈가 붙어 있는 부분에 칼끝을 넣어 자른 뒤, 뼈 끝부분을 1개씩 살에서 떼어낸다(p.33「배뼈 분리 1」참조).

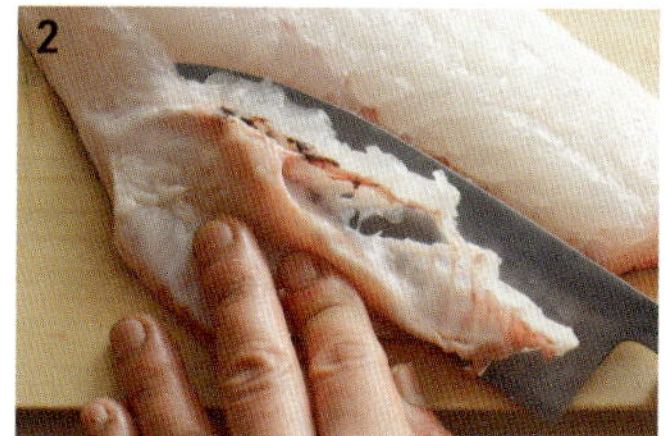

2 왼손으로 배뼈를 살짝 누르고, 칼을 바로 잡아 오른쪽으로 눕힌 뒤, 앞쪽으로 당기면서 배뼈의 끝까지 저미듯이 자른다.

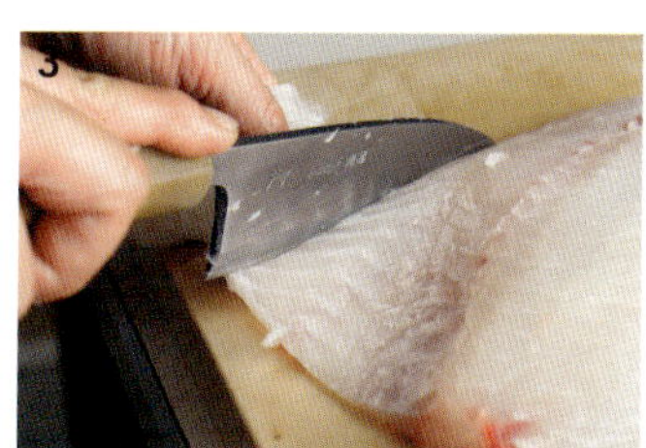

3 자른 부분의 살을 젖히고 배의 얇은 부분을 조금씩 잘라서, 마무리는 칼을 세운 뒤 앞쪽으로 당겨서 배지느러미와 함께 잘라낸다(p.34「배뼈 저미기」참조).

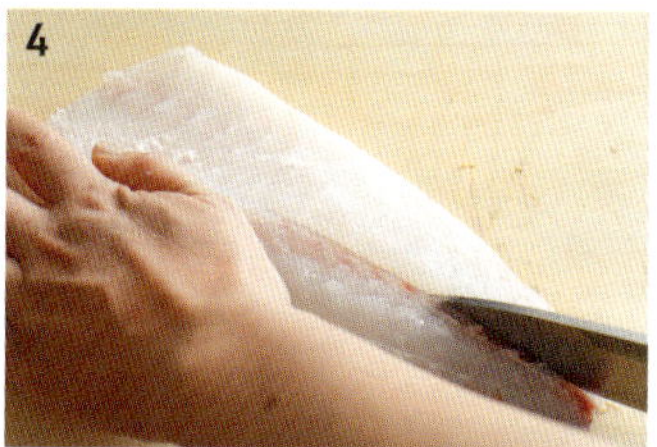

4 잔뼈를 자른다. 배가 왼쪽으로 오도록 세로로 놓는다. 살 가운데에 있는 잔뼈와 지아이 부분의 오른쪽 바로 옆을, 어깨부터 꼬리쪽까지 직선으로 자른다.

5 뱃살에 남은 잔뼈와 지아이 부분을 왼쪽 바로 옆에서 잘라낸다.

완성
배뼈와 잔뼈를 제거하고, 등살과 뱃살을 분리한 상태.

남프랑스식 참돔 오븐구이
➔ p.176

폭 정리, 잔뼈 제거

* 배뼈를 제거한 아래쪽 살 사용.

도구 생선용 칼

1 머리가 뒤로 가도록 세로로 놓는다. 참돔은 잔뼈가 꼬리쪽에는 없기 때문에, 손가락으로 잔뼈가 끝나는 위치를 확인한다. 살 가운데에 있는 잔뼈와 지아이의 오른쪽 바로 옆을, 머리쪽부터 잔뼈가 끝나는 위치까지 자른다.

2 등살의 폭이 일정하도록, 뱃살쪽을 향해 비스듬히 자른다. 왼쪽 살에 남은 잔뼈와 지아이 부분을 잘라낸다.

완성
잔뼈를 제거하고 등살의 폭을 정리해서 분리한 상태.

껍질 제거

도구 회칼

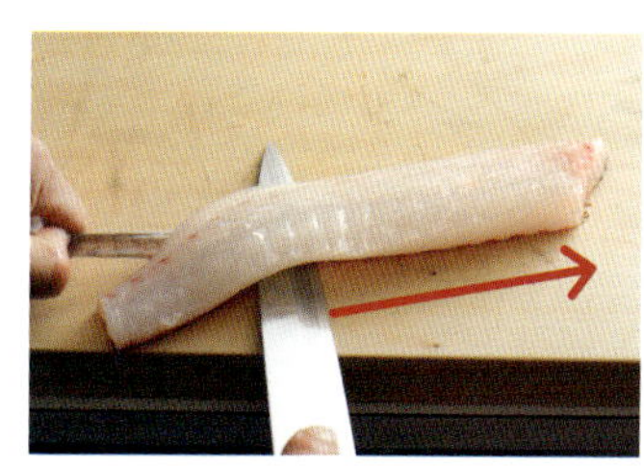

껍질이 아래, 꼬리가 왼쪽으로 가게 놓은 뒤, 칼로 껍질을 제거한다(p.36「칼로 벗기기」참조).

완성
껍질을 제거한 상태.

깎아썰기

*껍질을 제거한 등살 사용.

도구 회칼

1 꼬리가 왼쪽, 도톰한 부분이 뒤쪽으로 가게 놓는다. 왼쪽 끝부터 뒷칼날을 눕혀서 살에 비스듬히 댄다.

Point

결을 확인해서 그 결을 끊는 방향으로 칼을 넣으면, 살이 부서지지 않고 식감이 좋은 회를 완성할 수 있다.

2 칼 길이를 모두 사용하여, 한 번에 당겨서 저미듯이 자른다. 칼날이 도마에 닿으면, 칼을 수직으로 세우고 당겨서 자른다.

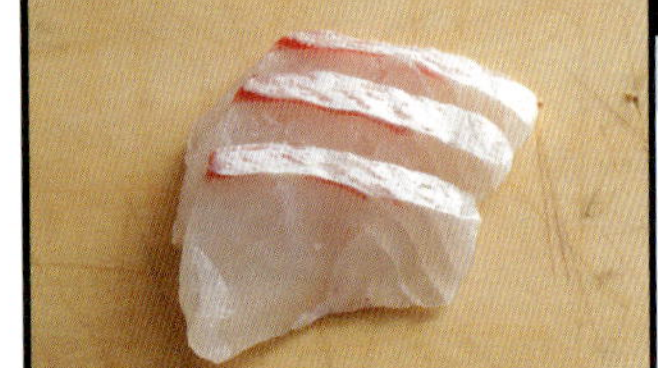

완성

깎아썰기한 상태.

참돔회 3종 ➡ p.175

평썰기

*껍질을 제거한 등살 사용.

도구 회칼

1 껍질이 위로 오고, 도톰한 부분이 뒤쪽으로 가게 놓은 뒤, 오른쪽 끝부터 자른다. 칼날을 살의 경사에 맞춰서 대고, 뒷칼날부터 칼끝까지 모두 사용하여, 한 번에 당겨서 자른다.

2 칼끝이 도마에 닿으면, 그대로 칼을 당겨서 뺀다. 두께는 7~8mm가 기준.

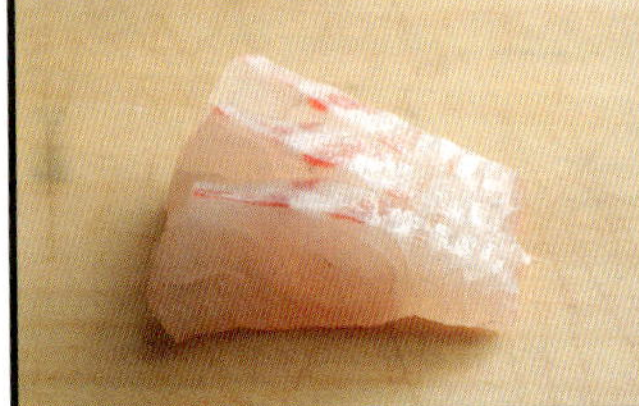

완성

평썰기한 상태.

참돔회 3종 ➡ p.175

소나무 껍질 칼집 넣기

*껍질이 붙어 있는 등살 사용.

도구 회칼

1 소금을 뿌리고 5분 정도 둔다. 키친타월로 싸서 기울여 놓은 도마에 껍질 쪽이 위로 오게 놓고, 뜨거운 물을 끼얹는다. 껍질이 오그라든 뒤 다시 조금 펴질 때까지 충분히 뜨거운 물을 끼얹어서, 껍질에 열을 전달한다.

2 남은 열로 지나치게 익지 않도록, 얼음물에 담가서 식힌 뒤 물기를 닦는다.

3 껍질이 위로 오게 놓고, 세로로 칼집을 2줄 넣는다.

4 껍질이 위로 오고, 도톰한 부분이 뒤쪽으로 가게 놓은 뒤, 평썰기 방법으로 오른쪽부터 7~8mm 폭으로 썬다.

참돔회 3종 ➡ p.175

참돔회 3종

참돔을 깎아썰기, 평썰기, 소나무 껍질 칼집 넣기 방법으로 손질한다. 무채, 청소엽, 붉은 감잎과 함께 그릇에 담고, 간 고추냉이를 곁들인다.

참돔 가마 구이

재료(1인분)

참돔 가마 … 1/2마리 분량
소금 … 적당량
어린 초피잎 … 적당량
스다치 … 1/4개

만드는 방법

1 가마에 소금을 뿌려서 15~30분 정도 둔 뒤, 표면에 배어 나온 물기를 닦는다.
2 지느러미를 소금으로 덮고 210℃ 오븐에 넣어 15분 정도 굽는다. 생선구이 그릴(양면구이)을 사용할 경우 충분히 예열한 뒤, 중불로 7~8분 굽는다.
3 그릇에 담고 초피잎으로 장식한 뒤 스다치를 곁들인다.

남프랑스식 참돔 오븐구이

재료(4인분)

참돔 살(껍질이 붙어 있는 순살을
  2㎝ 폭으로 깎아썰기한 것)
    … 4조각
양파 … 1/2개
토마토 … 1/2개
레몬 … 1/3개
블랙올리브(씨 제거) … 3개
타임 … 4줄

마리네이드액
| 올리브오일 … 1/4컵
| 화이트와인 … 1/4컵
| 타임잎 … 2줄 분량
| 레몬즙 … 1큰술
| 소금 … 1/2작은술
| 굵게 간 검은 후추 … 조금
소금, 굵게 간 검은 후추
    … 적당량씩

만드는 방법

1 참돔 살에 소금을 뿌리고 15분 정도 둔 뒤, 표면에 배어 나온
  물기를 닦는다.
2 양파는 결을 따라 1㎝ 폭으로 썰고, 토마토와 레몬은 5㎜ 폭으
  로 반달썰기한다. 블랙올리브는 2등분한다.
3 마리네이드액 재료를 섞은 뒤, **1**, 양파, 레몬, 블랙올리브를 넣
  고 15분 정도 재운다.
4 내열용기에 **3**과 토마토를 가지런히 담고 타임 2줄을 올린 뒤,
  200℃ 오븐에 넣고 20분 정도 굽는다. 굵게 간 검은 후추를 뿌
  리고 타임 2줄을 장식한다.

참돔 맑은국

재료(3인분)

참돔 머리, 가운데뼈 등 … 1/2마리 분량
다시마 육수 … 3컵
청주 … 2큰술
소금 … 적당량
파드득나물 … 2줄

만드는 방법

1 참돔 머리와 가운데뼈는 먹기 좋게 자른 뒤, 소금을 뿌려서 30
  분 정도 둔다. 표면에 배어 나온 물기를 닦는다.
2 **1**을 210℃ 오븐에 넣고, 표면에 노릇노릇 구운색이 날 때까지
  12분 정도 굽는다. 생선구이 그릴(양면구이)을 사용할 경우, 충
  분히 예열한 뒤 중불로 7~8분 굽는다.
3 냄비에 **2**, 다시마 육수, 청주를 넣고 중불에 올린다. 끓어오르
  기 전에 불을 줄이고, 뭉근하게 15분 정도 끓인다. 참돔 육수가
  충분히 우러나면 중불로 한소끔 끓이고, 거품을 걷어낸다.
4 **3**을 약불로 줄인 뒤 소금으로 간을 맞춘다.
5 그릇에 담고, 파드득나물을 3㎝ 길이로 잘라서 올린다.

참치
Tuna

분류_ 농어목 고등어과
별명_ 참다랑어, 다랑어, 참다랭이 등
산지_ 강릉, 울진, 포항, 제주 등
제철_ 4~6월

「다랑어」라고도 부르는 참치는 종류가 다양한데, 일반적으로 참치라고 하면 「참다랑어」를 말한다. 다랑어 종류 중 가장 맛이 좋지만 2014년 멸종위기종으로 지정되었고, 현재는 개체 수가 늘어나며 등급이 개선되었지만 여전히 엄격한 관리가 필요하다. 일반 매장에서 판매하는 참치는 주로 「눈다랑어」로 대부분 냉동상태인데, 어획 후 바로 손질한 뒤 선상에서 영하 60℃로 급속 냉동시켜, 생참치 못지않게 신선한 상태로 유통된다. 참다랑어를 일본에서는 「구로마구로」 또는 「혼마구로」라고 부르며, 해체한 참치에서 잘라낸 직사각형 블록을 「사쿠」라고 한다.

● **손질 포인트**

냉동 참치는 품질이 저하되는 -7℃~0℃의 온도대를 되도록 수분이 빠지지 않고 빠르게 통과할 수 있도록, 40℃ 소금물(염분농도 4%)에 담가서 해동한다.

● **선택 포인트**

보기에도 먹음직스러운 붉은색. 발색이 좋고 투명감이 있는 것을 선택한다. 거무스름하거나 녹색이 도는 것은 신선도가 떨어진 것이다.

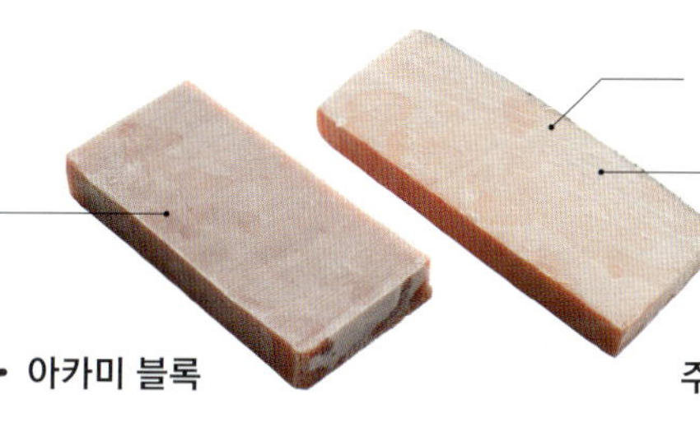

아카미 블록

주도로 블록

● 검붉은 반점이나 힘줄 등, 혈선이 있는 것은 피한다.
● 힘줄이 없거나 얇은 블록은 「덴파」라고 부르는 등뼈에 가까운 부위이다. 식감이 부드럽고, 맛이 진하다.

● 힘줄이 같은 간격으로 평행하게 있거나, 살짝 비스듬히 있는 것.
● 힘줄의 흰 선이 가는 것.

해동

도구 회칼

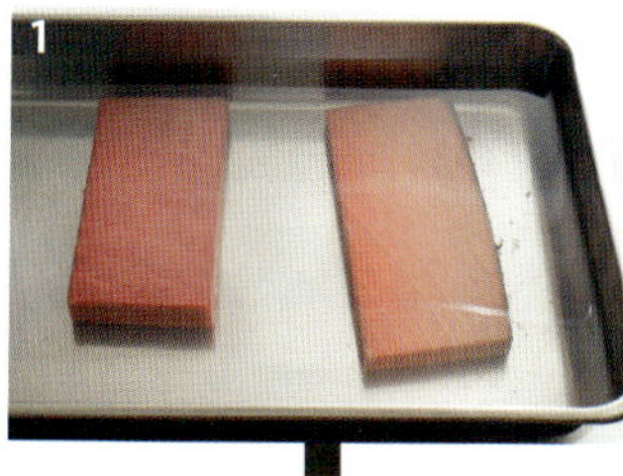

1 염분농도 4%의 40℃ 소금물(40℃ 물 1ℓ당 소금 40g의 비율)을 만든 뒤, 냉동 참치 블록을 1~2분 담가둔다. 따뜻한 소금물 속에서 표면에 붙어 있는 찌꺼기나 불순물 등을 씻어낸다.

표면이 녹아도 속은 아직 얼어 있는 상태.

2 따뜻한 소금물에서 꺼내, 키친타월로 물기를 충분히 닦아낸다.

3 깨끗한 키친타월로 감싸서(보풀이 있는 종류는 피한다), 냉장고의 칠드룸(약 0℃) 또는 -3℃ 정도의 공간에 1~2시간 두고 반해동한다.

4 껍질을 잘라서 모양을 정리한다.

평썰기

1 참치를 도마 앞쪽에 놓고, 오른쪽부터 5㎜ 정도의 폭으로, 결과 수직이 되도록 칼을 넣는다. 뒷칼날을 도마 가장자리에 대고 칼끝을 위로 올린다. 칼끝이 포물선을 그리도록 칼을 앞쪽으로 당긴다.

뒷칼날부터 칼끝까지 칼길이를 모두 사용하여, 한 번에 당겨서 썬다. 마무리로 칼끝으로 도마를 자르듯이 칼을 뺀다.

2 자른 살은 그대로 두고, 나머지 살도 같은 방법으로 자른다.

완성

평썰기한 상태.

1조각이 크면 먹기 좋게 자른다.

참치회 3종 ➡ p.179

깎아썰기

1 참치를 먹기 좋은 폭으로 자른다.

2 1을 도마 앞쪽에 놓고, 왼쪽부터 5㎜ 정도의 폭으로, 칼을 비스듬히 넣는다. 왼손을 살에 살짝 올리고, 칼을 오른쪽으로 눕혀서 뒷칼날을 살에 댄 뒤, 칼끝이 포물선을 그리도록 칼을 앞쪽으로 당겨서 썬다.

뒷칼날부터 칼끝까지 칼길이를 모두 사용하여, 한 번에 당겨서 썬다.

3 칼날이 도마에 닿으면, 칼날을 세우고 앞쪽으로 당겨서 살을 잘라 분리한다. 자른 살은 왼손으로 도마의 왼쪽 위 대각선 방향으로 옮긴다. 칼의 각도를 바꾸지 않고, 나머지 살도 같은 방법으로 썬다.

완성

깎아썰기한 상태.

참치회 3종 ➡ p.179

각지게 썰기

* 절인(아래 참조) 참치 사용.

도구 회칼

1 블록의 네 가장자리를 잘라서 모양을 정리하고, 가로세로 1.5㎝ 크기의 긴 막대 모양으로 자른다.

2 막대 모양의 살을 오른쪽부터 1.5㎝ 폭으로 수직으로 자른다. 뒷칼날부터 칼끝까지 칼 길이를 모두 사용하여, 한 번에 당겨서 자른다.

완성

각지게 썬 상태.

참치회 3종 ➡ 아래

참치회 3종

참치를 평썰기, 깎아썰기, 절여서 각지게 썰기(아래 참조) 방법으로 손질한다. 그릇에 담고 무채, 청소엽, 석송잎으로 장식한 뒤, 간 고추냉이를 곁들인다.

참치 절임

재료(1덩어리 분량)

참치(블록) … 1개(해동/300g)

절임액

  간장 … 1.25컵

  끓인 청주 … 2.5컵

  끓인 맛술 … 1큰술

만드는 방법

1 볼에 끓인 물과 참치를 넣는다.

2 표면이 살짝 하얗게 변하면, 얼음물에 담가서 남은 열을 식힌 뒤 물기를 닦는다.

3 냄비에 절임액 재료를 넣고 한소끔 끓여서 식힌다.

4 **3**을 밀폐용기에 옮겨 담고 **2**의 참치를 넣은 뒤, 냉장고에 넣고 12시간 동안 절인다.

학공치

Half beak

분류_ 동갈치목 학공치과
별명_ 공미리, 굉메리, 공치, 청갈치 등
산지_ 태안, 울산, 포항, 거제, 통영 등
제철_ 12~4월

가는 몸통과 길게 튀어나온 아래턱, 은백색으로 빛나는 몸이 특징인 아름다운 생선이다. 겉모습은 이렇게 아름답지만 배를 가르면 복강막이 검은색이어서, 겉모습은 번듯하지만 속이 검은 사람을 「학공치 같은 사람」이라고 하기도 한다. 그러나 이런 검은색 막은 반투명한 몸에 빛이 통과하는 것을 막아, 자외선으로부터 내장을 보호하기 위한 것이다. 학공치는 내장이 빨리 상하기 때문에, 구입한 뒤 빨리 손질해야 한다. 하얗고 투명감 있는 살은 결이 곱고 담백한 맛과 독특한 풍미가 있으며, 껍질을 벗기면 은빛의 막이 남아 아름답다. 벗긴 껍질도 구우면 맛이 좋다.

● **손질 포인트**

평형 자르기가 일반적이지만, 3장뜨기하면 살을 깔끔하게 분리할 수 있다.

등뼈는 삼각형으로 높이가 있으므로, 각도를 의식하고 조심스럽게 자른다.

뱃속의 검은 막은 깨끗이 제거한다.

● **선택 포인트**

복부가 단단하고 팽팽한 것을 고른다. 배가 약해서, 배부터 빨리 상한다. 배 부분이 갈색으로 보이는 것은, 신선도가 떨어졌다는 증거이다.

밑손질

도구 생선용 칼

1 비늘을 칼로 긁어서 벗긴다(p.16 「비늘 긁기1」 참조). 머리가 왼쪽으로 오게 놓고 가슴지느러미를 머리쪽으로 넘긴 뒤, 머리를 살짝 잡고 칼로 꼬리부터 머리쪽을 향해 비늘을 긁어낸다.

2 가슴지느러미 뒤에서 칼을 비스듬히 넣어, **머리를 잘라낸다.**

3 항문에 칼끝을 넣고, 그대로 머리쪽을 향해 배 가운데를 자른다. 내장을 자르지 않게 주의한다.

4 배를 열고 칼끝으로 **내장을 긁어낸다.** 등뼈 부분의 얇은 막에 칼집을 낸다.

5 물로 비늘과 뱃속의 콩팥 등을 재빨리 **씻어내고 물기를 닦는다.** 남은 콩팥과 내장 등도 깨끗이 닦아낸다. 검은 막은 배뼈를 제거할 때 같이 제거되므로, 이때는 남아 있어도 관계없다.

손질
[3장뜨기]

* p.26~28 「3장뜨기」 참조.

도구 생선용 칼

1 머리가 오른쪽, 배가 앞쪽으로 오게 놓는다. 배의 단면 끝부터 꼬리쪽까지, 뒷지느러미 위에 칼집을 넣는다. 칼집을 따라 칼을 넣고, 칼끝을 등뼈에 맞춘다. 칼끝으로 등뼈를 긁듯이 꼬리쪽까지 자른다.

2 머리가 왼쪽, 등이 앞쪽으로 오게 놓는다. 꼬리쪽부터 어깨까지 등지느러미 위에 칼집을 넣는다.

3 칼집을 따라 칼을 넣고, 칼끝을 등뼈에 맞춘다. 칼배를 가운데뼈에 올리고, 칼끝으로 등뼈를 긁듯이 어깨까지 자른다.

4 꼬리 연결 부위에 칼을 거꾸로 잡고 넣어서 꼬리쪽에 살짝 칼집을 낸 뒤, 칼을 돌려서 등뼈 위를 미끄러지듯이 움직여, 살을 잘라 분리한다.

5 뼈가 아래로 가고, 머리가 오른쪽, 등이 앞쪽으로 오게 놓는다. 어깨부터 꼬리쪽까지, 등지느러미 위에 칼집을 넣는다.

6 칼집을 따라 칼을 넣고, 칼끝을 등뼈에 맞춘다. 칼배를 가운데뼈에 올리고, 칼끝으로 등뼈를 긁듯이 꼬리쪽까지 자른다.

7 방향을 바꿔서 머리가 왼쪽, 배가 앞쪽으로 오게 놓는다. 꼬리 연결 부위부터 배의 단면 끝까지 **1**과 같은 방법으로 자른다.

8 배뼈에 닿으면 살을 살짝 들어올려, 칼끝으로 배뼈와 등뼈의 연결 부위를 자른다.

9 꼬리 연결 부위에 칼을 거꾸로 잡고 넣어서 꼬리쪽에 살짝 칼집을 낸 뒤, 칼을 돌려서 등뼈 위를 따라 미끄러지듯이 움직여, 살을 잘라서 분리한다.

아래쪽 살

위쪽 살

완성

3장뜨기한 상태.

Point

학공치의 등뼈는 높이가 있는 삼각형이므로, 살 부분이 도마에서 뜨지 않도록 눌러준다.

배뼈·잔뼈 제거

1 배뼈가 왼쪽으로 오도록 세로로 놓는다. 배뼈가 붙어 있는 부분에 칼날을 대고, 잘리는 소리가 날 때까지 칼을 밀어넣는다.

2 칼을 오른쪽으로 눕히고 앞쪽으로 당기면서, **배뼈 끝까지 떠내듯이 얇게 저민다**. 뼈가 있는 부분이 길고 뱃살이 얇기 때문에, 조심스럽게 자른다.

3 배뼈 끝까지 자르면 칼을 세우고, 배지느러미를 붙여서 잘라낸다. **잔뼈는 핀셋으로 뽑는다**(p.35「뽑기」참조).

껍질 제거

1 껍질이 위, 머리가 왼쪽으로 오게 놓고, 머리쪽 껍질을 조금 벗겨서 손으로 잡을 수 있게 만든다.

2 오른손으로 얇은 껍질을 당기고, 왼손 엄지로 살을 눌러서 껍질에서 조금씩 분리한다. 껍질을 벗기는 것이 아니라, 살을 껍질에서 벗겨내는 느낌이다.

네모썰기

* 껍질을 제거한 순살 사용.

껍질이 위, 도톰한 부분이 뒤쪽으로 가게 놓고, 살의 폭과 같은 정도의 폭으로 일정하게 자른다. 자른 살은 먼저 자른 살 위에 조금씩 겹쳐서 놓는다.

완성

네모썰기한 상태.

학공치회 3종 ➡ p.183

가늘게 썰기

* 껍질 제거한 순살 사용.

1 껍질이 위, 도톰한 부분이 뒤쪽으로 가게 놓은 뒤, 3㎝ 폭으로 자른다.

2 자른 살을 세로로 3등분한다. 폭이 좁은 꼬리쪽 살은 2등분한다.

완성

가늘게 썬 상태.

학공치회 3종 ➡ p.183

등나무꽃 모양 썰기

* 껍질을 제거한 순살 사용.

도구 회칼

1 껍질이 위, 도톰한 부분이 뒤쪽으로 가게 놓고 3㎝ 폭으로 자른다. 자른 살은 먼저 자른 살 위에 조금씩 어긋나게 겹쳐서 올린다.

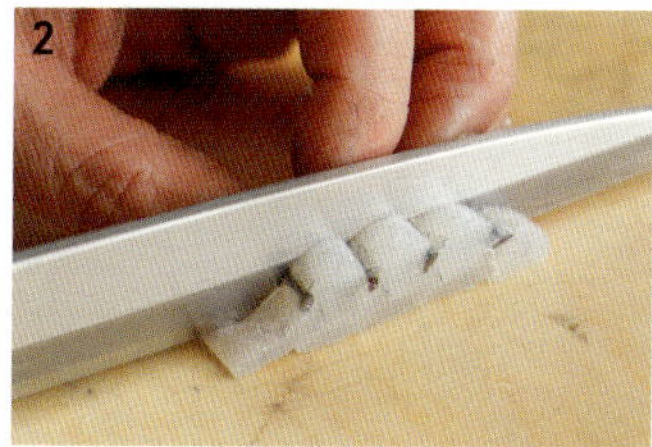

2 겹쳐둔 살 가운데를 수직으로 자른다.

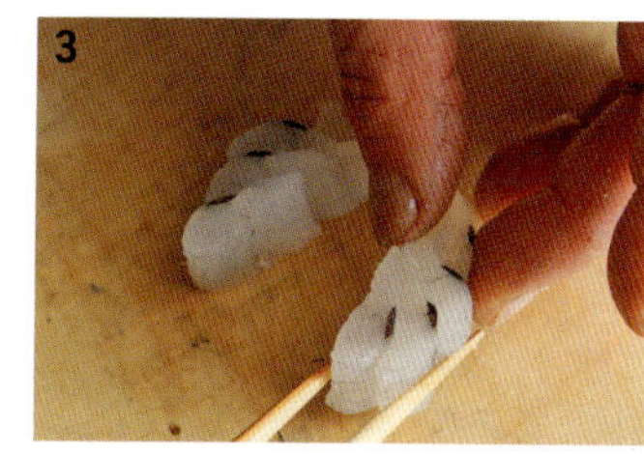

3 자른 살을 양쪽으로 눕혀 단면이 위로 오게 놓는다. 아래로 늘어지는 등나무꽃 모양으로 정리한다.

완성
등나무꽃 모양으로 정리한 상태.

학공치회 3종 ➡ 아래

학공치회 3종

재료(2인분)

학공치 순살(껍질 제거) … 1.5마리 분량

학공치 껍질 … 1마리 분량

간 고추냉이 … 적당량

무(채썰기), 청소엽, 차즈기 꽃이삭 … 적당량씩

만드는 방법

1 학공치 살은 각각 네모썰기, 가늘게 썰기, 등나무꽃 모양 썰기를 한다.

2 학공치 껍질은 대나무 꼬치에 감아 직화로 굽는다. 뜨거울 때 대나무 꼬치를 뺀다.

3 그릇에 **1**을 무, 청소엽과 함께 담고 **2**와 간 고추냉이를 곁들인 뒤, 차즈기 꽃이삭으로 장식한다.

껍질에 지방이 있어서, 자국이 날 정도로 구우면 맛있다.

홍살치
Thornhead Channel rockfish

분류_ 쏨뱅이목 양볼락과
별명_ 기치지, 긴키 (일명)
산지_ 한국 동해 중북부 / 일본 홋카이도 등
제철_ 11월~2월

한국 동해 중북부와 일본 홋카이도 등에 서식하며, 한국의 경우 어획량이 많지 않다. 일본에서도 예전에는 대량으로 잡혀서 어묵 재료로 사용할 정도였지만, 남획으로 어획량이 급감하여 최근에는 고급 생선이 되었다. 수심 200~700m의 심해에서 새우, 오징어 등을 먹고 자라며, 새빨간 몸 색깔은 새우껍질 등에 함유된 아스타잔틴에 의한 것이다. 심해어 특유의 농후한 지방이 있으며, 뽀얀 생선살은 끈적하고 부드러우며 깊은 단맛이 있다. 껍질이 보기에 아름답고 껍질과 살 사이에 감칠맛이 풍부해서, 껍질째 회로 먹어도 좋다.

● **손질 포인트**

눈 가장자리부터 볼에 걸쳐서, 날카로운 가시가 있으므로 주의한다.

간이 손상되지 않게 빼낸다.

지느러미뼈와 가운데뼈 사이에 틈이 있어서 칼날이 반대쪽으로 파고들기 쉬우므로, 가운데뼈 위에 칼배를 올려서 힘을 빼고 자른다.

● **선택 포인트**

신선한 것은 눈이 볼록하게 부풀고 돌출되어 있다.

표면에 점액질이 있고, 붉은색이 선명하고 진한 것을 선택한다. 신선도가 떨어지면 점액질이 벗겨져 색이 옅어진다.

배가 녹색 등으로 변색된 것은 내장이 터져서 퍼진 것이다.

밑손질

도구 비늘제거기, 생선용 칼

1 머리가 왼쪽으로 오게 놓는다. 가슴지느러미를 머리쪽으로 넘기고, 뾰족한 지느러미와 머리쪽 가시에 주의하면서 **비늘제거기로 비늘을 긁는다** (p.17 「비늘 긁기2」 참조).

2 생선용 칼로 바꿔 들고, 지느러미 옆, 몸통과 붙어 있는 부분, 머리 주위 등, **비늘제거기로 제거할 수 없는 부분의 비늘을 꼼꼼히 제거한다**(p.17 「잔비늘 제거」 참조).

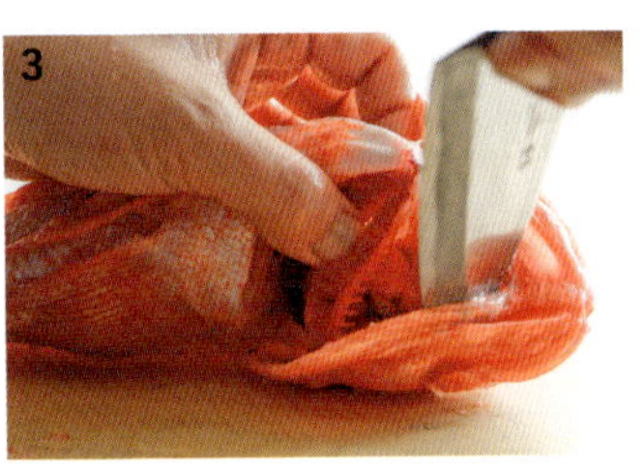

3 머리를 오른쪽으로 놓고, 턱밑과 머리의 연결 부위를 잘라서 분리한다.

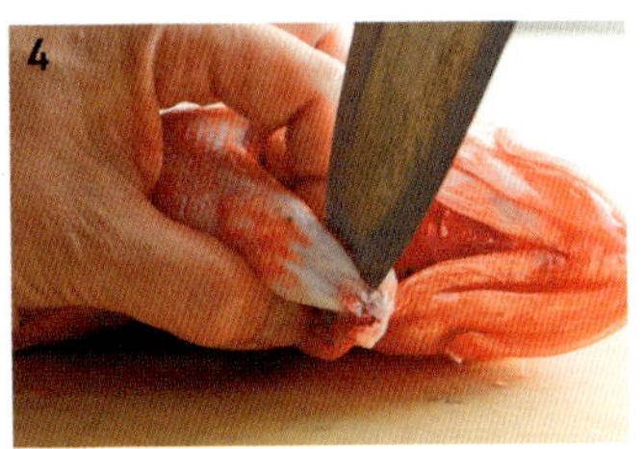

4 턱밑의 돌기 부분에 연결된 **아가미 끝을 자른다.**

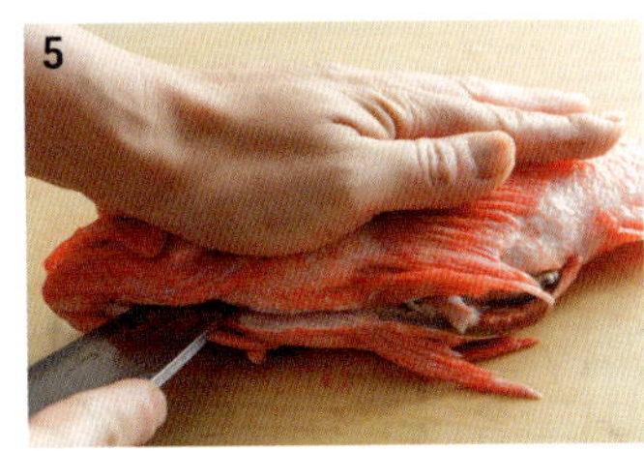

5 머리가 왼쪽, 배가 앞쪽으로 오게 놓는다. 항문부터 턱밑까지 칼을 넣어 **배를 갈라서 연다.** 배에 간이 있으므로, 자르지 않도록 주의한다.

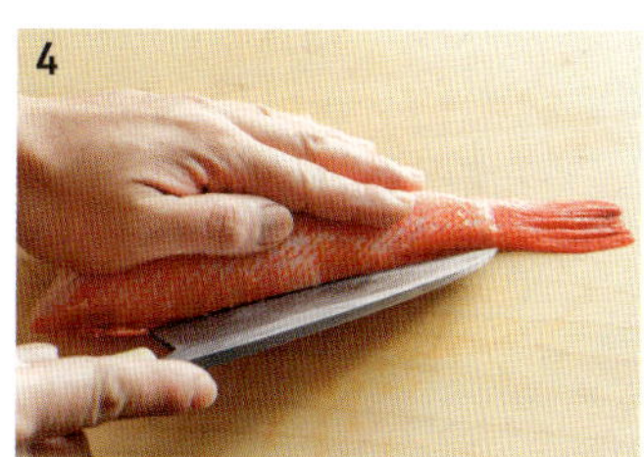

6 배를 열고 간을 머리쪽으로 당겨서, **내장 주위의 힘줄과 얇은 막을 자른다.**

7 아가미와 머리의 연결 부위를 자르고, 그대로 **아가미를 조심스럽게 당겨서, 내장과 함께 빼낸다.**

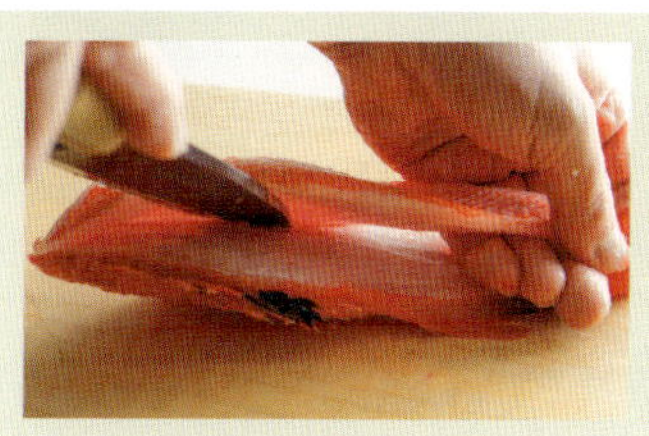

8 검은 복막 등을 물로 씻어낸 뒤, 물기를 확실히 닦는다. 뱃속에 남아 있는 내장 등도 깨끗이 닦는다.

손질
[3장뜨기]

* P.26 ~ 28 「3장뜨기」 참조

도구 생선용 칼

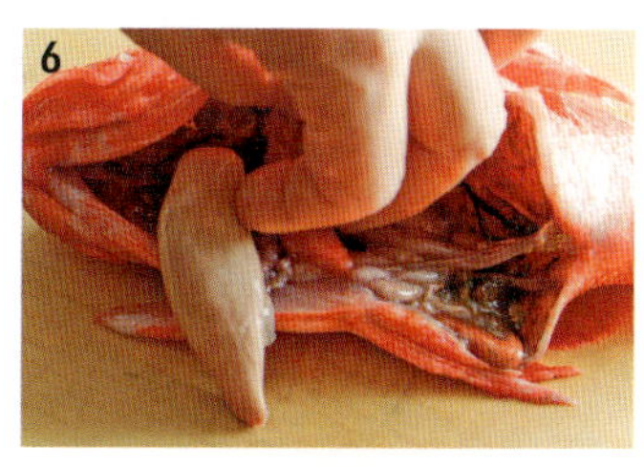

1 **머리를 자른다**(p.21 「어깨 자르기」 참조). 가슴 지느러미 뒤에 칼을 넣고, 머리 연결 부위부터 배지느러미 가운데를 향해, 칼을 오른쪽으로 조금 눕혀서 비스듬히 잘라, 등뼈까지 칼집을 낸다.

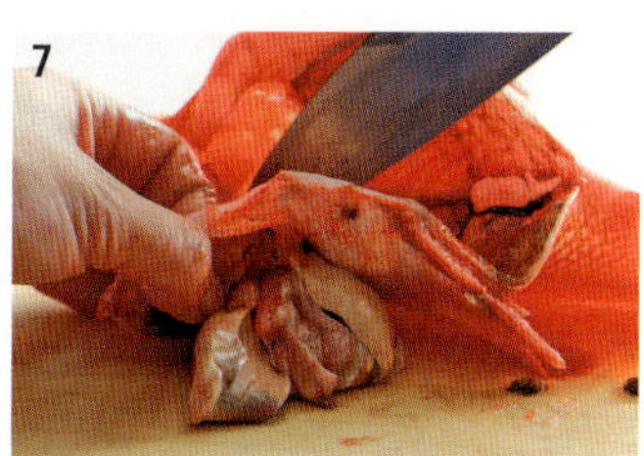

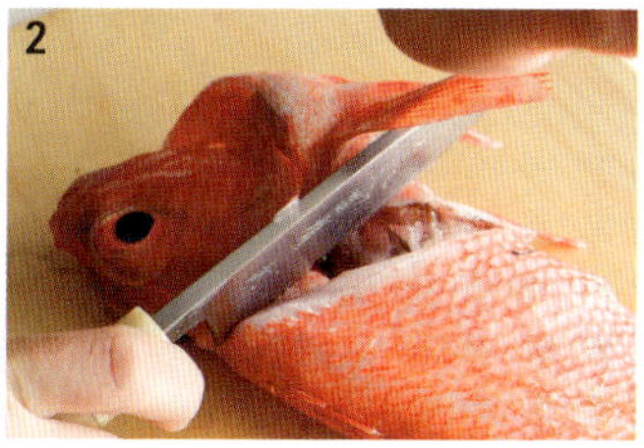

2 뒤집어서 등이 앞쪽으로 오게 놓고, **1**의 칼집에 맞춰서 같은 방법으로 자른다. 등뼈에 뒷칼날을 대고 칼등을 쳐서, 머리를 잘라낸다.

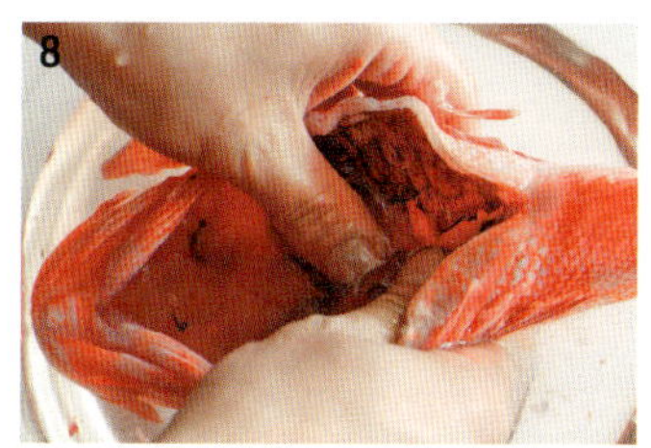

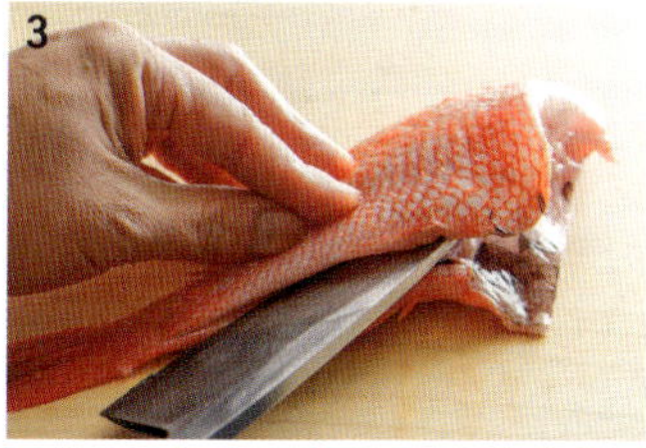

3 머리가 오른쪽, 배가 앞쪽으로 오게 놓는다. 배의 단면 끝부터 꼬리쪽까지 칼집을 내고, 칼집을 따라 칼끝으로 등뼈를 긁듯이 꼬리쪽까지 자른다.

4 머리가 왼쪽, 등이 앞쪽으로 오게 놓는다. 꼬리쪽부터 어깨까지 등지느러미 위에 칼집을 넣는다.

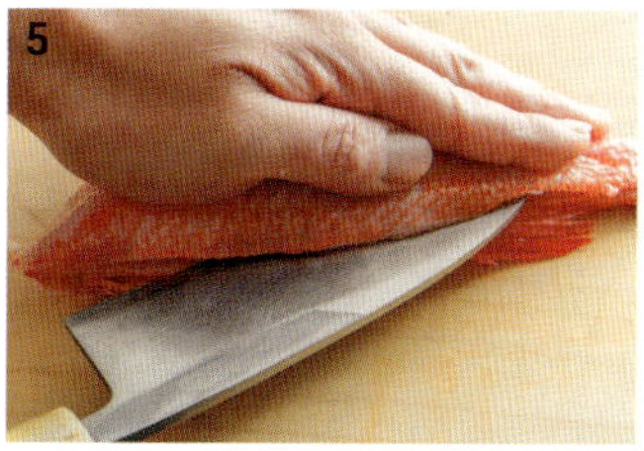

5 칼집을 따라, 칼끝으로 등뼈를 긁듯이 어깨까지 자른다. 홍살치는 지느러미뼈와 가운데뼈 사이에 틈이 있다. 그 틈으로 칼날이 뼈 밑으로 파고들지 않도록, 오른손의 힘을 빼고 칼배를 가운데뼈에 올려서 잘라 나간다.

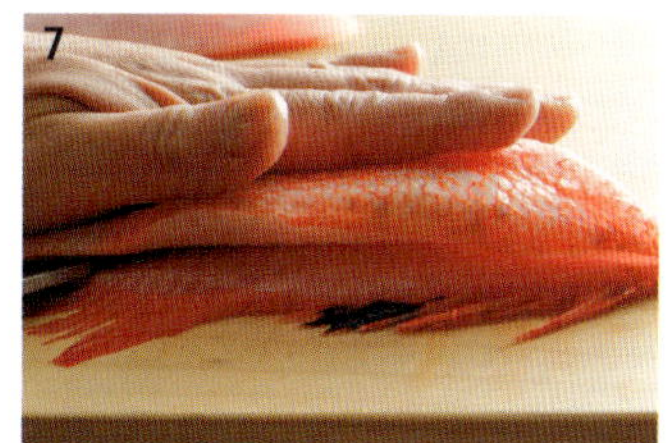

6 꼬리 연결 부위에 칼을 거꾸로 잡고 넣어서 꼬리쪽에 살짝 칼집을 낸 뒤, 칼을 돌려서 등뼈 위를 미끄러지듯이 움직여, 살을 잘라낸다.

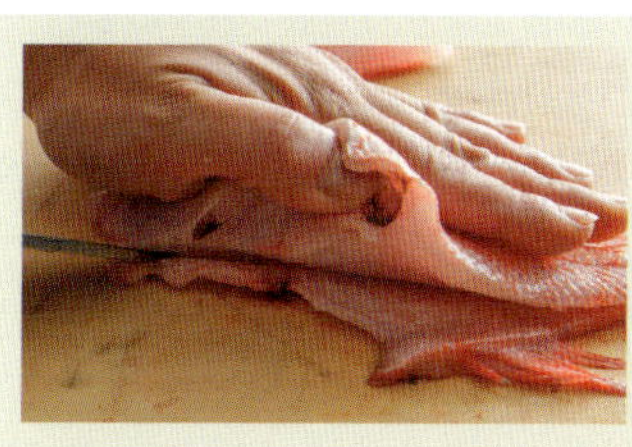

Point
배뼈에 닿으면 칼끝을 도마쪽으로 기울이고, 뒷칼날을 어깨쪽을 향해 비스듬히 돌려서 계속 자른다.

7 뼈가 아래로 가고, 머리가 오른쪽, 등이 앞쪽으로 오게 놓은 뒤, **4~6**과 같은 방법으로 살을 잘라서 분리한다.

Point
배뼈에 닿으면 살을 살짝 들어올려, 칼끝으로 배뼈와 등뼈의 연결 부위를 자른다.

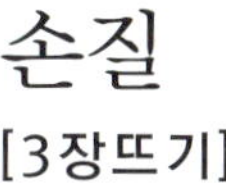

완성
3장뜨기한 상태.

배뼈·잔뼈 제거

 생선용 칼

1 배뼈를 제거한다. 배가 왼쪽으로 오도록 세로로 놓는다. 배뼈가 붙어 있는 부분에 칼을 대고, 그대로 잘리는 소리가 날 때까지 밀어넣는다. 칼을 오른쪽으로 눕히고, 앞쪽으로 당기면서 배뼈 끝까지 떠내듯이 자른다.

2 복막을 얇게 저미듯이 자르고, 마무리는 칼을 세워서 수직으로 자른다.

Point

배뼈가 짧아서 복막 부분과 칼을 넣는 방향이 미묘하게 달라지므로, 뼈와 복막을 나눠서 잘라낸다.

등뼈
복막

등살

3 머리가 뒤쪽으로 가게 놓고, **뼈와 지아이 부분을 자른다**(p.35「잘라내기」참조). 사진은 등살과 뱃살을 잘라서 분리한 상태.

뱃살

평썰기

* 등살과 뱃살을 잘라서 분리한 것을 사용.

 회칼

Point

살에 소금(생선 무게의 약 2%)을 뿌리고 15분 정도 둔 뒤, 표면에 배어 나온 물기를 닦아낸다.

1 껍질이 아래로 가고, 도톰한 부분이 뒤쪽으로 가게 놓는다(껍질이 벗겨지기 쉬우므로 아래로 가게 놓는다). 오른쪽부터 칼 길이를 모두 사용하여, 살짝 비스듬히 당겨서 자른다.

완성

껍질째 평썰기한 상태.

홍살치 가와시모즈쿠리 ⊙ p.187

통째로 사용할 때의 밑손질

* 비늘을 제거하고 사용.

 생선용 칼

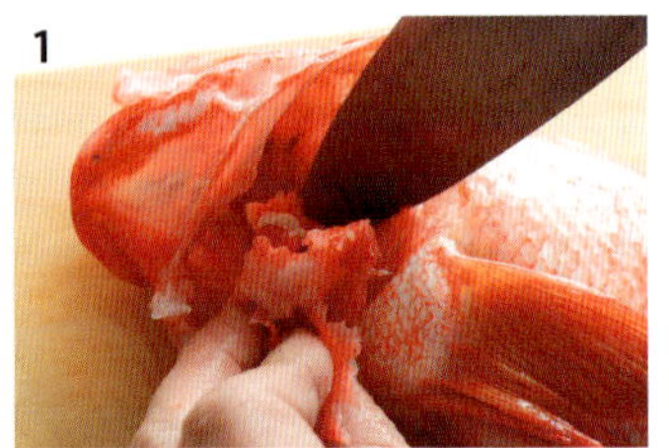

1 머리가 왼쪽, 배가 앞쪽으로 오게 놓는다. 턱밑과 머리의 연결 부위를 잘라, 아가미뚜껑을 열고 **아가미를 제거한다**(p.22「아가미 제거1」참조).

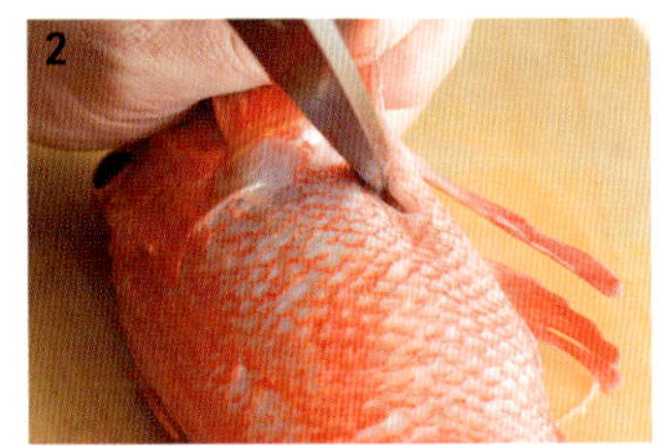

2 몸을 뒤집어서 등이 앞쪽으로 오게 놓는다. 가슴지느러미를 머리쪽으로 넘겨서 잡고, **배지느러미 위에 3㎝ 정도의 칼집을 넣는다.**

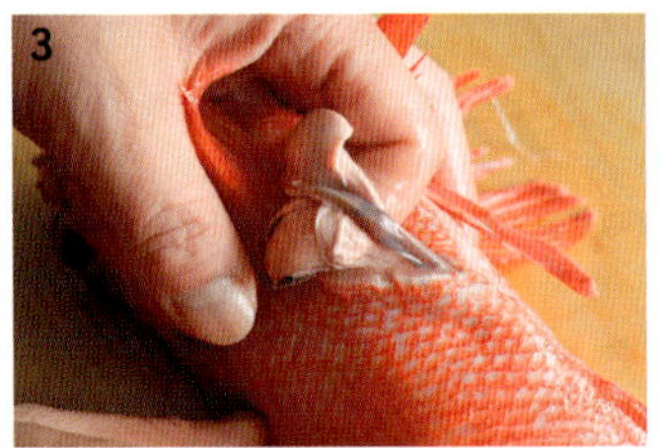

3 칼집에 손가락을 넣어 내장을 빼낸다. 간이 손상되지 않도록 주의하면서, **내장을 분리한다.**

4 표면에 남은 비늘과 뱃속에 남은 내장, 복막 등을 **물로 재빨리 씻어낸 뒤 물기를 닦는다.**

홍살치 술찜 ⊙ p.187

홍살치 가와시모즈쿠리

재료(2인분)

홍살치 순살(껍질이 붙어 있는
  등살) … 1토막
홍살치 간(혈관과 얇은 막 제거)
  … 1마리 분량
소금, 청주 … 적당량씩

간장 … 1큰술
대파채(흰 부분), 여뀌 싹
  … 적당량씩
간 고추냉이 … 적당량

만드는 방법

1 홍살치 순살에 소금을 뿌리고 15분 정도 둔다. 표면에 배어 나
   온 물기를 닦아내고 평썰기한다.

2 1을 끓는 물에 담갔다 꺼내서 바로 얼음물에 넣고 식힌다. 식으
   면 물기를 닦는다.

3 냄비에 간이 잠길 정도로 청주를 붓고 끓인 뒤, 간을 2분 정도
   데쳐서 물기를 제거하고 식힌다. 칼로 두드려서 볼에 넣고 으깬
   뒤, 간장으로 간을 한다.

4 그릇에 3을 깔고 2를 담는다. 대파채와 여뀌 싹으로 장식하고,
   간 고추냉이를 곁들인다.

두드린 간을 으깨면서, 간장을 넣고
섞는다. 절구로 으깨도 좋다.

홍살치 술찜

재료(2인분)

홍살치(통째로 사용하기 위해 손질한 것) … 1마리(약 300g)
홍살치 간(혈관과 얇은 막 제거) … 1마리 분량
구운 두부(2등분) … 1/3모

술찜 국물
| 청주 … 1.5컵
| 소금 … 1작은술

생강(채썰기), 미나리(듬성듬성 썰기) … 적당량씩

만드는 방법

1 냄비에 물을 끓여서 구운 두부, 홍살치, 간을 각각 데친다.

2 프라이팬(또는 전골냄비)에 술찜 국물 재료를 넣고 중불로 끓인
   다. 끓으면 1의 홍살치와 간을 넣고, 국자로 국물을 끼얹으면서
   7~8분 끓인다.

3 홍살치가 익으면 구운 두부를 넣고 2분 정도 더 끓인다.

4 그릇에 홍살치, 두부, 간을 담고 국물을 끼얹은 뒤, 생강채를 올
   리고 미나리를 곁들인다.

기타 어패류의 부위와 구조

오징어, 새우, 게, 조개 등 생선 이외의 어패류는 종류에 따라
손질 방법이 다르다. 익숙해지기 전에는 어려워 보이지만,
각각의 부위와 구조를 이해하면 쉽게 손질할 수 있다.

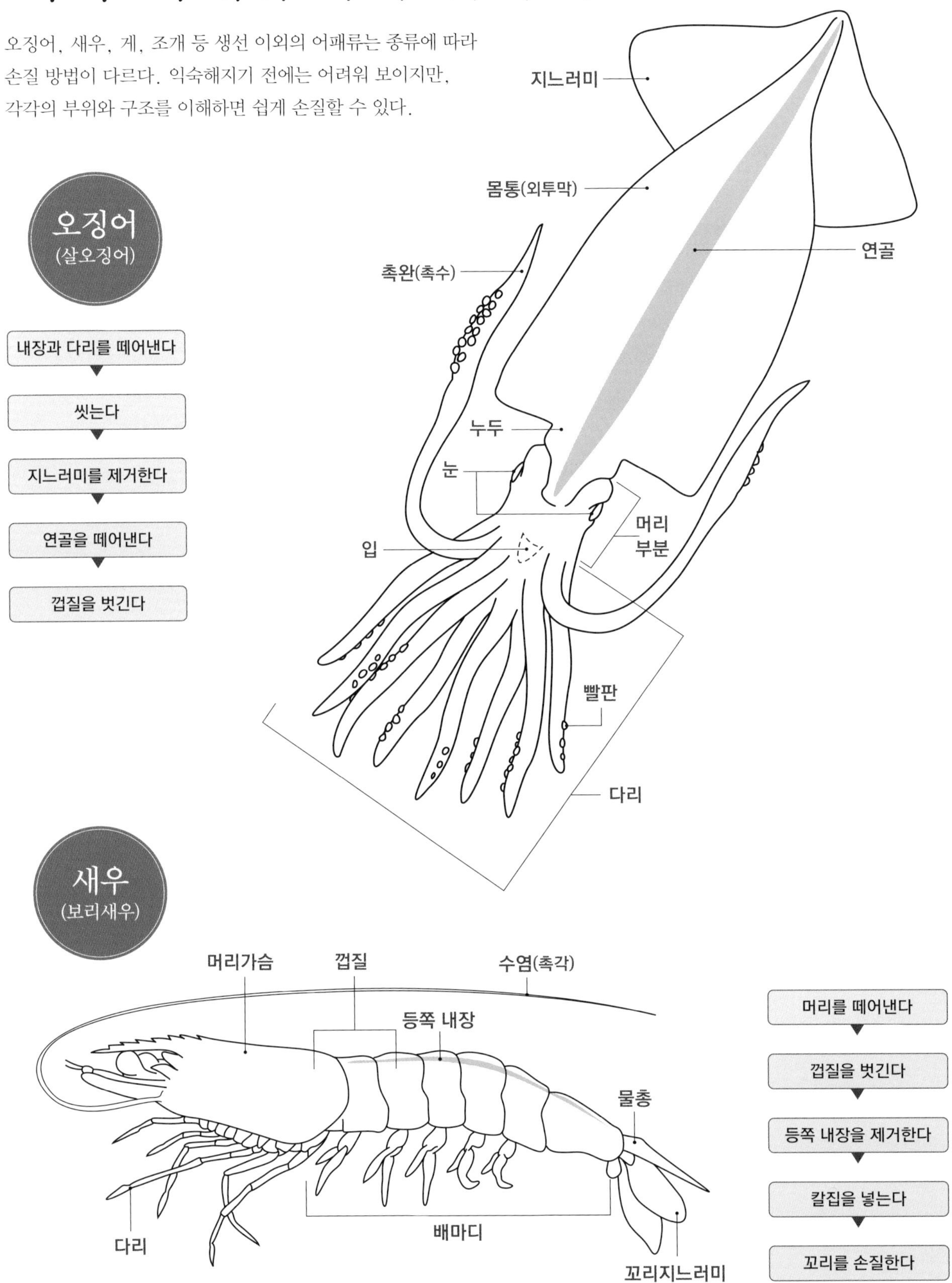

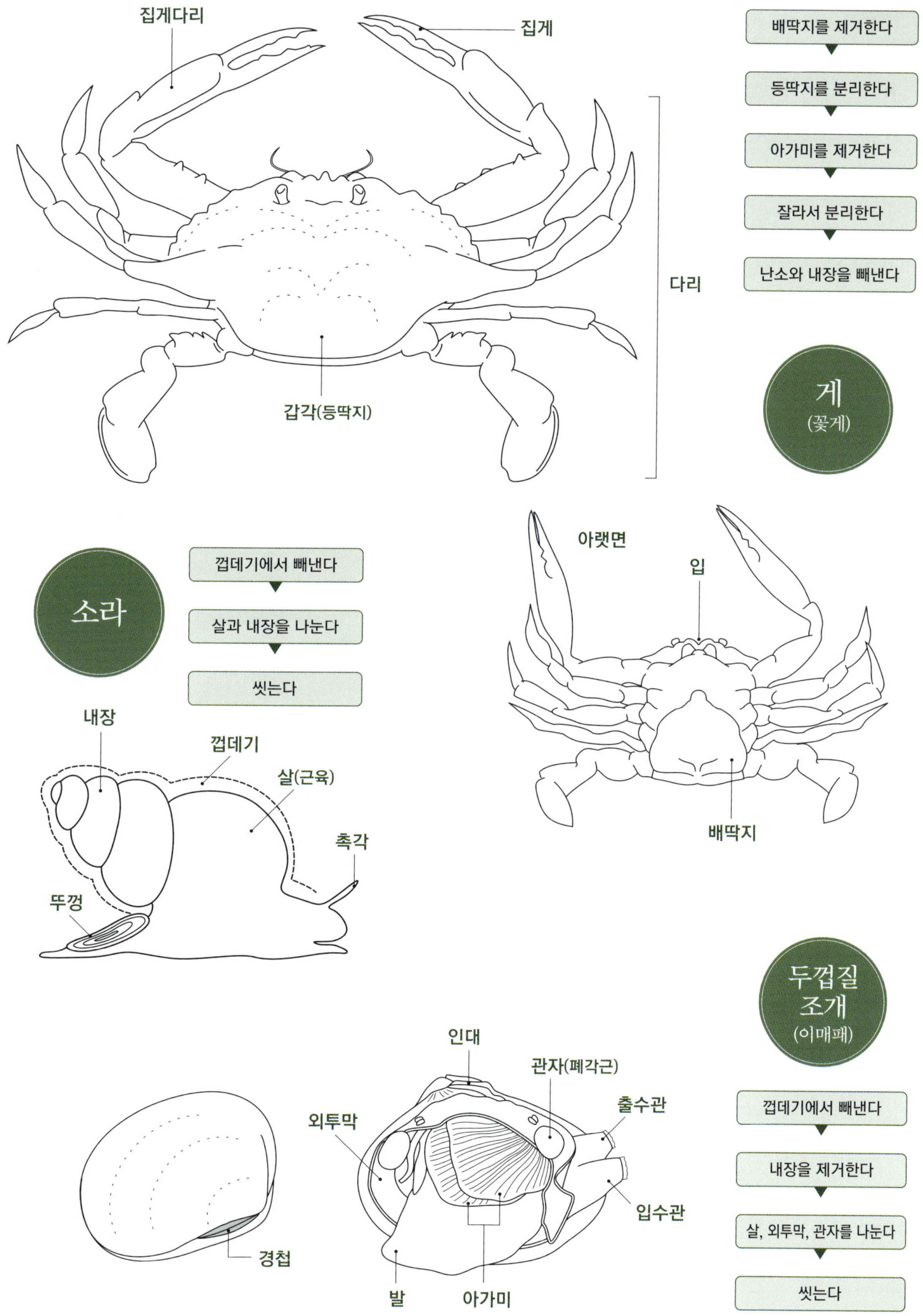
집게다리
집게
다리
갑각(등딱지)
배딱지를 제거한다
등딱지를 분리한다
아가미를 제거한다
잘라서 분리한다
난소와 내장을 빼낸다
게
(꽃게)
아랫면
입
배딱지
껍데기에서 빼낸다
살과 내장을 나눈다
씻는다
소라
내장
껍데기
살(근육)
촉각
뚜껑
두껍질
조개
(이매패)
인대
관자(폐각근)
출수관
외투막
입수관
경첩
발
아가미
껍데기에서 빼낸다
내장을 제거한다
살, 외투막, 관자를 나눈다
씻는다

게 (꽃게)

Swimming crab

분류 _ 십각목 꽃게과
별명 _ 날개꽃게, 꽃그이 등
산지 _ 연평도, 태안, 서산, 군산 등
제철 _ 4~6월(암꽃게), 9~11월(수꽃게)

꽃게라는 이름은 등딱지 양쪽이 곶(串)처럼 튀어나온 데서 유래되었다고 한다. 헤엄을 잘 치기 때문에 서양에서는「스위밍 크랩」이라 부르고, 일본에서는 헤엄쳐서 이동하는 게라는 뜻으로「와타리가니」라고 부른다. 암꽃게의 제철은 4~6월로, 등딱지 속에 난소가 저장되는 시기다. 또한 수꽃게의 제철은 가을인데, 겨울 전에 먹이를 먹고 살이 올라서 부드러운 식감과 진한 감칠맛을 즐길 수 있다. 어종 보호를 위해 해마다 6월 중순~8월 중순경에는 포획과 유통 및 판매가 금지된다. 죽으면 효소작용으로 품질이 급속히 떨어지므로, 되도록 살아있는 게를 구입하는 것이 좋다.

● **손질 포인트**

살을 꺼내서 먹기 편하도록, 집게다리나 다리 등에 칼집을 살짝 넣는다.

● **선택 포인트**

양쪽의 돌기 부분까지 내장(난소)이 들어 있는 경우, 뒤집으면 비쳐서 보인다.

살아 있는 것을 구입한다. 손으로 들어보고 묵직한 것을 고른다.

뒤집어서 껍데기 색이 짙은 것을 고른다.

성숙한 알이 밖으로 나와 있는 것은 피한다.

등딱지 분리

1 집게다리와 다리를 고정한 고무줄을 제거한다.

2 배가 위로 오게 놓고, 아래쪽에 있는 삼각형 껍데기(배딱지)를 손으로 열어서 분리한다.

3 삼각형 껍데기를 제거한 부분과 등딱지 사이에 오른손 엄지를 넣고, 왼손으로 몸통을 세워서 등딱지를 분리한다.

완성

등딱지를 분리한 상태.

몸통 분리

1 몸통 양쪽에 붙어 있는 회색의 부채 모양 아가미 부분은, 먹을 수 없으므로 남김없이 떼어낸다.

2 입을 비틀어 떼어낸다.

3 몸통 가운데에 칼을 대고, 왼손으로 칼등을 쳐서 세로로 2등분한다.

4 다리에 몸통을 붙여서 1개씩 잘라 분리한다.

5 집게다리는 몸통과 연결된 부분을 잘라서 분리한다.

6 자른 집게다리는 몸통과 연결되어 있던 쪽의 단단한 부분에 앞칼날을 대고, 왼손으로 칼등을 쳐서 세로로 2등분한다.

7 집게 아래쪽에 앞칼날을 대고, 왼손으로 칼등을 쳐서 세로로 2등분한 뒤 손으로 벌린다.

완성

잘라서 분리한 상태.

난소·내장 분리

1 잘라서 분리한 몸통과 등딱지 속에 붙어 있는, 오렌지색 난소와 내장을 스푼 등으로 꺼낸다.

2 난소에 붙어 있는 얇은 막 등은 손으로 제거하고, 키친타월 위에 올려서 물기를 뺀다.

삶아서 분리하기

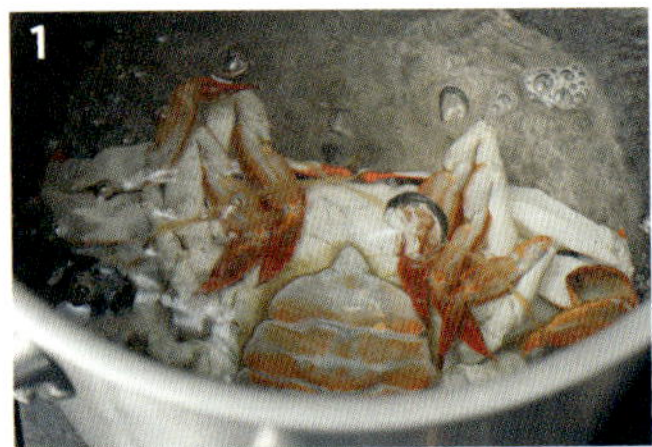

1 깊은 냄비에 소금물(염분농도 2%)을 넉넉히 넣고 끓인 뒤, 꽃게를 고무줄로 고정한 채로 등딱지가 아래로 가게 넣는다. 다시 끓어오르면 20분 정도 삶는다.

2 완성되면 체에 올려, 물기를 빼고 한김 식힌다.

* 사진은 등딱지가 위에 있지만, 내장 등이 흘러나오지 않도록 배가 위로 오게 놓고 식히는 것이 좋다.

3 배가 위로 오게 놓고, 아래쪽에 있는 삼각형 껍데기(배딱지)를 손으로 열어서 떼어낸다.

4 삼각형 껍데기를 제거한 부분과 등딱지 사이에 오른손 엄지를 넣고, 왼손으로 몸통을 세워서 등딱지를 분리한다.

5 몸통 양쪽에 붙어 있는 아가미와 입을 제거하고, 몸통을 먹기 좋은 크기로 나눈다.

꽃게살 초무침

재료(만들기 쉬운 분량)

꽃게살(삶은 뒤 발라낸 살, 난소) … 250g

말라바 시금치 … 150g

돈부리(댑싸리 열매를 가열가공한 것) … 20g

촛물

│ 식초 … 2작은술

│ 다시마 육수 … 2작은술

│ 우스구치간장 … 1작은술

소금 … 적당량

만드는 방법

1 말라바 시금치는 잎과 줄기를 나눈다. 냄비에 물을 끓여서 소금을 조금 넣고 줄기를 데친다. 30초 정도 지나면 잎을 넣고 20초 정도 뒤에 건져서 찬물에 담가 식힌 뒤, 물기를 짜서 2~3㎝ 길이로 썬다.

2 촛물 재료를 섞는다.

3 볼에 게살, 난소, **1**을 넣고 살짝 섞는다.

4 그릇에 **3**을 담고 **2**를 뿌린 뒤 돈부리를 장식한다.

간장게장

재료(2인분)

게 … 1마리(약 500g)

대파 … 1/3개

사과 … 1/2개

맛간장

마늘 … 10쪽

생강 … 마늘의 1/2 분량

다시마(가로세로 10㎝) … 1장

간장 … 2.5컵

청주 … 3컵

맛술 … 1/2컵

만드는 방법

1 꽃게는 고무줄로 고정한 상태 그대로 수세미로 문질러 씻어서 불순물을 제거한다.

2 대파는 세로로 2등분하여 5㎝ 길이로 썬다. 사과는 껍질째 적당히 얇게 썬다.

3 맛간장을 만든다. 마늘과 생강은 껍질을 벗기고 도톰하게 편썰기한다. 냄비에 모든 재료를 넣고 중불로 가열하고, 끓으면 다시마를 건져서 센불로 20분 더 끓인다. 불을 끄고 식힌다.

4 밀폐용기에 **1**과 **2**를 넣고 **3**을 듬뿍 부은 뒤, 뚜껑을 덮어 2일 동안 냉장고에 넣어둔다.

5 **4**를 용기에 넣은 채로 냉동고로 옮겨서 2일 동안 얼린 뒤, 냉장고에서 해동하여 먹는다.

생꽃게에는 기생충이 있을 수 있으므로 냉동한 뒤 먹는다.

게(털게)

Horsehair crab

분류_ 십각목 털게과
별명_ 게가니(일명)
산지_ 한국 고성(강원), 속초 / 일본 홋카이
　　　도 등
제철_ 3~6월

차가운 바다에서 사는 한해성 어종으로, 수심 15~300m의 모래, 진흙, 자갈 바닥에서 서식한다. 몸통은 통통하고 다리는 짧으며, 몸 전체에 짧은 털이 덮여 있어 「털게」라고 불린다. 수컷은 1년에 1번, 암컷은 2~3년에 1번 탈피를 반복하며 성장한다. 털게는 내장 맛이 특히 뛰어난데, 이 부위는 영양분을 저장하는 간췌장이라고 불리는 기관으로, 난소 성숙과 함께 커지지만 완전히 성숙하면 작아진다. 그래서 맛있는 털게 내장을 마음껏 먹을 수 있는 시기는 산란 직전인 겨울이다. 단백질이 풍부하고 지방 함량은 적어서, 고혈압 같은 성인병 예방에 도움이 된다.

● **손질 포인트**

충분히 삶은 뒤, 먹기 좋은 크기로 나눈다.

● **선택 포인트**

삶아서 분리하기

도구 생선용 칼, 주방용 가위, 스푼

1 깊은 냄비에 소금물(염분농도 2%)을 넉넉히 넣고 끓인 뒤, 털게를 고무줄로 고정된 상태 그대로, 등껍질이 아래로 가게 넣는다. 끓기 시작하면 500g 정도는 22분, 800g 정도는 35분 더 삶은 뒤, 체에 건져 식힌다.

2 배가 위로 오게 놓고, 아래쪽에 있는 삼각형 껍데기(배딱지)를 손으로 열어서 분리한다.

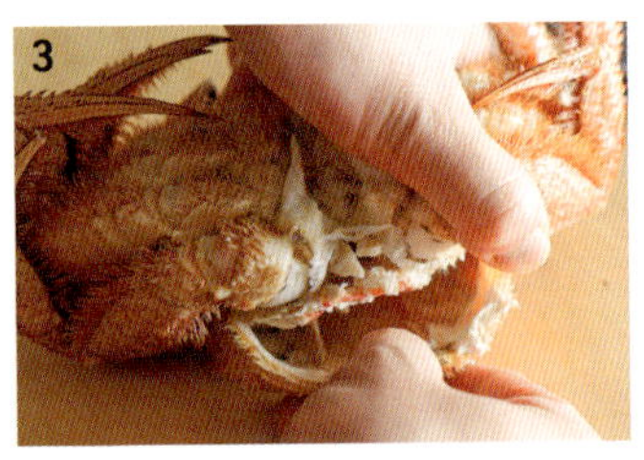

3 삼각형 껍데기를 제거한 부분과 등딱지 사이에 오른손 엄지를 넣고, 왼손으로 몸통을 세워서 등딱지를 분리한다.

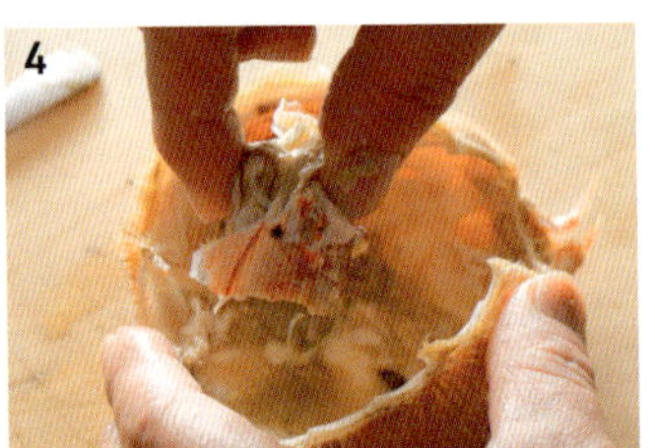

4 등딱지쪽에 붙어 있는 입을 비틀어서 떼어낸다.

5 몸통 양쪽에 붙어 있는 회색의 부채 모양 아가미 부분은, 먹을 수 없으므로 남김없이 떼어낸다

6 손으로 몸통을 세로로 2등분한다.

7 몸통과 떼어낸 등딱지 속에 붙어 있는, 오렌지색 난소와 내장을 스푼 등으로 꺼낸다.

8 다리와 집게다리를 몸통과 연결된 부분에서 자른 뒤, 칼로 몸통 부분의 두께를 1/2로 자른다.

9 다리는 관절 부분을 잘라서 분리한다.

10 분리한 다리에서 굵은 부분의 껍질을 벗긴다. 털이 적고 부드러우며 평평한 부분의 양쪽 가장자리를, 주방용 가위로 잘라서 껍질을 제거한다. 살이 부서지지 않게 꺼낸다.

11 각 부위의 살은, 꼬치 등을 이용하여 빼낸다.

게살볶음밥 ➡ 아래

게살볶음밥

재료(2인분)

털게(삶은 뒤 발라낸 살) … 80g

털게 난소, 내장 … 1마리 분량

다리살(삶은 뒤 발라낸 다리살)
　… 적당량

대파(흰 부분) … 1/2줄 분량

따뜻한 밥 … 360g

간장 … 1.5작은술

달걀(작은 것) … 2개

사오싱주 … 1큰술

굴소스 … 1/2작은술

소금 … 1꼬집

쪽파(작게 썰기) … 적당량

식용유 … 적당량

만드는 방법

1　발라낸 게살에 사오싱주를 두르고, 대파는 다진다.

2　달걀을 풀고 밥을 넣어 골고루 섞은 뒤, 간장과 굴소스로 간을 한다.

3　프라이팬에 식용유 1큰술을 두르고 가열한 뒤, **1**을 넣고 볶아서 수분을 날린다. 수분이 없어지면 일단 그릇에 덜어둔다.

4　**3**의 프라이팬에 식용유 2큰술을 두르고 **2**의 밥을 넣어서 볶는다. 고슬고슬해지면 **3**과 내장, 난소를 넣어 볶은 뒤, 소금으로 간을 한다.

5　그릇에 담고 다리살을 곁들인 뒤 쪽파를 뿌린다.

굴(참굴)

Oyster

분류_ 사새목 굴과
별명_ 석화, 굴조개
산지_ 서산, 고성(경남), 통영, 여수, 고흥 등
제철_ 10~3월

한국에서 흔히 보는 굴은 참굴로, 남해안과 서해안에서 자생하며 양식도 많이 이루어지고 있다. 굴은 바지락과 같은 두껍질조개(이매패)인데, 자라는 환경에 따라 껍질 모양이 둥글어지거나 가늘고 길어진다. 또한 보통 2개인 관자가 굴에는 1개밖에 없다. 부화 후 물속을 떠다니다가 바위 등에 붙어서 정착생활을 하기 때문에, 근육이 퇴화하여 몸의 대부분이 내장이다. 움직이지 않으니까 섭취한 영양분이 그대로 축적되어, 「바다의 우유」라고 불릴 만큼 영양가가 높다. 날것으로 먹으면 식중독 위험이 높아서, 믿을 수 있는 곳에서 구입하고 컨디션에 따라 먹는 양을 조절한다.

● 손질 포인트

목장갑을 끼거나 면보로 감싸는 등, 맨손으로 작업하지 않는다.

껍데기가 살짝 벌어진 틈으로 조개칼을 넣어, 관자를 자른다.

● 선택 포인트

살아있고 껍데기가 꽉 닫혀 있는 것. 껍데기가 열려 있고 두드려도 닫히지 않는 것은 신선하지 않다.

묵직한 것. 같은 크기라도 무거운 것이 살이 많다.

껍데기 분리

도구 조개칼

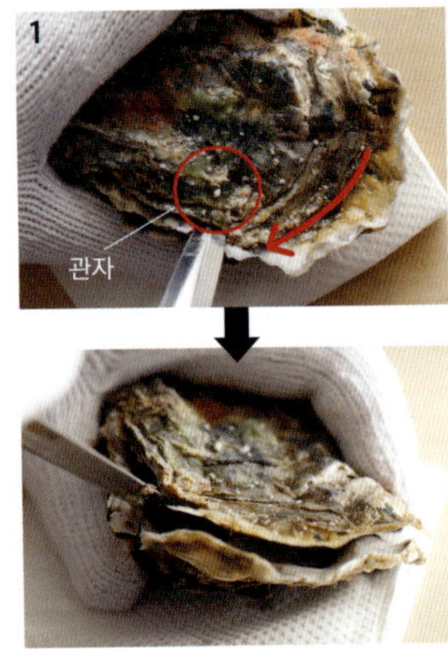

1 껍데기에 묻어 있는 불순물을 깨끗이 씻어낸다. 양손에 목장갑을 낀 뒤, **껍데기가 평평한 쪽이 위로 오고**, 경첩 부분이 뒤쪽으로 가게 도마 위에 놓는다. 껍데기 가장자리에서 **살짝 벌어진 틈을 찾아, 조개칼을 넣는다.** 1번 비틀어서 껍데기를 벌린다. 굴 밑에 키친타월 등을 깔아두면 도마가 손상되지 않고, 껍데기도 미끄러지지 않아 안전하다.

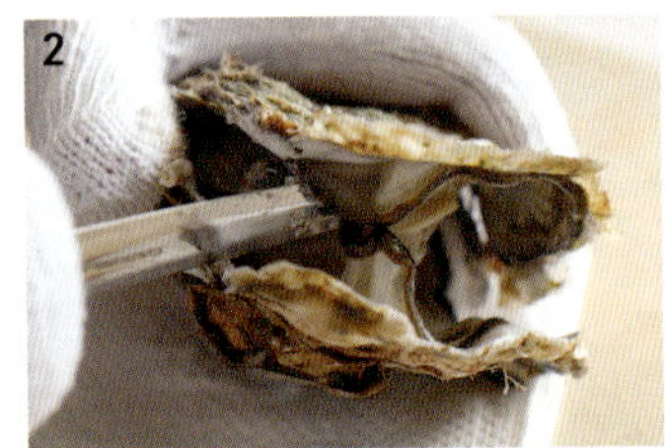

2 아래쪽 껍데기 안쪽을 따라 조개칼을 움직여, **관자를 자른다.**

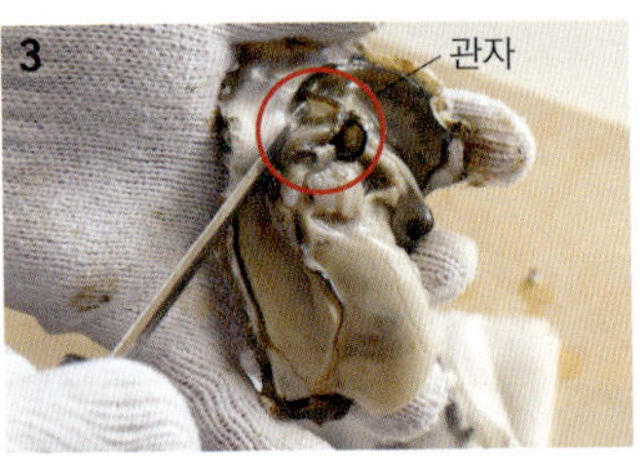

3 껍데기를 들어올려 아래쪽 껍데기를 떼어낸다. 위쪽 관자를 잘라서 분리하고, 살을 빼낸다.

완성

껍데기에서 빼낸 상태.

폰즈 줄레를 곁들인 생굴 **➜ p.197**

굴 오일절임 **➜ p.197**

폰즈 줄레를 곁들인 생굴

재료(4인분)

굴(껍데기째) … 4개

화이트폰즈 줄레

A	청주 … 1/2컵
	맛술 … 1/2컵
	다시마 … 5g

가다랑어포 … 20g

레몬즙 … 1/2컵

소금 … 1작은술

젤라틴가루 … 3g

홍심무(간 것) … 적당량

만드는 방법

1 폰즈 줄레를 만든다. 냄비에 **A**를 넣고 중불에 올려 육수를 우리는 방법으로 끓이다가, 끓기 직전에 다시마를 꺼낸다. 불을 세게 키운 뒤, 끓으면 불을 끄고 가다랑어포와 레몬즙을 넣는다. 가다랑어포가 가라앉을 때까지 기다렸다가, 도톰한 키친타월을 깐 체로 거른다. 소금으로 간을 한 뒤, 따뜻할 때 젤라틴가루를 넣고 섞어서 녹인다. 한김 식으면 냉장고에 넣고 식혀서 굳힌다.

2 굴을 껍데기에서 빼내 물로 깨끗이 씻는다. 주름 사이의 불순물도 꼼꼼하게 씻어낸다. 키친타월로 물기를 확실히 제거한다.

3 껍데기도 수세미로 문질러 씻어서 불순물을 제거한 뒤, 물기를 닦는다.

4 **3**의 껍데기에 살을 담고 홍심무를 올린 뒤, **1**의 줄레를 얹는다.

굴 오일절임

재료(만들기 쉬운 분량)

굴(껍데기 제거) … 200g(약 14개)

청주 … 1/4컵

마늘 … 1쪽

홍고추 … 1개

월계수잎 … 1장

올리브오일 … 1컵

만드는 방법

1 굴은 소금물(염분농도 3%)로 깨끗이 씻은 뒤, 물기를 확실히 제거한다.

2 마늘은 으깨고 홍고추는 씨를 제거한다.

3 프라이팬에 **2**와 올리브오일을 넣고 약불로 가열한다. 향이 나면 오일과 함께 볼에 옮겨 담는다.

4 **3**의 프라이팬에 **1**의 굴과 청주를 넣어 센불로 가열하고, 프라이팬을 흔들면서 수분이 없어질 때까지 끓인다.

5 끓여서 소독한 병에 **4**와 월계수잎을 넣고 **3**의 오일을 붓는다. 뚜껑을 덮고 맛이 배도록 상온에 하룻밤 둔다. 냉장고에서 1주일 동안 보관할 수 있다.

멍게

Sea squirt

분류_ 측성해초목 멍게과
별명_ 우렁쉥이
산지_ 울릉도, 통영, 거제 등
제철_ 3~6월

파인애플을 닮아서 바다의 파인애플이라고 불리는 멍게에는 여러 종류가 있지만, 식용하는 것은 「멍게」와 「붉은멍게」, 「돌멍게」 등 극히 일부이다. 특이한 모습과 특유의 강한 바다냄새 때문에 호불호가 확실히 갈리는 해산물로, 성체의 모양으로는 상상하기 어렵지만, 부화한 유생은 올챙이를 닮은 모습으로 바닷속을 헤엄쳐 다닌다. 이후 몸의 일부가 바위 등에 붙어 변태를 시작하고, 위쪽에 있는 2개의 돌기는 「+」 모양의 입수공과 「−」 모양의 출수공이 된다. 선명한 주황색을 띤 살은 쫄깃한 식감으로, 은은한 단맛과 쌉싸름한 맛이 있다.

● **손질 포인트**

갑자기 반으로 자르면 물이 많이 빠져나오기 때문에, 먼저 입수공에서 물을 뺀다.

● **선택 포인트**

표면의 색이 진하고, 전체가 탄력이 있고 팽팽한 것.

붉은멍게

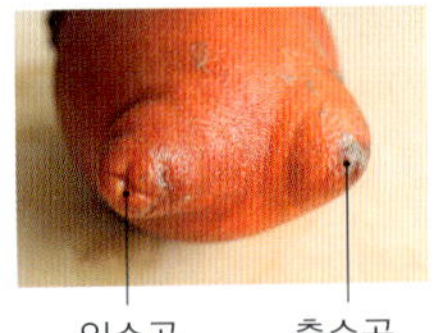

멍게

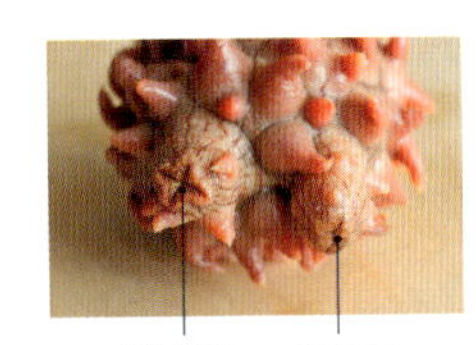

껍질을 눌렀을 때 탄력이 있고 단단한 것. 물컹거리고 쪼그라든 것은, 물(체액)이 빠진 것이다.

멍게 밑손질

도구 생선용 칼

1 껍질에 붙어 있는 불순물을 깨끗이 씻어낸다. 「+」 모양의 **입수공 끝을 자른다.**

2 단면에서 **물을 짜낸다.** 이 물은 버리지 않고 보관한다.

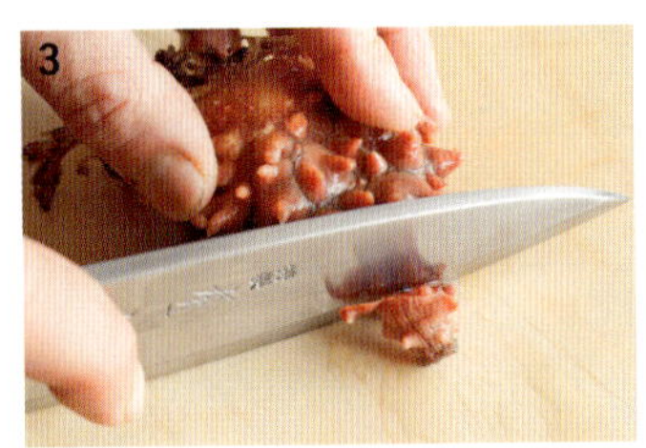

3 「−」 모양의 **출수공 끝을 자른다.**

4 밑동을 잘라낸다.

5 구멍쪽이 위로 오게 놓고, 세로로 2등분한다.

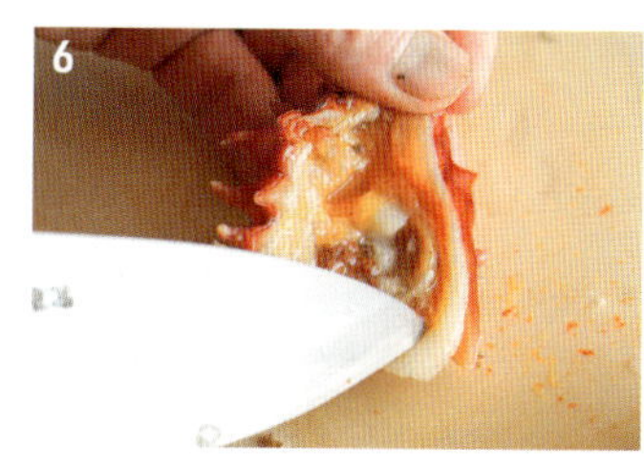

6 칼끝으로 내장, 흙, 배설물 등을 제거한다.

7 보관해둔 멍게물로 껍질째 씻어서 불순물을 제거한다. 키친타월로 물기를 닦는다.

완성

껍질째 밑손질한 상태.

멍게 술찜 ➔ p.200

붉은멍게 밑손질

도구 생선용 칼

1 껍질에 붙어 있는 불순물을 깨끗이 씻어낸다. 「+」 모양의 **입수공 끝을** **자른다.**

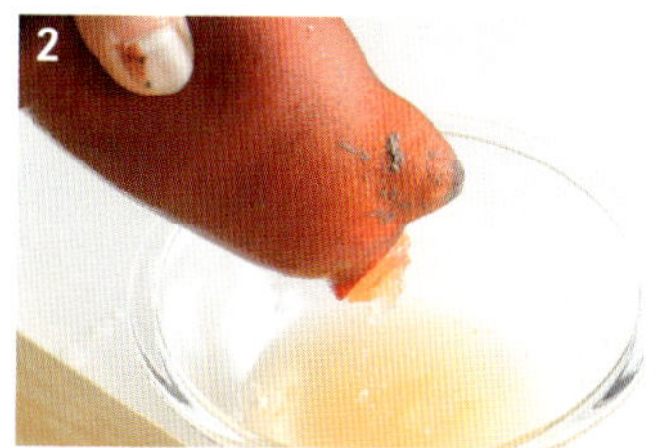

2 단면에서 **물을 짜낸다.** 이 물은 버리지 않고 보관한다.

3 「−」 모양 출수공 끝을 자르고 밑동을 잘라낸다.

4 자른 밑동 부분에 있는 **살을 손으로 빼낸다.**

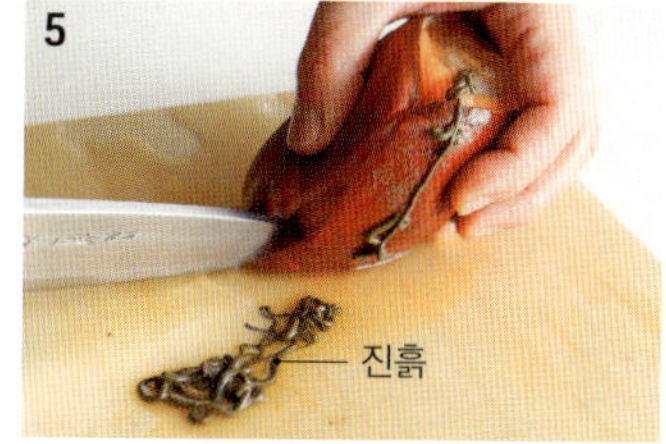

5 살을 자르지 않도록, 표면의 껍질에만 세로로 칼집을 넣는다.

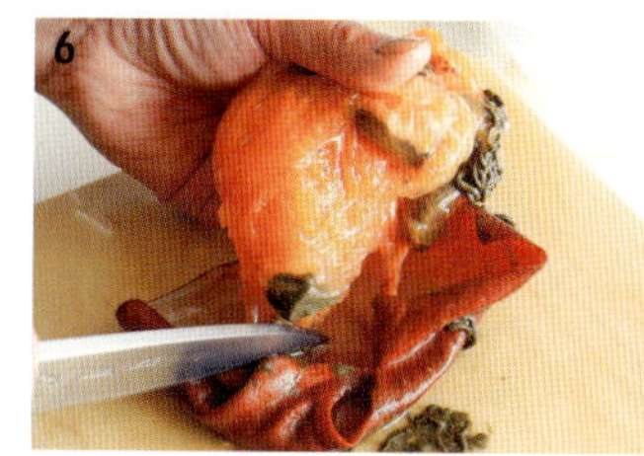

6 껍질을 벗기고 **살을 빼** 낸다.

7 칼을 거꾸로 잡고, 칼끝을 수관에 넣어 잘라서 연다.

8 수관 안에 있는 **배설물이나 흙 등의 불순물을 꼼** 꼼히 제거한다.

9 보관해둔 멍게물로 씻어서 불순물을 제거한다. 키친타월로 물기를 닦아낸다. 멍게물이 부족하면 소금물(염분농도 3%)을 보충한다.

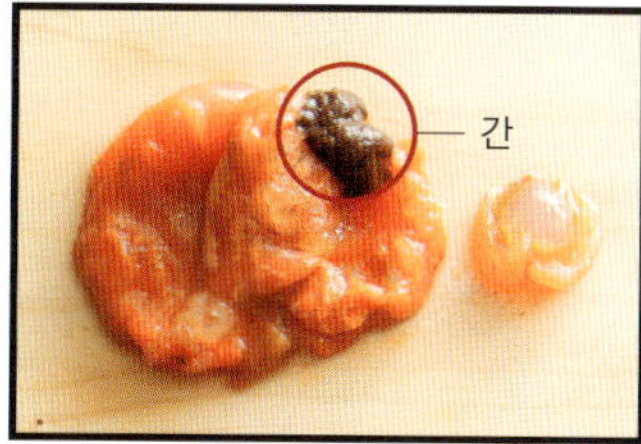

완성

밑손질한 상태.

멍게 초회 ➔ p.200

멍게 술찜

재료(만들기 쉬운 분량)

멍게(껍질이 붙어 있는 상태로 밑손질) … 5개
청주 … 1/2컵

만드는 방법

냄비(또는 프라이팬)에 1/2로 자른 멍게를 껍질째 담고, 청주를 멍게
에 닿지 않도록 주위에 두른 뒤, 뚜껑을 덮고 중불로 3~5분 찐다.

살이 동그랗게 말릴 때까지
찐다. 살을 꺼내서 먹는다.

멍게 초회

재료(2인분)

붉은멍게(밑손질) … 1개
마른미역 … 5g
오이 … 1/4개
소금 … 조금

촛물
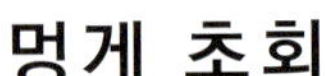
　식초 … 1.3큰술
　육수 … 1큰술
　소금 … 1/2작은술
생강(채썰기) … 조금

만드는 방법

1　미역은 물을 넉넉히 부어서 불린 뒤 물기를 짜고, 줄기의 단단
　한 부분을 제거한 뒤 먹기 좋게 자른다.
2　오이는 얇고 동그랗게 썰어서 소금을 뿌리고 잠시 절인 뒤 물기
　를 뺀다.
3　붉은멍게는 간이 붙어 있는 상태에서 세로로 2등분하고, 먹기
　좋은 크기로 썬다.
4　그릇에 미역, 멍게, 오이를 담고 촛물을 두른 뒤, 생강채를 곁들
　인다.

문어
(참문어)
Octopus

분류_ 팔완목 문어과
별명_ 왜문어, 돌문어 등
산지_ 통영, 울진, 여수, 제주 등
제철_ 10~2월

문어 종류 중 한국에서 가장 많이 잡히는 것은 참문어로, 참문어의 정식 이름은 「왜문어」이다. 왜문어를 말려서 껍질이 붉게 변한 것은 피문어, 껍질을 벗겨서 말린 것은 백문어라고 한다. 문어살은 씹을수록 감칠맛이 더해지는데, 먹이인 새우, 게, 전복 등의 감칠맛 성분 때문이다. 또한 문어는 매우 신경질적인 생물로 여러 마리를 수조에 가둬두면, 스트레스로 인해 자신의 다리를 물어뜯기도 한다. 생선가게에 진열된 문어 중 다리가 부족한 것은 이런 이유 때문이다. 참문어는 회나 초무침 등으로 많이 먹는데, 자르는 방법에 따라 다양한 식감과 맛을 즐길 수 있다.

● 손질 포인트

살아있는 문어는 이케지메를 한다.

껍질이 매우 섬세해서, 소금으로 문지르면 상처가 나기 쉽다. 또한 단백질이 변성되어 단단해지므로, 박력분 또는 전분가루로 점액질을 제거한다.

● 선택 포인트

밑손질

도구 고기용 칼 또는 생선용 칼

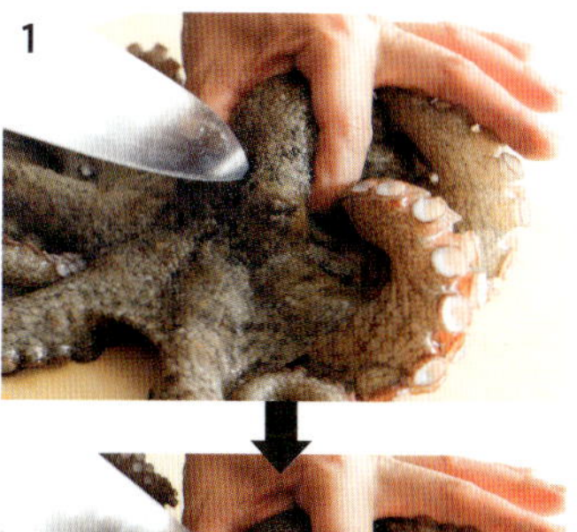

1 눈과 눈 사이에 칼끝을 확실히 꽂아서, **이케지메한다.** 몸 색깔이 변하면 급소(뇌)에 꽂았다는 증거다. 움직이지 않을 때까지 잠시 기다린다. 몸 색깔이 변하지 않으면 칼을 다시 꽂는다.

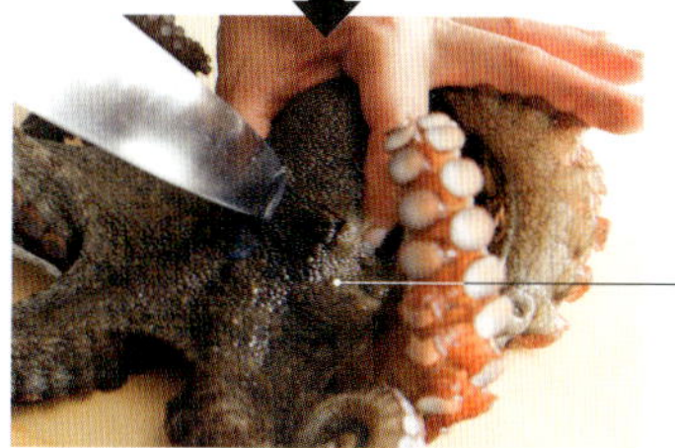

2 주머니 모양의 몸통을 뒤집어서, **내장을 겉으로 꺼낸다.**

Point

입 위쪽에 있는, 몸통과 내장을 연결하는 굵은 힘줄은, 손으로 잡아 뜯는다.

3 주위의 얇은 막을 벗기면서 내장을 떼어낸다. 몸통과 연결된 부분에 있는 간에 먹물주머니가 있으므로, 터트리지 않도록 주의한다. 잘 떼어지지 않으면 칼로 잘라서 분리한다.

4 재빨리 물로 먹물 등을 씻어내고, **몸통을 원래대로 돌려놓는다.** 왼손으로 머리를 잡고, 눈 위아래에 칼집을 넣는다.

5 양쪽 눈을 떼어낸다. 터지면 검은 물이 튀므로, 조심스럽게 제거한다.

6 다리와 몸통의 연결 부분에 있는 **입을 잡아뗀다.**

7 점액질을 제거한다. 문어를 볼에 넣고, 트레이 등에 박력분을 준비하여 양손에 듬뿍 묻힌다.

8 다리는 1개씩 몸통쪽부터 아래쪽을 향해 비비듯이 주무르거나, 손가락 사이에 끼우고 훑어서, 점액질을 제거한다.

9 특히 빨판에는 불순물이 고여 있으므로, 속까지 문질러서 점액질을 제거한다. 몸통의 점액질도 꼼꼼히 제거한다.

10 흐르는 물로 박력분과 함께 점액질과 불순물을 깨끗이 씻어낸다. 뽀드득한 촉감이 되면 점액질이 제거된 것이다.

다리 데치기

 고기용 칼 또는 생선용 칼

1 몸통을 잡고 들어올려, 눈 밑에 칼을 넣어 **머리와 다리를 잘라서 분리한다.** 들어올리면 자르는 위치를 쉽게 알 수 있다.

8개의 다리는 가늘고 짧은 다리, 두껍고 긴 다리가 각각 2쌍씩 있다.

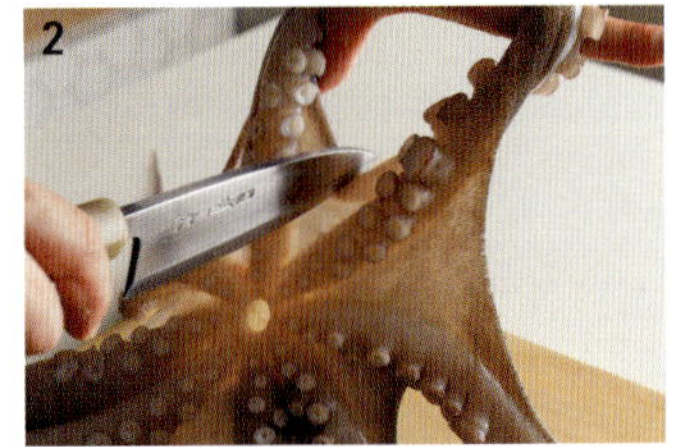

2 왼손으로 두꺼운 다리와 가는 다리의 끝을 함께 잡고 들어올려서 벌린 뒤 사이의 막에 칼집을 넣어, **몸통에 붙어 있던 부분에서 두꺼운 다리와 가는 다리를 2개씩 잘라서 나눈다.**

3 큰 냄비에 소금물(염분 농도 1%)을 넉넉히 넣고 끓여서, 다리 끝을 살짝 담근다. 끝이 돌돌 말리면 들어올린다.

4 다시 끓는 물에 넣고 둥글게 말리면 들어올린다. **이 과정을 반복하면서 서서히 전체를 담근다.**

5 전체를 모두 담근 뒤, **1분 정도 데친다.**

6 키친타월 위에 놓고 표면이 마르지 않도록 물기를 꽉 짠 키친타월을 씌운 뒤, 식을 때까지 그대로 두어서 남은 열로 속까지 익힌다.

문어밥 ● p.205

Point

데치는 물에 레드와인, 양파, 찻잎 등을 넣으면, 문어가 부드러워지고 색도 보기 좋게 완성된다.

껍질 벗기기

* 두꺼운 다리(생)를 몸통쪽부터 1/2을 사용.

도구　회칼

1 다리의 몸통에 붙어 있던 쪽이 오른쪽으로 오게 놓고, 빨판을 도마에 붙인다. 빨판이 도마에 잘 달라붙도록 왼손으로 위에서 누르고, 칼을 수평으로 넣어 빨판이 붙어 있는 부분에 칼집을 넣는다.

2 왼손으로 다리살을 왼쪽으로 굴리면서, 살과 껍질 사이를 조금씩 잘라, 껍질을 깎듯이 벗긴다.

완성

껍질을 벗긴 상태.

껍질은 데친 뒤 한입 크기로 썰어서 조리한다. 빨판은 잘라서 회에 곁들여도 좋다.

칼집 넣어 썰기

* 껍질을 벗긴 다리 사용.

도구　회칼

1 두꺼운 쪽이 오른쪽으로 오게 놓는다. 오른쪽 끝에서 1~2㎜ 정도에 칼을 댄 뒤, 살이 완전히 잘리지 않도록 최대한 깊이 넣고 앞쪽으로 당겨서 칼집을 넣는다. 이 과정을 7~8번 반복한 뒤 잘라서 분리한다.

Point

자른 살을 도마에 내리치면, 살이 오그라들면서 꽃이 피듯 벌어지고, 식감도 좋아진다.

완성

칼집을 넣어서 썬 상태.

문어회 3종 ● p.204

평썰기
[보이지 않는 칼집 넣기]

* 데친 다리 사용.

도구　회칼

1 두꺼운 쪽이 오른쪽으로 오게 놓는다. 오른쪽 끝에서 1㎝ 정도에 칼을 대고, 앞으로 당겨서 자른다.

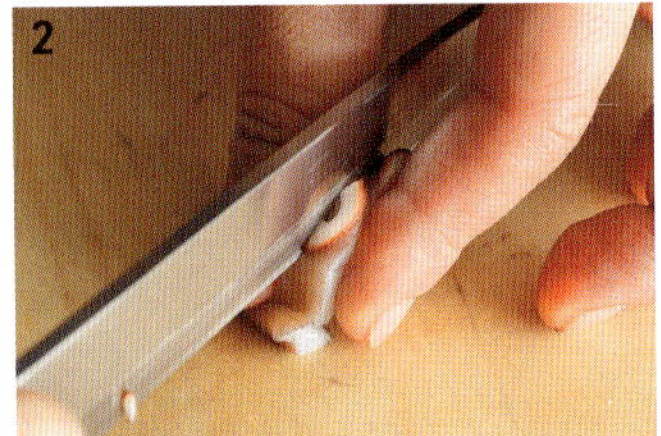

2 빨판에 칼집을 넣는다.

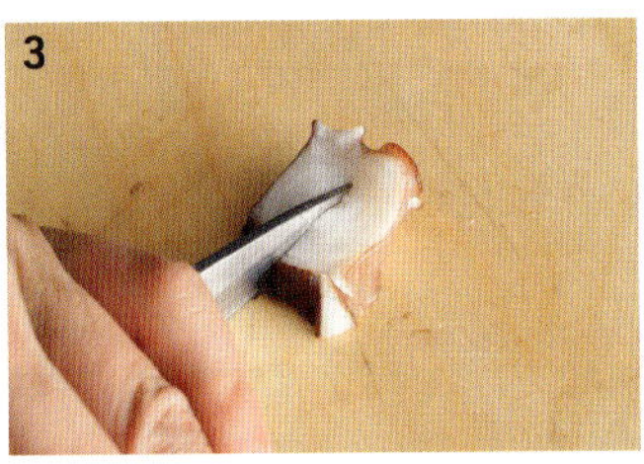

3 빨판 반대쪽을 앞쪽으로 오게 놓고, 살에 세로로 칼집을 넣는다.

보이지 않는 칼집을 넣으면 먹기 편해진다.

문어회 3종 ▶ p.아래

물결 모양 썰기

* 데친 다리 사용.

도구 회칼

1 두꺼운 쪽이 왼쪽으로 오게 놓는다. 칼을 눕히고 왼쪽 끝에서 3~4mm 정도에 뒤쪽에서 칼날을 넣어, 앞쪽으로 당긴다. 조금 자른 뒤 칼을 세워서, 뒤쪽으로 찌르듯이 자른다. 다시 눕히고 앞쪽으로 당겨서 자른다. 칼을 조금씩 움직여서, 「눕혀서 당기기」와 「세워서 찌르기」를 반복하여, 단면에 물결 모양을 만들어서 얇게 저민다.

문어회 3종 ▶ p.아래

문어회 3종

물결 모양으로 썬 다리살 사이에 스다치(얇게 반달썰기)를 끼워서 담고, 평썰기(보이지 않는 칼집 넣기)한 다리살은 오크라(데쳐서 어슷썰기)와 함께 담는다. 마지막으로 청소엽을 깔고 그 위에 칼집을 넣어서 썬 생문어 다리살과 살짝 데친 빨판을 함께 올린 뒤, 간 고추냉이를 곁들인다.

삶은 문어와 감자 샐러드

재료(2인분)

문어 다리(생) ··· 1개(100g)

감자(큰 것) ··· 1개

레드와인 ··· 1/2컵

양파 ··· 1/4개

A
올리브오일 ··· 4큰술
화이트와인비네거 ··· 2큰술
씨겨자, 소금 ··· 1/2작은술씩
후추 ··· 조금

파슬리(다진 것), 핑크페퍼 ··· 적당량씩

만드는 방법

1 냄비에 문어 다리가 잠길 정도의 소금물(염분농도 1%), 레드와인, 양파를 넣고 끓인 뒤, 문어 다리를 넣어 15분 정도 삶는다. 체에 건져 물기를 뺀 뒤 한입 크기로 썬다. 양파를 넣으면 문어가 부드러워진다.

2 감자는 껍질을 벗기고 한입 크기로 썰어서 냄비에 담고, 감자가 잠길 정도로 물을 부어서 꼬치가 잘 들어갈 정도로 삶은 뒤 체에 건진다. 삶은 물을 버리고 감자를 냄비에 다시 넣은 뒤, 냄비를 흔들면서 센불로 1~2분 가열하여 수분을 날리고 분을 낸다.

3 볼에 A를 넣고 섞은 뒤, 1의 문어, 2, 파슬리를 넣고 버무린다. 그릇에 담고 핑크페퍼를 뿌린다.

문어밥

재료(2인분)

문어 다리(삶은 것) ··· 2개(200g)

쌀 ··· 3홉

A
다시마 육수 ··· 480㎖
청주, 맛술 ··· 40㎖씩
간장 ··· 20㎖
소금 ··· 1/2작은술

초피가루 ··· 적당량

만드는 방법

1 쌀은 씻어서 30분 이상 불린 뒤 체에 건져둔다.

2 문어 다리는 3~4mm 두께로 자른다.

3 뚝배기에 1과 A를 담고 2를 넣어 살짝 섞은 뒤, 뚜껑을 덮고 센불로 가열한다. 넘칠 정도로 끓어오르면 약불로 줄이고, 15분 정도 가열한다. 뚜껑을 열어서 수분이 남은 정도를 확인한다. 표면에 물이 있거나 큰 거품이 부글부글 올라오면 1~2분 정도 더 가열한다.

4 불을 끄고 10분 동안 뜸을 들인다. 전체를 대충 섞어서 그릇에 담고, 취향에 따라 초피가루를 뿌린다.

＊ 밥솥을 사용하여 같은 양의 물을 넣고 만들어도 좋다.
＊ 다시마 육수, 청주, 맛술, 간장의 비율은 12:1:1:0.5

새우
(닭새우)
Japanese spiny lobster

분류_ 십각목 닭새우과
별명_ 일본닭새우 등
산지_ 한국 제주 / 일본 지바, 미에 등
제철_ 10~1월

몸길이가 18~25cm 정도 되는 대형 새우로, 다른 새우류와 달리 이마뿔 대신 몸길이의 2배가 넘는 굵은 더듬이가 있는 것이 특징이다. 일본에서는 이세(미에현) 지방에서 많이 잡힌다고 해서 「이세에비」라고 부르는데, 겉모습이 멋스럽고 익히면 보기 좋은 선홍색으로 변하기 때문에, 잔치 음식에 많이 사용되는 고급 식재료이다. 양식이 힘든 종류여서 대부분 자연산이며, 요리할 때는 기본적으로 살아있는 것을 사용한다. 탱글탱글한 식감, 담백하고 고급스러운 단맛, 내장의 깊은 맛이 매력이다.

● **손질 포인트**

머리와 몸통을 비틀어서 분리한다.

살을 빼낼 때는 배쪽 껍질을 1마디씩 벗겨낸다.

● **선택 포인트**

수염, 다리가 모두 있고, 힘이 있는 것.

살아있는 것을 고른다.

묵직하게 무게감이 있으며, 껍질이 단단하고 거무스름한 적갈색을 띠는 것. 신선도가 떨어지면, 몸통과 배의 연결 부위 주변의 색이 변한다.

횟감용 밑손질

도구 생선용 칼

1 등이 위로 오고 꼬리가 앞쪽으로 오도록, 살짝 비스듬히 놓는다. 왼손으로 머리를 잡고, **머리와 몸통의 경계선(머리 껍질 아래)에 칼을 거꾸로 잡고 칼끝을 넣는다.** 껍질에 가시가 있으므로 누르는 왼손에는 목장갑을 끼는 것이 좋다. 칼을 넣으면 새우가 움직이므로, 칼이 미끄러지지 않도록 주의한다.

2 칼을 몸통의 곡선을 따라 오른쪽으로 움직여서, **머리와 몸통을 연결하는 얇은 막을 자른다.**

3 칼을 바로 잡고 칼끝을 넣어, **왼쪽으로 움직여서 얇은 막을 자른다.**

4 뒤집어서 배가 위로 오게 놓은 뒤, 같은 방법으로 머리와 몸통의 경계에 칼끝을 꽂아, **배쪽의 얇은 막을 자른다.**

5 오른손으로 몸통을 가볍게 **비틀면서 잡아당긴다.** 머리쪽에 살이 남지 않도록, 살짝 잡아당긴다.

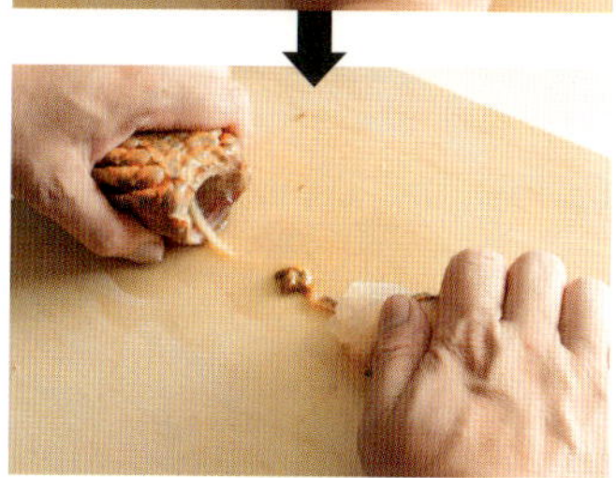

6 배가 위로 오도록 세로로 놓는다. 껍질 가장자리에 있는 지느러미 모양의 다리 연결 부위 안쪽을 칼끝으로 찔러서 잘라, 바깥쪽 껍질과 분리한다.

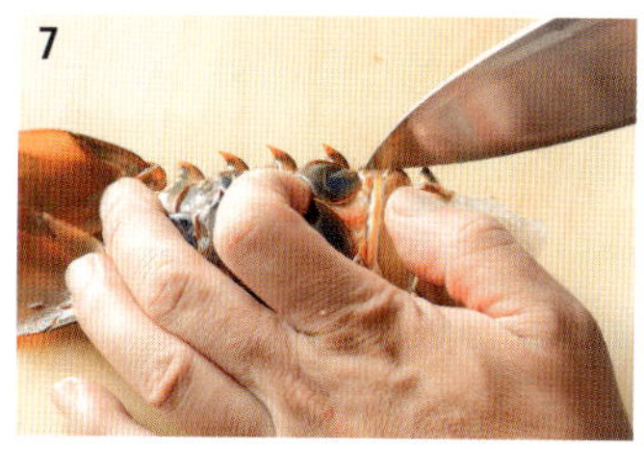

7 반대쪽 껍질 가장자리의 다리 연결 부위도, 같은 방법으로 분리한다.

8 머리쪽부터 배쪽의 껍질을, 1마디씩 벗겨낸다.

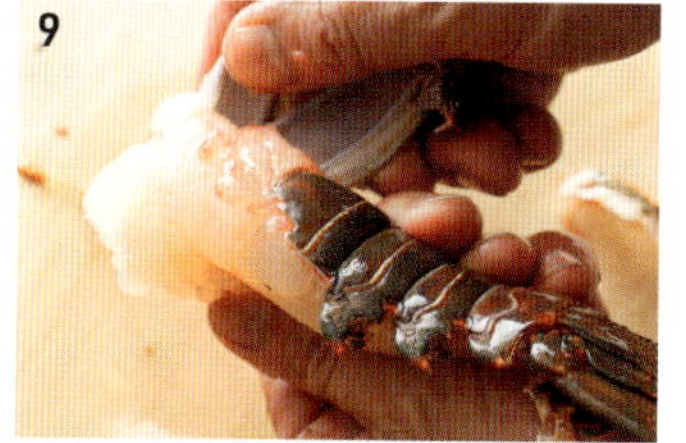

9 윗면의 껍질을 2마디 벗긴다.

10 껍질과 살 사이에 왼손 엄지를 넣고, **살을 엄지로 눌러서 껍질에서 분리한다.**

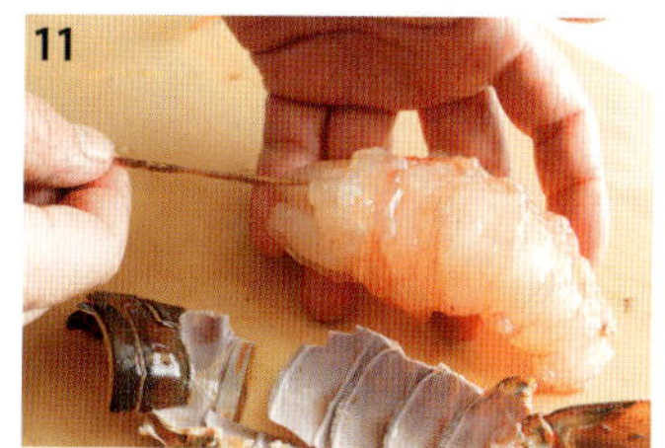

11 등쪽 내장을 손가락으로 잡아당겨 제거한다.

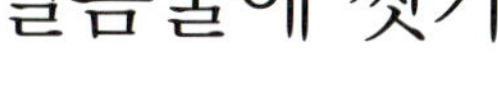

밀손질한 상태.

얼음물에 씻기

도구 회칼

1 살은 마디를 따라 자른다. 칼 길이를 모두 사용하여, 한 번에 당겨서 자른다.

2 얼음물에 넣고 빠르게 흔들어서 씻는다. 살이 단단해지고 꽃이 피듯이 벌어지면 OK.

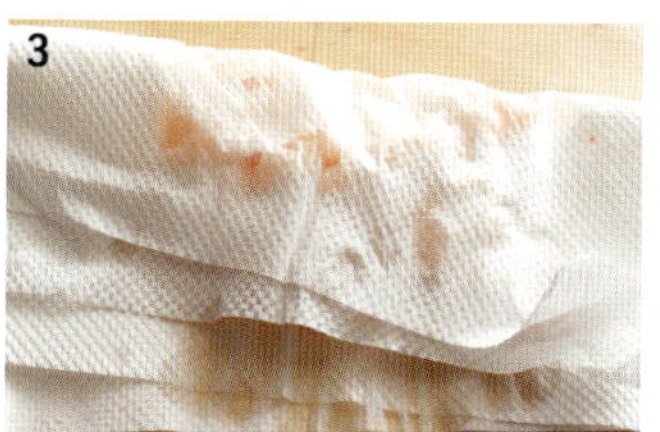

3 키친타월 위에 올려서, 물기를 완전히 제거한다.

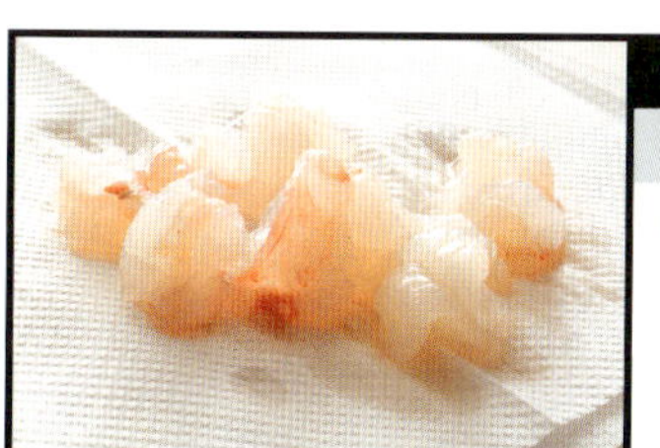

얼음물로 씻은 상태.

닭새우회 ▶ p.208

닭새우회

재료(1인분)

닭새우 살 … 1마리 분량

닭새우 꼬리지느러미 … 1마리 분량

무(채썰기) … 적당량

여뀌 싹, 간 고추냉이 … 적당량씩

만드는 방법

1 닭새우 살은 큼직하게 썰어서 얼음물로 재빨리 씻은 뒤, 물기를 확실히 제거한다.

2 닭새우 꼬리지느러미는 끓는 물에 넣고, 빨갛게 변하면 건져서 찬물에 담가 식힌 뒤 물기를 닦는다.

3 그릇에 무채를 담고 닭새우 꼬리지느러미와 얼음물에 씻은 새우살을 올린 뒤, 간 고추냉이와 여뀌 싹을 곁들인다.

닭새우 미소된장국

재료(1인분)

닭새우 머리 … 1마리 분량

다시마 육수 … 1컵

미소된장 … 1작은술

소금 … 조금

대파채(흰 부분) … 적당량

만드는 방법

1 냄비에 닭새우 머리를 넣고 다시마 육수를 자작하게 부은 뒤, 중불로 가열한다.

2 끓으면 약불로 줄이고, 거품을 걷어내면서 10분 정도 끓여 육수를 우려낸다.

3 불을 끄고 미소된장을 풀어서 넣은 뒤, 간을 보고 싱거우면 소금으로 간을 맞춘다.

4 그릇에 닭새우 머리를 담고 국물을 부은 뒤 대파채를 올린다.

새우
(보리새우)
Kuruma shrimp

분류_ 십각목 보리새우과
별명_ 구루마에비(일명)
산지_ 거제, 통영, 여수 등
제철_ 9~12월

몸길이는 20~25㎝ 정도이고, 몸 색깔은 연한 푸른색이나 붉은 갈색 등으로 다양하며, 진한 줄무늬가 10줄 정도 있다. 줄무늬가 있는 몸통을 구부리면 마치 차바퀴처럼 보인다고 해서, 일본 이름은 「구루마에비(차새우)」다. 초밥집에서는 20㎝ 이상으로 100g이 넘으면 「오구루마」, 10~15㎝로 20~40g은 「마키」, 그 이하를 「사이마키」라고 부른다. 일본에서는 예로부터 「모양은 닭새우, 맛은 보리새우」라는 말이 있을 정도로 특유의 단맛이 매력적이다. 가열하면 그 맛이 더욱 살아나는데, 특히 튀김옷으로 감칠맛을 가둔 튀김은 단맛이 증가하고 탱글한 식감도 즐길 수 있다.

● **손질 포인트**
등쪽의 검은 줄무늬는 장에 해당되는 등쪽 내장으로, 꼬치 등을 이용하여 제거한다.

● **선택 포인트**

튀김용 밑손질

도구 생선용 칼

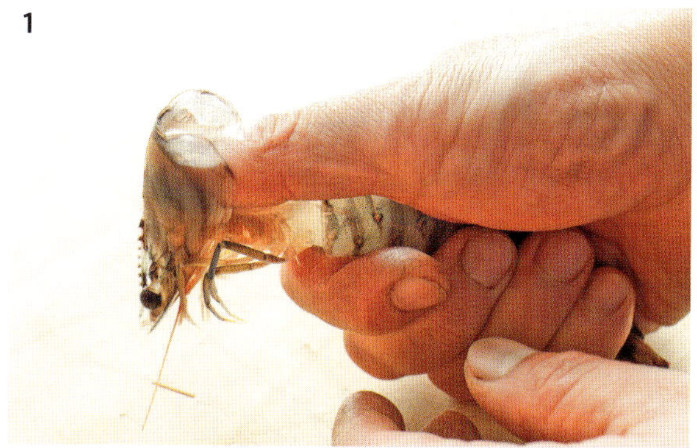

1 충분히 씻어서 톱밥 등을 제거한다. 오른손으로 새우를 잡고, 등쪽의 머리와 몸통의 경계(머리 껍질 아래)에 엄지를 넣고 밀어 올려서, **몸통에서 머리를 떼어낸다.**

2 머리를 살짝 비틀어서 분리한다.

3 배쪽이 위로 오고, 머리가 앞쪽으로 오게 잡는다. 껍질 가장자리에 있는 지느러미 모양의 다리 연결 부위 안쪽에 손톱 끝을 넣어, 한쪽만 1마디씩 얇은 막을 떼어낸다.

4 한쪽만 꼬리 앞쪽부터 머리 연결 부위까지, 1마디씩 껍질을 벗긴다.

8 배쪽이 위로 오도록 놓고, 관절 부분에 살 두께의 1/3 정도까지 칼집을 넣는다.

5 머리 연결 부위까지 벗긴 뒤, 엄지 안쪽 면을 이용하여 껍질을 눌러서 열어, **반대쪽 껍질을 한 번에 벗긴다**. 꼬리는 남긴다.

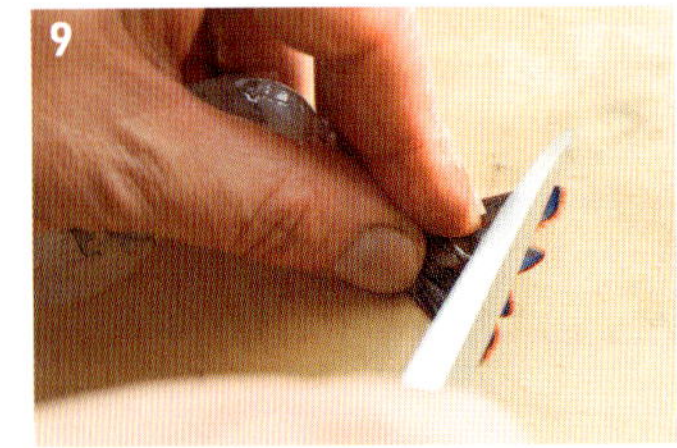

9 꼬리 끝과 물총(가운데 뾰족한 부분)을 잘라내고, 칼끝으로 속에 있는 물기를 짜낸다. 튀김용 외에는 꼬리를 자를 필요는 없다.

보리새우 튀김 ⊙ p.211

6 몸통에서 다리를 제거한다.

갈라서 펼치기
[등 가르기]

★ 밑손질한 살 사용.

도구 생선용 칼

껍질을 벗긴 상태.

1 꼬리가 오른쪽, 등이 앞쪽으로 오게 놓는다. 칼을 수평으로 잡고, 등 가운데에 칼집을 넣는다. 꼬리 연결 부위부터 머리쪽까지, 한 번에 당겨서 자른다.

완성

등을 갈라 펼친 상태.

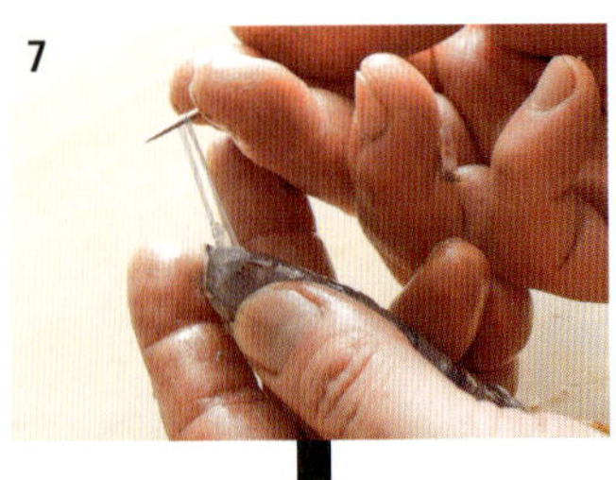

7 대나무 꼬치 등으로 등쪽 내장을 제거한다.

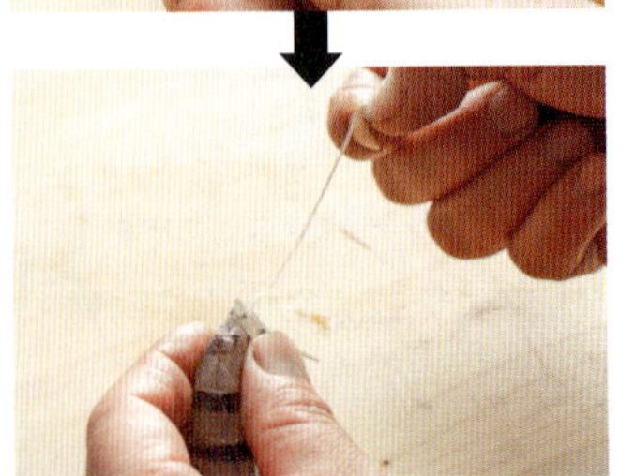

보리새우 튀김

재료(2인분)
보리새우(튀김용으로 밑손질한 것) … 4마리
튀김옷(만들기 쉬운 분량)
| 달걀 … 1개
| 찬물 … 1/2컵
| 박력분 … 120g
박력분, 튀김용 기름 … 적당량씩

만드는 방법

1 튀김옷을 만든다. 볼에 냉장고에서 바로 꺼낸 달걀을 깨서 넣고, 찬물을 부어서 풀어준다. 박력분을 체에 쳐서 넣은 뒤, 자르듯이 섞는다. 완전히 섞이지 않고 날가루가 남아 있어도 좋다.

2 보리새우 머리에 박력분을 묻힌 뒤 여분의 가루를 털어내고, 180℃로 가열한 기름에 넣어 바삭하게 튀긴다.

3 계속해서 보리새우 살에 박력분을 묻힌 뒤 여분의 가루를 털어내고, 튀김옷을 입혀서 180℃ 기름에 튀긴다. 30초 정도 튀겨서, 머리와 살 모두 기름기를 제거한 뒤 그릇에 담는다.

보리새우 아보카도 요구르트 그라탱

재료(2인분)
보리새우 … 2마리
아보카도 … 1/2개
플레인 요구르트 … 200g
양송이 … 4개
순무 … 1/4개
소금 … 1/2작은술
파마산치즈(간 것) … 적당량

만드는 방법

1 체에 키친타월을 깔고 플레인 요구르트를 부은 뒤 하룻밤 동안 물기를 뺀다.

2 보리새우는 머리가 붙어 있는 채로 몸통의 껍질을 벗기고, 등쪽 내장을 제거한다(p.209~210 「밑손질」 **3~7** 참조).

3 아보카도는 껍질을 벗기고 씨를 제거한 뒤 으깬다.

4 **1**, **3**을 섞은 뒤, 소금을 넣어서 골고루 섞는다.

5 양송이는 불순물을 닦고 밑동을 제거한 뒤 얇게 썬다. 순무는 줄기를 1.5㎝ 정도 남기고 껍질을 벗긴 뒤 세로로 2등분한다.

6 내열용기에 양송이, **4**, 보리새우, 순무를 순서대로 담고 파마산치즈를 뿌려서, 210℃ 오븐에 넣고 10분 동안 굽는다.

성게
(보라성게)
Purple sea urchin

분류_ 공치성게목 만두성게과
별명_ 섬게, 밤송이조개, 해구, 해위 등
산지_ 한국 통영, 거제, 포항, 제주 / 일본
　　　홋카이도 등
제철_ 6~9월

성게는 종류가 매우 다양해서 세계적으로 800종 이상이 분포하며 한국에는 보라성게, 둥근성게, 말똥성게, 분홍성게 등 30종 정도가 서식하는데, 그중 가장 많이 채취되는 것이 보라성게이다. 이름처럼 껍질과 가시 모두 보라색을 띤다. 뾰족한 가시로 덮여 있는 성게에서 실제로 우리가 먹는 부위는 성게알로 알려진 생식소(난소, 정소)인데, 성게 1개에 5개의 생식소가 있다. 성게알은 고소하고 깊은 맛이 있어서, 회, 초밥, 파스타, 샐러드 등 다양한 요리에 사용된다. 성게의 일본 이름은 「우니」인데, 홋카이도 지역의 우니가 특히 유명하다.

● **손질 포인트**

주방용 가위를 사용하여, 최대한 위쪽에서 입 부분을 자른다.

생식소에 붙어 있는 검은 부분은 꼼꼼히 제거한다.

● **선택 포인트**

가시가 단단하고, 제대로 서 있는 것. 가능하면 움직이는 것을 선택한다.

껍데기 분리

도구　주방용 가위, 스푼

1 흐르는 물로 표면의 불순물을 씻어낸 뒤 물기를 빼고, 입쪽이 위로 오게 잡는다. **주방용 가위로 입 주위의 가시가 없는 부드러운 부분을 둥글게 잘라낸다.** 가시에 찔리지 않도록 키친타월이나 목장갑으로 손을 보호한다.

2 잘라낸 입 부분을 제거한다.

3 입 부분에 있는 「아리스토텔레스의 등불(랜턴)」이라고 부르는 5개의 이빨(저작부)을 제거한다.

4 껍질과 알 사이에 스푼 손잡이 등을 넣어, 알을 껍질에서 떼어낸다.

5 떼어낸 알을 트레이 등에 꺼낸다. 부서지기 쉬우므로 조심스럽게 다룬다.

Point

알 이외의 검은 부분(성게가 먹은 다시마나 내장 등)을 꼼꼼히 제거한다.

Point

작은 내장 조각 등도 제거한다.

6 바닷물 농도의 소금물(염분농도 3%)로 씻어서, 불순물을 제거한다.

완성

껍데기를 분리한 상태.

성게회 ⟶ 아래

7 1개씩 손으로 건져서, 남아 있는 **검은 부분을 젓가락으로 떼어낸다.** 키친타월 위에 올려서 물기를 뺀다.

성게회

알을 빼낸 껍질 안에 얼음, 무채, 해초 등을 채우고, 청소엽을 얹은 뒤 성게알을 올린다. 간 고추냉이와 웨지모양으로 자른 스다치를 곁들인다.

소라
Turban shell

분류_ 원시복족목 소라과
별명_ 참소라, 해라 등
산지_ 속초, 통영, 제주 등
제철_ 3~6월

소라는 바다냄새와 꼬들꼬들한 식감, 단맛, 내장의 쌉싸름한 맛이 매력적인 어패류이다. 일본에서는 작은 집이라는 뜻으로 「사자에」라고 부르는데, 껍질이 작은 집처럼 보이는 데서 유래된 이름이다. 껍데기 표면의 뿔은 바깥쪽 바다에서 파도에 휩쓸리며 자란 것일수록 크고, 파도가 잔잔한 안쪽 바다의 모래 바닥 등에서 자란 소라는 뿔이 짧거나 없는 것도 있다. 뿔의 유무와 맛은 관계가 없다. 소라는 수컷과 암컷이 있는데 겉으로 보아서는 알 수 없다. 빼낸 살 끝의 소용돌이 부분이 짙은 녹색이면 암컷, 크림색이면 수컷이다.

● **손질 포인트**

도중에 간이 터지지 않도록, 조심스럽게 꺼낸다.

● **선택 포인트**

껍데기 분리

도구 조개칼

1 껍데기에 묻어 있는 불순물을 깨끗이 씻어낸다. 뚜껑이 아래로 가도록 왼손으로 잡고, **살이 나올 때까지 잠시 기다린다.**

2 열린 **뚜껑의 소용돌이 끝부분과 껍데기 사이에 조개칼을 넣는다.** 천천히 작업하면 뚜껑이 닫히므로, 주저하지 말고 한 번에 재빨리 넣는다.

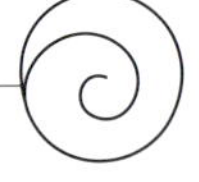

3 뚜껑의 소용돌이와 반대 방향으로, 껍데기 가장자리를 따라 조개칼을 1바퀴 돌린다. 동시에 왼손은 소용돌이와 같은 방향으로 비틀어서 조개를 반회전시켜, **관자를 자른다.**

4 관자에서 살이 분리되어, 뚜껑과 함께 껍데기에서 나온다.

5 살을 빼낸다.

6 껍데기 속에 검지를 넣은 뒤, 안쪽 면에 손가락을 대고 양쪽으로 문지르면서 움직여, **외투막과 내장**을 떼서 그대로 빼낸다.

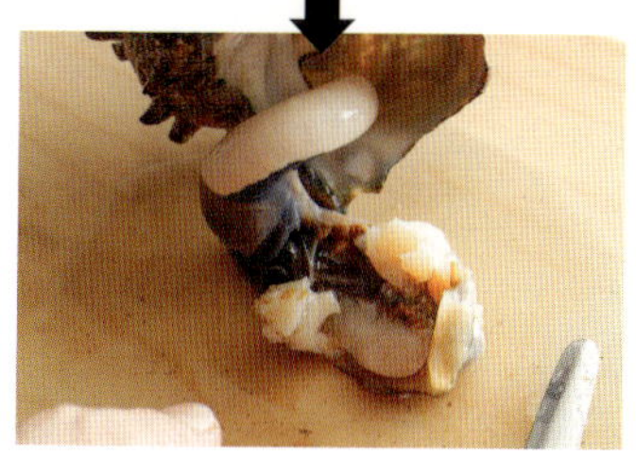

완성
껍데기에서 꺼낸 상태.

살과 내장 분리

도구　생선용 칼

1 내장쪽에 남은 살을 잘라서 분리하고, **주름 같은 외투막은 쓴맛이 있으므**로 잘라낸다.

2 모래주머니는 질금거리므로 잘라내고, 칼끝으로 불순물을 긁어낸 뒤, **관자를 잘라서 분리한다.**

내장을 분리한 상태.

3 살과 뚜껑 사이에 칼을 넣어, **뚜껑을 잘라낸다.**

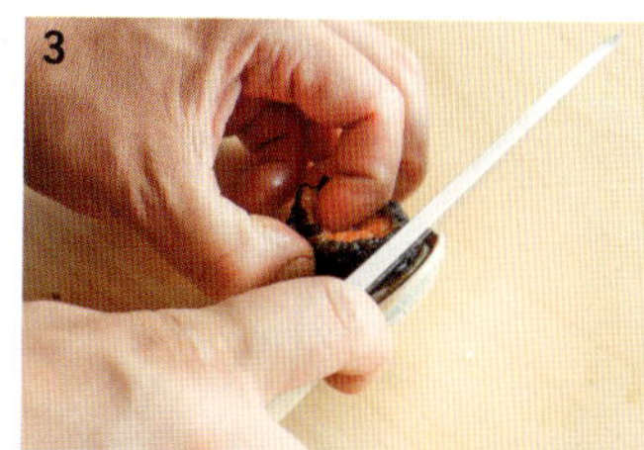

4 살에 붙어 있는 **입(붉은 부분)**을 잘라낸다.

5 살에 **굵은 소금을 듬뿍** 뿌리고 손끝으로 꼼꼼히 문질러서, **불순물과 점액질을 제거한다.**

6 물로 불순물과 소금을 씻어내고, 물기를 닦는다.

깎아썰기

도구　회칼

1 입이 있던 쪽이 위로 오게 놓고, 살을 세로로 2등분한다.

2 단면이 아래로 가게 놓는다. 왼쪽 끝에서 2~3mm 정도에 칼을 비스듬히 눕혀서 대고 살짝 밀어낸 뒤, 칼의 각도를 유지한 채 앞으로 쭉 당겨서 자른다. 칼날이 도마에 닿으면, 칼을 세우고 앞으로 당겨서 분리한다.

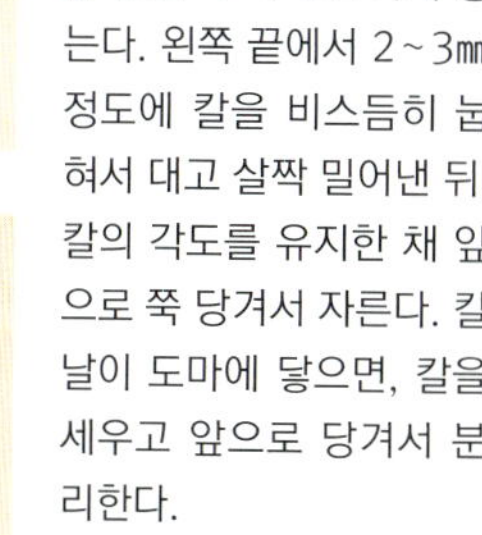

소라회 ● p.216

소라회

재료(2인분)
소라 살, 관자, 간 ⋯ 1개 분량씩
소라 껍데기 ⋯ 1개
무(채썰기) ⋯ 적당량
청소엽 ⋯ 1장
간 고추냉이 ⋯ 적당량

만드는 방법

1 소라 살은 얇게 깎아썰기하고, 관자는 먹기 좋은 크기로 썬다. 간은 뜨거운 물에 살짝 데친 뒤 찬물에 담가 식히고, 먹기 좋은 크기로 썬다.

2 그릇에 소라 껍데기를 놓고 무와 청소엽을 담은 뒤, 소라 살, 관자, 간을 올리고, 간 고추냉이를 곁들인다. 껍데기를 달걀흰자를 섞은 소금(분량 외) 위에 올리면 안정적이다.

* 소라 껍데기는 물로 씻어서 불순물을 제거하고, 끓는 물로 소독하여 그릇으로 사용한다.

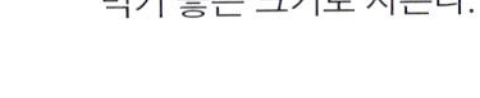

소라 살, 관자, 간은 각각
먹기 좋은 크기로 자른다.

소라구이

재료(2인분)
소라 살, 관자, 간 ⋯ 1개 분량씩
소라 껍데기 ⋯ 1개
한펜(다진 흰살생선 살에 녹말 등을 섞어서 찐 어묵) ⋯ 1/4장

	다시마 육수 ⋯ 1컵
A	청주 ⋯ 3큰술
	우스구치간장 ⋯ 2큰술
	맛술 ⋯ 2큰술

파드득나물 ⋯ 1줄

만드는 방법

1 소라 살, 관자, 간은 먹기 좋은 크기로 썬다.

2 한펜은 가로세로 1㎝ 정도로 네모나게 썬다.

3 냄비에 A를 넣고 1, 2를 넣어 살짝 익힌다.

4 껍질에 3의 한펜을 어느 정도 채워서 바닥을 높인 뒤, 소라를 넣고 국물을 붓는다.

5 210℃ 오븐에 4를 넣고 굽는다. 국물이 끓으면 OK. 오븐토스터(충분히 예열한다)나 석쇠로 구워도 좋다.

6 그릇에 담고 3㎝ 길이로 자른 파드득나물을 올린다.

* 소라 껍데기는 물이 새지 않는지 확인하고 물로 씻어서 불순물을 제거한 뒤, 끓는 물로 소독하여 그릇으로 사용한다.

오징어
(갑오징어)

Edible cuttle fish

분류 _ 십완목 참오징어과
별명 _ 참오징어, 참갑오징어 등
산지 _ 서천, 통영, 거제, 여수 등
제철 _ 4~6월, 9~11월

등 부분에 석회질의 배 모양 뼈(갑)가 있는 오징어로, 「참오징어」 또는 「참갑오징어」라고도 한다. 타원형 몸통의 양쪽 가장자리 전체에 지느러미가 달려 있고, 8개의 짧은 다리와 촉완이라고 부르는 2개의 긴 다리가 있다. 뼈를 제거하고 얇은 껍질을 벗기면 나타나는 하얀 살은 끈적하면서 씹는 맛이 있고, 단맛도 있다. 두툼하고 감칠맛이 진한 살은 회로 먹어도 좋지만, 가열해도 단단해지지 않아 튀김으로 먹어도 좋다. 먹물주머니를 잘 떼어서 파스타 등에 사용해도 좋다. 일본에서는 봄에 태어나 5㎝ 정도 자란 갑오징어를 「신이카」라고 부르며, 최고급 초밥 재료로 꼽는다.

● **손질 포인트**

다리와 내장을 떼어낼 때, 먹물주머니가 손상되면 먹물이 많이 흘러나오므로 주의한다.

겉껍질과 그 아래의 얇은 껍질을 함께 벗긴 뒤, 살에 칼집을 넣고 다시 양쪽 면의 얇은 껍질을 1장씩 벗긴다.

● **선택 포인트**

몸통이 부풀어서 둥글고, 탄력이 있다. 가운데가 눌리지 않은 것.

표면의 갈색이 진하고 무늬가 뚜렷한 것. 죽은 뒤 시간이 지나면 회색이나 크림색으로 변색된다.

밑손질

도구 생선용 칼

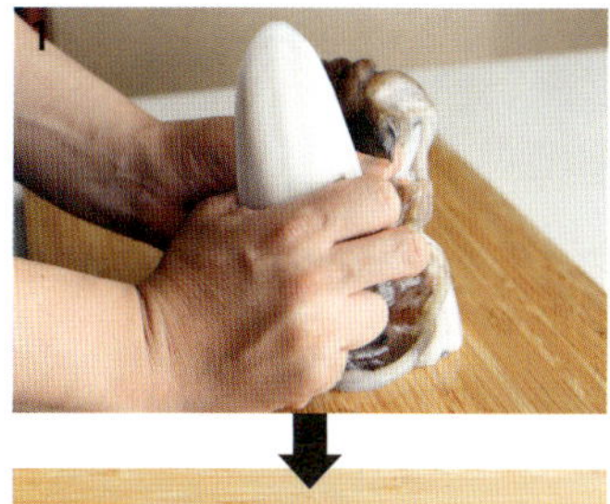

1 뼈(갑)를 제거한다. 도마를 물에 적신 뒤, 뼈가 앞쪽으로 오도록 몸통 끝부분을 도마에 대고 세운다. 힘을 줘서 얇은 껍질을 찢듯이 뼈 끝부분을 밀어낸다. 뼈 끝부분에 있는 가시 모양 돌기를 도마에 꽂듯이 세우면, 쉽게 위로 밀어낼 수 있다. 뼈의 일부가 나오면 그다음은 쉽게 빠진다.

2 내장을 감싸고 있는 얇은 막을 벗긴다. 왼손으로 몸통을 걷어올려서 잡고, 오른손으로 다리를 잡아당긴다. 먹물주머니가 터지지 않도록 주의한다.

3 얇은 막과 살 사이에 손가락을 끼워 넣고, 내장을 따라 움직여서 **내장을 빼낸다.**

다리와 내장을 떼어낸 몸통.

물로 불순물과 먹물을 씻어낸 뒤, 물기를 닦는다.

4 먹물주머니를 잡고, 터지지 않도록 당겨서 제거한다. **다리와 내장을 잘라서 분리한다.**

5 다리 가운데에 칼을 넣는다.

6 단단한 부분(입)에 닿으면, **양쪽에 칼을 넣어 눈을 잘라낸다.** 입 옆을 자르면, 눈을 터트리지 않고 쉽게 떼어낼 수 있다.

7 양쪽 눈을 떼어낸다.

8 입을 잘라내고, 안에 있는 **부리도 제거한다.**

다리를 밑손질한 상태.

9 다리를 물로 씻어서 불순물과 먹물을 제거하고, 물기를 닦는다.

몸통 손질

 회칼

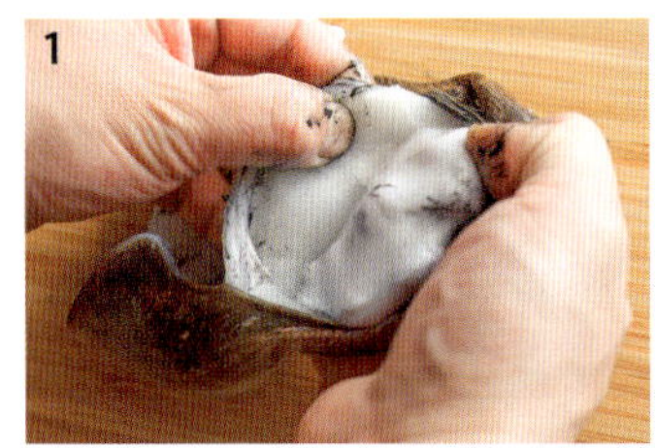

1 몸통 위쪽의 껍질과 살 사이에 엄지를 넣고 살을 아래로 눌러, **껍질에서 살을 조금씩 벗겨낸다.**

2 1/2 정도 벗겨지면 왼손으로 살을 누른 뒤, 껍질을 모아서 잡고 **한 번에 당겨서 벗긴다.**

3 안쪽(내장을 꺼낸 곳)이 위로 오게 놓고, 키친타월을 사용하여 **남아 있는 내장을 꼼꼼히 제거한다.**

4 물로 살짝 씻어서 불순물을 제거하고, 물기를 닦는다.

5 바깥쪽에 남아 있는 먹물을 키친타월로 닦는다.

6 **몸통 가장자리 부분은** 단단하므로 잘라낸다.

7 몸통 안쪽이 위로 오고, 아래쪽이 오른쪽으로 오게 놓는다. 아래쪽 끝부분에서 1㎝ 정도에, **겉껍질 1장만 남도록 비스듬히 칼집을 넣는다.** 살을 잘라내지 않도록 주의한다.

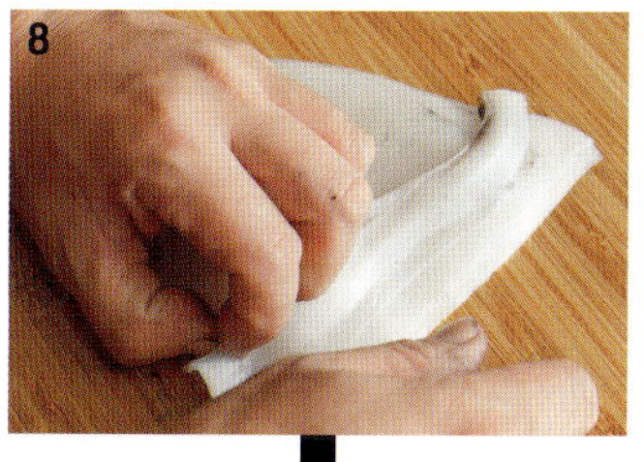

8 뒤집어서 몸통 바깥쪽이 위로 오게 놓고 **칼집 부분을 접은 뒤, 그대로 천천히 당겨서 얇은 껍질을 벗긴다.** 한 번에 벗기면 중간에 껍질이 잘라지므로, 조금씩 벗긴다. 껍질이 잘라지면, 키친타월 등으로 문질러서 벗긴다.

9 몸통 바깥쪽이 위로 온 상태에서, 위쪽 끝부분이 오른쪽으로 오게 놓는다. 위쪽 끝부분에서 1㎝ 정도에 **속껍질 1장만 남도록 비스듬히 칼집을 넣는다.** 살을 잘라내지 않도록 주의한다.

10 뒤집어서 안쪽이 위로 오게 놓고, **칼집 부분을 접은 뒤 그대로 천천히 당겨서 얇은 껍질을 벗긴다.**

완성

모양을 정리하고, 껍질을 벗긴 상태.

다리 손질

도구　회칼

1 빨판이 위로 오게 놓는다. 다리 위쪽부터 아래쪽을 향해 칼로 훑어서, 빨판 안에 있는 고리 모양의 이빨을 제거한다. 그런 다음 2개의 긴 촉완의 끝과 각 다리의 끝을 잘라낸다.

2 먹기 좋은 길이로 자른다. 다리 위쪽의 연골을 잘라서 분리한다.

3 다리 연결 부위를 잘라서 1개씩 나눈다.

4 연골 부분을 먹기 좋게 자른다.

솔방울 칼집 넣기

* 껍질을 제거한 몸통 사용.

도구　회칼

1 몸통 바깥쪽이 위, 위쪽 끝부분이 왼쪽으로 오게 놓고, 4~5㎝ 폭으로 비스듬히 썬다. 칼끝으로 도마에 선을 긋듯이 자른다.

Point

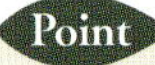

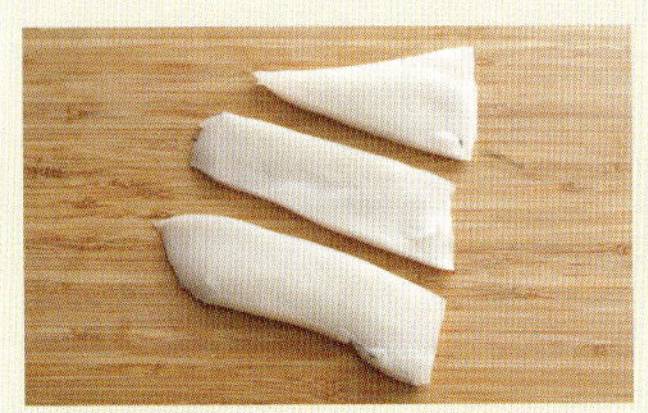

사다리 모양에 맞춰서, 최대한 모두 사용할 수 있도록 비스듬히 잘라서 나눈다.

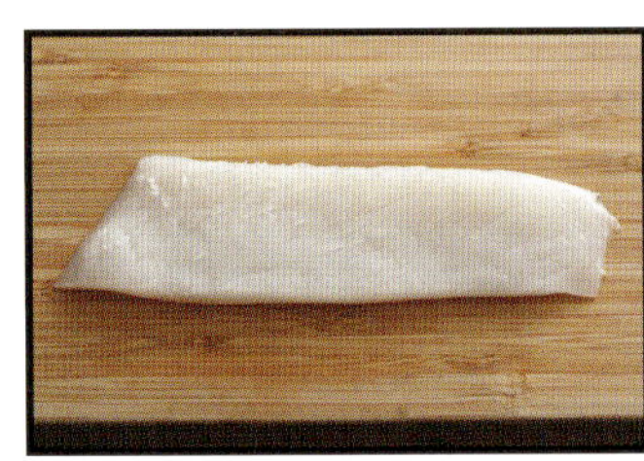

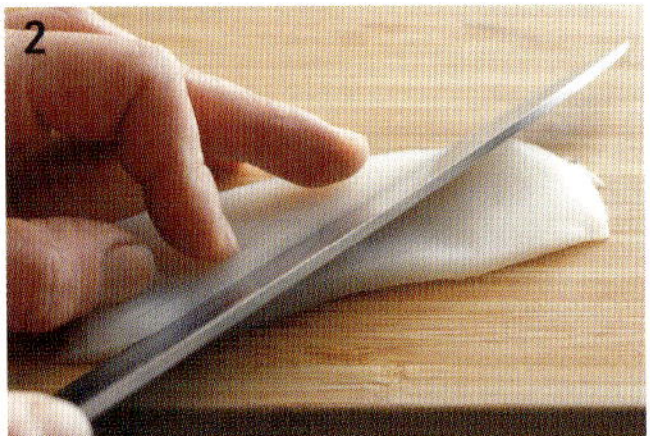

2 자른 살의 오른쪽 끝을 살짝 올려서, 가로로 비스듬히 놓는다. 45도 각도로 2~3㎜ 간격을 두고 칼집을 넣는다. 칼도 오른쪽으로 45도 기울여서, 칼날의 직선 부분을 살에 대고, 뒤쪽으로 밀어내듯이 깊게 칼집을 넣는다.

3 먼저 넣은 칼집과 교차되어 격자모양이 되도록, **2**와 같은 방법으로 칼집을 넣는다.

45도 각도로 비스듬히 격자 모양 칼집을 넣은 상태.

칼집은 마름모 모양이 된다.

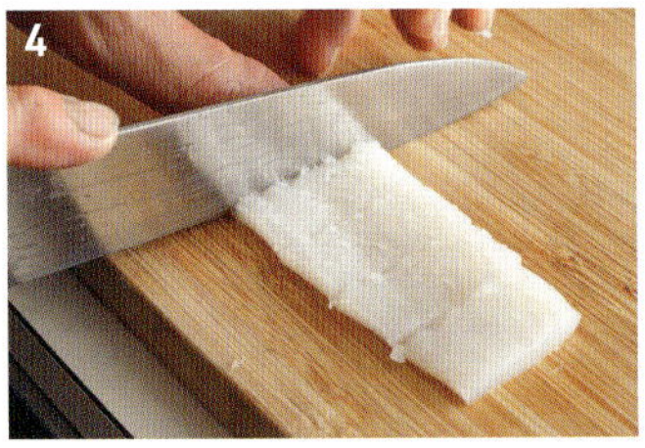

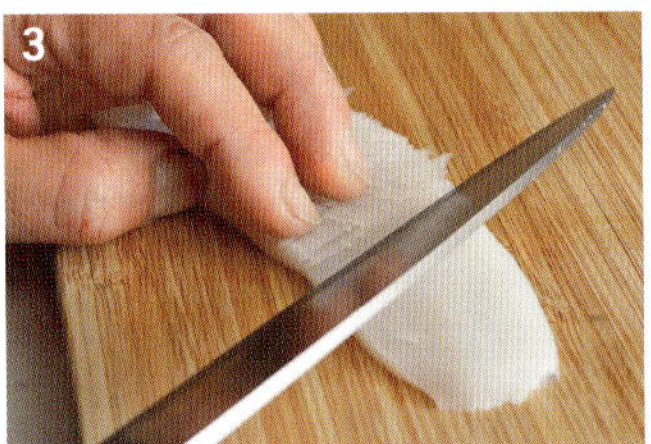

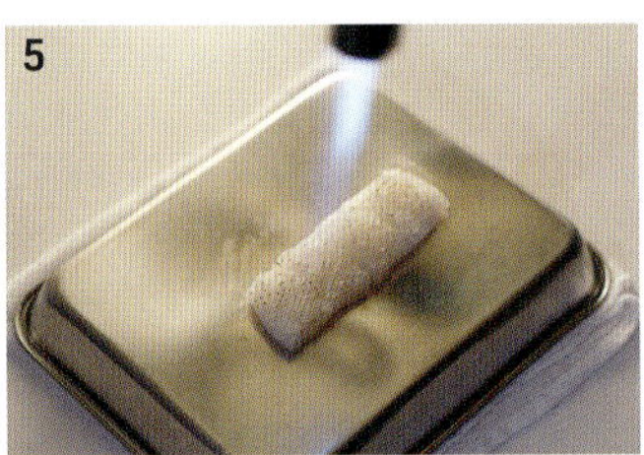

4 오른쪽부터 3㎝ 폭으로 잘라서 나눈다.

5 트레이를 뒤집어서 잘라낸 살을 칼집이 위로 오도록 올린 뒤, 요리용 가스 토치로 표면을 살짝 그을려서 구운 자국을 낸다.

솔방울 갑오징어 ➔ 아래

솔방울 갑오징어

그릇에 솔방울 모양으로 칼집을 낸 갑오징어를 담고, 간 고추냉이를 곁들인다.

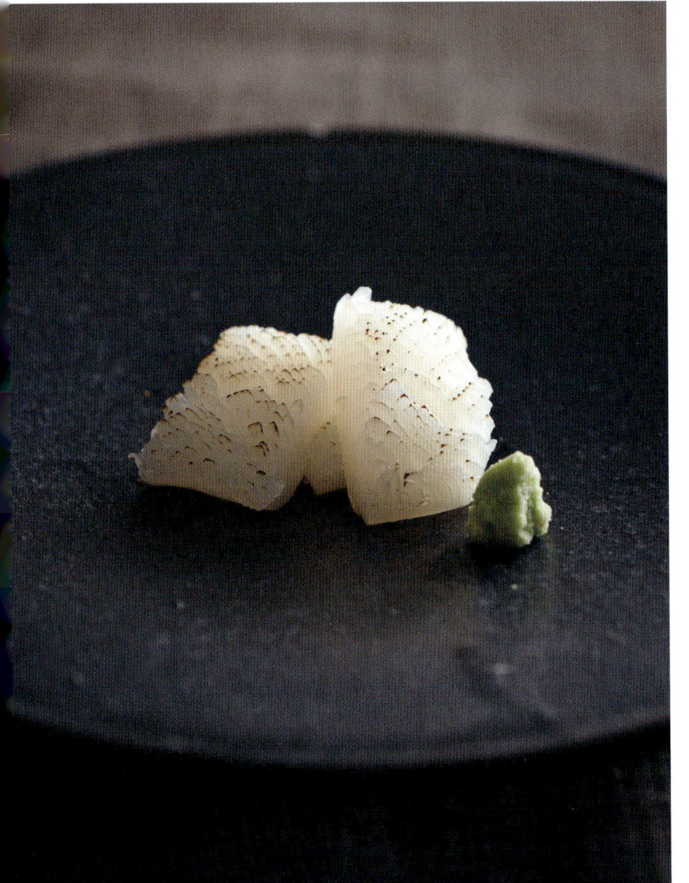

오징어
(살오징어)
Japanese common squid

분류 _ 살오징어목 빨강오징어과
별명 _ 피둥어꼴뚜기 등
산지 _ 속초, 강릉, 포항, 울릉도 등
제철 _ 6~10월

오징어는 종류가 매우 많아서, 세계적으로 500여 종 정도가 서식하고 있다. 우리가 흔히 먹는 오징어는 대부분 「살오징어」인데, 가늘고 긴 원통형의 몸통과 양쪽에 오징어 귀라고 부르는 삼각형 지느러미가 붙어 있는 것이 특징이다. 주로 가을과 겨울에 산란하여 봄에 성장하기 때문에 4~5월은 포획이 금지되어 있다. 살은 탄력이 있고 담백하며 깔끔한 맛이어서, 회, 구이, 볶음 등 어떻게 조리해도 맛있게 먹을 수 있다. 일본에서는 살오징어를 「스루메이카」라고 부르며, 몸통이나 다리뿐 아니라 신선한 간도 요리에 사용한다.

● **손질 포인트**

먹물주머니가 터지지 않게 분리한다.

오징어 몸통은 가로결이므로, 회로 먹을 때는 세로로 자르면 식감이 좋다.

● **선택 포인트**

광택과 투명감이 있는 갈색의 살오징어를 선택한다. 살아있는 것을 갓 잡았을 때는 투명하지만, 시간이 지나면 뿌옇게 변해서 투명감 없는 적갈색이 된다.

지느러미에 투명감이 있는 것.

몸통이 부풀어서 둥글고, 탄력이 있는 것. 시간이 지나면 평평해지고, 가운데 부분이 꺼진다.

밑손질

도구 생선용 칼

1 도마를 물에 적신 뒤, 연골쪽을 위, 지느러미를 왼쪽으로 놓는다. 왼손 검지를 몸통 안에 넣고, 연골을 떼어낸다. 손가락을 최대한 안쪽까지 넣는다.

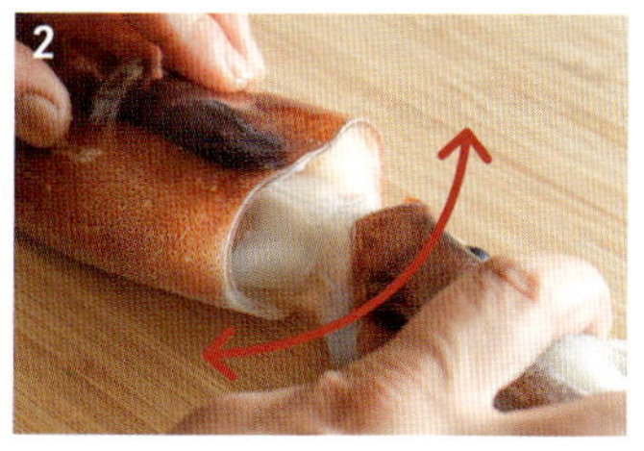

2 오른손으로 눈 아랫부분을 잡고, 양쪽으로 2~3번 움직인다. 소리가 나면 **몸통과 내장을 연결하는 힘줄이 분리된 것이다.**

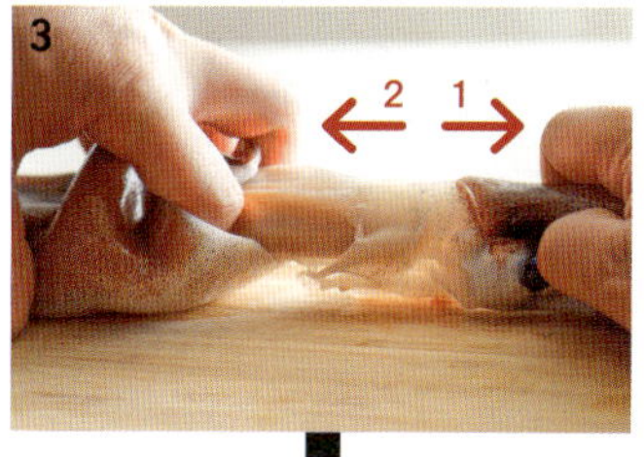

3 왼손 검지와 중지를 몸통 입구에 넣어서 누르고, 오른손으로 눈 밑부분을 잡아 오른쪽으로 당긴다. 소리가 나면서 느슨해지면, 이번에는 몸통을 왼쪽으로 천천히 잡아당겨서 **내장을 빼낸다.**

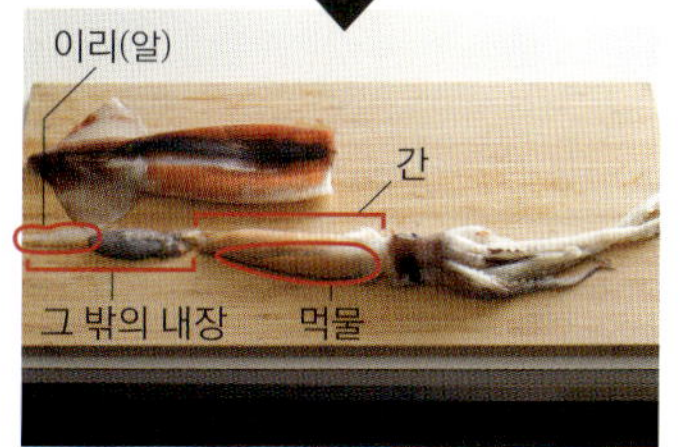

4 간에서 다른 **내장을 잘라 제거한다.**

5 간에 붙어 있는 **먹물주머니를 잡고**, 터지지 않도록 **잡아당겨서 제거한다.**

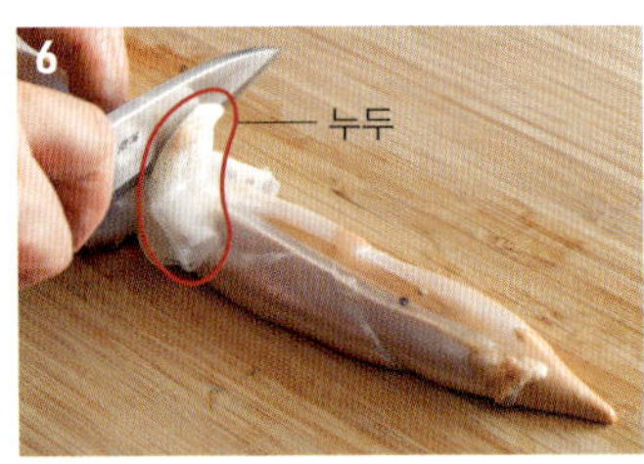

6 누두(깔때기)의 다리쪽에 칼을 밀착시키고, 그대로 수직으로 잘라 **간과 다리를 분리한다.**

7 사진처럼 다리 가운데에 칼을 넣는다.

8 단단한 부분(입)에 닿으면, **양쪽에 칼을 넣어 눈을 잘라서 떼어낸다.** 입 옆을 자르면, 눈을 터트리지 않고 쉽게 떼어낼 수 있다.

9 양쪽 눈을 모두 떼어낸다. 키친타월을 대고 잡으면, 미끄러지지 않고 쉽게 제거할 수 있다.

10 입을 떼어낸다.

11 입 주위를 잡고, 속에 있는 **부리를 밀어내서 제거한다.**

몸통 손질

 고기용 칼 또는 회칼

1 **몸통에서 지느러미를 떼어낸다.** 지느러미와 몸통 연결 부위에 손끝을 넣고, 지느러미 끝쪽을 향해 움직여서 떼어낸다.

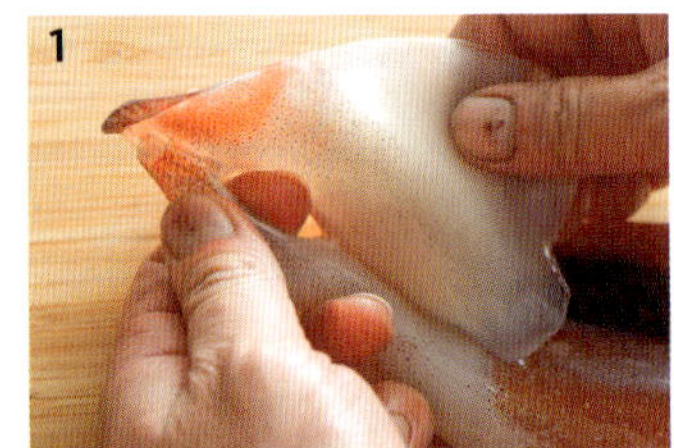

2 지느러미를 몸통쪽으로 잡아당긴다.

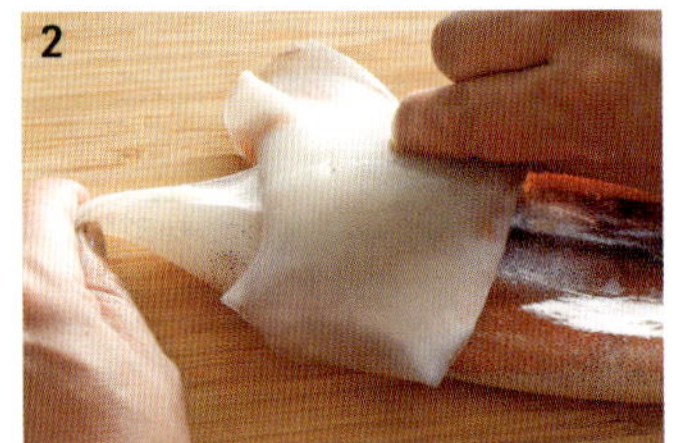

3 멈춘 곳에서 지느러미를 한 번 비틀고, 위쪽으로 세게 당겨서 벗겨낸다.

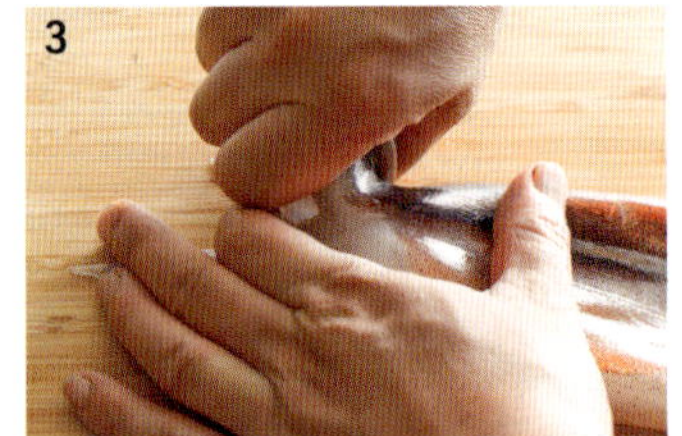

4 지느러미를 떼어낼 때 뚫린 구멍의 위치에서, **몸통 윗부분을 잘라낸다.** 이 부분의 살은 얇고 단단하므로, 다리와 같은 방법으로 사용하는 것이 좋다.

5 지느러미가 있던 쪽이 위, 연골이 오른쪽으로 오도록 세로로 놓는다. 칼을 거꾸로 잡고 앞쪽에서 넣어, **연골을 따라 바깥쪽을 향해 갈라서 연다. 동시에 연골이 분리된다.**

6 1장으로 펼친 뒤 안쪽이 위로 오게 놓고, 키친타월을 사용하여 남아 있는 **내장이나 얇은 껍질을 꼼꼼히 제거한다.**

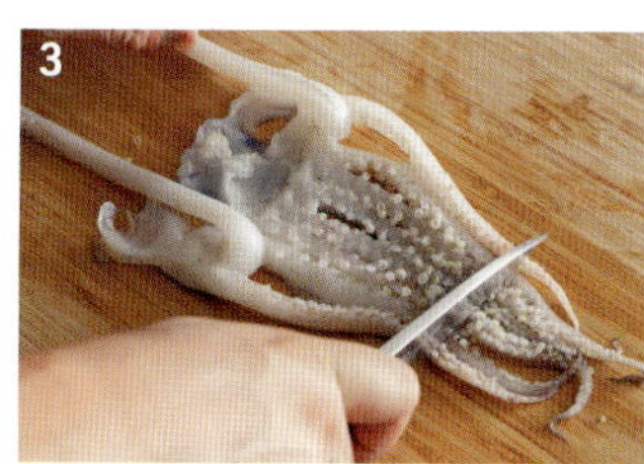

7 껍질이 위로 오게 놓고 **5**의 단면이 앞쪽으로 오게 잡은 뒤, 키친타월을 사용하여 껍질이 살짝 벗겨진 부분을 잡고 껍질을 벗긴다. 왼손 엄지로 살을 누르면서, **껍질에서 살을 조금씩 벗겨낸다.** 몸통 껍질은 옆으로 벗기면 깔끔하게 벗겨진다.

8 1/2 정도 벗겨지면 왼손으로 살을 누른 뒤, 껍질을 모아서 잡고 **한 번에 당겨서 벗긴다.**

9 몸통 아래쪽 끝부분을 잘라서 **모양을 정리한다.**

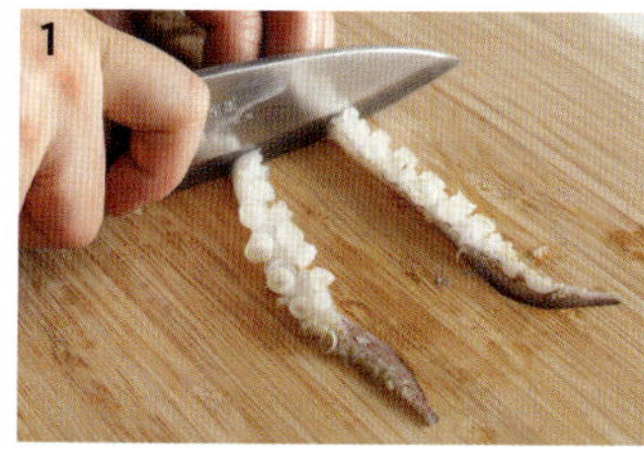

완성

껍질을 벗기고 모양을 정리한 상태.

다리 손질

도구 생선용 칼

1 빨판이 위로 오게 놓는다. 2개의 긴 **촉완의 끝부분**은 빨판이 크고 단단하므로, 함께 잘라낸다.

2 나머지 빨판은 다리 위쪽부터 아래쪽을 향해 칼날로 훑어서, **빨판 안에 있는 고리 모양의 이빨을 제거한다.** 손으로 만져서 단단한 부분이 없으면 ok. 그런 다음 재빨리 씻어서 물기를 닦아낸다.

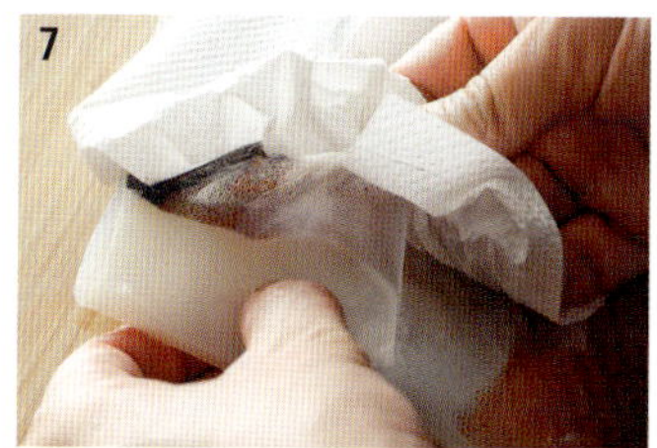

3 다리 끝을 잘라내고, 먹기 좋은 길이로 잘라서 나눈다. 다리 위쪽의 **연골 부분을 잘라서 분리한다.**

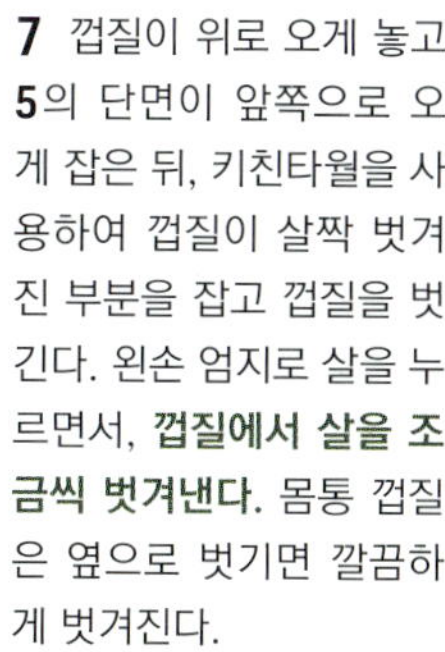

완성

먹기 좋게 자른 상태.

간을 넣은 오징어 다리 볶음 ▶ p.225

실처럼 가늘게 썰기 (이토즈쿠리)

* 껍질을 제거한 순살 사용.

도구 고기용 칼 또는 회칼

1 순살의 안쪽이 위, 지느러미쪽이 왼쪽으로 오게 놓고, 4~5cm 폭으로 자른다. 칼 길이를 모두 사용하여 한 번에 당겨서 자른다.

2 자른 살을 가로로 길게 놓는다. 오른쪽 끝부터 4~5mm 폭으로 썬다. 칼끝으로 도마에 선을 긋듯이, 리드미컬하게 썬다.

오징어 젓갈 ▶ p.224
오징어 소면 ▶ p.225

Point

기생충 아니사키스

오징어 등에 기생하는 아니사키스는 70℃ 이상으로 가열하거나 −20℃ 이하*에서 24시간 냉동하면 사멸한다. 또한 기생하고 있는 부분은 색이 달라서 반점처럼 보이므로, 놓치지 않도록 눈으로 꼼꼼히 확인하여 제거한다. 오징어회처럼 날것으로 먹는 경우에는, 최대한 신선한 오징어를 구입하여 내장을 빨리 제거한 뒤 4℃ 이하에서 보관한다.

* 가정용 냉장고는 −20℃로 설정이 가능한지 확인해야 한다.

뿌옇게 흐려진 부분이 있으면 주의한다.

칼끝으로 도려내서 아니사키스를 제거한다.

기생하는 것은 주로 유충인데, 흰색 실 모양으로 길이는 3~4cm.

젓갈

* 1마리 분량의 순살과 간 사용.

1 보관용기에 굵은 소금을 듬뿍 깔고 간을 올린 뒤, 위에도 간이 보이지 않을 정도로 굵은 소금을 덮어준다. 뚜껑을 덮어서 냉장고에 1~2일 넣어두고 탈수시킨다.

Point
간을 소금에 절이면 여분의 수분이 빠지고, 비린내도 잡을 수 있다.

2 살은 시판 탈수시트 사이에 끼우고 1~2일 정도 냉장고에 넣어둔다. 또는 살을 채반에 올려서, 랩을 씌우지 않은 채 냉장고 속 바람이 닿는 장소에 두고, 1~2일 정도 말린다.

3 소금 속에서 간을 꺼내, 청주를 부어 소금을 씻어낸다. 키친타월로 물기를 닦는다.

4 다리쪽이 왼쪽, 연골이 붙어 있던 쪽의 면이 아래로 가게 놓고, 가운데에 칼집을 넣는다. 단, 내장쪽(가는 쪽)은 끝부분까지 자르지 않는다. 자르면 끝부분에 남아 있는 내장 찌꺼기 등이 **5**에서 간에 섞여버린다.

5 칼등으로 주머니 속의 간을 긁어낸다. 간을 볼에 옮겨 담는다.

6 간이 묻어 있는 도마 위에 탈수한 살을 안쪽이 위로 오고, 지느러미쪽이 왼쪽으로 가게 놓는다. 표면에 얇은 껍질 등이 있으면 제거한 뒤, 4~5㎝ 폭으로 자른다.

7 자른 살을 가로로 길게 놓는다. 오른쪽부터 4~5㎜ 폭으로 가늘게 썬다.

8 **5**에 가늘게 썬 살을 넣고 젓가락으로 전체를 섞으면서, 남아 있는 힘줄을 젓가락으로 제거한다. 비닐랩을 표면에 밀착시켜 씌운 뒤, 냉장고에 넣고 재운다.

* 다음날부터 먹을 수 있지만, 맛이 잘 배어든 2~3일 뒤가 가장 맛있다. 날마다 섞어서 냉장고에 보관하고, 1주일 안에 모두 먹는다. 기생충이 걱정된다면 −20℃ 이하에서 24시간 이상 냉동한다.

오징어 젓갈

그릇에 오징어 젓갈을 담고, 유자껍질을 채썰어서 올린다.

오징어 소면

재료(2인분)

살오징어 순살 … 1마리 분량

무(채썰기) … 적당량

청소엽 … 2장

간 생강 … 적당량

만드는 방법

1 살오징어는 실처럼 가늘게 썬다.
2 그릇에 무, 청소엽, **1**의 살오징어를 담고 간 생강을 곁들인다.

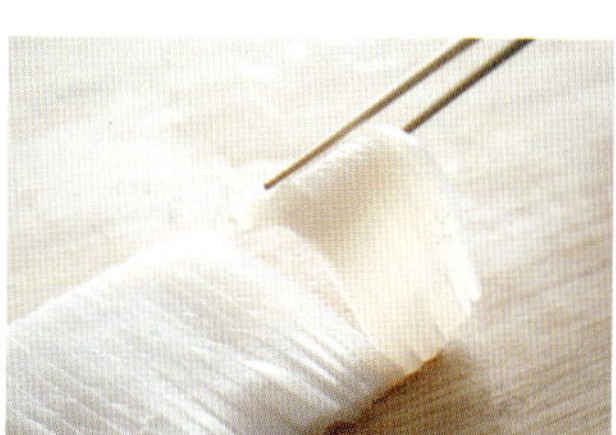

실처럼 가늘게 썬 오징어를
긴 젓가락으로 모양이 흐트
러지지 않도록 조심스럽게
집어서, 청소엽 위에 뒤쪽이
살짝 구부러지도록 담는다.

간을 넣은 오징어 다리 볶음

재료(2인분)

살오징어 다리
  … 1마리 분량(약 150g)

살오징어 간(주머니에서 긁어낸 것)
  … 1마리 분량(약 50g)

토마토 … 1/2개

양파 … 1/4개

파슬리 … 적당량

마늘 … 1쪽

화이트와인 … 1/4컵

올리브오일 … 2큰술

소금, 후추 … 적당량씩

곁들임

  토마토(깍둑썰기), 엔다이브
  … 적당량씩

만드는 방법

1 오징어 다리는 잘라서 나누고, 소금을 조금 넣은 끓는 물에 넣어서 데친다.
2 토마토는 깍둑썰기하고 양파와 파슬리는 다진다. 마늘은 칼로 으깬다.
3 프라이팬에 올리브오일과 마늘을 넣고 중불로 가열하여, 향이 나면 마늘을 꺼내고 토마토와 양파를 넣어 볶는다.
4 **3**이 소스 상태가 되면 **1**과 간을 넣어 볶은 뒤, 반 정도 익으면 화이트와인을 넣고 볶는다. 전체가 익으면 소금, 후추로 간을 하고 파슬리를 뿌린다.
5 그릇에 담고 토마토와 엔다이브를 곁들인다.

전복

Abalone

분류_ 원시복족목 전복과
별명_ 복, 포, 복어, 구공라 등
산지_ 완도, 진도, 제주 등
제철_ 12~6월(양식) / 8~10월(자연산)

고대의 조개무덤에서도 볼 수 있을 만큼 오래전부터 식용해온 전복은, 예로부터 불로장생의 묘약이라 불렸으며, 양귀비가 미용을 위해 즐겨 먹었다는 이야기도 있다. 전복 종류에는 참전복, 둥근전복, 말전복 등이 있는데, 참전복은 살이 단단하여 씹는 느낌이 좋고, 둥근전복은 크기가 크고 살이 단단하면서 도톰하다. 또한 말전복은 살이 부드러워서 익혀 먹는 것이 좋다. 제주도 특산물로 유명한 오분자기도 전복 종류이다. 일본에서는 전복을 「아와비」라고 부르며 고급 식재료로 취급하고, 중국에서는 전복을 상어지느러미, 해삼과 함께 바다의 3가지 보물로 꼽는다.

● **손질 포인트**

굵은 소금으로 문질러서 불순물과 점액질을 제거하고, 살을 단단하게 만든다.

껍데기가 얇은 쪽에 스푼 등을 넣어, 살을 떼어낸다.

● **선택 포인트**

껍데기 분리

도구　스푼

1 굵은 소금을 듬뿍 뿌리고 손끝으로 꼼꼼히 문질러서, 불순물과 점액질을 제거한다. 옆쪽에 불순물이 쌓이기 쉬우므로 정성껏 문지른다.

2 입이 있는 껍데기의 얇은 쪽이 앞쪽으로 오게 잡고, 입 옆에서 살과 껍데기 사이에 스푼을 넣는다. 이 때 깊이 넣으면 간이 손상되므로 주의한다.

3 껍데기를 따라 스푼을 조금씩 움직여서, **껍데기 가운데에 있는 관자를 떼어낸다.**

4 관자가 분리되면 스푼을 빼고 손으로 얇은 막을 벗기면서, 내장이 터지지 않도록 주의하여 살과 껍데기를 분리한다. **분리한 살은 물로 살짝 씻어서 소금과 불순물을 제거한다.**

완성

껍데기에서 분리한 살.

간 분리

1 관자가 위로 오게 놓는다. 관자 주위에 있는 외투막(주름 부분)과 간을 분리한다. 먼저 입 부분을 비스듬히 저며내고, 외투막 끝을 자른다.

2 관자를 따라 칼을 넣어 외투막과 간을 잘라서 분리한다. 이때 간이 손상되지 않도록 주의한다.

살, 간, 외투막으로 잘라서 분리한 상태.

3 간에 붙어 있는 얇은 껍질을 잘라낸다.

4 간 옆에 튀어나와 있는 모래주머니를 잘라낸다.

**간소스를 곁들인
전복 스테이크 ◗ p.228**

각지게 썰기

1 관자가 위로 오게 놓는다. 살이 평평해지도록 관자를 저며서 잘라낸다.

2 입 부분에 남아 있는 붉은 이빨을, 비스듬히 잘라낸다.

3 물속에 넣고 빨판 이외의 검은 부분을, 수세미로 문질러서 제거한다.

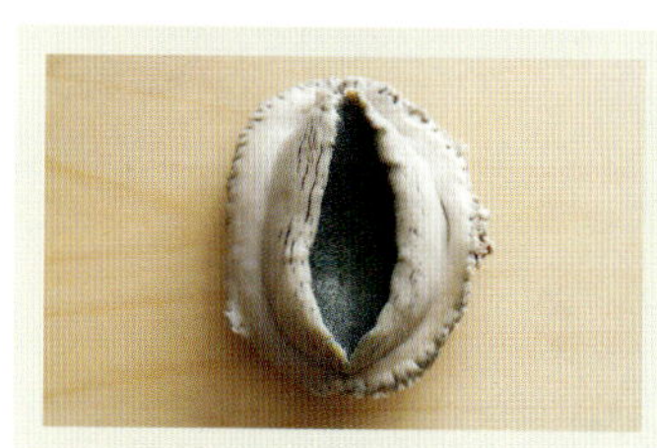

Point

미즈가이(일본식 물회)를 만드는 경우, 육수가 탁해지지 않도록 수세미로 검은 부분을 닦아낸다.

4 빨판쪽이 위로 오도록 세로로 놓고, 1㎝ 폭의 막대 모양으로 자른다.

5 막대 모양으로 자른 살을, 끝에서부터 먹기 좋은 크기로 각지게 썬다. **1**에서 잘라낸 관자도 먹기 좋은 크기로 자른다.

미즈가이 ◗ p.228

미즈가이

재료(4인분)

전복(둥근전복) … 1개(250g)

굵은 소금 … 적당량

오이 … 1/2개

미즈나스(가지 종류) … 1/4개

오크라 … 1개

다시마 육수 … 1컵

소금 … 1/2작은술

마이크로 토마토 … 적당량

만드는 방법

1 전복은 굵은 소금으로 문질러 닦아서 살을 빼낸 뒤, 외투막과 간을 잘라서 분리한다(외투막과 간은 다른 요리에 사용한다).

2 오이와 미즈나스는 각각 7~8mm 두께의 부채꼴 모양으로 썬다. 오크라는 굵은 소금으로 문질러서 씻은 뒤 끓는 물에 살짝 데쳐서 찬물로 헹구고, 7~8mm 두께로 둥글게 썬다.

3 전복살도 먹기 좋은 크기로 각지게 썬다.

4 다시마 육수에 소금을 넣고 섞은 뒤 차갑게 식힌다.

5 그릇에 **2**, **3**을 담고 **4**를 부은 뒤, 마이크로 토마토를 올리고 얼음을 띄운다.

간소스를 곁들인 전복 스테이크

재료(2인분)

말전복 … 1개(400g)　　　소금 … 1/4작은술

굵은 소금 … 적당량　　　식용유 … 적당량

브랜디 … 1큰술　　　크레송 … 적당량

생크림 … 2큰술

만드는 방법

1 전복은 굵은 소금으로 문질러 닦은 뒤, 살을 빼내서 외투막과 간을 분리한다.

2 간은 끓는 물에 30초 정도 데쳐서, 얇은 껍질과 모래주머니를 제거한 뒤 고운체에 내린다. 생크림을 넣고 중탕으로 걸쭉해질 때까지 잘 섞은 뒤, 소금으로 간을 해서 간소스를 만든다.

3 전복살 빨판쪽에 격자 모양으로 칼집을 넣는다.

4 프라이팬에 식용유를 살짝 두르고, 빨판이 아래로 가도록 전복살을 올려서 중불로 굽는다. 구운 색이 살짝 나면 뒤집어서 브랜디를 두른 뒤, 불을 줄이고 뚜껑을 덮어 5분 정도 찌듯이 구워 속까지 익힌다.

5 그릇에 **4**와 크레송을 담고 **2**를 곁들인다.

브랜디를 넣고 찌듯이 구우면, 알코올과 함께 전복의 비린내가 날아가고 브랜디 향이 배어든다.

조개
(가리비)

Scallop

분류_ 사새목 가리비과
별명_ 부채조개, 주걱조개 등
산지_ 고성(강원), 통영, 고성(경남) 등
제철_ 11~3월

가리비는 2개의 커다란 껍데기를 강하게 여닫으면서 분출되는 물의 반작용을 이용하여 바닷속을 헤엄쳐서 이동하기 때문에, 「헤엄치는 조개」라고 부르기도 한다. 이렇게 이동이 가능한 것은 두껍고 큰 관자 덕분이다. 두껍질조개(이매패)류에는 보통 관자가 2개 있는데, 가리비는 1개밖에 없다. 성장 과정에서 한쪽이 퇴화하고 남은 관자가 가운데로 옮겨가 비대해졌기 때문이다. 가리비 관자는 크고 부드러우며 쫄깃하고 감칠맛이 가득해서, 어떤 요리에도 잘 어울린다. 또한 쫄깃한 식감의 외투막은 껍데기째 요리해야 맛볼 수 있다.

● **손질 포인트**

껍데기의 평평한 쪽이 위로 오도록 놓고, 경첩에 조개칼을 넣는다.

● **선택 포인트**

껍데기가 꽉 닫혀 있거나, 또는 만지면 바로 닫히는 것. 껍데기가 열려 있고 위쪽의 외투막이 늘어져 있는 것은 신선하지 않다.

껍데기 분리

도구 조개칼

1 
껍데기에 붙어 있는 불순물을 깨끗이 씻어낸다. 껍데기의 평평한 쪽이 위로 오고, 경첩이 뒤로 가도록 잡는다. **껍데기 사이로 관자쪽에 조개칼을 넣는다.**

Point

껍데기가 닫혀 있어도 이 부분에는 반드시 틈이 있다. 틈을 찾지 못하면 껍데기 가장자리를 살짝 깬다.

2 
꽂아 넣은 조개칼을, 아래쪽 껍데기 안쪽을 따라 외투막을 자르지 않도록 움직여서, **관자를 잘라 분리한다.**

3 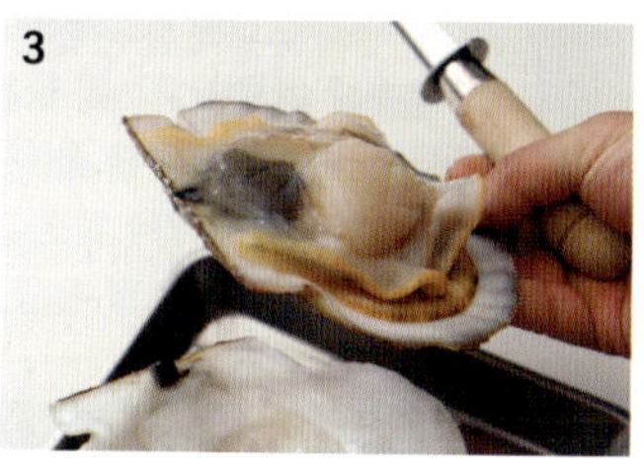
껍데기를 열어서, **한쪽 껍데기를 경첩에서 떼어낸다.**

4 
살이 붙어 있는 껍데기를 왼손으로 잡고, 조개칼을 껍데기 안쪽을 따라 움직여서, **관자를 잘라 분리한다.**

해삼

Sea cucumber

분류 _ 극피동물 해삼강
별명 _ 뉘, 미, 토육 등
산지 _ 고성(강원), 통영, 여수, 고성(경남) 등
제철 _ 11~3월

해삼은 인삼처럼 몸에 좋다고 해서 붙여진 이름이다. 서양에서는 오이처럼 생겼다고 해서 「바다 오이(Sea Cucumber)」라고 부른다. 몸은 앞뒤로 긴 원통형이고, 등에 혹처럼 생긴 돌기가 여러 개 있다. 회로 먹거나 볶음, 탕 등으로 많이 먹는다. 일본 이름은 「나마코」로, 내장을 제거한 해삼을 반차(녹차의 일종)에 담가서 비린내를 없애고 식감을 부드럽게 만드는 손질 방법을 「차부리」라고 한다. 해삼 내장 젓갈인 「고노와타」와 난소를 말려서 만든 「고노코」 등이 유명하다. 해삼을 손질할 때는 나무보다는 플라스틱 도마를 사용하고, 되도록 손을 많이 대지 않는 것이 좋다.

● **손질 포인트**

내장 중 오렌지색 부분이 장이다. 칼끝으로 속에 있는 흙 등을 긁어낸 뒤, 소금에 절인다.

● **선택 포인트**

밑손질

도구 생선용 칼

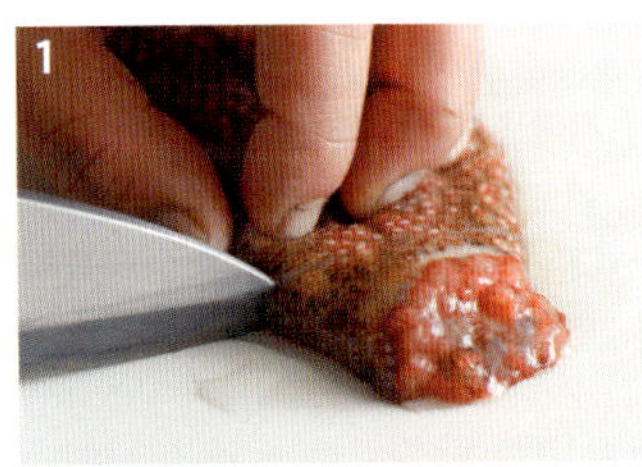

1 표면의 불순물을 물로 씻어낸다. 배가 위로 오게 놓고, 입을 주위의 단단한 부분과 함께 잘라낸다.

2 반대쪽의 항문은, 1㎝ 폭 정도로 잘라낸다.

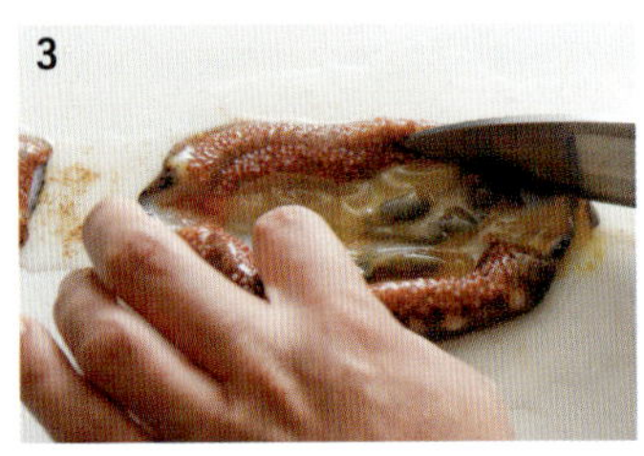

3 배 가운데에 칼집을 세로로 넣는다. 껍질이 얇기 때문에 몸통을 반으로 가르지 않도록, 배쪽만 살짝 자른다.

4 몸통을 열고 내장을 제거한다. 오렌지색 부분이 장이다. 이것을 소금에 절여 발효시킨 것이 일본의 「고노와타」.

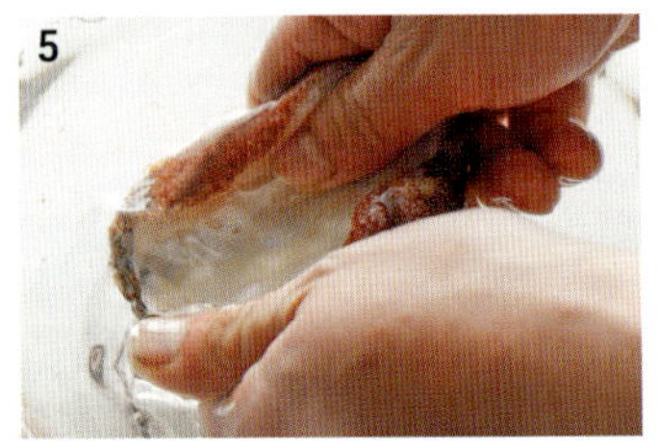

5 물로 안쪽을 깨끗이 씻어낸다. 하얀 점막 모양의 힘줄을 긁어내고, 몸 양끝에 단단한 부분이 남아 있으면 제거한다. 키친타월로 물기를 닦는다.

차부리

1 냄비에 호지차(반차를 볶아서 만든 차)를 끓인 뒤 볼에 옮겨서, 70~80℃ 정도로 온도를 낮춘다. 해삼을 구멍 국자(또는 손잡이가 있는 체)에 올리고, 차를 끼얹는다.

2 돌기 부분이 또렷해질 때까지, 5~6번 빠르게 반복한다. 지나치게 익지 않도록 주의한다.

3 찬물에 담가 식힌다.

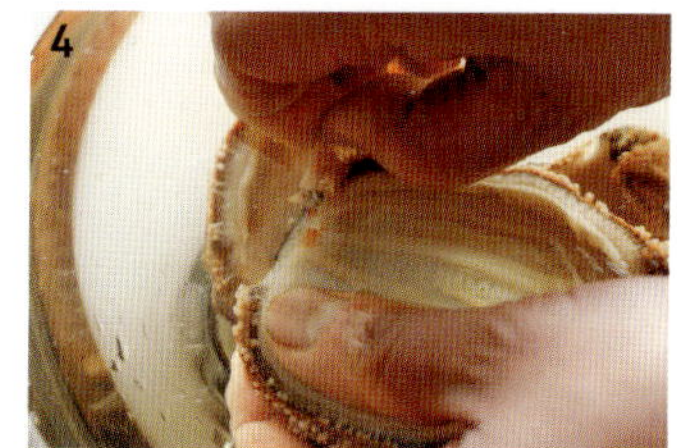

4 살에 남아 있는 내장 등을 제거한다. 익으면 쉽게 제거할 수 있다.

해삼 초절임 ➡ 아래

해삼 초절임

재료(만들기 쉬운 분량)

해삼(차부리한 것) … 3개
절임액
　육수 … 1.5컵
　식초 … 1/2컵
　간장 … 1/4컵
　맛술 … 1/4컵
　소금 … 조금
유자껍질, 간 무 … 적당량씩

만드는 방법

1　절임액 재료를 섞는다.
2　밀폐용기에 **1**과 해삼을 담고 유자껍질을 조금 넣은 뒤, 뚜껑을 덮어서 냉장고에 넣고 2시간~하룻밤 정도 절인다.
3　절이는 정도는 취향에 따라 조절하고, 해삼을 꺼내 얇게 썬다.
4　간 무와 채 썬 유자껍질을 섞고 **3**을 넣어 버무린다.

島津 修 (시마즈 오사무)

도요스 시장에서 초밥 재료, 조개류 등을 취급하는 수산물 중간도매상 〈시마즈상점〉의 3대 대표이다. 1968년생으로
도쿄 주오구 이리후네초에서 자라, 일반 기업에 취업하지 않고 대학 졸업과 동시에 가업을 이었다. 현재는 시마즈상점
의 대표로 중간도매상을 운영하면서, 생선 취급 방법, 손질 방법, 맛있게 먹는 방법 등을 배울 수 있는 「쓰키지 생선클
럽」을 주관하고 있다. TV나 미디어에 소개되는 등 체험형 요리교실로 인기가 높다. 또한 초등학생에게 생선의 맛을 알
리는 식생활교육 수업이나 고등학교 시간강사 등으로 생선을 널리 보급하기 위해 밤낮없이 애쓰고 있다.

손질부터 요리까지!

생선 마스터 클래스

펴낸이 유재영 | **펴낸곳** 그린쿡 | **글쓴이** SHIMAZU OSAMU | **옮긴이** 용동희
편　집 박선희 | **디자인** 임수미

1 판 1 쇄 2025 년 8 월 14 일
1 판 2 쇄 2026 년 1 월 15 일
출판등록 1987 년 11 월 27 일 제 10-149
주소 04083 서울 마포구 토정로 53 (합정동)
전화 324-6130, 6131 **팩스** 324-6135

E 메일 dhsbook@hanmail.net
홈페이지 www.donghaksa.co.kr · www.green-home.co.kr
페이스북 www.facebook.com / greenhomecook
인스타그램 www.instagram.com/__greencook/

ISBN 978-89-7190-912-6 13590

- 잘못된 책은 구매처에서 교환하시고, 출판사 교환이 필요할 경우에는 사유를 적어 도서와 함께 위의 주소로 보내주세요.

일본어판 스태프
촬영_ 福岡 拓 ／ 아트디렉션_ 大薮胤美(phrase) ／ 디자인_ 福田礼花(phrase) ／ 일러스트_ 大森裕美子 ／ 교정_ 関根志野 ／
조리 어시스턴트_ 藤城寛子,「쓰키지 생선클럽」어시스턴트 ／ 구성·편집·스타일링_ 関澤真紀子 ／ 기획·편집_ 川上裕子(세이비도 출판편집부)

옮긴이 용동희

다양한 분야를 넘나들며 활동하는 푸드디렉터. 메뉴 개발, 제품 분석, 스타일링 등 활발한 활동을 이어가고 있다. 현재 콘텐츠 그룹 CR403에서
요리와 스토리텔링을 담당하고 있으며, 그린쿡과 함께 일본 요리책을 한국에 소개하는 요리 전문 번역가로도 활동하고 있다.

GREENCOOK은 최신 트렌드의 요리, 디저트, 브레드는 물론 세계 각국의 정통 요리를 소개합니다. 국내 저자의 특색 있는 레시피,
세계 유명 셰프의 쿡북, 전 세계의 요리 테크닉 전문서적을 출간합니다. 요리를 좋아하고, 요리를 공부하는 사람들이 늘 곁에 두고 활용하면서
실력을 키울 수 있는 제대로 된 요리책을 만들기 위해 고민하고 노력하고 있습니다.

문자 이야기

고대부터 현대까지 명멸했던 문자들의 수수께끼

앤드류 로빈슨 지음 │ 박재욱 옮김

사□□계절

나를 읽기의 길로 이끌어주신 어머니께 이 책을 바칩니다.

지은이의 노트

창의적인 텔레비전 프로그램 제작자인 브라이언 래핑은 1989-1990년에 내가 문자 체계에 대한 연구를 할 수 있도록 해 주었다. 마땅히 내 감사한 마음을 표하고 싶다. 이 책에서 언급한 모든 문자 체계에 대해 전문가로 자처할 수 있는 개인은 아마 없을 것이다.

나는 그 문자들 중 어느 것에 대해서도 전문가라고 말할 수 없다. 그러므로 나는 진정한 전문가들의 연구에 의존했고, 지극히 복잡하고 섬세한 문제들에 대한 나의 이 짤막한 요약은 그들 중 누구도 충분히 만족시킬 수 없을 것이다. 나는 그들의 식견 높은 비평을 충분히 고려하고자 노력했지만, 그 어떤 오류도 전적으로 나의 책임임을 특별히 강조하고 싶다.

존 채드윅(『선상문자 B의 해독』), 마이클 코우(『마야 암호의 해독』), 존 드프란시스(『중국어와 눈에 보이는 말』), 아스코 파르폴라(『인도 문자의 해독』), J. 마셜 웅게르(『제 5세대의 오류』)의 상세한 조언과 따뜻한 격려에 감사한다. 나는 또한 어빙 핀켈, 카롤 엔드류스, 사이먼 마틴, 니콜라스 포스트게이트에게 감사한다. 에멧 베네트, 앤 브라운, 스티븐 휴스턴, 모겐스 트롤 라르센, 이라바탐 마하데반, 데이빗 파슨스, 존 레이의 자료 제공에 대해 감사한다.

일본어와 관련해서는, 테츠오 아마야의 조언과 상상력이 큰 도움이 되었다. 그는 일본 문자의 실제 사례들을 제공했다. 크리슈나 두타는 벵갈 문자의 샘플을 제공했다. 마이클 벤트리스와 선상문자 B의 해독에 대해서는, 벤트리스의 고전학 스승으로서 벤트리스가 1936년부터 해독에 몰두하기 시작하는 모습을 지켜본 패트릭 헌터에게 감사한다. BBC 라디오 제작자인 프루던스 스미스는 1952년에 벤트리스가 돌파구를 뚫는 장면을 목격했다. 벤트리스의 친구이자 동료 건축가인 올리버 콕스에게도 감사한다. 헌터는 벤트리스가 직접 손으로 쓴 것들을 나에게 제공해 주었고, 그 가치는 이루 말할 수 없다. 이 책을 쓰는 동안 벤트리스의 열린 마음과 관대한 지적 정신이 나를 이끌어 주었다고 생각한다.

문자 이야기_ 고대에서 현대까지 명멸했던 문자들의 수수께끼

2003년 10월 29일 1판 1쇄

글쓴이 : 앤드류 로빈슨 / 옮긴이 : 박재욱

기획·편집 : 류형식·강현주 / 마케팅 : 정한성 / 제작 : 박찬수·차동현

펴낸이 : 강맑실 / 펴낸곳 : (주) 사계절출판사 / 등록 : 제8-48호

주소 : (110-062) 서울시 종로구 신문로 2가 1-181 / 전화 : (02)736-9380(대표) / 전송 : (02)737-8595

홈페이지 : www.sakyejul.co.kr / 전자우편 : skj@sakyejul.co.kr

값은 뒤표지에 적혀 있습니다. 잘못 만든 책은 구입하신 곳에서 바꾸어 드립니다.

사계절출판사는 성장의 의미를 생각합니다. 사계절출판사는 독자 여러분의 의견에 늘 귀기울이고 있습니다.

ISBN 89-7196-958-X 03900

차 례

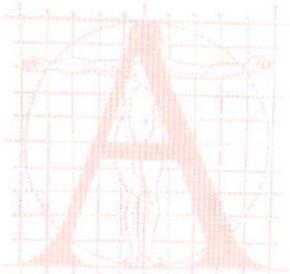

서론

문자 사용은 인류 역사상 가장 위대한 발명일 것이다. 아니, 문자가 없었다면 역사 자체가 기록될 수 없었을 것이다. 그러나 글을 쓰는 대부분의 사람들은 문자 사용을 당연하게 여긴다. 우리는 학교에서 알파벳이나 (혹 중국이나 일본에 산다면) 한자를 통해 문자 사용법을 배우지만, 어른이 된 후에는 우리의 사고와 정보를 기호로 바꾸어서 종이나 화면 또는 컴퓨터 디스크에 기록하는 이 정신적·육체적 과정에 대해 별다른 고민을 하지 않는다. 쓰는 법을 어떻게 배웠는지 분명하게 기억하는 사람은 거의 없다.

우리는 이해할 수 없는 외국어로 된 글을 접할 때 비로소 우리가 성취한 일이 어떤 것인지 다시 생각하게 된다. 이집트의 상형문자나 고대 근동의 설형문자 같은 고어들은 경이롭기까지 하다. 4000~5000년 전의 이 선구자들은 쓰는 법을 어떻게 알게 되었을까? 그들은 말과 생각을 어떻게 기호로 표현했을까? 우리는 수백 년 동안 사용되지 않은 그 기호들을 어떻게 해독할 수 있을까? 오늘날의 문자 체계는 고대 문자와는 전혀 다른 방식으로 작동하는 것일까? 한자와 일본어의 경우는 어떠한가? 그 문자들은 고대 상형문자와 같은 것일까? 상형문자가 알파벳보다 나은 점이 있을까? 마지막으로, 처음 문자를 사용한 사람들은 어떤 이들이었을까? 그들이 영원히 남긴 정보와 생각과 느낌은 어떤 것들인가?

이 책은 바로 이러한 질문들에 답하고자 한다. 그래서 많은 문화와 여러 언어, 그리고 인류가 성장해 온 시대를 거의 모두 다룬다. 그리고 인류학, 고고학, 예술사, 경제학, 언어학, 수학, 정치사회사, 심리학과 신학 등 다양한 학문에서 개념과 정보를 끌어와 이용한다. 또한 문학, 중세와 르네상스의 필사본, 서예, 활자와 인쇄에 대해서도 다룬다. 그러나 문자의 영향력이 워낙 막대해서 비록 확대되긴 했지만, 역사를 그린 것은 아니다. 문자의 발달을 최초의 순간부터 현재까지 모두 추적하지는 않는다. 과거와 현재의 중요한 문자를 모두 다루지도 않는다(그러기에는 문자가 너무 많다). 오히려 이 책은 고대의 주요 문명이 사용한 문자와 오늘날 우리가 사용하는 주요 문자, 그리고 그 둘을 하나로 묶는 근본적인 원칙에 대해 설명한다. 이는 고대 문자가 단순히 죽은 언어나 난해한 골동품이 아니기 때문이다. 현대를 사는 우리의 문자 사용법과 고대 이집트인이 문자를 썼던 방식은 근본적으로 다르지 않다. 그것이 바로 이 책의 밑바탕에 흐르는 단순하고 명료한 생각이다.

문자가 없이는 역사도 없었을 것이다. 서기관은 모든 문명에서 문화의 전달자이자 최초의 역사가였다. 10세기 중국 카라샤르의 한 사원 벽화에 나타난 불교 필경자들은 중세 유럽의 수도사나 고대 이집트의 서기관만큼이나 중국 문명에서 중요한 역할을 했다.

문자와 선전 수단.
기원전 1285년경.
카데시 전투의 전야에
이집트 파라오 람세스 2세가
히타이트를 공격할
계획을 논의하는 장면.
람세스에 따르면
이집트군이 크게 승리했다.
그러나 히타이트 비문에는
히타이트의 승리가 기록되었다.

문자의 기능

문자와 문자 해독 능력은 대개 긍정적인 능력인 듯 보인다. 물론 읽고 쓸 수 있는 사람이 문맹인 사람보다 더 큰일을 할 가능성이 높다는 것은 두말 할 필요도 없다. 그러나 역사를 돌아보면, 문자의 보급에는 어두운 측면이 희미하게나마 늘 있어 왔다. 문자는 진실은 물론 거짓을 말하는 데 이용되었고, 교육뿐 아니라 사기와 착취에, 정신을 드높이는 것뿐 아니라 게으르게 만드는 데에도 이용되었다.

소크라테스는 문자를 발명한 이집트 신 토트에 대한 이야기를 통해 문자의 양면성을 정확히 지적하였다. 토트는 그의 교육적 발명품에 축복을 내리기를 구하는 이집트의 왕을 만났다. 왕은 토트에게 이렇게 말했다. "문자의 아버지시여, 당신은 사랑의 마음으로 인간에게 자신들이 진정으로 소유한 것과는 정반대의 힘을 주셨습니다. …… 당신은 기억의 묘약이 아니라 회상의 묘약을 만드셨습니다. 그리고 당신 제자들에게 진정한 지혜가 아니라 지혜의 모양만을 주셨습니다. 그들은 많은 것을 읽겠지만 교훈을 얻지 못할 테고, 그러므로 많은 것을 아는 것처럼 보이겠지만 실제로는 아무것도 알지 못할 것입니다." 20세기 후반 세계가 문자화된 정보에 파묻히고 놀라운 속도와 편리성과 위력을 가진 정보과학에 둘러싸여 있는 상황에서, 고대의 이러한 이야기는 오늘날에도 분명한 여운을 남긴다.

정치 지도자들은 언제나 문자를 선전 수단으로 이용했다. 현무암에 새겨진 바빌론의 함무라비 법전과 1990년대 이라크의 구호 및 표어 사이에는 거의 4천 년에 달하는 시간이 놓여 있고 사용한 문자 체계 또한 완전히 다르지만, 그 메시지는 비슷하다. 함무라비는 자신을 "위대한 왕, 바빌로니아의 왕, 아무르 전역의 왕, 수메르와 아카드의 왕, 세계 동서남북의 왕"이라고 부르면서, 자신의 법을 따르면 백성들에게 유익을 줄 것이라고 약속했다. H. G. 웰스는 『세계 소사』에서 "문자는 합의·법률·명령을 기록한다. 이것은 국가가 고대의 도시국가보다 더 크게 성장할 수 있게 한다. 사제나 왕의 명령과 봉인이 눈에 보이지 않고 말이 들리지 않는 먼 곳까지 전달되며 사후에도 계속 남을 수 있게 되었다"고 썼다.

안타깝지만 궁정과 사원 벽에 새겨진 바빌로니아와 아시리아의 설형문자, 이집트의 상형문자와 중앙아메리카 마야의 상형문자 등은 마치 소련의 스탈린이 레닌 포스터를 이용한 것과 마찬가지 방식으로 이용되었던 것이 사실이다. 누가 지배자인지를, 그의 승리가 얼마나 위대한지를, 그의 권위가 얼마나 드높은 곳에 굳건한 기초를 두고 있는지를 백성에게 상기시키기 위해 이용되었던 것이다. 이집트의 카르나크에는 성전 외벽에 기원전 1285년경 람세스 2세가 히타이트와 싸운 카데시 전투 장면이 새겨져 있다. 상형문자들은 파라오와 히타이트 왕 사이의 강화조약을 이야기하며 이집트의 대승을 기념한다. 그러나 히타이트 수도 보가즈쾨이에는 같은 강화조약에 대해 히타이트가 그 전투에서 승리했다고 기록되어 있다.

불멸에 대한 욕망은 언제나 문자를 쓰는 첫 번째 이유였다. 예를 들어, 에트루리아인이 남긴 수천 개의 단편들은 대부분 장례용 명문이다. 그리스 알파벳을 변용해서 기록했기 때문에, 이름과 사망 날짜와 장소 등을 읽을 수 있다. 그러나 그리스의 알파벳을 받아들여 로마에 전해 줌으로써 유럽에 알파벳이 전달되도록 한 이 중요한 사람들의 수수께끼 같은 언어에 대해 우리가 알 수 있는 것은 그것이 전부다. 에트루리아인의 언어를 해독하려는 것은 마치 무덤 비문만을 가지고 영어를 배우고자 하는 것과 같다.

문자는 미래를 예언하려는 목적으로도 이용되었다. 고대 사회에서는 어떤 일이 닥칠 것인지 고민할 수밖에 없었다. 고대인들은 그들의 걱정을 문자로 기호화했다. 마야인은 나무껍질로 책을 만들고 아름답게 채색해서 재규어 가죽으로 제본했다. 그들은 그 책에 쓰

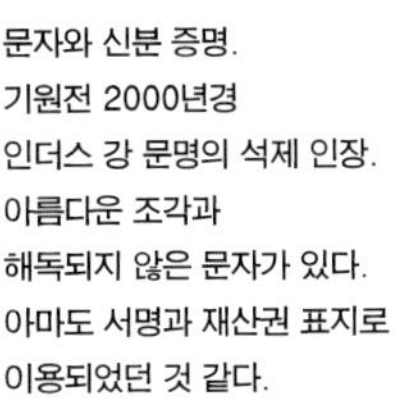

문자와 예언.
중국 최초의 명문(銘文)은 '갑골문'으로, 기원전 1200년경의 상 왕조 때 것이다. 여기의 기호들은 몇몇 한자의 선조가 되었다.

문자와 신분 증명.
기원전 2000년경 인더스 강 문명의 석제 인장. 아름다운 조각과 해독되지 않은 문자가 있다. 아마도 서명과 재산권 표지로 이용되었던 것 같다.

여진 매우 복잡한 역법에 따라 복점을 쳤다. 그 역법은 무려 50억 년 이상을 거슬러 올라가는데, 이는 현대 과학이 추정하는 지구의 나이보다도 많은 것이다. 한편 중국에서는 청동기 시대 상 왕조 시절에 미래에 대한 질문을 '갑골'이라 불리는 거북이 껍질과 황소 뼈에 기록했다. 뼈에 금이 갈 때까지 불에 달구어서 금이 간 모양으로 점을 치고, 질문에 대한 답을 새겨 넣었다. 나중에 실제로 벌어진 일이 첨가되기도 했다.

그러나 대부분의 문자는 비교적 세속적인 것이었다. 예를 들어, 문자는 고대에 신분 증명서나 재산권 표지의 역할을 했다. 투탕카멘의 이름이 들어 있는 카르투시(고대 이집트 상형문자에서는 몇 가지 기호를 타원 안에 묶어서 파라오나 신의 이름을 표현했는데, 이 타원형 윤곽선을 카르투시라고 한다 : 옮긴이)가 무덤 안의 모든 물건, 즉 장엄한 보좌부터 작은 상자에 이르기까지 모든 것에서 발견되었다. 고대의 지배자는 누구나 점토판이나 다른 명문들에 서명하기 위해 자기만의 인장을 가지고 있었다. 상인이나 중요한 위치에 있는 사람들도 마찬가지였다(오늘날 일본에서는 서양식 서명보다는 도장이 상거래와 법률 문서의 표준적인 서명 관행이다). 그렇게 이름을 덧붙이는 관행이 메소포타미아·중국·중앙아메리카 등 서로 완전히 동떨어진 지역에서 동시에 발견된다. 기원전 2000년경에 융성했던 인더스 강 문명에서 나온 석제 인장은 특히 흥미를 끈다. 아름답게 새겨졌을 뿐 아니라—여러 모양과 함께 신비의 동물 일각수를 묘사했다—그 새겨진 상징들이 아직 해독되지 않고 있다. 바빌로니아 문자와 달리, 인더스 강 유역의 문자는 벽면에 공식적으로 새겨지지 않았다. 그 대신, 인장들이 수도의 거리와 집 주변 여기저기에서 발견되었다. 아마도 새끼줄이나 가죽끈에 꿰어서 개인적인 '서명' 수단으로 썼거나, 누군가의 사무실 또는 그가 속한 사회적·직업적 집단을 나타내는 데 썼을 것이다.

문자를 이용해 계산하는 것은 도장이나 표시를 하는 것보다 더 흔한 일이었다. 가장 이른 시기의 문자 중 하나인 메소포타미아의 수메르 점토판에는 보리나 맥주 같은 원료와 상품의 목록, 일꾼과 직무의 목록, 토지와 소유주의 목록, 신전의 수입과 지출 등이 기록되어 있으며, 그들 모두에 생산량과 운송 날짜, 위치와 부채 등이 표시되어 있다. 일반적으로 말해 해독 가능한 유럽 최초의 문자인 호메로스 이전 그리스 점토판과, 선상문자 B로 기록된 크레타 점토판의 경우도 마찬가지라고 할 수 있다. 1953년 선상문자 B의 해독을 가능케 한 점토판은 삼발 가마솥들(그 중 하나는 다리가 불타 버렸다)과 크기와 손잡이 숫자가 제각기 다른 잔들에 대한 단순한 목록이었다.

문자의 기원(들)

비록 고대 이집트·중국·중앙아메리카에 남아 있는 문자 증거에서는 회계 기록이 별로 없지만, 대부분의 학자들은 문자가 회계와 더불어 시작되었다고 생각한다. 어느 수메르 초기 점토판 전문가에 따르면, 문자는 "경제 팽창에 따른 강한 요구의 직접적인 결과로서" 발전했다. 즉, 기원전 네 번째 천년기 말엽에 메소포타미아의 초기 도시들에서 교역과 행정이 복잡해지면서 지배 엘리트의 기억력만으로는 벅차게 되었을 것이다. 신뢰할 만한 영구적인 형태로 거래 내용을 기록하는 것이 꼭 필요했다. 그 후 수메르의 행정관과 상인은 '제가 이것을 기록하도록 하겠습니다', 또는 '기록으로 남겨도 될까요?'라고 말할 수 있게 되었을 것이다.

그러나 이것이 문자가 없던 시절에 어떻게 문자가 생겨났는지를 설명해 주지는 못한다. 18세기 계몽 사상 시대까지는 종교적 기원이 우세했으나, 그 이후 회화 기원설이 등장했다. 일반적으로 최초로 기록된 기호들은 아마도 회화문자, 즉 구체적 사물을 그림으로 표현한 것이었으리라고 생각된다. 어떤 학자들은 문자가 기원전 3000년경 우루크(성경의 에렉)에 살던 익명의 수메르인이 연구해 낸 결과라고 믿는다. 어떤 학자들은 문자의 발명이 현명한 행정관과 상인의 집단적인 노력의 산물이라고 믿는다. 문자가 발명이 아니라 우연한 발견이라고 생각하는 학자들도 있다. 많은 학자들은 문자가 한순간의 영감으로 만들어진 것이 아니라 오랜 세월 동안 진화한 결과라고 본다. 잘 알려진 어떤 이론에서는 문자가 점토 '토큰'(이런 '토큰'들은 정확한 용도는 알 수 없지만 중동의 고고학 유적지에서 많이 발견되었다)을 이용한 오랜 회계 방식에서 발전한 것이라고 주장

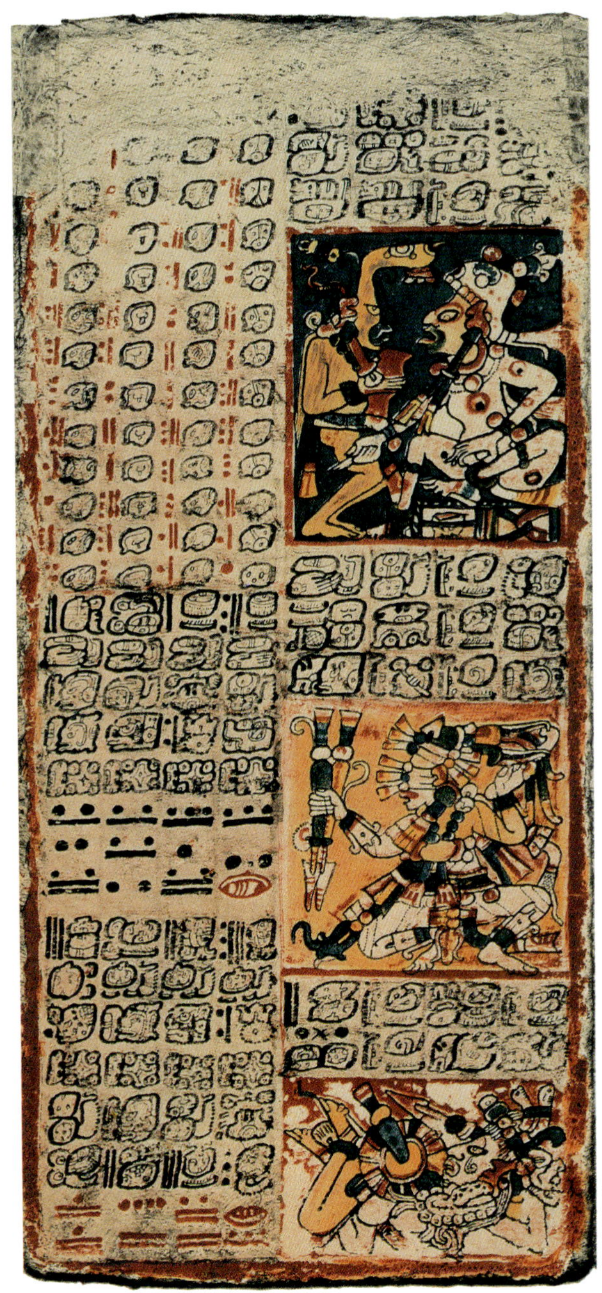

문자와 달력.
약 15세기.
드레스덴 사본의 이 페이지는
마야의 날짜를 포함하고 있다.
마야인은 복잡한 역법을 사용했다.

한다.

　이 이론에 따르면, 이 토큰 대신에 그 모양을 닮은 2차원적 기호를 사용한 것이 문자로 가는 첫 걸음이었다고 한다.

　어쨌든 제한적이고 순전히 그림에 불과한 북아메리카 인디언 및 그 밖의 여러 지역의 문자와 달리, 완전한 문자가 발전하기 위해서는 수수께끼 그림의 원칙을 발견하는 것이 가장 중요했다. 이것은 회화문자의 기호가 음가를 표현하는 데 사용될 수 있다는 매우 급진적인 발상이었다. 그러면, 이집트 상형문자의 올빼미는 자음 *m*의 고유한 소리를 나타낼 수 있었다. 그리고 영어에서는 마음만 먹는다면 벌(bee)과 나뭇잎(leaf) 그림을 이용해 믿음(belief)을 나타낼 수 있다.

문자의 발전

발명되었건, 우연히 발견되었건, 또는 진화했건 간에, 문자 사용은 일단 메소포타미아에서 시작된 후 전 세계로 퍼져 나간 것일까? 이집트 최초의 문자는 기원전 3100년, 인더스 강 유역은 기원전 2500년, 크레타는 기원전 1900년, 중국은 기원전 1200년, 중앙 아메리카는 기원전 600년에 사용된 것으로 보인다(모든 연도는 근사치다). 이것을 근거로, 한 문자의 특정한 기호가 아니라 문자 사용의 개념이 한 문화에서 더 먼 문화로 점

신성한 문자.
천사들이 인간의 선행과 악행을
기록하고 있다.
1280년 알 콰지니의 채색 사본.
코란은 신의 말씀으로
여겨지기 때문에,
이슬람어의 아랍 문자는
숭배의 대상이다.

진적으로 전파되었다고 볼 수 있을 것이다. 중국에서 유럽으로 인쇄의 개념이 전달되는 데에는 600~700년이 걸렸고, 종이 개념은 더 오래 걸렸다. 문자가 메소포타미아에서 중국에 도달하는 데 더 오랜 시간이 걸렸다고 해도 이상할 것은 없다.

그러나 개념이 전달되었다는 확고한 증거가 없는 상황이기에(메소포타미아와 이집트처럼 매우 가까운 문명에서조차 그러하다) 대부분의 학자들은 고대의 주요 문명에서 독립적으로 문자가 발전했다는 생각을 선호한다. 낙관론자 또는 반(反)제국주의자는 인간 사회의 지성과 창조성을 강조하고 싶어할 것이다. 좀 더 보수적인 역사관을 가진 비관론자는, 인간 사회는 절대적으로 필요한 경우가 아니라면 혁신보다는 이미 존재하는 것을 가능한 충실하게 모방하는 편을 택하리라고 생각할 것이다. 이것은 그리스인이 페니키아인에게서 알파벳을 빌려 오되, 페니키아어로 표현되지 않는 모음을 추가한 것을 설명할 때 선호되는 관점이다.

몇몇 문자의 차용은 의심할 여지 없이 분명하다. 로마인은 에트루리아인의 문자를 가져다 썼고, 일본인은 한자를 가져다 썼으며, 오늘날에는 케말 아타튀르크의 통치 아래 터키인이 아랍 문자를 버리고 로마자를 채택하였다. 새로운 언어에는 이전에 그 문자가 사용되던 언어에는 없던 소리가 있기 때문에 차용 문자는 수정되기도 한다(아타튀르크는 U 위에 움라우트를 붙였다). 이러한 방식은 해당 두 언어가 서로 비슷한 경우에는 쉽게 이해될 수 있지만, 만약 중국어와 일본어처럼 두 언어가 크게 다른 경우에는 매우 조악한 결과를 낳을 수 있다. 일본 문자는 이러한 차이점을 극복하기 위해 한자(수천 개)와 일본어 음절 기호(약 50개)라는 상이한 두 기호 체계를 사용한다. 따라서 일본어 문장에는 한자와 일본어 음절 기호가 복합적으로 나타나, 일반적으로 일본어는 세계에서 가장 복잡한 문자 체계로 여겨진다.

문자 · 말 · 언어

유럽과 미국에서 보통 수준의 문자 해독력을 가진 사람은 약 52개의 알파벳과 +, &, £, $, 2와 같은 숫자, 구두점, 그리고 때로 표어문자라고도 불리는, 단어 역할을 하는 의미 기호들을 이해하고 쓸 수 있다. 반면에 일본에서는 그와 같은 사람이 약 2000개의 기호를 알고 쓸 수 있으며, 만약 고등 교육을 받았다면 5000개 이상의 기호를 알아야 한다. 유럽 · 미국과 일본의 이 두 상황은 전혀 다른 것처럼 보인다. 그러나 실제로 그 두 입장은 겉보기보다는 서로 비슷하다.

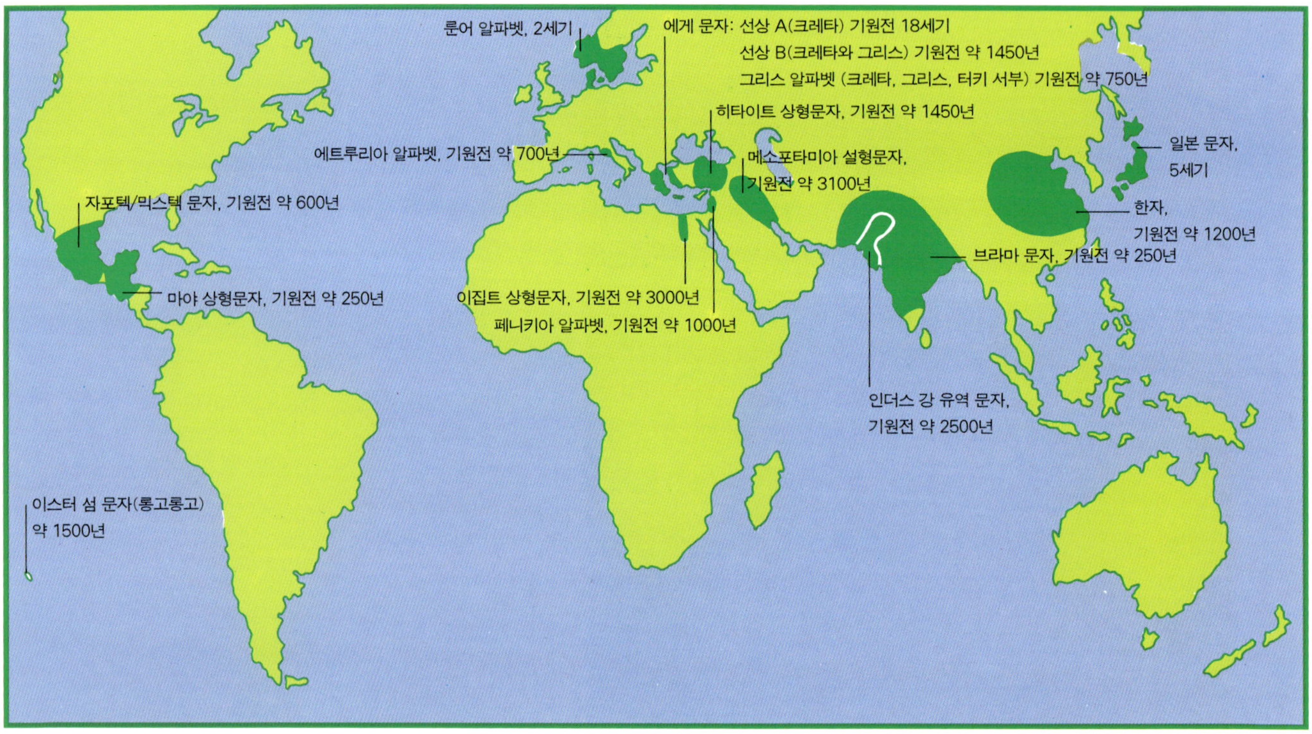

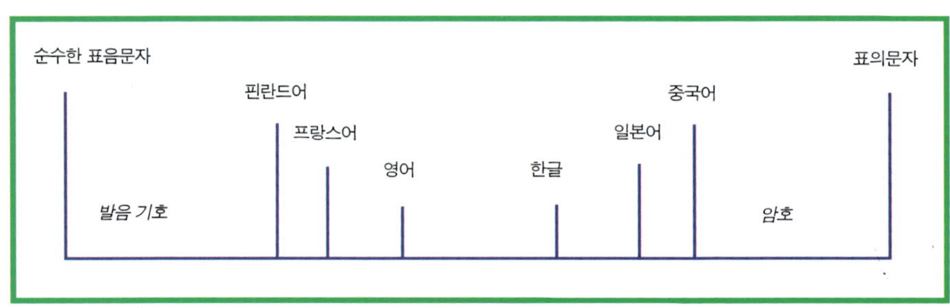

어떤 학자들은, 많은 사람들의 생각과는 달리 모든 완전한 문자—즉, "모든 사고를 전달할 수 있는 시각적 기호의 체계"(미국의 저명한 중국학자인 존 드프란시스의 말)— 는 하나의 근본적인 원칙 위에서 작동한다고 결론지었다. 알파벳과 한자와 일본 문자 는 소리를 표현하기 위해 기호를 사용한다(즉, 음성 기호). 그리고 모든 문자 체계는 음 성 기호와 의미 기호를 섞어서 사용한다. 기호의 외형적 모양을 제외하고 이 둘의 차이 점은 의미 기호에 대한 음성 기호의 비율이 다르다는 것이다. 그 비율이 높을수록 단어 의 발음을 추측하기가 쉽다. 영어에서는 비율이 높은 반면 중국어에서는 낮다. 그래서 영어 철자는 한자가 중국어 발음을 표현하는 것보다 더 정확하게 소리 대 소리로 영어 발음을 표현한다. 그러나 핀란드 철자는 그 두 가지보다 더 정확하게 핀란드어를 표현 한다. 핀란드어는 음성학적으로 매우 효율적인 반면, 한자와 일본 문자는 음성학적으 로는 심각한 결함을 안고 있다.

위_ 문자의 시작.

아래_ 문어 대 구어 (드프란시스와 융게르에서 인용). 순수한 표음문자와 순수한 표어문자 사이에 이론적 연속선을 가정하고 그 위에 여러 문자 체계들을 표시했다. 핀란드 문자는 음성학적으로 가장 효율적인 데 반해 한자는 가장 비효율적이다.

한자와 일본 문자를 배우는 것은 분명히 매우 어려운 일이다. 일본의 경우, 1950년대 중반에 극에 달했던 10대의 자살이 전후 대중 교육의 확산과 관련이 있었던 것으로 보인다. 그들에게 수천 자에 달하는 완전한 일본 문자를 가르쳤던 것이다. 중국인이나 일본인이 능숙하게 독서할 수 있으려면 서양인보다 몇 년이 더 걸린다.

그렇다고 해도, 읽고 쓰는 법을 배우는 데 실패한 서양인 역시 수백만 명에 이른다. 일본의 문자 해독 수준은 서양보다 높다(비록 그들이 주장하는 만큼 높지는 않더라도). 일본의 복잡한 문자는 일본이 경제대국이 되는 것을 가로막지 않았다. 또 일본인은 이론적으로는 충분히 가능한 일인데도, 한자를 버리고 이미 존재하는 음절 기호를 이용해 훨씬 적은 수의 기호 체계를 만들어 내는 쪽으로 돌아서지도 않았다.

1960년대 중반 중국의 문화대혁명. 마오쩌둥은 이상적으로는 모든 한자를 몰아내서 수백만 명의 문맹자들이 로마자로 글을 익힐 수 있도록 하고 싶다고 주장했다. 그러나 보수파의 반발이 너무나 강했고, 문화대혁명 기간에 홍위병은 로마자를 본보기로 말살했다.

1__ 로제타석의 해독

로제타석, 이집트 상형문자 해독의
열쇠.

이집트에 대한 고전적인 이미지

로제타석은 아마 세계에서 가장 유명한 비문일 것이다. 이것이 1799년에 발견됨으로써 이집트 상형문자는 해독될 수 있었다. 로제타석의 해독 과정을 추적해 보면 상형문자와 알파벳의 차이점과 유사점을 가장 잘 이해할 수 있다.

2천 년 이상을 거슬러 올라가 그리스와 로마의 시대로, 즉 3천 년 역사의 고대 이집트 문명이 몰락하던 시대로 가 보자. 로마인과 특히 그리스인은 '야만성'에 대한 경멸과, 지혜와 유구성에 대한 존경이 뒤섞인 모순된 시각으로 고대 이집트를 바라보았다. 이집트의 오벨리스크는 로마로 옮겨져 특권의 상징이 되었다. 심지어 오늘날에도 이집트에는 오벨리스크가 4개밖에 없는 데 비해 로마에는 13개가 서 있다.

고전 시대의 저자들은 일반적으로 문자 발명의 영예를 이집트에 돌렸다(비록 플리니우스는 설형문자를 발명한 사람들에게 그 영예를 돌렸지만). 그러나 고전 시대의 저자도 그리스어나 라틴어를 읽듯이 상형문자를 읽을 수는 없었다. 디오도로스 시쿨로스의 말처럼, 그들은 이집트 문자가 "어떤 개념을 표현하고자 할 때, 음절을 결합하는 것이 아니라 그려 놓은 대상의 중요성을 이용했다"고 믿었다. 그래서 매의 그림은 무엇인가가 빠른 속도로 발생했다는 의미였고, 악어 그림은 모든 악한 것을 의미했다.

호라폴로의 상형문자

가장 중요하고 권위 있는 전거는 닐로폴리스 출신의 호라폴로라는 이집트인이었다. 그의 논문은 아마도 4세기나 그 이후에 그리스어로 쓰여졌을 것이다. 그러나 한동안 유실되었다가 1419년 그

리스의 어느 섬에서 사본이 발견되었다. 1505년 출간된 후 30쇄를 찍었는데, 한 판본에는 알브레히트 뒤러가 삽화를 그렸다. 호라폴로의 상형문자 해석에는 엉터리와 진짜가 뒤섞여 있었다. 예를 들어 "성스러운 서기관이나 사제, 또는 미라 제작자, 비장, 향기, 웃음, 재채기, 지배, 심판자를 나타내려 할 때는 개를 그렸다"는 식이다. 호라폴로의 "독수리는 무엇을 의미했는가?"를 살펴보자.

그들은 어머니, 시각, 경계, 예지 능력……을 나타내려 할 때면 독수리를 그렸다. 어머니의 경우, 독수리 가운데는 수컷이 없기 때문이다. …… 독수리는 모든 동물 중에서 가장 시력이 좋으므로 시각을 의미한다. ……독수리는 경계를 의미하는데, 그것은 전쟁이 시작되려 할 때면 독수리가 7일 동안 전장이 될 곳을 빙빙 돎으로써 경계를 정하기 때문이다. 예지 능력의 경우, 위에서 말한 이유들을 포함해서 독수리가 자신의 먹이가 될 시체의 양을 미리 알기 때문이다. ……

그러나 이것은 '어머니'를 빼면 완전히 망상이다. 어머니에 해당하는 상형문자는 정말 독수리가 맞다.

호라폴로의 영감으로 그려진 비비. 르네상스 화가들은 호라폴로의 설명을 바탕으로 상형문자를 그렸다.
위_ 알브레히트 뒤러
가운데_ 호라폴로의 프랑스어판에서
아래_ 이탈리아어판에서

상형문자의 지혜

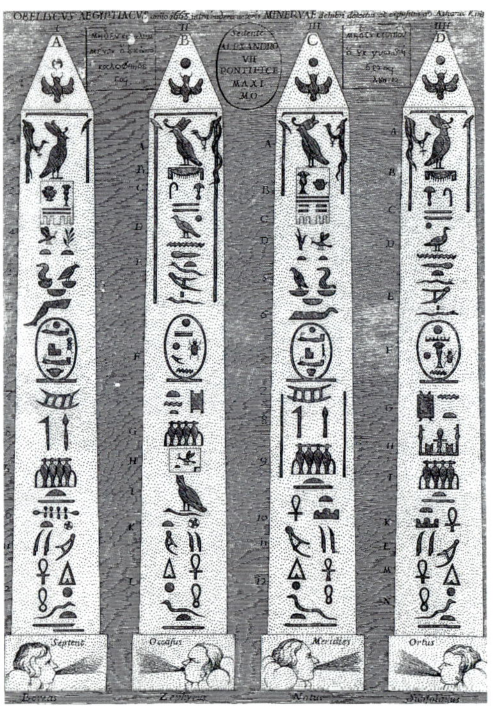

르네상스 시대에 고전 학문이 부활하자, 이집트 상형문자의 지혜에 대한 그리스와 로마인의 믿음도 부활했다. 로마에서는 1582년부터 1589년 사이에 여섯 개의 고대 이집트 오벨리스크가 다른 곳으로 자리를 옮기거나 재건축되었다. 로마의 중요한 인기거리 중 하나가 산 로렌조 교회에서 카피톨리노 언덕으로 옮겨졌다. 이것은 고대 신전의 벽돌장식으로서, 이집트의 것은 아니지만 상형문자를 나타낸다고 생각되었다. 또한 거의 모든 주요 예술가들이 자신의 스케치북에 그려 넣었을 정도로 매우 가치가 높은 부조로 여겨졌다.

상형문자에 대해 글을 쓴 최초의 근대 학자는 베네치아의 피에리우스 발레리아누스였다. 그의 책은 1556년에 출판되었는데, 호라폴로에게서 단서를 얻은 발레리아누스는 자신이 해석한 내용을 경쾌하고 환상적인 '르네상스식' 상형문자로 장식했다.

초기 '상형문자 작가'들

이러한 초기 해석가들 중에서 가장 유명(악명 높았다는 것은 아니다)했던 사람은 예수교 사제인 아타나시우스 키르헤였다. 17세기 중반에 그는 로마가 공인한 고대 이집트 전문가였다. 그러나 그의 두꺼운 책은 '이집트학'의 범위를 훨씬 넘어섰다. 그는 인간 지식을 통합해서 전체를 보려고 시도했던 학자들 중 마지막 세대였다. 그 결과 뛰어난 재기와 오류가 뒤섞이게 되었는데, 키르헤는 재기보다는 오류가 훨씬 많다는 오명에서 결코 벗어나지 못했다.

1666년에 키르헤는 로마의 피아자 델라 미네르마에 있는 오벨리스크의 상형문자 명문을 출판

위_ '지혜'.
상형문자의 홀(笏) 기호는 아마도 지팡이에서 시작되었다가 나중에 생물화되었을 것이다. 가운데_ 이것은 '해악을 물리치고 안녕을 누리다'는 의미 또한 획득했는데, '홀'에 해당하는 고대 이집트어가 '안녕'을, '막대기'에 해당하는 단어는 '해악'을 뜻하기 때문이었다. 아래_ 피에리우스 발레리아누스는 생물화된 그 기호를 효도의 상징인 황새가 불의와 배은망덕의 상징인 하마의 발톱 위에 있는 것으로 보았다. 그래서 그는 이 상형문자를 '이기심을 극복한 헌신(Impietati praelata Pietas)'으로 '번역'했다.

왼쪽 위_ 기원전 6세기 이집트 오벨리스크. 1667년에 로마 피아자 델라 미네르바에 세워짐.

왼쪽 아래_ 아타나시우스 키르헤가 그린 미네르바 오벨리스크의 그림. 1666년.

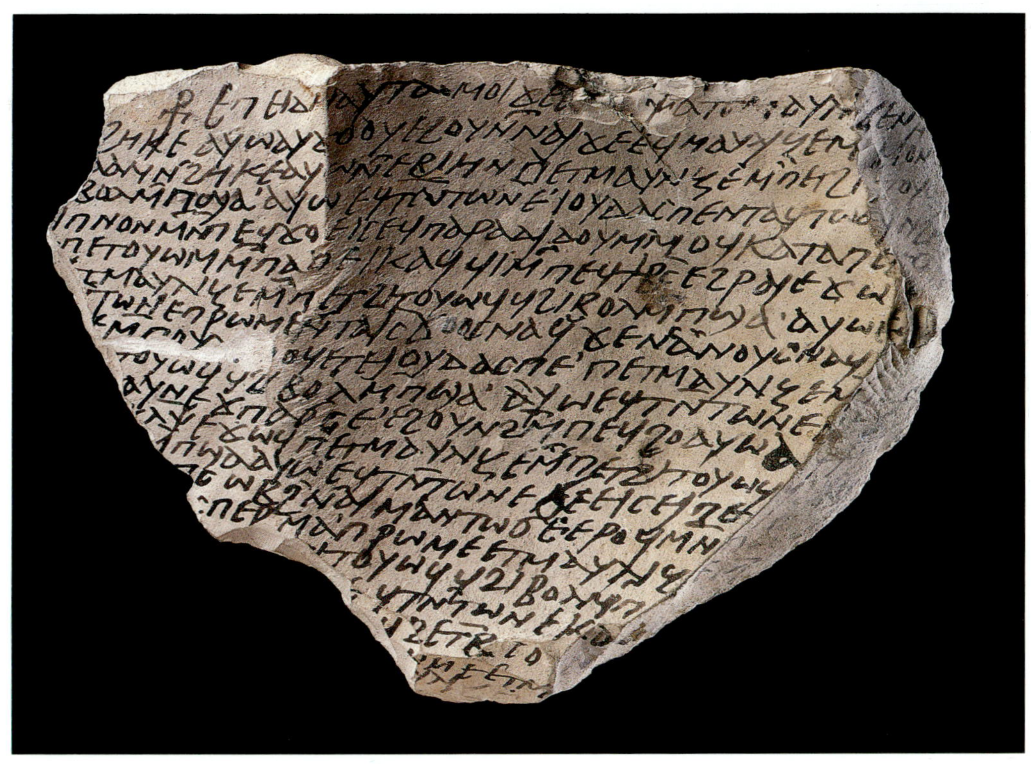

왼쪽_ 콥트어 단편.
6세기에 한 주교가 쓴 목회 서신.
콥트어는 거의 현대까지 구어로
(간신히) 살아남았다.
콥트 교회의 몇몇 성문서들에서는
여전히 문어체 콥트어가 사용된다.

아래_ 콥트 알파벳의 표준적
형태(사히딕)는 24개의
그리스 글자와, 그리스어로는
표현되지 않는 콥트 음성을
나타내기 위해 옛 이집트 문자
(상형문자가 아니라 데모틱)에서
차용한 여섯 개의 기호로
구성되어 있다.

콥트	이름	음가
ⲗ	alpha	a
Ⲃ	vita	v (b)
Ⲅ	gamma	g
ⲇ	delta	d
Ⲉ	epsilon	e
Ⲍ	zita	z
Ⲏ	ita	i, e
Ⲑ	tita	t
Ⲓ	iota	i
Ⲕ	kappa	k
ⲗ	laula	l
Ⲙ	mi	m
Ⲛ	ni	n
Ⲝ	xi	x
Ⲟ	omicron	o
Ⲡ	pi	p
Ⲣ	ro	r
Ⲥ	sima	s
Ⲧ	tau	t
Ⲩ	ypsilon	y, u
Ⲫ	phi	ph
Ⲭ	khi	ch, kh
Ⲯ	psi	ps
Ⲱ	omega	o
Ϣ	shei	s
Ϥ	fai	f
Ϧ	hori	h
Ϫ	djandja	g
Ϭ	chima	c
Ϯ	ti	ti

하는 책임을 맡았다(22쪽 위, 키르헤의 그림은 왼쪽). 이것은 교황 알렉산더 7세의 명에 따라 베르니니의 설계로 세워진 것이었다(오늘날에도 서 있다). 키르헤는 한 카르투시에 대해 다음과 같이 해석했다.

> 흉포한 튀포를 막아 주는 오시리스의 보호를 이끌어내기 위해서는 반드시 적절한 의례와 절차를 따라 제사하고 삼세(三世)의 수호자 게니에게 청원해야 한다. 그래야만 흉포한 악적 튀포에 대항해서 나일 강이 언제나 제공하는 풍요를 누릴 수 있다.

오늘날의 공인된 해석에 따르면, 그것은 프삼틱(프삼메티쿠스)이라는 파라오의 이름을 단순히 발음한 대로 적은 것이다!

이와는 대조적으로 키르헤는 콥트어, 즉 고대 이집트 마지막 단계의 언어를 건져 내는 일에 정말 도움이 되었다. 콥트라는 말은 아랍어 '굽티'에서 왔는데, 이것은 다시 그리스어의 '아이귑토스(이집트)'가 와전된 것이다.

콥트어는 1세기에 만들어져 이집트 교회의 공식 언어였다가 아랍어에 밀려났으며, 17세기 말이면 거의 사멸된다. 그러나 그 다음 세기 동안 몇몇 학자들이 콥트어에 대한 지식을 얻었고, 이것은 후대 상형문자 해독에 결정적 역할을 하였다.

계몽 사상의 영향을 받았던 그들 학자들은 상형문자에 대해 갖고 있던 전통적인 시각에 의문을 제기했다. 나중에 글로스터 주교가 된 윌리엄 워버튼은 상형문자를 포함한 모든 문자가 그림에서 진화했을 것이라는 주장을 처음으로 내놓았다. 워버튼을 추종했던 대수도원장 바르텔레미는 카르투시가 왕이나 신의 이름을 담고 있으리라 추측했다.

1800년 직전에 저술한 덴마크 학자 소에가는 어떤 상형문자들은 최소한 어느 정도 '음성 기호'일 것이라는 모험적인 주장을 폈는가 하면, 'notae phoneticae(발음기호)'라는 말을 만들어 냈다. 상형문자 해독의 길이 열리고 있었던 것이다.

로제타석의 발견

카르투시라는 말은 1789년 나폴레옹 군대의 일원으로 이집트에 간 프랑스 군인들이 만든 것이다. 비문에서 여러 개의 상형문자를 감싸고 있는 타원형 외곽선을 보고서 자기들 총에 있는 탄창('cartouches')을 떠올린 것이다.

다행히도 이집트 원정은 정복만큼이나 문화에도 관심을 두고 있었다. 일단의 프랑스 학자들이 군대를 따라 가서 3년 가량 이집트에 머물렀다. 예술가들도 많았는데, 그 중에도 으뜸은 도미니크 비방 드농(위)이었다. 그는 1809~1813년에 『이집트 묘사』라는 책의 삽화를 그렸는데, 전 유럽은 고대 이집트의 경이로움에 매료되었다.

이 그림은 테베의 모습을 보여 주고 있는데, 배경에는 룩소르 신전의 열주(列柱)가, 전면에는 정교한 조각이 새겨진 오벨리스크가 있다. 조각의 장면들은 카데시 전투에서 전차를 탄 궁수들이 람세스 2세의 명을 따라 히타이트군을 향해 돌격하는 모습을 그린 것이었다. 나폴레옹 군대는 이 놀라운 장면 앞에서 그만 할 말을 잊었다. 증언에 따르면 "모두 일제히 멈추어 서서 무기를 땅에 떨어뜨렸다"고 한다.

1799년 7월 중순에는 한 폭파반원이 로제타석을 발견했다. 이것은 해안에서 얼마 떨어지지 않은 곳의 나일 강 지류에 자리잡은 라쉬드 마을(로제타)의 오래된 벽에 붙어 있었던 것으로 추측된다. 이것의 중요성을 간파한 부대장은 즉시 그 돌을 카이로로 옮겼다. 1800년에 탁본이 유럽의 모든 학자들에게 배포되었다. 1801년 로제타석은 영국군이 빼앗아 가지 못하도록 알렉산드리아로 옮겨졌다. 그러나 결국에는 영국의 수중으로 넘어가 현재 대영박물관에 전시되어 있다.

해독이 시작되다

조그만 화강암 석판인 로제타석은 750kg 정도의 무게에 높이 114cm, 넓이 72cm, 폭 28cm 가량 되는 돌이다.

발견될 때부터 분명했던 것은 그 석판의 비문이 세 가지 언어로 되어 있다는 사실이었다. 맨 아래에는 그리스어가, 맨 위에는 카르투시가 확인되는 (심하게 손상된) 이집트 상형문자로 쓰여 있었다. 그 사이에는 거의 알 수 없는 문자가 있었다. 그리스어와는 분명히 다른데, 카르투시는 없으면서도 위쪽 상형문자와 유사한 점이 있어 보이는 문자였다. 오늘날 우리는 이것이 데모틱이라는, 상형문자의 초서체라는 것을 알고 있다.

첫 단계는 당연히 그리스어 비문을 번역하는 것이었다. 그것은 기원전 196년 3월 27일, 이집트 전체의 왕 프톨레마이오스 5세 에피파네스 왕의 즉위 1주년을 기념해 멤피스에서 소집된 이집트 사제 회의에서 통과된 법령임이 드러났다. 당시 이집트의 지배자가 이집트인이 아니라 알렉산더 대왕 휘하에 있던 한 장군의 후손인 그리스계 마케도니아인이었기 때문에 이집트어가 아니라 그리스어로 기록된 것이다. 비문 중에는 프톨레마이오스, 알렉산드로스, 알렉산드리아 등의 이름이 나타난다.

그 후 학자들은 데모틱 문자로 관심을 돌렸다(상형문자는 너무 손상되어 알아낼 가망이 없어 보였다). 그들은 그리스 사료에 나오는 진술을 통해 이 세 종류의 비문이 비록 '단어 대 단어'로 번역되어 있지는 않더라도 의미는 같다는 것을 알게 되었다. 그래서 학자들은 가령 프톨레마이오스라는 이름을 찾을 때는 그리스어 비문에서 '프톨레마이오스'가 나오는 것과 대충 비슷한 위치에서 반복적으로 나오는 데모틱 문자들을 따로 떼어냈다. 이 문자들을 찾은 후, 학자들은 데모틱에서도 그리스어 비문과 마찬가지로 이름을 알파벳 방식으로 쓴다는 것을 알아냈다. 그 결과 임시 데모틱 알파벳을 만들어 낼 수 있었다. 나아가 '그리스인', '이집트', '사원'과 같은 몇몇 단어들을 이 데모틱 자모문자를 이용해 확인할 수 있었다. 데모틱 문자는 마치 알파벳 방식으로 되어 있는 것처럼 보였다.

그러나 불행히도 그렇지는 않았다. 최초의 연구자들은 더 이상 나아갈 수 없었다. 그들은 데모틱 문자는 표음문자이지만 상형문자 비문은 발음에 따른 것이 전혀 아니며, 그 기호는 호라폴로의 방식으로 개념을 표현한다는 생각에서 벗어나지 못했던 것이다. 상형문자와 데모틱 문자의 외형상 차이점과, 또 이집트 상형문자에 대한 르네상스 전통의 무게 때문에 학자들은 상형문자와 데모틱의 보이지 않는 작동 원리가 서로 완전히 다르다고 확신했다.

토머스 영, 돌파구를 마련하다

이 틀을 깬 사람은 영국인 토머스 영이었다. 그는 언어학자이며 외과 의사이자, 빛의 파동설로 아직까지 기억되는 물리학자로서 매우 뛰어난 인물이었다.

그는 1814년에 로제타석과 씨름하기 시작했다. 그는 몇몇 데모틱 문자와 '그에 상응하는 상형문자' 사이에서 자신이 "놀라운 유사성"이라 부른 현상을 발견했고, "이 문자(즉 상형문자) 중 어느 것도 터무니없는 훼손 없이는 그 어떤 알파벳 형태와도 어울릴 수 없다"고 말했다. 그에 따라 영

토머스 영(1773~1829).
왕립협회 회원, 언어학자, 외과 의사.
물리학자이자 이집트 상형문자
해독의 주요 공로자.

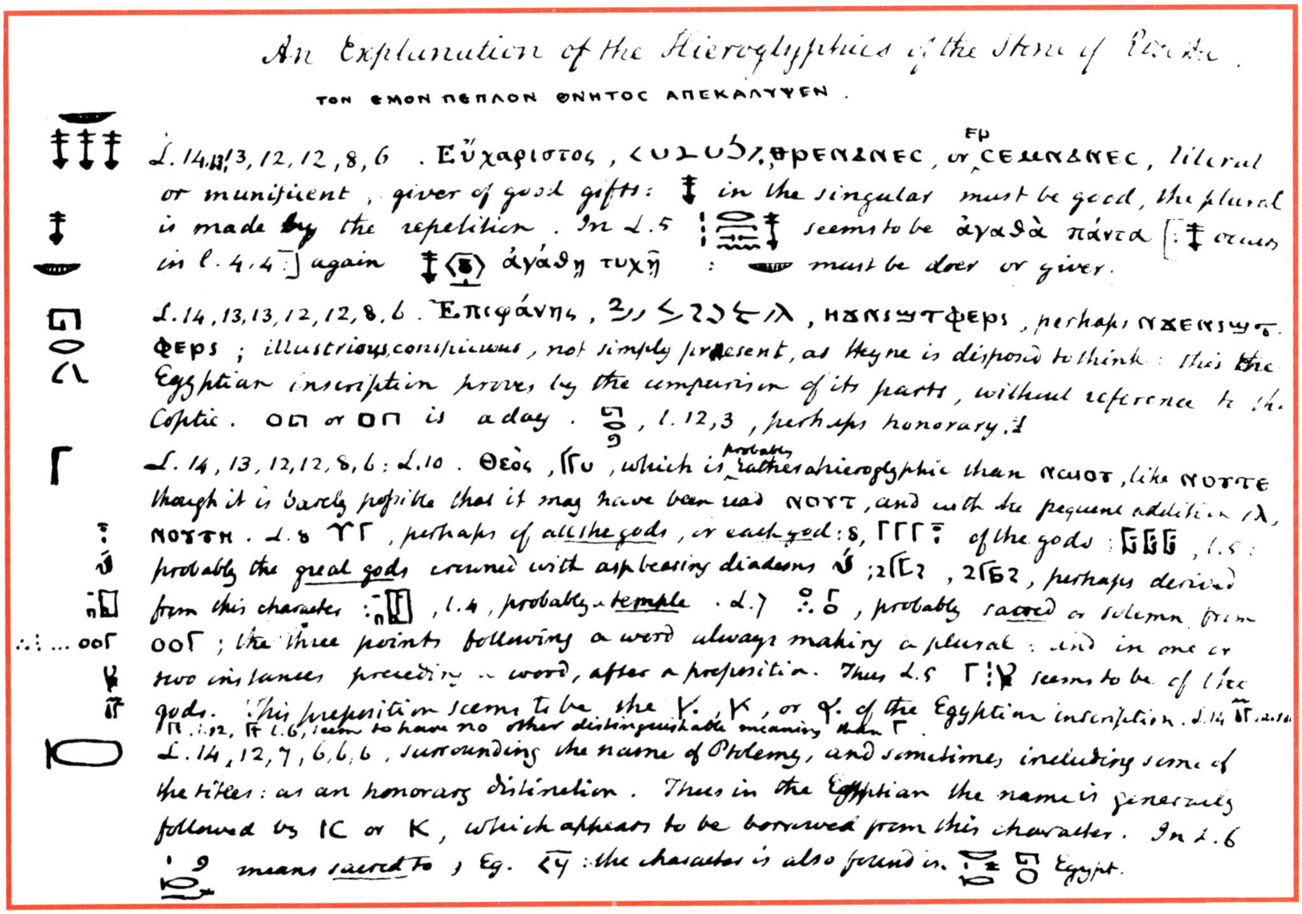

An Explanation of the Hieroglyphics of the Stone of Rosetta.

ΤΟΝ ΕΜΟΝ ΠΕΠΛΟΝ ΘΝΗΤΟΣ ΑΠΕΚΑΛΥΨΕΝ.

l. 14, 13, 13, 12, 12, 8, 6 . Εὐχάριστος, ⊂ΥΖΥΘ⟩, ΘΡΕΝΛΝΕϹ, or ϹΕΜΝΛΝΕϹ, literal or munificent, giver of good gifts: ‡ in the singular must be good, the plural is made by the repetition. In l. 5 ⫶‡⫶ seems to be ἀγαθὰ πάντα [: ‡ occurs in l. 4, 4] again ‡⊙ ἀγάθη τύχη : �='⟩ must be doer or giver.

l. 14, 13, 13, 12, 12, 8, 6 . Ἐπιφάνης, ⟨ΙΣΖΘΕΛ⟩, ΗΛΝΙΨΤΦΕΡϹ, perhaps ΝΧΕΝΙΨΤ ΦΕΡϹ; illustrious, conspicuous, not simply present, as Heyne is disposed to think: this the Egyptian inscription proves, by the comparison of its parts, without reference to the Coptic. ΟΠ or ΟΝ is a day. , l. 12, 3, perhaps honorary.

l. 14, 13, 12, 12, 8, 6 : l. 10. Θεός, which is rather a hieroglyphic than ΝϹΙΟΤ, like ΝΟΥΤΕ though it is barely possible that it may have been read ΝΟΥΤ, and with the frequent addition lλ, ΝΟΥΤΗ. l. 8 , perhaps of all the gods, or each god: 8, of the gods , l. 5: probably the great gods crowned with asp-bearing diadems ; 2ΙΕΙ, 2ΙΕΙ, perhaps derived from this character , l. 4, probably a temple. l. 7 , probably sacred or solemn from ΟΟϹ; the three points following a word always making a plural: and in one or two instances preceding a word, after a preposition. Thus l. 5 seems to be of like gods. This preposition seems to be the Ρ, Κ, or Ϥ of the Egyptian inscription. l. 14 l. 12, l. 6, seem to have no other distinguishable meaning than . l. 14, 12, 7, 6, 6, 6, surrounding the name of Ptolemy, and sometimes including some of the titles: as an honorary distinction. Thus in the Egyptian the name is generally followed by ΙϹ or Κ, which appears to be borrowed from this character. In l. 6 means sacred to, Eg. ϹΥ: the character is also found in Egypt.

은 데모틱 문자는 알파벳 방식의 기호와 상형문자 방식 기호의 혼합물이라고 결론지었다.

그는 거기서 한 걸음 더 나아갔다. 즉, 카르투시가 왕이나 사제의 이름을 포함하고 있을 것이라고 한 초기 학자들의 주장을 바탕으로 연구를 진행한 것이다. 로제타석의 상형문자 비문에는 반드시 프톨레마이오스의 이름을 담고 있어야 하는 카르투시가 여섯 개 있었다. 영은 프톨레마이오스라는 이름은 비록 상형문자로 쓰여 있더라도 알파벳 방식으로 철자되었을 것이라고 가정했다. 또한 프톨레마이오스가 이집트가 아닌 다른 나라 이름이기 때문에 토착 이집트 이름과 달리 발음대로 철자화할 수밖에 없었을 것이라고 생각했다. 그는 이와 유사한 예로 한문에서 서양식 이름은 한자로 표기되지만 적절한 표시를 덧붙여 그것을 단순히 발음대로 읽도록 하는 경우를 들었다. 영은 카르투시의 상형문자와 프톨레마이오스의 그리스어 철자를 대조시킴으로써 여러 상형문자에 음가(*p*, *t*, *m* 등)를 부여했는데, 그것은 대개 정확했다.

그러나 영은 여기에서 더 나아가지 못했다. 호라폴로의 마법은 강력했다. 영은 상형문자가 외국 이름을 철자하기 위해 일종의 알파벳을 이용했다는 것을 인정하면서도, 이집트어(그리스어에서 차용한 단어 말고)를 쓰는 데 사용된 나머지 상형문자들은 그렇지 않을 것이라 확신했다.

따라서 그의 '상형문자 알파벳'은 대부분의 상형문자에는 적용될 수 없었다. 영은 상형문자 해독을 향해 결정적인 한 걸음을 내디뎠지만, 암호를 풀어내는 첫 번째 주인공이 될 수는 없었다.

토머스 영의 일기장 한 페이지. 이집트 문자가 발음을 나타내는 요소와 발음을 나타내지 않는 요소를 둘 다 가지고 있다는 그의 기본적인 통찰은 올바른 것이었지만, 그가 내린 구체적인 결론들은 대체로 부정확했다.

샹폴리옹, 이집트의 암호를 풀다

장 프랑수아와 샹폴리옹에 이르러서야 이집트 상형문자는 완전히 해독될 수 있었다. 그는 이것을 1823년에 발표했다. 1790년 프랑스 혁명 중에 태어난 샹폴리옹은 초등학교를 다니지 못했다. 대신 그리스어와 라틴어를 개인 교습으로 배웠는데, 아홉 살 때 호메로스와 베르길리우스를 읽었다고 전해진다.

고등학교에 다니기 위해 그르노블로 옮겨간 샹폴리옹은 수학자이자 물리학자이며 나폴레옹의 이집트 원정 때 비서였던 푸리에를 만나게 되었다. 샹폴리옹이 이집트학을 공부하게 된 것은 바로 이 푸리에 때문이었다. 1807년, 샹폴리옹은 17세가 채 되지 않은 나이에 그리스와 로마 작가들의 작품 속에 나타난 이집트 지명의 콥트어 어원에 관하여 논문을 썼다.

3년 후, 파리에서 콥트어뿐 아니라 동방 언어들을 공부한 샹폴리옹은 그르노블로 돌아가 파라오 시대 이집트에 대한 진지한 연구를 시작했다.

1819년, 토머스 영이 이집트 문자에 대한 자신의 생각을 『브리태니커 대사전 증보판』(4판)에 실었다. 그는 이미 샹폴리옹과 그에 관한 견해를 나누었다.

그러나 샹폴리옹은 그것을 무시하고 계속해서 상형문자가 음성과는 완전히 별개라고 생각했다. 1821년에 그는 이러한 생각을 담은 소논문을 출판했다.

샹폴리옹과 영은 확실히 라이벌 관계였다. 샹폴리옹이 영의 연구에서 얼마나 영향을 받았는지는 아직 확실치 않다. 그는 분명 이집트에 대한 자신의 주요 저서에서 영의 흔적을 지우려고 애썼을 것이다. 그러나 샹폴리옹은 이집트와 이집트어에 대한 지식에서 영을 훨씬 능가했고, 그의 독창성과 정열은 의심할 수 없다.

이 오벨리스크는 윌리엄 뱅크스가 필라이에서 발굴한 것으로 영국으로 옮겨졌으며, 지금은 도시트의 킹스턴 레이시에 서 있다. 1822년, 이것이 샹폴리옹에게 결정적인 단서를 제공했다.

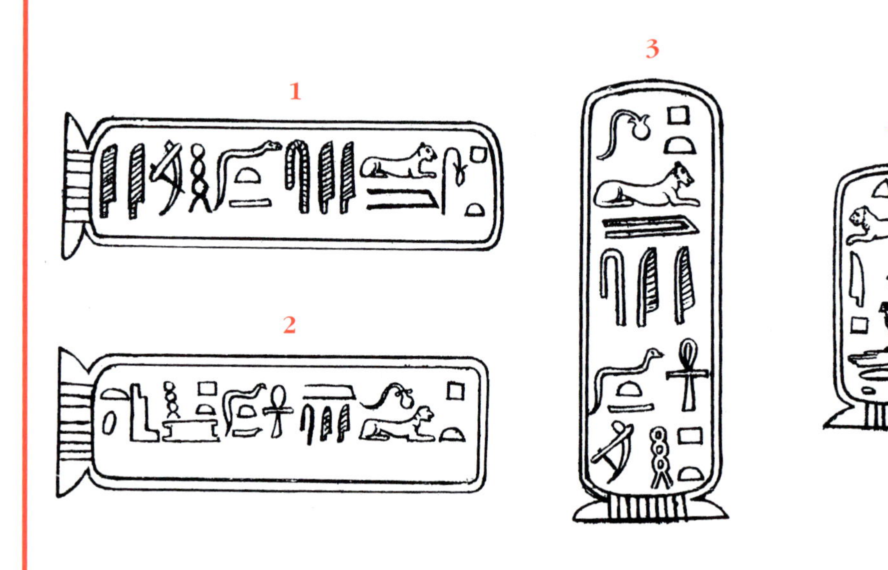

샹폴리옹이 그린 카르투시 네 개 :
(1) 프톨레마이오스(로제타석)
(2) 왕실 칭호를 가진 프톨레마이오스(로제타석)
(3) 프톨레마이오스(필라이 오벨리스크)
(4) 클레오파트라(필라이 오벨리스크)

필라이 오벨리스크

1822년 1월경 윌리엄 뱅크스가 샹폴리옹에게 이중 언어로 된 오벨리스크 명문 탁본을 보내 왔다. 이것이 문제를 풀게 된 결정적 단서가 되었다. 그 오벨리스크는 필라이에서 발굴된 후 영국으로 옮겨진 것이었다. 초석의 명문은 그리스어, 기둥의 명문은 상형문자로 되어 있었다. 그리스어에는 프톨레마이오스와 클레오파트라의 이름이 언급되어 있었고, 상형문자에는 오직 카르투시만 있었는데, 초석에 나온 이름과 같은 것을 나타내는 것으로 보였다. 그 카르투시 중 하나는 로제타석의 프톨레마이오스 카르투시 중 하나와 형태가 거의 동일했다.

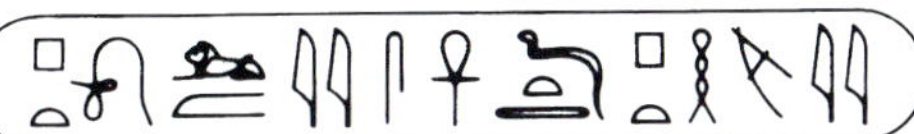

로제타석

필라이 오벨리스크

로제타석에는 프톨레마이오스 카르투시를 축약한 형태도 있었다.

샹폴리옹은 짧은 것은 프톨레마이오스라고 철자한 것이고, 긴 것은 프톨레마이오스의 이름에 왕에 대한 어떤 칭호가 덧붙여진 것이라고 결론지었다. 영과 마찬가지로, 샹폴리옹은 프톨레마이오스가 알파벳 방식으로 철자되었다고 가정했다. 그는 더 나아가 필라이 오벨리스크의 두 번째 상형문자의 음가를 추측해 냈다.

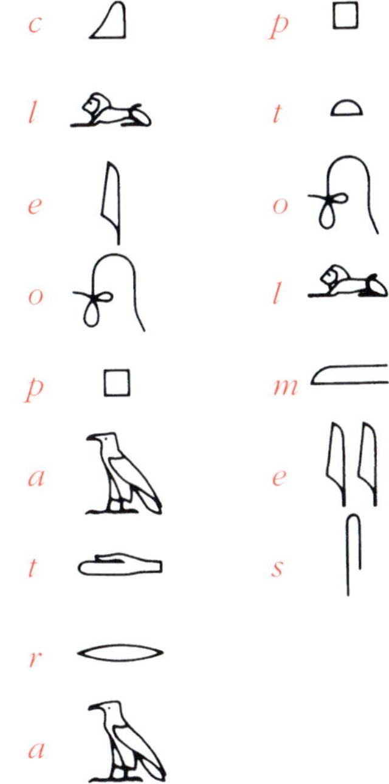

l, *e*, *o*, *p*의 값은 각각 한 종류의 기호로 표현되었지만, *t*의 값은 서로 다른 두 기호로 표현되었다. 샹폴리옹은 *t*에 해당하는 두 기호가 동음이의어, 즉 기호는 달라도 소리는 같은 것(영어의 경우 **J**ill과 **G**ill, pracic**c**e와 practi**s**e처럼)이라고 올바르게 추론했다.

상형문자의 알렉산드로스와 카이사르

그러나 제대로 검증하기 위해서는 그 새로운 음가들을 다른 명문에 적용해서 뜻이 통하는 이름이 되는가를 보아야 했다. 샹폴리옹은 다음과 같은 카르투시들로 시험해 보았다.

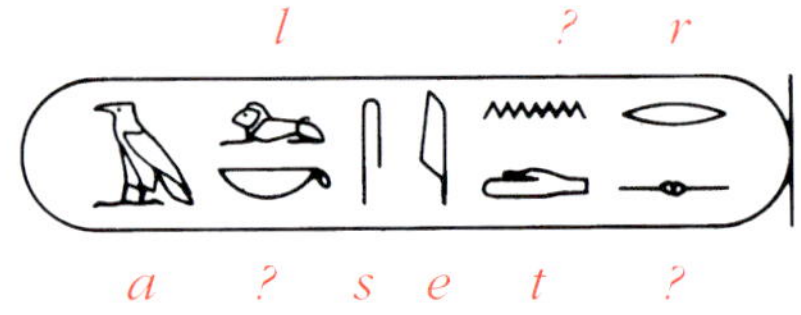

음가로 치환해 보면 *Al?se?tr?*가 된다. 샹폴리옹은 Alksentrs＝그리스어 Alexandros(알렉산더)일 것이라고 추측했다. 여기에서 *k/c*(◡ 와 ◿)에 해당하는 두 기호는 동음이의어이며, *s*(◦ 와 |)에 해당하는 두 기호도 마찬가지다.

그는 계속해서 베레니케 왕비(이미 영이 확인했다)와 카이사르, 그리고 로마 황제의 명칭인 아우토크라토르 등 이집트 출신이 아닌 다른 지배자들의 카르투시도 확인했다.

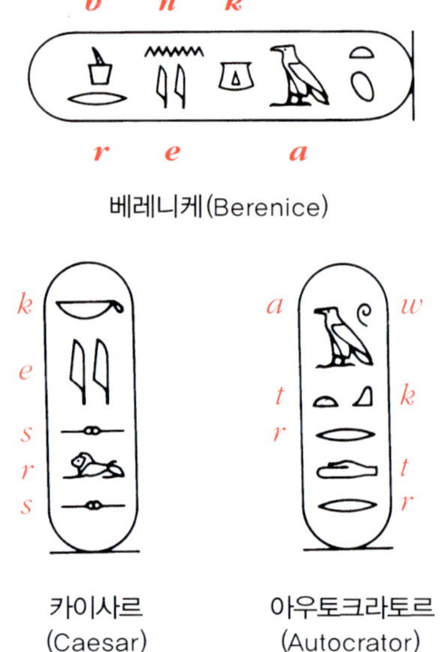

베레니케(Berenice)

카이사르
(Caesar)

아우토크라토르
(Autocrator)

1822년 샹폴리옹의 이런 초기 시도들은, 데모틱이나 상형문자에서 이집트의 것이 아닌 인명과 단어는 알파벳 방식으로 철자되었다는 것을 전제로 했다. 이렇게 해서 그는 다음과 같은 발음기호표를 작성했다. 그는 처음에는 이 알파벳이 파라오의 이름에 적용되리라고는 기대하지 않았다. 그는 여전히 그것이 발음과 다르게 철자되었을 것이라고 생각했다. 자신의 '해독'이 상형문자 체계 전체에 적용되리라고는 더욱 기대하지 않았다. 이집트 상형문자는 대부분 발음과 개념이 아닌 오직 개념만을 표현한 것이라는, 고대 이래의 고색창연한 사고방식이 토머스 영의 경우처럼 여전히 샹폴리옹의 정신을 지배했다. 1823년 4월에야 샹폴리옹은 상형문자의 원칙을 모두 이해했다고 발표할 수 있었다.

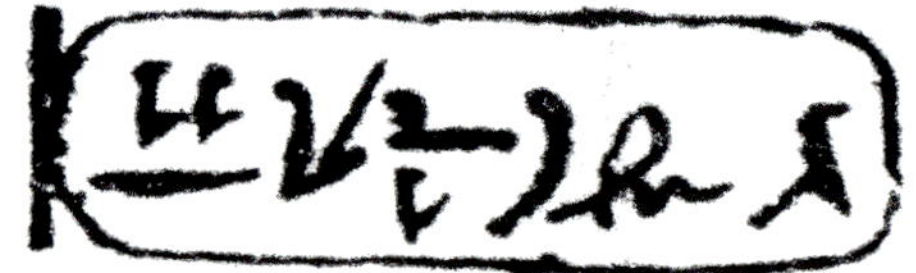

오른쪽_ 해독의 첫 열매. 데모틱과 상형문자 기호가 그리스어와 나란히 제시된 이 표는 1822년 10월에 작성된 것으로, 샹폴리옹이 해독에 관해 첫 번째로 발표한 유명한 『다시에 씨에게 쓴 편지』에 수록된 것이다. 특히 동음이들을 주목해 보라. b 값을 가진 서로 다른 기호가 세 개나 있다. 샹폴리옹은 1820년대에 자신의 해독 관련 연구가 진전하면서 이 표를 대대적으로 수정했다. 하단에는 자신의 이름을 데모틱으로 써서 카르투시 안에 넣어 놓았다(나중에 좀 더 정식판에서는 생략되었다). 왼편에 그것의 확대판이 있다.

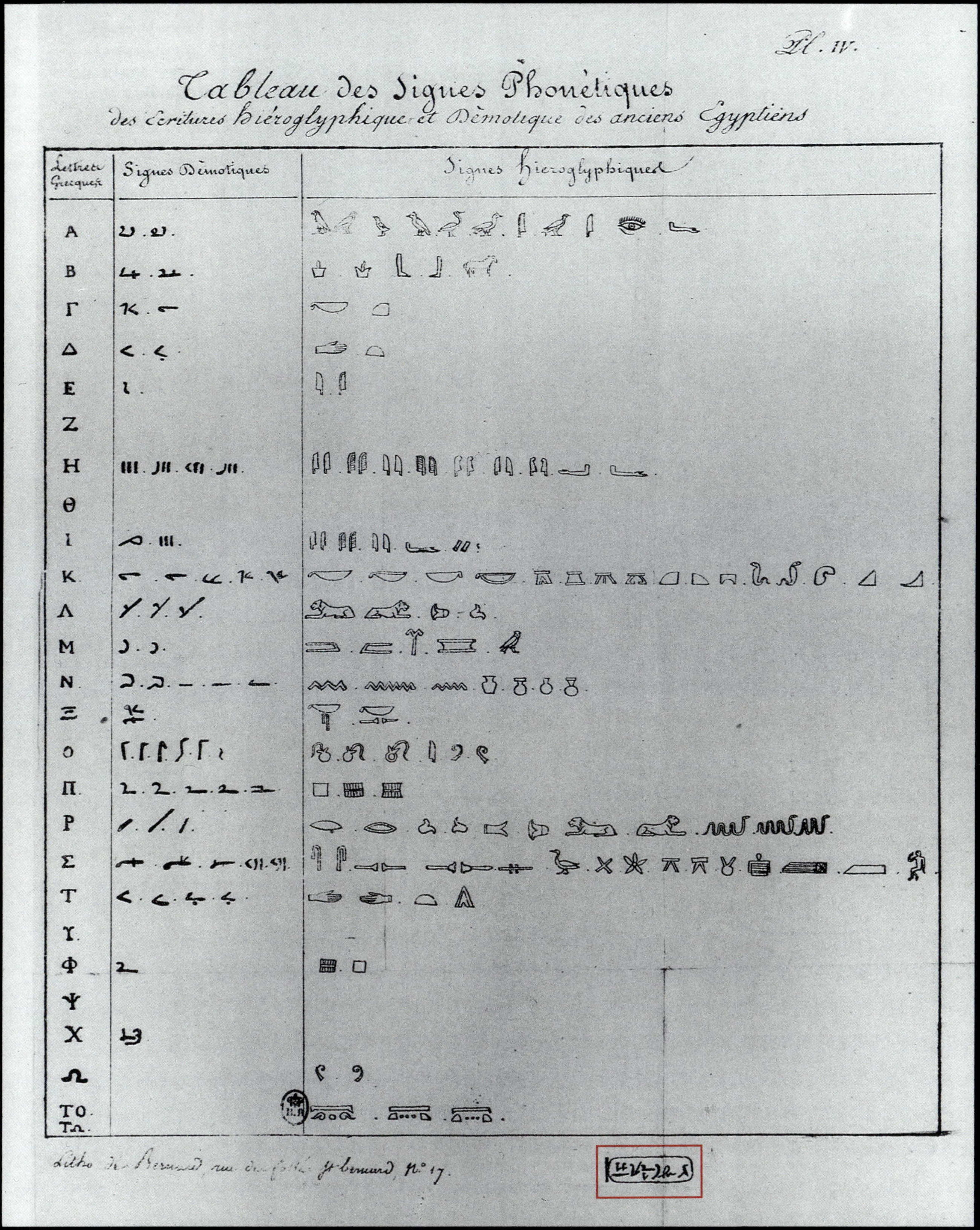

Pl. IV.

Tableau des Signes Phonétiques
des Écritures Hiéroglyphique et Démotique des anciens Égyptiens

Lettres Grecques	Signes Démotiques	Signes Hiéroglyphiques
A		
B		
Γ		
Δ		
E		
Z		
H		
Θ		
I		
K		
Λ		
M		
N		
Ξ		
O		
Π		
P		
Σ		
T		
Υ		
Φ		
Ψ		
X		
Ω		
ΤΟ ΤΩ		

Litho. de Bernard, rue du faub. St. bernard, n.º 17.

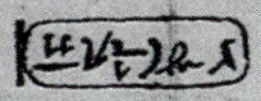

이집트 상형문자의 정수(精髓)

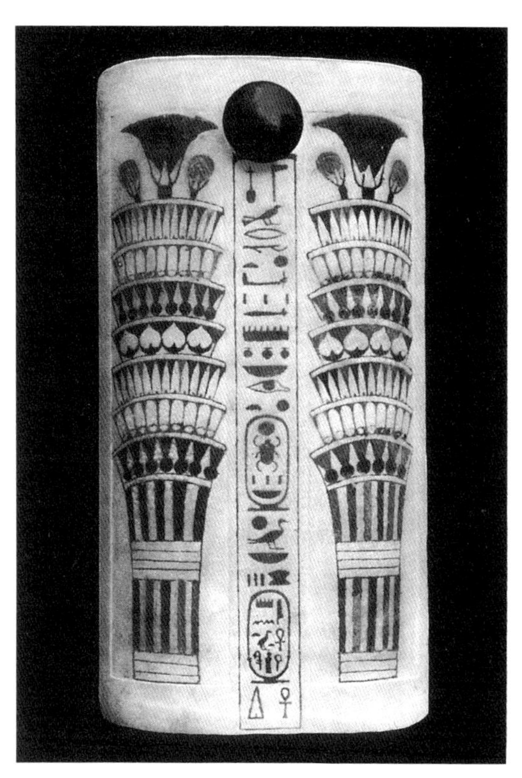

왼쪽 끝_ 투탕카멘의 석고 상자 뚜껑.
아마포에 싸인 머리털
두 뭉치가 들어 있다.
명문에는 이렇게 씌어 있다.
"위대한 승리와 불후의 업적,
의례의 주관자인 선한 신
넵케페루레, 태양의 아들,
왕관을 쓴 주, 투탕카멘,
테베의 주, 생명을 얻었도다."

왼쪽_ 금제 모형 관, 투탕카멘의
내장을 보호하기 위한 것.
상형문자에는 이렇게 씌어 있다.
"셀케트가 이렇게 말하리라.
내가 내 두 팔을 내 안에 있는
이 위에 두었으니, 내 안에 있는
케베세네프를 안전하게 보호하리라.
왕 넵케페루레 오시리스의
케베세네프, 진실된 목소리."

샹폴리옹이 처음 발견한 이집트 상형문자의 근본
원리는 다음과 같이 요약될 수 있다. 즉 상형문자
체계는 의미 기호, 곧 단어와 개념을 표현하는 기
호로서 표어문자라고도 하는 것과, 하나 또는 그
이상의 소리를 나타내는 음성 기호 또는 표음문
자(알파벳 혹은 자음으로 된)의 혼합물이다.

어떤 상형문자는 새나 뱀과 같은 대상을 표현
하는 그림, 즉 회화문자이지만, 그 기호의 의미가
꼭 그림과 같은 것은 아니다.

예를 들어, 클레오파트라 카르투시의 '손' 기호
는 '손'의 의미와는 전혀 관계가 없다. 그것은 t
값을 가진 표음문자에 지나지 않는다. 그러므로
하나의 회화문자가 문맥에 따라 표음문자 또는
표어문자로 사용될 수 있는 것이다.

즉, 이집트 상형문자는 한 가지 이상의 기능을 가지고 있다. 오른쪽에 있는 투탕카멘의 카르투 시는 그의 무덤에 있는 한 상감 상자의 윗부분인 데, 이러한 근본 원칙을 잘 보여 준다. 위에서 아래로 읽어 보도록 하자.

이 갈대 하나는 대략 i의 값을 가진, 알파벳 방식의 표음문자다.

말이 올라와 있는 놀이판은 이중 자음 mn의 음가를 가진 표음문자다.

물은 n의 음가를 가진 알파벳 방식의 표음문자다. '발음상 보음'의 역할을 하면서 mn에서 n 소리를 도와준다.

따라서 이 세 기호는 임(imn)으로 읽을 수 있고, 보통 이멘(imen) 또는 더 자주는 아몬(amon)이나 아문(amun)으로 발음된다(여기에서 알 수 있듯이, 상형문자에서는 대개 모음이 생략된다). 아문은 룩소르의 신으로 신왕국 시대에는 신들의 왕으로 여겨졌다. 그의 이름은 존경을 표하기 위해 제일 처음에 두었다.

반원(프톨레마이오스의 카르투시에서 이미 본)은 t 값을 가진 알파벳 방식의 표음문자다. 이것은 이 카르투시에 두 번 나타난다.

병아리는 w의 음가를 가진 표음문자로, 모음 u에 가까운 약한 자음이다.

이것은 이미 프톨레마이오스 카르투시에서 본 삼중 자음 '안크'이며, '생명'·'삶'이란 뜻이다(이것은 나중에 콥트 교회에서 '손잡이 달린 또는 눈 달린' 십자가, 즉 '크룩스 안사타'가 되었다).

그러므로 이 네 기호는 '투탄크(tutankh)'라고 읽힌다.

목자의 지팡이는 '지배자'를 의미하는 표어문자다.

기둥은 카이로 근처의 헬리오폴리스를 의미하는 표어문자다.

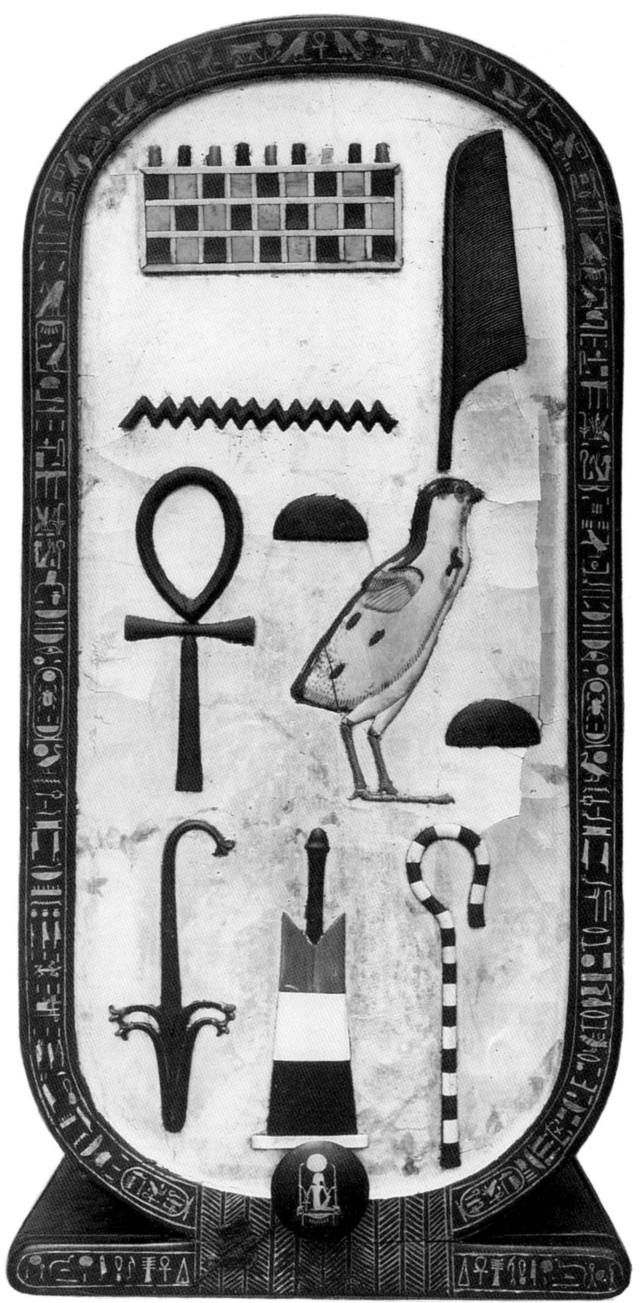

이것은 상이집트의 문장으로 쓰이는 식물이다. 이것은 상이집트를 나타내는 표어문자다.

'상이집트의 헬리오폴리스'는 테베의 또 다른 이름이다. 그러므로 카르투시 전체는 이렇게 읽을 수 있다. '투탕카멘, 테베의 지배자'.

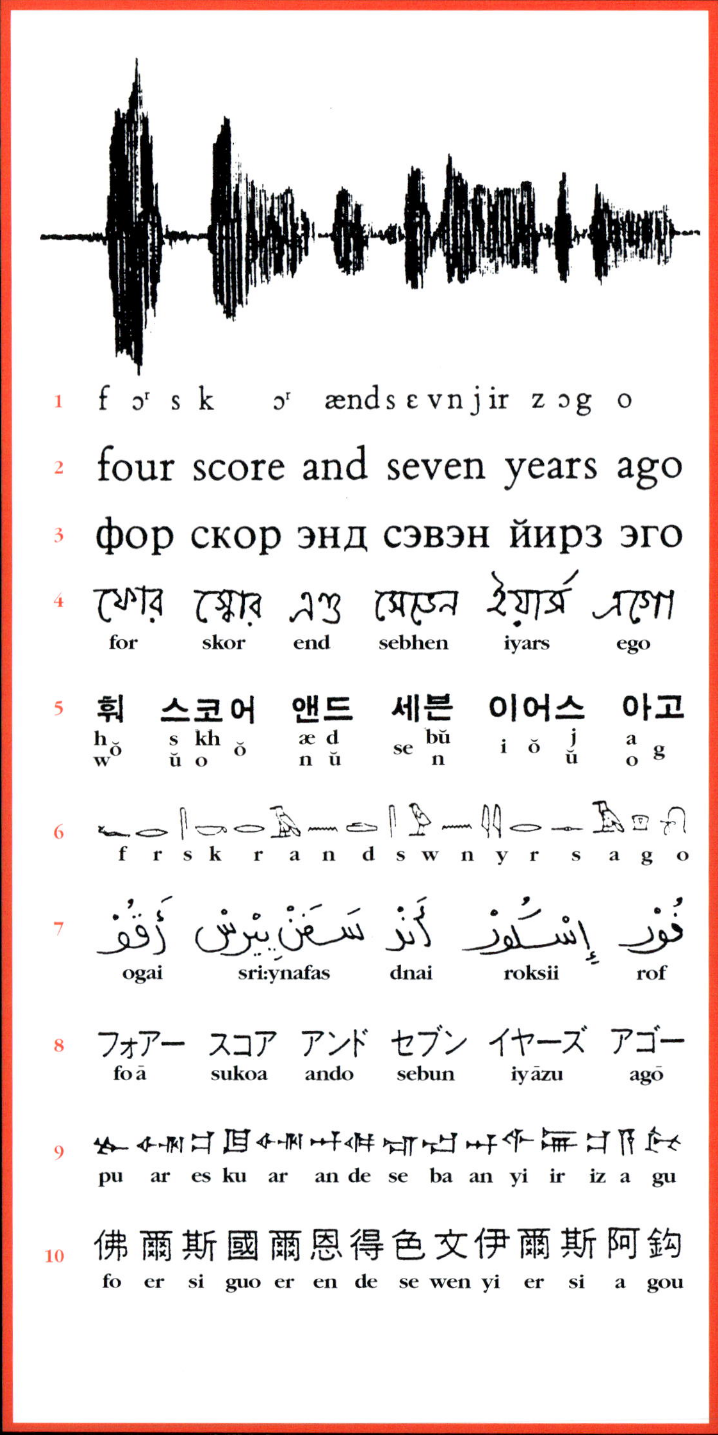

음성을 표현하는 정확도는
문자들마다 상당히 차이가 난다.
'90년 전'(에이브러햄 링컨의
게티스버그 연설 첫 부분에 쓰인
단어들)을 10개의 문자를
이용해 써 보았다.
가장 위쪽에는 발성자(중국계
미국인 언어학자)의 음성파
그래프가 있다. 그 아래로
(1) 국제 발음기호 표기
(2) 영어 철자
(3) 러시아어 알파벳 표기
(4) 벵갈 알파벳 표기
(5) 한글 표기
(6) 이집트 상형문자
    (프톨레마이오스 시대의)
    표기
(7) 아랍 자음문자 표기
(8) 일본의 음절문자 표기
(10) 중국의 음절문자와 병음 표기
    (드프란시스, 1989)

보이는 말과 보이지 않는 말

문자는 눈에 보이고 말은 볼 수 없다는 자명한 사실을 제외한다면, 문어와 구어의 결정적인 차이점은 무엇일까? 가장 중요한 점은, 알파벳이든 한자든 이집트 상형문자이든 간에 한 구절의 문자는 자연스럽게 성분 기호들로 분해할 수 있는 데 반해, 한 구절의 말은 그렇지 않다는 점이다.

물론 우리는 종종 말을 자음과 모음, 음절로 나

개를 따로 녹음하여, 그 테이프들을 하나로 합친 후 거꾸로 튼다면 우리는 'tac'이 아니라 알아들을 수 없는 어떤 소리를 듣게 될 것이다. 우리가 일상 대화에서 사용하는 말 가운데 반 이상은 너무나 빠르게 구어로 발음되기 때문에 하나하나 분리해서 다시 말할 경우 알아들을 수가 없다.

각 구어는 자신만의 음역을 가지고 있고, 그것

음성학 학술지 『음성학의 마스터 (*Le Maître Phonétique*)』 1914년판. 1970년 이후 이 학술지는 일반적 철자법을 도입했는데, 그 이유는 독자들이 발음기호 철자법을 너무 어려워했기 때문이다. 발행인란에는 이렇게 씌어 있다. 'Le Maître Phonétique, organ de l'association phonétique international, vingt-neuvième année - janvier-février 1914' ('음성학의 마스터. 국제 음성학 학회. 29주년 1914년 1~2월')

le
mextrə fonetik

organ

de l asosjɑ:sjɔ̃ fonetik ɛ:ternasjonal

vɛ̃tnœvjɛm anc. — ʒɑ̃:vje-fevrie 1914

누며, 언어학자들은 그 밖에도 수많은 범주에 속하는 말의 '원자와 세포'를 만들어 냈다. 그러나 이러한 구분은 항상 인위적이며 자주 중복되곤 했다.

"말은 숨결의 강으로서 입과 목의 부드러운 살결에 의해 쉿 소리와 윙윙 소리로 굽이친다"고 언어학자 스티븐 핀커는 썼다. 오늘날 대부분의 문자 체계에서는 단어들 사이에 공백을 두지만, 정상적인 말에서는 단어 사이에 공간이 없다. 우리는 그러한 간격을 상상할 수는 있지만, 외국어로 말하는 것을 들을 때면 우리가 착각하고 있음이 드러난다.

말은 계속해서 주파수와 세기와 음높이를 바꾼다. 만약 'cat'을 구성하는 자음 두 개와 모음 한

을 만들 수 있는 음성의 범위는 말 그대로 무한하다. 구어의 문자 체계는 이 음역 중 몇몇을 반영하지만—그 비율은 체계에 따라 다르다—나머지는 독자가 추측해야 한다.

음성과 문자 사이의 차이는 외국어 단어와 명칭에서 가장 크게 나타난다. 왼쪽에 나오는 각 문자는 그 작업을 서로 다르게, 그리고 다양한 수준의 정확도로 수행한다. 발음기호는 매우 정확해서 원 발성자의 억양까지도 표현한다(만약 영국인이나 프랑스인이라면 그 기호가 달라질 것이다).

그러나 이러한 이점은 가독성의 부족으로 상쇄된다. 모든 문자는 입으로 말했을 때의 정확성과 마음으로 이해하는 것 사이에서 타협을 보아야 한다.

수화

수화는 '허공의 문자'도 구어도 분명히 아니지만, 어떤 핵심적인 면에서는 구어나 문자 모두와 비슷한 점을 가지고 있다.

기존의 수화 체계에 대해서는 일반적으로 세 가지 잘못된 인식이 있다. 먼저 대다수의 수화는 그림자 연극에서 '토끼'나 '오리', '뱀' 등을 나타내는 데 쓰이는 기호들, 말하자면 '손짓 회화문자'와 같이 도상(圖像)적인 것이 아니다. 수화는 알파벳처럼 개념상 추상적이다. 둘째로, 수화는 말에 대해 독립적이지 않다. (오른쪽) 그림의 미국 수화(ASL: American Sign Language)와 같은 모든 성공한 수화들은 구어에 바탕을 두고 있다(그래서 ASL 사용자는 중국 수화 사용자와 의사소통을 할 수 없다). 셋째로, 수화는 원시적인 것이 아니다. 능숙하게 수화를 할 줄 아는 사람은 말과 거의 대등한 정도의 대화를 할 수 있으며, 많은 수화 기호들은 해당 구어보다 훨씬 더 간결하게 의미를 전달한다. 이 점에서, 수화는 맥락에 따라 알파벳보다 훨씬 더 효율적으로 의사소통을 할 수 있는 표어문자와 유사하다.

말하고 쓰는 우리가 수화를 처음 대할 때는 그것이 어떻게 작동하는지를 이해하기가 매우 힘들다. 이것은 우리가 말과 글의 표현 기술에 너무나 매몰되어 있기 때문이다. 예를 들어, 우리는 시간의 과거 · 현재 · 미래를 표현할 때 시제를 사용할 수 있다. 이에 반해 수화는 공간을 사용한다. 자신의 앞쪽으로 쑥 내밀어서 만든 몸짓은 미래를 의미하고, 뒤로 물러서서 만든 것은 과거를 의미한다. 게다가 수화는 손과 얼굴을 둘 다 사용해서 의미를 표현한다. 옆의 사진이 시사하듯이, 이것은 대단히 복잡하면서 풍부한 대화를 가능케 한다.

'여인이 지갑을 잊어버렸다.' '여자 - 잊다 - 지갑'으로 된 기호들의 순서가 하나의 진술로 사용된다.

'여자가 지갑을 잊었나요?' 기호의 순서는 같지만, 머리와 어깨를 앞으로 내밀고 눈썹을 올린다.

'지갑을 잊은 그 여자가 ……' 이마와 윗입술을 올리고 머리를 뒤로 젖혀서 관계절을 나타낸다.

미국 수화

읽기에 대한 이론들

수많은 독자들이 철자법이 맞고 눈에도 익은 단어를 보면서도 왠지 '잘못된 것 같다'는 생각을 하게 되는 당황스러운 경험을 한 적이 있을 것이다. 우리는 사전을 뒤지고 단어를 성분 글자로 세분해 보고 나서 각 부분이 모두 맞다는 사실을 알게 되지만, 그래도 여전히 그 단어가 어딘지 낯설게 보인다는 느낌을 지울 수 없다.

읽기는 분명 복잡한 과정이다. 그것은 읽기를 배우는 과정이 그만큼 복잡하다는 사실을 말해 준다. 간단한 이론으로는 이것을 설명할 수 없다. 시각과 음성, 즉 눈과 귀가 서로 밀접하게 연관되어 있다. 우리는 한쪽에 쓰인 단어들이 우리의 정신에 '직접적으로' 의미 있게 되는 것을 상상하려 하지만, 우리 스스로 그 의미가 무엇인지를 질문하는 바로 그 순간 '내적 대화'가 꼭 필요하게 된다.

경험적인 증거들은 '눈' 이론과 '귀' 이론 둘 다를 지지한다. 먼저 '눈'의 증거부터 살펴보면, 'read'와 'reed', 'write'와 'right' 같은 동음이의어들을 생각해 보자. 정신은 그것들을 전혀 혼동하지 않는다. 더욱이 정신은 'bow'의 발음을 결정하기도 전에 'he bowed down'과 'she bowed the violin'에서 'bow'의 의미를 선택한다. 또한 순간 노출 실험에서 피험자들은 개별 문자보다는 완전한 단어들을 더 빨리 확인하는 것을 알 수 있었다. 예를 들어 RED, ERD, E 중에서 RED를 가장 빨리 읽었다. '눈' 이론은 또한 분당 500단어를 읽어 내는 '속독'—'귀'에 의해 문자를 하나하나 읽는 것에 비해서는 아주 높은 수준-에 대해서도 설명해 준다. 그러나 '귀' 이론은 문자 인식 속도 면에서 지지를 받는다. 그것은 한 문자당 약 1000분의 10~20초로서, 소리내어 읽는 것의 평균 속도(분당 약 250단어)와 관계가 있고, 묵독과 구술 두 경우 모두에서 비슷하다. 또한 의미심장한 것은 사람들이 어려운 글을 읽을 때 종종 입술을 움직이고 때로는 혼자 소리내어 읽어 보기도 하면서 이해를 도우려 한다는 것이다. 더욱이 '눈' 이론의 기대와는 반대로 사람들은 다양한 종류의 활자체와 필기체를 꽤 쉽게 다룰 줄 안다.

이미지 혹은 단어?

우리의 사고가 이미지나 단어로, 또는 정신어(mentalese)라 불리는 어떤 다른 형태로 되어 있는가 하는 점이 논쟁거리가 될 것이다. 이미지에 비해 단어가 중요하다는 것은 간단한 실험으로도 보여 줄 수 있다. 눈을 감고 낯익은 길에서 쇼핑센터에 가려고 혼자 차를 몰고 가는 모습을 상상해 보라. 언어에 대해 거의 독립적인 이미지가 마음속에 떠오를 것이다. 이제 다시 실제로 말은 하지 말되, 누군가에게 같은 장소에 가는 법을 가르쳐 주어야 하는 상황을 상상해 보라. 비록 그 일을 해결하는 데는 비효율적인 방법이겠지만, 당신은 같은 장면을 표현하기 위해 즉시 언어적 방식으로 전환할 것이다(지도를 그릴 수도 있지만, 단어는 빼놓을 수 없는 요소다).

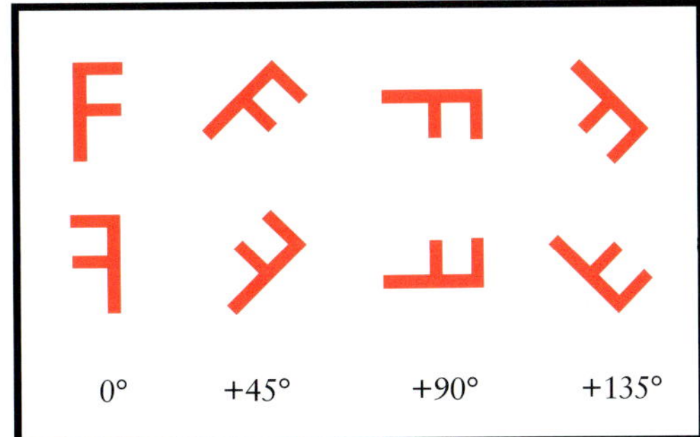

반전되거나 회전된 문자들에 관한 실험은 부분적으로는 이미지로 생각한다는 것을 보여 준다. 한 피험자에게 잠깐 동안 화면에 비친 알파벳의 이미지를 보여 주고, 그것이 정상적인지 아니면 반전된 것인지를 질문했다. 사고의 과정을 알아내기 위해 문자를 회전시켜서─180도까지─피험자가 머리 속으로 이것을 다시 똑바른 위치로 돌려놓도록 했다. 문자가 더 많이 돌아야 할수록 피험자가 대답하는 데 시간이 더 걸린다는 사실이 관찰되었다. 문자는 머리 속에서 분당 56회를 회전하는 것으로 측정되었다.

음성과 철자

우리는 다양한 종류의 필체를 읽을 수 있듯이, 구어의 여러 가지 억양을 이해할 수 있다. 뉴욕 사람들의 영어 발음은 영국 표준어와는 엄청나게 다르지만, 영어를 모국어로 사용하는 사람은 누구라도 조금만 연습하면 그 두 다른 음성이 실제로는 동일한 구어적 '요소'들을 공유한다는 것을 알 수 있다.

음성학은 모든 구어 음성에 대한 연구로서, 그 음성이 의미를 결정하는지 안 하는지에는 관심을 두지 않는다. 음운론은 이러한 음성학적 혼돈에서 질서를 연구한다. 한 언어를 말하는 사람이 어떻게 가능한 음성들에서 취사선택하여 의미를 소통하는 체계를 구성하는가?

그래서 음성학에서는 모음이란 성도를 거의 압박하지 않고 만들어진 소리인 데 비해, 자음이란 성도를 좁히거나 막음으로써 만들어진 소리라고 본다. 반면 음운론에서는 이와 대조적으로 모음(V)은 전형적으로 한 음절의 중앙에서 나타나는 단위로 정의되는 데 비해, 자음(C)은 전형적으로 음절의 주변부에 속한다고 본다. 종종 한 음절, 예를 들어 'cat'은 CVC라는 구조로 제시된다.

이것은 우리를 음운론의 중요 개념인 음운으로 이끈다. 음운은 "한 언어의 음성 체계에서 최소의 구성 단위"로 정의되었다. 알파벳과 달리, 음운은 특정 언어를 떠나서는 존재할 수 없다. 이것은 실재하는 것이 아니라 만들어진 소리이며, 위에서 언급된 배후의 구어적 '요소'다. 이러한 이유로 음운은 / / 사이에 적힌다. 영어의 모음 음운을 예로 들자면 set과 sat의 /e/와 /a/가 있고, 자음 음운은 bat와 pat의 /b/와 /p/를 포함한다. 한 언어의 음운은 다른 언어에서는 음운이 아닐 수도 있

다. 예를 들어 'leaf'와 'pool'의 경우 'l' 음성과 관련한 음운은 하나밖에 없지만, 그것들은 영어에서 서로 다른 방식으로 발음된다(당신 혀의 위치를 느껴 보라). 그러나 러시아어에서는 이 음성들이 완전히 서로 다른 두 음운과 관련된다.

이상적으로는 알파벳 철자가 한 언어의 모든 음운을 제시해야 하지만, 실제로는 훨씬 더—최소한 영어에서는—자의적이다. 영어에는 동음이의어가 굉장히 많다. 한 음성이 여러 가지 다른 방법으로 철자된다. so, sow, sew, oh, owe, dough, doe, beau, soak, soul 등에 있는 모음 o를 예로 들 수 있다. 또 한 문자가 여러 다른 소리를 나타내는 다음어로는 so, to, oh, honey, horse, woman, borough 등이 있다. 한편 히브리어와 아랍어에서는 모음이 전혀 문자로 제시되지 않아 독자가 문맥에 따라 모음을 보충해 넣어야 한다. 영어도 모음 없이 읽을 수는 있지만, 상당한 어려움이 따른다(nglsh cn b rd wtht vwls, bt thr r cnsdrbl dffclts : English can be read without vowels, but there are considerable difficults).

조지 버나드 쇼(1856~1950)는 세계적인 극작가일 뿐 아니라, 영어 철자법을 비판한 것으로 유명한 인물이다. 그 자신이 피트맨의 속기법으로 썼을 정도였다. 쇼는 유언장을 통해 최소한 40자로 된 합리적인 알파벳(킹슬리 리드의 쇼 알파벳을 보라, 아래)을 구상하는 일에 쓰라고 돈을 남겨 주었다. 장(長)·저(低)·단(短)·복(複)의 네 종류 문자가 있다. 문자의 이름은 각 문자 밑에 적혀 있고, 문자의 소리는 굵은 글씨로 되어 있다.

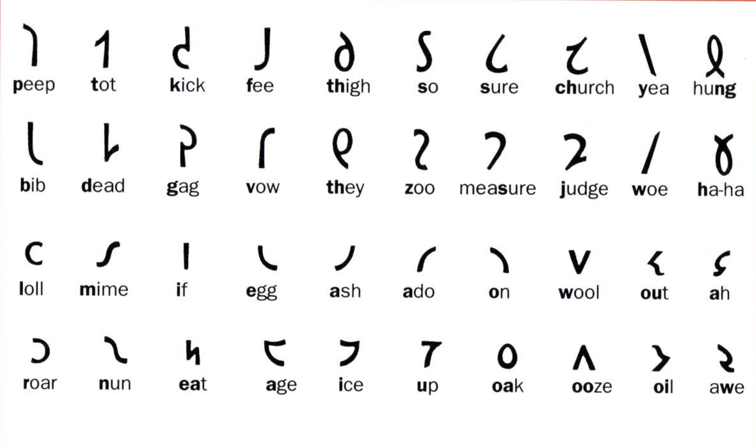

문자로 의미 전달하기

- 영어에서 '10', 'ten'의 개념, 프랑스어에서 'dix', 중국어에서 'shí' 등.
- 라틴 알파벳에서 파생한 26개 문자 순서 중 24번째 것.
- 미지의 수, 예를 들어 $x^2 + 2x = 3$, 'X씨'.
- '배수', 즉 ~배, 예를 들어 $3 \times 5 = 15$.
- 부정 명령, 예를 들어 카메라 위에 횡선 표시로 '사진촬영 금지'를 의미하는 것.
- 틀린 대답, 예를 들어 시험 답안지에서.
- X−등급 영화들 같은 포르노.
- 가령 보물 지도에서 대상의 위치 표시.
- 문맹자의 서명.
- 투표지에 기입.
- 키스.

이런 식으로, 영어의 일상적 문어에는 우리에게 친숙한 것들 말고도 표어문자의 다른 예들이 생각보다 많이 있다. 예를 들면, £, $, &, %, !, † 등과 수학 기호들이 있다.

높은 수준의 수학도 순전히 표어문자만으로 이루어지지는 않는다. 방정식을 연결시키려면 단어들이 필요하다. 수학자들의 칠판에 단어들이 항상 나타나지 않는 이유는, 그들이 계산하는 동안 자기 자신에게나 청중에게 말로 설명하기 때문이다.

영어 알파벳의 문자들은 음성 기호, 즉 표음문자들이다. 일반적으로 그것들은 의미를 가지고 있지 않다. 의미는 그들이 결합해서 단어를 만들 때 생겨난다. 그러나 'a'는 명사 앞에서 부정관사로 쓰일 때는 의미 기호, 즉 표어문자가 되기도 한다. 그리고 원을 둘러서 @를 만들면 '~의 비율로'라는 의미로 쓰인다. 'x/X'는 훨씬 다의적이다. 이것은 음성 기호로서 'xenophobia'의 z를 나타내거나 'exel'에서 ks를, 'exist'에서 gz를, 'Xmas'에서 $kris$, 'Xing'에서 $cross$, 'Xth'에서 ten(또는 프랑스어 X^e = 'dixième'에서는 dix)을 나타낼 수 있다. 의미 기호로서 x/X는 더 넓은 범위의 의미를 가지고 있다. 다음에 몇 가지를 나열해 보았다.

전자장 **E**는 동시에 입자 배치의 함수이며, 따라서 우리는 U를 **E**의 함수로 표현할 수 있어야 한다. 이 가능성을 조사하기 위해 다음 함수를 고려해 보자.

$$U_T = \tfrac{1}{2}\int \varepsilon_0 E^2 \, d^3\mathbf{R}.$$

다음에서 $\mathbf{E} = -\nabla_\varphi(\mathbf{R})$이라고 한다면,

$$\phi(\mathbf{R}) = \sum_m \frac{q(m)}{4\pi\varepsilon_0 |\mathbf{R} - \mathbf{r}(m)|}$$

$$\nabla^2\phi(\mathbf{R}) = -\frac{1}{\varepsilon_0}\sum_m q(m)\delta(\mathbf{r}(m) - \mathbf{R}),$$

U_T를 $U_T = \tfrac{1}{2}\varepsilon_0\int(\nabla\varphi)^2 d^3\mathbf{R} = -\tfrac{1}{2}\varepsilon_0\int\varphi\nabla^2\varphi \, d^3\mathbf{R} + \tfrac{1}{2}\varepsilon_0\int\varphi\,\partial\varphi/\partial n \, dS$ 로 표현할 수 있고, 이때 무한면적분은 무시할 수 있다.

수수께끼 그림

"이 남자는 고양이를 사랑한다." 이 문장을 '읽기'는 아주 쉽다. 이 방법을 좀 더 발전시켜 더욱 복잡한 개념을 표현하고 싶은 사람도 있을 것이다. 그러나 그러기에는 너무나 어려운 문제들이 가로놓여 있다. "이 남자는 고양이를 사랑하곤 했다"나 "이 남자는 언제나 고양이를 사랑할 것이다"는 어떻게 해야 할까?

순수한 회화문자 체계는 기본적인 구어 개념들을 표현하는 데 실패했으나 이것은 기발한 발상을 통해 변형될 수 있다. 수수께끼 그림이 그것이다. 이것은 묘사하는 개념을 표현하는 것이 아니라, 그 개념과 관련된 발음을 나타낸다. 수수께끼 그림에서는 발음이 체계적인 방식으로 가시화될 수 있고, 추상적 개념이 기호화될 수 있다. 이집트 신성문자는 수수께끼 그림으로 가득 차 있다. 예를 들어 '해' 기호인 ☉ *R(e)*는 람세스의 신성문자 철자의 첫 번째 기호다. 수메르 초기의 점토판에서 우리는 회화문자로는 쉽게 기호화될 수 없는 '상환하다'는 단어가 갈대로 표현되었음을 알 수 있다. 왜냐하면 수메르어에서 '상환하다'와 '갈대'는 *gi* 음성을 공유하기 때문이었다.

D oue' son gli occhi, et la serena forma.
del santo alegro, et amoroso aspetto?
doue la man eburna ou e'l bel petto.
ch'appensarui hor'in fonte'mi transforma'?

1540년경, 지오반바티스타 플라티노가 쓴 수수께끼 그림. 이 구절은 이렇게 읽을 수 있다.

Dove son gli occhi, et la
    serena forma,
del santo alegro, et
    amoroso aspetto?
dove la man eburna ov'el
    bel petto,
Ch'appensarvi hor'in
    fonte mi transforma?

(그 두 눈은 어디에 있는가?
그 평온함,
당신의 복되고 행복하고
사랑스런 얼굴의,
상아 같은 손,
아름다운 가슴,
그것을 생각할 때마다
나는 샘이 된다네.)

『이상한 나라의 엘리스』의 저자 루이스 캐롤이 한 소녀에게 쓴 수수께끼 그림 편지. '밤나무'라 불린 집에서. 1869년경.

왼쪽 끝_ 수메르의 수수께끼 그림. 기원전 3000년경. 상단 왼편 구석의 '갈대'는 '상환하다'에 해당하는 수수께끼 그림.

속기

영어를 기록하는 데에만 400개 이상의 속기 체계가 개발되어 있다. 어떤 것은 기존 철자의 약자를 사용한다. 그러나 다른 것들은 자의적인 기호 목록을 익혀야 한다. 어떤 경우에는 이 두 가지를 결합해서 사용한다.

19세기에 아이삭 피트먼 경이 발명한 것이 그 가운데 가장 잘 알려져 있다. 이것은 발음을 기본 원칙으로 하기 때문에, 영어가 아닌 언어들을 기록할 때에도 상대적으로 쉽게 이용할 수 있다. 약 65개의 문자가 사용되는데, 단자음 25개, 복자음 24개, 모음 16개로 되어 있다. 비록 대부분의 모음은 누락되어 있지만, 단어를 선 위, 선, 선 아래 중 한 곳에 위치시킴으로써 나타낸다. 기호들은 직선·곡선·점·대시는 물론이고, 위치와 음영을 혼합한 것이다. 그 기호들은 음성 체계와 관련 있다. 예를 들어 직선은 p와 같은 모든 폐쇄음에 사용되고, f와 같은 순음을 나타내는 모든 기호들은 뒤로 굽는다. 선의 굵기는 그 음성이 무성음인지 유성음인지를 나타낸다.

사무엘 페피스가 1660~1669년 사이에 썼던 그의 유명한 일기에 사용한 속기는 훨씬 덜 복잡하다. 그것은 1620년대에 토머스 셸턴이 발명한 방법으로, 몇몇 측면에서는 바빌로니아 설형문자와 같은 고대의 문자 체계와 닮은 점이 있다. 비록 많은 기호들이 단어들의 단순 축약형이거나 약자였지만, 300개에 가까운 기호들은 새로 만들어 낸 것으로 주로 자의적인 표어문자다. 이를테

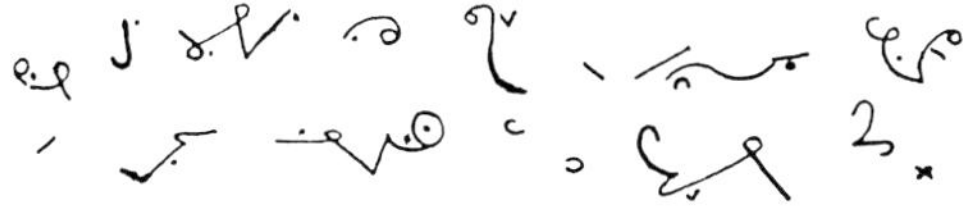

면 '~로'는 2로, '둘'은 더 큰 2로, '왜냐하면'은 5로, '우리를'은 6으로 나타내는 식이었다(이 기호들 중 몇몇은 '비어' 있었다. 아마도 작업의 비밀을 위해서였을 것이다). 첫소리 모음은 기호화되었고, 가운뎃소리 모음은 모음 뒤의 자음을 모음 앞의 자음보다 5단계 위·아래·옆에 둠으로써 표현했으며, 끝소리 모음은 비슷하게 배열된 점으로 나타냈다. 전체적으로 이것의 속기 체계는 거의 발음을 나타내는 방식이었다. 이 방식은 여러 결점에도 불구하고 당시 설교나 연설을 기록하는 데 널리 쓰였으며, 분당 100단어 정도의 속도를 낼 수 있었다.

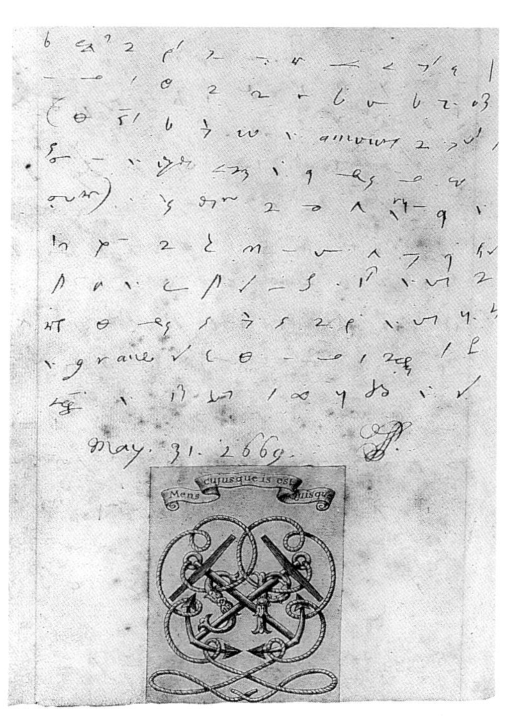

사무엘 페피스(1633~1703), 일기 작가.

왼쪽_ 그가 1669년에 자신의 눈이 멀고 있다고 (잘못) 확신하여 낙심하며 써내려간 사무엘 페피스의 유명한 일기의 마지막 페이지. "지금까지 펜을 들 때마다 내 눈을 상하게 해왔기에 이제는 더 이상 일기를 계속 쓸 수 없고 …… 그러므로 이 일에 전념하는 것은 내가 무덤에 들어가는 것을 지켜보는 일과 마찬가지다. 이것과 또 내 눈이 머는 것에 뒤따를 모든 불편함에 대해 선하신 하느님이 날 위해 준비해 주시기를!"

왼쪽_ 피트맨의 속기와 오른쪽_ 흘려쓰기 : "역사의 여명 이래로 인류는 자신의 동료들과 소통하기 위해, 또 잊혀져 버릴지도 모르는 경험들을 기록하기 위해 노력해 왔다."

문자 체계의 분류

다음 도표는 문자 체계를 오래된 순서가 아니라 특성에 따라 나눈 것이다. 이 표는 한 문자 체계가 역사적으로 어떻게 다른 문자 체계를 야기했는가를 보여 주지 않는다(연결된 선들은 한 체계가 다른 체계에 영향을 미쳤을 가능성을 나타낸다). 문자 체계를 가장 잘 분류하는 방법은 논쟁의 대상이다. 예를 들어 어떤 학자들은 페니키아 문자가 자음뿐 모음이 없다는 것(마치 오늘날의 아랍 문자처럼)을 이유로 그리스 알파벳 이전에는 알파벳이 존재하지 않았다고 본다. 분류 문제가 대두되는 것은 '순수한' 문자 체계—즉 의미를 완전히 음절 기호나 알파벳 또는 표어문자로 표현하는 체계—같은 것이 존재하지 않기 때문이다. 모든 완전한 문자 체계는 음성 기호와 의미 기호의 혼합물이기 때문이다. 그럼에도 불구하고 이름을 붙이는 것이 서로 다른 체계들의 특성을 상기하는 데 도움을 줄 것이다. 여기에서 사용된 명칭들, 예를 들어 표어-음운과 같은 것들은 어쩔 수 없이 다소 복잡하다. 그 이름들의 의미는 각 문자 체계를 좀 더 상세히 살필 때 분명해질 것이다.

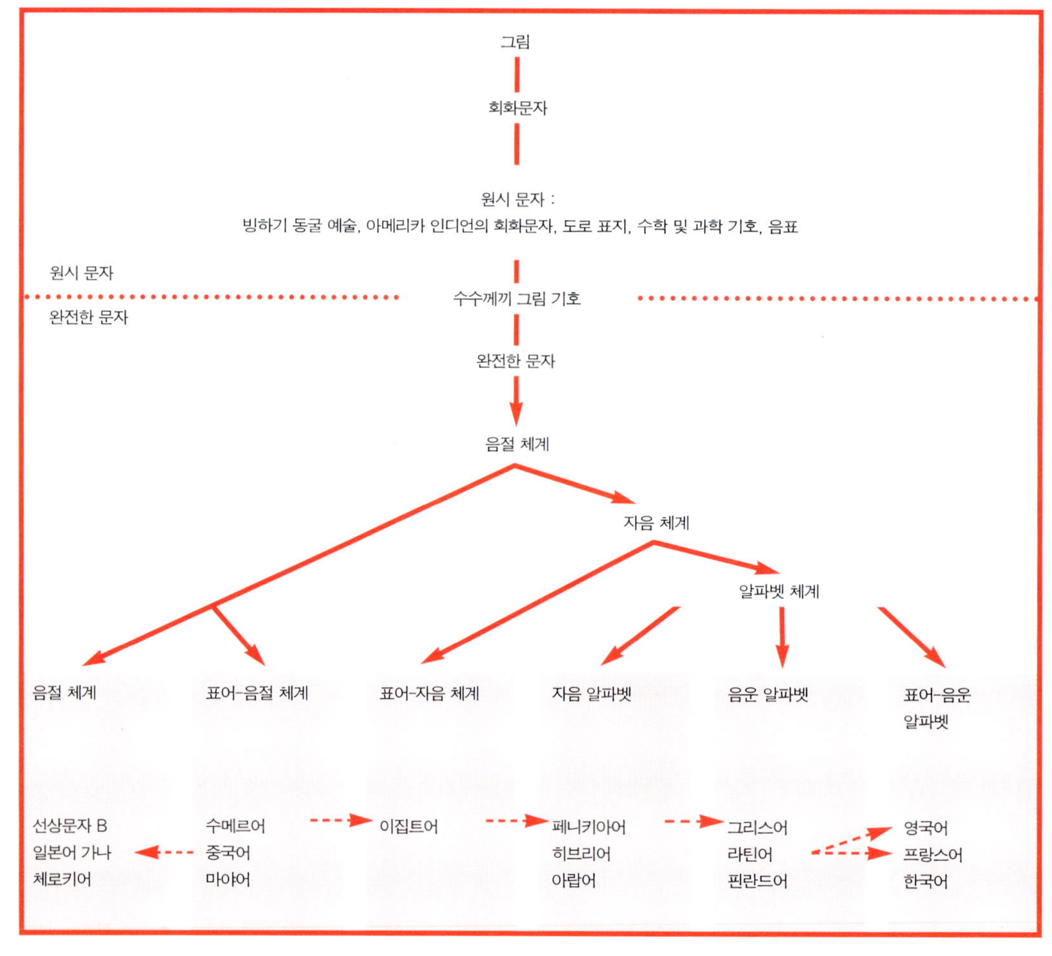

언어와 문자

언어와 문자는 우리의 정신과 떼려야 뗄 수 없기 때문에 우리는 영어·프랑스어·독일어 등이 이론적으로는 그 어떤 문자로도 적힐 수 있다는 사실을 잊곤 한다. 만약 영어를 아랍 문자나 일본의 '가나'로만 적으려고 한다면, 이러한 문자들로 표현되지 않는 영어 음성을 나타내려면 심각한 어려움을 겪을 것이다. 그러나 원칙적으로는 어떤 언어에 사용되는 한 문자는 다른 것을 적는 데에도 이용될 수 있다.

이것은 역사 속에서 늘상 있어 왔던 일이다. 수메르인에 뒤이어 메소포타미아를 지배했던 아카드인은 아카드어와 수메르어가 서로 닮은 점이 없는 언어임에도 불구하고 수메르 설형문자를 채택했다. 일본인은 중국어와 일본어가 대단히 다름에도 불구하고 한자를 도입했다. 그리고 그리스인은 아마도 페니키아인으로부터 알파벳을 얻어, 그 셈어 문자를 수정하고 모음 기호를 더해서 자신의 것으로 만들었을 것이다.

오늘날의 차용 문자

이러한 과정은 계속된다. 중국에서는 1958년 이래 병음 체계를 이용해서 중국어를 로마자 형태로 쓸 수 있게 되었다. 말타에서는 말타어를 로마 알파벳으로 적는데, 말타어는 이런 식으로 적는 유일한 아랍어라고 할 수 있다. 그리고 터키에서는 오스만 투르크가 사용한 아랍 문자가 1928년 케말 아타튀르크에 의해 공식적으로 포기되고, 로마자로 대체되었다. 터키어는 비록 아랍어 차용어가 많고 이슬람과 강한 문화적 유대가 있기는 하지만, 구조적으로는 아랍어와 전혀 관계가 없다. 26개 알파벳으로는 표현되지 않는 터키 음운들을 다루기 위해서 몇 가지 발음 구별 부호가 요구되었는데, 예를 들어 ğ(부드러운 /g/y/), ö와 ü(독일어처럼), ş(/sh/) 등이다.

그러한 결정을 하게 된 데에는 정치적 의도가 뚜렷했다. 1960년에 새로 독립한 소말리아는 소말리어를 위한 문자를 결정해야 했다. 이슬람교가 소말리아의 공식 종교였고, 아랍어는 소말리어와 함께 공식 언어였다. 그러나 이탈리아어와 영어도 널리 사용되었다. 정부 위원회는 18가지 문자들을 고려했다. 11개는 '소말리어'였고, 4개는 아랍어, 3개는 로마자였다. '소말리' 중에서 주도적인 것은 발명가 오스만 유수프의 이름을 딴 오스만 알파벳이었다. 그는 이탈리아·아랍·에티오피아 문자에서 얻은 아이디어를 혼합했다. 자음과 모음 기호를 구별하는 것과 쓰는 방향은 이탈리아어에서 가져왔다. 문자의 순서와 장모음 표현법은 아랍 알파벳에 근거했다. 문자의 전체적인 모양은 에티오피아의 영향을 받았음을 보여준다.

1961년 두 알파벳, 곧 오스만과 로마 알파벳이 공식적으로 채택되었다. 1969년에는 공인 문자 체계를 둘러싼 논쟁에 종지부를 찍겠다는 것을 목표의 하나로 선언한 쿠데타가 있었다. 1973년 오스만 체계가 포기되고, 로마자가 소말리아의 공식 문자로 채택되었다.

말타어는 로마 알파벳으로 표기하는 유일한 아랍어다. 추가된 한 문자와 몇몇 자음 위의 발음 구별 부호를 보라.

아래_ 20세기에 오스만 유수프가 소말리어를 적기 위해 발명한 오스만 알파벳. 1973년에 포기했다.

특권을 가진 문자

MCMXCV

문자의 역사에서 전통은 매우 중요하다. 종종 전통은 편의성보다 우선시된다. 이집트 상형문자와 메소포타미아 설형문자는 알파벳이 널리 퍼진 뒤로도 여러 세기 동안 살아남았다. 오늘날 일본에서는 전통을 이유로 한자가 너무나 복잡함에도 불구하고 교육받은 사람이라면 한자에 기초한 문자 체계를 급격히 변화시킬 생각을 꿈에도 하지 못한다. 중국과 일본에서는 한자가 떠받들어지고 있는데, 그것은 마오쩌둥이 1953년경에 쓴 어느 기념 비문의 탁본을 보면 알 수 있다.

이스라엘에서는 1948년 이래 특이한 상황이 벌어졌다. 고대 문어를 바탕으로 일상어가 구성된 것이다. 1948년 이전에는 히브리어와 히브리 문자는 주로 종교적 문헌에만 국한되었다. 그런데 이스라엘 국가의 건립과 더불어 히브리어는 모음 기호가 없어서 읽기 힘들다는 단점에도 불구하고 국어와 국문이 되었다.

이것은 마치 라틴 구어가 되살아나서 종교와 예식에만 쓰이는 것이 아니라 일상 회화에도 사용되는 것과 마찬가지라 할 수 있다. 그런가 하면 라틴 문어의 몇 가지 형태는 특히 로마 숫자에서 일상적인 용법 속에 살아남았다. 이것은 동전과 시계, 몇몇 공적(公的) 명문, 몇몇 교양 정기간행물의 표지, 심지어 BBC의 텔레비전 프로그램의 배역 자막에도 나타난다. 루이 16세나 엘리자베스 2세(루이 XVI나 엘리자베스 II가 아니라) 같은 식으로 쓰거나, 또는 빅뱅의 시간을 일반적인 아라비아 숫자로 쓴다면 상당한 불쾌감을 자아낼 것이다.

로마 숫자는 비록 쓰기는 불편하지만 아라비아 숫자에는 없는 특권을 갖고 있다. 비록 정도는 덜하지만, '흑체활자' 즉 고딕 문자는 르네상스 시대까지 거의 500년간 유럽 기독교 세계의 표준적인 필기체였다.

그 후 인문주의자들의 선호로 인해 로마자가 그것을 대체했지만, 독일에서만은 흑체활자가 1940년까지 쓰이다가 아돌프 히틀러에 의해 '유대적' 기원이라는 이유로 금지되었다.

오른쪽 위_ 독일의 흑체활자 문자

오른쪽_ 1750년경의 수메르-아카드 이중 언어. 왼쪽의 수메르 본문이 오른쪽에 아카드어로 번역되어 있다. 수메르어 각 행 밑에 있는 작은 기호들은 발음을 나타낸다.

오른쪽 끝_ 한자에 대한 존경. 마오쩌둥이 1953년경에 쓴 기념 바문의 탁본.

왼쪽 아래_ 다리우스 1세(기원전 521~486)가 이집트에 대한 승리를 기념하기 위해 자신의 입상을 세웠을 당시 페르시아 제국의 공식 언어는 알파벳 방식의 아람 문자였다. 그러나 입상의 명문은 설형문자와 이집트 상형문자로 적혀 있다. 이것은 그 문자들이 승리를 기념하는 데 쓰이는 신성한 것이었기 때문이다. 설형문자(사진을 시계 반대 방향으로 90도 돌려서)의 첫 4행은 고 페르시아어로, 다음 3행은 엘람어로, 그리고 희미한 마지막 3행은 아카드어로 적혀 있다.

오른쪽 아래_ 1918년 4월. 예루살렘 올리브 산에서 유대어 위원회가 도착하기를 기다리는 인파. 현대 히브리어 제작은 이스라엘 국가가 건립되기 훨씬 전부터 시작되었다. 고대 문자의 부활은 일체감을 새롭게 했다.

Frankfurter

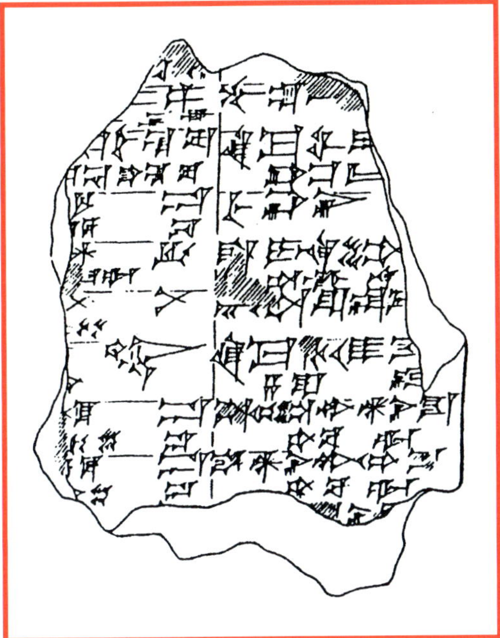

일반적으로 문자는 말보다 훨씬 더 느리게 변한다. 서구의 작가들은 여전히 로마자에, 유대 작가들은 고대 히브리 문자에, 일본 작가들은 한자에 찬사를 바친다. 인도에서는 수백만 명이 데바나가리 문자, 즉 '신국의 문자'를 사용하는데, 이것은 산스크리트어를 적기 위해 처음 사용되었던 문자에서 진화한 것이다.

문어의 이러한 보수성은 문자의 시작 자체에서 출발한다. 2500년 전으로 돌아가면, 우리는 페르시아 왕 다리우스가 초기 지배자들의 언어인 아카드어로 설형문자 비문을 새기는 장면을 볼 수 있다.

다리우스보다 1천 년 전에는 바빌로니아의 서기관들이 학생들에게 수메르어를 설형문자로 가르치기 위해 두 언어로 된 점토판을 만드느라 애쓰고 있었다. 그것은 점토판으로 되어 있다는 점만 빼면, 여러 세대의 서양 학생들이 사용한 라틴어-영어 사전과 같은 것이었다.

시각적 차원

이미 살펴보았듯이, 모든 문자들은 음성 기호와 의미 기호 둘 다를 통해서 작동한다. 문자들은 또한 시각적으로, 즉 기호의 생김새를 통해서도 의사소통한다. 알파벳 사용자들은 비록 다른 스타일의 문자는 다른 방식으로 의미를 전달하리라는 것을 인정하면서도(여기에 로만 · 이탤릭 · 고딕 같은 활자체의 중요성이 있다), 알파벳의 개별 문자들에서는 아무 의미를 찾지 못하기 때문에 시각적 차원을 무시하는 경향이 있다. 반대로 한자 사용자들은 한자의 각 글자가 알파벳과 달리 의미를 가지고 있고 몇몇 글자들은 모양과 의미가 닮은 것처럼 보이기도 하므로, 기호에 대해 지나칠 정도로 강조하는 경향이 있다. 한자를 쓰는 사람들은 글자들이 음성의 개입 없이 '정신에 직접 말한다'는 식으로 주장하기를 좋아한다.

이것은 사실이 아니지만, 한자와 이집트 상형문자에는 또 다른 의미가 분명히 담겨 있다. 두 체계는 정교하게 사용하면 스스로의 생명을 가진 듯한 문자를 만들어 낼 수 있다. 오른쪽에 있는 거대한 글자는 부처를 의미한다. 오늘날의 기독교인이 알파벳 앞에서 기도한다면 무척 어색할 것이다. 중세 수도사들이 아무리 아름답게 장식했다 하더라도, 알파벳은 한자와 같은 상징적 힘과 생명력을 가지고 있지 않다.

한자 중에서 바로 인식할 수 있는 글자는 매우 드물다. 그러나 외국인들은 일단 그 글자의 의미를 알게 된 후에는 한자가 나타내려고 하는 의미에 적합하다고 느끼곤 한다. 결과적으로 글자와 그 의미를 배우는 것을 돕기 위해 한자에 대한 시각적 기억법이 만들어졌다. 그러나 그러한 기억법이 각 글자가 최초의 형태에서 진화한 과정을 '설명'한다는 착각에 빠져서는 안 될 것이다. '여자' · '밭'과 같이 몇몇 한자들은 회화문자에 기원을 두지만, 대부분은 그렇지 않다.

다섯 개의 일상적인 한자와 그 시각적 기억법. '남자'를 나타내는 한자는 중국 남성의 주된 직업이 최근까지도 벼 농사였다는 점을 반영하여 '밭에 있는 힘'을 나타낸다고 생각되었다.

왼쪽 아래_ 요즘에는 여자들 역시 벼농사를 한다.

'포(佛)'라는 글자로 바위에 새겨진 부처. 중국 남부의 주요 불교 성지 중 하나. 1905년에 새겨진 것이다.

佛
光緒乙巳季四月佛誕

회화문자

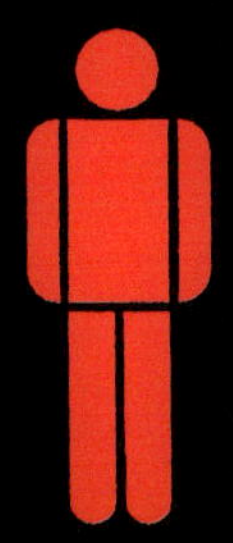

'남자'·'서다'·'남자 화장실' 등을
나타내는 현대 기호.

학자들도 글자가 그림에서 시작되었을 것이라
는 상식적인 생각에 동의한다. 사람·소·뱀·
나무 등의 회화문자보다 '읽기' 쉬운 것으로 무
엇이 있을까? 사실 회화문자는 보기와 달리 그
리 단순하지 않다. 아래에 열두 개의 중국 초기
회화문자들(기원전 1200~1045)과 열여덟 개의
수메르 회화문자(기원전 3000년경)가 있다. 아래
있는 답을 보기 전에 그 그림의 의미가 무엇인
지 생각해 보라.

회화문자와 관련해서는 두 가지 실제적인 어

정(鼎)	코끼리	양/숫양	광주리	가죽	여자
입구/입	물고기	달/월	말	밭	거북이

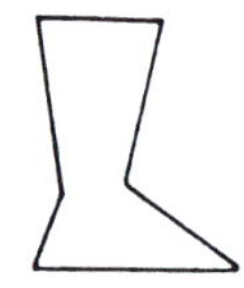

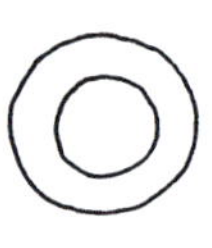

손	날	소	먹다	항아리	대추야자
돼지	과수원	새	갈대	원숭이	황소
머리	걷다/서다	물고기	보리	우물	물

려움이 있다. 먼저, 한 기호가 회화문자가 되는 기준점은 어디인가? 역으로 말하면, 회화문자는 어느 선까지 추상화될 수 있는가? 예술가 M.C. 에셔는 이 수수께끼를 뛰어난 예술 작품으로 만들었는데, 그 중 일부가 위에 제시되어 있다. 중앙의 검은 형태는 분명히 삼각형이며, 오른편의 것은 분명히 새를 나타내는 회화문자다. 그러나 그 가운데 있는 형태에 대해서는 어떻게 말할 것인가?

둘째, 회화문자의 의미가 일반화와 관념 연상에서 실패하는 기준점은 어디인가? 예를 들어 남자가 서 있는 막대기 그림은 남자 개인부터 남성 전체를 의미할 수 있다. 이것은 또한 '서다', '기다리다', '혼자', '외로이' 또는 '남자 화장실'을 상징할 수도 있다. 마찬가지로 '보리'에 대한 수메르 기호는 다른 종류의 곡식 작물을 의미할 수도 있고, 아예 모든 식물을 의미할 수도 있다. 이것은 아이가 말을 배우는 것과 비슷하다. 아이들은 애완견을 '개'라고 부른다는 것을 배우고서는 고양이처럼 눈에 띄는 동물은 모두 개라고 잘못 생각한다. 또는 그 단어의 범위를 너무 좁혀서 자기 집 애완견 하나에만 적용하기도 한다.

문화의 기호들

회화문자는 또한 문화적인 면에서 어려움이 많다. 의자의 디자인에는 술집 의자, 받침대가 있는 의자, 바구니 모양의 안락의자 등을 비롯해 수십 가지 종류가 있다. 아프리카 부락의 버드나무 의자는 그 어느 것에도 속하지 않는다. 서양에서는 소가 우유와 고기를 연상시키지만, 인도에서는 소에 혹이 있고 힌두교 신자들에게는 신성하며 도살할 수 없는 동물이다. 의자와 소의 회화문자는 문화에 따라 모양과 함축된 의미가 다른 것 같다.

첨단 기술의 회화문자는 그러한 모호함에서 상대적으로 자유롭다. 다루는 사람이 해당 장치에 익숙하다면, 회화문자는 트랜지스터 · 저항 · 개폐기 · 콘덴서 따위를 잘 표현해 줄 것이다. 회로도는 회화문자 의사소통의 매우 효과적인 사례다. 동일한 정보를 단어로 전달한다고 생각해 보라. 그러나 회로도 역시 전달할 수 있는 정보의 유형이라는 측면에서는 매우 특수한 것이다.

M.C.에셔,
'변신 Ⅲ',
1967~1968.

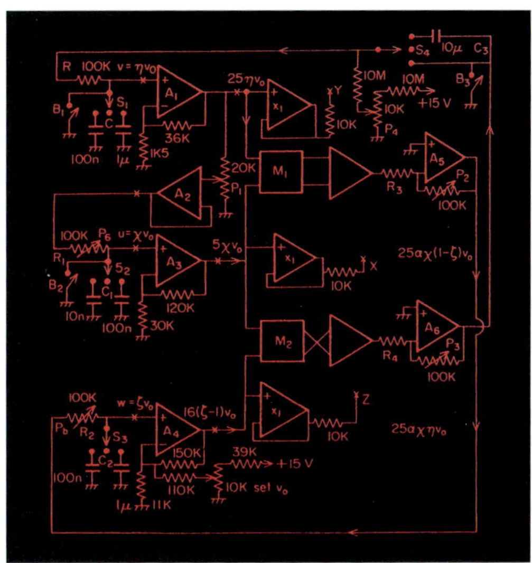

전자 회로도는
회화문자로 의사소통이 가능한
성공적인 형태다.

3__ 원시 문자

빙하 시대의 기호들

왼쪽_ 기호를 가진 들소.
남부 프랑스, 마르.

아래_ 일련의 'P' 기호 위에
덧새겨진 말. 남부 프랑스,
레 트르와 프레레.
인근의 동굴 튀 도두베르의
조금 후미진 곳에는
서로 다른 도구로 새겨진
80개 이상의 'P'가
다른 말 그림을 둘러싸고 있다.
혹 이것은 오랜 시간 동안
어떤 빙하 시대 사람의
개인적 예배 의례에 쓰였던
그림이 아닐까?

왼쪽 큰 둥근 바위 위에 새겨진 손과 붉은 점들은 약 2만 년 전의 것이다. 이것은 프랑스 남부 로의 프시 메를의 한 동굴에서 만들어졌다. 이 생생한 동굴 벽화는 무엇을 뜻할까? 그저 '내가 여기에 내 동물들과 함께 있었다'는 뜻일까, 아니면 더 깊은 상징적 의미를 가지고 있는 것일까? 아무도 모른다. 지난 세기 동안 남부 프랑스의 동굴 벽화와 유물에서는 수많은 빙하 시대 회화와 그림이 발견되었는데, 그 가운데 몇몇에는 설명되지 않는 기호가 그려져 있다. 로르테에서는 숫사슴의 옆얼굴에 마름모꼴 두 개가 함께 새겨져 있고, 마를라에서는 들소 그림 속에 기호들이 들어 있다(위).

이 모든 것이 문자일까? 만약 이것이 이 기호들은 "어떤 생각을 전달하는 데 쓰인 시각 기호 체계의 일부인가"라는 질문이라면, 그 대답은 "아니오"다. 빙하 시대 인간이 일종의 문자 체계, 심지어 알파벳을 발명했는데 이후 완전히 잊혀졌다고 믿을 수는 없는 일이다. 어쨌든 동굴 벽화를 그린 사람들은 쓰는 것은 고사하고 충분히 말을 할 수 있었는지도 확실히 알 수 없다(비록 대개의 과학자들은 그러했으리라고 가정하지만). 그러나 그 정도의 활력과 힘을 가진 예술가들이 제한된 형태로나마 문자적 소통 방식을 발명하지 못했을 것이라고 믿는 것도 마찬가지로 어려운 일이다. 빙하 시대의 기호와 다른 형태의 불완전한 문자들을 '원시 문자'라고 부르기로 하자. 원시 문자는 현재 우리가 살고 있는 시대 (예를 들어 회로도와 도로 표지)를 포함한 모든 시대에 걸쳐서 끝없는 다양성을 가지고 있다. 원시 문자는 수메르에서 기원전 3300년경 완전한 문자가 등장하기 훨씬 전에 나타났으며, 완전한 문자와 함께 늘 존재했다.

부절(符節)

그리스 역사가 헤로도토스에 따르면, 페르시아의 다리우스 왕은 반항적인 스키티아인을 정복하러 가는 원정길에 한 그리스인 부대(동맹국)를 뒤에 남겨서 전략적인 다리 하나를 지키도록 하였다. 다리우스는 그곳을 떠나면서 그리스인들에게 60개의 매듭으로 된 끈을 하나 주며 하루에 매듭을 한 개씩 풀라고 했다. 만약 그 매듭을 모두 풀 때까지 자신이 돌아오지 않으면, 배를 타고 귀향하라는 말이었다.

이와 같은 부절들은 가장 오래된 유형의 원시 문자에 속한다. 빗금이 깔끔하게 그어진 빙하 시대의 뼈들이 다소 발견되었는데, 현미경으로 검사해 본 결과 그 빗금들은 오랜 시간에 걸쳐 다양한 도구를 이용해 그어졌음이 밝혀졌다. 아마도 그 뼈들은 달의 주기를 표시한 것이었을 것이다. 빙하 시대의 인류는 달의 변화를 추적해서 유용한 달력을 만들었을 것이다.

왼쪽 중세 세관원들이 포도주세를 징수하고 있다. 한 사람은 지갑을, 다른 한 사람은 부절 한 쌍과 빗금을 그을 칼을 가지고 있다. 벨기에 투르네 대성당의 창문에서.

왼쪽 아래_ 프랑스 서부 샤랑트의 르 플레카르에서 나온 기원전 약 13500년의 독수리뼈. 빗금들은 아마도 달의 주기를 표시한 것이었을 것이다.

아래_ 영국 재무성의 부절 막대기와 주석. 이러한 부절들은 1834년까지 사용되었다. 총액이 많을수록 나무를 많이 잘라냈다. 1000파운드는 직선으로 어른 손 정도 넓이(4인치)의 톱니 모양 빗금을 그어서 나타냈다. 1파운드를 나타내는 홈은 여문 보리 낱알을 넣을 정도였고, 1페니는 단지 톱으로 한 번 그은 것이었으며, 0.5페니는 그저 구멍만 하나 뚫었다. 글을 알든 모르든 사람들 모두가 이러한 표준값을 알고 있었다.

사회 내에 문자가 널리 보급되면서 부절을 사용하지 않게 되었다고 생각하기 쉽다. 그러나 실제로는 부절이 문자 사용을 보충할 수 있다. 손수건의 매듭은 문맹인 주인에게 해야 할 일을 생각나게 해주겠지만, 읽고 쓸 줄 아는 사람에게도 마찬가지로 도서관에서 찾아볼 무언가를 상기시켜 줄 수 있다. 영국 재무성의 역사는 부절의 역사와 떼려야 뗄 수 없는 관계가 있다. 재무성은 1100년부터 1834년까지 부절 막대기의 빗금에 주석을 덧붙여서 영수증을 기록했던 것이다.

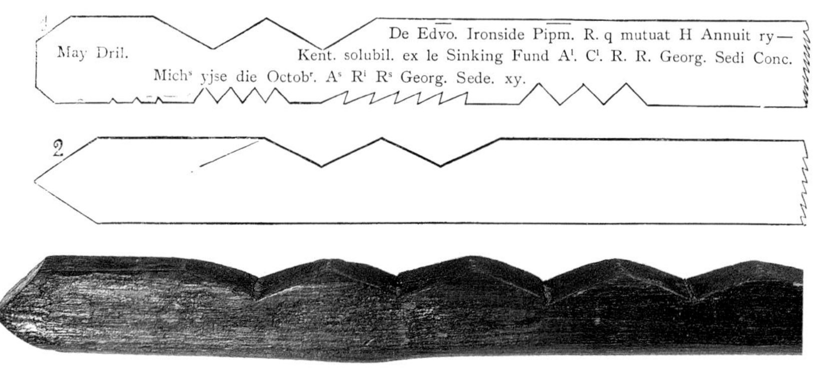

왼쪽_ 구아만 포마 데 아얄라가
그린 것으로, 키푸를 가진
잉카 제국 서기관. 1613년경.

왼쪽 끝_ 토레스 해협 군도의
부절('쿠페').

아래_ 페루의 키푸.
한 키푸 안에는 여러 유형의
매듭이 있는데, 각 유형은
10진법상의 한 값을 나타낸다.
매듭이 없는 것은 0을 나타낸다.
예를 들어 5배 긴 매듭에
겹친 네 개의 휘갑친 매듭 위에
두 개의 휘갑친 매듭이 있는 끈은
245를 의미했다.
줄 위에서 매듭의 위치에 따라
값이 달라지기도 한다.
또, 끈 다발을 정리하기 위해
전체를 묶는 끈이 쓰였다.

잉카의 결승(結繩)문자

잉카 문명은 제국의 탄생에 문자가 필요하다는
일반적인 생각을 뒤집는 유명한 예외라 할 수 있
다. 잉카 문자는 (아스테카나 마야와는 달리) 존재
하지 않았다. 대신 '키푸'라 불리는 밧줄과 끈의
매듭으로 잉카 제국 내에서 이루어지는 물품의
이동을 기록했다. 키푸는 잉카의 유일한 관료적
기록 수단이었다. 각 마을의 '키푸카마요크', 즉
매듭 관리자들이 매듭 기록을 만들고 해석하는
일을 맡았다. 이 체계는 효율적으로 작동했으며,
16세기에 스페인의 '콘키스타도르(정복자들)'가
도달한 이후에도 얼마간 유지되었다.

아메리카 인디언의 회화문자

가장 잘 알려진 형태의 원시 문자는 아마도 북아메리카 인디언의 회화문자일 것이다. 이들은 대개 벽이나 바위에 비교적 조잡한 표지와 기호들을 새기거나 그려 넣었다. 가장 일반적인 회화문자는 보통 바위그림으로 알려진 것이다. 그러나 어떤 아메리카 인디언 회화문자는 상당히 정교하다.

위의 회화문자는 1883년 오글라라 시욱스의 추장이 다코타 영역에 있는 미국 인디언청의 요청으로 '쓴' 것이다. 이것은 전사들의 이름을 나열한 것으로(얼굴의 붉은 줄이 전사를 뜻한다), 전사들의 이름은 머리 위의 기호로 표현되었다. 예를 들어 곰이 지키는 자, 강철 매(푸른색은 '강철'을 뜻한다), 붉은 뿔 황소, 돌진하는 매, 가죽옷을 입은 자, 붉은 수탉 등이다.

아메리카 인디언이 보낸 회화문자 '편지'의 사례도 극소수나마 있다. 이 편지라는 단어에는 인용 부호를 붙여야만 하는데, 그 '편지'들이 진정한 편지는 아니기 때문이다. 그것들은 '아는 사이'끼리만 이해할 수 있는 암호 편지에 가깝다.

이 편지는 '아내를 따라가는 거북이'라는 샤이엔 부족 한 사람이 '애송이'라는 자기 아들에게 쓴 것이다. 이 편지에 따르면, 그는 아들에게 53달러(53개의 동그라미로 표시했다)를 보내며 집으로 돌아오기를 요청하고 있다. 이 편지는 '아내를 따라가는 거북이'가 부쳤지만, 돈은 대리인 다이어에게 편지의 뜻을 설명하면서 함께 주었다. 다이어는 편지에 대한 설명을 봉투에 써서 돈과 함께 배달부 맥길리커디에게 주어서, 그가 '애송이'에게 아버지의 편지를 보여주면서 돈을 건네주도록 했다. 아마도 아버지와 아들은 서로 헤어지기 전에 편지에 대해 그들에게 익숙한 방식으로 합의를 했을 것이다.

시베리아의 연애 편지

회화문자의 유명한 예로 이른바 유카기르의 연애 편지가 있다. 이것은 1892년경 시베리아 북동부에 사는 작고 고립된 유카기르 부족의 한 여인이 '썼고', 시베리아로 유형 와서 인류학자가 된 러시아의 한 정치적 유배자에 의해 1895년에 출간되었다.

언뜻 보기에는 구성 요소들의 모양과 상호 관계만 연구해서는 이 문서에서 별다른 의미를 찾아낼 수 없을 것 같다. 이에 대한 (부분적) 설명은 다음과 같다. 침엽수처럼 생긴 것은 사람들을 나타낸다. 침엽수 c는 쓴 사람(여성)이고, 침엽수 b는 받는 사람(남성)인데, c는 전에는 쓴 이의 애인이었으나 지금은 침엽수 a, 즉 한 러시아 여성과 함께 유카기르 마을에서 멀리 떨어진 곳에 살고 있다. 자연히 쓴 이와 받는 이의 관계는 깨어졌다. 그래서 그 러시아 여성의 머리에서 나온 선 x가 b와 c를 잇는 선을 가로지르는 것이다. 그러나 a–b의 가정은 파란이 많았고(a와 b 사이의 횡선), 쓴 이는 홀로 외로이 집에 있다(사각형 구조물 속의 횡선). 그녀는 여전히 받는 이를 그리워한다(c에서 b를 향하고 있는 덩굴손 모양).

한편 그녀는 받는 이에게 마을에 사는 다른 젊은 남자, 즉 침엽수 d가 자신에게 관심을 가지고 있다는 것을 알아 달라고 한다(d에서 c를 향해 뻗은 덩굴손 모양). 만약 받는 이가 쓴 이의 메시지에 대해 행동을 취하려 한다면, 자신의 새로운 가정(완성되지 않은 구조물)에 자녀(원편 끝의 작은 침엽수들)가 생기기 전에 서두르는 것이 좋을 것이다.

설명을 알게 되면 이것은 매력적인 도안으로서, 많은 학자들이 이것을 진정한 편지이며 언어로부터 자유로운 회화적 의사소통 수단의 하나로 여겼던 것도 놀라운 일이 아니다.

그러나 이것은 오류임이 밝혀졌다. 러시아 원본에 대한 최근의 신중한 조사 결과, 그 '편지'는 실제로는 일종의 유카기르 파티 놀이로서 실연한 한 소녀가 자작나무 껍질에 새겨 넣은 것임이 드러났다. 그 소녀가 새길 때, 다른 유카기르 젊은이들이 주변에 모여들어서 그녀와 농담을 하면서 그 뜻을 맞히려 했을 것이다. 이것은 모두가 서로를 알고 있었다는 사실에서 더욱 쉽게 드러난다. 한마디로 그 '편지'는 보내기 위한 것이 아니었다. 그 편지의 내용은 받는 이에게 그녀 자신이나 다른 사람을 통해 구두로 전달되었다.

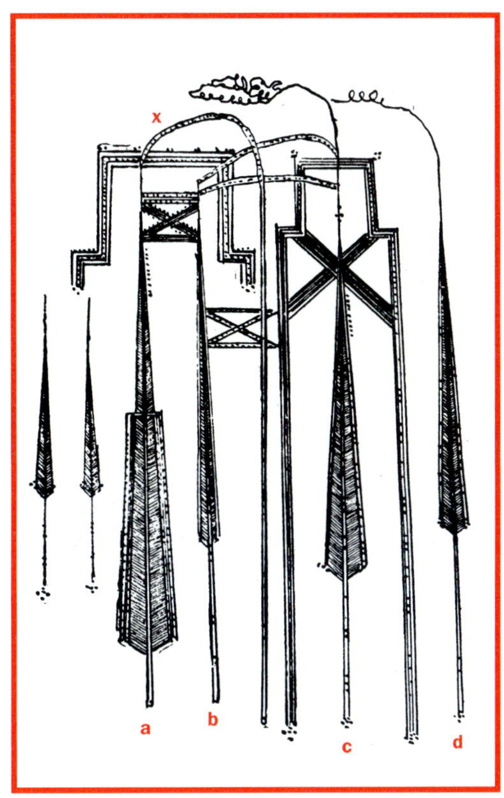

점토 '토큰'

중동에서는 점토판 말고도 문자가 새겨지지 않은 조그만 점토 유물이 대량으로 발굴되었다. 발굴 층위에 따르면 그 유물들은, 비록 기원전 3000년 이후의 유물 숫자는 줄어들지만, 기원전 8000년에서 1500년경의 것이다. 초기의 유물들은 장식이 없고 기하학적인 모양, 즉 구·원반·원뿔 등인 데 비해, 후대의 것들은 종종 홈이 파여 있거나 보다 복잡한 방식의 모양을 하고 있다.

그것들이 어떤 용도로 쓰였는지는 누구도 정확히 알지 못한다. 가장 그럴듯한 설명은, 그것들이 회계용 계산 단위였으리라는 것이다. 이를테면 양 한 마리나, 곡물 한 부셸(약 36리터)처럼 어떤 물품의 특정한 단위를 나타낼 때는 서로 다른 모양이 사용되었을 것이다. 수와 모양을 각기 달리해서 특정한 모양의 물체가 가령 양 10마리 또는

100마리, 아니면 흰 양에 대비해서 검은 양을 나타낼 수도 있었을 것이다.

이렇게 함으로써 비교적 적은 수의 점토 물체로도 아주 많은 수와 양을 처리할 수 있었을 것이다. 또한 이것은 시간이 흐를수록 유물이 눈에 띄게 복잡해지는 경향을 고대 경제가 분화한 탓이라고 설명할 수 있게 한다.

이러한 전제 아래 그 유물들은 개념과 양을 나타냈을 것으로 보이기 때문에 일반적으로 '토큰'이라 칭한다. 한 이론에 따르면, 이 토큰 체계는 미완성의 회화문자였으므로 기원전 3000년경에 점토판 문자가 성장하면서 토큰의 숫자가 줄어들었다고 한다.

그러나 이 이론은 널리 받아들여지지는 않는다. 이제 그 이유에 대해 살펴보자.

점토 '토큰' 출토 지역. 토큰은 팔레스타인에서 아나톨리아와 이라크를 가로질러 이란까지 널리 나타난다 (그러나 이집트에서는 전혀 발견되지 않았다). 바빌로니아에서 특히 많이 발견되었다. 출토 지도를 그리는 데 가장 큰 어려움은 발굴자들이 종종 토큰을 내버렸다는 것이다. 또, 작은 점토 물체들을 토큰으로 볼 것인지 아닌지를 결정해야 하는 것도 역시 어려운 일이다.

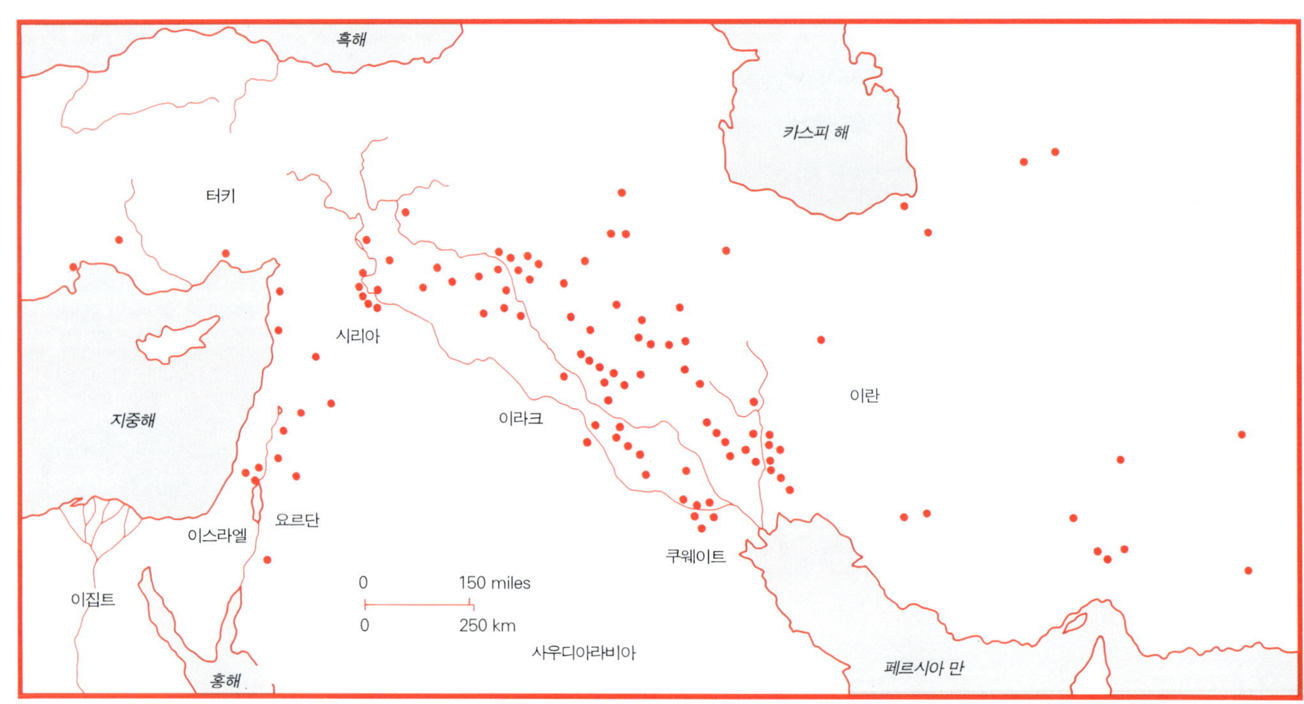

위_ 단순한 '토큰'과 복잡한 '토큰'.
기원전 8000년부터
문자가 출현하기까지.
십자 표시가 된 토큰은 양의 숫자를
기록하는 데 쓰였던 것 같다.

왼쪽_ 레오나르드 울리 경이
고대 수메르의 도시 우르에서
발굴하고 있는 장면. 1920년대.
그와 초기 발굴자들은
대부분의 토큰을 쓸모 없는
것이라고 생각하고 내버렸다.

점토 덮개

점토 토큰 중에서 가장 흥미로운 출토물은 다른 토큰들을 감싸고 있는 점토 덮개다. 대개 공 모양으로 되어 있으며, '포대'라고 알려져 있다. 겉면은 봉인되어 있고 날인이 있는데, 때로는 그 날인이 내용물과 일치하기도 한다. 토큰을 온전히 보존한 포대가 약 80개 존재하는 것으로 알려져 있다. 들어서 흔들면 달각거리는 소리가 난다. X-레이를 찍어 보면, 내부에 있는 토큰의 윤곽을 알 수 있다. 개봉된 포대도 있지만, 발굴하는 과정에서 깨지거나 적절한 기록 없이 내용물이 흩어져 버린 포대도 있다. 그러나 자료의 제한성에도 불구하고 몇 가지 결론은 도출할 수 있다.

포대의 목적이 저장된 토큰의 정확성과 신뢰성을 보장하기 위한 것이었음은 거의 확실해 보인다. 토큰을 줄로 꿰거나 가방에 넣어 보관하면 누군가 조작할 수 있지만, 토큰을 봉인해 버리면 그러기가 훨씬 어려워진다. 재화를 운송할 때면, 봉인된 포대가 선하증권의 역할을 했을 것이다. 분쟁이 생겼을 때, 포대를 깨서 내용물을 상품과 대조해 볼 수도 있었을 것이다.

점토 바깥에 표시를 함으로써 포대를 깨지 않고도 내용물을 확인할 수 있는 방법도 있었다(물론 그럴 경우에는 조작으로부터 덜 안전하였겠지만). 그러나 여기에서 증거는 애매모호하다. 외부 날인의 숫자가 토큰의 숫자와 일치할 것이라고 기대할 수 있다. 물론 몇몇 경우에서는 그렇지만, 항상 그런 것은 아니다. 또 날인과 토큰 모양이 같을 것이라고 기대할 수도 있다(아마도 포대가 봉인된 후에는 안에 숨겨진 것과 똑같은 다른 토큰으로 날인을 했을 것이다). 하지만 실제로는 그 상관 관계가 반드시 일치하지는 않는다.

데니스 슈만트 베세라트가 이끄는 많은 학자들은 포대 바깥에 표시한 이러한 표지가 더 복잡한 기호를 가진 점토판 표지와 이후에 이어지는 문자가 등장하기 위한 첫 걸음이었다고 생각한다.

비록 이 생각은 합리적이긴 하지만, 지나치게 단순화한 것 같다. 점토판 위의 기호가 점토 공 위의 날인이나 점토 토큰 자체보다 더 발전한 개념이라고 여겨야 할 이유가 어디 있겠는가? 그런 이유가 혹 있다 해도, 토큰에 모양을 새기는 조형술이 판에 기호를 긁어 쓰는 것보다 더 발전한 것처럼 보인다. 주화의 발명이 부절 막대기의 긁기 표지와 빗금 긋기 이후에 나타난 것과 비교해 보라. 더욱이 토큰과 포대는 기원전 3000년경 설형 문자가 생겨난 이후에도 오랫동안 쓰였다. 토큰과 포대는 어떤 이들의 생각처럼 문자의 개념으로 대체되기보다는 아마도 부절처럼 문자를 보충하는 역할을 했을 것이다. 즉, 그들은 문자보다 앞선 것이 아니라 문자의 발전과 더불어 발달한 것이다.

6개의 토큰과 그에 일치하는 6개의 날인이 표면에 새겨진 포대.

왼쪽_ 표면에 날인이 네 개 새겨진
포대. 토큰이 일곱 개 들어 있다.

왼쪽 아래_ 설형문자가 새겨진
독특한 포대.
기원전 1500년경. 누지 출토.
49개의 토큰을 묘사하고 있다.
(출토 당시 보존되어 있었으나,
지금은 유실되었다).

오른쪽 아래_ 봉인된 포대의 X-레이
사진(토큰이 보인다).

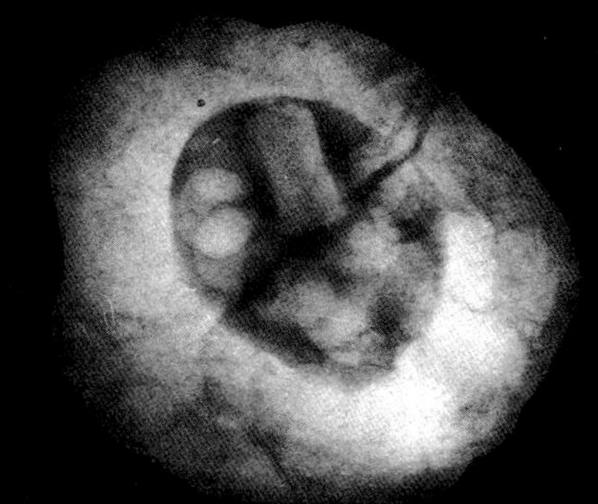

최초의 점토판

알려진 최초의 점토판은 메소포타미아 우루크에
서 나왔는데, 수메르인이 썼고 아마도 기원전
3300년의 것 같다(초기 점토판의 연대는 모두 불
확실하다). 그것들은 숫자판으로 완전한 문자를
나타내는 것 같지는 않다. 그것들은 오직 계산에
만 관심을 둔 것으로, 거기에 쓰인 기호들은 숫
자와 회화문자 혹은 유사 회화문자인 상징들로
이루어져 있다. 우리는 그것들의 세세한 의미에
대해서는 확실히 알지 못하지만, 계산을 따라갈
수는 있다.

숫자들은 기원전 3000년경 설형문자가 개발된
이래 수세기 동안 똑같은 방식으로 새겨졌다. 갈
대 펜의 둥근 끝을 수직으로 눌러 부드러운 점토
위에 둥근 구멍을 만들 수도 있었고, 각도를 주어
서 손톱 모양으로 팔 수도 있었으며(83쪽 참조),
누르기와 겹치기를 섞어서 더 큰 숫자를 표현할
수도 있었다.

숫자가 점토 포대 표면의 날인에서 발전되었을
가능성도 있다. 그러나 이와 달리 따로 판에 쓰기
위해 개발되었을 가능성 역시 있다.

아마도 점토판에 대한 개념은 메소포타미아 도
시국가가 경제적으로 점점 더 복잡해짐에 따라
생겨났을 것이다. 빙하 시대 인류가 자신에게 중
요한 것을 기록하기 위해 동굴 벽과 뼈에 관심을
가졌던 것처럼, 고대 이라크의 도시 거주민들은
돌이나 나무가 거의 없는 땅에서 가장 많았던 물
질에 관심을 가졌을 것이다. 점토는 펜으로 표시
하기도 비교적 쉽고, 또 실수를 했다고 하더라도
지우기가 비교적 쉽다. 또한 일단 구우면 영구적
으로 기록을 남길 수가 있다. 오른쪽 초기 점토판
에 나오는 상품은 회화문자로 표시된 대로 맥주

를 만드는 데 쓰이는 보리로 알려져 있다. 기록된
양과 회계 기간도 알려져 있다. 최소 단위인 ⌣
은 아마도 대략 4.8리터의 보리를 나타냈을 것이
다. 각 숫자 기호들은 앞의 것의 배수로서 다음과
같다.

▷ = 5　⌣ 또는 약 24리터

● = 6　▸⌐ 또는 약 144리터

⬤ = 10　• 또는 약 1440리터

▷ = 3　● 또는 약 4320리터

▶• = 10　▷ 또는 약 4만 3200리터

상품의 양 :

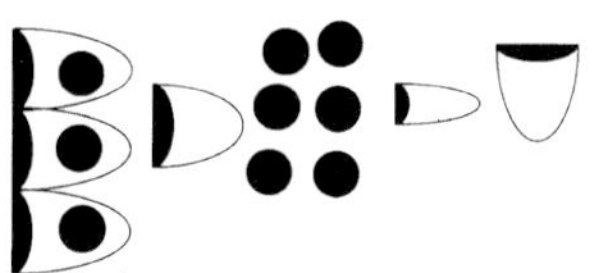

약 13만 5천 리터

상품의 유형 :

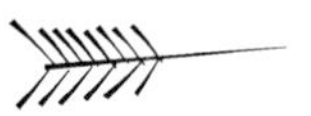

보리

회계 기간 :

37개월

책임관의 이름 :

쿠심

이 기록물의 기능(?) :

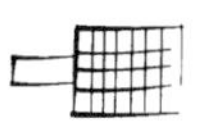

최종 회계?(일부분이 지워진 기호 위에 새겨져 있다)

보리의 용도(?) :

교환(?)

4__ 설형문자

위_ 바빌론에서 출토된 것으로
현대적 느낌을 가진 원통형 봉인.
이것은 우르의 지배자 중 한 명인
우르-남무(기원전 2112~2095)를
보여 준다.
새겨진 설형문자는 이렇다.
"우르-남무, 강한 남자, 우르의 왕.
이쉬쿤-신의 지배자 하쉬-하메르는
당신의 종입니다."
봉인의 소유자인 하쉬-하메르
(왼쪽 끝)와 왕 사이에서
두 여신이 중재하고 있으며,
왕은 창이 넓은 원형 왕관을 쓰고,
초승달 아래에서 단상에 놓인
황소 다리 보좌에 앉아 있다.

오른쪽_ 사자를 사냥하는 다리우스.
그의 원통형 봉인에 나타난
현대적 느낌. 기원전 500년경.

고대 메소포타미아

오늘날의 이라크는 옛 이름 '비옥한 초승달 지대'라는 이미지와는 맞지 않는다. 그러나 기원전 네 번째 천년기 후반에는 기후 변화로 메소포타미아가 인간이 정착하기에 쾌적한 곳이 되었다. 그 결과 비옥한 충적 평야와, 어느 학자의 말을 빌리면 "에덴에서 찾아볼 수 있을 것 같은" 자연 조건이 생겨났다.

여기에서 농업이 번성했고 도시와 지역국가, 그리고 마침내 문자를 가진 제국이 성장했다. 최초의 점토판에는 회화문자가 씌어 있었는데, 그것은 기원전 3300년경에 만들어진 것으로 우루크에서 발견되었다. 기원전 2500년경에는 이 기호들이 추상적인 설형문자가 되어 수메르어를 기록하는 데 폭넓게 사용되었으며, 이후 바빌로니아 제국과 아시리아 제국의 문자로 발전했다. 그리고 기원전 500년경 다리우스의 페르시아 제국에서는 새로운 상형문자가 발명되었다. 설형문자로 된 가장 후대의 명문은 서기 75년의 것이다. 설형문자는 문자 체계로서 약 3천 년 동안 채용되었던 것이다.

설형문자 덕분에 고대 메소포타미아는 역사를 가지게 되었다. 바빌론의 함무라비, 라가쉬의 구데아, 아시리아 왕 센나케립과 같은 지배자들은 그들의 명문을 통해 오늘날의 우리에게 말하고 있다. 그러나 점토판이나 명문이 발견되지 않은 분야는 여전히 알 수가 없다. 당시의 경제 활동이 낮은 수준이었으리라 생각하기 쉽지만, 실제로는 그와 반대로 평화와 번영의 시기였을 것이다. 투쟁의 시대와 달리 그 누구의 도서관도 불타 없어지지 않아, 소중한 기록들이 우연히 구워져 후세에 전하게 되는 일도 없었을 것이다.

문자의 국면	기원전	역사의 발전
	3400	바빌로니아에 대규모 정착 시작
숫자판과 점토 포대		
	3200	최초의 도시 중심지
우루크의 고문헌		
	3000	초기 문명의 시대
우르의 고문헌		
	2800	대규모 관개망 형성
	2600	경쟁적인 도시국가들
고 수메르 문헌		
	2400	최초의 지역국가
고 아카드 문헌		
	2200	라가쉬의 구데아
	2000	우르 제3왕조의 중앙집중 국가
고 아시리아 문헌		
고 바빌로니아 문헌	1800	바빌론의 함무라비
	1600	
	1400	
	1200	카시트 지배
	1000	
최초의 아람 문헌	800	아시리아 제국
	600	539년, 다리우스 1세 때 바빌론이 키로스에게 점령당함.
고 페르시아 문헌		
셀레우코스 왕조 아래에서 상형문자 부활	400	

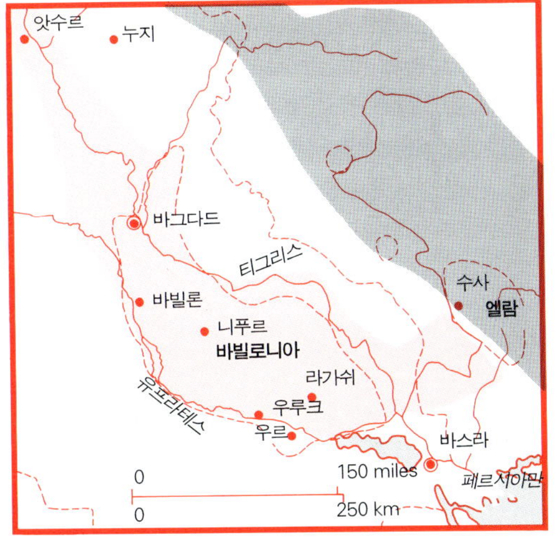

바빌로니아와 이란 서부의 지도. 음영이 짙은 부분은 천수답 지역이고, 옅은 부분은 관개농업 지역을 가리킨다. 정착지는 점선으로 되어 있다.

설형문자의 해독

최후의 설형문자 명문을 근대 유럽인이 다시 발견하기까지는 1500년 이상이 걸렸다. 이 명문은 다리우스와 아케메네스 왕조의 페르시아 왕들이 수도로 삼았던 페르세폴리스에서 1618년에 발견되었다. 발견한 사람은 페르시아 주재 스페인 대사인 가르시아 실바 피구에로아였다.

그는 고대 그리스와 로마 저자들의 묘사를 근거로 쉬라즈 인근의 장엄한 폐허가 페르세폴리스임을 확인했다. 폐허에서 발견된, 흑옥에 섬세하게 새겨진 신비스러운 명문들에 대해 그는 이것들이 "발견될 수 있거나 또는 존재했었을" 그 어떤 사람들에게도 속하지 않는 것이라고 결론지었다. 그 글자들은 아람어도, 히브리어도, 아랍어도 아니었고 "삼각형에 피라미드나 작은 오벨리스크 모양이며 ……위치와 배열만 다를 뿐 모두 같은 모양이다."

설형문자 명문은 1657년에 최초로 출판되었다. 이집트 신성문자와 달리, 이것들은 별로 사람들의 호기심을 끌지 못했다. 대부분의 학자들은 그 기호가 문자가 아니라 장식용일 것(혹은 막 만들어진 물렁물렁한 점토판 위에 새가 지나간 흔적일 것이라고!)이라고 생각했다. 1700년경, 옥스퍼드 대학의 흠정 히브리어 교수이자 로드 아랍어 교수였던 토머스 하이드는 그 기호들이 한 가지 요소로 얼마나 다양한 양식을 만들어 낼 수 있는지를 알고 싶었던 페르세폴리스 건축가의 실험이라고 여겼다. 하이드는 같은 모양이 결코 반복되지 않는다는 점만 봐도 그것이 문자가 아님이 분명하다고 말했다.

그러나 하이드는 큐니폼(cuneiformus), 즉 '설형'('cuneus'는 라틴어로 '쐐기'라는 뜻)라는 이름을 만들어 냈다. 실제로는 같은 모양이, 그것도 종종 반복되었다. 하이드가 이용했던 탁본들이

위_ 아케메네스 왕조의 수도였던 페르세폴리스. 기원전 330년에 알렉산드로스 대왕에 의해 파괴되었다. 이 폐허들은 1618년에 페르세폴리스로 확인되었다.

왼쪽_ 구름을 탄 아후라 마즈다. 조로아스터교(고대 페르시아의 종교)의 최고신. 4세기에 기록된 조로아스터(짜라투스트라)교 성서의 언어인 아베스타어는 설형문자 해독의 실마리가 될 것이다. 이 그림은 1700년에 출간된, 토머스 하이드의 고대 페르시아에 대한 (잘못된) 연구서에 나오는 것으로, 페르세폴리스의 한 풍경을 그린 것이다.

잘못되었던 것이다. 1686년에 페르세폴리스를 방문한 외과 의사 E. 캠퍼에 의해 더 나은 탁본이 1712년에 발간되었다. 그는 어떤 기호들은 특정 명문에만 나타난다는 것에서, 명문들 속에는 서로 다른 문자들이 있을 것이라는 사실을 처음으로 알아냈다.

다른 방문객들도 18세기 중반에 탁본들을 출간했지만, 1770년대까지만 해도 그 의미를 해독하는 일에 전혀 진전이 없었다. 그러다가 뛰어난 덴마크 여행가인 카르스텐 니부어는 많은 명문들이 중복된다는 사실을 알아챘다. 그는 한 벌의 문자를 다른 것과 대조해 보았다. 그 결과 중복된 명문들의 각 행이 같은 자리에서 끝나지 않는다는 사실에서, 쓰는 방향이 왼쪽에서 오른쪽이었음을 확인할 수 있었다. 니부어는 서로 다른 명문들의 기호들을 비교함으로써 세 종류의 문자를 확연히 구별해 냈다. 그는 또한 가장 단순한 기호들을 분

카르스텐 니부어(1733~1815). 페르세폴리스에서 설형문자 명문을 정확하게 그려 낸 최초의 사람. 니부어는 열정적인 여행가이자 학자로서 인도에서 페르세폴리스를 거쳐 덴마크까지 혼자 여행했다. 그는 1772년 자신의 최초의 그림을 출간했다. 그는 신중한 연구를 통해 페르세폴리스에 서로 다른 세 가지 설형문자가 있음을 밝혔다.

리시키는 과정을 시작했다. 1800년 이후에 시작된 정식 해독은 니부어의 업적 위에서 이루어진 것이었다.

니부어가 그린 페르세폴리스 명문 중 하나.

최초의 성공

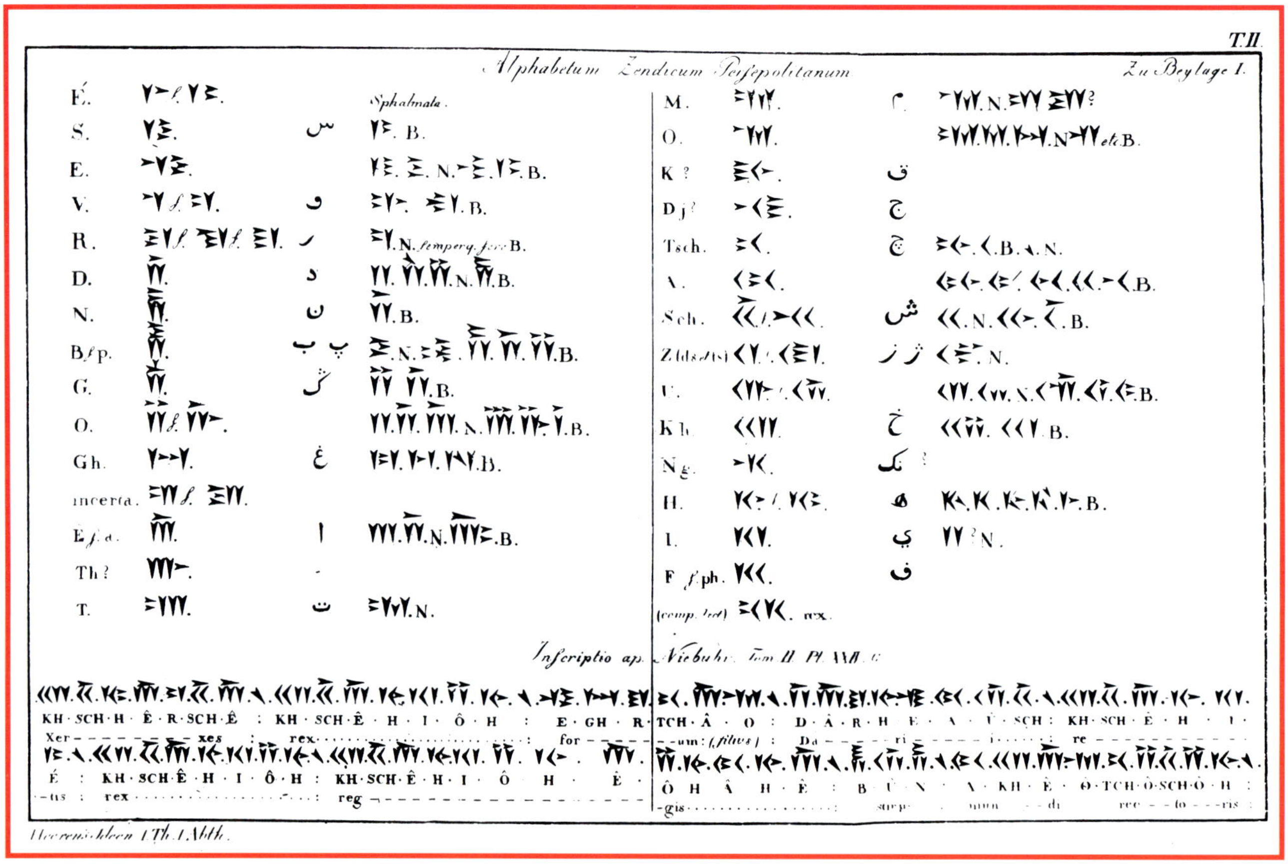

설형문자 해독을 향해 최초로 진지한 발걸음을 내디딘 사람은 독일 괴팅겐의 고등학교 교사였던 게오르그 그로테펜트였다. 그는 명문에서 짧은 간격을 두고 나타나는 기울어진 하나의 쐐기 모양을 단어와 단어를 나누는 기호라고 규정하고, 이 문자 체계는 알파벳 방식임에 틀림없다고 결론지었다. 이것을 음절 체계로 여기기에는 단어와 단어를 나누는 기호 사이에 너무 많은 기호가—10개 정도나—있었다. 이러한 가정은 완전히 옳은 것은 아니었지만, 알파벳 방식으로 쓰여진 이름들(마치 카르투시 안에 있던 이집트 상형문자처럼)을 확인하는 데에는 큰 도움이 되었다. 이때

두 가지 가정이 반드시 필요했다. 첫째, 명문에는 '아무개, (위대한) 왕, 왕 중의 왕……'처럼 쓰인, 고정된 국왕 표현 공식이 있는 것 같았다. 이러한 공식은 이미 훨씬 후대인 페르시아 팔라비 왕조의 명문에서도 발견되었기 때문이다. 더욱이 이 공식은 확대되어 왕가의 계보를 나타낼 수도 있었던 듯하다. 즉, '아무개, (위대한) 왕, 왕 중의 왕, 아무개의 아들'이라는 식으로. 둘째, 문제의 왕은 아마도 히스타스페스(왕은 아니었다)의 아들 다리우스의 아들 크세르크세스일지도 모른다.

그로테펜트는 이제 두 개의 다른 명문에 집중했다. 둘 다 페르세폴리스 입구 위에 한 인물, 어

고 페르시아어를 알파벳으로 보고 해독하려 한 그로테펜트의 시도. 사실 그 문자는 부분적으로 음절문자였다. 그러므로 그로테펜트의 해독 중 많은 것이 잘못되었고, 특히 하나 이상의 기호를 하나의 음가에 할당하거나 하나 이상의 음가를 하나의 기호에 할당할 때 오류가 많았다.

쩌면 다른 두 인물 위에 새겨져 있었다. 비록 기호들은 달랐지만 동일한 기호가 많았고, 심지어 동일한 기호 그룹도 많았다. 예를 들면 다음과 같다.

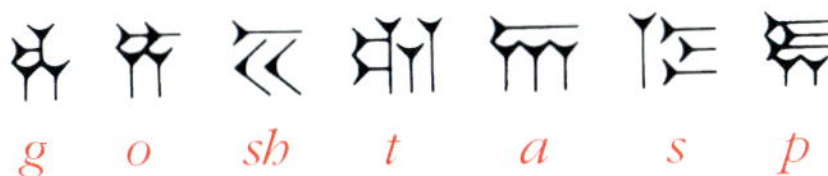

강조된 동일 그룹(3)은 아마도 다리우스의 이름으로 보는 것이 합당할 것이다. 첫 명문은 다리우스의 아들 크세르크세스를, 그리고 두 번째 명문은 히스타스페스의 아들 다리우스를 찬양하는 것이다. 두 명문의 첫 단어는 왕의 이름일 것이다. 그렇다면 이 두 아케메네스 왕조의 왕들은 자신의 이름을 어떻게 썼을까? 물론 후대의 그리스인이 썼던 '크세르크세스', '다리우스', '히스타스페스'는 아니었을 것이다. 그로테펜트는 그리스어, 히브리어, 아베스타어(조로아스터교)의 철자법을 검토한 결과 다리우스=다레우쉬, 크세르크세스=크쉬헤르쉐인 것으로 추측했다. 그는 더 나아가 이것을 다음과 같이 설형문자와 맞추었다.

d a r h e u sh

kh sh h e r sh e

이 중 h, r, sh에 해당하는 세 기호는 두 경우 모두에서 같아 보였다. 이 임시적인 기호 값을 이용해 명문의 다른 단어들을 '번역'할 수 있을까? 그로테펜트는 두 명문에서 처음 두 이름 다음에 나타나는, 동일한 단어들(2)을 붙잡았다. 이것은 '왕'을 의미하는 것 같았다. 앞의 값을 적용해서 다음을 얻었다.

kh sh e h $?$ $?$ h

그로테펜트는 아베스타(조로아스터교의 성문서들)에서, '크스케이오'라는 왕호를 발견했다. 따라서 그는 위의 빈 공백에 i와 o의 값을 할당했다.

다리우스의 아버지 히스타스페스의 경우는 어떠할까? 아베스타어 철자로는 '고쉬타스프'처럼 보였다. 이것은 둘째 명문의 기호 그룹 (1)과 잘 맞아떨어졌다(히스타스페스가 크세르크세스의 할아버지이므로 이 기호들은 당연히 첫째 명문에는 나타나지 않는다).

g o sh t a s p

그로테펜트는 이러한 해독을 바탕으로 고 페르시아어 알파벳을 편집했다. 그의 기호 값들 중 상당수는 잘못된 것으로 드러났고, 특히 그가 고유명사가 아닌 것에까지 이 체계를 적용하려 했을 때 오류가 많았다. 왜냐하면 고 페르시아어는 순수하게 알파벳 방식이 아니라, 일부는 음절문자 방식이었기 때문이다. 이러한 사실과 더불어 대학교수가 아니었다는 것 때문에 그로테펜트는 설형문자를 해독했을 당시에 마땅히 누려야 할 명성을 얻지 못했다. 그러나 오늘날에는 모두들 그가 설형문자 해독의 선구자라고 여기고 있다.

이제 두 번째 명문은 이렇게 읽을 수 있다. "다리우스, 위대한 왕, 왕 중의 왕, 많은 나라의 왕, 히스타스페스의 아들, 아케메네스 가문, 이 궁정을 지은 자." 이것을 부분적으로 음절에 따라 음역해 보면 설형문자 기호와 짝을 이루게 된다(다리우스와 히스타스페스에는 밑줄이 쳐 있다).

G. F. GROTEFEND.

게오르그 그로테펜트
(1775~1853).
독일의 고등학교 교사,
고 페르시아 설형문자의
해독을 시작한 사람.

롤린슨과 베히스툰 비문

해독에 진전이 있으려면, 설형문자로 된 좀 더 긴 명문이 필요했다. 설형문자의 '로제타석'은 베히스툰(오늘날의 비시툰)이라는 작은 마을 근처에 있는, 이란 서부의 자그로스 산맥 절벽에 새겨진 대량의 다리우스 비문이었다. 페르세폴리스의 경우처럼, 고 페르시아어와 엘람어, 바빌로니아어 세 문자가 사용되었다(엘람어 설형문자는 사라졌지만, 우리는 이것이 바빌로니아 설형문자가 지역에 따라 변형된 것임을 알고 있다).

그러나 이 대단한 삼중 언어를 이용하기 위해서는 우선 사본을 만들어야 했다. 이것은 말은 쉽지 대단히 어려운 일이었다. 딛고 설 공간이 너무 좁았던 것이다(산중턱은 이미 고대에 제거된 것 같은데, 이것은 비문을 더욱 돋보이게 하고 또 보호하기 위한 것이었다).

이에 도전한 모험가는 여러 나라 말을 구사할 줄 알았던 영국군 장교, 헨리 크레스위크 롤린슨 경(1810~1895)이었다. 그는 1826년에서 1833년까지 인도에서 복무하는 동안 힌두스탄어, 아랍어, 현대 페르시아어를 배웠고, 뛰어난 폴로 선수와 육상 선수로도 명성이 높았다. 그는 샤(페르시아 왕의 존칭)의 군대 수송을 돕기 위해 페르시아에 배치되면서 쿠르디스탄 총독의 고문이 되었다.

롤린슨은 좁은 공간을 이용해 고 페르시아어 비문의 아래쪽 행들의 사본을 만들 수 있었다. 그는 사다리를 이용해서 "다른 누구의 도움도 받지 않고 오직 왼팔로 바위에 몸을 기대고서, 왼손에는 노트를, 그리고 오른손에는 연필을 들고" 사다리 맨 윗칸에 서서는 위험을 무릅쓰고 더 위쪽의 사본도 만들어 나갔다. 그러나 비문

꼭대기까지는 손이 닿지 않았다. 운 좋게도 그때 "어느 야생의 쿠르드 소년"이 나타나서 절벽에 난 한 틈새로 올라가 그 틈에 나무 못을 박은 다음 비문의 표면을 가로질러 못을 하나 더 박고 줄을 매달아서, 아래에 있는 롤린슨의 지시에 따라 종이 반죽으로 비문의 틀을 떠냈다. 이것은 용기와 결단력이 결합해서 이루어 낸 업적이었다. 10여 년의 노력 끝에 1847년에 마침내 베히스툰 비문 전체의 사본이 만들어졌다.

위_ 이란 서부 베히스툰의 바위. 설형문자의 해독을 이끈 비문이 보인다. 이것은 길에서 100m 이상 위에 위치하고 있다.

롤린슨(오른쪽 위)이 그린 베히스툰 비문은 아래에 수록되어 있다. 다리우스가 자신에게 맞서는 자를 발로 누르고, 또 손이 뒤로 묶인 다른 아홉 명을 심판하는 모습을 세 가지 언어로 된 설형문자가 둘러싸고 있다. 그리고 페르시아의 (또한 조로아스터교의) 최고신인 아후라 마즈다가 그 위에 떠 있다. 롤린슨이 그 고 페르시아 비문을 읽어 내기 전에는 그 장면을 이스라엘 부족의 포로 모습이라고 상상하는 학자들도 있었다.

롤린슨은 일반적으로 바빌로니아 설형문자의 해독자로 여겨지지만, 그는 장 프랑소와 샹폴리옹이나 마이클 벤트리스(선상 B문자)와 달리 자신이 어떻게 해독했는지를 설명한 적이 없다. 그의 노트에 대한 최근의 연구 결과는 그가 아무런 언급 없이 에드워드 힌크스의 연구에서 빌려 온 듯 하다고 밝히고 있다.

해독된 설형문자

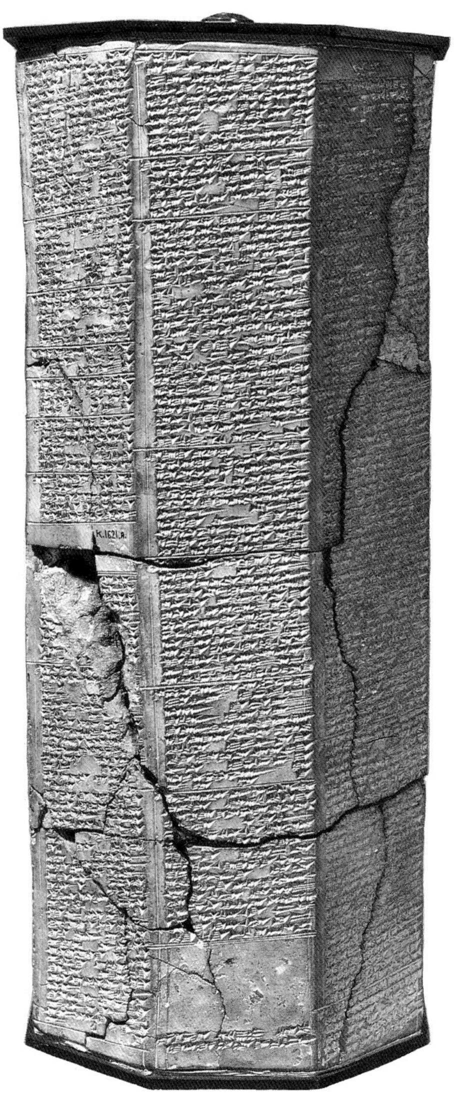

이집트 상형문자와 달리, 설형문자의 해독에 대해서는 완전한 조리 있는 설명이 불가능하다. 롤린슨 및 해독에 중요한 역할을 에드워드 힌크스가 자신들의 사고 과정을 모두 기록해 놓지 않았기 때문이다. 더구나 설형문자는 몇몇 다른 언어들에 적용되었을 때에는 극도로 복잡해지는 문자다.

고 페르시아어 설형문자는 세 가지 설형문자 중에서 처음으로 해독되었다. 그로테펜트는 히스타페스, 다리우스, 크레르크세스의 이름을 확인했다. 롤린슨은 베히스툰 비문에서 다리우스의 지배를 받던 민족들의 이름을 확인할 수 있었다. 그래서 롤린슨은 고 페르시아어에서 더욱 많은 기호에 값을 할당했다. 아베스타어와 산스크리트어에 대한 롤린슨의 지식도 결정적인 역할을 했다. 아베스타어는 그 중에서도 고 페르시아어에 더 가까웠다. 그 때문에 롤린슨은 아베스타어, 산스크리트어, 고 페르시아어에서 동일한 의미를 가진 단어들 사이에서 일정한 관계를 발견할 수 있을 것으로 기대했다. 1846년, 롤린슨은 베히스툰 비문에서 고 페르시아어로 쓰인 부분을 완전히 번역해 냈다.

이 과정에서 롤린슨은 본의 대학 교수인 크리스티안 라센의 연구에 의존했는데, 그 교수는 어떤 설형문자 기호는 반드시 특정 모음 앞에서만 나타난다는 사실을 알아냈다. 그로테펜트는 순수하게 알파벳으로 여겼던 반면, 라센은 올바르게도 알파벳/음절이 혼합되어 있다고 말했다. 한편 롤린슨(힌크스 역시 독립적으로)은 음절로 쓰인 부분의 크기가 소리마다 다르다는 것을 알아차렸다. 예를 들어 *t*는 *a*나 *i* 뒤에서는 같은 방식으로 쓰였지만 *u* 뒤에서는 다르게 쓰였다.

아시리아의 티글라트-필레세르 1세 (기원전 1120-1074)의 점토 원통에 새겨진 설형문자. 1857년에 이것은 해독되었고, 그럼으로써 바빌로니아 설형문자의 해독을 확증했다.

반면에 *tb*는 다음에 오는 모음에 관계없이 구별되어 쓰였다.

한편, *d*는 다음에 오는 모음에 따라 세 가지 다른 형태로 쓰였다.

일단 고 페르시아어 본문이 해독되자, 바빌로니아어와 이것의 지역적 이형인 엘람어로 관심이 돌아섰다. 둘 다 페르세폴리스와 베히스툰에 나타난 것이었다. 서로 다른 기호의 숫자가 매우 많음을 고려해 볼 때, 둘 다 알파벳 방식이 아닌 요소들을 포함하고 있는 게 분명했다. 이 경우에도 고유명사는 해독의 출발점이었다. 그러나 철자법이 너무나 다양해서 이러한 이름들을 확인하는 것이 쉽지는 않았다. 히스타스페스에 대한 고 페르시아어 철자법, 즉 vi-i-ša-ta-a-sa-pa와 엘람어의 mi-iš-da-áš-ba, 그리고 바빌로니아어의 uš-ta-as-pa를 비교해 보라. 우리는 75쪽에서 페르세폴리스에 고 페르시아어로 쓰인 히스타스페스를 보았다. 여기에는 같은 비문을 엘람어 (1)판과 바빌로니아어(2)판으로 제시해 두었다.

1

2

그러나 고유명사를 제외하면, 엘람어는 고 페르시아어보다 다루기가 훨씬 어려웠다. 아베스타어와 산스크리트어의 대비도 도움이 되지 않는다. 오늘날 엘람어는 알려진 어떤 언어와도 관련이 없다고 생각된다. 바빌로니아어는 이와 달리 히브리어, 아랍어, 그 밖의 셈어와도 관계가 있다.

불행히도 이러한 관련성 때문에 롤린슨과 힌크스 등은 바빌로니아 설형문자가 전형적으로 모음을 표시하지 않는 후대의 셈어 문자와 유사할 것이라고 잘못 생각하게 되었다. 롤린슨은 *ba*, *bi*, *bu*, *ab*, *ib*, *ub*에 대한 서로 다른 바빌로니아 문자들을 대할 때, 그들이 *b*를 표기하는 다양한 방법이라고, 즉 동음이의어라고 여겼다. 다시 말해 어떤 기호가 한 가지 이상의 소리를 나타낼 것이라고, 즉 다음어라고 생각했다. 또한 바빌로니아 문자는 극악할 정도로 복잡하다고 여겨졌다.

한 체계의 수립

신중하게 연구를 거듭한 결과, 한 기호의 문맥이 겉보기에는 터무니없이 많아 보이는 기호/소리 조합의 선택 폭을 결정적으로 좁힌다는 점이 밝혀졌다(영어 문장에서는 예를 들어 'bow'의 'o'와 같은 다음어를 발음하는 방법은 항상 명백하다).

1850년대 중반에 이르면 바빌로니아 설형문자의 번역이 어느 정도 신뢰할 수 있을 정도로 이루어졌다. 이것은 런던에서 행해진 왕립 아시아 협회의 공식 검증을 통해 확인되었으며, 이 내용은 1857년에 출간되었다. 롤린슨과 힌크스, 그리고 다른 두 학자는 최근에 발굴된, 아시리아 왕 티글라트-필레세르의 점토 원통에 있는 명문을 각기 따로 번역해 제출하도록 요구받았다. 그 결과 롤린슨과 힌크스의 번역이 놀라울 정도로 유사했다. 그 후로 바빌로니아 설형문자의 해독에는 일반적으로 받아들여진 체계를 다듬는 일만 남게 되었다.

예술로서의 설형문자

설형문자 기호는 점토판·바위·금속·상아·유리·밀랍 등에 새겨졌다. 우리가 아는 한 파피루스에 잉크로 쓴 이집트 상형문자와 달리, 설형문자는 잉크로 쓴 경우가 거의 없다.

비록 설형문자는 상형문자와 같은 진비와 마력은 없지만, 아주 섬세하게 쓰였을 경우에는 정교한 예술 작품이 된다.

왼쪽 끝 라가쉬의 지배자 구데아
(기원전 2141~2122)의
입상에 새겨진 명문.

왼쪽 우르의 왕 우르-남무
(기원전 2112~2095)의 벽돌문
"자기의 부인 이난나를 위해 우르-남무,
위대한 남자, 우르의 왕, 수메르와
아카드의 왕은 그녀의 신전을 세웠다."
메소포타미아의 건축물 대부분은
햇볕에 말린 진흙 벽돌로 만들어졌고
구운 벽돌은 신전의 정면에만 쓰였다.
기원전 2250년경부터
왕들은 자신의 이름을 점토나
나무를 이용해 벽돌에 찍어 넣었다.
이러한 관행은 바빌론의
네부카드넷자르 2세(기원전 604
~562)에 이르기까지 계속되었고,
역설적이게도 1980년대에
고대 바빌론을 '재건' 하면서
이라크의 지배자에 의해 부활했다.

왼쪽_ 페르세폴리스의 접견실에서 출토된 다리우스의 금제 명판 일부. 고 페르시아어, 엘람어, 바빌로니아어로 새겨진 이 글은 최고신 아후라 마즈다에게 다리우스와 그의 보좌를 보호해 줄 것을 요청한다. 각 명판에 대해서는 은제 복사본이 있다.

아래_ 라가쉬의 지배자 우르-바우(기원전 2155~2142)의 원뿔 명문. 수메르 시대에는 집을 산 자가 점토 원뿔이나 못을 벽에 박아서 새로운 소유권을 표시하는 것이 관행이었다. 기원전 2400년에서 기원전 1700년의 지배자들은 명문을 새긴 못을, 때로는 백 개 가까이 신전이나 예배당의 벽에 박는 관습을 가지고 있었다. 명문의 범위는 단순한 '이름표'부터 역사적 또는 종파적 사건에 대한 이야기에 이르기까지 다양하다.

왼쪽_ 두 인장(현대적 느낌). 인장은 메소포타미아에서 문자를 사용하는 문명의 가장 초기부터 이용되었다. 타원형 인장(왼쪽 위)은 기원전 18세기의 것으로서 적철광으로 만든 것이며, 이렇게 적혀 있다. "이브니-아무루, 이마-아히의 아들, 아무루 신의 종." 다른 인장(왼쪽)은 기원전 2600년경의 것으로 이라크 남부 우르의 왕실 묘지에서 출토되었는데, 청금석으로 만들어졌고 설형문자로 "푸-아비, 왕비"라고 새겨져 있다. 이것은 왕비와 관련된 연회 장면을 묘사한 것이다.

공예로서의 설형문자

띤다. 때로는 필기구(또는 비슷한 물체)를 점토에 수직으로(또는 거의 수직으로) 꾹 눌러서 이른바 '불구멍'이라는 것을 내기도 했다. 학자들은 예전에는 이 구멍이 점토판을 말리거나 구울 때 부서지는 것을 막기 위한 것이라고 생각했지만, 어떤 큰 점토판들은 구멍 없이도 잘 구워졌다. 불구멍은 그 본래 목적이 무엇이었든 간에 곧 하나의 전통이 된 듯하다. 원래의 점토판에 있던 불구멍을 문헌 사본 속에 꼼꼼하게 만들어 넣은 경우들도 있다.

고 바빌로니아의 학교 점토판. 선생이 쓴 것이 왼쪽에, 학생이 베껴 쓴 것이 오른쪽 아래에 있다. 본문은 수메르의 격언이다.

대다수의 설형문자 명문은 점토에 쓰여 있다. 서기관 수련생의 첫 소임은 분명 좋은 점토판을 만들어 내는 일이었을 것이다. 가장 큰 점토판은 13단에 30.48cm²에 달했다. 대개 한쪽 면은 편평하고, 반대쪽 면은 볼록한 채로 남아 있었다. 서기관은 처음에는 편평한 면에 쓰고, 다 쓰면 판을 돌려서 굽은 면에 썼다. 그러면 편평한 면에 쓰인 첫 번째 기호 세트는 어떠한 압력에도 훼손되지 않았다.

쓰기가 끝나면, 점토판은 대개 말린다. 그런 점토판들은 습기에 의해 변형될 수 있었다. 반면에 어떤 점토판은 구워져서 영속적인 기록을 남긴다. 만약 도서관이 파괴될 때 화재가 발생하여 의도치 않게 이런 일이 일어나면, 그 점토판은 영구적으로 보존된다. 화재에 구워진 점토판은 대개 짙은 회색이나 검은색을 띠는 데 반해, 오늘날 좀 더 나은 보존을 위해 구운 것들은 짙은 황갈색을

쓰는 방법

서기관은 점토판에 글을 새길 때 판의 왼쪽 맨 위 모서리에서 시작하여 아래쪽으로 끝까지 작업하고, 다시 다음 단 맨 위로 돌아가서 작업하는 과정을 되풀이했다. 그에 따라 점차 한 단씩 오른쪽으로 옮아갔다. 오른쪽 모서리 바닥에 도달하면, 판의 밑쪽을 잡고 돌려서 오른쪽 모서리 맨 위에서 시작해서 왼쪽으로 한 단씩 써 나갔다. 고대 서기관들이 '쪽'을 바닥면을 따라 돌렸다는 사실만 제외하면, 오늘날 우리가 신문을 보는 것과 같은 방식으로 점토판을 쓰고 읽었음을 알 수 있다.

필기구는 대개 갈대로 만들었지만, 종종 금속이나 뼈를 사용하기도 했다. 갈대는 근동의 습지대에 흔했으며, 강도가 높았다. 서기관은 갈대를 다듬어서 둥근 촉, 뾰족한 촉, 편평한 촉, 비스듬한 촉을 손쉽게 만들 수 있었다. 모든 모양은 나름의 용도—예를 들어 숫자를 새기는 경우(위의

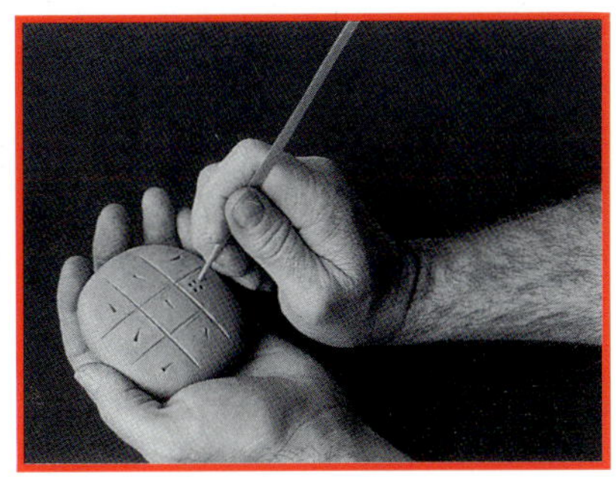

1

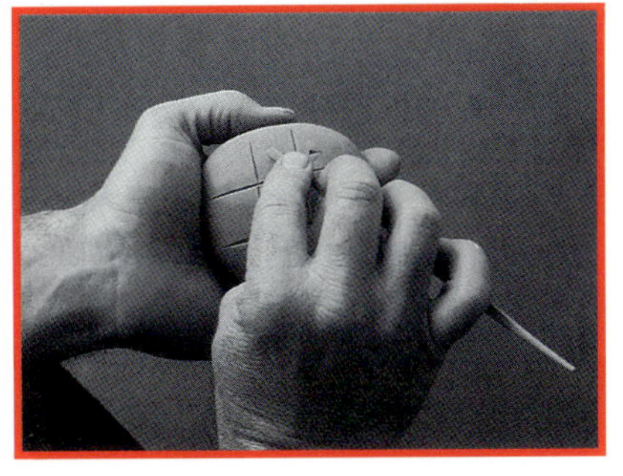

2

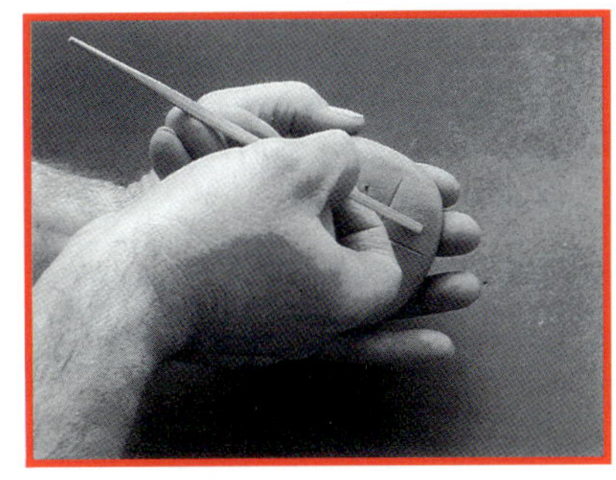

3

그림 1을 보라)—가 있었고, 어떤 모양의 갈대들은 서기관의 독특한 필체를 만들어 내기도 했다.

필기구는 분명히 점토판에 따라 서기관이 원하는 대로 어떤 방향이든지 향할 수 있었다. 만약 점토판이 작다면 점토판을 손으로 이리저리 뒤집을 수도 있었다. 어떤 설형문자 명문을 연구해 보더라도, 개별 쐐기 모양들은 위나 왼쪽 또는 오른쪽으로 향하는 법이 거의 없음을 알 수 있다(위조자들은 종종 이러한 사실을 놓치곤 한다). 점토판을 쥐는 방식을 생각해 보면 그 이유를 알 수 있다. 대부분의 서기관이 오른손잡이라고 생각하면, 점토판은 왼손에 있고 필기구는 엄지와 다른 손가락 사이에 잡혀 있었을 것이다(위 그림 2를 보라). 이러한 자세에서는 다양한 형태의 쐐기 모양을 편하게 만들 수 있지만, 생각으로는 가능한 쐐기 모양 쓰기 방법 중 많은 것이 어색하다(위 그림 3을 보라). 우리는 그림 2의 방식으로 쐐기를 만드는 것이 후대의 설형문자에 일반적으로 발견되는 반면, 그림 3의 방법은 드물고 기원전 2300년경에 표준적 사용법에서 사라졌음을 알고 있다.

서기관 훈련

서기관들은 서기관 학교에서 훈련받았다. 소년들과 극소수의 소녀들은 선생이 신들의 이름이나 기술 용어, 짤막한 문학 단편이나 격언 등을 설형문자로 몇 줄 써 주면, 그것을 베끼면서 연습했다. 이러한 학교 점토판은 많이 남아 있는데, 한

쪽에는 선생이 쓴 것이 있고 맞은편에는 학생이 쓴, 덜 숙련된 것들이 있다.

서기관은 일단 훈련이 되면 많은 역할을 맡았다. 가장 영향력 있는 서기관들은 궁정에 있거나 그 지역의 여러 도시 지배자들의 개인 비서로 있었다. 다른 서기관들은 사원에 속해 일하기도 하고, 직물 산업이나 선박 건조, 토기 제작소나 운송업 등에서 일했다. 그러나 대다수 서기관은 농업과 관련하여 관개수로를 유지하고 노동력의 비율과 추수하여 들인 양을 기록하며, 농기구의 공급과 보관을 기록하는 일을 했다. 뿐만 아니라 가축의 수취나 양도 따위를 다루었다. 마지막으로, 서기관은 법률 분야에서도 일정한 지위를 가졌다. 대부분은 실제 권력이 없었겠지만, 현대 주요 기관의 '서기'와 같은 지위를 누린 서기관들도 있었다. 그러나 메소포타미아의 서기관은 이집트의 서기관들보다 확실히 존경을 덜 받았다.

갈대펜으로 설형문자를 쓰는 방법. 둥근 펜촉은 수를 찍는 데 사용했다(후대에는 수 역시 원이 아닌 쐐기 모양으로 찍었다). 첫 번째 방식으로 쐐기를 그리는 것(그림 2)은 쉽지만, 두 번째 방법(그림 3)은 어색하다. 그래서 첫 번째 방식으로 만든 설형문자가 흔하고, 두 번째 방식으로 만든 것은 드물다.

기호의 진화

1

2

'먹다'를 의미하는
설형문자 기호의 기원과 진화.
이라크 남부.
기원전 약 3000∼600년.

(1) 첫 번째 점토판(왼쪽 위)은
기원전 3000년경
사원의 행정과 관련된 것으로,
설형문자의 초기
회화문자적 단계를 보여 준다.
곡물을 담은 잔을
입에 대고 있는 옆얼굴.

(2) 두 번째 점토판(왼쪽 아래)은
기원전 2100년경
사원의 영수증이다.
회화문자는 90도로 기울어져서
뒷머리를 바닥에 댔다.
'먹다'는 단어는 이제
'머리'와 '음식' 기호를 복합해
부분적으로나마 발음으로
나타내게 되었다.

(3) 세 점토판 중 가장 최신의
것(오른쪽 위). 기원전 약 600년.
이것은 길일과 흉일에 대한 연구다.
확대해서 보면 그 기호가
아름답고 섬세한 손의
한 부분임을 알 수 있다. 이것은
보다 추상적인 표시이지만,
여전히 '먹다'는 의미를 가지고 있다.

3

메소포타미아 역사의 여러 시기에 속한 점토판이 많이 발견되면서, 그리고 설형문자가 점차 해독되면서 어떤 기호들의 진화가 눈에 띌 정도로 두드러진다.

우루크의 초기 숫자판은 명백히 회화문자적인 기호들을 가지고 있었는데, 점차—비록 회화문자적인 기호를 여전히 닮긴 했으나—쐐기 모양을 한 기호들에게 자리를 내주게 되었다. 이 기호들은 이후 더욱 추상화되어 1000년경 아시리아 제국 시대에 이르면 자신들의 회화문자적 선조와는 전혀 닮은 점이 없게 된다.

기원전 세 번째 천년기 후반이나 기원전 두 번째 천년기 초기의 어느 시점에서, 진화하던 기호들은 이제까지와는 전혀 다른 변화를 겪었다. 점토판의 회화문자들은 90도 회전해서 등을 바닥에 댄 형태들이다.

뿐만 아니라 설형문자의 전체적인 방향도 그와 마찬가지로 달라졌다. 세로로 쓰는 것 대신에 가로로 쓰는 문자가 된 것이다(비록 현대의 신문과 같이 종종 단으로 나뉘긴 했지만). 그리고 오른쪽에서 왼쪽으로 쓰는 대신에 왼쪽에서 오른쪽으로 쓰게 되었다.

그러나 석제 기념물들에는 여전히 기원전 두 번째 천년기 중반까지도 상고 시대 문자의 방향대로 쓰였다. 그래서 유명한 함무라비 법전(기원전 18세기 초반)을 읽기 위해서는 오른쪽 어깨에 머리를 붙여야만 한다(눈을 90도 돌리기 위해).

이러한 변화의 시기는 모호하며 이유 역시 분명치 않다. 어떤 학자들은 오른쪽에서 왼쪽으로 쓰다 보니 오른손이 진흙을 뭉개어 기호를 지우게 되는 경향이 있어서일 거라고 추측한다. 실제로는 진흙의 품질이 좋으면 이런 일은 생기지 않는다.

보다 그럴듯한 이유는 서기관이 새로운 방향으로 쓰는 것이 점토판과 첨필을 잡는 방식이 더 편리하다고 여겼기 때문일 것이다. 점토판과 첨필을 가지고 실험해 보면 이것을 알 수 있다. 학자들의 말을 빌리면, "처음부터 읽는 것과는 다른 각도로 점토판에 쓰려는 경향이 매우 강했을 것이다."

수사(數詞)와 산수

우루크의 초기 점토판을 통해 우리는 고대 메소
포타미아인들이 60진법으로 세고 계산했음을 알
수 있다. 우리는 64쪽에서 최초의 수메르 숫자를
보았다. 설형문자 체계가 발전하면서 이러한 상
고적인 숫자들은 쐐기 모양의 기호로 바뀌었다.

$60^2 \times 10$	60^2	60×10			
(36,000)	(3600)	(600)	60	10	1

고 바빌로니아 시대(기원전 두 번째 천년기의 초
반)에 이르면 이 체계는 완전히 발달해, 숫자들은
이제 오늘날 우리처럼 위치값 체계를 이용해서
표현했다. 즉, 숫자의 값은 한 숫자 안에서 그것
의 위치에 따라 결정되었다(말하자면 숫자 555에
있는 각 5는 500, 50, 5로 값이 다르다). 4천년 전,
유일한 결함은 0을 나타내는 기호가 없었다는 것
이다. 우리 같으면 0을 써넣었겠지만 바빌로니아
의 서기들은 분명히 계산 중에 한 숫자 안의 공백
을 유념하도록 훈련되었음이 분명하다.

완전하게 발달된 위치값 체계의 기호들은 다음
과 같다.

5	4	3	2	1

50	40	30	20	10

$60^2 \times 10$	60^2	60×10	60
(36,000)	(3,600)	(600)	

60과 3,600에 동일한 기호를 사용하므로 당연
히 모호해질 수밖에 없다. 600과 36,000을 나타
내는 기호도 마찬가지다. 가장 높은 위치값을 가
지는 숫자는 항상 왼쪽에(우리의 십진법 체계처럼)
오지만, 여전히 다음 쪽에 나오는 두 숫자에 대해
서는 세 가지 선택이 가능하다.

$60+10+5=75$
또는 $60^2+10+5=3,615$
심지어 $1+(15/60)=1.25$

$(2\times60)+40+5=165$
또는 $(2\times60^2)+(40\times60)+5=9,605$
또는 $2+45/60=2.75$

아시리아의 역사에는 이러한 위치값 체계를 이용해 숫자를 조작한 유명한 사례가 있다. 센나케립은 기원전 689년에 바빌론을 약탈한 후, 마르둑 신의 계율로써 70년 동안 바빌론이 폐허로 남아야 한다고 선언했다. 그의 아들 에사르핫돈은 680년에 왕위에 오른 후 바빌론을 재건하겠다고 선언하고, 그 근거로 마르둑이 마음을 풀고 처음의 숫자를 뒤집어서 저주가 단지 11년만 지속되도록 했다고 말했다.

70   11

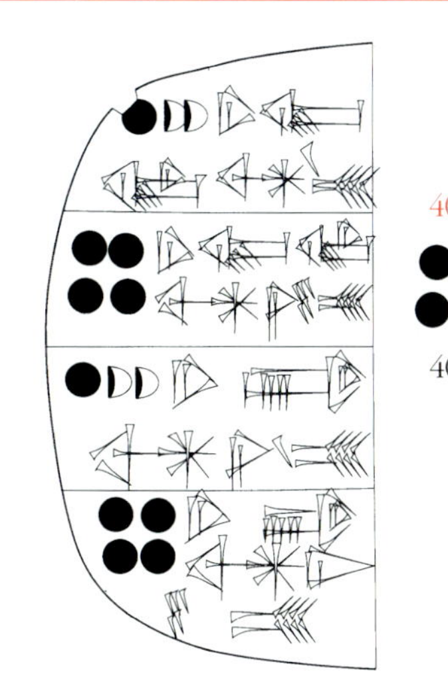

위에 베낀 점토판은 라가쉬에서 나온 것으로 기원전 2350년 이전의 것이다. 이것은 두 종류의 빵 덩어리와 그것의 구성 성분을 그린 것 같다.

여기에는 두 가지 수 체계가 사용되었다. 빵 덩어리의 갯수는 고어(古語)의 숫자(64~65쪽에서 말한), 즉 40으로 되어 있고, 구성 성분의 양은 설형문자 숫자, 즉 50으로 되어 있다.

더구나, 우루크의 아주 오래된 점토판과는 달리, 이 점토판은 숫자뿐 아니라 언어(수메르어)도 기록하고 있다. 그렇다고 해도 오늘날 특수한 용어들을 모르면 회계원장을 완전히 파악할 수 없는 것과 마찬가지로, 이 점토판을 완전히 이해하기는 어렵다.

토지 소유와 관련 있는 점토판. 이 점토판은 수루팍에서 나온
것으로, 기원전 2600년경의 것이다. 앞뒷면에 104개의 목록이
있고, 각각은 경작지의 크기와 소유자의 이름 또는 직책을 말해
준다. 상인 두 명, 몇몇 서기관, 어부 한 명, 그 외 다수의 '직업'이
포함되어 있다. 직업이라면 사원이나 궁성에서 일하는 것이었을
가능성이 높고, 생계를 위해 토지를 봉급으로 받았을 것이다.
경작지의 크기는 2.5에서 10 '이쿠'(2~8에이커)까지 다양했고,
총 면적은 672 '이쿠' (약 600에이커)였다. 곡물 씨앗(보리)

컴퓨터와 설형문자

전통적인 방식으로 설형문자 본문을 출판하려면 숙련된 필사자가 필요하다. 왼쪽과 같은 복잡한 점토판인 경우, 여전히 필사하는 방법이 최선의 방법이다.

그러나 좀 더 단순한 점토판이라면 컴퓨터 그래픽이 매우 유용하다.

아래의 화면은 한 점토판의 세부 사진과 세세한 그림, 그리고 전체 점토판의 그림을 보여 준다. 그 과정은 다음과 같이 진행된다(개요만).

사진을 스캐너로 디지털화하면, 레이저가 영상을 개별 픽셀로 나누어 컴퓨터로 처리할 수 있게 한다. 디지털화된 사진은 공백의 전자 캔버스에서 그림 원판이 되어 점토판의 모양과 구분선과 개별 기호들이 화면에 나타난다.

그 후 예비 사본을 출력하는데, 이것을 원판과 비교하여 수작업으로 수정하여 마침내 완성한다. 이것을 다시 컴퓨터에 입력하고 스캔하여 예비 사본을 수정하는 데 쓰이는 그림 원판으로 만든다. 출판하기 위해서는 최종 사본을 컴퓨터 파일화된 원고로 변환한다.

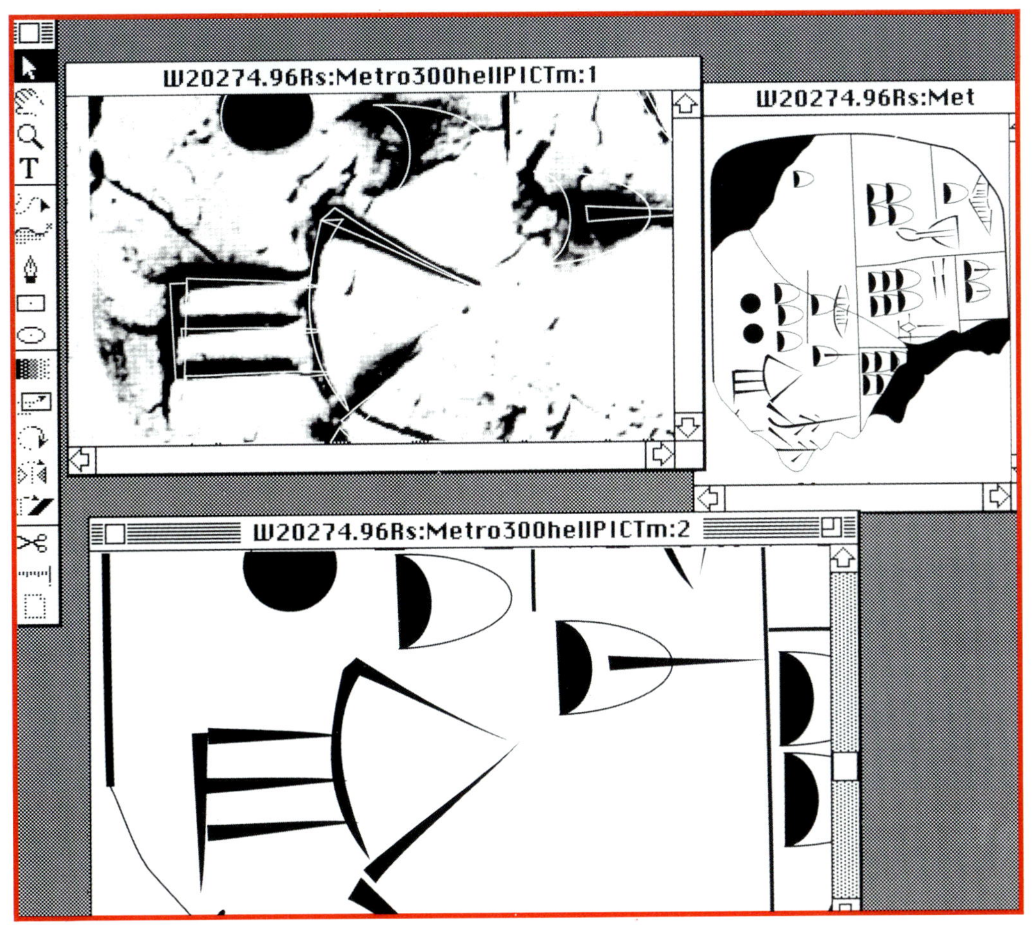

간단한 설형문자 점토판 그림의 컴퓨터화 단계.

설형문자 '문학'

이 책에서는 설형문자에 대해 겉핥기 이상은 할 수가 없다. 앞에서 본 점토판만 보면 설형문자로 된 문학 작품은 없다는 인상을 받을 수도 있다. 그러나 실제로는 유명한 길가메시 서사시를 비롯해 왕과 평민이 쓴 매력적 저술들처럼 문학이라 불릴 만한 것이 상당히 많다. 짧은 예문을 두 가지만 들어 보기로 하자.

첫째는 바빌론 왕 함무라비 법전의 일부다.

만약 누군가가 도망친 국가나 개인 소유의 남자 노예나 여자 노예를 자기 집에 숨겨 두고서 공적 포고문으로 소집할 때 내놓지 않는다면, 그 집의 주인은 죽임을 당할 것이다.

잔혹성이 이 법전의 특징이지만, 여성과 아동에 대해서는 놀라울 정도로 열려 있어서 자의적인 처분이나 가난과 무관심으로부터 보호하고자 노력했다. 함무라비는 후기에서 이렇게 주장할 수 있음을 밝혔다.

나는 수메르와 아카드의 주민을 내 품으로 데려왔다.
그들은 내 보호 아래에서 번성하였다.
나는 그들을 평화롭게 다스렸다.
나는 그들을 내 힘으로 보호해 주었다.

이보다 250년 전, 즉 기원전 2000년경에 어느 알려지지 않은 학교 선생은 「학창 시절」이라는 수필을 썼는데, 이는 근동에서 발굴된 것 중 가장 인간적인 기록이다. 그 속에서 서기관 학교를 나온 '늙은 졸업생'은 향수 어린 시선으로 자신의 학창시절을 돌아본다. "우리 교장 선생님은 내 점토판을 읽고는 '무언가 빠졌군' 하면서 회초리를 때렸다." 그러자, 한 사람 두 사람 해서 거의 모든 선생들이 회초리질할 이유들을 찾아냈다. 그래서

시리아 에블라의 설형문자 점토판 도서관. 기원전 2300년경. 1975년 이곳에서 1만 5천 개가 넘는 점토판이 발견되었다.

"나는 서기 기술을 미워(하기 시작)했고, 서기 기술 익히는 것을 등한시했다." 낙담한 소년은 집에 가서 아버지에게 선생님을 집으로 초청해 달라고 부탁했다. 선생이 와서 상석에 앉았다. 그 옆에서 제자는 아버지에게 자신의 서기 기술을 펼쳐 보였다. 아버지는 진심으로 선생을 칭찬하고는 가노(家奴)에게 말했다. "향유가 물처럼 이분의 배와 등에 흐르게 하라. 이분께 새 옷을 입히고 사례를 더 드리고 손에 반지를 끼워 드리고 싶구나." 하인은 분부대로 행했고, 이제 선생은 소년에게 부드럽게 말한다.

젊은이, 자네가 내 말을 싫어하지 않고 등한시하지 않았기에 서기 기술을 처음부터 끝까지 완전히 익히기를 바라네. 자네가 나에게 아낌없이 모든 것을 주고 내 수고보다 더 많은 사례를 주고 나를 존경하니, 수호천사의 여왕인 니다바께서 자네의 수호천사가 되고 자네의 뾰족한 첨필이 잘 써지기를 비네. 자네의 연습에 아무런 실수가 없기를 바라네.

히타이트 설형문자와 히타이트 상형문자

수메르인이 원조인 설형문자는 3천 년에 이르는 역사 동안 15개 가량의 언어를 쓰는 데 사용되었다. 설형문자를 사용한 언어들은 크게 두 그룹이다. 하나는 수메르-바빌로니아의 기호와 음절을 차용한 언어들(대다수다)이고, 또 하나는 점토 쐐기의 원칙만을 차용하고 수메르-바빌로니아의 기호와는 무관한 설형문자를 만들어 낸 언어들이다.

기원전 두 번째 천년기가 시작될 무렵 아나톨리아에 등장한 인도-유럽어족인 히타이트인들은 첫 번째 범주에 속한다. 20세기까지도 히타이트인들은 거의 알려져 있지 않았다. 구약성서와 이집트 및 바빌로니아 기록에만 간혹 언급되었을 뿐이다. 그런데 1906년 히타이트의 수도 보가즈코이(고대의 하투사스)의 발굴 결과 1만 개의 설형문자 점토판으로 된 왕립 문서고가 발견되었다. 이 중 몇 개는 바빌로니아어로 읽을 수 있었지만, 대부분은 알려지지 않은 히타이트어로 되어 있었다. 그러나 히타이트 서기관들은 역사적·법률적·의례적 본문을 쓸 때 히타이트 용어와 이에 대응하는 수메르어 또는 바빌로니아어 중에서 자유로이 골라 썼다. 이것은 히타이트 설형문자의 해독에 좋은 출발점을 제공하여, 히타이트어 설형문자는 1933년에 근본적으로 해독될 수 있었다.

히타이트 상형문자

히타이트인들은 상형문자로도 썼다. 이것은 의사소통의 수단이라기보다는 거의 전시하기 위한 목적으로만 사용되었고, 봉인과 바위 명문에만 나타난다. 아마도 이것은 이집트 상형문자의 아름다움에 대응하기 위한 목적으로 발명되었을 것이다. 타르콘데모스 봉인의 명문은 두 가지인데, 하나는

설형문자로, 다른 하나는 상형문자로 되어 있다. 첫 번째 것은 *n Tar-rik-tim-me sar mat Er-me-e*로 음역되는데, '타르콘데모스, 에르메 땅의 왕'이란 뜻이다(타르콘데모스는 그리스 사료에 왕의 이름으로 알려져 있다). 두 번째 명문은 음역되지 않지만 반복된 것임에 틀림없고, 양편 중심 인물에 같은 기호가 나타난다. 분명 이것에는 표음문자와 표어문자가 섞여 있었을 것이다. 삼각형 하나는 '왕'을, 이중 삼각형은 '땅'을 뜻한다고 생각되었다. '신'과 '마을'에 대한 표어문자로 추측되는 것들도 확인되었다. 이러한 접근법은 학자들에 의해 생산적인 것으로 판명되었다. 히타이트 설형문자에서 왕·나라·신·마을의 이름을 찾아낼 수 있고, 적절한 표어문자 근처에서 그에 해당하는 상형문자를 찾아보면 되는 것이다.

이 해석은 단 한 사람의 학자가 이루어 낸 것이 아니다. 그래서 비록 화려하지는 않지만 오늘날에도 여전히 상당한 성공을 거듭하고 있다.

19세기 말에 발견된 은제 양각의 원형 문장인 타르콘데모스 인장. 설형문자와 상형문자가 둘 다 새겨져 있어서 히타이트 상형문자의 해독을 도왔다.

아래_ 새겨서 인쇄한 히타이트 상형문자의 일부. 카르케미시에서 발견. 도시 이름은 표어문자 주변에 있고, 표어문자 주변에는 폭풍의 신 타르훈스의 이름이 있다.

5_ 이집트 상형문자

왼쪽_ 초기 왕조 시대의 왕
나르메르의 석판에서는 상형문자가
이미 수수께끼 그림의 원칙을
채택하여 발음에 따라 사용되었다.
철퇴로 적을 쳐부수는
왕의 머리 위에는
메기 와 끌 의
상형문자가 있다.
이들은 각각 nr과 mr의 음가를
제공하여 나메르의 이름을
구성한다(정확히 말해 n r이며.
ʼ은 셈어에서는 발견되지만
인도-유럽어에서는 나타나지 않는
연구개음이다).

오른쪽_ 11왕조 시대에 파피루스에
쓰여진 사적인 편지의 일부.
히에라틱 기호들을 왼쪽의
상형문자들과 비교해 보라.

이집트 문자의 발달

아마도 이집트 상형문자를 두고 가장 논란이 많은 질문은 그것의 기원이 어디인가일 것이다. 설형문자와 달리, 그들은 여러 세기에 걸쳐 진화한 것 같지는 않다.

기원전 3100년경 이집트에 왕조가 시작되기 바로 직전에 갑자기 상형문자가 거의 완전히 발달된 형태로 나타났다. 많은 무늬와 기호가 이 시기 이전, 즉 왕조 이전 시대에 속하는 것으로 알려졌다. 이들 무늬는 토기에 그려지거나 무기와 호부(護符), 장신구, 도구 등에 새겨졌다. 이들 중 몇몇 회화문자는 이집트 왕조 시대의 상형문자식 회화문자와 많이 닮았거나 거의 똑같다.

그들은 지형적 특징(땅·마을·산)이나 지리적 특징(별·달·지구), 토템으로 표현되는 부족과 신의 '표준', 그리고 개념을 나타내는 기호('카', 즉 넋 또는 혼의 상징인 팽이) 등을 표현한다.

이러한 무늬들이 상형문자의 전조로 간주될 수 있을까? 어떤 학자들은 그렇게 생각하지만, 대부분은 왕조 이전의 기호들을 서서히 진화한 예술적 레퍼토리로 여기고, 그 중에서 최초의 상형문자가 선택되었다고 본다.

수메르의 영향?

상형문자가 발명된 데에는 기원전 3300년경 메소포타미아에서 시작된 문자 체계가 자극을 주었을지도 모른다. 비교적 가까운 이집트와 같은 곳으로는 문자에 대한 발상이 쉽게 확산되었을 것이다(기원전 3500년에는 수메르보다 훨씬 먼 아프가니스탄—청금석의 가장 풍부하고도 가까운 원산지—에서 이집트로 청금석이 전해졌다).

그러나 우리는 확실한 것은 모른다. 이집트인들이 우연히 표음 원리를 독자적으로 발견했을 수도 있다. 초기 이집트 상형문자와 수메르 회화문자 사이에는 분명히 심원한 차이가 있다. 기호의 모양과 문자의 특성이 음절적이기보다는 자음적(상형문자는 모음을 표시하지 않는다)이고, 이집트어는 수메르어에 비해 발음에 따른 철자의 정도가 훨씬 높다는 점 등이다.

상형문자로부터 두 가지 흘림체가 발달했는데, 하나는 히에라틱(hieratic)이고 다른 하나는 데모틱(demotic)이다. 첫 번째 것은 상형문자 발명과 거의 동시에, 두 번째 것은 기원전 650년경 이후에 시작되었다(그리스인이 지배하던 로제타석 시대에는 데모틱이 표준적인 기록 문자였다).

이 두 이름은 다소 혼란을 준다. 히에라틱이 그 이름이 시사하는 대로 사제의 문자로 된 것은 오직 데모틱에 의해 축출된 다음의 일이다. 원래 히에라틱은 이집트의 일상적 행정·상업 문자였다. 그리고 데모틱은 '인민에게' 문자를 읽고 쓰는 능력이 확산된 것과는 아무 상관이 없다. 그 이름은 '일상적으로 사용되는'이라는 뜻의 '데모티코스'에서 온 것이다.

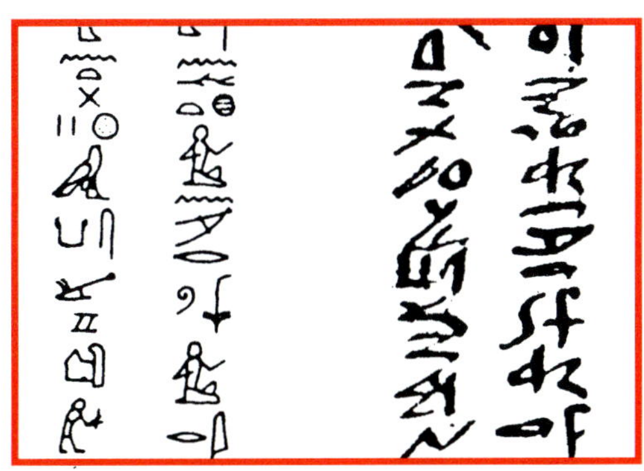

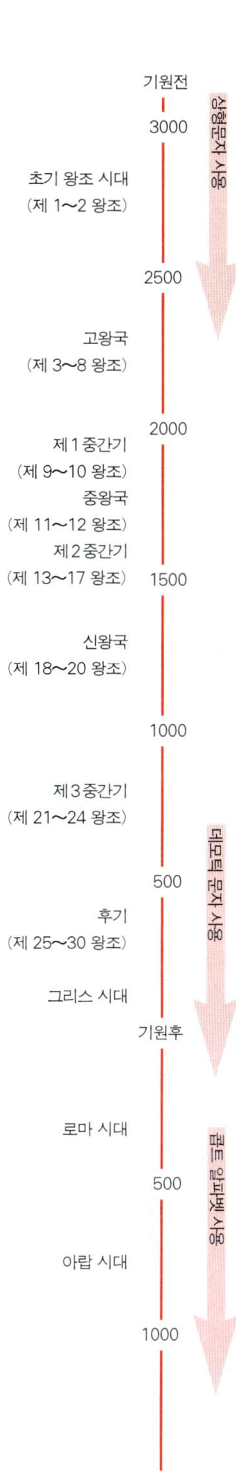

이집트 문자의 쓰는 방향

문자의 역사를 보면, 문자를 쓰는 방향은 왼쪽에서 오른쪽으로, 오른쪽에서 왼쪽으로, 또는 좌우 교대(boustrophedon : 쟁기질할 때 '황소가 가듯이')로, 즉 왼쪽에서 오른쪽으로와 오른쪽에서 왼쪽으로를 번갈아 하는 등 일반적인 법칙이 없다. 아동이 문자를 배우는 것을 관찰해 보면, 초보자가 시작하는 자연스러운 위치와, 숙련자의 자연스러운 획 긋기 사이에는 근본적인 갈등이 존재한다. 이러한 갈등이 문자 체계를 불안정하게 한다는 것을 우리는 알 수 있다. 오른손잡이 아이는 자연스럽게 손이 종이와 만나는 지점인 다섯 시 위치에서 시작한다. 그러나 글쓰기를 배우고 나면 아이의 손은 어른이 글씨를 쓰기 시작하는 열한 시 위치로 이동해 간다.

이집트 상형문자는 오른쪽에서 왼쪽으로, 그리고 왼쪽에서 오른쪽으로도 읽고 썼다. 어느 방향을 선택하든지, 항상 개별 기호들은 독자의 눈이 그 기호의 정면에서 등뒤로 지나도록 그려졌다. 그래서 상형문자를 읽을 때 기호들(새 · 사람 · 동물 등)이 오른쪽을 향하고 있다면, 쓰기의 방향은 오른쪽에서 왼쪽이었다. 그 반대도 마찬가지다.

그런데 이집트인들은 특별히 다른 방향을 선택해야 할 이유가 있지 않은 한, 오른쪽에서 왼쪽으로 쓰는 것을 선택했다. 다른 방향을 선택하는 이유는 미적 매력과 균형, 신이나 왕 등의 형상에 대한 존경의 표시, 읽기 쉽기 위해서 등 다양했다. 이것을 보여 주는 좋은 예로 이른바 쿠트-엔-프타의 가짜 문이라고 불리는, 오른쪽에 보이는 것이 있다. 이런 문은 이집트 무덤에서 폐쇄되고 금지된 망자의 영역과, 망자의 친지가 기도와 제사를 올릴 수 있도록 접근이 허용된 구역의 경계선을 표시했다. 쿠트-엔-프타는 바닥의 왼쪽 문에 두 번, 오른쪽 문에 두 번 나타나는데 두 경우 모두 안쪽을 향해 있다. 그녀의 형상 바로 위에 있는 상형문자 단들 역시 모두 안쪽을 향해 있다. 그러므로 오른쪽의 것은 왼쪽 것이 반사된 형상이라 할 수 있다(비록 그들이 똑같은 순서는 아니지만). 그러나 조각가는 한 가지 명백한 실수를 했다. 다름 아닌 기호 하나를 잘못된 방향으로 새긴 것이다. 아래 나와 있는 부분도에서 그것을 찾아내어 보라(해답은 218쪽에 있음).

이러한 균형은 유쾌한 것이며, 또한 한 '사람'이 가짜 문을 지나면서 양편의 상형문자를 읽기에 자연스러운 방식이다. 문 왼쪽에서는 오른쪽에서 왼쪽으로, 문 오른쪽에서는 왼쪽에서 오른쪽으로. 문 위의 상형문자 줄들은 이와 대조적으로 자연히 한 방향으로만 읽히므로 오른쪽에서 왼쪽으로 쓰여졌다.

쿠트-엔-프타의 가짜 문. 기원전 2000년경. 이것은 전후 관계에 따라 이집트 상형문자의 쓰기 방향이 다양함을 보여 준다.

쿠트-엔-프타는 귀족 여인이었다. 그녀의 무덤에 있는 이 '가짜 문'에는 양편에 같은 명문이 새겨져 있다. 한쪽의 상형문자는 왼쪽에서 오른쪽을 향하고, 다른 쪽에서는 오른쪽에서 왼쪽을 향하게 함으로써 이 문을 '통과'하는 자는 누구나 양편을 자연스럽게 읽도록 했다. 양편의 긴 주랑에 새겨진 명문(아래 그림에 부분이 보인다)엔 이렇게 적혀 있다. "프타와 소카르 앞에서 존경받던 왕의 귀부인, 쿠텐-프타"(짜우찌히의 해석).

고대 이집트어의 소리

고대 이집트어의 소리가 어떠한지는 누구도 모른다. 이집트학자들이 채택한 이집트어 단어와 이름의 철자들, 예를 들어 투탕카멘·프타·람세스 따위는 관습적인 것이다. 네페르티티는 영어권 세계에서 그 여왕을 일컫는 관습적인 철자법이다. 독일인들은 그녀를 노프레테테라고 부른다. 이멘헤텝은 아멘호텝, 아문호트페, 아멘헤텝 등으로 나타낸다. 어떤 이름은 무려 서른네 가지 방식으로 적을 수 있다!

문제의 원인 중 일부는 분명하다. 이집트어는 오래전에 사멸했기 때문이다. 또한 고대 이집트어가 상형문자에서 모음을 표시하지 않은 결과라고 할 수 있다. 이집트학자들은 이러한 사실을 인식하고 대개 모음 사이에 단모음 '*e*'를 삽입한다. 따라서 *mn*은 *men*, *wbn*은 *weben*, *nfrt*는 *nefret*로 읽는다(이집트학의 편의를 위해서).

그렇다고 상형문자 원래의 발음에 대해 우리가 아무것도 알 수 없다고 생각한다면 잘못이다. 여기에는 중요한 단서가 두 가지 있다. 첫 번째는 콥트어, 즉 이집트어의 최종 단계이자 모음이 기록된 유일한 단계에서 온다. 콥트어는 여전히 콥트 교회에서 사용되는데, 주로 우리가 어느 정도 발음할 수 있는 그리스 글자로(이미 살펴본 것처럼) 적는다.

물론 서기 초의 몇 세기 동안에조차 콥트어의 발음은 그리스어와 상당히 달랐을 것이며, 고왕조 시대 그리스어와는 더욱 달랐을 것이 분명하다.

그러나 콥트어는 여전히 유용한 지침이 되고 있다. 비록 콥트어의 어휘가 그리스어와 다른 외국어들을 포함하고 있지만, 대부분은 파라오 시대까지 거슬러 올라간다. 몇몇 사례들(위)은 오른편에 콥트어를, 왼편에 상형문자를 보여 주고 있다.

발음을 알려주는 두 번째 단서는 모음을 표기한 다른 고대어들, 즉 아시리아어와 바빌로니아어에서 온다. 그들의 명문들은 마치 영어가 프랑스어 단어를 차용할 때처럼(예를 들어 'fiancé' 또는 그 반대 경우로 'le weekend'처럼) 이집트 단어를 완전히 유성음화된 복사본 형태로 포함하고 있다. 우리는 이미 로제타석의 해독에서 '외국 이름 단서'의 결정적 중요성을 말할 때 이와 같은 사실을 만난 적이 있다. 이 사본 중 최초의 그리고 가장 중요한 것은 이집트 신왕조와 동시대에 씌어진 설형문자 기록이다. 예를 들어 *R'-mss*(람세스)는 설형문자로는 *리암세사*로, *'Imn-htp*(이멘헤텝)는 *아만하트피*로 음역된다.

콥트어 및 이집트 문자와 동시대의 외국 본문에서 얻은 증거들을 결합해서, 학자들은 고대 이집트어의 자음과 모음 모두의 발음을 추측해 냈다. 그러나 아쉽지만 이 추측이 맞는지는 아무도 확신할 수 없다.

상형문자 '알파벳'

상형문자에는 24개(다른 형태들을 어떻게 세느냐에 따라 다르다)의 단모음이 있는데, 그 중 많은 것들을 이미 샹폴리옹의 해독 이야기에서 살펴보았다. 이에 더해서 상형문자는 이중 자음과 삼중 자음 기호, 그리고 발음과 관계없는 다양한 기호들을 사용했다. 그 몇 안 되는 단자음 기호들은 모음을 포함하지 않으며 상형문자의 다른 표음 기호와 용법이 구별되지 않는다는 사실에도 불구하고 종종 '알파벳'이라고 불린다.

그러나 5천 년 전의 이집트인이 알파벳을 가지고 있었다면, 상형문자에 나오는 그 많은 기호들이 왜 필요했을까? 왜 그들은 문자 체계를 필요 이상으로 복잡하게 만들었을까?

확실한 대답은 없다. 어떤 학자들은 이집트의 엘리트가 천성적으로 보수적인 데다, 상형문자를 읽고 쓰는 법을 배타적 소수에게만 한정시키려고 하였기 때문이라고 믿는다. 그런가 하면 어떤 학자들은 상형문자 체계가 우리에게는 복잡해 보이지만 고대 이집트인에게는 그렇지 않았을 것이라고 주장한다. 이 후자 집단에 따르면, 수백 개의 표음문자와 표어문자가 혼합된 체계, 게다가 표어문자의 비율이 월등히 높은 체계는 실제로는 몇 개의 알파벳 기호로 쓰는 것보다 훨씬 더 효율적으로 이집트어를 표현할 수 있다는 것이다. 두 입장 모두 각종 증거들을 자기에게 유리하게 사용할 수 있다.

잘 알려진 현대의 이름들을 상형문자로 써 보았다. 첫 번째는 번역되어 있다. 나머지를 읽어 보라. 해답은 218쪽에 (짜우찌히의 견해를 따랐음).

상형문자의 숨겨진 힘

왼쪽_ 투탕카멘의 목제 거울함,
'앙크'의 모양.

오른쪽_ '영원성을 얻은 자랑'.
카르낙의 아문-레 사원의
상형문자로, 세누스레트 1세
(기원전 1965~1920)를 찬양한다.
아툼 신이 왕을 자신의 아버지인
신 아문-레에게로 이끈다.
이집트 신들은 대개
고대 그리스나 로마의 신과는 달리
추상적 개념이 아니다.

상형문자 명문은 '영원성을 얻은 자랑'으로 묘사되었다. 그러나 가장 잘 만들어진 상형문자는 다른 모든 고대 문자를 능가하는 신비로운 매력을 발한다.

여기에서 보여 주는 두 명문은 장엄한 사례로, 문자와 예술의 결합을 보여 준다. 상형문자와 그것으로 장식하는 물체를 기교 있게 통합하는 것은 이집트 문자의 본질적인 특징이다.

'앙크'는 상형문자이면서 동시에 생명의 상징이다. 위 사진은 투탕카멘의 무덤에서 발견된 목제 손거울함이다. 친숙한 파라오 카르투시가 손잡이 밑부분에 있다. 그 위에 있는 카르투시는 투탕카멘의 다른 이름인 네브케페루레(Nebkheperure)다. 함 중앙에는 유리로 상감이 되어 있다.

'바구니'(연남색)는 넵(*neb*)의 값이며, 갑충석은 케페르(*kheper*)의 값이고, 갑충석 밑의 세 획은 *u*의 값이며, '태양'(붉은색)은 레(*re*)의 값이다.

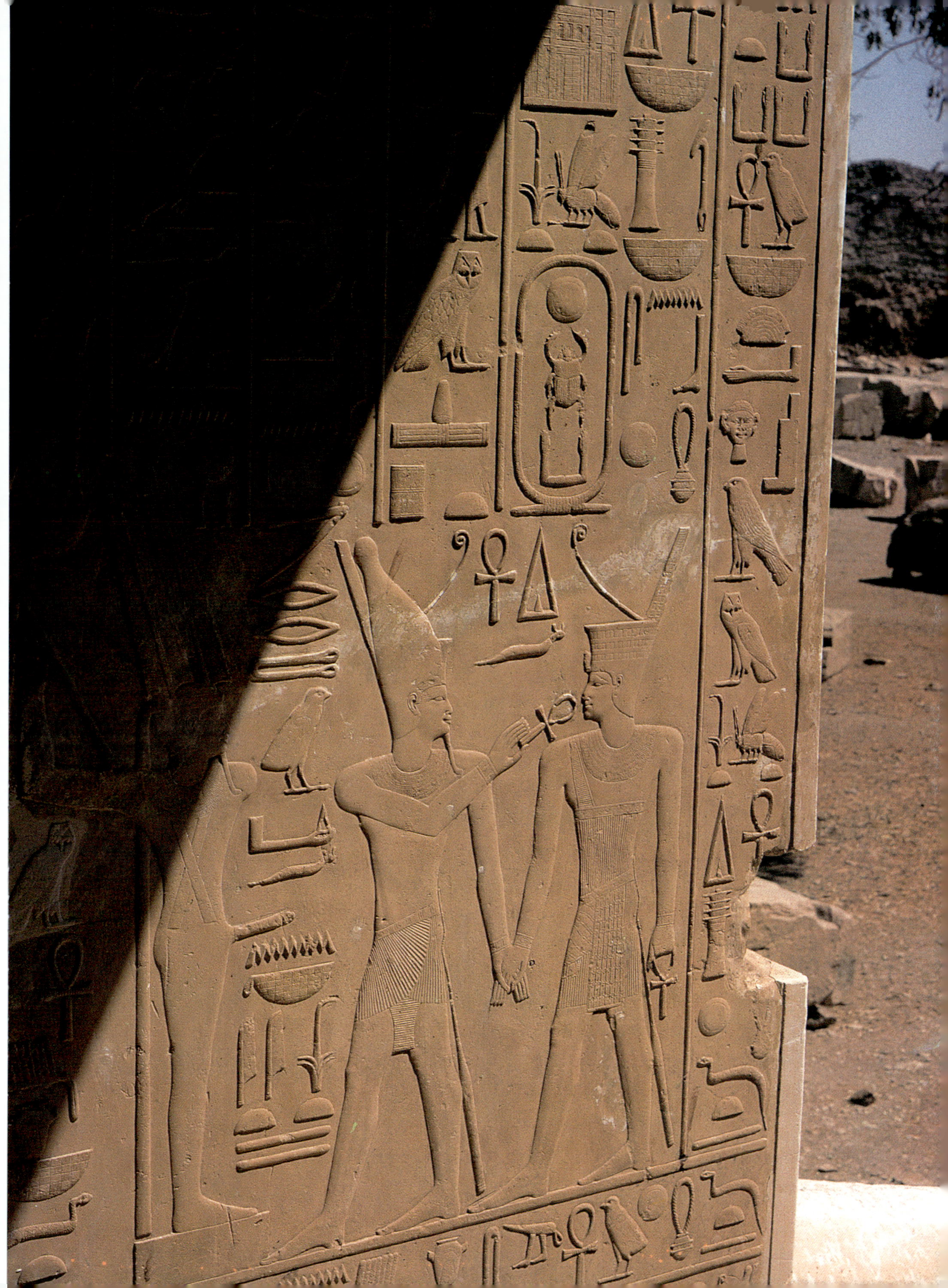

사자(死者)의 서(書)

고대 이집트에는 『사자의 서』 사본이 하나가 아니라 여러 개 있었다. 그것들은 파피루스 두루말이에 쓰이거나 장식된 종교적 주문으로 구성되었다. 이것은 죽은 자의 무덤에 보관되었는데, 내세의 행복을 보장해 줄 것으로 생각되었다. 사본의 품질은 책에 이름이 쓰인 개인의 재산이 어느 정도이냐에 따라 크게 차이가 났다. 본문과 아름다운 삽화들을 개별적으로 선택해서 특별 주문한 것이 있는가 하면, 어떤 것들은 별다른 예술적 효과가 없는 표준적인 사본으로서, 구매자의 이름과 직책을 기입할 수 있도록 왼쪽을 비워 놓았다.

가장 아름다운 것 중 하나인 오른쪽 사본은 *P3-wi3-n-´d3*(파위아에나쟈)라는 사람의 것이다. 왼쪽의 본문은 히에라틱으로, 오른쪽은 상형문자로 되어 있고, 그림은 상형문자로 만들어진 틀에 둘러싸여 있다. 바닥에는 땅의 기호인 *t3*가, 꼭대기에는 하늘에 대한 기호인 *p.t*가, 그리고 왼쪽과 오른쪽에는 두 개의 *w3s*, 즉 홀이 있다. 오른쪽에 있는 망자는 오시리스 신 앞의 제단에 올려진 제물 위에 냉수를 붓고 있다.

상형문자 본문은 명문의 왼쪽이나 오른쪽 끝이 아니라 화살표가 표시하듯이 왼쪽에서 두 번째에서 시작한다. 아래쪽으로 세로로 읽히지만, 여기에 인쇄된 것은 옆으로, 즉 다음과 같이 왼쪽에서 오른쪽으로 읽도록 되어 있다(각 기호에 대한 음역은 그 기호 다음에 있다).

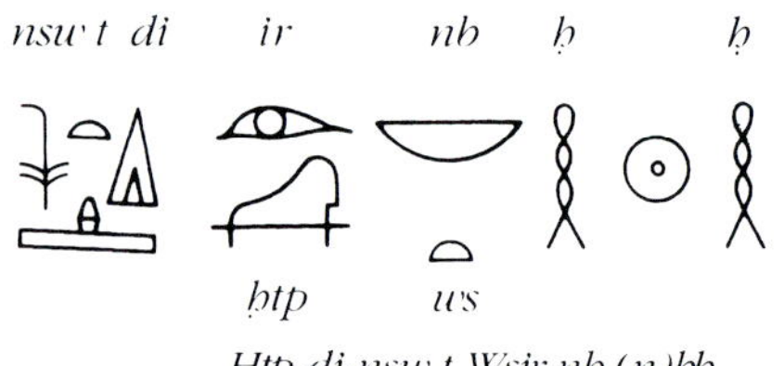

nsw t   di   ir   nb   h   h

htp   ws

Htp-di-nsw.t Wsir nb (n)hh

이것은 다음과 같이 번역할 수 있다.

"왕이 오시리스, 영원의 주인에게 바치는 제물"(*neb* 기호 옆의 작은 ⌒는 분명 서기의 실수다. *nhh*은 상례대로 여기에서도 첫 자 *n* 없이 쓰였다).

이어지는 상형문자 명문은 다음과 같이 번역할 수 있다.

"위대한 신, 서쪽의 끝, 신의 아버지 아문-레를 잘 매장할 수 있기를, 신들의 왕, 파위아에나쟈, 진실한 목소리."

상형문자 명문의 마지막 줄은 오른쪽 끝에 있는데, 아이가 입을 손에 물고 있는 기호가 있다. 이에 상응하는 *히에라틱* 기호는 히에라틱의 두 번째 줄 처음-즉, 오른손에서 먼 쪽 끝-에서 찾을 수 있다.

상형문자 단어 몇 가지

우리가 살펴본 대로, 하나의 상형문자는 문맥에 따라 다양한 역할을 할 수 있다. 한 단어에서는 표어문자일 수 있지만, 다른 단어(수수께끼 그림 원칙)에서는 표음문자일 수 있으며, 두 경우 모두에서 또한 회화문자일 수 있다. 𓇓, 즉 상이집트의 문장(紋章)인 식물 '사초(莎草)'가 그 좋은 예라 할 수 있다.

sw.t 사초

여기에서 𓇓는 표어문자로서 발음상 보어 ⌓가 있고, 한정사 |가 𓇓이 표어문자로 기능함을 나타낸다.

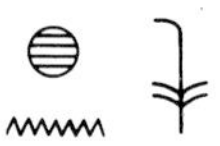
Hnsw 달의 신

여기에서 𓇓는 이중 자음 표음문자이며 처음에 나오는 두 기호는 단자음이다.

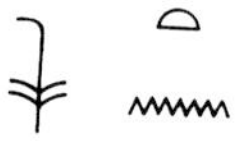
n-sw.t 상이집트의 왕

여기에서 𓇓는 표어문자이면서 표음문자다. 이것은 왕실 기장에 대한 존경의 표시로 단어 처음으로 옮겨졌다. 기호의 순서를 따라서, 우리는 그 단어를 *n–sw.t.*가 아니라 *sw–t–n*으로 읽을 수도 있다.

두 단어 끝의 *t*는 여성 어미로, 다른 음역과는 점으로 구분된다.

nb 주인

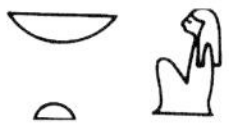
nb.t 귀부인, 안주인

sn 형제

sn.t 자매

(그러나 단어 끝의 *t*가 모두 여성 어미인 것은 아니다.) 복수는 최소한 두 가지 기본적인 방식을 이용해 표어문자 방식으로 나타냈다.

세 획이 추가될 수도 있다.

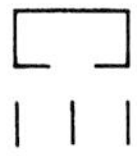
pr.w 집들

ntr.w 신들

또는 표어문자 자체가 삼중으로 될 수도 있다.

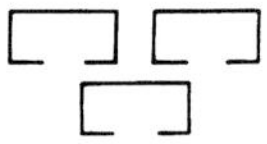
pr.w 집

ns.wt 왕좌

만약 해당 명사가 남성일 경우에는 어미 *w*와 함께 음역되고, 여성일 경우에는 어미가 *wt*가 된다. 표점은 어미가 복수 어미임을 나타낸다. 속격을 만드는 경우, 종종 두 표현을 하나로 합친다.

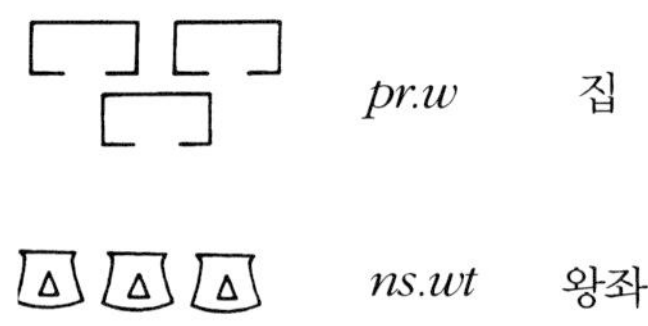

nb.t pr
집의 안주인

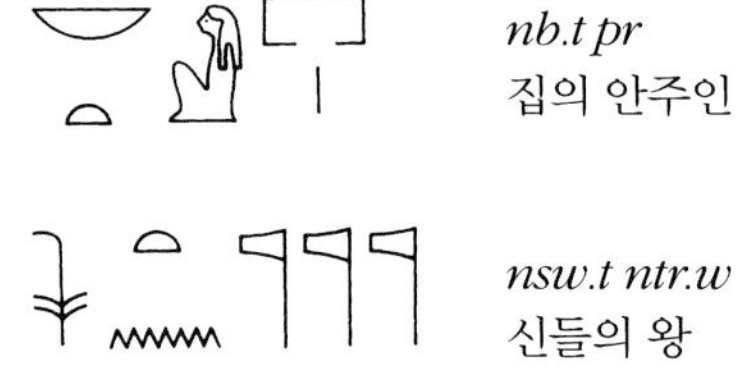

nsw.t ntr.w
신들의 왕

람세스 2세의 유광 타일

이것은 백색 도기로 상감된 푸른 채색 타일에 남아 있는 람세스 2세의 '프라이노멘(왕명)'이다. 이 상형문자는 이렇게 음역할 수 있다.

⊙ (태양) 표어문자 : 레 신

(재칼의 머리) 삼중 자음 *wsr* : '강한'

(깃털 단 여신) 표어문자 : 정의의 여신 마트(*M3t*), '앙크(생명)'를 지니고 있다.

(나무토막 위의 까뀌) 삼중 자음 *stp* : '선택했다'

〰〰〰 (물) '자모문자' 기호 *n*

태양신 레의 이름은 두 번 반복된다. 두 경우 모두 앞쪽으로 옮겨 신에 대한 존경을 나타냈다. 그러므로 기호는 이렇게 읽을 수 있다.

Wsr-m3.t-R'-stp-n-R'
(*User-maatre-setepenre*)

프라이노멘의 첫 부분은 룩소르의 부서진 람세스 2세 상에 대한 셸리의 시 제목인 오지만디아스의 원래 형태다. 그 유명한 구절은 다음과 같다.

내 이름은 오지만디아스, 왕 중의 왕.
내 업적을 보라, 오 장엄하도다, 그리고 절망하라!

프라이노멘의 나머지 부분에 대한 번역은 매우 불확실하다. 이것은 많은 다른 고대 이집트의 왕실에 대한 서술들과 마찬가지다. 가장 선호되는 번역은 이렇다. "레의 마트는 강하다, 레를 위해 선택되었도다." 다른 가능성도 있다. "레가 선택한 레의 마트에 대해 말하자면, 그는 강하다."

서기관이라는 직업

'왕자 같은 직업'.
이 대리석상은 사카라에서 발굴된,
4500년 전의 것이다.
카이라는 서기관이 의례적인
양반 다리를 하고 있고,
허벅지에는 파피루스 두루말이가
일부 펼쳐진 채 놓여 있다.
눈은 백색 석영과 크리스탈,
흑단으로 되어 있다.

고대 이집트인 중 어느 정도가 문자를 사용할 수 있었는지는 정확히 말하기 힘들다. 먼저 인구 자체가 정확하게 알려져 있지 않다. 아마 고왕국 시대에는 1백만 명에 이르고 그리스·로마 시대에는 450만 명 가량 된 듯하다(오늘날 이집트의 인구는 대략 6천만 명이다). 이들 중에서 아마도 1% 정도가 문자를 쓸 줄 알았을 것이며, 후대에는 그리스인이 그 중 다수를 차지했을 것이다. 그러므로 고왕국 시대에는 1만 명이 채 안 되는 사람들이 히에라틱을 읽고 쓸 수 있었을 것이고, 상형문자

를 알았던 사람은 더욱 적었을 것이다. 그리스 시대에는 이 수가 더욱 줄어들었을 텐데, 이는 사원의 사제들이 속세인들을 멀리하기 위해 상형문자를 일부러 더 복잡하게 만들었기 때문이다.

메소포타미아에서와 같이, 고대 이집트 서기관의 삶은 상당히 매력적인 것이었다. 그러나 우리는 사료들이 파피루스에 기록된 탓에 이들에 대해 별로 알지 못한다(서기관의 삶이 상형문자 명문에 기록되었을 가능성은 거의 없다). 게다가 파피루스는 점토판처럼 오래 보존되지 못한다. 파

아래_ 서기관을 가리키는 기호의
상형문자, 히에라틱, 데모틱 형태들.

1. 상형문자, 기원전 약 1500년
2. 상형문자, 기원전 500~100년
3. 상형문자, 기원전 약 1500년
4. 히에라틱, 기원전 약 1900년
5. 히에라틱, 기원전 약 1300년
6. 히에라틱, 기원전 약 200년
7. 데모틱, 기원전 400~100년

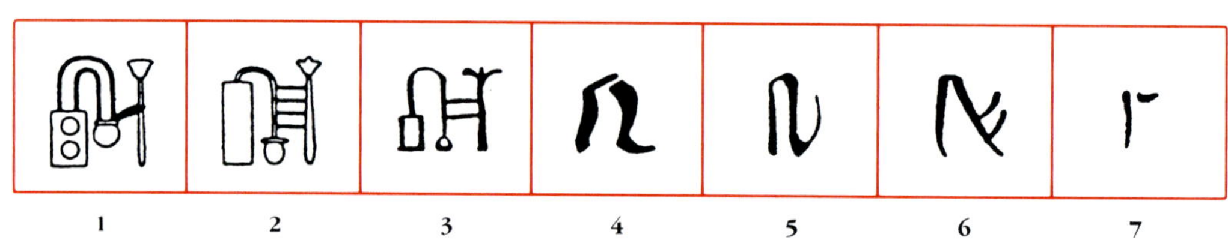

1　　2　　3　　4　　5　　6　　7

피루스의 단편 중 설형문자 점토판의 것을 연상시키는, 서기관 견습생에 대한 도덕적 충고가 남아 있다. 선생은 제자에게 이렇게 말한다. "나는 네가 종종 공부를 내팽개진 채 쾌락을 좇아 거리를 헤매느라 네가 머물다 간 집에 늘 맥주 냄새가 난다는 것을 알고 있다. …… 네 이놈! 내 말을 듣지 않는구나! 너는 높이 100큐빗에 폭 10큐빗짜리 오벨리스크보다 더 낮이 두껍구나." 또다른 작품에는 아버지가 아들을 학교에 데려가면서 등허리가 휘는 육체노동의 삶을 살고 싶지 않다면 열심히 공부해야 한다고 충고하는 장면이 묘사되어 있다. 아버지는 분명히 말한다. "나는 대장장이가 화로 옆에서 일하는 것을 보았다. 그의 손가락은 악어 가죽 같고 썩은 생선보다 더한 냄새가 난다." 그 후 아버지는 모든 육체 노동을 하나씩 험담한다. 그러나 다른 파피루스에서는 이렇게 결론짓는다. "서기관이라는 직업은 왕자 같은 직업이다. 그의 필기 도구들과 두루말이 책들은 유쾌함과 부를 가져다 준다."

파피루스

파피루스라는 이름은 '왕에게 속한'이라는 뜻의 '파-엔-페르-아'에서 온 듯하다. 아마도 파피루스는 왕실이 독점하여 제작하고 유포했을 것이다. 파피루스를 만드는 과정은, 우선 긴 파피루스 갈대의 속을 세로로 얇게 잘라낸 후, 서로 맞닿을 정도로 나란히 놓은 다음에 마찬가지 세로 조각을 가로로 덮어서 '돗자리'처럼 만든다. 그런 다음 방망이질을 해서 며칠 동안 무거운 물건 아래에 둔다. 마르는 동안 천연 수액이 그 속을 종잇장이 되도록 고정시켜 주는데, 종잇장들을 한데 기워서 긴 두루말이를 만들 수 있다. 종이를 말았을 때 글이 쓰여진 면이 훼손되지 않도록 하기 위해서는 섬유들이 가로로 놓인 면이 맨 처음에 오도록 해야 했다.

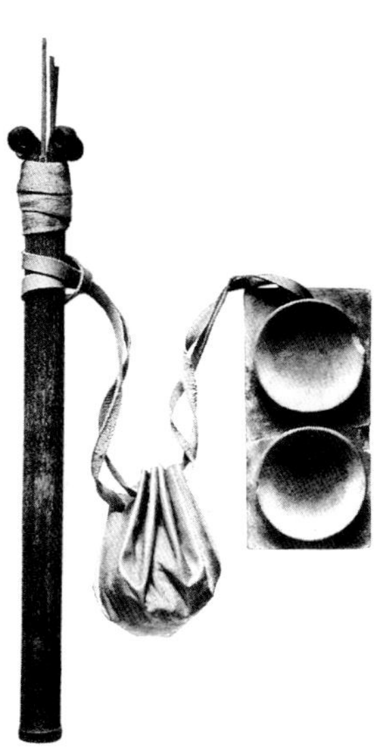

왼쪽_ 황실 서기관장 헤시레. 기원전 2700~2650년경 사카레에서 발견. 이 목판 조각에서 헤시레는 왼손에 필기구를 들고 있다. 그의 머리 위에 있는 상형문자에는 서기관을 가리키는 기호도 포함되어 있다. 헤시레는 수석 치과 의사이기도 했다!

위_ 필기구들. 팔레트에는 홈이 두 개 있어서 잉크 덩어리를 담았다. 그 옆에 있는 것은 해안 갈대로 만든 붓을 보관하는 나무통과, 붓을 적시는 물통이다.

왼쪽 아래_ 투탕카멘의 필기구 (왼쪽에서 오른쪽으로). 상아 팔레트. 금박 목제 팔레트, 상아와 금으로 만든 파피루스 닦개. 금박 상감된 목제 필통.

6＿ 선상(線狀)문자 B

W. B. 리치먼드 경이 그린 크노소스의 아서 에반스 경 (1851~1941) 초상화. 에반스 경은 선상문자 B 점토판을 손에 들고 있는데, 이것은 그가 초기부터 이 문자에 몰두했다는 분명한 증거다. 이 초상화는 1907년에 그려졌다. 에반스 경이 1941년에 사망할 때까지도 선상문자 B 해독에는 별다른 진전이 없었다.

'왕좌의 방', 크노소스 왕궁.
에반스의 상상에 따라 재구성한 것.
에반스는 선상문자 B에
자주 나타나는 기호인 🝙 가
왕좌를 나타내는 회화문자이며
또다른 기호인 🝑 는 왕궁
여러 곳에서 발견된 모티프인
'양날도끼'를 나타내는
회화문자라고 확신했다.
사실 이 믿음은 언어학적으로는
완전히 잘못된 것이었다.

아래_ 최초로 출간된
선상문자 B 점토판.
에반스가 1900년에 출판했다.

호메로스는 『오디세이아』(19권)에서 이렇게 노래한다. "짙은 포도줏빛 바다 가운데에는 크레타라는 섬이 있다네, 풍요롭고 사랑스런 땅, 바다가 사방을 씻어 주고, 많은 사람들과 아흔 개의 도시가 그 속에 있다네. 그곳에서는 한 언어가 다른 언어와 뒤섞이고……도시 중에는 크노소스라는 위대한 도시가 있어, 그곳에서 제우스의 술 친구 미노스가 9년 동안 왕 노릇 했다네."

호메로스부터 2500년도 더 지난 1900년에, 고고학자 아서 에반스가 크노소스의 '위대한 도시'를 파헤쳐 올려 재구성하기 시작했다. 그는 자신이 미노스 왕의 궁전을 발굴했다고 믿었다. 이때 악명 높은 미로, 곧 미노타우로스와 함께 점토판 보관소도 발견했다. 거기에 쓰인 문자는 이집트 상형문자나 수메르 설형문자, 또는 후대의 그리스 알파벳과 전혀 공통점이 없는 듯 했다. 에반스는 그 문자로 기록된 언어는 그리스어가 아니라고 확신했다. 그래서 이것을 미노아어라고 명명하고, 그 알 수 없는 문자를 'B 등급의 선상문자'라고

불렀다. 그리고 그의 나머지 40년의 생애를 그 문자의 해독이라는 희망에 걸었으나, 결국 실패하고 말았다. 1952년 영국의 건축학자 마이클 벤트리스가 마침내 선상문자 B를 해독하기에 이르렀다.

이와 견줄 만한 것으로는 1823년 장 프랑소와 샹폴리옹의 이집트 상형문자 해독을 들 수 있다. 두 경우 모두 한 명의 천재에 의해 이루어진 것이었다. 선상문자 B는 우리가 이해할 수 있는 최초의 유럽 문자로, 비록 최초의 수메르 · 이집트 문자보다는 1500년이나 뒤진 것이지만 그리스 알파벳 명문보다는 거의 500년이나 앞선 것이다.

아서 에반스의 해독

에반스는 비록 선상문자 B를 해독하지는 못했지만 올바른 방향으로 가는 중요한 한 걸음을 내디뎠다. 고대 크레타에서 최소한 세 개의 문자가 구별된다는 것을 알아냈던 것이다. '상형문자식' 문자와 선상문자 A 및 B가 그것이다. 상형문자식 문자는 석제 인장에서 발견된 것으로, 이집트 상형문자와 비슷해서 그런 이름이 붙었다. 이에 관해서는 일단 다음으로 미루기로 하자(149쪽 참조).

선상문자 A는 주로 크레타 섬 남부에 있는 미노아 왕궁의 점토판에 새겨져 있었다. 크노소스에서는 선상문자 A가 거의 발견되지 않았다. 선상문자 B는 크노소스에서만 발견되었는데, 후에—모든 사람을 놀라게 했고, 아마도 에반스를 낙담시켰을 것이다—그리스 본토에서도 발견되었다(1939년, 고대 필로스의 대규모 점토판 보관소에서 발견되었다). 비록 선상문자 A 와 B는 밀접한 관계가 있지만 서로 맞지 않는 기호들도 많다. 오늘날 선상문자 A는 대부분 해독되지 않은 상태로 남아 있다.

선상문자 B에 집중했던 에반스는 선 근처에서 자주 반복되는 짧은 수직선을 표선으로 간주하였다.

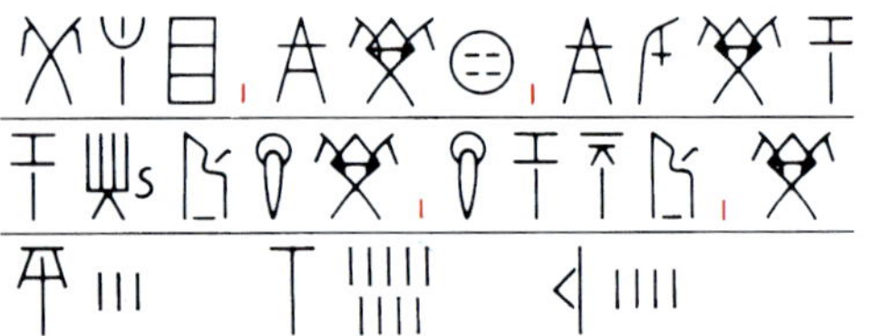

그는 계산법을 다음과 같이 이해했다.

| | | | = 1 단위 | — = 10 |
| ○ = 100 | ◇ = 1000 |

선상문자 B의 숫자 둘을 예로 들어 보자. 다음은 362와 1350이다.

에반스는 또한 많은 점토판들이 물품 목록으로서 맨 밑에 총계를 적되, 종종 회화문자를 이용했음을 알아냈다. 예를 들면 다음과 같다.

총 인원　　　17

는 회화문자를 추구했고, 그래서 회화문자를 발견했다. 그리고 이집트 상형문자에서 발견된 한정사들의 영향을 받아 이른바 선상 B 회화문자를 표어문자로 취급했다. 그래서 단어 처음에 자주 나타나는 기호 ⊬ 가 미노아의 양날도끼(왼쪽)를 나타낸다고 보았다. 그리고 아래 점토판에서 다섯 번 나타나는 기호 ⬚ 는 '왕좌와 홀'이라고 보았다.

왼쪽_ 미노아의 금제 양날도끼. 크레타의 아르칼로코리. 기원전 1500년경. 양날도끼는 크노소스 궁정에서 여러 가지 형태로 발견되는 모티프다.

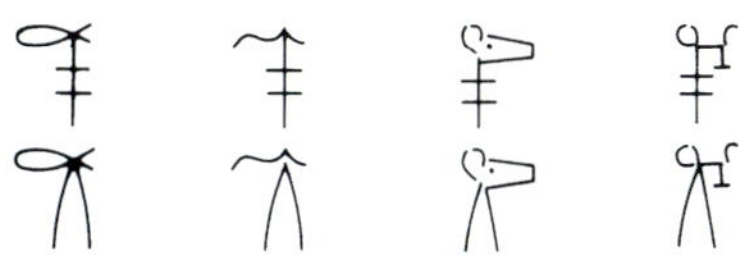

다음과 같이 명백히 표어문자의 기능을 하는, 즉 단어들을 나타내는 회화문자도 있었다.

여자　　　　　말　　　　　바퀴

항아리　　　　컵

이밖에 두 가지 형태를 가진 회화문자도 많았다.

에반스가 이미 발굴했던 진짜 왕좌의 모양과 그것의 중요성을 고려해 보면, 그의 두 번째 유추가 그렇게 무리한 것도 아니었다.

선상문자 B의 발견 시기와 장소. 에반스에 따르면 선상문자 B는 오직 크레타에서만 발견되어야 했다.

에반스는 이것들이 짐승의 수컷과 암컷을 나타내며, 아마도 미노아 왕궁을 위해 계수되었을 것이라 생각했다. 그러나 어느 회화문자가 수컷을 가리키고 어느 것이 암컷을 가리키는지는 밝히지 못했다. 이 회화문자들은 에반스가 선상문자 B의 연구에서 잘못된 길로 접어들게 했다. 에반스

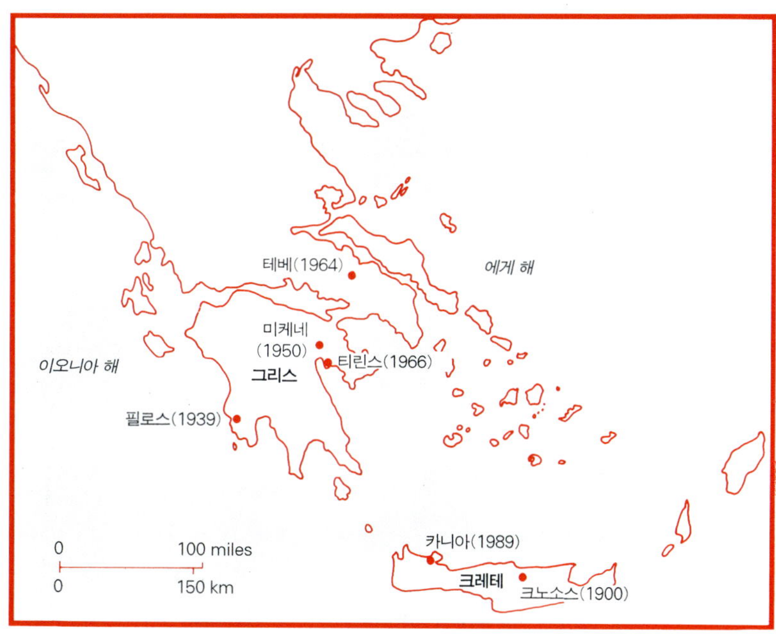

키프로스의 실마리

에반스는 선상문자 B를 해독할 수 있는 실마리를 찾아 동쪽 키프로스로 향했다. 이 섬은 고대 문자가 발견된 곳이었다. 그러나 키프로스 문자는 선상문자 B와는 달리 해독되었다. 이것은 위에 제시된 것과 같이 이중 언어로 된 명문에서 나타났는데, 아테네의 파르테논 신전과 거의 동시대의 것이다. 따라서 선상문자 B보다는 천년이나 후의 것이다. 위 두 행은 고전 그리스 문자이고, 마지막 행(따로 제시되어 있다)이 키프로스 문자다.

두 문자 모두에서 사용된 말은 그리스어다. 그리스어를 말하는 주민들이 트로이 전쟁을 피해 키프로스로 그리스어를 가지고 온 것으로 생각되기 때문이다. 그리스 알파벳의 소리가 알려져 있었으므로, 키프로스 문자의 소리도 해독될 수 있었다. 1870년대에 최초로 실행된 해독 작업의 결과, 키프로스 문자는 음절로 이루어졌음이 밝혀졌다. 에반스는 이제 밝혀진 키프로스 문자의 소리를 이용해 알려지지 않은 선상문자 B의 소리를 해독할 수 있을 것으로 기대했다. 그의 이론에 따르면, 키프로스 문자는 대부분 선상문자 B에서 파생된 것으로 보이기 때문이다. 아마도 상인이었을 미노아어를 쓰는 주민들이 키프로스에 정착하면서 문자를 가져왔을 것이다. 에반스에 따르면, 그래서 키프로스의 기호 중 몇몇이 선상문자 B와 그토록 유사한 것이다.

여기에 가장 유사한 기호 여덟 개와, 그것의 키프로스 문자 음가가 있다.

선상문자 B	키프로스 문자	키프로스 문자 음가
		po
		ta
		lo
		to
		se
		pa
		na
		ti

에반스는 이 값을 괜찮아 보이는 크노소스산 점토판 하나를 이용해 검증해 보기로 했다. 에반스는 그 점토판에서 여섯 개의 말 머리를 확인했는데, 그 중 둘은 불완전한 것이었다. 점토판 가운데와 오른쪽의 말 머리 넷 중에서 둘은 갈기가 있고 둘은 없다. 갈기가 없는, 아마도 망아지일 둘 앞에는 다음과 같은 기호가 한 쌍 똑같이 있었다.

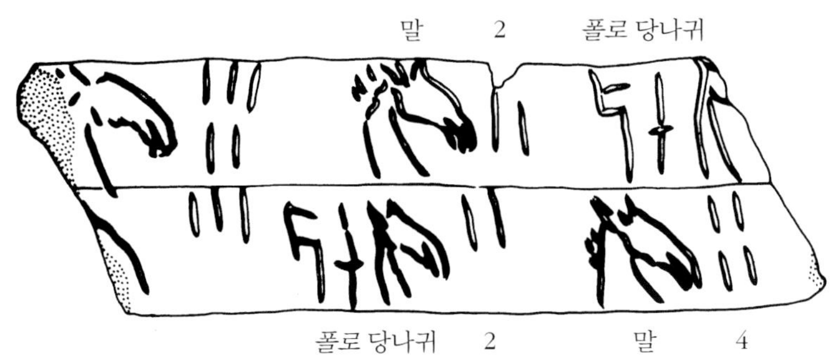

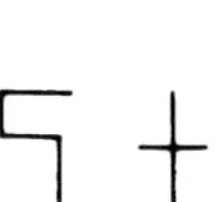

키프로스 음가에 따르면 두 기호는 *po-lo*라고 읽어야 한다. 미노아어로 '폴로'는 무슨 뜻이었을까? 에반스는 이것이 고전기 그리스어에서 어린 말, 즉 망아지에 해당하던 단어 '폴로스(pōlos)'(복수형 pōlō, 즉 망아지 두 마리)와 유사하다는 것에 주목했다. 사실 영어 'foal(당나귀)'은 그리스어 'pōlos'와 어원이 같다. 만약 미노아어와 그리스어가 어쨌든 관련이 있다면, 미노아의 '폴로'는 고전기 그리스의 'pōlos'에 대응한다고 할 수 있다. 그렇다면 이 점토판은 이런 뜻이 된다.

말 2   폴로 당나귀
폴로 당나귀 2   말 4

만약 이 추측이 옳다면, 단어 〒 ('polo')는 미노아의 서기관이 갈기가 없는 회화문자가 완전히 성숙한 말이 아니라 망아지를 나타낸다는 것을 확실하게 하기 위해 덧붙인 것이다.

그러나 에반스는 이러한 그럴듯한 출발점을 바로 거부했다. 에반스는 미노아인이 상고적 형태의 그리스어로 말하고 썼고 키프로스에도 가져갔다는 생각을 받아들이지 않았다. 에반스의 시각에서는 그리스 본토인이 아니라 미노아와 미노아인이 주인공이었다. 미노아 언어는 그리스어일 수 없었던 것이다. 오직 소수의 고고학자들만이 감히 그와 다른 견해를 가질 수 있었다. 이렇게 에반스는 '폴로'의 경우에서 나타나는, 선상문자 B와 키프로스 기호의 유사성을 무의미한 순전한 우연으로 치부해 버렸다.

키프로스의 파포스에 있는 아프로디테 성소. 에반스는 키프로스의 명문에서 발견된 기호들이 크레타에서 발견된 것들과 유사하다고 주장했고, 그것은 옳았다.

선상문자 B의 해독

에반스는 1941년에 죽으면서 선상문자 B와 관련해 혼란스러운 유산을 남겼다. 에반스 자신과 다른 이들이 발굴한 3천 개가 넘는 점토판 중에서 출판된 것은 200개가 채 되지 않았다. 1940년대에 해독을 시도한 사람들은 별다른 진전을 보지 못했다. 그러나 미국의 고전학자인 엘리스 코버는 논리적 사고의 전환으로 중요한 진전을 이루었다. 비록 선상문자 B를 최종적으로 해독한 사람은 마이클 벤트리스였지만, 코버가 결정적인 통찰력을 제공함으로써 벤트리스는 후에 그것을 적용했던 것이다.

코버는 에반스의 제안, 즉 선상문자 B에 어미 변화의 증거가 있다는 것을 바탕으로 작업했다. 코버는 그리스어와 라틴어의 어미 변화, 즉 명사의 격 변화와 동사의 활용에 익숙했다. 영어는 비교적 격 변화 · 활용이 적지만, 불어는 예를 들어 j'aime/tu aim**es**/il aime/nous aim**ons**/ vous aim**ez**/ils aim**ent** 처럼 그러한 사례가 많이 있다. 크노소스 점토판의 선상문자 B에서 다섯 개의 단어 그룹을 확인한 코버는 그 각각에서 자신에게 격 변화의 실재를 시사하였던 세 단어—후에 '코버의 세쌍둥이들'이라고 불리는—를 발견했다. 코버는 그 단어들의 의미를 알 수는 없었지만, 그것들은 점토판의 맥락상 명사 같았다. 아마도 인명이나 장소일 듯했다.

다음은 그 세쌍둥이들 중 둘이다.

어미를 강조해서 보면 굴절을 더 분명히 볼 수 있다.

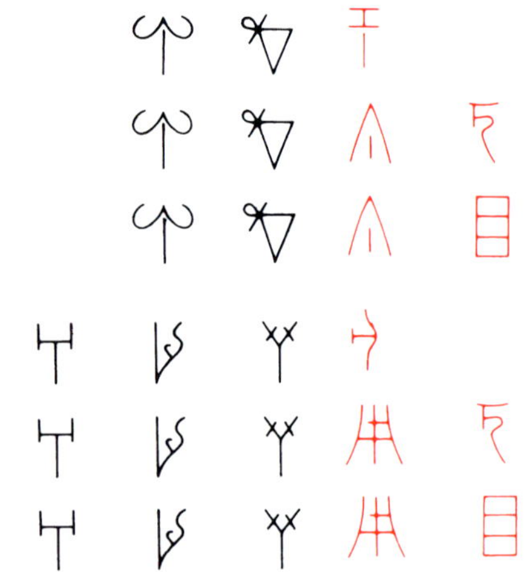

영어식으로 하면 이렇게 표현할 수도 있을 것이다.

Ca-na-da	Ar-ge(n)-ti-na
Ca-na-di-a(n)	Ar-ge(n)-ti-ni-a(n)
Ca-na-di-a-(ns)	Ar-ge(n)-ti-ni-a(ns)

만약 이러한 비교가 올바르다면(선상문자 B가 키프로스 문자처럼 음절적이라고 가정할 때), ⊤와 ⼂ 는 위의 *da*와 *na*처럼 자음(C)은 다르지만 모음(V)은 같을 것이다. 즉,

	V1
C1	⊤
C2	⼂

⋀ 와 ⋔ 역시 위의 *di*와 *ni*처럼 마찬가지일 것이다.

	V1	V2
C1	⊤	⋀
C2	⼂	⋔

코버는 같은 방식으로 다른 세쌍둥이를 이용해서 자신이 "잠정적인 음성학적 모형의 출발점"이라 부른 것에 도달했다.

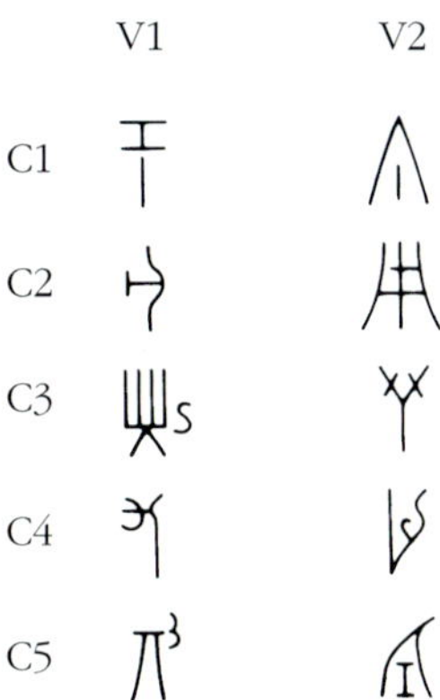

이 음절들의 소리는 아직 알 수 없었지만, 그들의 상호 관계는 십자말풀이의 빈칸처럼 (잠정적으로) 수립될 수 있었다. 벤트리스가 '격자'라고 부른 이 분석 원리는, 해독 작업을 위해 선상문자 B의 자료들을 조직하는 데 씨앗 역할을 했다.

마이클 벤트리스

벤트리스는 학생 시절부터 선상문자 B에 관심을 가졌다. 벤트리스의 고전학 선생이었던 패트릭 헌터는 1936년 에반스가 개최한 미노아 세계 전시회에 벤트리스를 비롯한 학생들을 데리고 갔다. 당시 85세였던 에반스는 소년들에게 선상문자 B 점토판들을 보여 주었다. 그 순간, 헌터는 벤트리스가 에반스에게 매우 정중하게 "선생님, 이것들이 아직 해독되지 않았다고 말씀하셨나요?"라고 묻는 것을 들었다. 1936년부터 난제를 해결한 1952년까지, 벤트리스는 수많은 점토판 그림들을 접할 때마다 선상문자 B를 이해하기 위해 노력했다. 1951년 1월부터 벤트리스는 자신의 견해를 '작업 노트'의 형식으로, 때로는 '격자'를 포함해서 다른 학자들에게 회람시켰다. 여기에 있는 것은 작업 노트 15의 일부분으로서, 1951년 9월 28일 아테네에서 작성된 것이다.

LINEAR SCRIPT B SYLLABIC GRID (2ND STATE)

WORK NOTE 15 — FIGURE 10 — ATHENS, 28 SEPT 51

DIAGNOSIS OF CONSONANT AND VOWEL EQUATIONS IN THE INFLEXIONAL MATERIAL FROM PYLOS:

THESE 51 SIGNS MAKE UP 90% OF ALL SIGN-OCCURRENCES IN THE PYLOS SIGNGROUP INDEX. APPENDED FIGURES GIVE EACH SIGN'S OVERALL FREQUENCY PER MILLE IN THE PYLOS INDEX.

	Impure ending, typical syllables before -ʼ & -ʼ in Case 2c & 3	"Pure" ending, typical nominatives of forms in Column 1	Includes possible "accusatives"	Also, but less frequently, the nominatives of forms in Column 1
	THESE SIGNS DON'T OCCUR BEFORE -ʼ	THESE SIGNS OCCUR LESS COMMONLY OR NOT AT ALL BEFORE -ʼ		
	MORE OFTEN FEMININE THAN MASCULINE ?	MORE OFTEN MASCULINE THAN FEMININE ?		MORE OFTEN FEMININE THAN MASCULINE ?
	NORMALLY FORM THE GENITIVE SINGULAR BY ADDING -ʼ	NORMALLY FORM THE GENITIVE SINGULAR BY ADDING -ʼ		

	vowel 1	vowel 2	vowel 3	vowel 4	vowel 5
pure vowels?	30.3				37.2
a semivowel?				34.0	29.4
consonant 1	14.8	32.5	21.2	28.1	18.8
2	19.6	17.5			13.7
3		9.2		3.3	10.0
4	17.0	28.6			0.4
5	17.7	10.3		4.1	10.2
6	7.4	20.5		14.8	14.4
7	4.1	44.0			
8	6.1	6.1		13.5	15.2
9		33.1		32.3	2.4
10	22.2		38.2	3.5	2.2
11	31.2	33.8	34.4	8.3	0.7
12	17.0			37.7	24.0
13		9.4	14.2		
14	5.0				
15	12.6				

MICHAEL VENTRIS

1951년부터 벤트리스는 '작업 노트'를 이용해서 다른 학자들에게 회람시키기 시작했다. 이보다 오래전인 1942년에 벤트리스는 이렇게 말한 바 있다. "누구도 충분한 자료를 가지고 있지 않기 때문에, 설령 샹폴리옹 같은 사람이라 할지라도 한쪽 구석에서 홀로 작업하면서 완전하고 놀라운 발견을 준비할 수는 없다고 단언할 수 있다."

문제 해결

벤트리스는 선상문자 B 기호들의 상호 관계를 추출하기 위해 '세쌍둥이들'을 비교하는 것 말고도 여러 가지 분석 기법을 사용했다. 기호들의 출현 빈도와 그들이 점토판의 특정 맥락에서 등장하는 규칙성은 유용한 실마리가 되어 주었다. 1952년 2월에 벤트리스는 앞날이 밝은 격자(오른쪽)를 작성할 수 있었다.

그렇다면 벤트리스는 이 기호들의 실제 음가를 어떻게 추측했을까? 그는 단모음 *a*를 격자의 단모음 5 '양날도끼' ⟨기호⟩ 에 할당함으로써 시작했다. 이 기호는 단어의 처음에 자주 등장했다. 모든 음절 문자에서, 모음은 처음에 나타나는 빈도수가 높다. 다른 증거들은 만약 이 '양날도끼'가 모음일 경우, 아마도 *a*일 것임을 시사했다.

두 번째로, 벤트리스는 이전에 에반스가 시도했던 키프로스의 실마리를 이용했다. 즉, 선상문자 B의 모양을 키프로스 문자와 비교하는 것이었다. 벤트리스는 이전에는 이러한 비교를 신뢰할 수 없어서 사용하기를 무척 꺼렸다. 그러나 크레타와 키프로스, 에게의 언어들 사이에 어떤 역사적 관계가 있을 것으로 믿고는 위험을 무릅쓰고 선상문자 B의 ⟨기호⟩ 가 키프로스어의 ⟨기호⟩, 즉 *-na*에, 그리고 선상문자 B의 ⟨기호⟩ 가 키프로스어의 ⟨기호⟩, 즉 *-ti*에 대응한다고 보았다. 만약 이러한 추측이 옳다면, 자음 8은 반드시 *n*이며 모음 1은 반드시 *i*가 된다. 그렇게 해서 격자를 맞추면 ⟨기호⟩ 는 *ni*가 된다.

벤트리스의 다음 단계는 영감에서 비롯하였다. 그는 한동안 코버가 연구한 크노소스의 점토판들이 장소명을 포함한 것이 아닐까 생각했다. 그리고 '세쌍둥이들'은 오직 크노소스의 점토판에만

나타난다는 사실을 알아냈다. 그렇다면 세쌍둥이는 크레타의 각기 다른 지명을 말하는 것일까? 크노소스의 항구인 암니소스의 경우는 어떠한가? 암니소스는 음절별로 쓰면 *A-mi-ni-so*가 되며, 마지막 *s*는 고전 그리스어의 곡용형이므로 제외된다(에반스가 'polo'와 'pōlos'에서 같은 추측을 했던 것을 기억하라).

격자에 이 새 값을 추가하면, *A-mi-ni-so*는 이렇게 쓸 수 있다.

⟨기호⟩ – ? – ⟨기호⟩ – ?

세쌍둥이 중 첫 번째 단어는 ⟨기호들⟩ 였다. 만약 이것이 암니소스를 뜻한다면,

⟨기호⟩ = *mi*   ⟨기호⟩ = *so*일 것이다.

그렇다면, 격자에 따라 자음 9는 반드시 *m*이며 모음 2는 반드시 o이다. 이것은 ⟨기호⟩ = *no*임을 의미한다.

다른 세쌍둥이의 첫 단어는 ⟨기호들⟩ 였다. 격자를 이용하면, 이것은 *as?-no-so*로 번역된다. 만약 ⟨기호⟩ = *ko*라면, 이 이름은 크노소스 바로 그 자체가 될 것이다! 이러한 방식으로, 벤트리스는 다섯 개의 세쌍둥이에서 크레타 성읍의 이름 세 개를 더 추출하였다.

⟨기호들⟩	*Tu-li-so*	(툴리소스)
⟨기호들⟩	*Pa-i-to*	(파이스토스)
⟨기호들⟩	*Lu-ki-to*	(루크토스)

세쌍둥이 중 하나는 다음과 같이 음역되었다.

⟨기호들⟩	*A-mi-ni-so*	(암니소스)
⟨기호들⟩	*A-mi-ni-si-jo*	(암니소스 남자들)
⟨기호들⟩	*A-mi-ni-si-ja*	(암니소스 여자들)

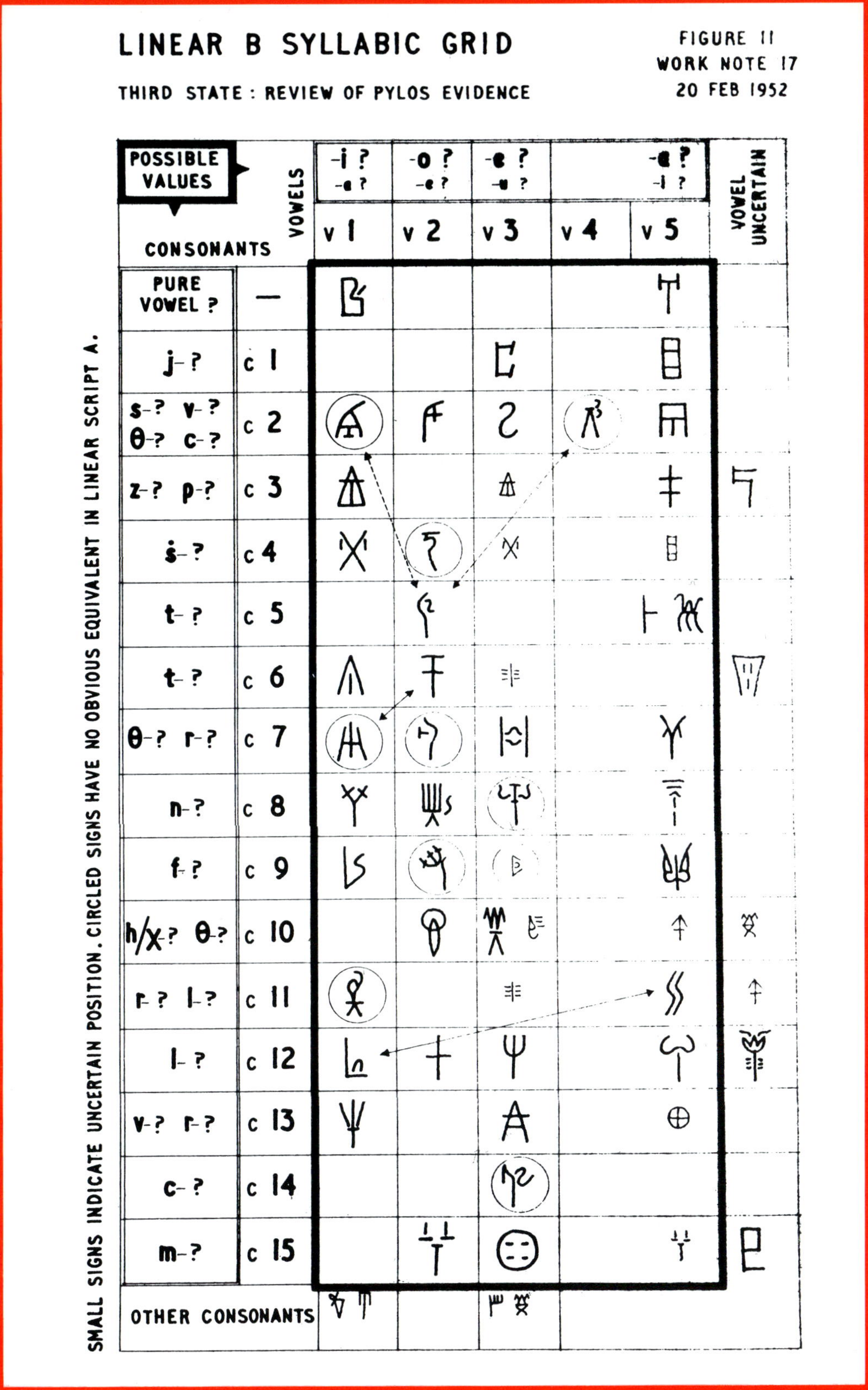

마이클 벤트리스의 작업 노트 17,
1952년 2월 20일.
이때쯤에는 선상문자 B 기호의
상호 관계가 많이 밝혀졌지만,
그 기호들의 실제 음가는
여전히 알 수 없었다.
그러나 격자를 살펴볼 때,
벤트리스가 자음과 모음
모두에 대해 음가를 추정하고
있었음을 분명히 알 수 있다.
이후 1952년에 벤트리스는 격자—
그리고 약간의 영감 어린 추측—를
이용해 많은 음가들을 결정했다.
예를 들어 모음 1은 *i*의 값을,
자음 8은 *n*의 값을,
기호 Ψ 는 *ni*의 값을
가진 것으로 밝혀졌다
(벤트리스의 다른 작업들에 대해서는
여기에서 다루지 않겠다).

'점토판의 문자들은 그리스어입니다'

해독된 단어들 중 많은 것들이 그리스어의 상고적 형태임을 쉽게 알 수 있었다. 벤트리스는 처음에는 이 결과에 대해 매우 회의적이었다. 즉, 벤트리스 역시 에반스와 마찬가지로 미노아어가 그리스어와는 관계가 없다고 믿었고, 차라리 알려지지 않은 에트루리아인의 언어와 관계가 있을 것이라고 보았다. 그러나 벤트리스는 1952~1953년에 걸쳐 초기 그리스 전문가인 존 채드윅의 도움을 얻어 더욱더 많은 점토판들이 '그리스어 해법'을 뒷받침함을 보여 주었다. 미노아인과 그리스 본토의 미케네인은 호메로스보다 수세기 이전에 그리스어를 사용했던 것처럼 보였다.

1953년 중반—정말 우연의 일치로, DNA의 구조가 해독되고 에베레스트가 정복되던 바로 그 해—에 선상문자 B는 확실히 최종적으로 해결되었다. 미국 고고학자 칼 블레겐이 그리스 본토의 고대 필로스에서 만들어진 점토판 유물을 새로 발견함으로써 해독이 확증되었다. 블레겐은 점토판을 깨끗이 청소하고 나서는, 벤트리스와 채드윅이 만들어 낸 값들을 적용시켰다. 놀랍게도 트로이 전쟁 이전에 씌어진 침묵하던 기호들이 3천 년 이상의 정적을 깨고 말을 하기 시작했다.

a	e	i	o	u
da	de	di	do	du
ja	je		jo	ju
ka	ke	ki	ko	ku
ma	me	mi	mo	mu
na	ne	ni	no	nu
pa	pe	pi	po	pu
qa	qe	qi	qo	
ra	re	ri	ro	ru
sa	se	si	so	su
ta	te	ti	to	tu
wa	we	wi	wo	
za	ze		zo	

위_ 선상문자 B의 기본 음절표.

왼쪽_ 선상문자 B의 해독을 확증해 준 필로스 점토판. 오른쪽에는 그리스어 음역과 번역문이 실려 있다.

tiripode   aikeu   keresijo   weke   2

(크레타식 제작 기술 aikeu 유형으로 만든 세발솥 2)

tiripo   eme   pode   owowe   1

(다리에 손잡이가 하나 달려 있는 세발솥 1)

tiripo   keresijo   weke

(크레타식 제작 기술로 만든 세발솥)

apu   kekaumeno   kerea

(다리가 불에 탄)

qeto   3

(포도주 항아리 3)

dipa   mezoe   qetorowe   1

(손잡이가 네 개 달린 큰 술잔 1)

dipae   mezoe   tiriowee   2

(손잡이가 세 개 달린 큰 술잔 2)

dipa   mewijo   qetorowe   1

(손잡이가 네 개 달린 작은 술잔 1)

dipa   mewijo   tirijowe   1

(손잡이가 세 개 달린 작은 술잔 1)

dipa   mewijo   anowe   1

(손잡이가 없는 작은 술잔 1)

이것은 마치 현대 영어가 초서나 셰익스피어의 영어가 아니듯이, 호메로스의 그리스어가 아니었고, 유리피데스의 고전 그리스어는 더욱 아니었다. 선상문자 B는 문학적 가치는 전혀 없는 것으로 밝혀졌다. 즉, 점토판들은 인명이나 직업 또는 물품 목록과 같이 궁정 행정의 세세한 사항들을 단순히 기록한 것이었다. 선상문자 B는 왕의 이름이나 영웅의 행적에 대해서는 단 한 마디도 하지 않으나, 그리스어인 것은 분명했다. 이에 대해 벤트리스는 자신의 고전 선생이었던 패트릭 헌터에게 특유의 공손함으로 이렇게 썼다.

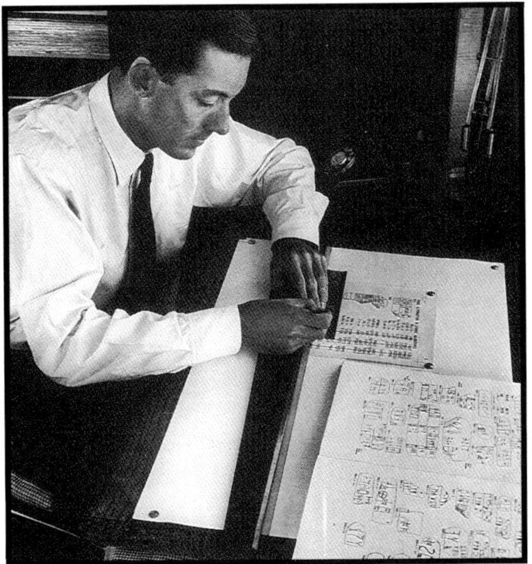

옮긴이 번역 : 유감스럽지만, 선생님은 제게 그리스어가 아니라고 가르치셨죠. 건승을 기원하며, 마이클.

이 사진은 선상문자 B가 해독된 최종 시점인 1953년 중반의 벤트리스다. 그는 뛰어난 도안가였다. 이 쪽에 있는 모든 기호와 왼쪽의 점토판 그림들은 그가 그린 것이다. 벤트리스는 3년 뒤 불과 34세의 나이에 교통사고로 사망했다.

7__ 마야의 상형문자

마야 상형문자 해독의 열쇠인
드레스덴 사본의 한 쪽.
이것은 아마도 스페인이
멕시코를 점령하기 직전에 마야의
서기관들에 의해 그려진 듯하다.
후에 코르테스가 유럽으로 옮겼으며,
1793년 드레스덴 작센 궁정의
왕실 도서관이 이것을
구매했던 것으로 보인다.
250년과 800년 사이에
마야가 전성기를 누릴 때에는
사본에 재규어 가죽으로
겉장을 씌웠고, 서기관들이
소라 껍질 잉크병에 담긴
흑색 또는 적색 물감에
붓 또는 깃촉을 적셔서 그렸다.

고대 마야의 신화

왼쪽 사진은 중앙아메리카 고대 마야의 남아 있는 네 권의 '책' 가운데 일부다. 더 정확히 말하자면 드레스덴 사본의 39쪽 가운데 한 쪽으로, 펼치면 길이가 무려 3.5m에 달한다. 각 쪽에는 고운 석회로 도사(陶砂)칠을 했다. 이것을 그린 예술가는 극도의 주의를 기울여 일련의 신과 동물들을 때로는 여러 색으로 칠했고, 상형문자 기호들도 달아 놓았다.

사본의 상형문자들이 완전한 문자라고 믿기는 어렵다. 수메르의 설형문자나 선상문자 B, 심지어 이집트 상형문자와도 전혀 유사한 점을 찾을 수 없다.

오히려 신비적인 기호처럼 어떤 비교(秘敎)적인 숭배 의식을 위해 만들어진 것처럼 보인다. 1950년대와 1960년대까지만 해도 대부분의 학자들은 그렇게 생각했다.

주도적인 마야학자인 에릭 톰슨 경은 1972년에 이렇게 말하기까지 했다. "마야의 문자는 부분적

으로든 전체적으로든 음절문자나 알파벳이 아니다." 고대 마야는 신정(神政) 국가로서, 매우 복잡한 역법을 사용하며 매우 영적인 모습을 한, 시간의 숭배자들로 여겨졌다. 그들의 이상은 '모든 일에 중용을 지키는 것'이라 했고, 그들의 좌우명은 '공존공영'이었으며, 그들의 특성은 '규율, 협력, 인내, 타인에 대한 배려를 강조'하는 데 있었다. 톰슨은 마야 문명이 이처럼 다른 문명과는 다르다고 주장했고, 마야가 물질적 번영에 훨씬 큰 중요성을 두는 현대 세계에서 영적 가치의 원천이 될 것으로 생각했다.

에반스가 고귀한 미노아인들을 숭배하고 그들을 천박한 그리스인들로부터 멀리 떼어놓으려 한 것처럼, 톰슨 역시 고대 마야를 숭상하였고 그들을 잔혹한 인신 제사의 풍습을 갖고 있던 후대의 아스테카와 분리했다.

에반스가 1941년에 사망한 뒤 비로소 미노아의 신화가 완전히 드러나고 선상문자 B의 세속적 주제가 밝혀진 것처럼, 이와 비슷한 일이 1975년 톰슨의 죽음 이후에도 벌어졌다.

최근에 마야의 상형문자가 발음에 따라 해독됨으로써 우리는 마야인들이 강박 관념에 사로잡혀 전쟁을 했고, 지배자와 신들이 특별한 관장기를 이용해서 환각성 또는 알코올성 관장액을 즐겨 사용했다는 것을 알게 되었다.

해독을 도운 현대 마야학자인 마이클 코우는 이렇게 말한다. "혈통을 자랑하는 이 군주들의 최고 목표는 전투를 통해 경쟁 도시국가의 지배자를 사로잡아 고문하고 모욕하며(때로는 수년 동안), 죄수가 항상 패하도록 되어 있는 구기 경기를 시킨 후 참수하는 것이었다."

120쪽의 드레스덴 사본에는 개 한 마리와 그 위에 '개' 상형문자가 있다.

에릭 톰슨 경(왼쪽, 1898~1975)에 따르면, 이 두 기호는 엄격하게 회화문자/표어문자다. 즉, 첫 번째 기호는 동물의 갈비뼈, 두 번째 기호는 죽음의 상징이라는 것이다. 둘의 복합적 의미가 '개'로 되는 것은, 마야인들이 개가 망자의 그림자와 함께 무덤 너머의 세계로 간다고 믿었다는 사실에서 알 수 있다. 그러나 실제로는 각 기호는 발음을 표현하며, 음절을 나타낸다. 즉, 첫 번째 기호는 *tzu*의 값을, 두 번째 기호는 *l(u)*의 값을 가지고 있다. '*tzul*'이라는 단어는 오늘날 마야 구어들 중 하나에서 '개'를 의미한다.

마야인은 누구인가?

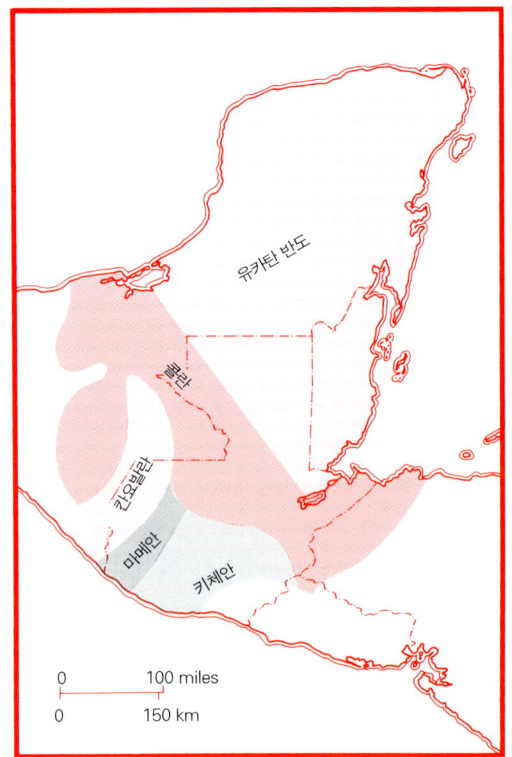

주요 지명을 표시한
마야 지역의 유적지들.

마야 어군.
마야어는 모두 30여 개가 있다.

마야 문명과 처음 맞닥뜨린 유럽인은 16세기에 멕시코를 정복한 스페인 사람들이었다. 그들은 정글에 묻혀 있는 놀라운 기념물들에 대한 기록을 남겼고, 상형문자의 의미를 알 수 있는 결정적인 실마리를 남겼다.

그러나 1840년대가 되어서야 비로소 마야인들은 현대인의 의식 속에 들어왔다. 대담한 미국 여행자인 존 로이드 스티븐스와 그의 동료이자 뛰어난 삽화가인 영국인 프레드릭 캐터우드는 19세기 최대의 베스트셀러, 『중앙아메리카, 치아파스, 유카탄 여행기』를 출판했다. 저자들은 자신들이 40년 전 나폴레옹의 학자들이 탐사했던 고대 이집트에 견줄 만한 경이로움과 마주쳤다고 말했다.

스티븐스는 코판의 건물들에 대해 말하면서 "만약 이 같은 발견이 유럽인이 여행하는 범위 안의 이탈리아, 그리스, 이집트, 혹은 아시아에서 이루어졌다면, 폼페이 발견에 뒤지지 않을 만한 흥미를 불러일으켰을 것이다"라고 썼다. 그는 캐터우드가 그려 낸, 유물들에 새겨져 있는 정교한 상형문자가 문자임에 틀림없다고 확신했다. "아직까지는 샹폴리옹과 같은 탐구 정신으로 가득 찬 이들이 나오지 않았다. 누가 이 문자들을 읽어 낼 것인가?"

샹폴리옹이 고대 이집트어의 후손인 콥트어의 도움을 받았듯이, 마야 문자를 해독한 사람들도 살아 있는 마야인의 언어에서 도움을 받았다. 약 6백만 명에 이르는 마야인들이 오늘날에도 선조들이 살았던 땅에 살고 있다. 비록 그들은 스페인이 정복한 결과 대부분 가톨릭을 믿고 있지만, 다양한 마야어를 말하며 독특한 문화를 보존해 오고 있다.

마야인들은 자신들이 사는 멕시코와 과테말라, 그 밖의 여러 나라들의 정부들과는 억압과 유혈로 점철된 관계를 맺어 왔다(1992년 노벨 평화상을 수상한 리고베르타 멘추라는 마야 여성은 살육 부대에게 가족 대부분을 잃었다). 비록 현대 마야인들은 조상들이 사용했던 상형문자를 읽을 수는 없지만, 상형문자에 쓰인 어휘들을 사용하는 경우가 많다.

그러나 언어학적 상황은 복잡하다. 마야어는 (유럽어 사용자들이) 배우기 어렵다는 점 말고도, 그 수도 30개가 넘는다.

이 중 몇몇은 가령 네덜란드어와 영어처럼 밀접한 연관이 있지만, 어떤 것들은 영어와 프랑스어처럼 서로 다르다. 콜로어와 유카탄어가 가장 중요한 구분선을 이룬다. 고대 마야의 가장 큰 두 도시인 코판과 팔렝케 유물의 본문들은 콜로어로 되어 있다. 한편 현존하는 네 개의 사본 중 세 개가 유카탄어로 되어 있다(드레스덴 사본에서는 콜란어의 영향이 감지되기도 한다).

그럼에도 불구하고 최근 몇 세기에 걸쳐 생긴 이 구어들의 사전들은 고대 명문과 맞아떨어지는 단어들을 우리에게 알려 주었다. 뿐만 아니라 마야어를 사용하는 원주민들은 미국과 유럽 금석문 학자들의 도움을 받아, 자신들의 언어와 문화에 대한 독특한 지식을 바탕으로 상형문자에 대한 통찰력을 제공해 주었다.

마야 상형문자의 선구적 해독가인 타티아나 프로스쿠리아코프가 그린 이 그림은 8세기에 전성기를 구가했던 코판의 주요 건물들을 복원한 것이다. 중앙에는 다양한 상형문자로 이루어진 '상형문자 층계'가 있는데, 이 중 하나가 이른바 코판의 문장(紋章) 상형문자로서, 이 상형문자를 갖고 있는 사람이 코판의 '혈통 군주'임을 뜻한다(왼쪽의 거품은 피를, 위쪽의 두 기호는 '군주'를 나타낸다).

드레스덴 사본

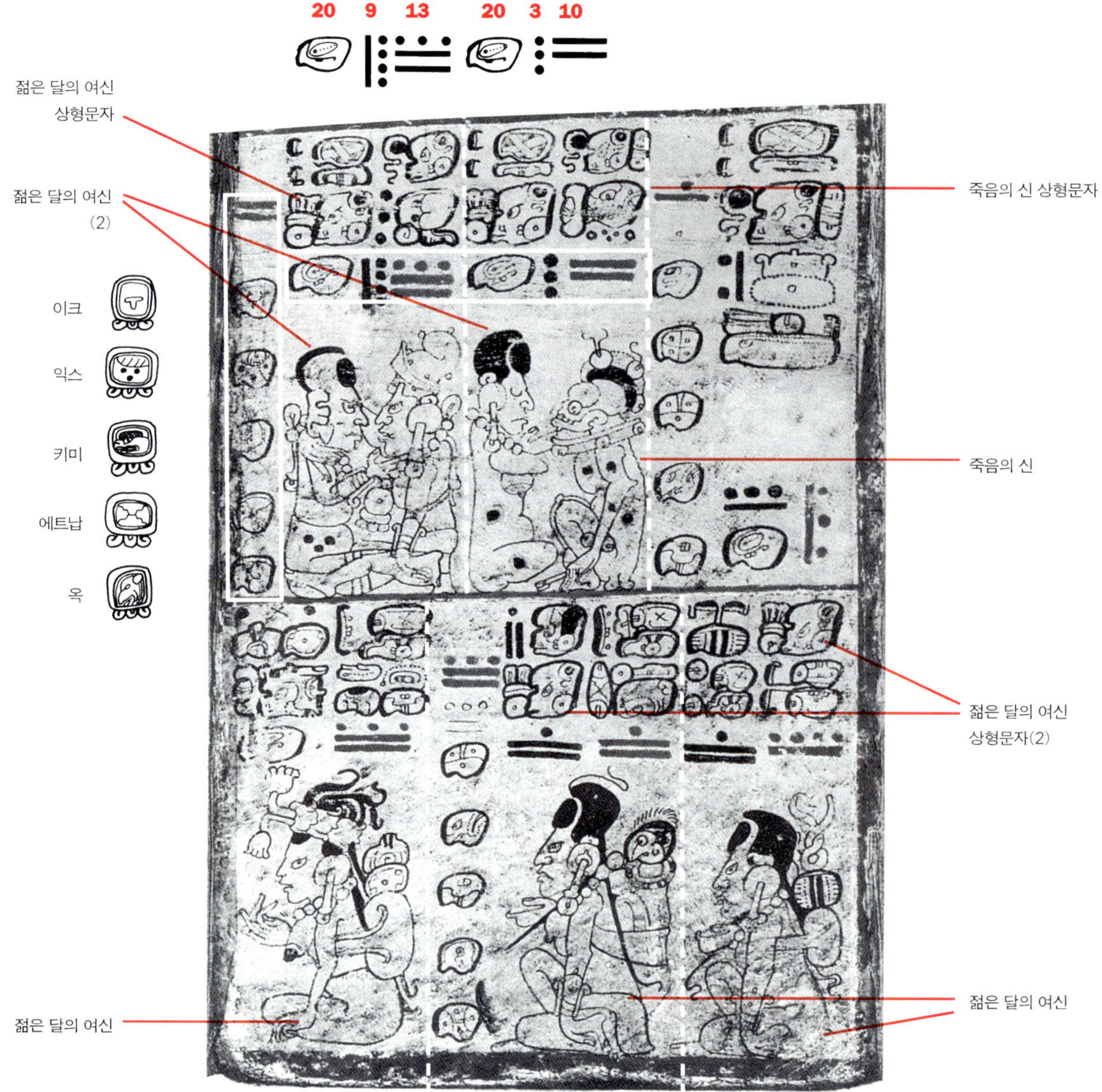

드레스덴 사본은 날짜로 가득 차 있다. 이것은 각각의 날들이 복잡한 천문학적 계산을 통해 서로 연결되고, 따라서 점성학적 의미가 부여되는, 점복을 위한 책력이다. 그런데 그 점성학적 의미는 난처할 정도로 다양한 신과 여신과 반쯤 알아볼 수 있는 신격화된 동물의 행동과 분위기를 통해 표현된다. 그리고 각 신과 여신의 이름은 그 초상 위에 쓰인 상형문자로 쓰여 있다.

이것은 어쩌면 마야의 신과 여신에 대한 네 컷짜리 연재 만화라고도 할 수 있다. 단, 사본에서는 자막이 등장인물 옆의 말풍선에 쓰여 있지 않고 대개 인물 위에 적혀 있다는 점이 다르다.

또 사본을 보게 되는 독자가 한 그림의 자막에서 다음으로 넘어가기 쉽도록 해주는 구분선도 별로 없다(왼쪽 그림에서는 안내를 위해 흰색 점선을 추가했다). 이 사본의 처음에 나오는 붉은 상자

(세로) 부분에서 다섯 개의 날짜를 추출했다. 그리고 달 상형문자는 더욱 분명하게 보이도록 그렸다. 이제 우리는 두 번째 붉은 상자(가로)의 숫자들을 이용해 이 날짜들을 연결시켜서 계산을 할 수 있다.

이 숫자들을 연결하면 10이크, 10익스, 10키미, 10에트납, 10옥이 된다. 260일 계산표를 두 바퀴 회전시키면 이것을 알 수 있다(아래를 보라).

그러면 10이크에서 시작해 보자. 마음속으로 바퀴를 회전시켜 20+9=29(날의 이름들)의 위치로 가면 13추엔이 된다. 다시 마음속으로 20+3=23(날의 이름들)만큼 돌려 보라. 새로운 날짜는 10익스임을 알 수 있다.

10익스는 10이크에서 29+23일 후다. 만약 이 계산을 네 번 반복하면, 10익스에서 10키미로, 다시 10에트납으로, 다시 10옥으로 해서 10이크로 돌아오게 된다. 따라서 이 책력은 5×52=260일에 걸침을 알 수 있다. 이것은 마야인에게 결정적으로 중요한 숫자다.

젊은 옥수수신의 석제 두상과 **토르소**. 코판.

드레스덴 사본에서 날짜 계산에 사용되는 260일 계산표.

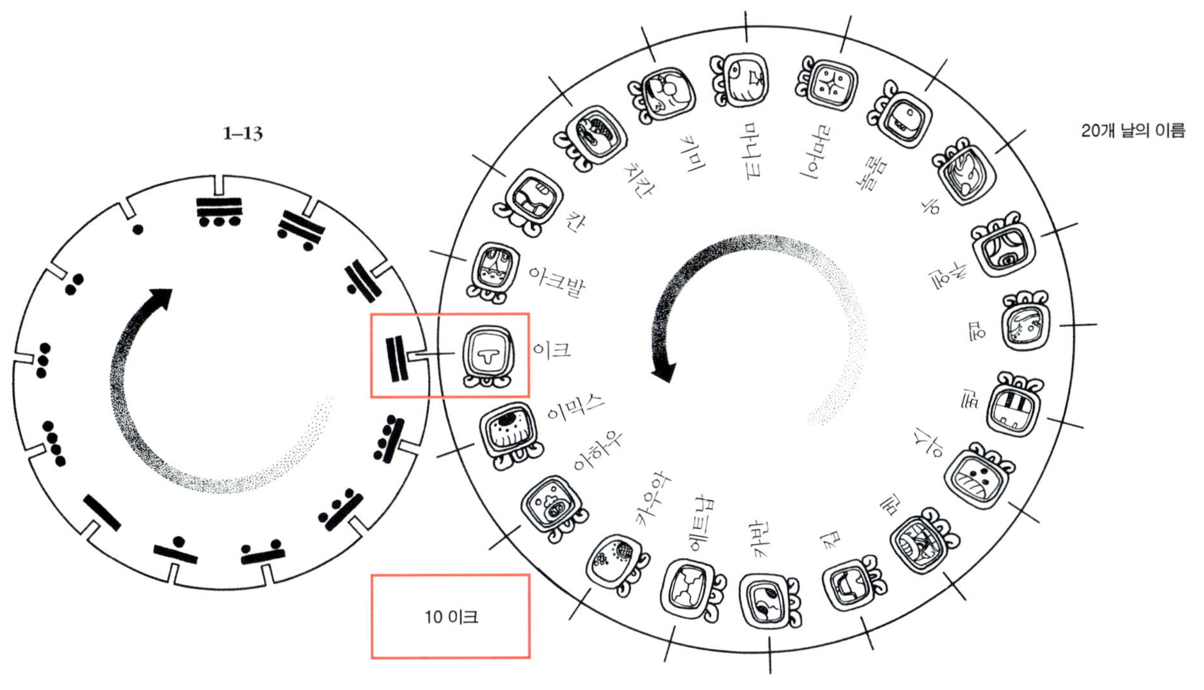

마야의 '알파벳'

마야 상형문자의 해독을 향한 다음 단계, 즉 그들이 부분적으로는 발음을 나타낸다는 사실을 깨달은 것은 스페인 종교재판소 시절까지 거슬러 올라간다. 역사의 아이러니 중 하나는, 고대 마야 문명에 대한 우리의 지식이 대부분 마야 문자와 마야의 여러 관습을 없애는 데 앞장섰던 스페인 종교재판관들에게 의존하고 있다는 것이다.

가장 중요한 종교재판관은 프라이 디에고 데 란다로, 그는 1561년부터 유카탄에 있었고 후에 유카탄 주교가 되었다. 란다가 쓴 『유카탄의 여러 가지에 대한 설명』(스페인 당국이 란다에게 과도한 열정의 죄를 추궁했을 때 자신을 변호하기 위해 쓴 책)에는 20세기에 마야 상형문자를 해독하는 열쇠가 된 마야의 '알파벳'이 수록되어 있었다.

마야의 상형문자는 분명 단순한 알파벳은 아니다. 왜냐하면 음절 기호는 물론이고, 어떤 문자에 대해서는 하나 이상의 기호가 있기 때문이다. 지금 우리는 이 '알파벳'이 정확히 해석된 것도 있지만 근본적인 오해에서 비롯된 잘못된 해석이 뒤섞여 있음을 알고 있다. 스페인어를 사용하던 란다는 친하게 지내던 마야의 원로와 대화를 나누었지만, 둘 다 서로를 제대로 이해하지 못했다(유카탄이라는 이름 자체가 '우이카탄'에서 나왔다. 이것은 자신들의 땅 이름이 무엇이냐고 묻는 스페인 '콘키스타도르'의 질문에 마야인이 대답한 말이다. 이것은 '당신이 무슨 말을 하는지 우리는 이해할 수가 없다'는 뜻이다). 란다는 마야인이 16세기 스페인처럼 알파벳을 이용해서 글을 쓴다고 가정하였다. 예를 들어 란다는 사본의 그림에서 사슴 발에 걸린 올가미를 보고, 자신의 유카탄 마야어 지식으로부터 '올가미'가 마야어로 *le*라고 발음된다

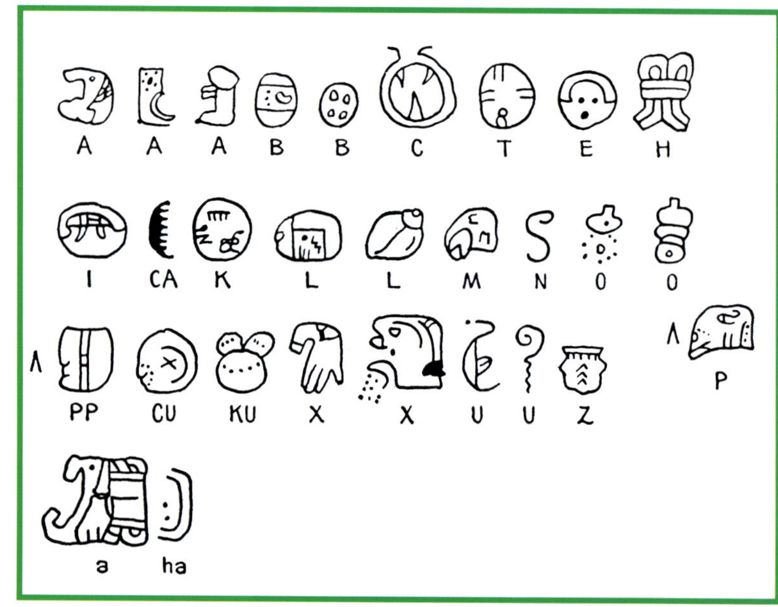

마야 '알파벳' 디에고 데 란다의 원본에 대해 남아있는 사본에서.

는 사실을 알았으므로, 그 그림을 가리키면서 이렇게 말했을 것이다. "나에게 당신이 *le*를 어떻게 쓰는지 가르쳐 주게나. 두 글자로 말일세." 그러면서 두 글자의 스페인어 이름을 알려주고, 그 완결된 단어를 다시 '*ele, e: le*'라고 발음해 주었을 것이다. 이것은 분명히 그의 정보원을 혼란스럽게 했을 것이지만, 아무튼 그 마야인은 란다에게 이렇게 써주었을 것이다.

 *le*

이번에는 란다가 놀랐을 것이 분명하다. 어떻게 두 글자를 쓰는 데 그림문자가 네 개나 쓰인단 말인가? 그리고 같은 그림문자를 왜 반복해야 하는가? 진실을 밝히자면 이렇다. 마야 문자는 기본적으로 단모음이 혼합된 음절문자다. 그래서 ☺는 *e*의 값을, 𓂃는 *le*의 값을 가졌다. 그러나 음절문자 체계를 접해 본 경험이 없는 란다는, 비록 그림

프라이 디에고 데 란다
(1524~1579)는 1572년부터
죽을 때까지 유카탄의 주교였다.
란다는 마야의 상형문자 이야기에서
매우 매혹적인 인물이다.
그는 남아 있던 사본 대부분을
불태웠지만, 그 나머지를 이해할 수
있는 열쇠를 후대에 남겨 주었다.
그는 마야인들을 고문했지만, 또한
그들을 사랑하여 마야인들이
도덕적인 존재이며 구원받을 가치가
있다고 여겼다. 이것은 그의 가톨릭
상급자들이 마야인에 대한 고문은
금지했으나 그들이 문명의 테두리
밖에 있다고 여긴 것과 다른 것이다.
란다는 1560년대 말에 스페인으로
소환되어 문책을 받았다. 그러나
무죄 방면되었고, 결국 자신이
사랑하는 마야의 주교로 돌아갔다.
란다의 이 초상화는 유카탄 북부
이즈말 성당에 걸려 있는 것으로,
란다는 이곳에서 주교직을 수행했다.
오늘날에는 란다에게 고문당한
이들의 후손들이 몰려들어 성사에
참여하고 있다.

왼쪽 위 : '교회'로 알려진 건물.
유카탄의 치첸 이트사 소재. 란다가
경탄하였던 많은 마야 건축물 중
하나. 정문의 중앙 정면에는 비의
신 착의 구부러지고 돌출된 코가
묘사되어 있다.

문자 중 몇몇은 음절이라는 것을 분명히 이해했지만, 이 증거 앞에서 혼란스러웠다. 그는 또한 마야의 자음이 유성음인지 무성음인지(즉, 성대가 수축되는지)에 따라 의미가 변한다는 것을 알았다. 아래 예들은 유카탄 마야어의 것이다(코우, 1992).

무성음	유성음
'pop'(돗자리)	'p'op'(씨를 까서 짜내다)
'cutz'(칠면조)	'kutz'(담배)
'tzul'(정리하다)	'dzul'(이방인)
'muc'(매장하다)	'muk'(허락하다)

란다는 ⊙를 *cu*로, ⊛를 *ku*로 씀으로써 이러한 대조를 표현했다. 그러나 아래 구절을 볼 때, 그와 그의 정보원 사이의 의사소통은 무너져 내렸음을 알 수 있다.

이것은 '나는 그러고 싶지 않다'는 뜻으로, 아마도 란다가 이 신비한 상형문자의 음가를 쓰도록 계속 요구하자 그 정보원이 대답한 말일 것이다.

해독의 시작

란다의 '알파벳'이 마야 사본의 그림문자에 적용될 수 있을까? 19세기 말에 많은 시도들이 이루어졌는데, 그 중 몇 가지는 의미가 있었으나 나머지는 무의미한 것이었다. 개 · 칠면조 · 앵무새 · 재규어 같은 동물들의 상형문자는 그 문자의 위치와 해당 동물의 그림을 비교함으로써 확인할 수 있었다(신과 여신의 상형문자를 확인할 때도 마찬가지 방법이 쓰였다). 1876년, 레옹 드 로스니가 란다의 알파벳을 마드리드 사본의 '칠면조' 상형문자의 첫 번째 기호에 적용했다.

칠면조 상형문자

칠면조

로스니는 첫 번째 기호를 란다가 제시한 다음의 것과 비교해서 *cu*라고 읽었다.

 *cu*

그 후 로스니는 유카탄 마야어에서 칠면조가 'cutz'이므로, 그 상형문자의 발음은 *cutz(u)*일 것이라고 추측했다. 로스니는 더 나아가 마야 문자는 음절에 기반을 둔 표음 체계라고 주장했다.

이와 달리 다른 학자들은 엉터리로 읽었고 발음에 따른 접근법을 거부했다. 앞서 말한(121쪽) 톰슨은 20세기 중반에 마야학을 지배했는데, 란다의 '알파벳'과 마야 상형문자가 발음을 나타내는 철자법이라는 생각을 거부했다. 톰슨은 상형문자를 표어문자로 설명하는 것을 선호했는데, 예를 들어 '개'의 상형문자에서 한 기호는 '갈비뼈'를, 다른 기호는 '죽음'을 나타낸다는 식이었다.

1952년 이러한 생각은 예기치 못한 곳, 즉 레닌그라드로부터 도전을 받았다. 중앙아메리카 근처에도 가보지 않은 유리 크노로소프라는 러시아 학자가 개 상형문자를 포함해서 많은 상형문자들을 표음문자로 읽자고 제안한 것이다. 크노로소프는 개 상형문자의 첫 번째 기호가 칠면조 상형문자의 두 번째 기호와 같다는 것을 알아냈다.

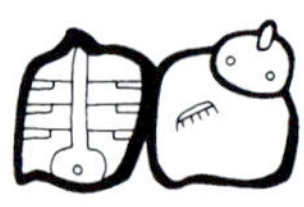

개 상형문자

칠면조 상형문자

유리 발렌티노비치 크노로소프(1922년생). 마야 상형문자 해독의 선창자. 크노로소프는 1945년 5월 연합군이 베를린을 공격했을 당시 젊은 포병이었다. 그는 불타는 국립도서관에서 책 한 권, 즉 마야의 드레스덴 · 마드리드 · 파리 사본의 합본(1933년 과테말라에서 출판)을 챙겼다. 이 책을 통해 마야 문자에 관심을 가지게 된 크노로소프는 1950년대에 이 주제에 관한 중요한 논문을 썼다. 그러나 그는 1990년까지는 과테말라의 마야 유적지를 방문할 수 없었다. 1952년 크노로소프의 첫 번째 마야 연구물이 러시아어로 출판되고 거의 사반세기가 지나서야 그의 견해가 일반적으로 받아들여지게 되었다.

만약 개 상형문자의 첫 번째 기호가 *tzu*(로스니의 제안대로)의 음가를 가지고 있다면, 두 번째 기호에는 *l(u)*의 음가를 할당할 수 있다.

l

그렇다면, 개 상형문자는 *tzul*을 나타낼 것이다.

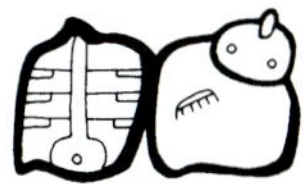

tzu   *l(u)*

유카탄어에 'tzul'이라는 단어가 있었을까? 있었다. 그 뜻은 '개'였다. 크노로소프는 이것을 더욱 발전시켰다. 드레스덴 사본을 보면, 숫자 11을 나타내기 위해 선과 점 또는 그에 상응하는 신의 얼굴이 나와야 할 자리에 세 기호로 이루어진 상형문자 하나가 등장한다.

$1\{$ ... $\}2$
3

(1은 사본에서 손상되어 있다)

유카탄 마야어에서 '열하나'는 'buluc'이다. 이 상형문자가 다음과 같은 방식으로 *bu*, *lu*, *cu*의 조합일 수 있을까?(*bu*는 손상되었다)

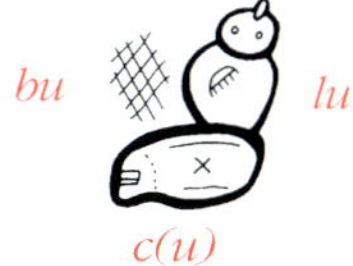

bu   *lu*

c(u)

드레스덴 사본의 다른 쪽(오른쪽 위)에 있는 손상된 상형문자 하나는 크노로소프의 주장을 따르자면 *lub(u)*를 의미하는 두 기호로 구성되어 있다.

lu  *bu*

유카탄 마야어에서 'lub'는 '떨어지다·내리

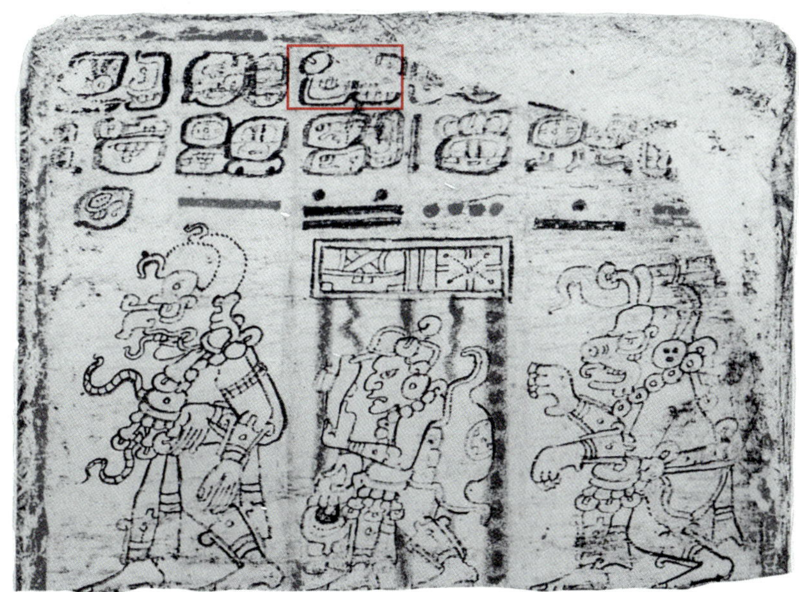

1.		*c(u).*	11		*cutz*
2.		*tz(u).*	12.		*tzul.*
3.		*l(u)*	13		*buluc*
4.		*b(u)*	14		*can tzuc*
5		*k(a)*	15		*lub*
6		*m(a)*	16		*kati*
7		*t(i)*	17		*kam*
8.		*u*	18.		*ukah*
9.		*h(a)*	19		*pak*
10		*p(a)*	20.		*Mam*

위_ 드레스덴 사본의 일부.
강조된 상형문자는 '비가 오다'는 뜻.

왼쪽_ 유리 크노로소프가 1950년대에 제안한 마야 상형문자 해독. 모두가 옳은 것은 아니었지만, 크노로소프의 기본적인 접근법은 바람직한 것이었다.

다'는 뜻이다. 사본의 그림으로는 이 생각이 맞는 것 같다. 중앙의 인물 위에 비가 내리는 것이 보인다. 크노로소프는 이런 해독을 여럿 했다. 톰슨은 크노로소프와 경쟁하며 신랄하게 비난하고 나섰다. 1950년대의 냉전은 그에게 힘을 실어 주었지만, 미국의 젊은 마야학자 몇몇은 크노로소프가 매우 중요한 것을 알아냈다고 생각하기 시작했다.

혼합 문자 체계

크노로소프를 따르고자 했던 마야학자들은 두 가지 기본적인 난관에 직면했다. 첫째, 학자들은 1950년대는 물론이고 지금도 마야어를 잘 알지 못한다. 만약 어떤 학자가 마야어 사전에서 'cutz(칠면조)'나 혹은 유카탄어에서 'tzul(개)'를 찾을 수 없다면, 어떤 문자 해독 방법을 확증하거나 거부할 수가 없었다.

둘째, 마야 문자 체계의 혼합적 성격, 즉 표음문자와 표어문자를 결합하는 것이 문제였다. 비록 이집트 상형문자도 비슷하게 혼합되어 있지만, 마야 상형문자는 그보다 예측하기가 훨씬 힘들었다. 같은 단어를 두세 가지도 아니고 여러 가지 방식으로 쓸 수 있었던 것이다. 게다가 개별 상형문자들이 종종 '납땜'되기도 했다(이집트에서는 없지만 한문에서는 발견되는 특징이기도 하다). 그것도 너무나 잘 붙여서 고도로 수련된 안목이 아니면 구분하기 어려울 정도다. 벤트리스가 선상문자 B의 기호들을 구별할 때 맞닥뜨렸던 문제는 훗날 마야 상형문자의 해독자가 직면했던 것에 비하면 아무것도 아니라고 할 수 있다.

예를 들어 아래에는 'chum tun'이라고 쓴 두 상형문자가 세 가지 다른 방식으로 융합되어 있다. 이 글자를 네 가지 방식 중 어느 것으로 쓰더라도 용인되었다(아래쪽 글자들은 표음문자이고, 위쪽은 표어문자다).

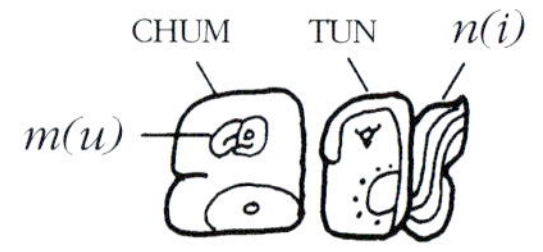

이번에는 'balam(재규어)'을 적는 다섯 가지 방법을 보자. 표음문자와 표어문자가 서로 다른 비율로 되어 있음을 볼 수 있다.

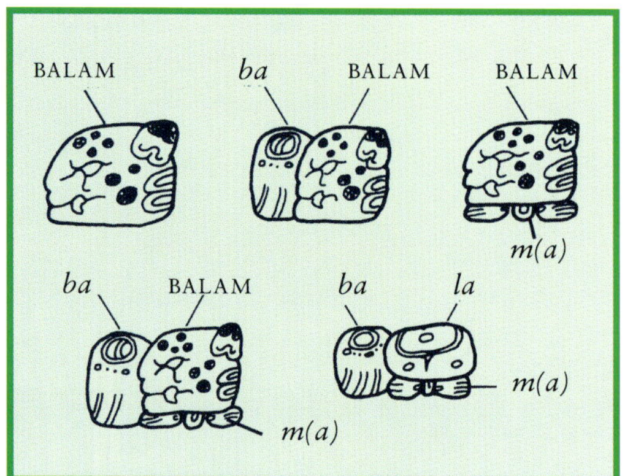

첫 번째 것은 완전히 표어문자(그리고 그림문자)이고, 나머지는 완전히 표음문자(그리고 그림문자의 의미가 없다)다.

아래_ 약실란의 석제 상인방, 약 770년. 새-재규어가 해골 뱀 머리 장식을 하고 있고, 그의 아내 중 하나인 발람 익스가 피를 바치는 의식을 행하고 있다. 이 상형문자는 오른쪽에 있는 상인방의 장면을 묘사한 것이다.

우리는 약실란의 '새-재규어'의 승리를 기념하는 부조(오른쪽)에서 표음문자와 표어문자의 요소들이 혼합된 것을 볼 수 있다. 새-재규어는 화려한 머리 장식을 하고 포로로 잡은 '보물 해골'의 팔을 잡고 있으며, 새-재규어의 부관인 카안 토크가 두 번째 포로의 머리카락을 잡고 있다. 다양한 상형문자들이 붙어 있는데, 그 뜻은 알 수 없다.

날짜는 14트섹의 7이믹스(124~127쪽의 정보를 이용해서 숫자와 날/월 상형문자를 확인해 보라)로 되어 있는데, 이것은 서기 755년 5월 9일에 해당한다. 새-재규어라는 이름은 그 상형문자가 새와 재규어의 결합으로 되어 있기 때문에 붙은 것이다.

이것의 마야 이름은 아마도 약순 발람이었을 것이다. 이 이름 바로 밑의 상형문자는 약실란의 '문장' 상형문자다. 일반적으로 모든 마야 도시 국가들은 자신의 상형문자 '문장'을 가지고 있었다. 1950년대 말 하인리히 베를린이 이러한 사실을 발견했다. 아래에는 여덟 개의 상형문자가 있는데, 모두 '아하오(군주)'라는 뜻으로 알려진 표음기호 한 쌍씩을 포함하고 있다.

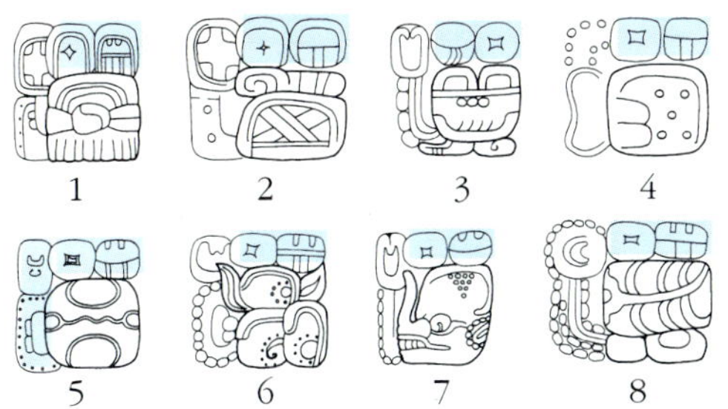

두 번째 기호쌍(5에 표시되어 있다)은 유카탄어로 '쿠울(신성)'을 의미한다. 발굴지는 다음과 같다.

1. 티칼, 2. 나란호, 3. 약실란, 4. 피에드라스 네그라스, 5. 팔렝케, 6. 세이발, 7. 코판, 8. 키리구아(122쪽의 지도 참조).

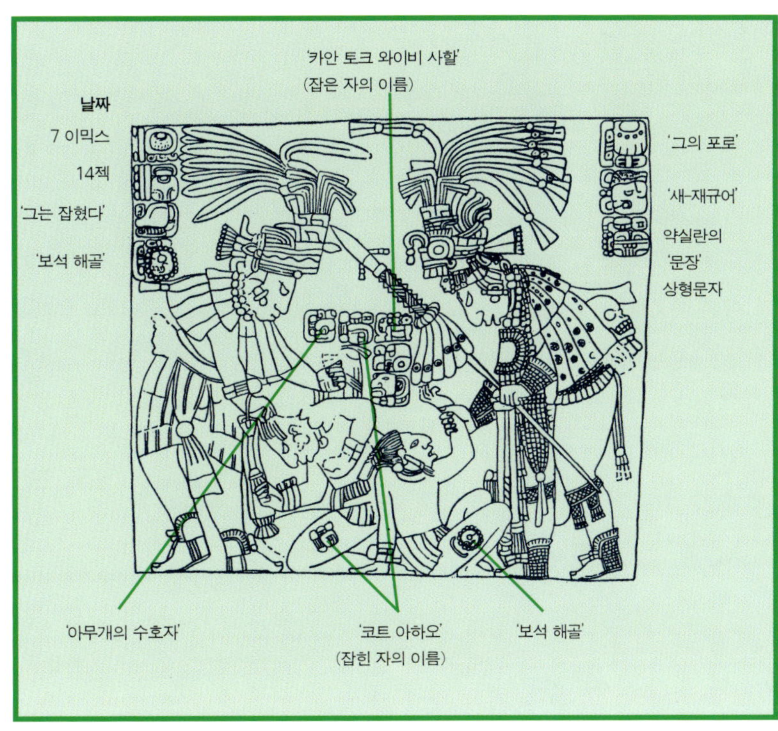

그리고 약실란의 부조에는 순수하게 발음에 따라 쓰인 단어가 두 개 있다.

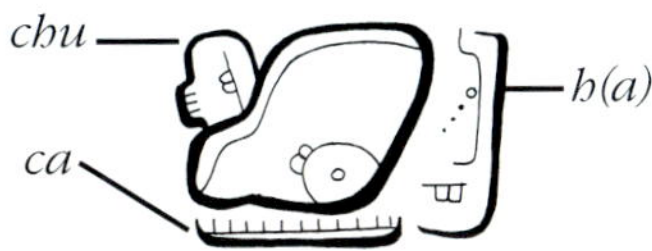

chucab(a) (그는 잡혔다)

여기에서 세 음절 기호 중 두 개는 란다의 '알파벳'에 나온다.

ca   ha

그리고, 두 번째로 다음과 같은 상형문자가 있다.

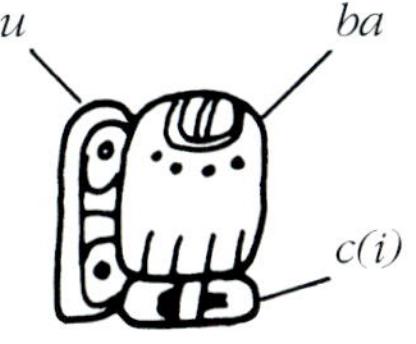

u bac(i) (그의 포로)

마야의 음절문자표

크노로소프가 자신의 해독 결과를 처음 공표한 이후 40여 년이 지난 오늘날, 미국을 중심으로 수십 명의 학자들이 오른쪽에 있는 음절 도표를 작성했다. 모든 상형문자의 위치가 보편적으로 인정되는 것은 아니지만, 많은 부분에서 동의가 이루어졌다. 이제는 85% 정도의 마야 상형문자를 '읽을' 수 있다. 즉, 마야인들이 원래 발음했던 대로는 아닐지라도, 어느 정도 정확하게 그 의미를 파악할 수 있게 된 것이다.

비음절적 상형문자가 수백 개에 달한다는 사실 말고도, 마야 문자가 복잡하다는 것은 명백하다. 이 도표의 가장 뚜렷한 특징은 한 단음에 대해 대단히 다양한 기호가 있다는 것이다. 예를 들어 단모음 *u*에 대해서는 상형문자가 9개, 음절 *na*에 대해서는 7개가 있다. 선상문자 B 음절표(118쪽 참조)와 비슷한 점이 하나도 없다. 란다의 '알파벳'이 해독을 돕지 않았더라면, 누구도 선상문자 B '격자'에 해당하는 이 마야 도표를 만들어 낼 수 없었을 것이다. 더구나 동음이의어 말고도 어떤 음절 기호들은 동시에 표어문자로도 쓰인다.

이 체계에 동음이의어가 어느 정도 포함되어 있는지는 유카탄 마야어에서 칸(can)으로 발음되는 서로 다른 세 상형문자를 보면 알 수 있다(이 중 세 개에서는 표음적 요소를 찾아볼 수 있다).

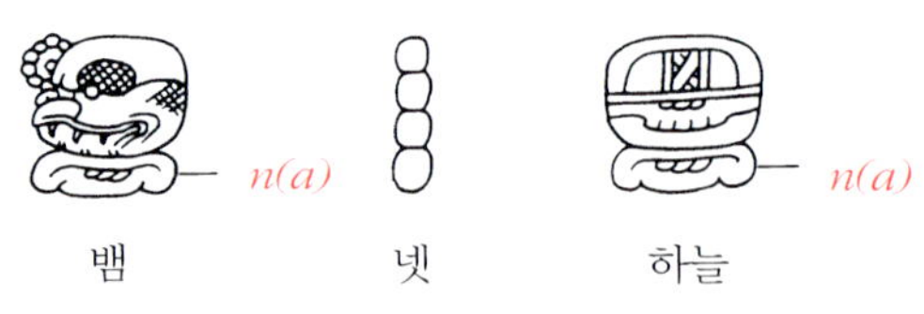

밤　　　　넷　　　　하늘

이와 대조적으로 다음어, 즉 한 기호가 몇 가지 다른 발음을 가진 경우는 다음 네 상형문자에서 볼 수 있다.

 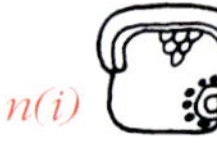

1　　　　2　　　　3　　　　4

1은 카우악(Cauac)으로, 날의 이름이다. 2는 하브(haab)로 발음되며, 365일의 일년이다. 3은 발음상 보어 *n(i)*를 가지고 있고 툰(tun)으로 발음된다. 4는 음절로서 쿠(cu)다.

오른쪽_ 이 음절 도표는 많은 학자들의 연구를 결합한 것으로 85%에 이르는 마야 상형문자를 읽을 수 있다. 그러나 이것은 아직 보편적으로 받아들여지지 않고 있다 (코우, 1992).

아래_ 원통형 도자기 화병에 채색된 도안. 과테말라. 672~930년경. 예술가가 도구(펜과 조개 껍질 물감통)를 들고 있다. 한 명은 사본을 그리고 있고, 다른 한 명은 가면을 들고 있다. 각 인물 앞에 있는 상형문자 텍스트는 예술가의 이름과 (또는) 직책을 알려준다.

	a	e	i	o	u
b					
ch					
ch'					
h					
c					
k					
l					
m					

	a	e	i	o	u
n					
p					
s					
t					
tz					
dz					
u					
x					
y					

마야의 '투탕카멘'

1952년, 장차 마야 문자의 해독에 중요한 돌파구를 제공하게 될 고고학적 발견이 이루어졌다. 이것은 투탕카멘의 무덤을 발견한 것과 거의 맞먹는 발견이라 할 수 있다.

멕시코의 고고학자 알베르토 루스는 팔렝케의 비문 신전을 조사하다가 복도에서 큰 석판 하나를 발견했다. 거기에는 구멍이 두 줄 나 있었고, 탈착식 구멍 마개가 부착되어 있었다. 마개를 제거하자 둥근 천장의 복도가 피라미드 내부로 이어져 있는데, 그것을 돌 조각들을 이용해 의도적으로 막아 놓은 것을 볼 수 있었다. 루스가 이 복도를 정리하고 피라미드 바닥과 거의 같은 높이에 있는 묘실에 도달하는 데는 네 학기가 걸렸다. 묘실 역시 돌 조각들로 가득 차 있었다. 루스는 복도에서 아마도 제물로 희생된 듯한 5~6구의 젊은 성인 유골을 발견했다. 복도 맨 끝은 거대한 삼각 석판으로 막혀 있었다. 루스는 마침내 이것도 제거하여, 위의 사원 복도 밑에 있는 높이 24미터의 거대한 납골당을 찾아낼 수 있었다. 근 13세기 만에 이것을 보게 된 첫 번째 사람이 된 것이다.

거대한 사각 석관 덮개가 고대 마야 지배자의 유물을 감추고 있었다. 내부에는 지배자의 시신과 옥 매장물이 있었다. 실제 크기의 모자이크 옥 가면이 지배자의 얼굴을 덮고 있었고, 옥과 진주 귀걸이를 달았으며, 몇 개의 옥구슬 목걸이로 가슴을 장식했다. 뿐만 아니라 손가락에도 옥 반지를 끼고 있었다. 양손과 입 속에도 큰 옥이 있었다.

이러한 관습은 유카탄 마야와 아스테카, 그리고 중국에서도 기록에 남아 있다. 지배자 옆에는 옥 조각상이 두 개 있는데, 그 중 하나는 태양을 나타낸 것이다.

석관의 조각은 그 지배자가 천상의 새(천국을 상징)에서 세계의 나무 둥치를 타고 내려와 내세의 열린 입으로 들어가는 모습을 보여 준다. 지배자가 내려올 때는 태양의 상형문자가 표시된 제사 그릇을 든 해골 괴물 형상이 그를 수행한다. 그 상형문자는 삶과 죽음 사이를 오가는 태양을 나타낸다. 왕은 내세의 여행을 마친 후 태양과 같이 동쪽에서 다시 떠오를 것이다.

오른쪽_ 파칼의 석관 덮개. 팔렝케 비문 사원의 납골당에 있다. 1952년 발견.

아래_ 실물 크기의 옥 모자이크 가면. 팔렝케의 비문 사원 납골당 출토. 683년경. 양 눈은 조개 껍질과 흑요석으로 만들었다. 나무 받침대는 썩어 버렸다.

보남팍의 벽화

전후 마야 고고학의 두 번째 위대한 발견은 약실 란에서 얼마 떨어지지 않은 보남팍의 벽화다. 라카돈 인디언과 함께 살던 미국인 탐험가 두 명이 1946년 보남팍의 폐허로 안내되었다. 몇 달 후, 인디언들은 그 벽화를 사진사 길스 힐리에게 보여 주었다. 힐리는 이 사진을 발표해 큰 선풍을 일으켰다. 학자들은 벽화가 마야 문자에 대해 말해 주는 것이 아니라 오히려 마야 문명이 붕괴하기 직전인 8세기 말 고전기 마야의 삶에 대해서 보여 주는 것에 더 큰 관심을 가졌다. 벽화의 많은 상형문자들은 아직 해독되지 않았다.

벽화들은 하나의 이야기, 즉 어느 전투의 승리와 그 여파, 그리고 승리의 축전에 대한 이야기를 보여 준다. 장면 아래에는 비참한 죄수들이 발가벗긴 채 손톱이 뽑히는 고문을 당하고 있고, 그 옆에는 잘린 머리가 있다. 연단 꼭대기에 앉은 벌거벗은 인물은 중앙의 인물, 즉 보남팍의 지배자인 대군주 차안-무안에게 탄원하고 있다. 차안-무안은 재규어 가죽으로 만든 전투복을 입었고, 그의 신하들은 호화스런 복장을 하고 그 옆에 정렬해 있다. 관람객 중에는 흰옷을 입고 깃부채를 손에 든 귀부인이 한 명 있다. 그녀는 차안-무안의 정부인으로서, 상형문자 본문에서 약실란 출신임이 확인되었다.

보남팍 벽화. 8세기. 보남팍이 폐허가 됨에 따라 완성되지 못했다. 이것은 어린 왕세자의 약실란 왕좌 계승과 관련 있는 것으로 보인다. 의식적 전투, 고문과 참수. 무언극, 춤, 음악. 귀족 영주와 귀부인의 처형, 아마도 이 모든 예식이 수포로 돌아갔을 것이다.

마야의 초콜릿 컵

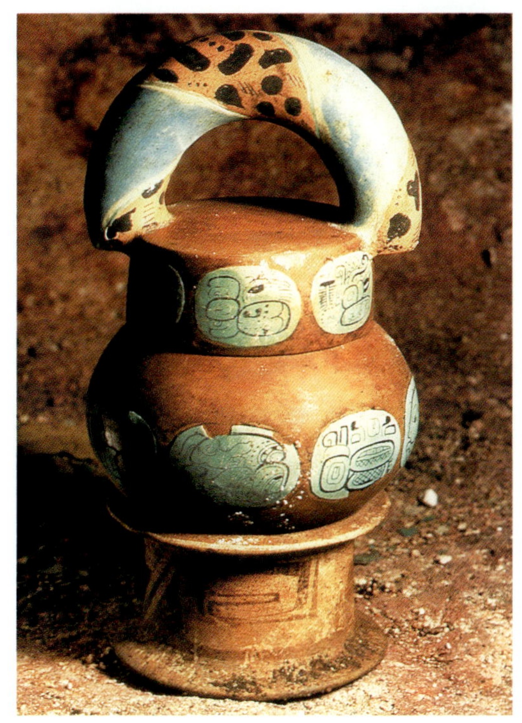

마야인이 만들어 낸 중요하고 놀라운 예술 중에서도 도자기 그림이 아마 가장 매력적일 것이다. 최근 10~20년 사이에 많은 작품이 마야 유적지에서 약탈되어 미국·유럽을 비롯한 다른 나라 예술품 업자에게로 넘어갔다. 그러나 이러한 교역은 마야 상형문자의 해독을 돕는 유익한 효과도 있었다.

1971년 마야학자 마이클 코우가 뉴욕에서 마야 도자기 전시회를 개최했다. 그때 그는 많은 항아리의 테두리에 있는 상형문자의 순서가 유사하다는 사실을 발견했다. 코우는 이것을 1차 표준 순서라고 이름하고, 이것이 이집트의 『사자의 서』처럼 마야의 내세 탐험 신화를 가리키는 것이라고 추측했다. 왜냐하면 그것이 도자기 예술의 주요 주제처럼 보였고, 또 도자기의 목적이 장례용으로 생각되었기 때문이다.

그러나 사실 그 순서는 좀 다른 의미를 갖는 것으로 드러났다. 1차 표준 순서에서 가장 흔한 상형문자들은 다음과 같은 순서로 나타난다.

발음에 따른 해독은 이 상형문자가 *uch'ibi*임을 알려준다.

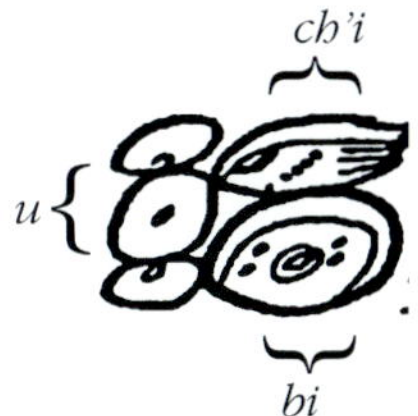

콜란 마야어에서 *uch'i*는 '마시다'는 뜻이다. 따라서 이 상형문자는 아마도 '아무개의 컵'이라는 뜻일 것이다. 마야 귀족들은 오늘날의 어떤 사람들처럼 자기가 쓰는 찻잔에 이름을 달고 싶어 한 듯하다.

계속 해석해 보았더니 더 많은 것이 밝혀졌다. 1차 표준 순서에는 다음 상형문자가 포함되는데, 여기에서 음가에 상상력을 조금 더해 보자.

카카오! 마이클 코우가 이 상형문자가 새겨진 마야 항아리 조각들을 허쉬 식품 회사에 보냈더니, 찌꺼기가 정말 카카오의 화학적 잔여물이라는 회답이 돌아왔다.

마야의 도자기 그릇. 과테말라 리오 아줄에서 발견. 중앙의 상형문자는 카카오를 나타낸다. 화학 실험으로 항아리 바닥에 카카오 찌꺼기가 있음을 확인할 수 있었다. 최초로 마야를 연구한 유럽인인 디에고 데 란다의 말을 들어 보자. "그들은 옥수수 찌끼와 카카오로 일종의 거품 음료를 만드는데, 이것은 매우 향이 좋다. 그들은 이것으로 축제를 즐긴다. 또한 그들은 카카오에서 버터 같은 기름을 얻어서 이것과 옥수수를 재료로 향이 매우 좋아서 사람들이 좋아하는 또 다른 음료를 만들어 낸다." 1560년대에 기록된 란다의 '알파벳'이 20세기에 이르러 마야 문명에 대한 란다의 설명이 정확함을 확증해 준다는 것은 참 그럴싸한 일이다.

이 석제 인장은 인도 북부,
약 4천 년 전 지금의
파키스탄에서 번성했던 인더스 강
유역 문명에서 나온 것이다.
이것은 아마도 많이 쓰이는
기호들로 된 여러 인장들 중 하나다.
이 기호의 의미를
해독할 수 있는 사람이 없으므로,
누구도 확실하게 말할 수는 없다.
인더스 문자는 아마 세계 어느 곳의
문자보다 더 복잡할 것이며,
언제까지나
해독되지 않을 것 같다.

해독의 어려움

아래 표에는 해독되지 않은 주요 문자들이 나열되어 있다. 이들이 그 밖의 다른 미해독 문자와 구별되는 것은 뚜렷하게 중요한 문명과 관련되어 있었다는 사실이다. 가령 에트루리아 문자는 예술 작품들과 아름다운 장례 유물을 남기고 로마에 강한 영향력을 미쳤던 사람들이 사용했던 것이다. 크레타의 선상문자 A는 마이클 벤트리스가 해독한 선상문자 B 이전, 그리고 같은 시대에 미노아인에 의해 사용되었던 것이다. 한편 이스터 섬(라파누이)의 '롱고롱고' 문자는 아마도 그 섬에 흩어져 있는 거석상의 조각가들이 사용한 언어였을 것이다. 이와 대조적으로 1961년 루마니아에서 발견된, 타르타리아 판으로 알려진 몇몇 미해독 기호는 이렇다 할 관심을 끌지 못했다. 이것은 그 발굴지의 다른 물건들이 별로 놀랍지 않았다는 것이 한 원인이 되었다.

'해독'의 정의

물론 많은 문자들이 완전히 해독되지도, 완전히 미해독되지도 않았고 오히려 부분적으로 해독되었다. 이미 살펴보았듯이 히타이트 상형문자와 마야 문자, 선상문자 B, 심지어 이집트 상형문자도 마찬가지다(해독 정도가 높아지는 순서로 나열했다).

미해독 문자는 아마 다음 세 가지 범주로 나눌 수 있을 것이다. 알려진 언어를 기록한 알 수 없는 문자, 알려지지 않은 언어를 기록한 알 수 있는 문자, 알려지지 않은 언어를 기록한 알 수 없는 문자. 마야 문자는 최근까지도 첫 번째 범주에 속했고, 에트루리아 문자는 두 번째 범주, 인더스 강 유역과 롱고롱고의 문자는 마지막 범주에 속했다.

벤트리스는 해독 기법 일반에 대해 대가답게 다음과 같이 요약했다. "각 작업은 세 단계로 계획되어야 한다. 첫째, 사용 가능한 모든 명문의 기호 · 단어 · 문맥에 대한 철저한 분석—이것은 철자법, 의미, 언어 구조에 관한 가능한 모든 단서를 추출할 수 있도록 계획되어야 한다. 둘째, 실험적으로 음가를 대입하여 알려진 언어나 가정된 언어에서 가능한 단어와 곡용(曲用)을 찾아내야 한다. 셋째, 가능한 원자료를 이용해서 드러난 결과가 환상이나 우연, 또는 순환논법에 의한 것이 아님을 보장할 수 있는 확실한 점검 …… 필수 불가결한 전제조건은 분석을 통해 쓸 만한 결과를 얻을 수 있을 만큼 재료가 충분해야 한다는 것과, (이중 언어나 확인 가능한 고유명사가 없는 읽기 힘든 문자의 경우) 이미 알고 있는 언어와 그 감춰진 언어를 관련시켜야 한다는 것이다."

주요 미해독 문자

문자의 이름	발견지	최고(最古) 연대	문자 규명?	언어 규명?
원 엘람어	이란 · 이라크	기원전 약 3000년	아니오	아니오
인더스	파키스탄 · 인도 서북부	기원전 약 2500년	아니오	*
유사 상형문자	비블로스(레바논)	기원전 두 번째 천년기	아니오	아니오
선상문자 A	크레타	기원전 18세기	부분적	아니오
파이스토스 원판	파이스토스(크레타)	기원전 18세기	아니오	아니오
에트루리아 문자	이탈리아 북부	기원전 8세기	예	부분적
메로이어	메로이(수단)	기원전 약 200년	예	부분적
라 모자라	중앙아메리카	약 150년	*	*
롱고롱고	이스터 섬	19세기 이전	아니오	아니오

*는 학자들 간에 합의가 이루어지지 않았다는 뜻이다.

인더스 인장의 비밀

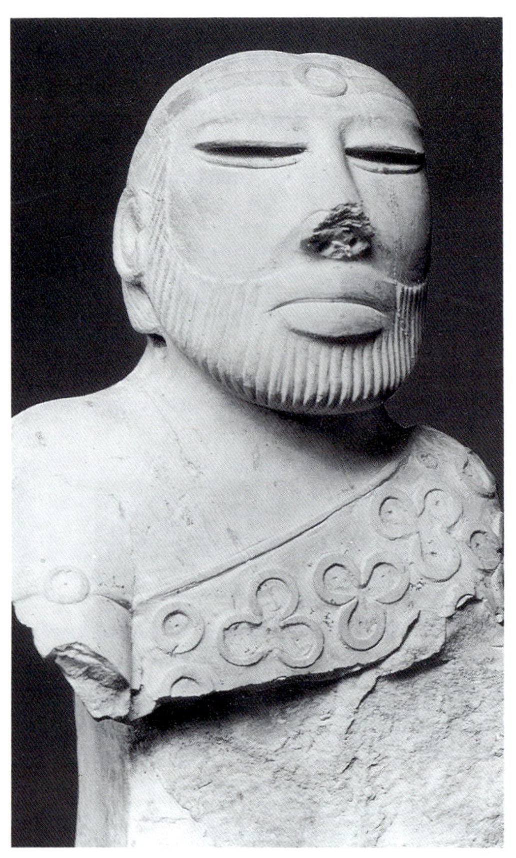

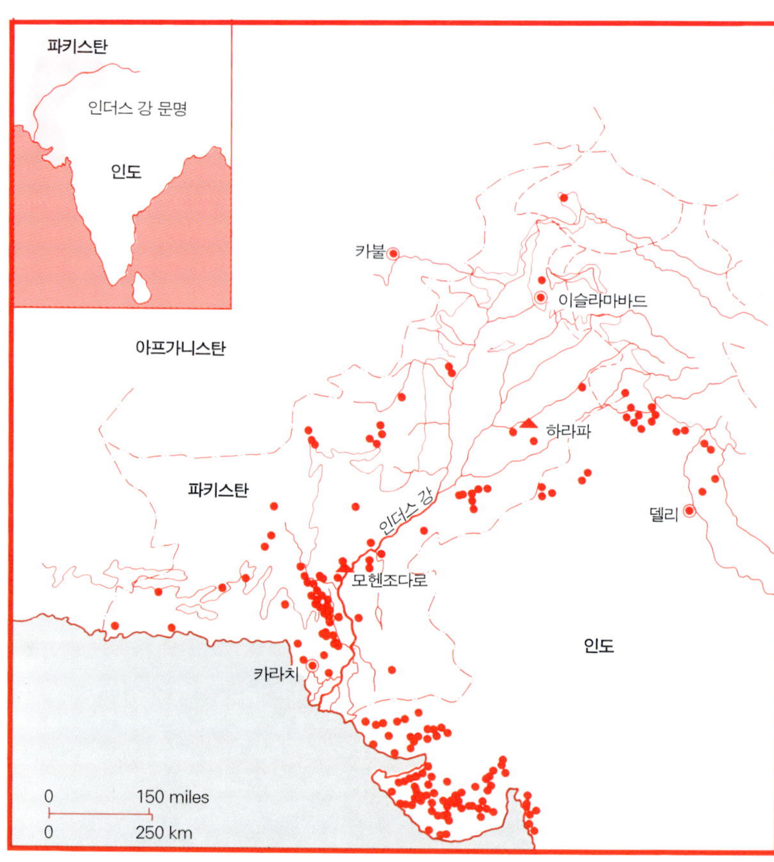

'신관'으로 알려져 있는 위 15cm짜리 동석 조각은 1920년대 초 인더스 강 강둑의, 지금은 파키스탄인 지역의 모헨조다로라는 폐허 속에서 발견되었다. 그의 정체와 의미에 대해서는 아무것도 알 수가 없다.

다만 의상의 삼엽형 장식은 별자리와 관계가 있을 것으로 생각된다. 인더스 강 유역 문명에서 나온 것 중 가장 유명한 유물인 이 조각은 아마도 4천 년은 된 것으로 보인다(알렉산더 대왕이 인도에 침입한 것보다 거의 2천 년은 앞선다).

이 문명의 잔해는 파키스탄과 인도 북부를 덮고 유럽의 약 4분의 1에 걸쳐 퍼져 있다. 기원전 2500년에서 1900년 사이의 전성기에는 주요 도시들이 동시대의 메소포타미아나 이집트의 도시들과 견줄 수 있을 정도였다. 이들 도시에는 거대한 피라미드나 석상, 대량의 황금 등은 없었지만, 잘 계획된 도로와 발달된 배수 시설은 오늘날의 도시 계획과 맞먹을 만했다.

1921년 이전까지만 해도 누구도 그러한 문명이 인도에 있었으리라고 생각하지 못했다. 그러나 1870년대에 이미 고고학자들은 인더스 유역의 미해독 문자에 대해 알고 있었다. 1920년대부터 여러 나라의 학자들이 이 지역 문자를 해독하는 작업에 들어갔다.

인도 문명의 범위.
이 지도는 분명한 문화적 공통성을 보여 주는 고고학적 발굴물을 바탕으로 작성되었다.
두 주요 도시인 모헨조다로와 하라파가 강조되어 있다.

왼쪽_ 인더스 문명의 '신관'.
1920년대에 모헨조다로에서 발견.

인더스 문자

인더스 문자는 벽, 무덤, 석상, 점토판, 파피루스 등에서가 아니라 모헨조다로와 여타 도시 주거지의 집과 거리 이곳저곳에서 발견된 석제 인장, 테라코타 봉인, 도기, 동판, 청동기, 상아나 뼈 막대기 등에서 나타난다. 약 3500개의 금석문이 알려져 있는데, 그 가운데 대부분이 석제 인장의 것이다.

금석문들은 감질날 정도로 간략하다. 평균적으로 기호가 한 줄에 4개, 한 본문에 5개가 못 된다. 두 개의 각기둥 옆면에 세 줄로 겨우 20개의 기호가 있는 것이 가장 긴 금석문이다. 기호와 함께 많은 석제 인장에는 동물의 윤곽이 새겨져 있는 것을 종종 볼 수 있다. 예를 들어 무소·코끼리·호랑이·물소가 새겨져 있으며 일각수, 즉 '유니콘'과 아마도 신과 여신일 듯한 몇몇 미확인 인물 형상도 있다. 어떤 학자들은 이들 형상이 힌두교 신들의 전조일 것이라고 주장하기도 했다.

인더스 문자의 해독

인더스 문자를 해독하기 위해서는 먼저 두 가지 요소를 반드시 고려해야 한다. 그 기호 자체가 코버, 벤트리스 및 그 밖의 사람들이 선상문자 B의 유형을 정했던 방식으로 분석될 수 있는가? 그리고 그 기호 배후에 있는 언어(선상문자 B의 경우 그리스어)를 추측할 수 있는가?

기호 자체를 먼저 살펴보면, 우리는 벤트리스가 선상문자 B를 키프로스 문자와 비교했던 것처럼, 다른 문화의 문자들과 유사한 점을 조사해 볼 수 있다. 이러한 유사성은 우연일 수도 있으므로 주의를 요한다. 사실 인더스 기호와 고대 이란, 수메르, 이집트의 기호 사이에는 유사성이 전혀 없다. 그러나 인더스 기호 40~50개와 전혀 예상치 못한 장소인 이스터 섬의 기호들 사이에는 놀랄 만한 유사성이 있다.

모헨조다로를 발굴했던 존 마셜 경은 동물들에 둘러싸여 다리를 꼬고 앉아 있는 인물(아래)이 '시바의 원형'—시바는 (후대) 힌두 만신전에서 가장 중요한 신이다—이라고 생각했다. 두 번째 인물의 머리 장식에 별과 무화과가 있다는 것, 그리고 옆에 물고기 기호가 있다는 것이 연결점이 될 수도 있을 것이다. 그러나 그 어떤 '해석'도 기껏해야 잠정적일 수밖에 없다.

이스터 섬에서 나온 이 기호들(오른쪽)은 연대를 알 수 없지만, 아마도 한 2백 년 정도 된 것 같다. 인더스의 기호들(왼쪽)이 3500년의 시간과 2만 km의 바다를 건너 인더스에서 태평양의 고립된 섬으로 전해졌다고 생각할 수 있을까? 1930년대의 몇몇 학자들은 진지하게 그러한 생각을 했지만, 오늘날 이것은 믿을 수 없는 생각이다. 인더스 문자의 대부분은 인장에 나타난다. 형상 중 어떤 것들은 쉽게 이해되지만, 다른 것들, 예를 들어 요가 자세로 앉아 있는 이 두 인물 같은 것은 이해하기 힘들다.

기호의 수와 쓰기 방향

인더스 기호의 숫자가 얼마나 되는지 정확하게 알 수 있을까? 이것은 다음 기호들이 동일한 기호의 파생형인지, 아니면 다른 기호인지를 결정해야 함을 뜻한다.

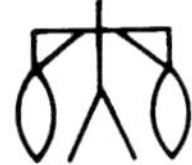  

학자들은 세부 사항에서는 의견이 갈리지만, 대략 400(±25)개의 기호가 있었다는 데는 동의한다. (선상문자 B 같은) 알파벳이나 음절문자로 보기에는 기호가 너무 많다. 그래서 인더스 문자는 아마도 메소포타미아와 이집트의 문자처럼 '혼합' 문자일 가능성이 높다고 본다.

이 문자는 오른쪽에서 왼쪽으로 적었을까, 아니면 왼쪽에서 오른쪽으로 적었을까? 대개 오른쪽에서 왼쪽으로 적었다고 말할 수 있는데, 이것은 기호가 다음 줄로 '넘칠' 때면 항상 왼쪽 기호가 바짝 졸아들기 때문이다.

인더스 문자의 언어

인더스 유역의 사람들은 어떻게 말했을까? 세 가지 가능성이 있다. 첫째는 그들의 언어가 완전히 고사했을 가능성이고, 둘째는 인도의 고전 언어인 산스크리트어와 관련이 있었을 가능성이며, 셋째는 산스크리트어 이전의 어족이자 지금은 인도 남부와 (묘하게도) 인더스 유역에서 멀지 않은 발루치스탄과 아프가니스탄의 산악 고원 지대에서 사용되는 드라비다어와 관련이 있었을 가능성이다(그 언어는 브라후이라고 알려져 있다).

산스크리트어 가설과 드라비다어 가설 중에서는 후자가 가능성이 더 높아 보이는데, 이것은 산스크리트어가 기원전 1900∼1700년 사이에 두 차례에 걸쳐 인도를 침략하여 기존의 인더스 강

문명을 정복했던 아리아인의 언어에서 유래했기 때문이다.

만약 드라비다어 가설이 옳다면, 오늘날 마드라스에서 사용되는 드라비다어인 타밀 문자의 옛 형태에서 적당한 인더스 기호와 짝을 이루는 단어를 찾아낼 수 있을 것이다.

인더스 기호에서 매우 흔한 것이 물고기다. 고대 타밀어로 물고기는 '민(mīn)'이다. 그러나 '민'은 또한 '별' 혹은 '행성'이라는 다른 뜻도 가지고 있다. 물고기 기호가 별의 이름을 의미하는 수수께끼 그림이었던 것일까? 물고기 기호가 별이나 사람의 형상과 함께 나타나는 경우들(앞쪽의 인장을 보라)은 이 해석을 지지할 것인데, 정말 인더스 계곡 유역의 도기에서는 물고기와 별이 함께 나타난다.

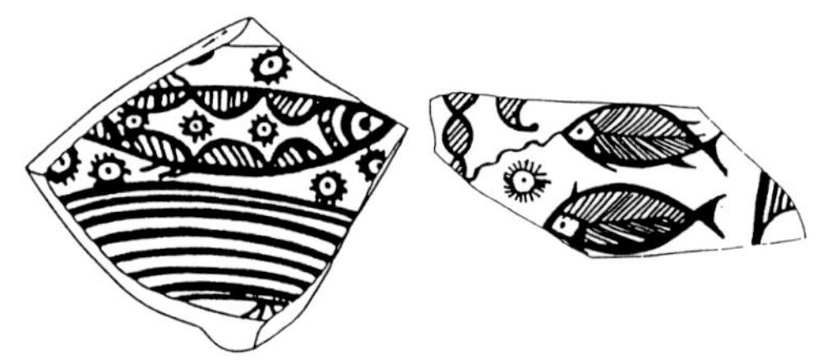

이 문자에서 가끔 물고기 앞에 여섯 개의 획이 나타나는데, 이것은 '별 여섯 개의 (별자리)', 즉 고대 드라비다 본문에서는 '아루-민(aru-mīn)'으로 알려진 플레이아데스 자리를 가리킨다.

인더스 문자를 해독하려면 아직 갈 길이 매우 멀다. 주도적인 학자이자 인더스 문자에서 장차 벤트리스 같은 인물이 될지 모르는 아스코 파르폴라는 1994년에 이렇게 썼다. "인더스 문자의 많은 기호들은 너무나 단순화되고 도식화되어서 그 그림의 의미를 명료하고 객관적으로 이해하기가 매우 어렵다. 자료 부족도 걸림돌이다. …… 근본적으로 다른 원자료가 입수되지 않는 이상, 인더스 문자가 완전히 해독될 수 있을 것 같지가 않다."

크레타의 선상문자 A

크레타의 크노소스에서 아서 에반스 경은 선상문자 B 점토판과 함께 다른 문자 두 개를 더 발견했다. '상형문자를 닮은' 문자와 선상문자 A가 그것이다. '상형문자를 닮은' 기호들은 대부분 석제 인장과 봉인에서 발견되었다. 반대로 선상문자 A는 주로 점토판에서 발견되었는데, 선상문자 B 점토판에 비하면 수는 훨씬 적다. 상형문자를 닮은 문자는 그 두 가지보다 더 오래된 것으로, 기원전 1900년경부터 나타난다. 아마도 이것에서 진화한 것으로 보이는 선상문자 A는 기원전 15세기 미노아 문명이 붕괴될 때까지 지속되었다. 선상문자 A는 에게 해 남부의 미노아 해외 영토를 포함한 미노아 문명의 문자인 데 반해, 선상문자 B는 그리스인이 크노소스와 크레타 지역들을 정복한 이후에 그리스인과 미노아인이 사용한 문자였다. 선상문자 A는 미노아어를 적기 위해 사용된 반면, 선상문자 B는 그리스어를 적는 데 사용되었다.

선상문자 A와 B는 밀접한 연관성이 있지만, 뚜렷하지는 않다. 선상문자 A의 기호는 선상문자 B의 기호와 매우 많이 닮았다. 선상문자 B의 음가를 선상문자 A에 적용할 수 있을까? 매우 조심스럽게 해야 할 일이다. 미노아어 대신 그리스어를 기록하기 위해 선상문자 A에 약간의 변형을 가해 선상문자 B를 만들어 냈다고 생각할 수도 있다. 선상문자 B의 음가를 선상문자 A 명문에 대입해서 단어를 얻을 수도 있다. 그러나 우리가 미노아어를 알지 못하는 까닭에, 옳은지 그른지 판단할 수가 없다. 하지만 선상문자 A가 그리스어에 기초해 만들어진 것이 아니라는 점만은 확실하다. 위 점토판을 보면 이 사실이 드러난다.

첫 줄은 아마도 장소명일 것이다. 두 번째 줄은

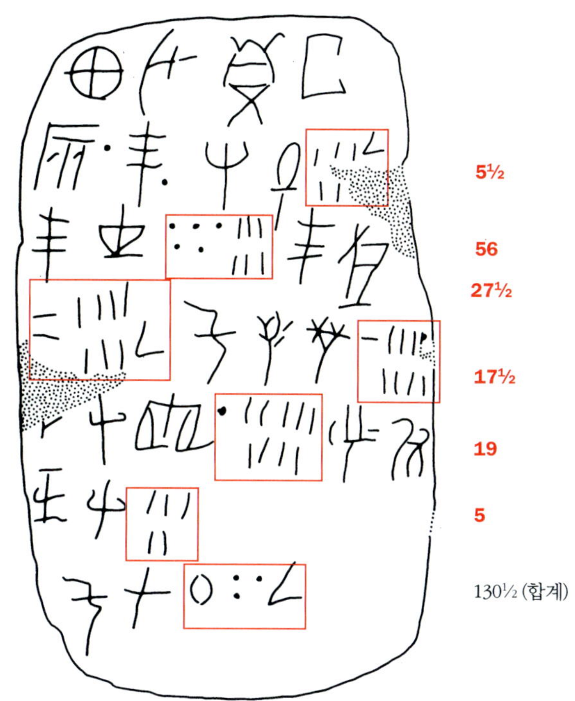

'포도주'를 가리키는 선상문자 B의 표어문자와 동일한 기호로 (왼쪽에서) 시작하고, 그 다음에는 아마도 '지불되었다'나 '발급되었다'는 의미일 것으로 추측되는 기호가 있다. 그 다음에는 여섯 개의 단어가 나타나는데, 각각에는 숫자가 따라온다. 이것은 아마도 사람의 이름인 듯하며, 각각은 포도주의 양과 관련 있다. 선상문자 B의 체계를 따르는 그 숫자들은 합계 130½(마지막 줄의 숫자)이며, 그 앞에 있는 두 기호는 규칙적으로 등장하는 것으로 보아 '합계'를 뜻하는 듯하다. 선상문자 B 점토판에서는 '합계' 기호가 이와 달리, 'to-so'라는 상당히 그리스어적인 단어로 옮길 수 있었다. 만약 선상문자 A의 기호 대신 선상문자 B의 값을 대입한다면 'ku-ro'라는, 그리스어에서는 어떤 적절한 의미를 찾을 수 없는 말이 나타난다.

아서 에반스가 출판한 크레타의 '상형문자'. 알려진 크레타 최초의 문자로서, 여기에서 선상문자 A가 발달한 듯하다. 두 문자 모두 해독되지 않았다.

파이스토스 원판

안 이 문자로 된 문서가 하나도 나오지 않았을까? 그리고 왜 파이스토스 원판의 기호는 '상형문자를 닮은' 문자나 선상문자 A 또는 B와 닮지 않았을까? 이 원판은 크레타로 수입된 것일까? 아니면 속임수일까?

이 문자에 어떤 의미가 있는지 풀 수 있는 실마리는 거의 없으며, 아무도 신뢰할 만한 대답을 주지 못했다. 기호 자체는 다른 미노아 문자와 닮지도 않았고 수도 적으며 모양도 불가사의해서 도움이 되지 않는다. 기호에 숨겨져 있는 언어는 완전히 미지의 것이다.

발견 당시의 상황도 도움이 전혀 되지 않는데, 이 문자와 같은 사례가 단 하나뿐이기 때문이다. 해독할 수 있는 유일한 희망이 있다면, 비슷한 명문을 담고 있는 창고가 발견되는 것이다. 그때까지는 종종 시도되는 해독의 노력들은 무의미하다 (대부분 괴이하다).

채드윅은 이렇게 말한다. "우리는 조바심을 억누르고서, 설령 미노스 왕이 직접 누군가의 꿈에 나타나 진정한 의미를 해석해 준다 할지라도, 그 역시 다른 사람들에게 그것이 진짜이며 유일한 해법이라고 확신시키기는 불가능하다라는 것을 인정해야 한다."

파이스토스 원판.
지름 약 16cm에 두께 1.2cm.
양면에 도장으로 찍거나 펀치로 누른 기호들이 모두 242개 있고,
선으로 칸을 나눠 61개의 그룹으로 구분했다.
이 기호들은 바깥쪽 모서리에서 시작하여 시계 방향 나선형으로 안쪽까지 쓴 듯하다.

고대 크레타 문자 중 가장 난해한 것이 독특한 파이스토스 원판이다. 이것은 1908년 크레타 남부 파이스토스에 있는 궁성터에서 이탈리아인이 발견했다. 고고학적인 전후 관계로 미루어 볼 때, 이 원판의 연대가 기원전 1700년 이후는 아님을 알 수 있다. 점토를 구워서 만들었는데, 점토가 덜 마른 상태에서 양면에 펀치나 도장을 이용해 기호들을 눌러 명문을 새겼다. 파이스토스 원판은 마이클 벤트리스와 같이 연구를 진행했던 존 채드윅의 말을 빌리면 "세계 최초의 타이핑 문헌"인 셈이다.

그러나 왜 선상문자 A나 B처럼 기호를 하나하나 새기지 않고 성가시게 펀치와 도장을 만들려 했던 것일까? 만약 이것이 문서를 여러 장 '인쇄'하려는 것이었다면, 왜 80년이 넘는 발굴 기간 동

원(原) 엘람어

엘람어는 고대 엘람, 즉 대략 오늘날의 이란 유전 지대에 해당하는 지역의 언어로서, 다리우스의 베히스툰 비문(76~79쪽 참조)에 설형문자로 쓰인 세 가지 언어 중 하나다. 이보다 약 2500년 전에는 준회화문자가 엘람어를 쓰는 데 사용되었다. 이것을 원 엘람어라 부르는데, 아직 해독되지 않았다.

원 엘람어로 쓰인 점토판들은 고대 엘람의 수도인 수사에서 발견되었지만, 이란과 아프가니스탄의 접경같이 먼 동쪽 지역에서도 나타난다. 이 문자는 우루크에서 나온 수메르 최초의 점토판과 대략 같은 시대의 것이다.

원 엘람 문자는 아마도 이란 고원에서 발명되었거나, 아니면 메소포타미아의 도시 거주민들에게서 차용한 것일 수도 있다. 하지만 우리는 알 수 없다.

원 엘람 문자로 된 자료는 상당히 많지만, 해독에는 별다른 진전이 없었다. 베히스툰 비문의 엘람어는 다른 언어들과 비교하기도 어렵고, 원 엘람어 비문의 언어를 재구성하려는 시도는 더욱더 힘들다는 사실이 밝혀졌다.

왼쪽_ 아카드 설형문자와 선상 엘람어로 된 이중 문자 봉헌물. 수사에서 발견. 기원전 2200년경. 설형문자는 봉헌자가 푸주르-인수시나크임을 확인해 준다. 선상 엘람어는 원 엘람어보다 500년 이상 늦은 것이다. 어떤 선상 엘람어 기호들은 확실하게 읽을 수 있지만, 두 문자 사이의 관계는 규명되지 않았다.

왼쪽 아래_ 수사에서 발견된 원 엘람어 점토판. 기원전 3000년경. 이 기호들의 의미는 거의 알려져 있지 않다.

아래_ 이란 고원의 원 엘람어 주거지. 점토판 출토지가 표시되어 있다 (램버그-카를로프스키의 책에서).

에트루리아어 : 그리스어, 그러나 그리스어가 아닌

에트루리아인은 그리스인과 비그리스인, 즉 '야만인' 사이를 주로 중개하는 역할을 했다. 그리스인은 기원전 775년 이탈리아 피테쿠사이(현대의 이스키아)에 정착했다. 페니키아인들은 그 전에 시칠리아와 사르디니아에 정착했고, 상업적 · 정치적으로 에트루리아인과 동맹을 맺었다. 에트루리아인에 대한 페니키아의 영향력도 만만치 않았지만, 그리스 문화가 훨씬 압도적이었다. 후대에 에트루리아인은 알파벳을 포함하여 그리스 문화를 인근의 라티움인에게 전달했다. 기원전 1세기에 이르면 에트루리아인은 로마 제국에 흡수되어 더 이상 독립적인 민족으로 존재하지 못했지만, 에트루리아의 가문과 전통은 이어졌다. 408년 고트 왕 알라릭이 로마를 파괴하겠다고 위협했을 때, 몇몇 에트루리아인 사제들이 기도와 주문을 외웠다. 그러나 로마는 결국 약탈당했다. 이것이 에트루리아어가 마지막으로 사용된 때였다.

라틴어 어휘들을 자세히 연구해 보면, 많은 단어들이 원래는 에트루리아어였다는 것을 알 수 있다. 대부분이 호화로운 생활과, 문자를 포함한 상위 문화와 연결되어 있었다. 'elementum(알파벳 글자)', 'litterae' 즉 문자(그리스어의 글을 쓰는 '가죽'에서 파생), 'stilus' 즉 필기구, 'cera' 즉 밀랍(기록을 위해 쓰던 밀랍판) 등이 그것이다.

에트루리아 말과 문자

불행히도 에트루리아어는 대부분 잊혀졌다. 모든 유럽어 및 히브리어 · 투르크어와 연결시키려는 노력도 있었지만, 에트루리아어는 완전히 고립되어 있다. 이 언어가 그리스어로 충실하게 기록되었다는 사실을 생각해 본다면 이것은 무척 특이

한 일이다. 우리는 이탈리아 중부에 산재한 1만 3천 개 이상의 에트루리아어 명문을 쉽게 읽을 수 있지만, 내용 대부분이 인명 · 지명 · 날짜 등에 제한되어 있다. 이것은 비석만을 읽고서 영어를 배우겠다는 것이나 마찬가지다.

1964년, 로마 서쪽 40km에 위치한 에트루리아의 주요 항구인 퓌르기에서 발견된 이중 언어 명판들이 그 좋은 예다. 이 금제 명판이 만들어진 해는 기원전 약 500년이다. 명판 왼쪽에는 페니키아 문자가, 오른쪽에는 에트루리아 · 그리스 문자가 있었다. 이것들은 에트루리아의 지배자가 여신에게 자신의 즉위 30년을 기념해 감사 봉헌물로 바친 것이다. 각각에는 동일한 내용이 적혀 있었지만, 단어 대 단어로 번역되어 있지는 않았다. 사실 이 이중 언어 명판들의 발견으로 새로 알게 된 에트루리아 어휘는 단 하나, 숫자 3을 뜻하는 '시(ci)'뿐이었다.

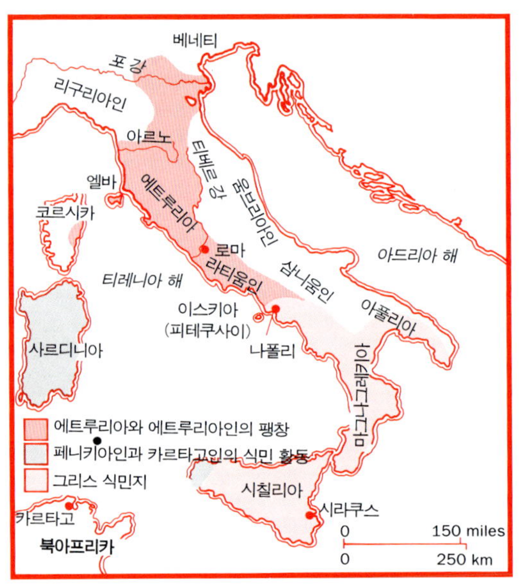

고대 이탈리아와 그 민족들, 기원전 8~6세기.

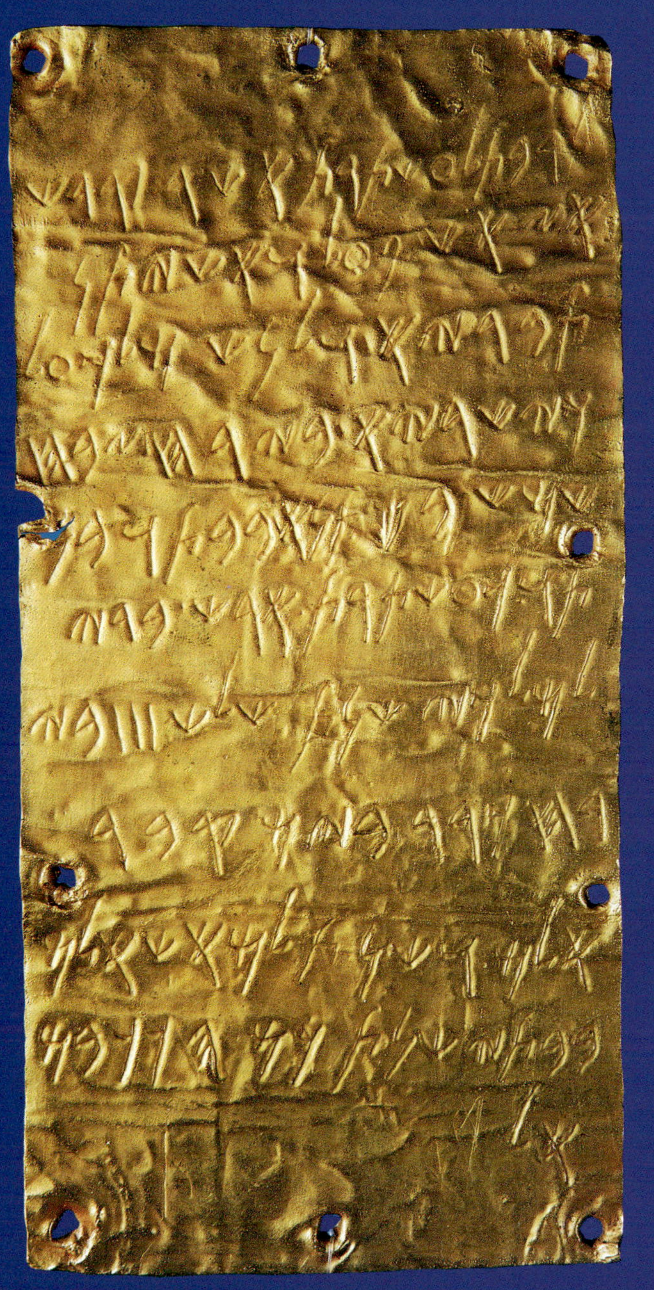

에트루리아인의 금석문

에트루리아인은 그리스의 알파벳을 이어받았지만, 그 중 네 글자는 사실상 사용하지 않았다. 이탈리아 아이들 역시 'k', 'j', 'w', 'y' 네 글자를 배웠지만, 이탈리아 단어에는 이 글자들이 등장하지 않는다. 우리는 에트루리아 알파벳을 이용해서 다음 보석에 새겨진 글을 읽을 수 있다.

Herle=헤라클레스 *Achle*=아킬레우스

또 이 알파벳을 이용해 거울 뒷면에 새겨진 글도 읽을 수 있다. 3천 개에 이르는 거울 상당수가 청동에 명문이 새겨져 있다. 위 거울에 나오는 등장 인물은 오른쪽부터 멘레(메넬라오스), 우트스

테(오디세우스), 클루트음스타(클리타임네스트라), 탈미테라고 쓰인 팔미테(팔라메데스)다. 에트루리아의 예술가는 이들 인물을 한데 모아서 트로이 전쟁 신화에서 알려지지 않은 어떤 이야기를 묘사하려 한 것일까, 아니면 당시 장인들이 선호하던 이름들을 상투적으로 붙여 놓은 데 불과한 것일까? 거울이 많이 남아 있는 것으로 보아, 어떤 모형이 '대량생산'되었을 가능성이 높다.

그러나 어느 부유한 에트루리아인의 인상적인 석관의 경우는 이와 다르다. 아래 그림은 에트루리아가 로마 제국의 일부가 된 후대의 것인데, 다음과 같은 석문이 새겨져 있다.

seianti hanunia tlesnasa

hanunia의 첫 글자는 θ(테타)처럼 보이지만, 사실은 ☐ 다. 이것은 hannunia를 언급한 다른 금석문이 인근에 여섯 개나 있다는 것을 볼 때, 성(姓)이라고 판단할 수 있다. 유감스럽게도 대개의 에트루리아 금석문과 마찬가지로, 우리가 이 석관을 통해 에트루리아어에 대해 알 수 있는 것은 이름 석 자가 고작이다.

롱고롱고

롱고롱고는 이스터 섬의 말로 '영창 또는 암송'이란 뜻이다. 이 단어는 목판에 새겨진 이스터 섬의 문자—아마 노래하듯 읽었을 것 같다—를 뜻하기도 한다. 이 문자가 새겨진 나무 조각 29개가 전세계 박물관에 흩어져 있는데, 거기에는 상어 이빨이나 흑요석 조각, 또는 새 뼈를 갈아서 새긴 '상형문자'가 1만 4천 개 이상 있다. 기호들은 대부분 물건이나 생물의 윤곽선으로, (학자들에 따르면) 약 120개의 기본 요소를 이용해서 1500개에서 2000개의 복합 기호를 만들어 낸다.

롱고롱고 문자에 대해서는 다음 두 가지 기본적인 질문에 대한 대답조차 아직 찾지 못했다. 이것은 정말 문자였는가? 그리고 더 중요한 것으로 그 섬의 사람들이 스스로 만들어 낸 것인가, 아니면 페루나 중국(심지어 인더스 강 유역 문명도 가능한 원천으로 제시되었다는 사실을 기억하라)과 같은 다른 나라에서 가져온 것인가, 혹은 1770년에 유럽인이 이스터 섬을 방문하고 나서 유럽 문자를 보고 스스로 만들어 낸 것인가?

만약 유럽인이 오기 전에 문자가 존재했다면, 이스터 섬은 폴리네시아 섬들 중에서 아주 독특한 경우일 것이다. 만약 이스터 섬이 독자적으로 문자를 발명했다는 설이 증명된다면, 문자의 (단일기원설에 반대해) 다중기원설을 믿는 사람들의 입지를 대단히 강화해 줄 것이다.

하지만 그 어떤 결정을 내리기에는 증거가 턱없이 부족하다. 이 문자를 제대로 읽을 수 있었던 마지막 이스터 섬 사람들은 1862년 페루 노예 습격단이 데려가 버렸다. 1860년대와 1870년대에 타히티의 자우센 주교가 한 이스터 섬 사람에게 롱고롱고 본문을 노래하고 번역해 줄 것을 요구

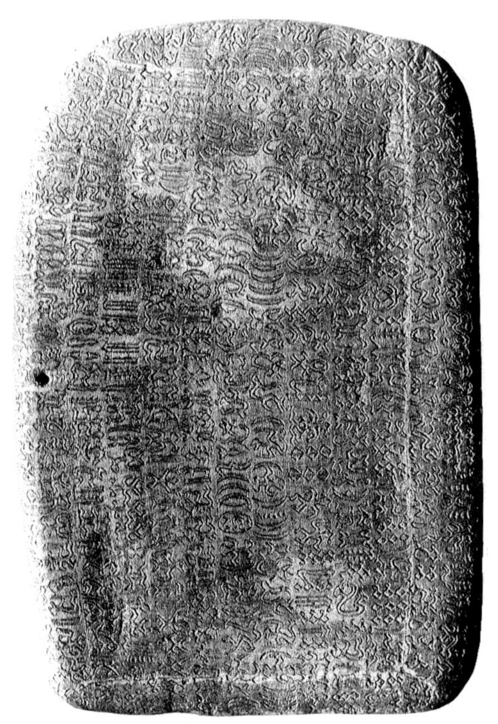

했지만, 결과는 완전히 오류투성이였다(이 주교의 롱고롱고 사전에는 '도자기'를 일컫는 기호가 다섯 가지나 실려 있는데, 이스터 섬 사람들은 도자기가 무엇인지조차 몰랐다!). 이 장면에서, 우리는 3세기 전에 마야 정보원과 문답하며 자신의 마야 '알파벳'을 기록하고자 했던 유카탄 주교 디에고 데 란다의 메아리를 들을 수 있을 것이다.

아마도 롱고롱고는 발음을 나타내는 요소와 의미를 나타내는 요소를 모두 가진 원시 문자에서 발달했을 것이라고 보는 것이 가장 설득력 있을 것이다. 여기에서 기호들은 '완전한' 문자의 관습적인 기호인 만큼 음유 시인의 기억을 돕는 신호였을 것이다. 마야 상형문자의 해독을 주도한 유리 크노로스프와 일단의 러시아 학자들은 롱고롱고가 "발달 초기 단계의 고대 이집트 상형문자와 비슷하다"고 판단했다.

VS POPVLVSQVE RO
SARI DIVI NERVA
NO AVG GERM DAC
O TRIB
ARANDVM QVANTAE
OCVSTANE IBVS
살아있는

III

앞에서 살펴본 메소포타미아 설형문자, 이집트 상형문자, 선상문자 B, 그 밖의 여러 문자들은 이제는 학자들의 전유물이 되어 버렸다. 오늘날 우리들 대부분은 최초의 알파벳이나 중국 한자에서 파생한 문자들로 글을 쓰고 있지만, 실제 기호의 모양은 알아볼 수 없을 정도로 서로 다르다.

한자는 현재 쓰이고 있거나 사멸한 모든 문자 중에서 가장 오랫동안 지속적으로 사용된

문자

역사를 가지고 있으며, 로마자는 두 천년기 이상이 지난 오늘날에도 여전히 사용되고 있다.

그러나 언젠가는 이 모든 문자들은 아마도 이전의 문자들과 같은 길을 걷게 될 것이고, 아마도 사멸할 것이다. 문자 사용이 단절되거나 보전되는 것은 그 문자가 한 언어를 얼마나 효과적으로 표현하는 데 있는 것이 아니다. 최소한 그것이 가장 주된 이유는 아니다. 오히려 그 문자를 사용하는 문화들의 힘과 특권, 그리고 생명력이 가장 큰 요인이다. 그래서 이라크인과 이집트인은 오늘날 아랍 문자를 사용하는 것이고, 마야인들은 로마자를, 일본인들은 한자를 사용하는 것이다. 서구(그리고 영어) 문화의 지배력이 전 세계적으로 확대됨에 따라, 모든 나라에서 자신들의 문자를 '로마화'하자는 요구들이 일고 있다. 이러한 일이 이를테면 이집트나 일본에서 일어나는 것을 상상해 봄직도 하다. 그러나 그 반대의 경우—예를 들어, 미국이 아랍 문자로 전향하는 것—를 상상해 보면, 어떤 문화가 특정 문자를 지지하는 것이 얼마나 중요한가를 분명히 알 수 있다.

트라야누스의 기둥. 로마. 113년 건립.

알파벳의 출생지?
사용하기 편리한 알파벳은
분명히 여러 문화가 만나던
고대 팔레스타인, 레바논,
시리아의 바자르에서
국가 간 무역, 다중 언어 거래,
기록 보존의 과정을
도와주었을 것이다.
왼쪽_ 현대 시리아 알레포의
수크(재래 시장).

알파벳의 수수께끼

이미 살펴보았듯이, 문자의 기원은 수수께끼로 가득 차 있다. 아마 그 중에서도 가장 골치 아픈 것은 알파벳의 기원일 것이다. 알파벳이 고대 그리스인을 통해 현대 세계에 전해졌다는 것은 잘 알려져 있지만, 언제 어떻게 그리스에서 나타났는지, 그리고 더 근본적으로는 기원전 두 번째 천년기 동안 지중해 동안의 전(前)그리스 사회들에서 알파벳이라는 개념이 어떻게 발생했는지는 정확히 알지 못한다. 많은 학자들이 이 문제를 풀기 위해 평생을 바쳤지만, 확실한 결론을 내리기에는 증거가 너무나 부족하다. 알파벳은 메소포타미아 · 이집트 · 크레타의 문자들에서 진화한 것인가, 아니면 '섬광'처럼 어떤 개인의 머리 속에 떠오른 것인가? 그리고 왜 사람들은 알파벳이 필요하다고 생각했는가? 경제적 압박—가장 그럴듯해 보이는 이유다—의 결과였나? 즉, 교역할 때 바빌로니아 설형문자나 이집트 상형문자보다 더 간단하고 빠른 기록 수단, 그리고 지중해 지역에서 서로 교역하던 여러 제국과 집단들의 무수한 언어들을 쓸 수 있는 편리한 수단이 필요했던 것일까? 만약 그렇다면, 그리스 초기의 명문들에 교역과 상업의 흔적이 전혀 없다는 사실은 놀라운 일이다. 어떤 학자들은 이러한 점들 때문에 그리스의 알파벳이 호메로스의 서사시를 기록하기 위해 발명되었다고 생각하기도 한다.

증거가 없는 상황에서, 일화와 신화가 그 공백을 채우고 있다. 때로는 아이들이 알파벳의 발명가들로 여겨지기도 하는데, 아이들은 어른들과 달리 기존 문자에 대한 선입견이나 이해 관계가 없기 때문이라는 것이다. 설형문자를 배우면서 성장한 시리아 북부 가나안의 한 총명한 아이가

이집트 상형문자에서 자음 전용의 개념을 가져와 자신의 셈어 기본 자음을 나타내는 새로운 기호들을 발명했을 가능성도 있다. 아마도 그 아이는 처음에는 먼지가 풀풀 이는 고대 길거리에서 낙서처럼 긁적였을 것이다. 이를테면 집, 즉 'beth'('alphabet'의 'bet')의 간략한 윤곽선이 'b'를 나타내는 기호가 되었을 것이다.

오늘날 러디어드 키플링의 『알파벳은 이렇게 만들어졌다』의 어린 주인공 타피마이는 '낙서 그림'을 그렸다. A는 입 벌린 붕어를 그린 것이었다. 타피는 이것을 아버지에게 말했는데, 아버지가 '아'라는 소리를 낼 때의 입모양과 같아 보였다. 글자 O는 달걀 또는 돌멩이와 비슷했고, 아버지가 '오'라고 말할 때의 입모양을 닮았다. 글자 S는 뱀을 나타내는데, 뱀의 쉿쉿 하는 소리를 표현했다. 이러한 긴 상상의 길을 걸은 끝에, 타피마이는 마침내 완전한 알파벳을 만들어 냈다.

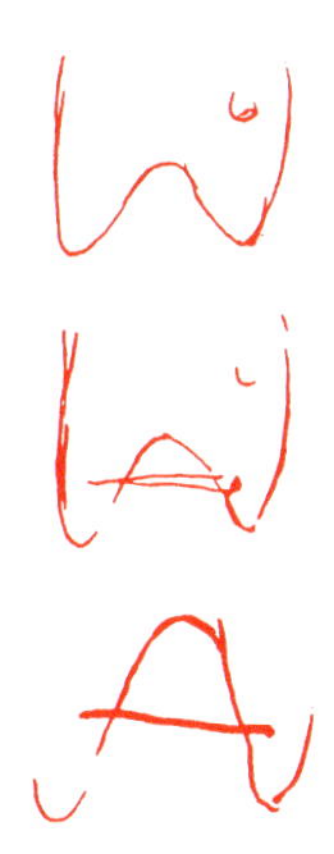

러디어드 키플링에 따르면, 알파벳의 글자들은 타피마이라는 어린이가 만들어 냈다. 여기에서 키플링은 'A'의 탄생을 그렸다.

알파벳이 탄생하였던 기원전 약 1500년의 근동. 알파벳은 보다 효과적인 거래를 위해 생겨난 것일까?

최초의 '알파벳 방식' 명문

「예루살렘」에서, 시인 윌리엄 블레이크는 "신은……신비로운 시나이 산의 두려운 동굴에서 / 인간에게는 경이로운 문자의 기술을 주셨다"고 썼다. 대영박물관에 있는 한 작은 스핑크스는 최소한 알파벳의 기원에 대해서는 블레이크가 옳았다는 것을 보여 주는 듯했다. 이 스핑크스는 1905년 고고학자 플린더스 페트리 경이 시나이의 세라비트 엘-카딤이라는, 문명 지역에서 멀리 떨어진 외딴 곳에서 발견했다. 페트리 경은 고대 이집트 시대에 사용되었던, 오래된 터키옥 광산을 발굴하던 중이었다. 페트리 경은 그 스핑크스가 18왕조 중반의 것이라고 추정했지만, 오늘날에는 기원전 1500년경의 것으로 생각된다. 스핑크스 한쪽 면에는 낯선 명문이 새겨져 있었다. 다른 쪽 면과 두 발 사이에 같은 종류의 명문이 더 있었고, 거기에 이집트 상형문자로 "하토르의 연인, 터키옥의 여왕"이라고 새겨져 있었다. 이 외딴 지역 바위들에 새겨진 명문은 다음과 같다.

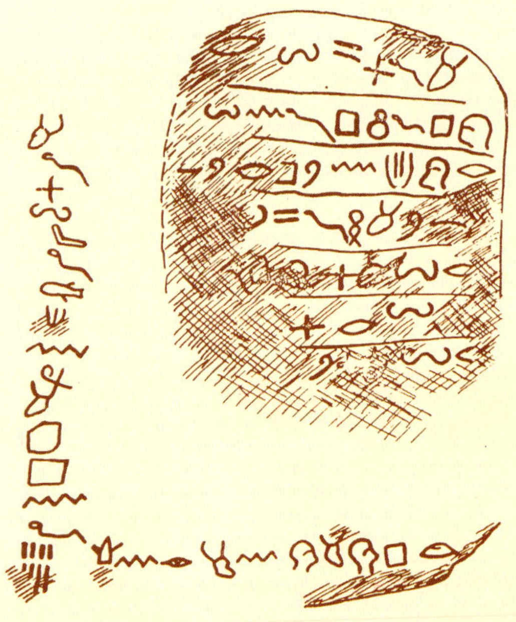

페트리는 여기에 쓰인 기호가 30개가 안 되므로, 아마도 알파벳일 것이라 추측했다. 그리고 가나안(오늘날의 이스라엘과 레바논) 출신 셈족들이 대개 노예로서 파라오를 위해 이 광산에서 노역했던 것으로 미루어 그 언어는 아마 셈어일 것이라고 생각했다. 10년 후, '원 시나이' 기호들을 연구한 이집트학자 앨런 가디너 경은 이들 중 몇몇이 이집트 상형문자의 어떤 회화문자들과 비슷하다는 점에 주목했다. 가디너는 각 기호의 이집트식 의미에 대응하는 셈어 단어로 그 기호들의 이름을 정했다(셈어 단어들은 성서 연구를 통해 알려져 있었다).

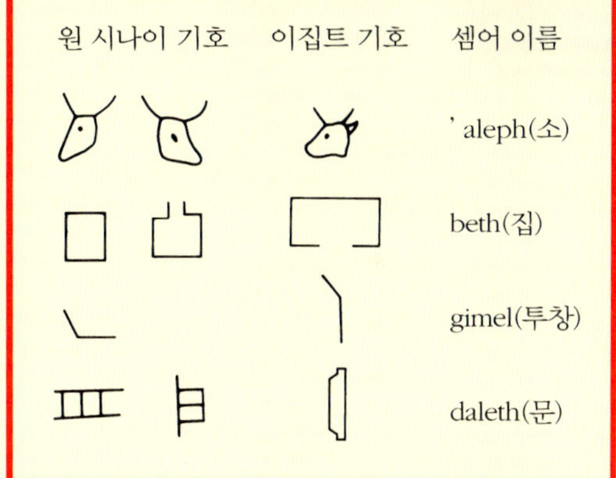

원 시나이 기호	이집트 기호		셈어 이름
			'aleph(소)
			beth(집)
			gimel(투창)
			daleth(문)

이 셈어 이름들은 히브리 알파벳 글자들의 이름과 같았다. 가디너는 이 사실에 별로 놀라지 않았다. 히브리인들이 기원전 두 번째 천년기 말에 가나안에 거주했다는 것을 알고 있었기 때문이다. 그러나 비록 이름은 같지만, 히브리 글자들의 모양은 다르다(173쪽 참조).

가디너는 자신의 가설을 가지고 시나이 스핑크스에 나타난 한 명문을 번역할 수 있었다.

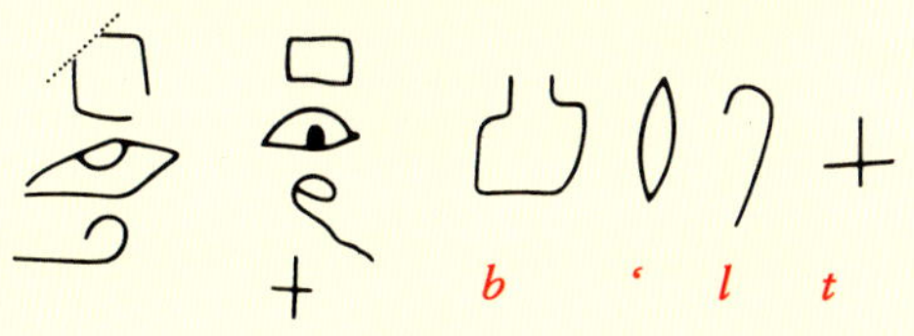

영어로 음역하면, 이것은 모음을 쓰지 않은 '바알라트'가 될 것이다. 히브리 문자와 몇몇 셈어 문자들은 모음을 표기하지 않기 때문에 읽는 사람이 해당 모음을 추측해야 한다. 가디너의 해독은 뜻이 통했다. 바알라트는 '귀부인'을 뜻했고, 시나이 지역에서는 하토르 여신의 셈어 이름으로 알려져 있다. 이처럼 스핑크스의 명문은 이중 언어로 된 것처럼 보였다. 불행히도 자료가 부족하고 많은 원 시나이 기호들이 상형문자와 대응하지 않았기 때문에 더 이상 해독에 진전은 없었다. 이 긁은 자국에서 출애굽의 이야기를 찾으려 했던 학자들의 소망은 좌절되었다. 그럼에도 불구하고, 모세가 석판에 십계명을 기록했을 때 이 원 시나이 문자와 비슷한 문자를 사용했을 가능성은 높다.

원 가나안 문자

1916년의 가디너의 추측이 그럴듯하긴 하지만, 그것이 정확한지는 아직도 알 수 없다. 페트리 경의 시나이 발견 이후 몇십 년 동안, 그 명문은 이집트 문자와 페니키아(알파벳) 문자 사이의 '잃어버린 고리'로 여겨졌다. 그러나 외딴 시나이의 신분 낮은 광산 종사자들이 왜 알파벳을 만들어 냈을까? 첫눈에 보기에도 그들은 발명자들로 보이지는 않는다. 이후에 레바논과 이스라엘에서 이루어진 발견들(오른쪽)은 알파벳에 대한 시나이 이론이 낭만적 허구에 지나지 않음을 보여 주었다.

이들은 가나안인이 알파벳의 발명가라고 제시했는데, 그렇게 보는 것이 합리적일 것이다. 가나안인은 이집트 · 히타이트 · 바빌로니아 · 크레타 제국이 교차하는 곳에서 활동했던 국제적 상인이었다. 또한 기존 문자 체계에 물들어 있지 않았다. 게다가 가나안인은 배우기 쉽고, 빨리 쓸 수 있으며, 명확한 문자를 필요로 했다. 비록 증명되지는 않았지만, 가나안인이 최초의 알파벳을 발명했을 가능성이 높다.

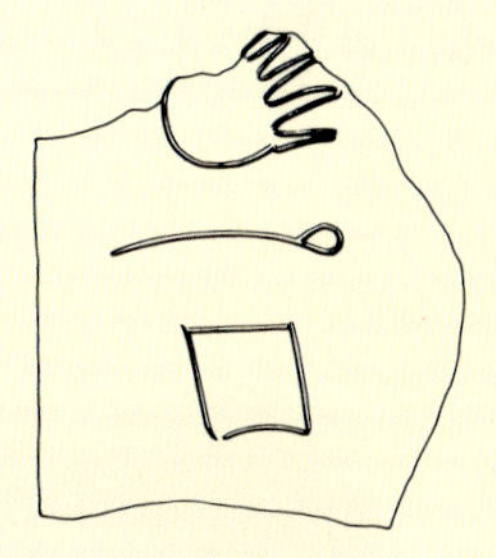
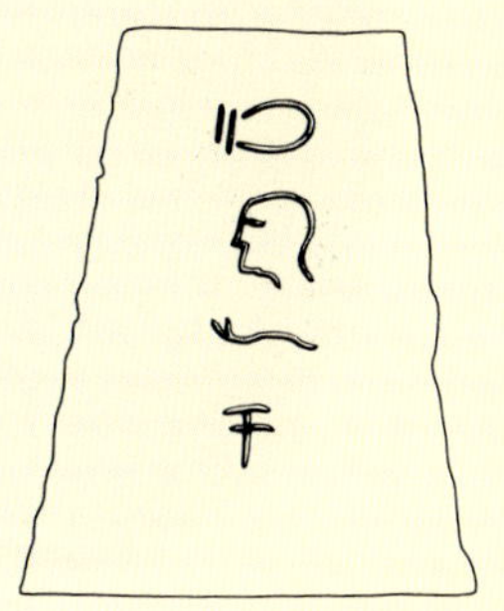
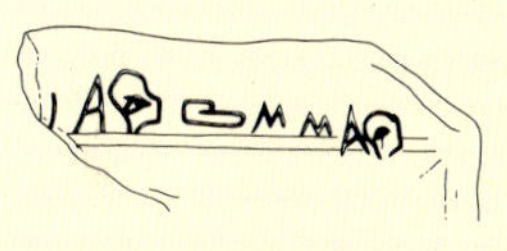

세켐(위),
게제르(가운데, 질그릇 조각에서),
라키쉬(아래, 단검에서)에서
발견된 단편적인
원 가나안어 명문들.
이들의 연대는
기원전 17세기와 16세기,
즉 원 시나이 명문
이전으로 추정된다.
명문의 의미는 알려져 있지 않다.

에트루리아의 부케로 물병.
기원전 6세기
에트루리아 알파벳이 새겨져 있다.
에트루리아인은 그리스인에게서
알파벳을 빌려 와서,
그것을 변형하여
로마인에게 전해 주었다.
오늘날 대부분의 국가는
알파벳을 사용한다.

알파벳 가족

지중해 동안에서 불확실한 기원을 가지고 탄생한, 알파벳 원칙을 채용한 문자는 서로는 (그리스어를 통해) 현대 유럽까지, 동으로는 (아마도 아람어를 통해) 현대 인도까지 퍼져 나갔다.

오늘날 식민 제국의 결과로 중국과 일본을 제외한 대부분의 사람들이 알파벳 문자를 쓰고 있다. 대부분의 알파벳은 20~30개의 기본적인 기호를 사용하는데, 솔로몬 군도의 로토카스어가 11글자로 가장 적고, 캄보디아의 크메르어가 74글자로 가장 많다.

앞서 살펴본 바와 같이, 그리스인과 로마인 사이를 이어 준 알파벳 고리는 에트루리아인이었다. 에트루리아인은 많은 물건에 알파벳을 새겨 넣었는데, 왼쪽에 있는 기원전 6세기의 '부케로' 물병이 그 한 예다.

한편 기원전 5세기 메소포타미아에서는 설형문자 점토판 위에 붓으로 그 내용을 아람어 알파벳으로 표기해 놓은 경우가 많았다. 알렉산더 대왕 이후로, 설형문자는 급속히 아람어에 의해 대체되었다.

결국 설형문자는 서기 기원 전후에 사라져 버렸다. 그 직후, 이집트에서도 콥트 알파벳이 이집트 상형문자를 축출했다.

아래의 연대표는 현대 알파벳 문자들이 원 시나이/가나안 문자로부터 어떻게 생겨났는지를 보여 준다. 인도 문자를 포함하지 않은 것은 인도어와 아람어의 관계가 의심스럽고, 엄격히 말해서 부분적으로만 확인되었기 때문이다.

이 표에는 9세기에 그리스 알파벳에서 변용된 러시아의 키릴 알파벳이나 15세기에 발명된 한글 알파벳, 또 1821년에 발명된 이른바 체로키 알파벳도 나와 있지 않다.

유럽 주요 알파벳 문자의 진화(연대표는 근사값이다. 힐리의 견해를 따랐다).

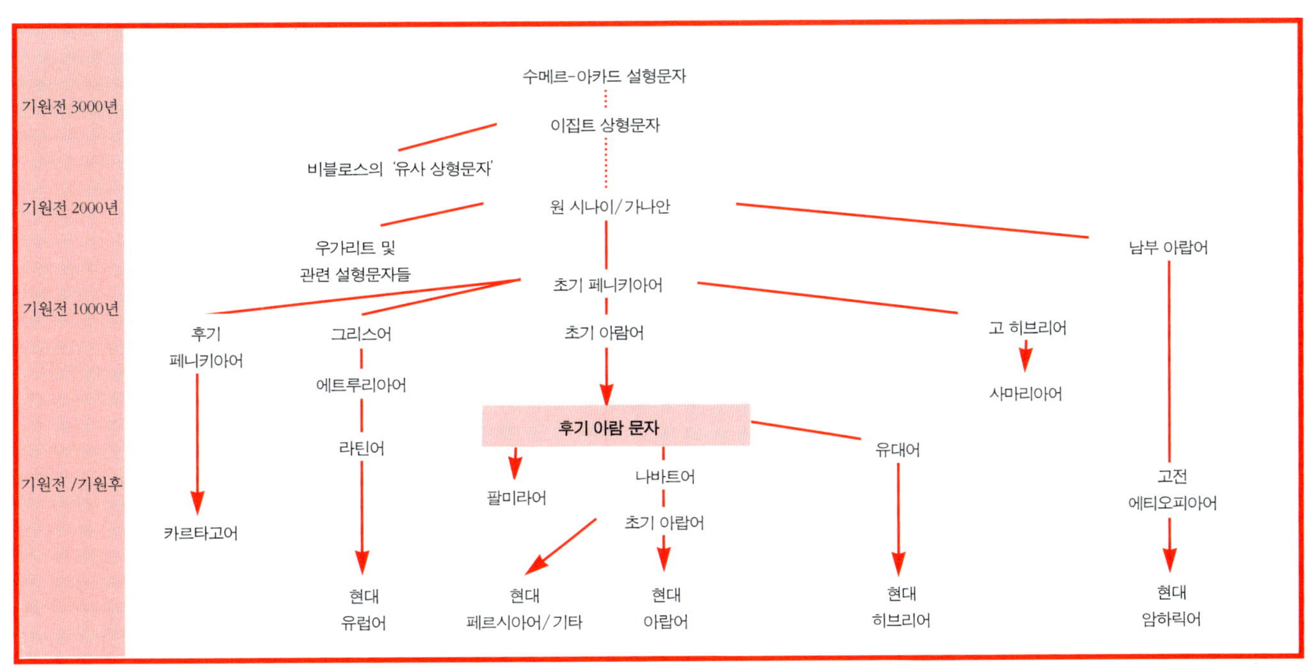

그리스어와 라틴어의 글자들

고대 그리스에서는 알파벳이 하나가 아니었다. 오늘날에도 그리스에서 사용되는 고대 그리스 알파벳 기호는 이오니아 알파벳이다. 이오니아 알파벳은 기원전 403~402년까지는 아테네 문서에서 반드시 써야 하는 글자는 아니었다. 그보다 오래전에 그리스 식민자들은 이오니아와는 다소 다른 에우보이아 알파벳을 이탈리아로 가져갔다. 이것을 에트루리아인이 넘겨받아서 약간의 수정을 가했고, 후대에는 로마인들이 채택했다.

따라서 현대 유럽어와 현대 그리스어의 글자형이 다른 이유는 기원전 750년경부터 이탈리아에서 에우보이아 알파벳이 사용되었던 것에서 찾을 수 있다. 예를 들어 A와 B는 에우보이아와 이오니아 알파벳 모두에서 같았던 반면, C와 D는 에우보이아 형태이며, 현대 그리스어에 남아 있는 Γ와 Δ는 이와는 다른 이오니아 형태인 것이다.

에트루리아인과 로마인에 의해 수정된 예로는 에우보이아 Γ를 들 수 있다. 에트루리아어에서는 /g/음이 구별되지 않아 g 기호인 〔 로 /k/를 표시했다. 따라서 이전의 k 기호는 더 이상 사용되지 않고, C('cat' 발음의)로 대체되었다. 그래서 로마인에게 전해졌을 때는 알파벳에 기본적으로 K가 없었다(단, 로마인들은 극소수의 특정 단어에서는 K를 썼다). 로마인은 에트루리아인과 달리 /g/음을 표현해야 했다. 그러나 〔 기호가 이미 다른 음을 표현하는 데 사용되었으므로, 로마인들은 /g/를 나타내는 새로운 기호를 만들어 냈다. 다름 아닌 원래 있는 C에 한 획을 더해서 G를 만들어 낸 것이다.

로마/라틴어 문자는 현대 영어로 가면서 약간 더 수정되었다. 앵글로색슨어에는 라틴어에 없는

페니키아	페니키아식 이름	현대 기호	초기 그리스어	고전 그리스어	그리스식 이름	초기 라틴어	고전 라틴어
𐤀	'aleph	'	Α	Α	alpha	Α	A
𐤁	beth	b	Β	Β	beta		B
𐤂	gimel	g	Γ	Γ	gamma		C
𐤃	daleth	d	Δ	Δ	delta	D	D
𐤄	he	h	Ε	Ε	epsilon	E	E
𐤅	waw	w	Ϝ		digamma	F	F
𐤆	zayin	z	Ζ	Ζ	zeta		G
𐤇	ḥeth	h	Η	Η	eta	H	H
𐤈	teth	t	Θ	Θ	theta		
𐤉	yod	y	Ι	Ι	iota	I	I (J)
𐤊	kaph	k	Κ	Κ	kappa	K	K
𐤋	lamed	l	Λ	Λ	lambda		L
𐤌	mem	m	Μ	Μ	mu	M	M
𐤍	nun	n	Ν	Ν	nu	N	N
𐤎	samek	s			xi		
𐤏	ayin	ʻ	Ο	Ο	omicron	O	O
𐤐	pe	p	Π	Π	pi		P
𐤑	sade	s	Ϻ		san		
𐤒	qoph	q	Ϙ		qoppa		Q
𐤓	reš	r	Ρ	Ρ	rho		R
𐤔	šin	sh/s	Σ	Σ	sigma	S	S
𐤕	taw	t	Τ		tau		T
				Υ	upsilon	V	V
				Χ	chi		X Y
				Ω	omega		Z

페니키아어	그리스어	라틴어

음성이 네 개 있었다.

(1) /w/는 룬 문자의 기호로, 윈(wynn)이라고 알려졌던 Ᵽ 로 쓰게 되었다. 이 기호는 중세 영어에서는 'uu'나 'w'로 대체되었으나, 1300년 이후에는 거의 발견되지 않는다.

(2) /θ/와 /ð/ ─ 현대 영어의 'thin'과 'this' ─ 는 손(thorn)이라고 알려졌던 룬 문자 Þ 로 쓰게 되었다. 후대에는 여기에 에트(eth)라고 불리던 기호 ð 가 추가되었다. 그러나 Þ 는 현대 영어에서도 현학적인 형태의 'Y'로 살아남았다. ─ 'Ye Olde English Tea Shoppe'(The Old English Tea Shop : 옮긴이).

(3) /a/ ─ 현대 영어의 'hat' ─ 는 라틴어의 이중음 æ를 이용해서 표현했고, 같은 음을 표현하는 룬어 기호의 이름을 따라 아쉬(ash)라고 불렀다.

이것도 중세 영어에서는 더 이상 사용되지 않게 되었다. 아마도 음성이 변한 결과일 것이다.

키릴 문자는 60개가 넘는 언어의 문자가 되었다. 이것의 발명자는 성 키릴로스(약 827∼869)로 추정되는데, 그는 모라비아 슬라브 왕의 명에 따라 비잔틴 제국의 황제 콘스탄티누스로부터 선교의 사명을 부여받았었다. 로마 교회가 성경의 번역어로 오직 히브리어·그리스어·라틴어만을 승인하자, 모라비아 왕은 로마 교회로부터 독립할 수 있는 문자를 원했던 것이다. 그러나 이것은 전설이다. 실제로는 키릴로스는 글라골 알파벳을 고안했던 것 같고, 키릴 문자는 좀 더 후대에 발명되었다. 키릴 문자에는 글자가 43개 있었는데, 대부분 당시 그리스 문자에서 파생한 것처럼 보인다. 오늘날 키릴 문자에는 대략 30개의 글자가 있다.

왼쪽 위_『켈스의 서』. 807년 이전. 더블린의 트리니티 칼리지 도서관 소재. 이 복음서 사본은 소위 섬사람 문자라고 불리는 것으로 쓰여졌는데, 아일랜드의 수도사들이 3세기 이후 로마의 공식 문서에 쓰였던 언셜체(라틴어로 'literae unciales'는 '1inch 높이의 글자'라는 뜻)를 바탕으로 만들어 낸 것이다. 각 수도원들은 자신만의 독특한 언셜체를 발달시켰다.

오른쪽 위_ 불가리아의 짜르 이반 알렉산드로스를 위해 쓴 사복음서의 키릴 문자. 1355∼1356년. 이 문자는 오늘날에는 러시아 알파벳으로 사용되어 가장 잘 알려져 있다.

히브리 문자와 아람 문자

히브리어는 정통 유대교와 현대 이스라엘의 국어로 사용되는 문자로서 잘 알려져 있다. 그러나 히브리 문자가 두 개라는 사실은 잘 알려져 있지 않다.

첫 번째 문자는 종교 문헌과 소수의 사마리아 공동체에서만 발견되는 것으로서 굉장히 오래된 것이다.

이 문자는 기원전 9세기경 페니키아 문자에서 진화했으나, 기원전 6세기에 유대인들이 흩어짐에 따라 일상적으로는 사용되지 않게 되었다.

두 번째 문자는 종종 유대 문자 또는 '사각형 히브리어'로 불리는 것으로, 유대 땅에 돌아온 이후에 아람 문자(바빌론 유수 시절 유대인들이 사용하였던)에서 진화한 것이다.

'사각형 히브리어'는 3세기부터 사용되기 시작해 현재 이스라엘에서 사용된다. 원래의 히브리 문자와 후대의 형태는 서로 매우 강하게 영향을 주고받은 것 같다.

페니키아 문자에서 성장한 아람어는 1천 년 이상 막대한 영향을 끼쳤다. 후대의 바빌로니아, 아시리아, 페르시아 제국의 공식 문자로서 예수 그리스도와 사도들의 일상어이기도 했다. 아마 복음서도 원래는 아람어로 기록되었을 것이다(사해 문서는 아람어로 쓰여 있다).

아람어는 이집트와 소아시아에서 인도에 이르기까지 상인들이 주로 사용하던 언어였다. 아람어는 7세기에 아랍어(아람 문자의 후손이다)와 이슬람이 통일을 이룬 후에야 사라졌다.

오른쪽_ 19세기 말 예루살렘의 세파르디(중세부터 스페인과 포르투갈에서 살다가 15세기 후반 집단 추방된 유대인 및 그들의 후손 : 옮긴이) 서기관의 필기구. 종이에 씌어진 문자는 '사각형 히브리어'다. 수세기 동안 이 문자는 오직 종교 문헌에만 쓰였지만, 19세기부터는 일상어에도 사용되었다. 오늘날 이스라엘의 국문(國文)이다.

사해 문서 일부. 1세기 중반. 양피지에 잉크로 썼다. 사해 문서는 아람어로 기록되었는데, 아마 복음서도 아람어로 기록되었을 것이다. 아람어에서 '사각형 히브리어'가 진화해 나왔고, 그것이 현대의 히브리어가 되었다. 문서의 문자들은 현대 히브리 인쇄물과 상당히 유사해서 쉽게 읽을 수 있다.

글자 이름	음가	페니키아어	현대 히브리어	현대 아랍어
aleph	'			
beth	b			
gimel	g			
daleth	d			
he	ḥ			
waw	w			
zayin	z			
ḥeth	ḥ			
teth	ṭ			
yod	y			
kaph	k			
lamed	l			
mem	m			
nun	n			
samekh	s			
ayin	'			
pe	p			
sade	s			
qoph	q			
reš	r			
šin	sh/s			
taw	t			

현대 히브리 문자는 현대 아랍 글자와 마찬가지로 페니키아 글자에서 시작하여 아람어를 거쳐 진화했다. 페니키아 글자와 비슷한 점이 없지 않으나, 대부분의 글자가 다르게 생겼다. 히브리어나 아랍어에서는 모음이 직접 표기되지 않는다는 점을 주목하라. 모음은 기준선 위와 아래에 세 가지 기본적인 기호를 이용해서 표기할 수 있다. 아랍어에는 추가적인 모음이 있어서 모두 28개 글자가 있다 (여기에서는 제시되지 않았다).

셈어

히브리어와 아람어는 둘 다 셈어다. 원칙적으로 셈어 문자는 모음을 표기하지 않고 자음만 22개 있다. 그래서 히브리어에서는 ktb 또는 ktv를 나타내는 세 글자가 'katan(내가 썼다)', 'kotan(나는 쓴다, 작가)', 'katoon(쓰인)', 'kitan(글자·문자)', 심지어는 'kitovet(주소)', 'kitoobah(결혼 증서)', 'katban(서기관)'을 의미할 수도 있다. 실제로는 여러 추가적인 기호를 사용해서 독자가 모음을 발음하는 데 도움을 준다.

이 중 가장 일반적인 것은 글자의 상하에 찍는 표점 체계로서, '모음 구두점'이나 'matres lectionis' 즉 라틴어로 '읽기의 어머니'라고 불린다. 이것이 어색해 보일지 모르지만, 히브리 문자(두 형태 모두)는 유대인들에게 늘 강력한 호소력을 가졌다. 그리스도 이후 수세기 동안 유대인들의 디아스포라 시기에 '사각형 히브리어'는 종교 문헌에만 사용되었으나, 그 후 20세기에 일상 문자로 부활했다. 현대 히브리어는 이 생존력 강한 문자에 기반을 두고 있다. 이것은 문자가 언어에 기반을 두는 일반적인 관계가 역전된 것이다. 한 학자는 이런 창조에 대해 "유례가 없으며……인간 언어의 역사에서 유일하다"고 말했다.

아랍 문자

오늘날의 아랍 문자는 이슬람의 성스러운 문자인 까닭에 세계에서 가장 '위대한' 문자 중 하나라고 할 수 있다. 하나의 민족으로서 아랍인은 이미 아시리아 시대(기원전 9~7세기)부터 구별할 수 있었지만, 그리스도의 시대까지는 역사적으로 두드러지지 않았다.

우리가 알고 있는 최초의 아랍 독립 왕국은 오늘날의 요르단 페트라에 중심을 두었던 나바테아 왕국이다. 그들은 일종의 아랍어로 말했고, 아시리아와 페르시아의 공식 행정 문자였던 아람 문자를 썼다.

이 아람 명문에 있던 뚜렷한 아랍어 형태와 단어들은 결국 아랍어를 나바테아 아람 문자로 쓰

게 됨에 따라 뒤로 밀려날 수밖에 없었다.

아람 명문에 있던 아랍어 형태와 단어들은 아랍 문자의 전조로서, 후에 아랍 문자는 서기 첫 번째 천년기의 초반에 흥기해 아람 문자를 대체하게 된다.

7세기 초 이슬람 시대가 시작했을 때부터 아랍 문자에는 여러 형태가 있었던 것 같다. 아랍 문자는 자음이 22개인 아람어와 달리 자음을 28개 가지고 있었는데, 이것은 아람어에는 없지만 아랍어에는 있는 음성을 표현하기 위한 것이었다.

또 자음 알파벳의 순서도 새로 정해졌다. 이것은 대개 글자(오른쪽에서 왼쪽으로 읽었다) 형태에 따라 순서를 정했다.

아랍의 서예.
이슬람의 대두와 더불어
아랍의 예술 정신은 서예와
추상적 장식에 집중되었는데,
그것은 무슬림이 종교적 성상을
그리는 것을 대개
거부했기 때문이다.

위_ 무하카크 서체로 쓴 코란.
이라크의 바그다드. 1304년.

왼쪽_ 매 모양 속에 술루스
서체로 쓴 시아파의 기도문.
19세기 초 이란의
무하마드 파티압의 작품.

아래_ 셀주크의 황금 포도주잔.
테두리에 잎 모양의
쿠픽 서체가 새겨져 있다.
이란. 11세기 초.

인도 문자

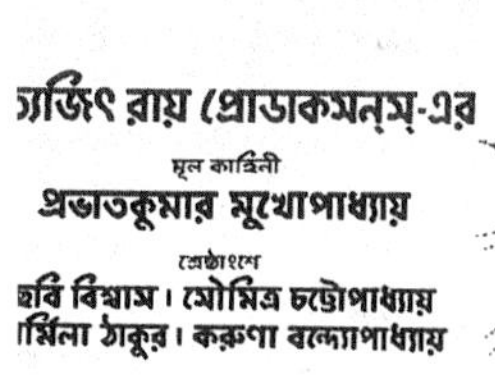

현대 인도 문자의 기원은 분명치 않다. 인더스 강 유역의 미해독 문자(146~148쪽 참조)와 초기 불교 명문 사이의 연관성을 추적해 본 인도 학자들과 외국인 학자들도 있었으나, 둘 사이에는 1500년 이상의 시간이 벌어져 있기에 이러한 설명은 너무 멀리 나간 것이다.

대부분의 학자들—인도인이든 비인도인이든—은 아람 문자가 최초의 인도 문자인 카로슈티의 모(母)문자라는 데 동의한다. 단, 둘 사이의 연관성을 입증해 주는 확고한 증거는 아직 없다.

최초의 인도 명문은 아소카 황제(기원전 270~232년경)의 것이다. 인도 북부 여러 곳의 바위에 새겨진 칙령이 그것인데, 카로슈티와 브라미 두 문자로 기록되었다. 그 가운데 브라미 문자가 특히 중요하다.

직접적으로든 간접적으로든, 이 브라미 문자로부터 남아시아와 동남아시아의 문자 가운데 적어도 200개가 생겨났다. 이슬람에서 인도로 수입된 문자를 제외한다면, 거의 모든 인도 문자를 포괄하는 셈이다. 드라비다어를 기록하기 위한 남부의 문자와, 산스크리트와 그 후예들을 기록하기 위한 북부의 문자도 포함된다.

인도의 이 초기 시기에 대해서 한 가지만은 분명히 말할 수 있다. 인도인은 음성학과 문법에 대해 자신들이 알고 있는 고도의 지식으로 아람어 알파벳과는 다르게 자신들의 알파벳을 조직했다는 것이다. 글자들은 입 안에서의 발음 위치에 따라 구분된다. 모음과 이중모음이 가장 먼저 오고, 연구개음 · 구개음 · 전설음 · 치음 · 순음 · 반모음 · 마찰음 등 자음은 논리상 그 다음에 온다.

그러나 인도 문자가 표현하는 것이 음절일 경우가 종종 있었다. 고유 모음을 표현하는 자음 기호, 즉 음절은 인도 문자 체계에서 아주 중요하다. 그래서 벵갈어에서는 'b'를 나타내는 기호가 *bo*(짧은 *o*) 음성을 표현한다.

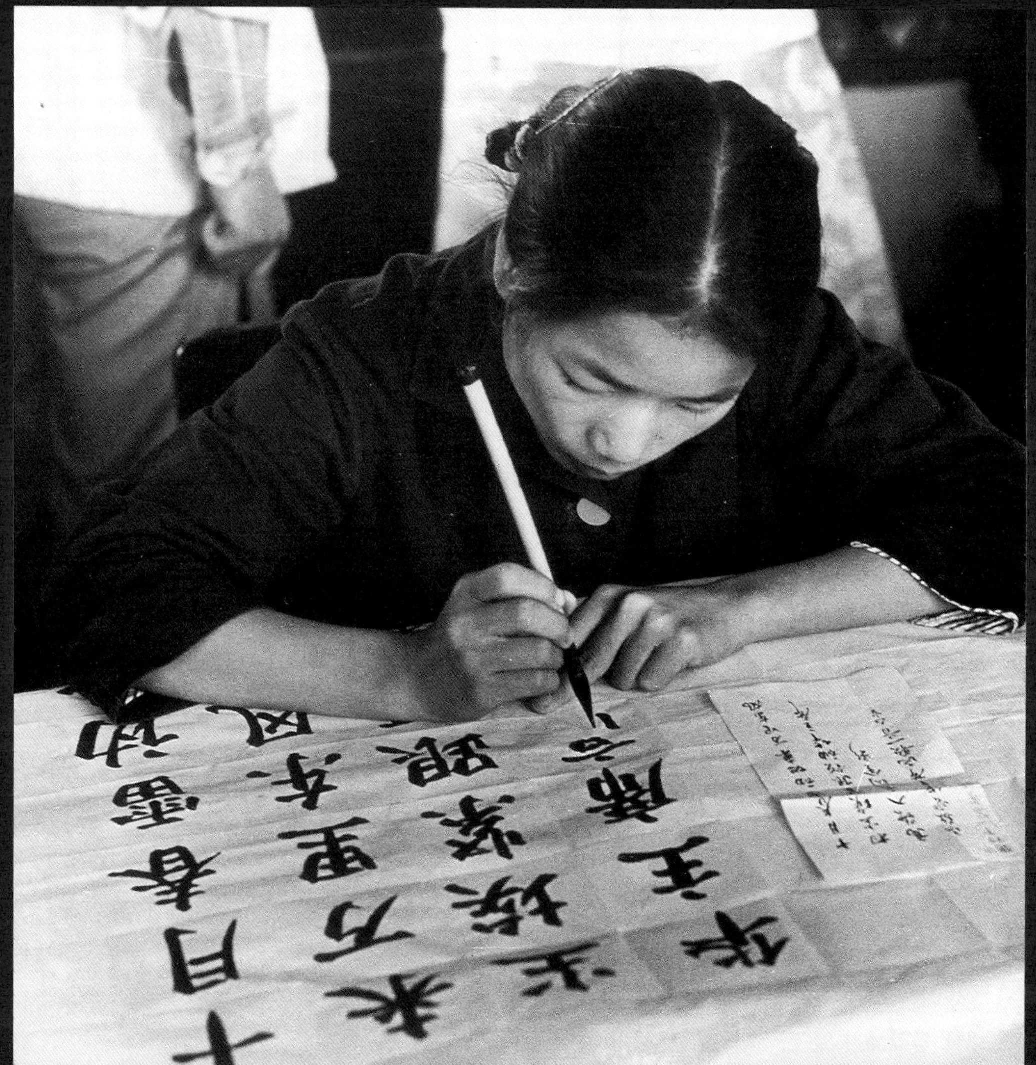

광둥의 중학교 서예 시간

뼈 읽기

만약 알파벳이 강력하다고 주장한다면, 중국 문자의 힘은 더 강하다고 할 수도 있다. 한자는 '표의문자'—이 책에서는 더욱 구체적인 의미를 가진 '표어문자'를 선호하는 까닭에 일부러 기피한 단어—라고, 즉 표음식 철자법이나 실제 구어의 개입 없이도 서로 의사소통할 수 있는 문자라고들 한다. 베이징어를 말하는 중국인과 광둥어를 말하는 중국인은 상대방의 '방언'을 모르면 서로 말할 수는 없지만, 한자를 사용하면 의사소통을 할 수 있다는 것이다. 어떤 사람들(중국인 및 서양인)은 심지어는 이와 똑같은 시나리오가 중국인 · 일본인 · 한국인 · (이전의) 베트남인들처럼, 구어는 서로 크게 다르지만 공통적으로 한자를 자신의 문자로 사용하는 사람들에게도 적용될 수 있다고 주장한다.

이와 달리 비록 같은 문자를 사용한다고 해도, 영국인 · 프랑스인 · 독일인 · 이탈리아인의 경우는 그렇지 못하다. 이것은 중국의 문자 체계가 표음적 요소를 가진 문자들과는 완전히 다른 방식으로 작동한다는 것을 의미한다.

표의문자의 원칙을 옹호하는 사람들에 따르면, 문자 체계는 근본적으로 두 가지가 있다. 하나는 중국어처럼 표의문자이고, 다른 하나는 알파벳처럼 표음문자라고 한다.

우리는 곧 이러한 주장들이 모두 엉터리임을 알게 될 것이다. 우리는 수세기 동안 한자의 기원을 말해 줄 수 있는 증거를 거의 가지고 있지 못했을뿐더러, 신화들이 진정한 이해를 가로막아 왔다. 중국인은 독창적으로 한자를 발명한 것일까, 아니면 중동에서 시작된 문자의 확산에 영향을 받은 것일까?

1899년에 비로소 중국 문자에 대한 신뢰할 만한 증거가 발견되었다. 이것은 이른바 갑골의 형태를 하고 있었다. 1899년 이전에 오랫동안 베이징의 중국 전통 한약방에서는 '용골(龍骨)'을 판매했는데, 이것은 사실 오래된 거북이 등껍질이나 소의 견갑골로서, 허난성 북부 안양 인근의 마을 농부들이 쟁기질하다 발견한 것이었다. 이 유물들의 표면에서는 긁어서 새긴 기호들이 자주 발견되었다. 농부들은 그 뼈를 팔기 전에 그러한 기호들을 부적절하다고 생각해서 칼로 잘라냈다. 그러나 이 기호와 초기 청동기 명문의 글자들이 비슷하다고 생각한 베이징의 중국인 학자 두 명이 이 기호에 큰 관심을 가지게 되었다. 그들은 베이징의 한약방에서 명문이 새겨진 등껍질과 뼈조각들을 있는 대로 사 모아서 그 탁본을 출간했다.

20세기에 이어진 발굴과 해독의 결과, 그 명문들은 현존하는 최고(最古)의 중국 문자인 것으로 밝혀졌다. 이것들은 대략 기원전 1400년부터 1200년까지 통치한 상 왕조 후대의 12왕의 점복 기록이었다.

중국 문자의 시작. 상나라의 왕들은 거북이 껍질과 소 견갑골로 점복을 하기 위해 그것들에 구멍을 뚫거나 끌로 홈을 팠다. 그러면 점술가가 열을 가했을 때 ⊢ 나 ⊦ (여기에서 현대의 '점치다'는 뜻의 ⊦ 자가 나왔다)로 갈라지는 모양이 나왔다. 그 갈라진 모양을 해석해서 선대 왕들의 응답(예언)으로 제시했다. 무정 치세의 이 갑골문(아래)은 출산에 대한 것이다. 예언에는 이렇게 쓰여 있다. "왕께서 갈라진 것을 보시고 말씀하셨다. '출산일이 '정'이면 좋을 것이다. 출산일이 '경'이라면, 특히 길할 것이다.' 증명문에는 이렇게 쓰여 있다. '31일째, 갑인(51일)에 여자가 아이를 낳았다. 이것은 좋지 않았다. 딸을 낳았다.'" 갑골에 쓰임 많은 기호들이 현대 한자의 조상임을 알아볼 수 있다.

한자의 분류

가령 사전을 만든다고 할 때, 4만 9천 자 또는 더 중요한 1만 자에 이르는 한자를 어떻게 분석하고 분류할 수 있을까?

간단하게 대답하기는 힘들다. 전통적으로 한자는 그것이 형성되는 원칙에 따라 다섯 개의 집단으로 구분되었다.

우리는 앞서 회화문자로 구성된 첫 번째 집단을 이미 살펴보았다.

두 번째 집단은 단어를 회화적으로 나타내지 않고 다른 시각적인 논리 형태로 표현한 것이다. 예를 들어 숫자 하나, 둘, 셋은 각각 선 하나, 둘, 셋으로 표현된다.

一 二 三

다른 예를 들면, 다음과 같다.

上　　　下

위　　　아래

우리는 이 집단을 '단순 표현'이라고 부를 수 있을 것이다.

세 번째 집단은 '복합 표현'이라고 부를 수 있는데, 논리가 좀 더 복잡하다. 즉, 시각적인 수준이 아니라 개념적인 수준이다. 잘 알려진 예는 해와 달의 글자를 합쳐서 '밝다'를 만드는 것이다.

日　月　明

해　달　밝다

네 번째 집단은 수수께끼 그림의 원칙과 관련이 있다. 우리는 이미 밀을 나타내는 글자가 '오다'를 나타내는 데 사용되는 것을 보았는데, 이것

은 발음이 'lái'로 같기 때문이다. 예를 하나 더 들면 '코끼리' 글자는 '형상'이란 뜻으로도 쓰이는데, 이것은 두 단어의 발음이 모두 *xiàng*이기 때문이다.

마지막 집단은 종종 '의미–발음 기호'라고 불리는 것으로서, 한 단어의 의미를 지시하는 글자와 그것의 발음을 지시하는 글자를 합한 것이다. 그래서 여자라는 글자와 *mǎ*라는 음가를 가진 기호를 결합해서 어머니를 의미하는 새로운 단어를 만들어 낸다.

女 ＋ 馬 ＝ 媽

'여자' + *mǎ* = 'mā'(어머니)

이때 음성을 나타내는 요소가 정확한 발음을 제공하는 것은 아니라는 것을 눈여겨보라. 음의 높낮이가 달라졌다. mǎ가 '말'을 나타내므로 그 차이는 중요한 것이다. 媽 의 의미가 개념과 음성의 결합이 아니라, 실제로는 다음 두 가지 개념이 결합한 데서 나왔다고 생각하는 사람들도 있다.

여자 + 말 = 어머니('암말')

그러나 이러한 표의문자적인 생각은 매력적(특히 과로에 시달리는 어머니들에게는)이긴 하지만 근거가 없는 것으로, 한자에 대한 수많은 오해를 보여 주는 좋은 사례다. 한자가 이런 식으로 '표의적'이라고 생각하는 것은 잘못된 것이다.

다섯 집단의 글자 수는 시대에 따라 달라졌다. 상 왕조 시대에는 지금보다 회화문자의 비율이 더 높았다. 오늘날에는 90%가 넘는 대다수의 글자들이 '의미–발음'류의 것이다.

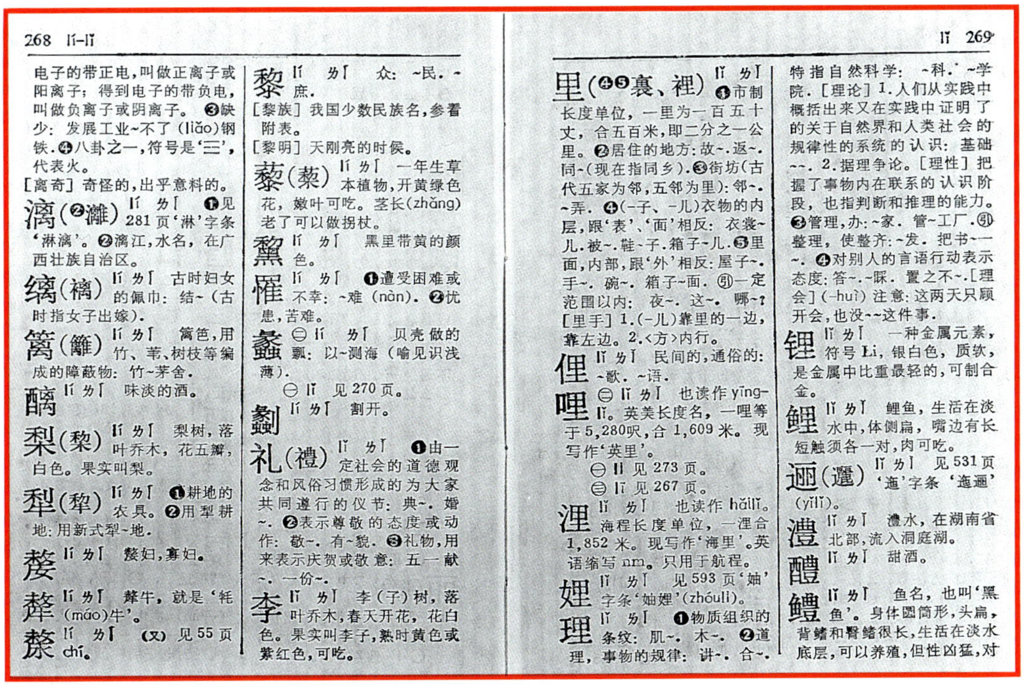

268 lí–lǐ

电子的带正电，叫做正离子或阳离子；得到电子的带负电，叫做负离子或阴离子。❸缺少：发展工业~不了（liǎo）钢铁。❹八卦之一，符号是'☲'，代表火。

[离奇] 奇怪的，出乎意料的。

漓（❷灕） lí ㄌㄧˊ ❶见281页'淋'字条'淋漓'。❷漓江，水名，在广西壮族自治区。

缡（褵） lí ㄌㄧˊ 古时妇女的佩巾：结~（古时指女子出嫁）。

篱（籬） lí ㄌㄧˊ 篱笆，用竹、苇、树枝等编成的障蔽物：竹~茅舍。

醨 lí ㄌㄧˊ 味淡的酒。

梨（棃） lí ㄌㄧˊ 梨树，落叶乔木，花五瓣，白色。果实叫梨。

犁（犂） lí ㄌㄧˊ ❶耕地的农具。❷用犁耕地：用新式犁~地。

嫠 lí ㄌㄧˊ 嫠妇，寡妇。

犛 lí ㄌㄧˊ 犛牛，就是'牦（máo）牛'。

漦 lí ㄌㄧˊ （又）见55页 chí。

黎 lí ㄌㄧˊ 众：~民。~庶。

[黎族] 我国少数民族名，参看附表。

[黎明] 天刚亮的时候。

藜（蔾） lí ㄌㄧˊ 一年生草本植物，开黄绿色花，嫩叶可吃。茎长（zhǎng）老了可以做拐杖。

黧 lí ㄌㄧˊ 黑里带黄的颜色。

罹 lí ㄌㄧˊ ❶遭受困难或不幸：~难（nàn）。❷忧患，苦难。

蠡 ㊀ lí ㄌㄧˊ 贝壳做的瓢：以~测海（喻见识浅薄）。

㊁ lǐ 见270页。

劙 lí ㄌㄧˊ 割开。

礼（禮） lǐ ㄌㄧˇ ❶由一定社会的道德观念和风俗习惯形成的为大家共同遵行的仪节：典~。婚~。❷表示尊敬的态度或动作：敬~。有~貌。❸礼物，用来表示庆贺或敬意：五一献~。一份~。

李 lǐ ㄌㄧˇ 李（子）树，落叶乔木，春天开花，花白色。果实叫李子，熟时黄色或紫红色，可吃。

lǐ 269

里（❹❺裏、裡） lǐ ㄌㄧˇ ❶市制长度单位，一里为一百五十丈，合五百米，即二分之一公里。❷居住的地方：故~。返~。同~（现在指同乡）。❸街坊（古代五家为邻，五邻为里）：邻~。~弄。❹（-子、-儿）衣物的内层，跟'表'、'面'相反：衣裳~儿。被~。鞋~子。箱子~儿。❺里面，内部，跟'外'相反：屋子~。手~。碗~。箱子~面。㊁一定范围以内：夜~。这~。哪~？

[里手] 1.（-儿）靠里的一边，靠左边。2.〈方〉内行。

俚 lǐ ㄌㄧˇ 民间的，通俗的：~歌。~语。

哩 ㊀ lǐ ㄌㄧˇ 也读作 yīnglǐ。英美长度名，一哩等于5,280呎，合1,609米。现写作'英里'。

㊁ li 见273页。

㊂ lī 见267页。

浬 lǐ ㄌㄧˇ 也读作 hǎilǐ。海程长度单位，一浬合1,852米。现写作'海里'。英语缩写 nm。只用于航程。

娌 lǐ ㄌㄧˇ 见593页'妯'字条'妯娌'（zhóuli）。

理 lǐ ㄌㄧˇ ❶物质组织的条纹：肌~。木~。❷道理，事物的规律：讲~。合~。特指自然科学：~科。~学院。[理论] 1.人们从实践中概括出来又在实践中证明了的关于自然界和人类社会的规律性的系统的认识：基础~~。2.据理争论。[理性] 把握了事物内在联系的认识阶段，也指判断和推理的能力。❸管理，办：~家。管~工厂。㊁整理，使整齐：~发。把书~一~。❹对别人的言语行动表示态度：答~。~睬。置之不~。[理会]（-huì）注意：这两天只顾开会，也没~~这件事。

锂 lǐ ㄌㄧˇ 一种金属元素，符号 Li，银白色，质软，是金属中比重最轻的，可制合金。

鲤 lǐ ㄌㄧˇ 鲤鱼，生活在淡水中，体侧扁，嘴边有长短触须各一对，肉可吃。

逦（邐） lǐ ㄌㄧˇ 见531页'迤'字条'迤逦'（yǐlǐ）。

澧 lǐ ㄌㄧˇ 澧水，在湖南省北部，流入洞庭湖。

醴 lǐ ㄌㄧˇ 甜酒。

鳢 lǐ ㄌㄧˇ 鱼名，也叫'黑鱼'。身体圆筒形，头扁，背鳍和臀鳍很长，生活在淡水底层，可以养殖，但性凶猛，对

『징후아 사전』 1990년판.
중국어 사전들은 글자의 발음이나 모양보다는 일반적인 의미에 따라 배열되어 있다.
그래서 능숙한 원어민조차 사전을 사용하기가 까다롭다.

중국어 사전들

중국어 단어는 발음과 쓰는 법만을 알아서는 사전에서 그 뜻을 찾을 수가 없다. 중국인들은 항목들을 단순한 알파벳 순서, 즉 *xiàng*이라고 발음되는 글자를 *mǎ*라고 발음되는 글자보다 뒤에 놓는('x'가 'm' 다음이므로) 식의 사전을 만들지 않았기 때문이다. 대신에 중국인들은 글자의 발음이나 의미보다는 형태에 기초를 둔 다른 구성법을 엄청나게 많이 만들어 냈다.

어떤 사전은 중국인들이 학교에서 지겹도록 연습하는 일련의 획순으로 한 글자를 쓰는 데 필요한 획수에 따라 글자들을 배열한다. 그래서 사전을 이용하는 사람이 손가락으로 복잡한 글자의 획수를 일일이 세는 광경을 쉽게 접할 수 있다. 획수는 금세 20개를 넘어가곤 한다. 만약 획수를 잘못 세면, 획수의 근사값 주변에서 많은 시간을 허비하게 된다.

이보다 더 자주 쓰이는 것이 '부수-획수' 체계로, 최초의 자전(2세기)이 채택한 방식이다. 그 사전에서는 9353개의 글자를 530개의 의미 약어들, 즉 '물'·'식물'·'벌레'('어머니' 媽에서 '여성'의 경우와 비교해 보라)와 같은 '부수' 아래 배열했다. 이 약어들의 숫자는 나중에 214개로 줄어들었다. 이때 부수들은 획수—1에서 17까지—에 따라 배열되었고, 획수가 같은 부수의 경우는 확정된 순서가 부여되었다(그래서 '물' 부수는 항상 85번째에 온다). 사전을 찾으려면, 먼저 그 단어가 어느 부수 밑에 있는지를 알아야 하는데, 이것은 종종 아주 까다로운 일이다. 어느 유명한 사전에는 '알기 힘든 부수를 가진 한자들의 목록'이라는 것이 포함되어 있는데, 사전에 수록된 총 7773자 중 무려 12분의 1이 이 목록에 들어 있다.

214개 부수로 이루어진 이 부수-획수 체계가 1950년대까지는 일반적으로 쓰였으나, 오늘날에는 약자의 도입과 함께 사전들이 186개에서 250개 사이에서 마음대로 부수를 배열하고 있다. 한마디로 기준이 없다. 그 결과 빚어진 혼란—마치 서양의 사전들이 A-Z 순서를 마음대로 하는 것 같은—은 쉽게 상상해 볼 수 있을 것이다.

수딜의 음절표

한자에는 음성 요소와 의미 요소가 둘 다 있다. 음성 요소는 해당 글자의 발음을, 의미 요소는 뜻을 암시해 준다. 획수와 의미에 따른 분류(187쪽 참조) 말고도, 한자는 음성에 따라서도 분류될 수 있다.

중국 원어민들은 이러한 방식을 대개 음성 중심적인 사고방식을 가진 외국인들에게 맡겨 두었는데, 그들은 주로 외국인 선교사들이었다. 그 가운데 W. E. 수딜이란 사람이 1880년대에 895개의 음성을 바탕으로 4300개의 한자를 분류했다.

오른쪽에는 수딜 음절표의 일부분이 인쇄되어 있다. 한 단에 있는 각 한자들은 그 단 제일 위에 있는 음성('mǎ' 같은)을 포함하고 있다. 이러한 내부의 음성 요소는 강조되었다. 그런 까닭에 같은 단 안에 있는 각 글자들의 발음은 대부분 매우 유사하다. 그러나 같은 단에 있어도 획수나 모양은 (의미는 말할 것도 없고) 크게 다르다.

만약 이런 음성 중심의 단 중 하나를 골라서 동일한 의미 기호/부수를 가지는 글자들을 따로 한 줄로 세우면, 의미-음성 격자표를 만들 수 있다(아래). 음성 기호 264번 'áo'를 따라 내려가 보면, 그 기호를 포함하는 네 글자를 발음할 때 그 음성 기호가 좋은 안내자가 된다는 사실을 확인할 수 있다.

그러나 가령 의미 기호 9번 '사람'을 따라 옆으로 가보면, 의미 기호는 의미를 알려 주는 좋은 안내자가 아님을 분명히 알 수 있다.

일반적으로 말해서, 한자에서는 의미 기호가 의미를 안내해 주는 것보다는 음성 기호가 발음을 더 잘 안내해 준다. 이것은 중국어가 실제로

W. E. 수딜 목사가 시무한 원추(溫州)의 감리교 자유교회. 교회 앞에 중국인 신도들이 서 있는 것을 볼 수 있다.

아래와 오른쪽
한자는 음성 요소와 의미 요소를 가지고 있다.
음성 요소는 글자의 발음에 대해,
의미 요소는 글자의 뜻에 대해 실마리를 제공한다.

의미 \ 발음	敖 áo 264	參 ċan 282	堯 yāo 391	甫 fǔ 597
9 亻 사람	傲 ào: 거만한	儳 ċan: 좋은	僥 jiǎo: 길한	俌 fǔ: 도움
64 扌 손	擻 ào: 흔들다	摻 shán: 잡다	撓 nǎo: 긁다	捕 bǔ: 잡다
75 木 나무	檄 ào: 배	椮 shēn: 들보	橈 náo: 노	楠 fú: 울타리
85 氵 물	漖 ào: 강	滲 shèn: 샘	澆 jiāo: 물을 뿌리다	浦 pǔ: 물가

표어문자이며 표음문자는 별 의미가 없다는 주장을 하는 학자들의 예상과는 정반대되는 것이다.

실제로 원어민들은 한자를 읽을 때 의미 실마리와 음성 실마리를 동시에 이용한다.

A 仃 'dīng'(홀로)

B 汀 'tīng'(모래톱)

이 음성 기호(수딜 음절표의 음성 기호 2번)의 발음은 *dīng*이다. 이것은 한자 A의 발음은 아주 정확하게, 그리고 B의 발음은 75%의 정확도(총 가능한 네 음소 중 *i*, *ng*, 사성의 셋)로 표현한다. 각 경우에 의미 기호 역시 도움이 되지만, 음성 기호만은 못하다.

A에서 仃은 '남자'를, B에서 汀은 '물'을 의미한다. 중국인 독자라면 음성 요소나 의미 요소 중 하나를 임의로 택해서 추측의 과정을 시작할 것이다.

그러나 두 경우 모두 우선 그 세 요소의 의미를 먼저 배웠어야 한다. 모양만으로는 전혀 실제적인 도움이 되지 않는 것이다.

이상의 분석으로 원어민에게 한자를 읽는다는 것은 엄청난 암기력을 요하는 일이며, 동시에 상호 관계를 정확히 집어 내야 한다는 사실을 알 수 있다. 그래서 수천 개의 전화 번호를 외우고 기억해 내는 일과 비슷하다고 주장하는 사람들도 있지만, 그 둘은 분명히 다르다. 중국인 독자들은 각 한자를 표준적인 네 자리 숫자 코드로 변환하는 중국 전신원들과는 다르다(이 코드를 이용하면, '내일 정오에 도착'은 2494 1131 0022 0582 0451이 된다). 외국인 학습자가 보기에는 말도 안 되게 어려운 것으로 보일지 모르지만, 한자는 그렇게까지 불규칙한 것은 아니다.

음성 75	음성 158	음성 255	음성 391
皇 huáng	辟 pì	馬 mǎ	堯 yáo
喤 huáng	僻 pì	瑪 mǎ	嶢 yáo
徨 huáng	譬 pì	碼 mǎ	巇 yáo
惶 huáng	闢 pì	螞 mǎ	僥 jiāo
湟 huáng	避 pì	鎷 mǎ	澆 jiāo
煌 huáng	壁 pì	媽 mā	翹 qiáo
鰉 huáng	壁 pì	禡 mà	磽 qiáo
蝗 huáng	劈 pì	禡 mà	蕘 qiāo
鍠 huáng	癖 pǐ	罵 mà	曉 xiāo
隍 huáng	臂 pèi	獁 mà	驍 xiāo
遑 huáng	擘 pò	嗎 ma	曉 xiǎo
篁 huáng	孽 niè		燒 shāo
凰 huáng			譊 náo
堭 huáng			橈 náo
艎 huáng			饒 náo
			撓 nǎo
			髐 nào
			嬈 ráo
			蕘 ráo
			蟯 ráo
			饒 ráo
			繞 rào
			遶 rào

중국어

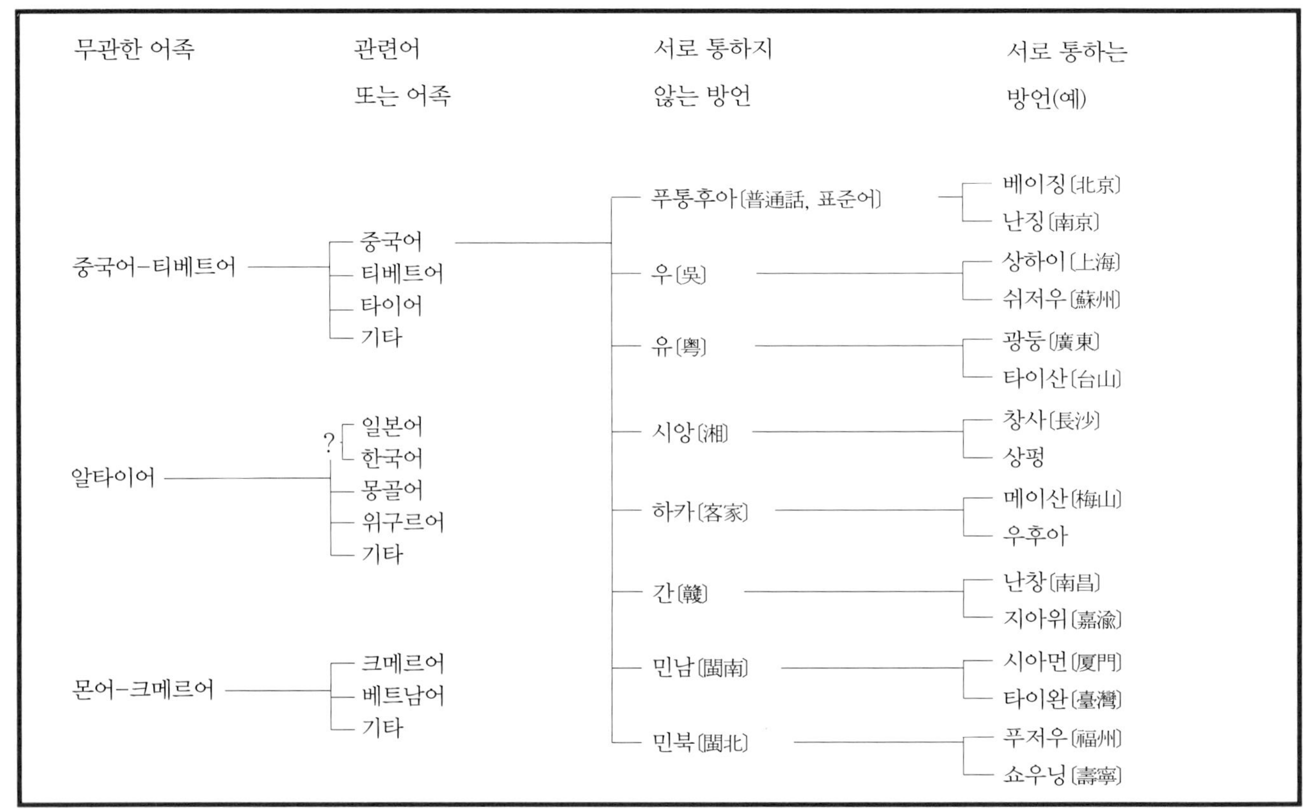

1569년 중국의 도미니크 수도사 한 명이 외국인으로는 처음으로, 중국인들은 서로의 말을 알아들을 수 없을 경우에도 글자로 의사소통을 할 수 있다고 주장했다. 이러한 생각은 여전히 널리 퍼져 있지만, 사실이 아니다.

외부 세계에서 중국어라고 부르지만, 사실 중국어는 서로 통하지 않는 여덟 개의 지역별 언어('향토어' 또는 '지역어')와, 수백 개는 아닐지 몰라도 수십 개에 달하는 방언으로 구성되어 있다. 그러나 70%가 넘는 중국인들은 푸통후아('공통의 말')라고 알려진 하나의 한어를 사용한다. 현대 중국 문어는 한어, 즉 푸통후아에 기초를 두고 있다.

옛날이나 오늘날이나 중국에서는 한어 사용자들이 지배적이었던 까닭에 한자가 보편적으로 이해 가능하다는 신화가 생겨났다.

동아시아의 언어들을 수형도 모양으로 나타낸 표를 보면 중국어 · 일본어/한국어 · 베트남어는 비록 한자를 자신의 문자로 사용한다는 공통점에도 불구하고, 서로 다른 세 어족에 속함을 알 수 있다. 중국어는 중국어-티베트어족에 속하는데, 이것은 대충 인도-유럽어족에 비견할 만한 것이다.

그렇게 보면 유(광둥어)나 우(상하이 지역의 언어)와 같은 지역의 말들은 게르만 어족의 영어 · 네덜란드어 · 독일어, 또는 로망스 어족의 프랑스어 · 스페인어 · 이탈리아어에 견줄 수 있을 것이다.

반면에 한어 내의 방언인 베이징어나 난징어는 영어에서 영국 · 미국 · 오스트레일리아 방언 또는 이탈리아어에서 나폴리 · 로마 · 투스카나의 방언과 비슷한 경우라 할 수 있다. 그리고 프랑스어를 말하는 사람과 영어를 말하는 사람이 서로의 언어를 배우지 않고서는 (동일한 로마자를 공유하면서도) 상대방의 문헌을 이해할 수 없는 것과 마찬가지로, 광둥어 구사자 역시 한어를 배우지 않고서는 현대 중국 문어를 제대로 이해할 수 없다. 광둥어와 한어는 스페인어와 프랑스어의 관계보다는 더 밀접하지만, 그럼에도 문법 · 어휘 · 발음에서 큰 차이가 있기 때문이다.

성조

광둥어에는 성조가 여섯 개가 있지만, 한어에는 1성, 2성, 3성, 4성의 네 개가 있다(일본어에는 중국어식의 성조가 없다). 중국어의 성조는 동음이의어로 들릴 수도 있을 많은 단어들의 의미를 명확하게 해준다.

종종 있는 일이지만 외국인들이 중국어를 공부하면서 성조를 무시하면, 중국어가 원래보다 훨씬 더 어렵게 느껴진다. 예를 들어 성조 표시 없는 'ma'는 '어머니' · '대마' · '말' · '꾸중'을 의미할 수 있고, 'shuxue'는 '수학' · '수혈'을, 'guojiang'은 '과찬이십니다' · '과일 잼'을 의미할 수 있다. 성조 표시가 있어야만 그 의미들이 비로소 분명하게 구별된다.

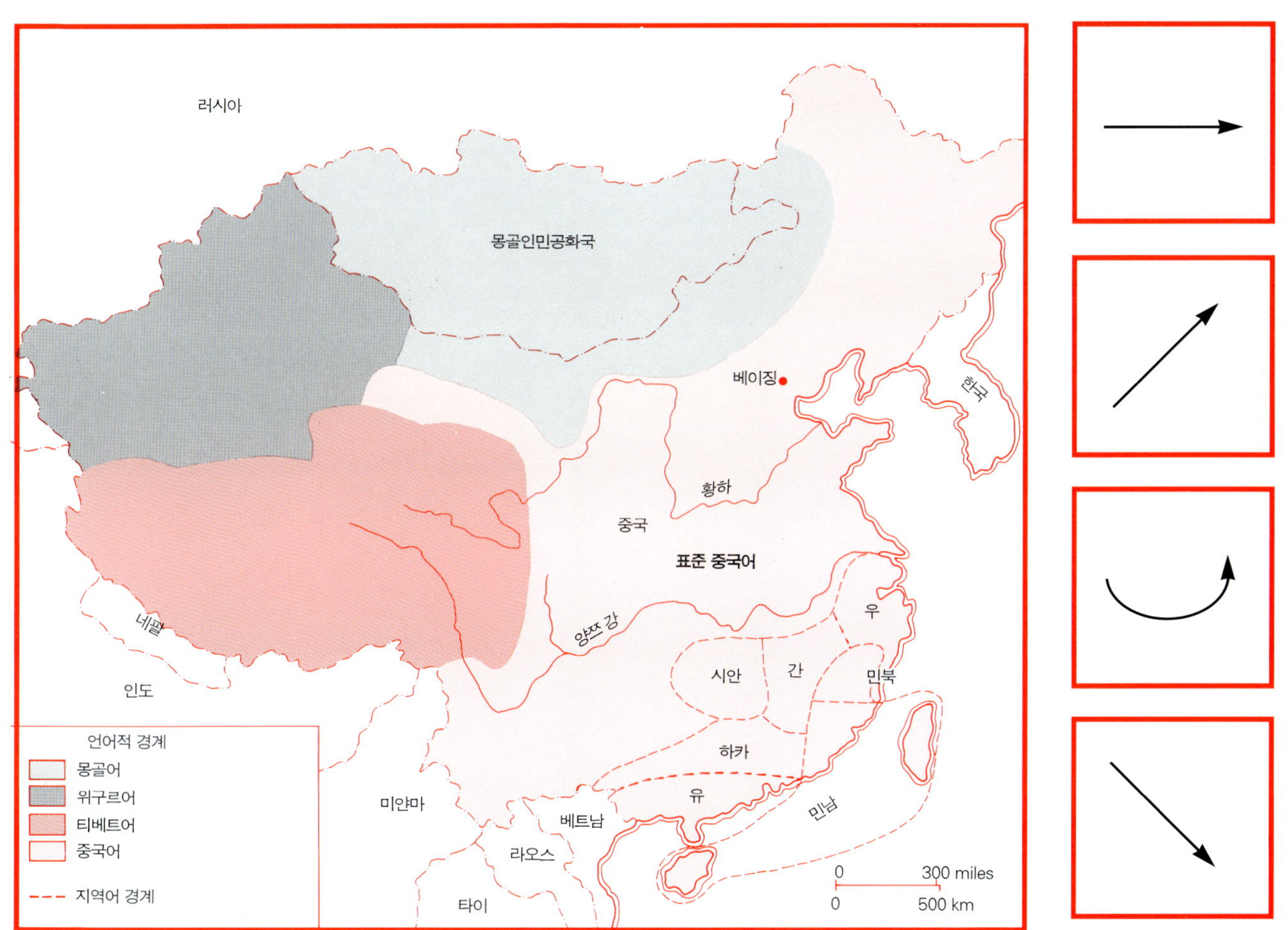

중국의 서예

'서예'라는 말의 영어(Calligraphy)는 원래 '아름다운 글자'를 뜻했다. 서예는 고대 이집트의 『사자의 서』에서 중세 서양과 아랍 필사본의 아름다운 장식체를 지나 오늘날의 정성 들인 결혼 청첩장에 이르기까지, 모든 문화와 모든 시대에서 존재해 왔다.

그러나 중국에서 서예란 단순히 문자를 세련되게 쓰거나 장식하는 것 이상의 의미를 가졌다. 서예는 쓰기와 동의어였다. 중국인들은 '훌륭한 필기'라고 말하지 않고 단지 '쓰기의 예술', 즉 '슈파〔書法〕'라고 말한다. 고대 중국에서 쓰기('shu')는 회화 · 시 · 음악과 동등한, 아니 때로는 그들보다 상위의 예술이었다.

물론 그렇게 된 데는 알파벳과 비교해 중국 문자가 가지는 형태상의 독특한 다양성 때문이다. 중국의 작가들은 자연히 붓을 이용해서 이 다양

성을 예술적이면서도 동시에 읽기 쉽게―이것이 핵심적인 요구 사항이다―표현해야 했다. 중국 서예가들은 한자에 생명을 불어넣고 원래의 모양을 왜곡시키지 않으면서도 활기차게 만드는 것을 목표로 했다. 그럼으로써 그의 예술적 개성이 그 글자 안에 녹아 들어가는데, 이것은 전적으로 비인격적인 서양의 필기에서는 찾아볼 수 없는 것이다. 위대한 중국 서예가들은 서양의 달필가들과는 달리 중국에서 높은 명망을 누린다.

조금은 과장이 있겠지만, 중국의 서예를 배우는 한 외국 학생은 이렇게 말한다. "붓은 펜 같은 단순한 도구가 아니다. 붓은 손의 모든 동작을, 그 아무리 작고 순간적인 것이라도 마치 지진계처럼 정확하게 기록한다. 중국 서예가들은 붓을 이용해서 자신의 존재 깊은 곳에서 올라오는 힘을 기록한다. 서양의 필기는 속박된 형태들을 만들어 내는 데 비해, 중국의 서예는 본질적으로 움직임의 예술이다."

중국 서예가의 도구들.
붓과 종이 말고도,
서예가는 벼루와 먹, 그리고
먹을 갈 물이 있어야 한다.
높이 15cm의
이 벼루(왼쪽)에는 물에서
올라오는 거북이가 조각되어 있는데,
이는 최초의 문자 탄생을
상징하는 것이다.
중국 붓(아래)의 털은 대개
대나무 손잡이에 끼워져 있는데,
염소 · 토끼 · 담비의 털로 만든다.
그 가운데 특히 가을에 잡은 야생
담비 털을 으뜸으로 친다.
그것은 압력의 변화에
민감하게 반응하므로,
쓰는 이의 정신을
글자 속에 담아 준다.

첸훙쇼우[陳洪綬], 『난셩루의 네 가지
기쁨(*The Four Joys of Nan
Sheng-lu*)』(1649).
학자가 글을 쓸 준비를 하고 있다.
문진에는 사자가 새겨져 있고,
앞쪽에는 묵과 먹물이
담긴 벼루가 있다.
그의 왼쪽에는 술병과 잔 하나,
그리고 화병에 꽃이 담겨 있다.

글자 만들기 : 기교와 예술

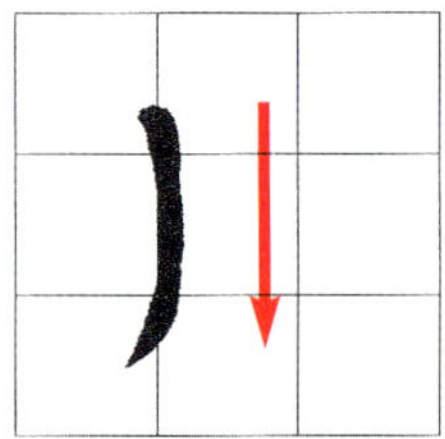 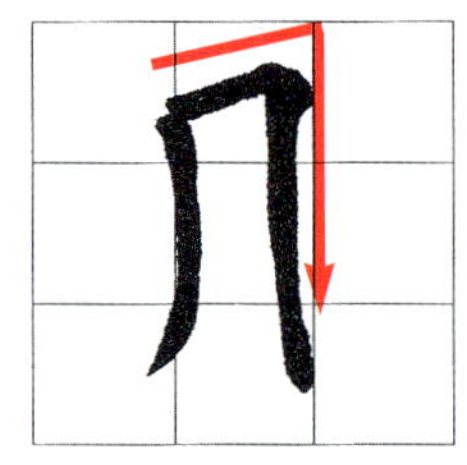 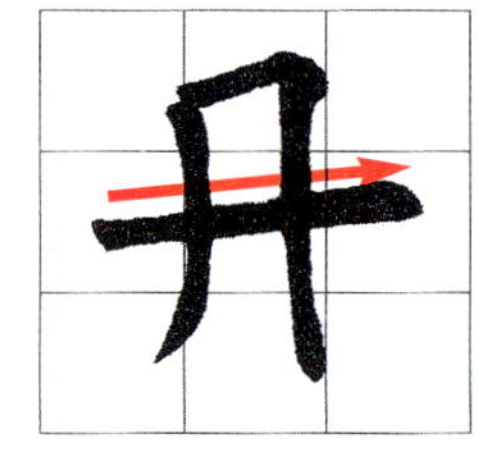 

앞에서(187쪽) 본 대로, 한자 하나를 쓰는 데 필요한 획수는 중국어 사전을 찾는 데 중요한 지침이 된다. 예를 들어 위에는 'dan(丹)'자의 네 획이 있다.

중국 아이들은 어릴 때부터 그 기술을 배우는데, 처음에는 가장 단순한 글자로 시작해서 점점 복잡한 글자들로 나아간다. 교실의 어린 학생들은 선생님을 따라 운율에 맞춰 손과 팔로 허공에 큰 모양을 그리며 글자들을 배운다. 아이들은 그렇게 따라 하면서 각 구성 요소—bar, leg, dot 등—의 이름을 배우고, 마지막에 글자의 발음을 익히는 것이다. 이렇게 쓰는 모양을 배우고 나면, 아이들은 실제로 글자를 써 보는데, 이번에도 크게 운율에 맞춰 다같이 쓴다. 어느 정도 지나면, 아이들은 글자를 작게, 혼자서 쓰는 법을 배운다. 아래에 있는 것은 5~6세 학생의 미숙한 연습장의 일부다.

학교에서의 연습에서 대서예가의 작품에 이르려면 수년에 걸친 연습과 몰두, 그리고 예전 대가들의 작품에 대한 연구가 필요하다. 대가의 작품이 가진 생명력은 부분적으로는 기술의 산물이며 부분적으로는 인격적 감수성의 표현이다.

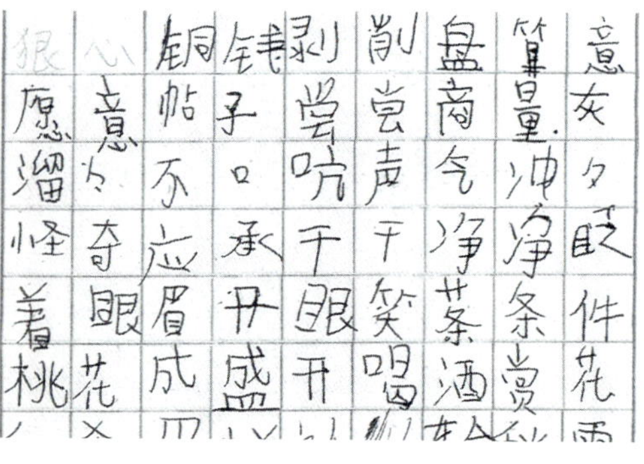

중국 서예에서 없어서는 안 될 기술. 첫 줄의 네 글자는 제대로 쓰긴 했지만 생명력이 없다. 서예가는 선긋기에 변화를 줌으로써 아랫줄에 있는 네 개의 생생한 (그리고 더 나은) 변형을 만들어 낼 수 있다. 글자들은 (1) 'qe'(낱) (2) 'ren'(사람) (3) 'mu'(나무) (4) 'he'(모으다).

'er'(둘)의 다양한 형태들. 독자를 위해 가독성은 유지되었지만, 서예의 기교가 완전히 발휘되었다.

shou (오래 살다)를 소전체로
우창슈오(1844~1927)가
80세 때인 1923년에 쓴 것
여러 위대한 서예 작품
특히 초기의 것들에는 4~5개
때로는 그 이상의 서명이
후대 서예가들에 의해
덧붙여져 있는데,
그럼으로써 원래의 대가가 이룬
성취에 대한 그들의
기쁨을 표현했다

理。此二字、以音。恐之我子仕奉云而嚴餝其
家侯待者明日入坐故獻大御饗之時。
其女矢河枝比賣命令取大御酒盞而
獻於是天皇仕令取其大御酒盞而御
歌曰許能迦遍夜伊豆久能迦遍毛
豆多布都奴賀能迦遍余許佐良布伊
豆久遍伊多流伊知遲志麻美志麻遍

최초의 일본 문학 작품
고지키(古事記).
이것은 고대 일본의 역사서로
712년에 완성되었다.
지금 보는 사본은 1803년에
목판 인쇄로 찍은 것이다.
본문은 한자(간지)로 써 있지만
그 옆에는 작은 일본어
음성 기호(가나)가 있어서
그 한자의 일본어 발음을
지시해 준다.
오늘날까지도 일본 문자는
간지와 가나,
이 두 기호 체계로 구성되어

간지 배우기

일본어를 공부하는 한 미국 학생에 따르면 "중국어와 일본어는 음성학적 체계, 문법적 범주, 구문론적 구조에서 다른 어떤 언어만큼이나 서로 다르다."

그럼에도 불구하고 일본인들은 자신의 문자 체계의 기반을 한자―일본인은 이것을 한어의 '한지(한자)'에 가까운 발음인 '간지'로 부른다―에 두고 있다. 물론 일본인들은 한자를 차용할 때 중국의 원래 발음을 변형시켜서 일본어의 음성에 상응하도록 했다.

결국 일본인들은 적당히 적은 수의 보조 기호들―이것들은 사실 간지를 간략화한 것으로, 음성을 나타내며, '가나'라고 불린다―을 만들어서 일본어를 쓰는 데 사용되는 간지의 발음 방법과, 일본어를 한자로 옮겨 적는 방법을 명확히 했다.

논리적으로는 만약 일본인이 이 발명된 기호만을 사용하고 한자를 완전히 포기했다면 훨씬 간편해졌을 것이라고 생각해 볼 수도 있지만, 이것은 막강한 특권을 가진 문자 체계를 거부해야 하는 일이다.

최근까지도 유럽에서 라틴어 지식이 교양인의 필수조건이었던 것과 같이, 그리고 기원전 두 번째 천년기의 아카드 교양인에게 수메르어 지식이 필수적이었던 것같이, 일본 식자층에서는 한자에 능숙한 것이 언제나 본질적인 것으로 여겨졌다.

오늘날 교육받은 보통의 일본인은 거의 2천 개의 간지를 안다. 글을 좀 한다는 사람은 5천 개나 그 이상의 간지를 안다.

그러나 이것은 사실 겨우 2차 세계대전 이후의 일로서, 미 점령군 시기에 도입된 대중 교육 정책의 결과다. 이 때문에 많은 일본인들이 심한 스트레스를 받았다는 사실은 그다지 놀라운 일이 아니다. 처음으로 온전히 전후의 교육을 받은 학생들이 학교를 졸업하던 1955~1958년에 젊은이의 자살률이 최고조에 달했다는 것은 우연의 일치가 아닐 것이다.

그 이후 간지 학습의 필요성은 일본 사회의 통합력으로 작용했고, 일본어가 독특하다는 신화와 앞서 언급한 '표의문자' 신화(한자가 음성과는 관계 없다는)를 강화하였다.

일본어를 배우는 것은 마치 수천 개의 '잡학' 질문에 대한 대답을 배우는 것과 같지만, 이것이 결코 단순한 놀이가 아니라는 데 심각성이 있었다. 직업·수입·신분이 간지를 익히는 데 달려 있었기 때문이다.

일본어를 공부하는 또 한 명의 미국인 학생은 이렇게 말한다. "일본인들이 간지를 소리 없는 의미의 최소 단위라고 확신하는 것도 놀랄 일이 아니다."

간지 발음법

일본인들은 간지 형태를 공부하는 일 말고도 그것의 발음 또한 공부해야 한다. 발음법은 기본적으로 두 범주가 있는데, 문맥에 따라 둘 중 하나가 적용된다.

이것은 일본어를 공부하는 외국인에게는 매우 당황스러운 일이 아닐 수 없다. 간지를 읽는 법 두세 가지 중 어떤 것이 옳다는 것을 어떻게 알 수 있는가? 이것은 마치 영어에서 '2 + 3'의 '2'는 'two'라고 읽지만 'X^2 + 3'에서는 'squared'라고 읽어야 하는 것을 아는 것과 같다.

현대 일본의 주입식 교육에서 학생들이 간지 수업을 받고 있다. 초등학생들은 960개의 한자를 배운다. 이론상 중등 학교(그리고 대학 교육)에서는 1000개 또는 그 이상을 더 배워야 한다. 아동들은 대개(그러나 항상 그런 것은 아니다) 토착 일본어 발음인 간단한 '군' 읽기를 배우면서 시작하고, '온' 읽기(중국어에서 파생한 발음)는 나중으로 미룬다.

아래_ 모든 간지가 '군' 읽기와 '온' 읽기를 가진 것은 아니다. 이것은 일본어에 해당하는 중국 단어에 상응하는 번역어가 있는지 여부에 달려 있다. 단독으로 '온'으로 읽히는 말들도 있지만, 대개의 '온' 읽기는 보다 긴 단어를 구성하는 단어 집단인 경우에 주로 많다. 아래에는 혼자 쓰이면 '군'으로 읽지만 다른 간지와 결합하면 '온'으로 읽는 간지들의 사례가 다섯 개 나와 있다.

그 두 범주는 '군〔訓〕' 읽기와 '온〔音〕' 읽기(중국어-일본어 읽기라고도 한다)로 알려져 있다.

대략 첫 번째 것은 토착 일본어 어휘이고, 두 번째 것은 중국어에서 파생한 발음이라고 할 수 있다. 바다를 가리키는 간지를 '군'으로 읽으면 '우미'가 되지만, '온'으로 읽으면 '가이'가 된다. 한자 海 는 한어에서는 *bǎi*라고 읽는다.

'온' 읽기는 간지가 일본어에 차용되던 시절(약 7세기)에 사용되던 옛날 중국어 발음에서 파생한 것으로 알려져 있다.

	水	下	海	面	星
'군' 읽기	미주	시타	우미	오모테	호시
의미	물	아래	바다	얼굴	별

	水面	下水	海水	水面下	水星
'온' 읽기	수이멘	게 수이	가이 수이	수이 멘 가	수이 세이
의미	수면	하수	해수	물 아래	수성

일본어의 두 가지 음절 문자 : 히라가나와 가타가나

일본의 음성 문자는 일본어를 쓰는 데 한자를 차용한 직후에 생겨났다. 일본인들은 다양한 간지를 간략화해서 오늘날 '히라가나'('쉬운 가나')와 '가타가나'('보조 가나')라고 불리는 두 가지 음절 문자를 만들어 냈다. 각각은 약 46개로 구성되는데, 두 가지 특별한 발음 구별 부호(여기에는 나타나 있지 않다)와 아래에서 볼 수 있듯이 기호를 결합해서 복합 음절을 표현하는 기술을 통해 확장된다. 히라가나에는 곡선이 비교적 일반적인 데 비해, 가타가나에서는 직선이 특징적임을 눈여겨보라.

왜 두 가지 음절 문자가 필요한 것일까? 원래 히라가나는 비공식적인 글을 쓸 때 사용된 반면, 가타가나는 공문서·역사·사전 등 보다 공식적인 작업에 사용되었다.

아래_ 일본어의 가나, 즉 음절 글자들. 윗줄(검은색)은 히라가나이고, 아랫줄(붉은색)은 가타가나다.

a	ka	sa	ta	na	ha	ma	ya	ra	wa
あ	か	さ	た	な	は	ま	や	ら	わ
ア	カ	サ	タ	ナ	ハ	マ	ヤ	ラ	ワ

i	ki	shi	chi	ni	hi	mi		ri	
い	き	し	ち	に	ひ	み		り	
イ	キ	ツ	チ	ニ	ヒ	ミ		リ	

u	ku	su	tsu	nu	fu	mu	yu	ru	
う	く	す	つ	ぬ	ふ	む	ゆ	る	
ウ	ク	ス	ツ	ヌ	フ	ム	ユ	ル	

e	kesu	se	te	ne	he	me		re	
え	け	せ	て	ね	へ	め		れ	
エ	ケ	セ	テ	ネ	ヘ	メ		レ	

o	ko	so	to	no	ho	mo	yo	ro	(w)o	n
お	こ	そ	と	の	ほ	も	よ	ろ	を	ん
オ	コ	ソ	ト	ノ	ホ	モ	ヨ	ロ	ヲ	ン

오늘날 히라가나는 더 많이 사용되는 문자이고 가타가나는 알파벳의 이탤릭체와 유사한 기능을 한다고 보면 된다.

최근에 일본어에 차용된 외국 인명이나 용어들은 거의 가타가나로 쓴다. 예를 들어, 이 영화 광고를 보라.

여기에서 영화배우 클린트 이스트우드는 가타가나로 이렇게 철자되었다. 쿠린토 이수토우도―일본어에는 'l' 발음이 없다. 그 결과 빚어진 영어 철자법상의 오류를 보면 이 사실을 분명하게 알 수 있다(역설적이게도 일본어의 *r* 발음은 영국 영어의 *l* 발음과 매우 유사하다).

그렇다면, 일본인들은 한 문장에서 가나를 쓸지 간지를 쓸지를 어떻게 결정할까? 그 둘 사이에는 엄청나게 많은 변동과 중첩이 있다. 그러나 매우 일반적인 안내를 하자면, 가나는 파생접사, 문법적 불변화사, 많은 부사와 대부분의 유럽어 기원 단어들을 표현하는 데 사용되며, 간지는 대부분의 명사―서양 기원의 명사보다는 토착 일본어 명사와 중국어-일본어 명사들―와 많은 동사와 형용사의 어간을 쓰는 데 사용된다.

다음에 있는 어느 일본 호텔의 광고는 이러한 구분을 잘 보여 준다. 첫 줄과 맨 밑 두 줄의 가타가나(이 광고에는 히라가나가 없다)는 단순하기 때문에 간지보다 두드러져 보인다. 맨 꼭대기는 호텔의 이름으로, 오리엔토 호테루(오리엔트 호텔)라고 썼다. 맨 밑 두 줄에서 간지 오른쪽에는 카도키시수테무(card key stystem)/ 바, 푸란수 레수

<table>
<tr><td colspan="2">オリエントホテル</td><td>☎095-76-0681</td></tr>
</table>

〒 872	山口県中川市森田町2-16
交　通	JR 中川駅 🚗 15分
料　金	11,800円〜　　　　Ⓟ 20台
建　物	鉄筋 🧱 15階建 200室 和40 洋160 全TV　☎ A/C
立地環境	市街
特　長	カードキーシステム
設　備	バー、フランスレストラン

토란(bar, French restaurant)이라고 쓰여 있다.

광고의 나머지 부분은 간지, '로마지'(TV 같은 로마자들), 숫자, 회화/표어문자의 혼합이다. 호텔 이름 바로 밑줄을 보면, 주소가 나와 있다(〒 872는 단지 우편번호 872라는 뜻이다).

	山	口	県	中	川	市	森	田	町 2-16
'군' 읽기	야마	구치	(아가타)	나카	가와	이치	모리	타	마키
'온' 읽기	산	코/쿠	켄	추	센	시	신	덴	초

올바로 이 본문을 읽어 내는 방법('군' 과 '온'으로)은 붉은색으로 강조되어 있다. 완전한 주소는 다음과 같다.

〔우편번호〕 872, 야마구치 켄, 나카가와 시, 모리타 초, 2-16

이것은 다음과 같은 뜻이다.

〔우편번호〕 872, 야마구치 현, 나카가와 시, 모리타 구, 2가 16번지.

광고의 나머지 부분은 거리(일본철도 JR, 즉 나카가와 역에서 차로 15분), 가격(11,800엔부터), 주차장(20대 가능), 건물 모양(15층 철근 벽돌 건물, 객실 200개, 이 중 일본식 40개와 서양식 160개, 모든 방에는 TV · 전화 · 에어컨 구비), 위치(도심)를 알려 주고 있다.

가나 대 간지

원칙상 모든 일본어 문자는 완전히 가나로만 쓸 수도 있다. 사실 일본 문학에서 위대한 작품인 무라사키 시키부의 『겐지 이야기』(11세기 초)는 히라가나로 쓰여졌다(단, 원본은 존재하지 않는다). 가나는 수세기 동안 여성들이 주로 사용하던 문자였다.

오늘날 대부분의 일본어 점자는 간지를 사용하지 않고 가나로만 쓴다. 그 결과 일본의 시각 장애인들은 대부분의 눈뜬 일본인보다 더 쉽게 읽을 수 있다!

그렇다면, 왜 일본인들은 문자 체계를 전면적으로 가나로 바꾸지 않는 것일까? 왜 그들은 가나와 간지가 뒤섞여 있는 어색한 복잡성을 고집하는 것일까? 이러한 결정을 내리게 한 요인이 몇 가지 있는데, 이제 곧 그것에 대해 살펴보기로 하고 여기에서는 하나만을 언급하고자 한다. 그것은 다름 아닌 동음이의어다. 모든 언어에는 동음이의어가 있다. 영어의 'to'와 'too', 프랑스어의 'cou'·'coup'·'coût'를 예로 들 수 있다.

그런데 일본어에서는 동음이의어의 규모가 방대하다. 오른편에 나온 다양한 중국어–일본어 단어들은 모두 '간소'라고 발음된다.

만약 이 많은 간지 복합어들을 '간소'라는 가나 철자 몇 개로 대체한다면, 너무나 모호해서 의사소통에 심각한 장애를 줄 것이다. 일본어에서는 이러한 잠재적 모호성을 가진 동음이의어의 사례들을 수도 없이 들 수 있다. 사실 그 모두가 다 그렇게 광범위한 것은 아니며 많은 경우 문장 속에서 단어의 문맥을 통해 알아낼 수 있다. 그럼에도 불구하고, 많은 사람들이 동음이의어가 가나 전용을 가로막는 주된 장벽이라고 생각한다.

간지	뜻
奸商	악덕 상인
感傷	감상적인
干渉	방해
完勝	승리
癇症	성미가 급한
感賞	칭찬하다
勧賞	격려하다
勧奨	격려
鑑賞	칭찬하다
観賞	존경하다
観照	관조하다
観象	날씨를 관찰하다
環礁	산호섬
緩衝	완충
官省	관청
簡捷	촉진하다
管掌	관리하다

일본어의 동음이의어.
이 17개의 간지들은 모두 '간소'라고 발음된다.
만약 이것들을 하나의 가나로 쓴다면, 심각한 혼란이 초래될 것이다.
한 단어의 문맥으로는 작가가 염두에 둔 의미를 독자가 선택하는 데 충분하지 않다.

'바람에 날리는 글자들'.
토리이 키요히로의 목판화.
1761~1764년.
한 여인의 종이 손수건들이
그녀가 숨겨 두었던 사랑의 편지와
함께 바람에 날려 가고 있다.
거기에 쓰인 글자는
가나와 간지가 혼합되어 있다.
'허공'에 쓰인 '하이쿠'(일본 시의
일종)는 몇 가지 이중적 의미로
된 음담으로 보인다.
이러한 판화들은 '아부나이
(위험한 그림)'로 불렸다.
일본사의 초기 시대에는
『겐지 이야기』의 작가인
무라사키의 작품에서처럼,
여성들은 거의 가나로 쓴 반면,
남성들은 간지를 사용했다.
간지를 쓰는 것은 보다 특권적인
행동으로 여겨졌다.
이 금기는 18세기(키요히로의
시대)에 이르러 깨졌다.

세상에서 가장 복잡한 문자

1928년 일본 전문가 조지 샌솜 경은 일본의 문자 체계에 대해 "이것이 매혹적인 연구 분야임에는 틀림없지만, 실용적인 도구로서는 이보다 열등한 것도 없을 것이다"고 언급했다. 현대의 권위자인 J. 마셜 웅게르는 최근에 이렇게 덧붙였다. "넓은 의미에서 수세기 동안 일본 문자는 '작동'했다. 일본 문화는 자신의 문자 체계의 복잡성 때문에 번성한 것은 아니지만, 그 복잡성에도 불구하고 번성했다는 사실은 부인할 수 없다."

예를 들어, 당신이 이름과 주소를 전화로 말해야 하는 상황을 상상해 보라. 알파벳을 이용한다면 쉽겠지만, 똑같이 발음되는 인명과 지명을 구별하는 어떤 간지들을 이용한다면 거의 불가능할 것이다. 당신은 어떻게 2천 개에 이르는 기호를 구별할 것인가? 이를테면 *가와*라고 읽을 수 있는 다른 모든 간지들과 구별하기 위해서는 '세 획짜리 *가와*'(산본가와)라고 말해야 한다. 또는 *이치*라고 읽는 간지 중에서 가로획이 하나로 쓰는 글자를 설명하기 위해서는 *요코−이치*라고 말해야 한다.

그러나 간지의 모양은 차이가 많이 나고, 또 규칙적으로 달라지기 때문에, 간지를 이런 식으로 부를 수 있는 경우는 제한되어 있다. 그래서 일본인들은 얼굴을 마주한 대화에서 종이와 연필이 없다면 무언극에 호소한다. 오른손 검지손가락을 '연필'로 삼아서 허공이나 왼손바닥에 대고 간지를 '쓰는 것이다'. 그러나 이 역시 실패하기 일쑤다. 그래서 간지에 대해 적절한 공통의 단어를 꼬리표처럼 달 필요가 있다. 예를 들어 '토'라고 읽는 수십 개의 간지 중에서 오직 하나만이 '히가시(동쪽)'를 나타낸다. 그러면 이 글자에는 *히가시 토 이우 지*, 즉 '히가시 글자'라는 꼬리표가 달린

다. 그러나 간지가 단 한 가지로만 읽힐 때는 그것을 설명하기가 무척 어렵다. '사토(설탕)'의 '토'를 나타내는 한자를 식별하려면, "설탕이라는 단어의 마지막 음절에 쓰는 단어다"라는 식의 설명 말고는 딱히 방법이 없다. 만약 상대방이 그것으로는 도저히 어떤 단어인지 기억을 하지 못한다면, 이번에는 모양을 설명해야 한다. "왼쪽에 '쌀' 부수가 있고 오른쪽에는 '당나라' 당자가 있다"고.

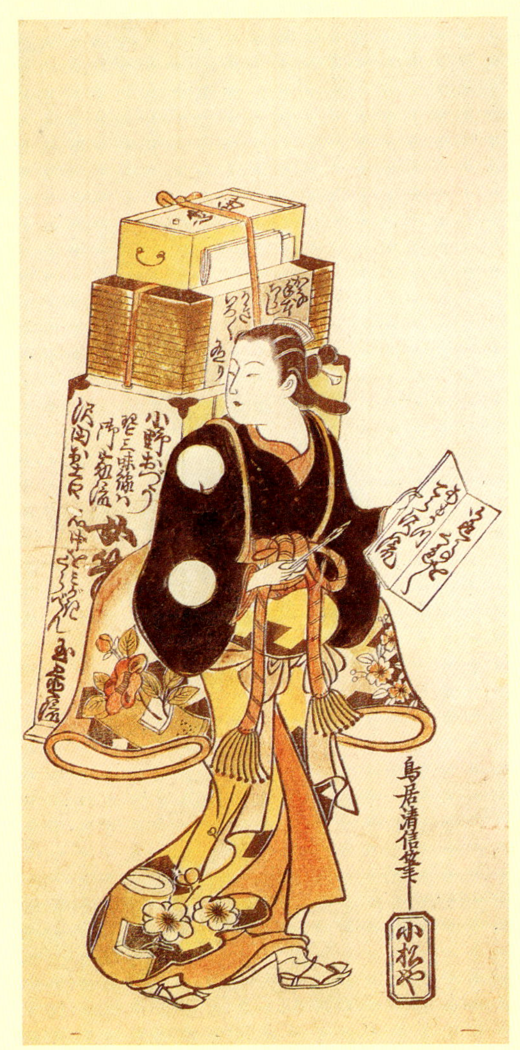

토리 키요노부(1664~1729)의 이 판화는 18세기 초의 길거리 책장수를 보여 준다. 그가 메고 있는 책무더기 꼭대기에는 무라사키의 『겐지 이야기』가 있다. 그 밑에는 음악에 관한 책이 있다. 상자에 적힌 글은 광고문이다. 책장수는 한 손에는 붓을, 다른 한 손에는 글자 쓰기 안내서를 들고 있다.

로마지 : 일본어의 로마자화

1980년대에 로마 알파벳이 광고를 통해 일본 문자에 침투하기 시작했다. 이전이라면 가타가나로 쓰였을 단어들이 잡지와 신문과 텔레비전과 게시판에서 갑자기 로마자로 쓰이기 시작했고, 심지어 가나나 간지로 쓰였을 문장의 중간에서 쓰이기도 했다.

알파벳이 결국에는 수세기의 나이를 먹은 간지를 몰아내고 대세를 장악하게 될 것인가? 아니면 알파벳 글자들을 점진적으로 흡수하는 것은, 일본인이 외국 문화에서 자신들에게 유용한 것을 추출해 내는 능력의 또 다른 본보기에 불과한 것인가? 과연 세 가지 다른 문자 체계가 공존할 수 있을까?

일본에서 한때 한자가 그러했듯이 알파벳이 특권을 획득했음을 부인할 수는 없다. 이것은 새로운 것에 대한 애정이 아니라, 간지 문화의 엄격함이라는 꿈에서 깨어나는 것(이것은 까다로운 독서로부터 비교적 간지가 적은 만화책으로 옮겨 가는 것에서도 볼 수 있는 현상이다)을 반영한다.

소니의 제품 개발 담당자가 1984년에 말했듯이, "로마자로 쓴 'love'라는 글자는 그래픽 디자인을 할 수 있으며 귀여움과 매력을 느끼게 한다. 그러나 '사랑'을 나타내는 한자는 아이들의 책가방에 새겨 넣을 수 없다. 이것은 기본적으로 어렵다는 느낌을 주어 사고 싶다는 생각보다는 거부감을 불러일으킬 것이다."

로마자로 쓰인 수입 제품들의 브랜드명은 일본어로 나타내기 어려운 경우가 종종 있다. 어떤 일본 회사들은 규모가 크든 작든 자기 회사의 이름을 로마 글자로 인쇄하는 것이 신선하고 특권적인 회사 정체성을 만들어 낼 것이라고 느낀다.

로마 글자는 1980년대 이후 일본에서 인기를 끌고 있다.

간지, 가나, 로마지

1985년의 이 아침식사 시리얼 포장지는 일본 문자의 '혼합성'을 가장 잘 보여 주는 놀라운 사례다. 이 광고의 기본적인 메시지는, 만약 일하러 가기 전에 아침 식사를 제대로 하지 못하면 자기 일에서 성공하지 못한다는 것이다(출근하는 남성이 손잡이에 매달린 채 축 늘어져 있다). 위쪽의 가로 표어(1)는 간지와 히라가나로 썼는데, 이렇게 읽는다.

초 쇼쿠 누키 와 슈세 가 오소이!?

아침을 거르면, 승진이 느리다!?

오른쪽 위의 큰 가장자리의 글자들(4)은 순전히 간지로, 다음과 같이 읽는다(이것은 잘 알려진 「아사이 신문」이라는 신문의 이름을 패러디한 것이다).

초쇼쿠 신분

아침식사 신문

그 밑에는 켈로그의 브랜드명(5)이 로마 글자로 쓰여 있다. 그러나 '신문' 중간에는 켈로그가 가타가나로 케로구(3)라고 쓰여 있고, 마지막에 소유격 부호 's'는 불변화사이므로 히라가나로 적었다(굽어진 기호 '노'는 여기에서 소유를 나타낸다). 로마자 대문자 ABCD는 비타민을 나타내는 데 쓰였고, 권유 선전 문구인 'BIG CHANCE' 역시 로마자로 쓰였다. 그러나 사은품 '도자기 아침 세트'는 다시 일본 문자인 가타가나로 수토누에아 모닝구세토라고 쓰였다. 아이들과 염려하는 아내·어머니 모두를 향한 본문은 물론 간지와 가나로 썼고 필요없는 영어 단어를 쓰지 않았다.

일본인들 사이에서는 자신들이 사용하는 현대의 혼합적 문자 체계에 대한 견해가 갈린다. 대다수 사람은 로마지가 가나와 간지를 위협한다고 생각지 않는다. 오히려 일종의 매력을 가지고 있다고 본다. 그러나 로마지의 쇄도를 일본 문화 퇴락의 징후로 여기는 사람들도 있다.

크리스탈의 책에서

일본에서 문자의 미래

일본에서는 2차 세계대전 후 대중 교육이 확산되기 이미 오래 전인 1880년대부터 문자 개혁이 심각하게 논의되었다. 그러나 보수주의에 막혀 별다른 진전을 보지 못했다. 예를 들어 1938년 한 위원회에서 두 종류의 간지를 두자는 의견을 조심스럽게 냈다. 하나는 교과서와 일반적인 용도로 쓰고, 다른 하나는 천황의 칙서와 같은 특별한 문서에 쓰자는 것이다. 그러나 이 개혁은 실행되지 못했다.

그런데 전쟁 중에 군부가 이 문제에 개입했다. 무기 설명서에 쓰인 글자를 읽지 못하는 군인들을 징집했다가 위험한 사고가 발생한 것이 원인이었다. 1940년에 군부는 무기 각부에 쓰이는 간지의 숫자를 1235개로 제한했고, 이것마저 절반으로 줄일 수 있으리라 기대했다.

그러나 민간 신문과 잡지에 실리는 군 관련 보도들에서는 일부러 희귀한 간지를 사용하여 뜻을 알기 힘들게 했는데, 이것은 보도 담당자들이 그런 글자들을 써야 일반 대중들에게 깊은 인상과 위압감을 줄 수 있으리라고 확신했기 때문이었다.

전후에 약간의 문자 개혁이 있긴 했지만, 많은 수의 간지를 익혔을 것으로 기대되는 일본인의 숫자가 엄청나게 늘어났음에도 불구하고 그 개혁의 실행은 정치와 충돌했다. 많은 간지를 익힐 수 있는 능력은 언제나 인격 형성과 동일시되었다. 전후의 일본에서는 학교에서 최소한 1900~2000개의 간지를 배워야 했다. 중국에서 병음을 도입한 것과 달리, 일본에서는 이러한 간지의 부담을 줄이려는 진지한 시도가 한 번도 없었다. 중국에는 오직 간지밖에 없지만, 일본에서는 음성을 나타내는 체계가 가나 음절 문자의 형태로 이미 작동하고 있었기 때문이었다. 아마도 이 사실이 두 정부의 정책을 다르게 만들었을 것이다.

그러다가 1980년대에 비로소 문자에 대한 관심이 부활했다. 이것은 전자 데이터 처리에 일본 문자를 사용해야 할 필요성이 점차 늘어난 데 따른 것이다. 일본에서도 서양만큼 빨리는 아니었지만 컴퓨터가 보급되기 시작했다(일본인들은 손으로 쓴 문서를 선호한 까닭에 팩스 사용이 발달했다. 오늘날에도 일본에서는 서양에서보다 더 많이 공문서와 상업 문서를 손으로 쓴다). 간지는 전산 처리에 처치 곤란한 장애물이 되었다.

도쿄의 도로 표지.
노란색의 윗 두 줄은 히라가나이고,
맨 밑줄(흰색)은 간지다.

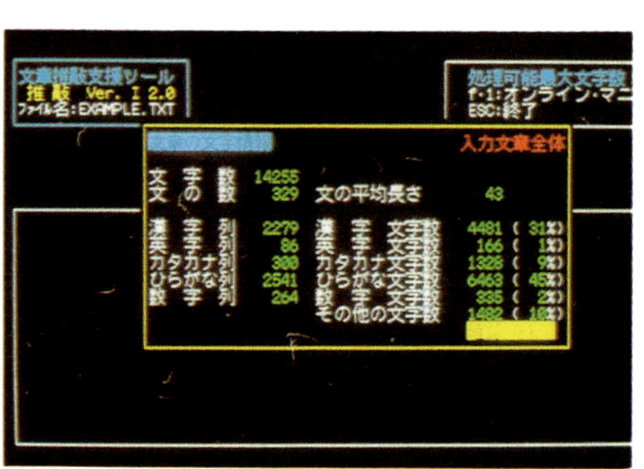

간지를 컴퓨터로 처리하기

간지는 입력하기도 힘들지만 출력하기도 힘들었다. 먼저 출력의 경우, 간지를 인쇄하려면 알파벳 문자보다 훨씬 많은 메모리가 필요하다. 알파벳을 출력하는 데 충분한 메모리가 간지를 출력하는 데는 부족했다. 전형적인 16-16픽셀을 사용하면 어떤 간지들은 심각하게 망가졌다. 오른쪽에서 보이듯이, 최소한 24-24픽셀을 써야만 화면에 읽을 만하게 나타낼 수 있었다.

이 문제는 메모리만 충분하다면 해결할 수 있다. 더 큰 문제는 입력이다. 최소 2000자의 간지를 입력하려면 컴퓨터 키보드를 어떻게 만들어야 할까?

앞에서 살펴본 중국 타자기와 같은 것은 대안이 되지 못할 것이다. 애초에 비논리적인 체계(간지)를 어떻게 컴퓨터가 이해할 수 있는 방식으로, 그리고 사용자가 수많은 간지들 속에서 정확한 것을 찾느라 계속 멈춰 서야 하는 일 없이 입력할 수 있을까? 컴퓨터에 간지를 입력하는 속도가 알파벳 입력 속도와 비슷하게 될 수 있는 희망은 있는가?

일본어와 문자에 대한 지식을 바탕으로 이 문제를 연구한 J. 마셜 웅게르는 그에 대한 대답은 본질적으로 '아니오'라고 생각한다. 그는 간지와 컴퓨터 사이의 아홉 가지 비호환성을 표의 형태로 아래와 같이 제시했다. 웅게르는 이렇게 결론을 내렸다.

"간지 사용이 역사적으로 성공한 것에 대해 이야기할 수 있는 것은 간지의 변덕과 유동성이 사람이 생각하고 행동하는 방식과 잘 어울렸다는 점이다."

즉, 인간 정신이 근본적으로 컴퓨터와 다르기 때문에 간지와 컴퓨터는 어울리기 힘들다는 것이다.

인공 지능을 믿는 사람들은 컴퓨터가 결국에는 손으로 쓴 간지를 인식하고 처리할 수 있게 될 것이고 주장한다. 많은 일본인들은 이러한 확신을 즐거이 받아들이고 그런 컴퓨터를 만드는 데 시간과 돈을 투자하고 있다. 물론 오늘날까지는 제한적인 성공밖에 거두지 못했다. 아마도 언젠가는 컴퓨터 처리의 필요성 때문에 간지가 일본인의 다른 생활 영역에서는 아니라 해도 전산 데이터 처리에서는 포기되지 않을까.

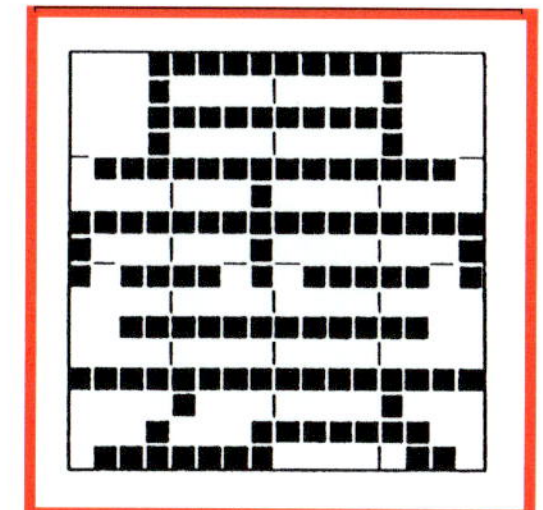

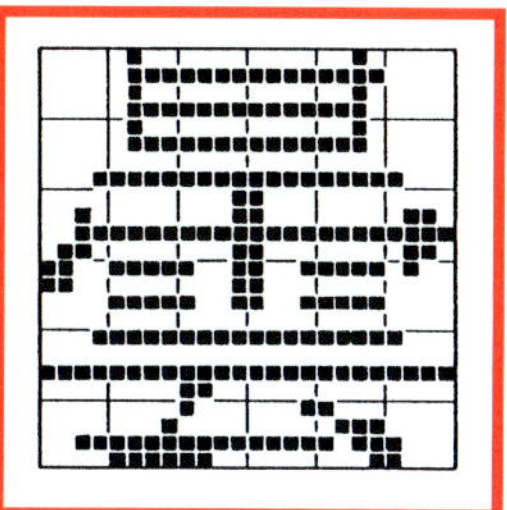

'구름'을 나타내는 간지.
위_ 16-16 픽셀 격자.
가운데_ 24-24 픽셀 격자.
아래_ 원래 나타내야 하는 글자 모양

간지를 이용해서 컴퓨터로 일본어 자료를 표현할 경우,			
	낭비적이다	부정확하다	다루기 힘들다
간지는	1. 광범위해서	2. 개방되어 있어서	3. 순서가 없어서
간지 읽기가	4. 중복이 많아서	5. 모호해서	6. 인위적이라서
간지 모양이	7. 복잡해서	8. 추상적이어서	9. 동질적이어서

"그림이 천 마디의
가치가 있는 경우는 물론이고
종종 한 그림을 설명하는 데
천 마디의 단어가 필요할 때도 있다."

존 드프란시스, 보이는 말
(Visible Speech), 1989

1970년대 중반에 해외 여행이 급증하면서, 미국 시각예술원은 연방 운송국과 협력하여 시간에 쫓기거나 영어를 모르는 여행객들에게 분명하게 의미를 전달할 수 있도록 공항과 그 밖의 여행 편의 시설을 위한 일련의 기호들을 만들었다. 왼쪽에 보이는 34개의 기호가 그것이다(기호의 의미는 218쪽에 나와 있다).

디자인 위원회는 중요한 관찰을 한 가지 했다. "우리는 기호의 효율성이 엄격히 제한되어 있다는 것을 확신한다. 기호는 버스나 술잔 같은 어떤 물체로 서비스나 허가를 표현할 수 있을 때 가장 효율적이다. 승차권 구입과 같은 어떤 과정이나 활동을 표현할 때는 효율성이 훨씬 떨어지는데, 이는 (후자가) 양태와 개인에 따라 매우 다양할 수밖에 없는 복잡한 상호 작용이기 때문이다."

디자이너들은 기호만 쓸 것이 아니라, 기호와 알파벳 메시지를 둘 다 포함하는 "이해 가능한 전체적인 기호 체계"의 일부로서 이용해야 한다고 결론지었다. 그렇지 않으면, 항공 여행객들에게 '혼란'만 가중시킬 것이다.

그러나 오늘날의 많은 문자 체계 학자들은 의사소통에서 기호의 잠재력에 대한 이러한 주장에 동의하지 않는다. 그들은 음표, 수학 기호, 회로도, 미국 인디언의 회화문자와 가장 초기의 수메르 점토판과 함께(우리는 이 모두를 원시 문자라고 불렀다) 공항 안내 기호, 도로 표지, 전자 제품의 사용 설명서에 쓰이는 기호 등과 같은 현대의 상형문자들을 기꺼이 '문자'라고 부른다.

그들은 주장하기를, 이론상 상상력과 재능만 충분하다면 기호 체계를 이용해서 순수하게 표어문자적인, 그리고 어떤 음성 언어로부터도 독립적이며 말로 표현되는 모든 범위의 사고를 표현할 수 있는 '보편적인' 문자 체계를 만들 수도 있다고 한다.

이러한 학자들은 완전한 문자가 음성 언어에 기반을 두고 있다는 사실을 믿지 않는다. 정반대로 그들은 알파벳 문자가 음성 언어에 영향을 미쳤고, 그래서 (예를 들면) 아이들은—*tch*와 *ch*는 음성학적으로는 같음에도 불구하고— 'rich'보다 'pitch'에 음성이 더 많다고 생각한다는 것이다. 이들 학자들은 '알파벳의 승리'를 받아들이지 않는다. 사실 그들은 이론적으로 읽기와 쓰기에서 발음에 따른 원칙이 있어야 할 이유가 없다고 생각한다. 그들은 한자(일본어보다는)를 지목하며 이것이 순순한 표어문자가 최소한 가능성이 있다는 증거라고 주장한다. 그들은 기본적으로 문자 체계에는 표음문자와 표어문자가 있는데, 그 모두 유효하다고 생각한다.

이 책은 그와는 반대로 발음에 따른 원칙이 실제 문자 체계에서 가장 중요하며, 표어문자는 항상 이것을 보충해 왔다는 입장을 취하고 있다. 그리고 완전한 문자 체계는 표음문자와 표어문자의 혼합 비율에 따라 서로 달라진다는 것이다.

표어문자의 유토피아

표어문자에 대한 믿음과 갈망은 뿌리 깊고 복잡한 것이다. 그러한 믿음을 갖고 있었던 호라폴로와 아타나시우스 키르헤는 이집트 상형문자를 발음과 상관없이 '읽을' 수 있다고 주장했다. 마찬가지로 1698년에 라이프니치는 이렇게 썼다. "기호에 관해서 나는 …… 이것이 문필 공화국과, 특히 학생들의 관심거리라고 생각하며, 학식

'보편적' 기호들.
1972년 뮌헨 올림픽의
기호들(아래)과
1980년대부터의 코카콜라의
상표(왼쪽)는 현대 시각적
의사소통에서 회화문자와
표음문자의 힘 둘 다를 보여 준다.
코카콜라 상표는
다음 언어 순으로 쓰였다
(위에서부터, 왼쪽에서 오른쪽으로).
스페인어, 타이어, 터키어, 일본어,
프랑스어, 중국어, 히브리어, 아랍어,
그리스어, 러시아어, 독일어, 한글.

을 갖춘 자들은 기호에 대해 합의에 이르러야 할 것이다."

오늘날 표어문자가 알파벳처럼 '환원적'이기보다는 '전체적'이라고 보고 싶어하는, 애매하긴 하지만 일반적인 소망이 있는 것 같다. "한자는 식민자들의 문자가 아니라 식민을 당한 자들의 문자였기에 그 장점이 간과되었다", 또 "인위적이고 심지어 본질적으로 권위적인 것으로 보이는 음성 문자 기호보다는 한자가 더욱 정교하고 인간적이며 재치 있게 사고를 표현할 수 있다"는 등의 생각들이 그것이다. 따라서 순수한 표어문자는 일종의 유토피아가 되어, 그 안에서는 모든 언어의 장벽이 무너지고 보편 기호를 이용해 형제와 같이 서로 의사소통을 할 수 있다는 것이다 (역설적으로 이들은 두 가지 근본적인 문자가 존재하는 것이 하나의 통합된 덩어리의 혼성 문자 체계

    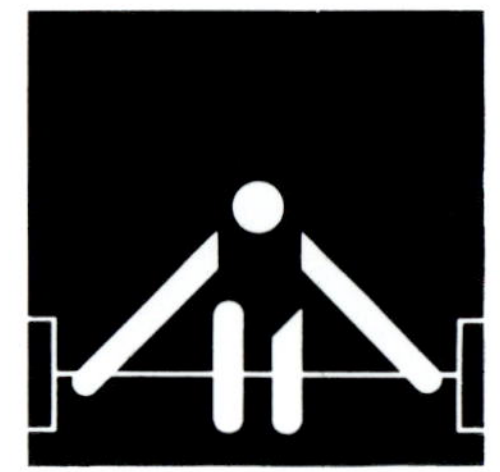

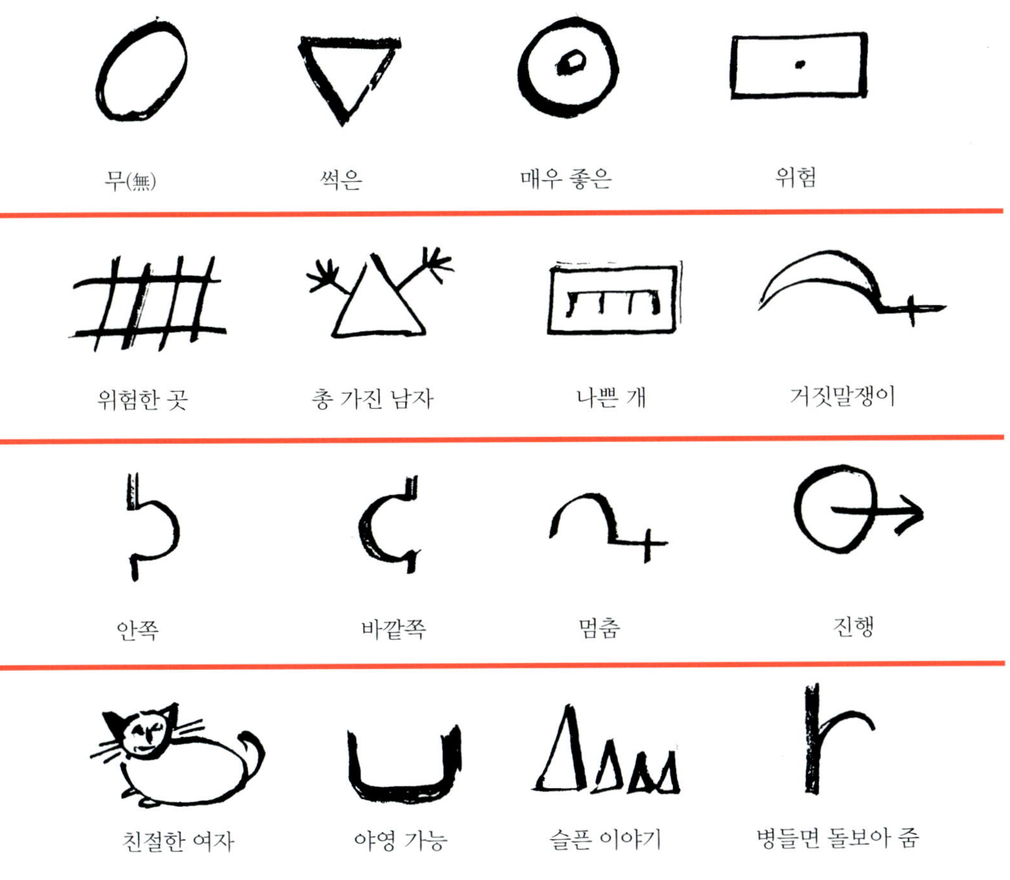

집시와 뜨내기들의 기호. 이것들은 흥미롭기는 하지만, 어떤 학자들의 믿음처럼 표음문자 없이 완전한 문자 체계를 발전시킬 수 있다는 점을 시사하는 것은 아니다.

보다 낫다고 옹호한다).

전체적으로 표어문자에 대한 믿음은 그 모든 현대성, 혹은 '포스트-현대성'에 대한 자랑에도 불구하고, 실제로는 신비롭고 영적인 동방에 대한 고대의 믿음의 재판이라 볼 수 있다.

어느 유럽인 중국 서예 전문가의 대표적인 견해에 따르면, 알파벳은 "마치 화폐와 같이, 자연과 인간 산업의 모든 산물을 각자의 교환 가치에 따라 공통적인 이름으로 환원시키고, 물리적 현실의 무한한 부요함을 어떠한 내재적 가치도 없는 몇 개의 기호 조합으로 축소시킨다. …… (이와 대조적으로) 중국 문자는 …… 가시적 기호 뒤의 추상적 실재를 찾게 하기보다는 기호로 표현되는 현상과 현상으로 드러나는 기호의 관계·구성·반복을 연구하도록 한다. …… 이것은 우리의 사고방식과는 다르게 정신을 이끌지만, 동일한 보상을 해준다."

이것은 마치 만리장성에 대한 민간 신앙처럼 매혹적이긴 하다. 사실 그 어느 시대에도 바다에서 사막까지 중국 북부를 가로지르는, 단일하고 한 덩어리로 된 성벽은 존재하지 않았다. 우리들 대부분은 표어문자를 원칙으로 하는 것이 알파벳을 원칙으로 하는 것보다 낫다고 느끼며, 알파벳을 원칙으로 하자는 것은 필연적으로 우리 두뇌를 마치 극도로 정교한 디지털 컴퓨터와 같다고 보는 환원주의적 사고와 연결될 수밖에 없다고 생각한다. 표어문자를 원칙으로 하자는 것은 E. M. 포스터의 유명한 권고인, "오직 연결!"을 연상시키는데, 그때 알파벳 원칙주의는 "오직 분리"라고 요약될 수 있을 것이다.

20세기 문화에 시각 중심적 편견이 급증하면서 그러한 유혹이 훨씬 더 강해졌다. 우리는 산업화된 사회에서 강력한 이미지들에 둘러싸여 있다. 우리는 이전 세대보다 말—음성이든 글자든—에 훨씬 덜 의존한다. 문학이 아니라 영화가 우리 세대의 예술 형태였다.

전 세계의 대중 관객을 끌어들일 수 있는 영화의 능력은 잠재적으로는 이미지로 된 언어가 가능하고 자연스러운 것이라는 점을 시사한다. 우리는 실제로는 영화에서 말이 얼마나 중요한가는 잊어버리기 쉽다.

영화와 문자 체계는 병행해서 발달하기도 한다. 무성 영화에서는 이야기를 전하기 위해서 인쇄하거나 손으로 쓴 자막 카드를 주기적으로 끼워 넣어야만 했다. 이미지만으로는 충분하지 않았던 것이다. 일단 '대화'가 도입되자 무성 영화가 곧 사라졌다. 가장 위대한 영화 예술가도 영상의 순수성을 지키기 위해 음성을 기피해야 할 필요성은 느끼지 않았다. 장 르느와르는 음성에 대해 이렇게 썼다. "1930년 무렵에 대사를 써야만 하는 상황 때문에 비로소 나는 이 현실로 내려왔고, 내가 대화해야 할 관객들과 나 사이에 진정한 만남이 이루어졌다. 그 전에 나는 눈뜬 장님과 같았다." 관객들은 즉시 대화를 수용했다. 오늘날 무성 영화를 보면, 설혹 그것이 매우 상상력이 뛰어난 것이라 할지라도 무엇인가가 빠졌다는 느낌을 받을 것이다. 우루크의 초기 수메르 점토판이나 210쪽에 나와 있는 것과 같은 알 수 없는 회화 문자들에 대한 우리의 반응 역시 마찬가지일 것이다. 그것들에는 한 차원이 빠져 있기 때문이다. 음성의 도입은 영화에 일대 혁명을 가져왔다. 표음문자의 도입은 원시 문자를 완전한 문자로 만들었다.

문자의 진화

만약 이러한 병행 관계가 유효한 것이라면, 현대 문자가 고대 문자에서 '진화'했다는 것은 무슨 의미일까? 수십 년 전만 해도, 서양 문명이 문자를 음성 언어에 좀 더 가깝게 표현할 수 있도록 하기 위해 수세기 동안 노력했다는 것에 다들 동의했다. 알파벳은 자연히 이러한 의식적인 탐구의 정점이었다. 역으로 중국 문자는 대개 구제 불능의 결점을 가진 것으로 생각되었다. 그것의 논리적 결론은 알파벳이 세계로 확산됨에 따라 결국 대

우리는 이미지에 근거를 둔 의사소통의 시대에 살고 있다. 20세기의 예술 형태인 영화는 그것을 단적으로 보여 준다. 그러나 우리는 말이 영화에서 얼마나 중요한지를 곧잘 잊곤 한다. 「쉰들러 리스트」(1994)에서 말은 영화의 중심축을 형성한다. 그것은 말 그대로 삶과 죽음의 문제다.

알파벳 글자의 힘과 신비. 1980년대에 랄프 베이어가 대리석에 새긴 이 비문은 『사다나(*Sadhana*): 라빈드라나트 타고르의 삶의 실현』(1913)의 한 구절이다.

중의 문자 교육과 민주주의가 전파되리라는 것이었다. 그래서 학자들—최소한 서양 학자들—은 문자가 기호를 많이 가진 성가신 고대 문자에서 간단하고 우수한 현대 알파벳으로 진보했다는 명확한 개념을 가지고 있었다.

그러나 지금은 그런 확신을 가진 사람이 거의 없다. 알파벳의 우월성은 더 이상 당연한 일이 아니다. 더 근본적으로는 발음상의 효율성을 이유로 문자가 점점 단순해졌다는 식의 주장이 근거가 없는 것임이 드러났다.

이미 살펴본 바와 같이, 고대 이집트인들은 거의 5천 년 전에 24개의 기호로 된 '알파벳'을 가지고 있었음에도 불구하고 그것을 선택하지 않았다. 마야인들은 원하기만 했다면 정교한 표어문자와 표어/표음 혼합문자 대신에 훨씬 더 순수하게 발음에 따르는 철자법을 쓸 수도 있었다. 일본인들 역시 그들이 가진 단순한 음절 가나를 쓰는 대신, 점점 더 많은 간지(한자)를 수입해 쓰는 편을 택해서 한때 그 수가 5만 개에 달하기도 했다.

한편 문자 체계의 진화와 지구상의 생명의 진화를 나란히 견주어 보는 것도 흥미로운 일일 것이다. 간단한 시작—회화문자와 원생동물—에서 복잡함이 발달해 나왔다. 때때로 이것들이 분화해서 아주 버거운 쪽—설형문자, 한자, 그리고 공룡—으로 나가기도 했다. 그러나 이것은 또한 매우 성공적인 형태—알파벳과 호모 사피엔스—로 나가기도 했다. 진화의 두 방향 모두에서, 주기적으로 멸종 사태가 벌어졌다.

물론 이러한 비교에서 너무 많은 것을 끄집어내서는 안 될 것이다. 현대의 알파벳, 문자 교육, 민주주의의 관계는 겉으로 보기에는 쉬운 관계처럼 보이지만 설명하기가 상당히 어렵다. 어떤 문자가 배우기 쉽다면, 배우기 어려운 문자보다는 더 많은 사람들이 그것을 익힐 수 있으리라는 것은 당연해 보인다. 그리고 그들이 이전보다 공공 영역을 더 잘 이해하게 된다면, 더 많이 참여할 것이고 또 참여를 요구할 것이다. 확실히 오늘날 민주 정부들의 교육 정책은 높은 수준의 문자 교육을 강조하고, 문맹은 뒤떨어진다는 일반적인 가정을 강화한다. 그렇다고는 해도 문자 교육을

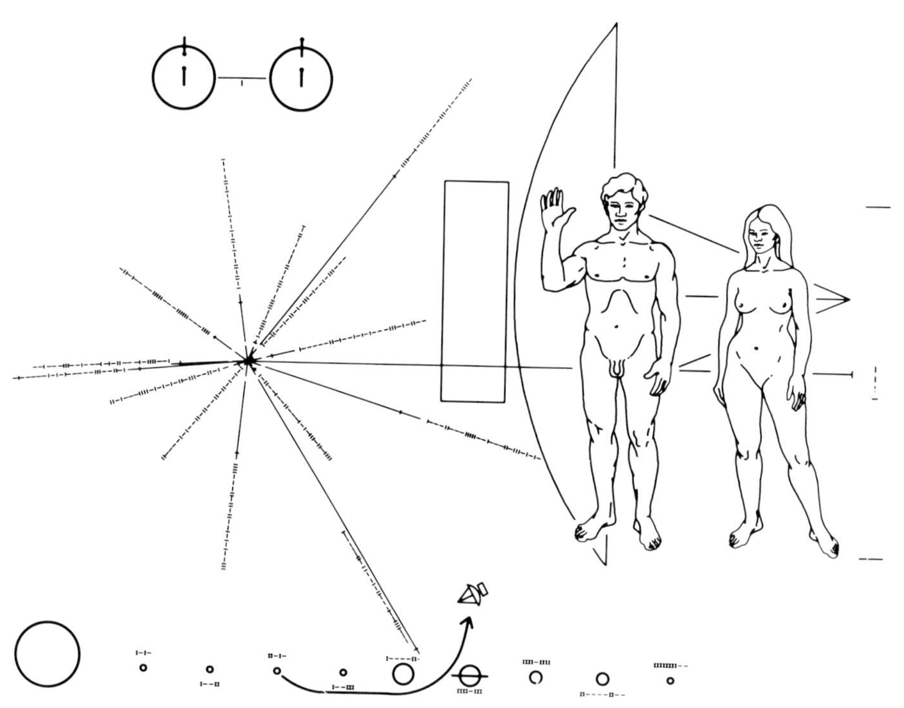

이야기할 때는 읽고 쓰는 능력 말고도 다른 요소들이 많이 개입한다. 경제적 · 정치적 · 사회적 · 문화적 조건들이 좋아야만 비로소 민주주의와 문자 교육이 뿌리내려 자랄 수 있다.

우리는 고대 이집트에서 급격한 사회적 변화가 없었던 반면 고대 그리스에서 그것이 있었던 것을 상형문자 대 알파벳의 관점으로 설명할 수 없으며, 마찬가지로 현대 일본의 높은 수준의 문자 교육을 그 나라가 세계에서 가장 복잡한 문자를 보유하고 있다는 사실에 돌릴 수 없다.

상형문자의 유산

극동의 문자에 익숙하지 않은 사람은 누군가가 일본어 간지, 즉 한자(이 책에 나와 있는 간략하고 쉬운 사례들이라 해도)를 쉽게 사용하는 모습을 보고 놀랄 수밖에 없을 것이다. 고대 이집트 · 메소포타미아 · 마야의 문자에 대해서도 마찬가지일 것이다. 학자라는 소수의 특이한 집단에 속해 있

지 않은 우리들이 고대 문자에 관심을 갖는 것은 인간의 언어적인 천재성에 대한 놀라움 때문일까? 미적 매력, 그들이 담고 있는 고대 세계에 대한 문화적 정보, 그들이 해독가들에게 제공한 지적 도전 등을 제외하면, 이 사라진 문자들은 단순히 흥밋거리로서 프톨레마이오스의 주전원(周轉圓)론, 플로지스톤설, 중국의 전족과 같이 취급될 것들인가?

알파벳 사용자들이 보기에는 이러한 고대 세계에서는 그들 자신의 문자를 개

선하는 데 직접적으로 도움이 될 만한 것을 배울 수 있을 것 같지 않다.

만약 그런 것이 있다면, 한자를 채택한 중국, 일본, 그리고 여타 극동의 나라들은 가나나 병음과 같이 발음에 기반을 둔 문자로 급속히 전환할 것이다. 즉, 알파벳 원칙주의가 이 마지막 표어문자 진영으로 결국은 파고들 것이다.

아무튼 이것이 역사상 모든 다른 나라에서 벌어진 일이다. 중국에서는 마오쩌둥, 저우언라이〔周恩來〕, 그리고 다른 몇몇 지도자들도 바랐던 것이지만, 결국 보수적인 사고방식에 의해 저지되었다.

오랜 시간이 걸리는 문자 개혁은 혼란스러운 과정을 거칠 수밖에 없다. 라틴어가 유럽의 교양 문자 언어에서 사라지기까지는 수세기가 걸렸다. 영어 사용권에서는, 최소한의 철자와 문법적 변화도 극단적인 감정을 촉발시킬 수 있다. 조지 버나드 쇼가 옹호했던 방식(40쪽 참조)으로 영국이나 미국에서 전면적인 문자 변화를 공식적으로 도입하고자 할 때 어떤 반응이 나올 것인지 한번 상상해 보라!

어쩌면 상형문자의 유산은 더욱 정교한 것으로서 말과 글, 표음문자와 표어문자의 상대적 지위를 다루고 있을 것이다. 결국 이집트 상형문자, 메소포타미아 상형문자, 마야 그림문자와 다른 복잡한 문자들이 매혹적인 이유는 그것들이 읽고 쓰고 말하고 생각하는 과정에 대해 새로이 생각해 볼 수 있게 해주기 때문이다. 그와 마찬가지로 막강하며, 현대에 활발하게 쓰이는 중국 문자와 일본 문자는 우리가 이러한 과정에 대해 얼마나 무지한가를 상기시켜 준다.

우리는 먼 은하계의 별들의 화학적 구성을 밝혀 낼 수 있고 우리 두뇌의 신경 화학물질을 분석할 수 있다. 그러나 정신과 의식의 영역에서 우리의 이해력은 아직도 뒤떨어져 있다. 아직까지는 누구도 이 문장을 읽는 당신 머리 속에서 어떤 일이 벌어지는지를 많이 이야기해 줄 수 없다. 고대의 문자 체계를 우리의 것과 비교하며 호의적으로 자세하게 연구한다면, 어떤 도움이 되는 단서를 얻을 수 있을지도 모른다.

(계속) 원판의 바닥에는 산소 원자의 에너지 전이가 있다. 산소는 우리 은하계에서 가장 풍부한 요소이며, 우리 은하 전체에서는 물리 현상이 동일한 법칙에 따른다는 가정에서 메시지의 이 부분은 지금으로부터 수만, 수십만 년 후에 파이오니어 10호를 만나게 될 발달된 문명과 서로 통할 수 있을 것이다. 우주인들은 이 원판이 은하계의 아주 작은 어느 별의 것이며 그 은하계 역사의 어느 한 해(1970)에 속한다는 것을 계산해 낼 수 있을 것이다. 원판 바닥에 있는 태양과 행성들은 정확한 위치를 알려 줄 것이다. 그리고 태양계를 떠나는 우주선의 그림은 충분히 이해될 것이다. 그러나 외계의 생명체는 인간의 모습—우리에게는 가장 명백한 부분—을 보고 무엇을 읽을 수 있을까? 어쩌면 우리가 빙하 시대 황소 그림을 이해하지 못하는 것보다도 더 어려운 것일 수도 있다. 세이건은 이렇게 말했다. "인간은 이 메시지에서 가장 불가해한 부분이다."

해답

94쪽 오른쪽 끝에 작게 그려진 손잡이 달린 바구니는 방향이 잘못되었다. 왼쪽의 것과 비교해 보라.

97쪽 이 상형문자들은 이렇게 옮겨 적을 수 있을 것이다. (1) 메리 (2) 챨스 (3) 엘리자베스 (4) 윌리엄 (5) 패트리샤 (6) 알렉산더 (7) 클레오파트라

210쪽 이 기호들은 다음과 같은 의미이다.

첫줄: 전화기, 우체국, 환전소, 응급구조, 분실물센터

둘째 줄: 가방 보관소, 승강기, 남자 화장실, 여자 화장실, 화장실

셋째 줄: 안내, 호텔 안내, 택시, 버스, 육상 운송

넷째 줄: 철도 운송, 항공 운송, 헬리콥터, 수상 운송

다섯째 줄: 자동차 대여, 레스토랑, 커피숍, 바, 가게

여섯째 줄: 티켓 구매, 수화물 등록, 수화물 청구, 관세, 이민

일곱 번째 줄: 흡연, 금연, 주차, 주차금지, 진입금지

참고 문헌

이것은 학문적인 참고 도서 목록이 아니라 이 책의 각 장과 직접 관련된 책과 논문 중에서 선별한 것이다. 문자를 핵심적으로 다루고 있는 책들만을 포함시켰고, 고대 문명에 대한 대부분의 개설서들은 제외했다. 출판 연도는 별도 표시가 없는 이상 영어 초판본의 연도이다.

서론/개설서

이 책들은 대부분 방대한 참고 도서 목록을 포함하고 있다

Avrin, Leila, *Scribes, Scripts and Books: The Book Arts from Antiquity to the Renaissance*, 1991

Claiborne, Robert, *The Birth of Writing*, 1974

Coulmas, Florian, *The Writing Systems of the World*, 1989

DeFrancis, John, *Visible Speech: The Diverse Oneness of Writing Systems*, 1989

[Galeries nationales du Grand Palais] *Naissance de l'écriture: Cuneiformes et hiéroglyphes*, 1982(exhibition catalogue)

Gaur, Albertine, *A History of Writing*, 3rd edition, 1992

_____ *A History of Calligraphy*, 1994

Gelb, I. J., *A Study of Writing*, 2nd edition, 1963

Harris, Roy, *The Origin of Writing*, 1986

_____ *Signs of Writing*, 1995

PoPe, M., *The Story of Decipherment: From Egyptian hieroglyphic to Linear B*, 1975

로제타석의 해독

Andrews, Carol, *The Rosetta Stone*, 1981

Boas, George (trans.), *The Hieroglyphs of Horapollo*, 2nd edition, 1993

Champollion, Jean-François, *Précis du Système Hiéroglyphique des Anciens Egyptiens*, 2nd edition, 1828

Iversen, Erik, *The Myth of Egypt and Its Hieroglyphs in European Tradition*, 2nd edition, 1993

음성, 기호, 그리고 문자

Bissex, Glenda L., *Gnys at Work*, 1980

Crystal, David, *The Cambridge Encyclopaedia of Language*, 1987

Kolers, Paul, 'Some formal characteristics of pictograms', *American Scientist*, 57:3, 1969

McCarthy, Lenore, 'A child learns the alphabet', *Visible Language*, Summer 1977

Pinker, Steven, *The Language Instinct: The New Science of Language and Mind*, 1994

Saussure, Ferdinand de, *Course in General Linguistics*, 1959 (various translations exist)

원시 문자

Ascher, Marcia and Robert, 'The quipu as a visible language', *Visible Language*, Autumn 1975

Bahn, Paul and Jean Vertut, *Images of the Ice Age*, 1988

Englund, Robert K., 'The origins of script', *Science*, 11 June 1993 (review of Schmandt- Besserat, *Before Writing, 1* – see below)

Marshack, Alexander, *The Roots of Civilization*, 2nd edition, 1991

Nissen, Hans J., Peter Damerow and Robert K. Englund, *Archaic Bookkeeping: Writing and Techniques of Economic Administration in the Ancient Near East*, 1993

Schmandt-Besserat, Denise, *Before Writing, 1 : From Counting to Cuneiform*, 1992

설형문자

Bermant, Chaim and Michael Weitzman, *Ebla: A Revelation in Archaeology*, 1979

Collon, Dominique, *Near Eastern Seals*, 1990

Cooper, Jerrold, 'Bilingual Babel: cuneiform texts in two or more languages from ancient Mesopotamia and beyond', *Visible Language*, *27:1/2*, 1993

Hinz, Walter, *The Lost World of Elam: Recreation of a Vanished Civilization*, 1972

Kramer, Samuel Noah, *The Sumerians: Their History, Culture and Character*, 1963

Postgate, J. N., *Early Mesopotamia: Society and economy at the dawn of history*, 1992

Powell, Marvin A., 'Three problems in the history of cuneiform writing: origins, direction of script, literacy', *Visible Language*, Autumn 1981

Roux, Georges, *Ancient Iraq*, 2nd edition, 1980

Walker, C. B. F., *Cuneiform*, 1987

이집트 상형문자

Arnett, William S., *The Predynastic Origin of Egyptian Hieroglyphs*, 1982

Baines, John, 'Literacy and ancient Egyptian society', *Man, 18*, 1983

Davies, Nina M., *Picture Writing in Ancient Egypt*, 1958

Davies, W. V, *Egyptian Hieroglyphs*, 1987

Faulkner, Raymond O. (trans.), *The Ancient Egyptian Book of the Dead*, revised edition, 1985

Gardiner, Alan H., *Egyptian Grammer: Being an Introduction to the Study of Hieroglyphs*, 3rd edition, 1957

Reeves, Nicholas, *The Complete Tutankhamun: The King, the Tomb, the Royal Treasure*, 1990

Wilkinson, Richard H., *Reading Egyptian Art: A Hieroglyphic Guide to Ancient Egyptian Painting and Sculpture*, 1992

Zauzich, Karl-Theodor, *Discovering Egyptian Hieroglyphs: A Practical Guide*, 1992

선상문자 B

Chadwick, John, *The Decipherment of Linear B*, 1958

_____ *Documents in Mycenaean Greek*, 2nd edition, 1973

_____ 'Linear B' in *Current Trends in Linguistics, II*, Thomas A. Sebeok (ed.) , 1973

_____ *Linear B and Related Scripts*, 1987

Evans, Arthur, *The Palace of Minos at Knossos, 4*, 1935

Kober, Alice E., 'The Minoan scripts: fact and theory', *American Journal of Archaeology*, 52, 1948

Ventris, Michael, 'Deciphering Europe's earliest scripts', *Listener*, 10 July 1952

_____ 'King Nestor's four-handled cups: Greek inventories in the Minoan script', *Archaeology*, Spring 1954

_____ 'A note on decipherment methods', *Antiquity*, 27, 1953

_____ *Work Notes on Minoan Language Research and Other Unedited Papers*, Anna Sacconi(ed.), 1988

마야의 상형문자

Coe, Michael, *Breaking the Maya Code*, 1992

_____ *The Maya*, 5th edition, 1993

Fash, William L., *Scribes, Warriors and Kings : The City of Copàn and the Ancient Maya*, 1991

Förstemann, E.(ed.), *Die Maya—Handschrift der Königlichen Öffentlichen Bibliothek zu Dresden*, 1892

Freidel, David, Linda Schele and Joy Parker, *Maya Cosmos*, 1993

Houston, S.D., *Maya Glyphs*, 1989

Knorosov, Yuri V., 'The problem of the study of the Maya hieroglyphic writing', *American Antiquity*, 23:3, 1958

Miller, Mary—Ellen, *The Murals of Bonampak*, 1986

Reendts—Budet, Dorie, *Painting the Maya Universe: Royal Ceramics of the Classic Period*, 1994

Robertson, Merle Greene, *The Sculpture of Palenque, 1 : The Temple of the Inscriptions*, 1983

Schele, Linda and David Freidel, *A Forest of Kings: The Untold Story of the Ancient Maya*, 1990

Stephens, John L., *Incidents of Travel in Yucatan, 1* and *2*, 1843

Stuart, David, 'The Rio Azul cacao pot', *Antiquity*, March 1988

Thompson, J. E. S., *Maya Hieroglyphic Writing*, 1950

_____ *A Commentary on the Dresden Codex: A Maya Hieroglyphic Book*, 1972

해독되지 않은 문자들

Bahn, Paul and John Flenley, *Easter Island Earth Island*, 1992

Barthel, Thomas S., 'Perspectives and directions of the classical Rapanui script', in *Easter Island Studies*, Steven Roger Fischer (ed.), 1993

Bonfante, Larissa, *Etruscan*, 1990

Butinov, N.A. and Y.V. Knorosov, 'Preliminary report on the study of the written language of Easter Island', *Journal of the Polynesian Society, 66*, 1957

Chaddwick, John, *Linear B and Related Scripts*, 1987 (covers Linear A and the Phaistos disc)

Hood, M.S.F., 'The Tartaria tablets', *Antiquity, 41*, 1967

Jansen, Michael, Maire Mulloy and Gunter Urban, (eds.), *Forgotten Cities on the Indus: Early Civilization in Pakistan from the 8th to the 2nd Millennium BC*, 1991

Lamberg—Karlovsky, C.C., 'The Proto— Elamites on the Iranian plateau', *Antiquity, 52*, 1978

Mahadevan, Iravatham, 'What do we know about the Indus script? *Neti neti* ("not this nor that")', *Journal of the Institute of Asian Studies*, Madras, September 1989

Page, R.I., *Runes*, 1987

Parpola, Asko, *Deciphering the Indus Script*, 1994

Shinnie, P.L., *Meroe: A Civilization of the Sudan*, 1967

최초의 알파벳

Cambridge Archaeological Journal, 2:1, 1992 (feature devoted to Powell, *Homer and the origin of the Greek alphabet* – see below)

Cook, B.F., *Greek Inscriptions*, 1987

Gardiner, Alan H., 'The Egyptian origin of the Semitic alphabet', *Journal of Egyptian Archaeology, 3*, 1916

Hawkins, David, 'The origin and dissemination of writing in western Asia', in *The Origins of Civilization: Wolfson College Lectures*, P.R.S. Moorey (ed.), 1979

Jeffery, L.H., *The Local Scripts of Archaic Greece*, 2nd edition, 1990

Moscati, Sabatino, *The Phoenicians*, 1988

Naveh, Joseph, *Early History of the Alphabet: An Introduction to West Semitic Epigraphy and Palaeography*, 1982

Powell, Barry B., *Homer and the origin of the Greek alphabet*, 1991

Pritchard, James B.(ed.), *The Times Atlas of the Bible*, 1987

Sassoon, John, 'Who on earth invented the alphabet?', *Visible Language*, Spring 1990

오래된 알파벳과 새로운 알파벳

Diringer, David, *The Alphabet: A Key to the History of Mankind, 1* and *2*, 3rd edition, 1968

Gardner, William, *Alphabet at Work*, 1982

Healey, John F., *The Early Alphabet*, 1990

Jean, Georges, *Writing: The Story of Alphabets and Scripts*, 1992

Logan, Robert K., *The Alphabet Effect: The Impact of the Phonetic Alphabet on the Development of Western Civilization*, 1986

Safadi, Y.H., *Islamic Calligraphy*, 1978

중국의 문자

Aylmer, Charles, 'Origins of the Chinese script: an introduction to Sinopalaeography', 1981(pamphlet)

Billeter, Jean—François *The Chinese Art of Writing*, 1990

DeFrancis, John, 'China's literary renaissance: a reassessment', *Bulletin of Concerned Asian Scholars, 17:4*, 1985

_____ *The Chinese Language: Fact and Fantasy*, 1984

_____ 'How efficient is the Chinese writing system?', 1993(unpublished)

DeFrancis, John and J.Marshall Unger, 'Rejoinder to Geoffrey Sampson, "Chinese script and the diversity of writing systems"', *Linguistics*, 32, 1994

Keightley, David N., *Sources of shang History*, 1978

Sampson, Geoffrey, 'Chinese script and the diversity of writing systems', *Linguistics*, 32, 1994

Ye, Chiang, *Chinese Calligraphy*, 3rd edition, 1973

일본의 문자

Saint—Jacques, Bernard, 'The Roman alphabet in the Japanese writing system', *Visible Language*, Winter 1987

Seeley, Christopher, *A History of Writing in Japan*, 1991

Smith, Richard and Trevor Hughes Parry, *Japanese: Language and People*, 1991

Unger, J.Marshall, *The Fifth Generation Fallacy: Why Japan Is Betting Its Future on Artifcial Intelligence*, 1987

_____ 'The very idea: the notion of ideogram in China and Japan', *Monumenta Nipponica*, Winter 1990

_____ 'Literacy East and West: data from linguistics and psycholinguistics', *Senri Ethnological Studies*, 34, 1992

상형문자에서 알파벳으로, 그리고 거꾸로?

American Institute of Graphic Arts, 'The development of passenger/pedestrian oriented signals for use in transportation— related facilities', *Visible Language*, Spring 1975

Boone, Elizabeth Hill and Walter D. Mignolo (eds.), *Writing Without Words: Alternative Literacies in Mesoamerica and the Andes*, 1994

Hollis, Richard, *Graphic Design: A Concise History*, 1994

Mead, Margaret and Rudolf Modley, 'Communication among all people, everywhere', *Natural History, 77:7*, 1968

Olson, David R., *The World on Paper: The Conceptual and Cognitive Implications of Writing and Reading*, 1994

Taylor, Insup and David R.Olson, (eds.), *Scripts and Literacy: Reading and Learning to Read Alphabets, Syllabaries and Characters*, 1995

Sagan, Carl, *The Cosmic Connection*, 1972

도판 목록

다음 쪽들의 도판은 별도 표시가 없으면 모두 Tracy Wellman의 것이다. : 22, 29, 30, 31, 32, 33, 35, 40, 48, 64, 65, 75, 79, 86, 87, 96, 97, 100, 101, 104, 105, 110, 111, 114, 115, 116, 127(Schele and Freidel, *A Forest of Kings*, 1990에서 변형), 147, 148, 149, 161, 163, 178.
다음 쪽들의 도판은 Michael Coe의 허락을 받고 수록했다. 124-25, 126, 128-29, 130-31, 134-35, 136(아래쪽), 137, 143(아래쪽).
다음 쪽들의 도판은 H. Nissen의 허락을 받았다. 62-7, 87, 89.
모든 지도는 Annick Petersen의 것이다.

1 Lady with a codex. Wall painting from Pompeii, before AD 79, Museo Archeologico Nazionale, Naples, Photo Scala Florence.
3 Detail from an Egyptian wallpainting. Photo John Ross.

서론

6 Wallpainting from Karashahr, China, 10th century, Copyright British Museum.
8 Ramesses II planning the Battle of Kadesh, 1285 BC. Illustration of a relief at Karnak from I, Rosellini, *Monumenti*, 1832-44.
9 Oracle bone, China, c.1500 BC. Copyright British Museum. Stone seal, Mohenjo-daro, c.2000 BC. Photo Enja Lahdenperä for the University of Helsinki, © National Museum of India.
10 Relief with scribes recording the dead, Assyrian, 8th century BC. Copyright British Museum.
11 Section of the Dresden Codex from E. Förstemann, *Die Maya-Handschrift der Königlichen Bibliothek öffentlichen zu Dresden*, 1892.
12 Angels recording the deeds of men. Illumination from al-Qazwini, *The Wonders of Creation*, Iraq, 1280. Bayerische Staatsbibliothek, Munich.
13 Kemal Ataturk teaching the Roman script. Photo Ministry of Information, Istanbul.
14 Cultural Revolution, China, mid-1960s. Photo *China Pictorial*.
17 Three signs(below) designed for Stansted airport, 1990-91, Pentagram.

1부

18 Vase showing the life of the Sun-god, Yaloch, Guatemala. Painting by Annie C Hunter, courtesy University Museum, Philadelphia. Box from Tutankhamun's tomb. Thebes, 14th century BC. Egyptian Museum, Cairo. Agyptisches Museum Staatliche Museum Preusslscher Kulturbesitz, Berlin, Photo Margarete Busing.

1장

20 The Rosetta Stone. Egyptian, c. 196 BC. Copyright British Museum.
21 Woodcut from C. Giehlow, *Die Hieroglyphenkunde*, 1915. Woodcut from *De Sacris Aegyptiorum notis*, 1574.

Woodcut from *Hori Apollinis Selecta hieroglyphica*, 1599. Vulture. Painted Egyptian relief. Photo Jean Vertut.
22 Obelisk in Piazza della Minerva, Rome. Egyptian, 6th century BC. © Photo Peter Clayton, The Minervan obelisk. Engraving from A. Kircher, *Obeliscus Aegyptiacus*, 1666. Sceptre sign. Drawing from the coffin of Sebko. Egyptian, Middle Kingdom, Sceptre sign interpreted as a stork. Woodcut from P. Valerianus, *Hieroglyphica*, 1556.
23 Pastoral letter on an ostracon. Thebes, 6th century AD. Copyright British Museum.
24 Dominique Vivant Denon on a bronze medallet, 1808. Collection Peter Clayton. Photo Peter Clayton.
24-5 Thebes. Engraving from *Description de l'Égypte*, vol. III, 1823.
26 Thomas Young. Engraving after Thomas Lawrenre, © Photo Peter Clayton.
27 Page from Thomas Young's diary. By permission of the British Library.
28 The Philae obelisk, Kingston Lacey. Photo Emily Lane. Four cartouches. Engravings from J.-F. Champollion, *Précis du Système Hiéroglyphique des Anciens Egyptiens*, 1828.
29 J.-F. Champollion from *Académie des Inscriptions*, vol. 25, 1921-22.
30 Cleopatra and her son Caesarion. Relief, 1st century AD, on the temple of Hathor, Dendera. © Photo Peter Clayton. Champollion's name in demotic from J.-F. Champollion, *Lettre à M. Dacier in Académie des Inscriptions*, vol.25, 1921-2.
31 'Tableau des Signes Phonétiques', October 1822. Facsimile In J.-F. Champollion, *Lettre à M. Dacier in Académie des Inscriptions*, vol.25, 1921-22.
32 The Temple of Abu Simbel, inaugurated 1256 BC. © Photo Peter Clayton.
33 Six cartouches of Ramesses II. Engraving from J.-F. Champollion, *Précis du Système Hiéroglyphique des Anciens Egyptiens*, 1828
34 Lid of Tutankhamun's alabaster box. Thebes, 14th century BC. Egyptian Museum, Cairo. Miniature coffin for Tutankhamun's intestines. Thebes, 14th century BC. Egyptian Museum, Cairo. Photo The Griffith Institute, Ashmolean Museum, Oxford.
35 Lid of a box with Tutankhamun's name. Thebes, 14th century BC. Egyptian Museum, Cairo. Photo The Griffith Institute, Ashmolean Museum, Oxford.

2장

36 Table of scripts after DeFrancis, *Visible Speech*, 1989.
37 Masthead of *Le Maître Phonétique*, 1914.
38 American deaf signing from Scott K. Liddell, *American Sign Language Syntax*, Mouton de Gruyter, The Hague 1980.
40 George Bernard Shaw. Photo Irish Tourist Board.
41 Sign in Soho, London. Photo Rob Campbell. Extract from physics text courtesy F. N. H. Robinson.
42 Rebus from G. Palatino, *Libro Nuovo*, c.1540. Rebus letter by Lewis Carroll, c.1869, from Evelyn M. Hatch, *A Selection from the letters of Lewis Carroll to his Child-Friends*, 1933. Sumerian tablet, c.3000 BC. Illustration from A. A. Vaiman, *Uber die protosumerische Schrift, Acta Antiqua Academiae Scientiarum Hungaricae 22*, 1974.
43 Samuel Pepys. Engraving from S. Pepys, *Memoires Relating to the State of the Royal Navy*, 1690. Last page of Samuel Pepys's diary, 1669, The Master and Fellows of Magdalene College, Cambridge.
45 Advertisement from *l-orizzont*. It-Tlietla, 20 September 1994. Osmanian alphabet from David Diringer, *The Alphabet*, London 1968.
46 Inscription from statue of Darius. Susa, 6th-5th century BC. Archaeological Museum Tehran.
47 Sumerian-Akkadian tablet, c. 1750 BC. Illustration from M. Civil and R. Biggs, *Notes sur les textes sumériens archaiques, Revue d'Assyriologue*, 60, 1966. Crowd with banners on the Mount of Olives, Jerusalem, 1918. Photo Imperial War Museum. Commemorative rubbing by Mao Zedong, c. 1953, from DeFrancis, *The Chinese Language*, 1984.
48 Planting rice in China. Photo from Gerhard Kiesling and Bernt von Kugelgen, *China*, Verlag Neues Leben 1957.
49 Woman praying before the character 'fo'. © Wang Miao/ANA, Paris.
50 12 signs (above) from DeFrancis, *The Chinese Language*, 1984. 18 signs from *Reading the Past*, British Museum Press, 1990. Copyright British Museum.
51 M. C. Escher, *Metamorphosis III* (detail). Woodcut, 1967-68. © 1995 M. C. Escher/Cordon Art-Baarn-Holland. All rights reserved.

3장

52 Hand print and dots in a cave, Pech Merle. Photo Jean Vertut.
53 Bison with marks, Marsoulas, France. Drawing by H. Breuil, from *Four Hundred Centuries of Cave Art*, Montignac 1952. Engraved horse, Les Trois Frères, France. Drawing after H. Breuil.
54 Customs of officers. Engraving after a 15th century window In Tournai Cathedral, The Mansell Collection. Eagle bones from Le Placard, W. France, c.13, 500 BC. © Alexander Marshack, *The Roots of Civilization*, Mover Bell Limited, 1991. Tally stick of 1739.

Engraving. The Mansell Collection. Tally stick from the British Exchequer. Courtesy of the Governor and Company of the Bank of England.
55 Kupe, Torres Strait Islands. Copyright British Museum. Inca clerk with quipu. Engraving from G. Poma, *Nuera Cronica*, 1613. Quipu, Peru. Copyright British Museum.
56 Pictorial roster of 84 families in the band of Big Road, Oglala Sioux, Dakota. Drawing, before 1883. National Anthropological Archives, The Smithsonian Institution, Washington. Letter from a Cheyenne father. Illustration from G, Mallery, *Picture Writing of the American Indians*, 1893.
57 Yukaghir Love Letter, Illustration after Shargorodskii, 1895.
59 Clay tokens, Susa, c.3300 BC. Photo courtesy Musée du Louvre, Paris. Leonard Woolley digging at Ur, 1920s. © Photo British Museum.
60 Bulla with six tokens. Late Uruk. Musée du Louvre, Paris. © Photo R.M.N.
61 Bulla with seven tokens. Late Uruk. Musée du Louvre, Paris. Photo R.M.N. Bulla with cuneiform Inscription, Nuzi, c. 1500 BC. Courtesy Ernst Lacheman. Bulla and X-ray, Susa, Late Uruk. Photo courtesy Musée du Louvre, Paris.
62 Clay tablet, Late Uruk. Staatliche Museen zu Berlin - Preussischer Kulturbesitz Vorderasiatisches Museum.
63 Tablet relating to administration of barley, Uruk. Photo courtesy of Christie's, London.
64 Black obelisk, Assyrian, 9th century BC. Copyright British Museum.
65 Relief with weighing scene, Kalhu, 9th century Bc. Copyright British Museum.
66 Administrative tablet. Archaic script phase III. From the Erlenmeyer collection: State of Berlin. Photo M. Nissen.
68 Boundary stone, Babylonian, c. 1120 BC. Copyright British Museum. Text from the Book of the Dead inscribed on a scarab of Web-Seny, 18th dynasty (1570-1293 BC). Courtesy of the Royal Scottish Museum. Mace head. Babylonian, c.2250 BC. Copyright British Museum.

2부

4장

70 Impression of a seal of Ur-Nammu(2112-2095 BC). Copyright British Museum. Darius hunting lions. Impression of a seal, Iraq, c.500 BC. Copyright British Museum.
72 Stairway of the Palace of Darius, Persepolis. Photo courtesy of the Oriental Institute, University of Chicago. Religious ceremony at Persepolis. Engraving from T, Hyde, *Historia Religionis*, 1700.
73 Carsten Niebuhr. Engraving. Photo Det Kongelige Bibliotek, Copenhagen. Inscription from Persepolis. Engraving from C. Niebuhr, *Reisebeschreibung nach Arabien*, 1774.
74 Decipherment by Georg Grotefend. Engraving from A. H. L. Heeren, *Ideen urber die Politik*, 1815. Portrait of George Grotefend from E. A. Wallis Budge, *The Rise and Progress of Assyriology*, 1925.
74 The rock at Behistun. Engraving from E. Flandrin and P. Coste, *Voyage en Perse*, 1851.
77 Portrait of Henry Rawlinson. Mezzotint after Henry Wyndham Philips, 1850. The inscriptions and relief at Behistun. Lithograph after Rawlinson, from *The Persian cuneiform inscription at Behistun*, 1846.
78 Clay cylinder of Tiglath-Pileser I (1120-1074 BC). Assyrian. Copyright British Museum.
80 Statue of Gudea, Sumerian, c.2100 BC. Musée du Louvre, Paris. Brick inscription of Ur-Nammu(2112-2095 BC). Sumerian. Copyright British Museum. Impression of a cylinder seal inscribed to Ibni-Amurru. Babylonian, 18th century BC. Copyright British Museum. Impression of a cylinder seal with Pu-abi, Ur, c.2600 BC. Copyright British Museum.
81 Gold plaque of Darius from Persepolis, 6th century BC. Archaeological Museum, Tehran. Cone inscription of Ur-Bau (2155-2142 BC), Lagash. Copyright British Museum.
82-83 School tablet. Old Babylonian period. Copyright British Museum.
83 Writing in cuneiform. Photos courtesy Marvin A. Powell.
84 Two tablets, c.3000 BC and c.2100 BC. Copyright British Museum.
85 Tablet, c.600 BC. Copyright British Museum. Stele of Hammurabi, Susa, c. 1760 BC. Musée du Louvre, Paris. © Photo R.M.N.
86 Tablet with multiplication table. Old Babylonian. Copyright British Museum.
87 Tablet recording the distribution of seed grain, Old Sumerian. Photo courtesy Musée du Louvre, Paris.
88 Tablet concerning field ownership from Shuruppak, c.2600 BC. Staatliche Museen zu Berlin - Preussischer Kulturbesitz Vorderasiatisches Museum. Photo G. Stenzel.
90 Tablets in the library at Ebla, c.2300 BC. Photo Paolo Matthiae.
91 The Tarkondemos seal. Copyright British Museum. 'Squeeze' of a Hittite inscription from Carchemish from D. G. Hogarth, *Carchemish*, 1914.

5장

92 Narmer palette, Egyptian, c.3200 BC. Egyptian Museum, Cairo. Part of a letter in hieratic script with comparative hieroglyphs. All rights reserved, the Metropolitan Museum of Art, New York.

94-95 False door of Khut-en-Ptah. Egyptian, c.2000 BC. Staatliche Museen Preussischer Kulturbesitz Agyptisches Museum, Berlin.

98 Wooden mirror case from Tutankhamun's tomb, Thebes, 14th century BC. Egyptian Museum, Cairo. Boltin Picture Library

99 Relief from the temple of Amun-Re, Karnak,1965-20 BC. © Photo Peter Clayton.

100 Thoth from the funerary papyrus of Sety I. Memphis, c.1310 BC. Copyright British Museum.

102-103 Section from the funerary papyrus of Pawiaenadja a,1000-800 BC. Staatliche Museen zu Berlin-Preussischer Kulturbesitz Agyptisches Museum und Papyrussammlung. Photo Dr G.Murra.

105 Tile inlaid with the name of Ramesses II, c.1250 BC. Staatliche Sammlung Agyptischer Kunst, Munich.

106 Egyptian scribe. Saqqara, 5th century BC. Musée du Louvre, Paris. Signs for a scribe from G. Mölle., *Zeitsrhrift des Deutsrhen Vereins furBuchwesen und Schrifttum*, II, 1919.

107 Hesire. Relief carving from Saqqara, c.2700-2650 BC. Egyptian Museum, Cairo. Hirmer Fotoarchiv. Tutankhamun's writing implements. Thebes, 14th century BC. Egyptian Museum, Cairo. Photo The Griffith Institute, Ashmolean Museum, Oxford. Writing implements. Staatliche Museen zu Berlin -Preussischer Kulturbesitz Agyptisches Museum und Papyrussammlung.

6장

108 Arthur Evans. Painting by W B. Richmond, 1907. © Ashmolean Museum, Oxford.

109 'The Room of the Throne' from A. Evans, *Palace at Minor*, vol. IV: 1935. Photo of Linear B tablet published by A. Evans in *American British School in Athens*, VII, 1900.

111 Gold double-axe. Minoan, c. 1500 BC. Iraklion Archaeological Museum. Hirmer Fotoarchiv.

112 Cypriot inscription. Copyright British Museum.

113 Horse tablet from Chadwick, *The Decipherment of Linear B*, 1958. Sanctuary of Aphrodite, Paphos, Cyprus, Swiss-German Archaeological Expedition at Palaipaphos.

115 Michael Ventris in 1937. Photo R. & H.Chapman, Buckingham. Grid from Michael Ventris, *Work Notes on Minoan Language Research and Other Unedited Papers*, ed. Anna Sacconi, 1988.

117 Grid from Michael Ventris, *Work Notes on Minoan Language Research and Other Unedited Papers*, ed. Anna Sacconi, 1988.

118 Linear B tablet. Pylos, 13th century BC.

119 Sign drawings by Ventris from *Archaeology*, Spring 1954. Ventris at work. Photo by Tom Blau, Camera Press London.

7장

120 Section of the Dresden Codex from E. Förstemann, *Die Maya-Handschrift der Königlichen Offentlichen Bibliothek zu Dresden*, 1892.

121 Eric Thompson. Photo courtesy George Stuart and the National Geographic Society. Photo Otis Imboden.

123 Copàn in the late 8th Century AD by T. Proskouriakoff. Courtesy Peabody Museum, Harvard University Drawing by Barbara Fash, from William Fash, *Scribes, Warriors and Kings*, 1991.

124 Drawing below right from David Kelley, *Deciphering the Maya Script*, University of Texas Press, 1976

125 Rabbit drawing a codex. Drawing by Diana Griffiths Peck.

128 Section of the Dresden Codex from E. Förstemann, *Die Maya-Handschrift der Königlichen Offentlichen Bibliothek zu Dresden*,1892.

129 Statuette of the young maize god. Copàn. Courtesy American Museum of Natural History, New York.

131 The 'Church', Chichén Itzà. Photo Irmgard Groth. Portrait of Fray Diego de Landa from *Relacion de las Cosas de Yucatan*, 1941.

132 Yuri Valentinovich Knorosov, Photo Michael Coe.

133 Section of the Dresden Codex from E. Förstemann, *Die Maya-Handschrift der Königlichen Offentlichen Bibliothek zu Dresden*,1892.

134 Lintel with bloodletting scene. Yaxchilàn, AD 770. Copyright British Museum. 3 drawings(above) from Stephen D. Houston, *Maya Glyphs*, British Museum Press, 1989.

136-7 Cylinder vase. Nakbé Region, Guatemala, c.672-830. © Justin Kerr.

138 Mosaic mask. Temple of Inscriptions, Palenque, AD 683. Merle Greene Robertson copyright 1976.

139 Lid of Pacal's sarcophagus. Temple of Inscriptions, Palenque, AD 683. Merle Greene Robertson copyright 1976.

140-141 Glyphs from the edge of Pacal's sarcophagus. Temple of Inscriptions, Palenque, AD 683. Drawings and photographs Merle Greene Robertson copyright 1976. Pacal's name in glyphs drawn by John Montgomery.

142 Mural, Room 2, Bonampak, late 8th century AD. Drawing by Antonio Tejeda, Courtesy Peabody Museum, Harvard University. Reproduced In Mary Miller, *The Murals of Bonampak*, Princeton University Press, 1986.

143 Cacao pot, Rio Azul. Courtesy George Stuart, Photo by George Molley, Glyph drawings by David Stuart.

8장

144 Zebu seal. Mohenjo-daro, 2500-2000 BC. Photo Erja Lahdenpera for the University of Helsinki. © National Museum of India.

146 Priest-king. Mohenjo-daro, c.2000-1750 BC. Museum of Pakistan, Karachi.

147 Seals from Mohenjo-daro, Photos Erja Lahdenperä for the University of Helsinki. © Archaeological Survey of India.

148 Drawing (right) from *World Archaeology*, February 1986.

149 Cretan seals from A. Evans, *The Palace at Minos*, vol. IV, 1935.

150 Phaistos disc. Crete, not later than c.1700 BC. Iraklion Archaeological Museum.

151 Proto-Elamite tablet. Musée du Louvre, Paris. Tablet with biscript dedication, Susa, c.2200 BC. Musée du Louvre, Paris.

153 Gold tablets, Pyrgi, c.500 BC. Museo di Villa Giulia, Rome. Photo Scala

154 Mirror, Etruscan, 3rd century BC. Etruscan gems. Hercle, c,400 BC; Achle, 500-400 BC. Drawings from *Reading the Past*, 1990. Copyright British Museum. Sarcophagus of Seianti Hanunia Tlesnasa. Chiusi, c.150 BC. Copyright British Museum.

155 Rongorongo board. Easter Island. Copyright British Museum.

3부

156 Base of Trajan's Column, Rome. Photo J. C. N. Coulston.

9장

158 Souk in Aleppo. Photo Michael Jenner.

159 Illustrations from Rudyard Kipling, *Just So Stories*, 1902.

160 Sandstone sphinx. Serabit el-Khadim, Sinai,15th century BC. Copyright British Museum. Inscriptions from William Foxwell Albrlght's *The Proto-Sinaitic Inscriptions and their Decipherment, Harvard Theological Studies*, vol.22, 1966. Copyright 1966 by the President and Fellows of Harvard College. Reprinted by permission.

162 Literary tablet. Ugarit, c.14th century BC. Copyright British Museum. Bilingual seal of Mursilis III. Ugarit. Hirmer Fotoarchiv.

163 Bronze statuette of a god, Ugarit. Copyright British Museum. Silver statuette, Ugarit, 15th-13th century BC. Aleppo Museum. School tablet. Drawing by C. Virolleaud in *Le Palais Royal d'Ugarit*, vol. II, 1957.

164 Phoenician ship on wall relief from the Palace of Sencherib (705-681 BC). Nineveh. Engraving in A. H. Layard, *Monuments of Nineveh*, 1849. Ostracon from Izbet Sartah. Drawing from F. M. Cross, Bulletin of the American School of Oriental Research, no. 238, 1980. Inscription from Byblos. Illustration from M. Dunand, *Byblia Grammata*, 1945.

165 Phoenician inscription on stone (above)Idalion, 391 BC. Copyright British Museum. Inscription (middle) from Donner and Röllig, *Kanaanische und Aramaische Inschriften III*, 1969. Inscription (below) from M. Lidzbarski, *Ephemeris fur semitische Epigraphik III*, 1915.

167 Greek inscription on a limestone base, 6th century BC. All rights reserved, the Metropolitan Museum of Art, Rogers Fund, 1916(16,174.6). Attic jug with inscription, 8th century BC. National Museum, Athens. Photo DAI, Athens.

10장

168 Bucchero ware jug in the shape of a cock. Viterbo, 7th-6th century BC. The Metropolitan Museum of Art, Fletcher fund, 1924.

171 Page from the Book of Kells, before AD 807. Courtesy of the Board of Trinity College, Dublin. Page from the Gospels of Tsar Ivan Alexandre. Bulgaria, 1355-56. By permission of the British Library.

172 Dead Sea Scroll. Title page of the Manual of Discipline, mid-lst century AD. Palestine Archaeological Museum.

173 Scribal implements, 19th century. Courtesy of the Isaac Kaplan Old Yishuv Court Museum, Jerusalem.

174 Detail from the Koran, Iraq, 1304. Shi'ah prayer. Calligraphy by Muhammad Fatiyab, early 19th century. Musée de l'histoire naturelle, Paris. Wine-bowl with kufic script. Seljuq, early 11th century. Copyright British Museum.

175 Film poster by Satyajit Ray, 1960. Courtesy Satyajit Ray. Fragment of pillar with the edict of Ashoka, Central India, 3rd century BC. Copyright British Museum. Part of so-called Velvikudi grant. Copper plate, Madakulam, 769-70 AD. By permission of the British Library.

176 Explanation of Hangul by King Sejong. Modern facsimile. By permission of the British Library.

178 'Runic merchants' labels. Bergen, 12th century AD. University Museum of National Antiquities, Oslo, Norway.

179 Hunterston brooch. Early 8th century. © Trustees of the National Museums of Scotland 1995. Ring. Lancashire, 9th century. Copyright British Museum. Panel from the Franks Casket. Ivory box, c, AD 700. Copyright British Museum.

180 Portrait of Sequoya by Charles Bird King, early 19th century. Library of Congress Washington. Cherokee alphabet of 1821. By courtesy of the American Tourist Board.

181 Letters from Geoffroy Tory, *Champ-fleury auquel est contenu l'art et la science de la vraieproportion des lettres*, 1529.

11장

182 Student in a calligraphy class in Canton Middle School, Photo Rupert Harrison. Camera Press London .

183 Oracle bone rubbing from reign of Wu Ting, c.1200-1180 BC.

184 Illustrations from J. F. Billeter, *The Chinese Art of Writing*, Editions d'Art Albert Skira S.A,Geneva, 1990.

185 Rubbing from an inscribed bronze vessel, Chinese, Western Zhou period, 1050-771 BC. Copyright British Museum. Characters from DeFrancis,

The Chinese Language, 1984.

187 Pages from the Xinhua Dictionary, 1990.

188 Photo from W, E. Soothill, *A Mission in China*, 1907.

192 Inkstone, Hopei province, Private collection. Chinese calligraphy brushes. Private collection. From J. F. Billeter, *The Chinese Art of Writing*, Editions d'Art Albert Skira S,A, Geneva.

193 Chen Hongshou, 'The Four Joys of Nan Sheng-lu'. © Foto Wettstein & Kauf, Museum Rietberg, Zurich.

194 From J. F. Billeter, *The Chinese Art of Writing*, Editions d'Art Albert Skira S.A. Geneva, 1990.

195 The character 'shou' by Wu Changshuo, 1923. From J. F. Billeter, *The Chinese Art of Writing*, Editions d'Art Albert Skira S,A, Geneva, 1990.

196 A children's class in China. © Sally and Richard Greenhill, London.

197 A Chinese typewriter. Photo B. Lang. Detail from: map of Beijing. © RV Reise-und Verkehrsverlag. © Cartography: Geo Data.

12장

198 Page from *Kojiki, Ancient history of japan*, completed in AD 712. Copy printed in 1803. By permission of the British Library.

200 Japanese crammer. Photo Jung Kwan Chi, Camera Press London.

204-5 'The letter in the wind.' Japanese woodblock by Torii Kiyohiro. Copyright British Museum. Bookseller. Japanese woodblock, Terii Kiyonobu. 18th century Copyright British Museum. Japanese Comflakes packet, 1985. Kellogg Company of Great Britain Limited.

208 Street sign. Japanese National Tourist Organisation. Kanji from J. Marshall Unger, *The Fifth Generation Fallary*, Oxford University Press, New York, 1987.

13장

210 Signage developed by the Institute of Graphic Arts for U.S, Department of Transportation.

212 Coca-Cola logos, Photo courtesy of Coca-Cola Great Britain and Ireland. Cora-Cola and Coke are registered trademarks which identify the same product of the Coca-Cola Company. Symbols for the 1972 Olympics by Otl Aicher. © Erco Leuchten GmbH 1976, Germany.

213 Gypsy and hobo signs from Albertine Gaur, *A History of Writing*, British Library, revised edition 1993.

214 Poster for *Schindler's List* © 1993 Universal City Studios, Inc. & Amblin Entertainment, Inc.

215 Inscription by Ralph Beyer, 1980s. Courtesy of Ralph Beyer.

216 Diagram engraved on a plate sent into space on *Pioneer 10* 1972. Photo NASA. Cave painting of an ox, Font de Gaume. Drawing by H. Breuil, from *Four Hundred Centuries of Cave Art*, Montignac 1952.

찾아보기

<h1 style="text-align:center">옮긴이 후기</h1>

본인은 역사, 그것도 서양 고대사를 공부하는 탓에 자연스레 낯설고 까다로운 여러 문자들과 억지로나마 친해지려는 노력을 해야 했고, 앞으로도 그 고역을 계속할 수밖에 없는 길에 있다. 외국어를 배운다는 것은 동서고금을 통틀어 무척 고된 공부이며, 특히 오늘날의 우리는 영어가 (소수에게는) 유용한 도구이기도 하지만, (대부분의 사람들에게는) 평생의 상처이기도 한 사회에 살고 있다. 그러나 우리에게 큰 고통을 안기는 외국어일지라도, 처음 배우면서 그 꼬부랑 문자를 직접 써 볼 때면 약간의 흥분과 함께 '쓰기 그 자체'가 즐거워져서 연습장을 온통 처음 배운 단어들로 채우곤 하던 기억을 가진 사람들도 많이 있을 것이다.

이국적이고 흥미로운 문자들이 가득 들어 있는 이 책은 바로 그런 즐거움을 되살려 준다.(이집트 상형문자를 직접 발음해보는 퀴즈, 설형문자를 해독해 보는 코너 등을 그냥 지나치거나 바로 해답을 펼쳐 본 사람이 없기를!) 이 책을 읽는 사람은 대단히 풍부한 사진 자료들을 통해서 대개 역사 수업에서 한 번 듣고 지나쳤을 설형문자, 선상문자 B, 마야 상형문자의 생생한 모습을 볼 수 있을 것이고, 이름조차 들어볼 기회가 거의 없었을 잉카의 결승문자, 체로키 '알파벳', '시베리아의 연애편지' 등은 물론 아직까지 해독되지 않은 롱고롱고나 파이스토스 원판의 문자, 에트루리아인의 문자에 이르기까지, 역사 속에 명멸했던 중요한 거의 대부분의 문명들이 사용한 문자에 대한 기본적인 지식과 정보를 얻을 수 있을 것이다.

한편, 이 책은 워낙 다양한 시대, 다양한 문명에서 제각각의 방식으로 만들어지고 사용되고 기록된 문자들을 포괄적으로 다루고 있기 때문에, 개별 문자나 문명에 정통한 사람들이 보기에는 불만스럽거나 과도하게 단순화 혹은 과장되었거나 아예 잘못된 부분들이 여럿 눈에 들어올지도 모른다. 더구나 *Times Higher Education Supplement*(London)의 편집인이자 저널리스트인 저자가 전문 언어학자가 아니라는 점에서, 혹시나 언어학자들이 많은 이견과 반론을 제기하고 오류를 지적할 수도 있을 것이다.

그러나 이 책은 여러 가지 문자들을 단순히 집합시켜 놓은 것이 아니라, 각 문자에 대해 그것을 해독하려 노력한 사람들의 삶과 탐구 여정을 흥미롭게 서술함으로써 독자가 샹폴리옹, 벤트리스, 그 외 여러 사람들의 지적 탐구에 참여할 수 있는 기회를 제공한다. 즉, 문자 자체의 역사와 그것을 이해하려 노력한 사람들의 이야기를 한 데 엮음으로써, 그 서술을 따라가는 독자는 해당 문자에 대한 가장 기본적인 지식이 없더라도 직접 해독가의 눈과 사고로 문자 체계 하나하나를 이해해 나갈 수 있다. 이러한 '역동적인' 서술 덕분에 이 책은 문자 체계를 다룬 다른 책들의 일반적인 나열식 설명이 가진 약점을 피하여 즐거운 독서가 가능하게 할 수 있었고, 1996년에는 Scientific American Young Readers Book Award를 수상하기도 했다.

번역자로서 가장 큰 어려움은 역시, 다양한 문명과 문자에 대한 권위 있는 지식이 부족하다는 점이었다. 다양한 사전류를 참조하고 해당 분야 지인들의 조언을 받았으며 뜻이 애매한 부분에 대해서는 지난 겨울 내내 늘 마음에 두고 생각을 거듭했지만, 어느 부분에서 터무니없는 오역이 있을지 여전히 불안하다. 각처로부터 매서운 질책이 벌써부터 예상되지만, 이 책을 읽는 많은 독자들이 다양한 문명의 문자 체계에 대하여, 그리고 더 나아가 인간 지성과 역사에 대하여 즐거운 독서와 사색의 시간을 누릴 수 있다면, 엄한 꾸중 속에서도 안도의 한숨을 살짝 쉴 수 있을 듯 하다.

학문의 수련기에 번역과 출판의 체험을 할 수 있도록 기회를 마련해 준 벗 강현주와 사계절출판사에 감사한 마음 전하고 싶다. 큰아들을 인문대 대학원에 보내는 어려움을 기꺼이 받아들여 주신 아버지와 재성, 재은이에게 언제나 깊이 감사한다. 서울대학교 인문대학 서양사학과의 여러 선생님들과, 지도교수이신 사범대 역사과 허승일 선생님께도 감사드린다. 마지막으로 번역의 처음부터 끝까지 내 호흡을 지키신 분께 감사한다.

2003년 5월
박재욱

옮긴이 **박재욱**은 부산 태종대 앞 동네에서 사춘기를 보내고 상경, 서울대학교 서양사학과를 졸업하고, 같은 과에서 석사를 마쳤으며 지금은 박사 과정을 밟고 있다. 혹 '스파르타식' 교육이 무엇인지 궁금하다면 옮긴이를 찾으면 된다. "스파르타 아고게(공교육제도)의 전통과 역사적 변화"라는 제목의 석사 논문을 썼다. 고전 희랍어와 라틴어를 어떻게 하면 좀 더 잘할 수 있을까 하는 것을 늘 고민하는 극소수의 한국인 중 한 명이자, 역시 한 줌도 안 되는 한국의 고대 그리스 연구자 중 한 명으로서, 장차 고대 그리스의 독특한 두 정치공동체인 아테네와 스파르타의 관계를 중심으로 공부를 엮어보려는 야망을 가지고 있다. 당장의 목표는 "스파르타에 대한 모든 것"—스파르타 역사와 역사 연구의 모든 분야에서 나름의 대답을 마련하는 것 — 을 이루는 일이며, 결국에는 서양 문명의 뿌리인 고대 그리스에 대해 권위와 설득력이 있는 포괄적인 지식을 제공하는 학자가 되기를 꿈꾸고 있다.